Was geht im Inneren von Tieren vor? Der vielfach ausgezeichnete Naturschriftsteller und Ökologe Carl Safina nimmt seine Leser auf abenteuerliche Entdeckungsreisen in die unbekannte Welt der Elefanten, Wölfe und Orcas mit. Sein kurzweiliges und spannend zu lesendes Buch ist voll von erstaunlichen Einsichten in die Persönlichkeiten der Tiere.

Zusammen mit dem Autor reisen wir zu afrikanischen Elefantenfamilien in Kenia, die nicht nur der Dürre, sondern auch der Wilderei trotzen müssen; zu den Wölfen des Yellowstone-Nationalparks, wo wir Zeugen der schrecklichen Tragödie eines Rudels werden; und schließlich zu der erstaunlich friedlichen Gemeinschaft von Killerwalen, die in den Gewässern des nordwestlichen Pazifik leben. Safina begegnet den von ihm beobachteten wilden Tieren mit Liebe, Respekt und umfassenden Kenntnissen. Sein Wissen ist genauso groß wie sein Einfühlungsvermögen; er versteht es meisterhaft, neueste wissenschaftliche Erkenntnisse mit wundervollen Erzählungen zu verweben.

Carl Safina ist Meeresbiologe und einer der bekanntesten Naturschriftsteller weltweit. Sein Werk umfasst bislang sieben Bücher, darunter den internationalen Bestseller *Song for the Blue Ocean*, und ist vielfach ausgezeichnet worden. Safina ist Gründungsdirektor des Blue Ocean Institute und hat die Stiftungsprofessur für Natur und Humanität der Stony Brook University im US-Bundesstaat New York inne. Er ist Autor von Fernsehdokumentationen und schreibt regelmäßig für die New York Times und National Geographic.

CARL SAFINA

DIE INTELLIGENZ DER TIERE

Wie Tiere fühlen und denken

*Aus dem Englischen von Sigrid Schmid
und Gabriele Würdinger*

C.H.BECK

Titel der englischen Originalausgabe:
«Beyond Words. What Animals Think and Feel»
Copyright © 2015 by Carl Safina
All rights reserved
Zuerst erschienen 2015 bei Henry Holt and Company, LLC, New York

Mit 23 Abbildungen und 4 Karten

Die beiden ersten Auflagen dieses Buches erschienen 2017
in gebundener Form im Verlag C.H.Beck.

1. Auflage in C.H.Beck Paperback. 2019

Für die deutsche Ausgabe:
© Verlag C.H.Beck oHG, München 2017
www.chbeck.de
Satz: Fotosatz Amann, Memmingen
Druck und Bindung: Druckerei C.H.Beck, Nördlingen
Umschlaggestaltung: Rothfos & Gabler, Hamburg
Umschlagabbildung: © fotolia
Printed in Germany
ISBN 978 3 406 73958 3

myclimate
klimaneutral produziert
www.chbeck.de/nachhaltig

*Dieses Buch ist all jenen Menschen auf den folgenden Seiten gewidmet, die genau hinsehen und hinhören.
Die uns erzählen, was sie aus den Stimmen und dem Schweigen derer heraushören, die mit uns auf dieser Erde leben.*

Ich dachte an die lange vergangenen Zeiten, während welcher die aufeinander folgenden Generationen dieses kleinen Geschöpfes ihre Entwicklung durchliefen ... ohne dass ein intelligentes Auge ihre Lieblichkeit erspähte – eine üppige Verschwendung von Schönheit ... Diese Betrachtung muss uns doch lehren, dass alle lebenden Wesen nicht für den Menschen geschaffen wurden ... Ihr Glück und ihre Freude, ihr Lieben und ihr Hassen, ihre Kämpfe ums Dasein, ihre von Leben geschwellte Existenz und ihr früher Tod erscheinen unmittelbar als auf ihr eigenes Wohlsein und ihre eigene Erhaltung allein sich beziehend ...

Alfred Russel Wallace, *Der Malayische Archipel, 1869*

Wir beschützen sie wegen ihrer Unvollkommenheit, wegen ihres tragischen Schicksals, eine Gestalt angenommen zu haben, die weit weniger entwickelt ist, als unsere. Und darin irren wir uns, wir irren uns sogar gewaltig. Für die Tiere gelten nicht die Maßstäbe des Menschen. In einer Welt, die älter und vollständiger als unsere ist, sind sie vollkommene Wesen, deren scharfe Sinne wir Menschen verloren haben oder vielleicht auch niemals hatten, Wesen, deren Stimmen wir niemals hören werden. Sie sind nicht unsere Brüder und auch nicht unsere Untergebenen. Sie gehören fremden Nationen an, die, wie wir, im Netz des Lebens und der Zeit gefangen sind, Gefängnisgenossen, die mit uns die Herrlichkeit und die Mühen auf Erden teilen.

Henry Beston, *The Outermost House, 1928*

Inhalt

Vorwort: Auf dünnem Eis 11

I. Das Trompeten der Elefanten 15

Die große Frage 19
Das gleiche Gehirn 30
Ist der Mensch wirklich einzigartig? 42
Erbe aus der Urzeit 49
Familienbande 54
Mutterfreuden 61
Lieben Elefanten ihre Babys? 71
Elefantenempathie 82
Tiefe Trauer 91
Ich weiß nicht, wie ich Wiedersehen sagen soll 102
Ich sage Hallo! 114
Festhalten und Gehenlassen 124
Seelen in Not 129
Ebony and Ivory 139
Wo die Elefantenbabys herkommen 162

II. Das Heulen der Wölfe 177

Eiszeit 179
Ein perfekter Wolf 185
Rudelbildung und -auflösung 194
Die Wölfin namens Sechs 205
Gebrochene Versprechen 213
Waffenstillstand 224
Herrliche Ausgestoßene 231
Auf der Spur der Wolfsvögel 241
Wolfsmusik 252

Der Jäger ist ein einsames Herz 263
Überlebenswille 270
Dienstboten 275
Zwei Enden derselben Leine 284

III. Jaulen und Ärgernisse 297

Von wegen Theory of Mind..................... 299
Sex, Lügen und gedemütigte Seevögel 307
Arroganz und Täuschung....................... 316
Was zum Lachen und schrullige Ideen 325
Spieglein, Spieglein............................ 333
Apropos Neuronen 341
Ein uraltes Volk............................... 347

IV. Der Gesang der Wale 357

See-Rex 359
Ein komplexer Killer 368
Einfach sehr sexuell 373
Innenansichten................................ 382
Ungleiche Denker............................. 393
Was heißt hier intelligent? 406
Das soziale Gehirn 416
Wunschdenken................................ 423
Helfen und sich helfen lassen 443
Bitte nicht stören 452
Besitzen und bewahren 461
Mit Persönlichkeit ist zu rechnen................ 472
Eine mächtige und wahre Vision 480

Nachwort: Ein letzter Gedanke 493
Danksagung................................... 496

Auswahlbibliographie 501
Anmerkungen 503
Nachweis der Abbildungen und Karten 526

VORWORT

Auf dünnem Eis

Frage doch das Vieh, das wird dich's lehren, und die Vögel unter dem Himmel, die werden dir's sagen, oder die Sträucher der Erde, die werden dich's lehren, und die Fische im Meer werden dir's erzählen.

Hiob, 12,7–8

Eine große Delfingruppe war neben unserem Boot aufgetaucht. Während sie neben uns hersprangen, tauschten sie sich über geheimnisvolle Zurufe aus, quiekend und pfeifend, wie es ihre Art ist. Auch einige Jungtiere flitzten Seite an Seite mit ihren Müttern durch das Wasser. In diesem Moment wurde mir klar, dass ich mich nicht länger damit zufriedengeben wollte, diese tiefgründigen und wunderschönen Wesen nur oberflächlich zu begreifen. Ich wollte wissen, wie sie die Welt erlebten, warum sie für uns Menschen so faszinierend sind und wir uns ihnen so *nahe* fühlen. Zum ersten Mal erlaubte ich mir, ihnen die streng verbotene Frage zu stellen: *Wer seid ihr?* Üblicherweise vermeidet die Wissenschaft konsequent die Frage nach dem Seelenleben von Tieren. Zwar gesteht man auch ihnen irgendeine Art von Gefühlswelt zu. Doch ähnlich wie Kinder als unhöflich getadelt werden, wenn sie unverblümte Fragen stellen, wird jungen Wissenschaftlern von Anfang an eingetrichtert, dass die Psyche eines Tieres – sollte es sie überhaupt geben – jenseits der menschlichen Erkenntnis liegt. Erlaubt sind nur «Es-Fragen»: Wo lebt es, was frisst es, wie reagiert es bei drohender Gefahr, wie pflanzt es sich fort? Doch die eine Frage, die *niemals* gestellt werden darf, obwohl sie uns vielleicht ganz neue Erkenntnisse bringen könnte, ist: Wer?

Es gibt Gründe, warum man sich an dieses Forschungsgebiet nicht herangewagt hat. Doch was wir dabei übersehen, ist, dass die Trennlinie zwischen Mensch und Tier eine künstliche ist, da der Mensch ein Tier *ist*. Und als ich die Delfine beobachtete, hatte ich keine Lust mehr, mich an diesen starren Kodex zu halten. Ich wollte den Dingen auf den Grund gehen, eine neue Nähe schaffen. Ich hatte das Gefühl, dass die Zeit für beide, Mensch und Tier, bald ablaufen würde und ich wollte nicht riskieren, «Wiedersehen» sagen zu müssen, wo ich doch noch nicht einmal wirklich «Hallo» gesagt habe. Während des Segeltörns las ich viel über Elefanten. Ihre Gedankenwelt beherrschte die meine, als ich über die Delfine nachdachte und beobachtete, wie sie sich ungezwungen und frei in ihrem Lebensraum bewegten. Wenn ein Wilderer einen Elefanten tötet, löscht er nicht nur das Leben dieses einen Elefanten aus. Die Herde verliert damit womöglich auch den unverzichtbaren, überlebenswichtigen Erfahrungsschatz ihrer Matriarchin, die weiß, wo es auch in harten Dürreperioden genügend Nahrung und Wasser gibt. So kann eine einzige Patronenkugel noch Jahre später weitere Leben kosten. Als ich die Delfine beobachtete und dabei gleichzeitig über die Elefanten nachdachte, wurde mir klar: Wenn Individuen ihresgleichen wiedererkennen und von ihnen abhängig sind, wenn der Tod eines Einzelnen für das *Überleben* der anderen entscheidend ist, wenn es unsere Beziehungen sind, die uns ausmachen, dann haben wir in der stammesgeschichtlichen Entwicklung eine fließende Grenze überschritten – «es» ist zu «jemand» geworden.

«Jemand»-Tiere wissen, *wer* sie sind. Sie wissen wer zu ihrer Familie und zu ihren Freunden gehört. Sie wissen, wer ihr Feind ist. Sie gehen strategische Verbindungen ein und arrangieren sich mit den ständigen Konkurrenzkämpfen. Ihr Ziel ist es, in der Rangordnung aufzusteigen, und sie warten nur darauf, die bestehende Ordnung zu hinterfragen. Ihre Stellung wirkt sich auf die Zukunftsaussichten ihrer Nachkommen aus. Zeitlebens durchlaufen sie die verschiedenen Etappen einer Karriereleiter. Persönliche Beziehungen machen sie aus. Das kommt Ihnen bekannt vor? Sicherlich. «Sie» schließt uns mit ein. Nicht nur wir Menschen führen ein vielschichtiges Leben.

Naturgemäß haben wir eine exklusiv menschliche Sicht auf die Welt. Doch da wir diese nur durch unsere Brille betrachten, ist unser Blick eingeschränkt. Dieses Buch nimmt die Außenperspektive ein, also die der Welt, die uns umgibt. Eine Welt, in welcher der Mensch nicht das Maß aller Dinge und nur eine Spezies unter vielen ist. Da wir uns immer weiter von der Natur entfremden, haben wir vergessen, dass wir Teil einer großen Lebensgemeinschaft sind und können uns in die Erfahrungswelt anderer Tiere nicht mehr einfühlen. Weil aber alle Belange des Lebens auf einer breit gefächerten Skala erscheinen, fällt es leichter, uns *menschliche* Tiere zu verstehen, wenn wir uns im Kontext mit den anderen sehen und erkennen, dass unsere Lebensfäden Teil eines eng gewobenen Netzes sind, das aus einer Vielzahl weiterer Fäden besteht.

Ich wollte dieses Buch zum Anlass nehmen, mein langjähriges Hauptanliegen, den Naturschutz, zugunsten meines Lieblingsthemas in den Hintergrund treten zu lassen: Ich wollte beobachten, was Tiere machen, und nach dem Grund ihres Handelns fragen. Ich unternahm Reisen, um mich mit einigen der meist geschützten Tierarten zu beschäftigen – den Elefanten im Amboseli-Nationalpark in Kenia, den Wölfen im Yellowstone-Nationalpark in den Vereinigten Staaten und den Killerwalen im nordwestlichen Pazifik. Doch wurden alle drei Arten durch den Menschen in einer Art und Weise behelligt, die sich direkt auf ihr Handeln, ihren Lebensraum, ihre Wanderrouten und ihre Lebensdauer auswirkten. Daher gewährt uns dieses Buch nicht nur einen Blick in das Seelenleben der Tiere, sondern schärft darüber hinaus unser Bewusstsein für ihre Bedürfnisse. In dieser Geschichte, die sich selbst erzählt, geht es nicht nur darum, *was* auf dem Spiel steht, sondern *wer*.

Meine tiefste Einsicht ist, dass das Leben ein großes Ganzes ist. Ich war sieben Jahre alt, als mein Vater und ich in unserem Garten in Brooklyn einen kleinen Schuppen bauten, in dem wir ein paar Brieftauben hielten. Als ich sah, wie sie in den kleinen Kämmerchen nisteten, sich umwarben und um ihren Nachwuchs kümmerten, wegflogen und voller Zuversicht wieder zurückkamen, als ich sah, dass sie Futter, Wasser, ein Zuhause und einander brauchten, wurde mir klar, dass sie in ihren Wohnungen ein Leben wie wir führten. *Wie wir*, nur auf andere Weise. Mein ganzes Leben lang habe ich mit vielen verschiedenen Tieren zusammengelebt und sie in meiner und deren Welt studiert. Dies hat meinen Eindruck, dass unsere Leben miteinander verwoben sind, verstärkt und immer wieder bestätigt. Und diese Erfahrung ist es, die ich auf den kommenden Seiten gerne mit Ihnen teilen möchte.

I.
Das Trompeten der Elefanten

*Zart und mächtig, ehrfurchtgebietend und
verzaubert, die Stille verkörpernd,
die gewöhnlich den Berggipfeln, großen Bränden
und dem Meer vorbehalten ist.*

Peter Matthiessen, *Der Baum der Schöpfung*

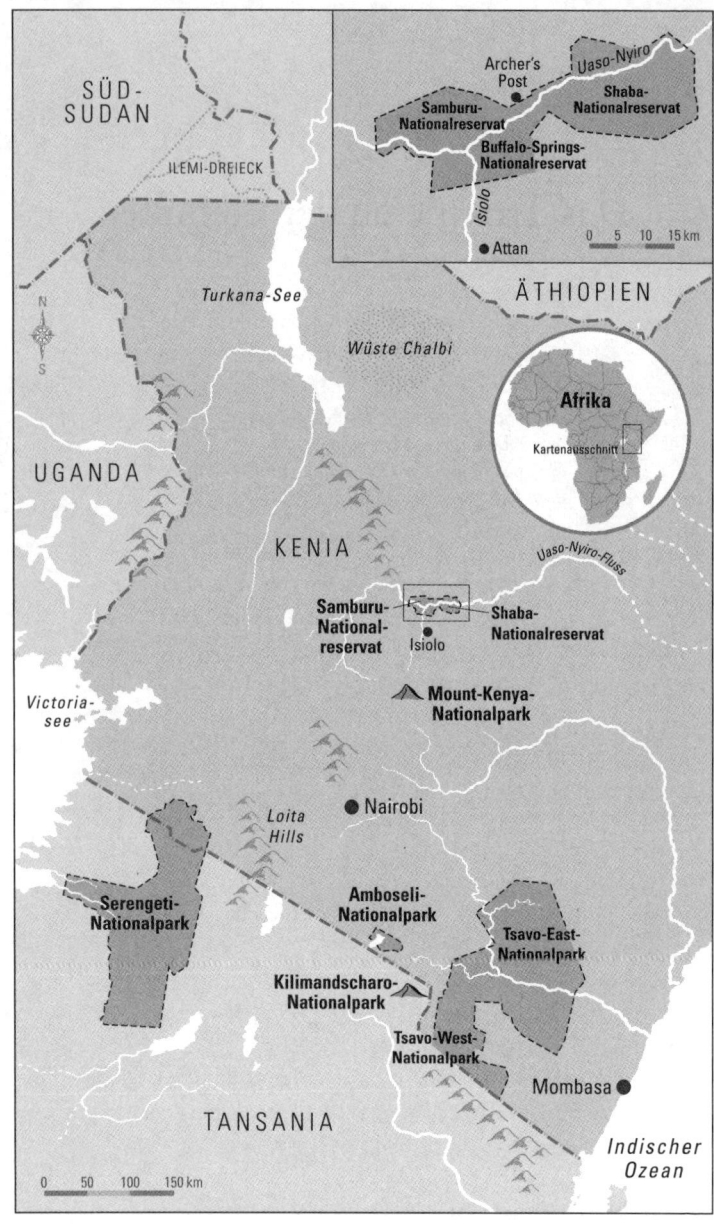

Und da sah ich, dass der Erdboden sich erhoben hatte, dass dieses von der Sonnenhitze durchgebackene Land sich in etwas Riesiges, Lebendiges verwandelt hatte, das ständig in Bewegung ist. Das Land marschierte in mannigfaltigen Gestalten, mit schier zahllosen Schritten, die der Ursprung des allgegenwärtigen Staubs zu sein schienen. Die Wolke hüllte uns ein, drang in jede Pore, legte sich wie ein Film über unsere Zähne und drang bis in unsere Gedanken vor. In übertragenem und wörtlichem Sinn. Überwältigend.

Und da tauchten ihre Köpfe auf, wie die Schilde von Kriegern. Lange Atemzüge, die ein- und ausströmen und in ihren Lungen nachschwingen. Ihre Haut, abgetragen und faltig, bekommt im Lauf der Zeit ein Muster, so als zierten zerknitterte Landkarten ihre Haut. So ziehen sie über das Land und durch die Zeit. Ihre Haut, die, wenn sie gehen, wie Kordsamt raschelt, ist rau, und doch spürt sie die leichteste Berührung. Mit ihren pflastersteinartigen Backenzähnen zermahlen sie Grasbüschel für Grasbüschel, Bissen für Bissen, als würden sie sich so die Welt erobern. Und die ganze Zeit über raunen sie sich ihre Erinnerungen zu, damit sie nicht verloren gehen. Ihr Kollern ist wie Donner, der langsam näher rollt, es lässt den hügeligen Boden vibrieren und die Wurzeln der Bäume. Es trommelt Familienmitglieder und Freunde vom Flussufer und von den Hügeln zusammen, versendet Grüße und Reiseberichte. Uns Menschen deutet es an, was bald geschehen wird.

Ein Gedanke setzt einen Berg aus Muskeln und Knochen in Bewegung, braune Augen erleuchten die Landschaft, und eine Elefantin trottet herbei. Jetzt sieht man ihre flache Stirn und gewundene Blutgefäße, die sich durch ihre Haut schlängeln. Mit ihrem Trompeten kündigt sie sich an und applaudiert sich selbst mit ihren flatternden Ohren. Sie beeindruckt uns als ein zeitloses und erhabenes Wesen, aufmerksam und bedächtig, friedfertig und umsichtig – und wenn es sein muss, auch tödlich gefährlich. Im Rahmen ihrer Möglichkeiten ist sie weise, wie wir. Und verletzlich. So wie wir.

Schau. Hör einfach zu. Mit uns werden sie nicht reden, aber einander haben sie viel zu sagen. Manches davon können wir hören. Alles andere liegt jenseits von Worten. Ich will genau hinhören und mich für das Mögliche öffnen.

Überdimensionierte Ohren schlagen. Die Schlammkruste auf der Haut stört dabei nicht. Bizarr vorstehende Zähne flankieren die wohl phallischste Nase der Welt. Eine solch wasserspeiende Fratze sollte uns abgrundtief hässlich vorkommen. Doch betört sie uns mit ihrer diffusen Schönheit, die uns manchmal überwältigt. Wir empfinden viel mehr, viel intensiver. Wir können fühlen, dass ihr Marsch über das Land ein *Ziel* hat. Es hat keinen Zweck, es zu leugnen. Sie haben eine konkrete Vorstellung von dem Ort, an den sie wandern.

Genau da wollen sie jetzt hin.

Die große Frage

«Es war das schlimmste Jahr meines Lebens», erzählt Cynthia Moss beim Frühstück. «Alle Elefanten über fünfzig Jahre starben, außer Barbara und Deborah. Auch die meisten über vierzig überlebten nicht. Deswegen grenzt es an ein Wunder, dass Alison, Agatha und Amelia es geschafft haben.»

Alison, inzwischen einundfünfzig Jahre alt, ist ganz in der Nähe, in dem Palmenhain da drüben. Vor vierzig Jahren kam Cynthia Moss nach Kenia, mit dem Ziel, das Leben der Elefanten zu erforschen. Die erste Elefantenfamilie, auf die sie stieß, nannte sie die «AA»-Familie und taufte eines der Mitglieder Alison. Unmittelbar vor unseren Augen verdrückt Alison gerade eine Palmfrucht nach der anderen. Erstaunlich.

Mit einer großen Portion Glück und ausreichend Regen könnte sie weitere zehn Jahre überleben. Da drüben ist Agatha, sie ist vierundvierzig Jahre alt. Und hier kommt Amelia, ebenfalls vierundvierzig.

Amelia nähert sich bedrohlich und baut sich in voller Größe direkt vor unserem Wagen auf. Reflexartig ducke ich mich weg. Cynthia dagegen lehnt sich aus dem Fenster und redet besänftigend auf sie ein. Jetzt steht die Riesin so gut wie neben uns, zermalmt Palmwedel, kollert sanft und blinzelt.

Im dottergelben Licht der untergehenden Sonne wirkt die Landschaft wie ein unerschöpflicher Ozean aus Gras. Er erstreckt sich bis zum Fuß von Afrikas höchstem Berg, dessen blauer, schneegekrönter Kopf in Wolken gehüllt ist. Die Schmelzwasserbäche des Kilimandscharo, eines gigantischen Wasserspenders, sammeln sich hier in bis zu drei Kilometer langen Sumpfgebieten, welche sowohl Wildtiere als auch Viehhirten magisch anziehen. Der Name des Amboseli-Nationalparks stammt von der Bezeichnung der Massai für den vorzeitlichen, seichten See, der etwa die Hälfte des Nationalparks ausmacht, und nur zeitweise feucht im Sonnenlicht glitzert. Die Größe der Sumpfgebiete hängt von der Ergiebigkeit der Regenfälle ab. Wenn der Regen ausbleibt, verwandelt sich das Moor in eine Staubwüste. Dann ist alles möglich. Vor vier Jahren erschütterte eine extreme Dürre die Region bis ins Mark.

Über Jahrzehnte sind Cynthia und die drei Elefanten hiergeblieben und haben sich dieser Landschaft gestellt – in Zeiten des Überflusses wie in Zeiten großer Entbehrungen. Bei der unerwartet komplexen Aufgabe, das wesenseigene Verhalten der Elefanten zu beobachten, leistete Cynthia bahnbrechende Arbeit. Noch nie hat ein Mensch über einen so langen Zeitraum eine Gruppe von Elefanten auf ihrem persönlichen Lebensweg begleitet.

Ich hatte mich darauf eingestellt, dass die berühmte Forscherin nach über vier Jahrzehnten ein wenig kampfesmüde geworden sein könnte. Doch lernte ich Cynthia Moss, mit ihren strahlend blauen Augen, als überraschend alerte, jugendfrische Frau Anfang siebzig kennen, der durchaus der Schalk im Nacken sitzt. In den 1960er Jahren schrieb sie für das Nachrichtenmagazin *Newsweek,* entschied sich aber nach ihrer ersten Afrikareise, New York und ihr altes Leben hinter sich zu lassen. Sie hatte sich unsterblich in Amboseli verliebt. Warum, ist leicht nachvollziehbar.

Vielleicht sogar zu leicht. Der Anblick der schimmernden Luftspiegelungen über der glühenden Ebene erweckt den trügerischen Anschein, der Amboseli-Nationalpark sei groß. In Wirklichkeit ist er zu klein. Mit dem Auto lässt er sich in weniger als einer Stunde durchqueren. Amboseli ist eine Postkarte, die sich Afrika einst selbst zugeschickt hat und nun in einer Schublade unter «Nationalparks und Reservate» verstaut. Der Kilimandscharo liegt bereits in einem anderen Staat, an der imaginären Grenze zu einem Gebiet, das Tansania heißt. Der Berg und die Elefanten wissen, dass es sich in Wirklichkeit um ein und dasselbe Land handelt. Doch ist es der Nationalpark, der mit seinen 390 Quadratkilometern als wichtigste Wasserstelle im Umkreis von 7770 Quadratkilometern herhalten muss. Die Amboseli-Elefanten nutzen eine Fläche, die ungefähr zwanzigmal[1] so groß ist wie der Nationalpark. Dies gilt auch für das Volk der Massai, das von der Rinder- und Ziegenzucht lebt. Aber nur in Amboseli gibt es ganzjährig Wasser. Das umliegende Land ist zu trocken, um alle mit Wasser zu versorgen und Amboseli ist zu klein, um alle zu ernähren.

Die große Frage

«Die Elefantenfamilien versuchten es mit unterschiedlichen Überlebensstrategien», erklärt Cynthia. «Einige blieben in der Nähe des Sumpfs, doch als dieser austrocknete, erging es ihnen schlecht. Andere wanderten weit in den Norden, teils zum ersten Mal in ihrem Leben. Sie hatten damit mehr Glück. Von achtundfünfzig Familien hat nur eine einzige kein Mitglied verloren.» Eine Familie verlor sieben erwachsene weibliche Tiere und dreizehn Jungtiere. «Wenn ein Elefant zu Boden geht, versammeln sich normalerweise die anderen um ihn herum und versuchen, ihm wieder auf die Beine zu helfen. Während der Dürre hatten sie dazu keine Kraft. Mit ansehen zu müssen, wie sie sterben, wie sie im Todeskampf auf der Erde lagen ...»

Einer von vier Amboseli-Elefanten starb. Das entspricht 400 Tieren bei einer Gesamtpopulation von 1600. Fast jedes Elefantenkalb ging ein. Ungefähr achtzig Prozent der Zebras und Gnus sowie fast alle Rinder der Massai überlebten die Dürre nicht; sogar Menschen kamen ums Leben.

Als es wieder regnete, wurden die Elefantenkühe, die ihre Babys verloren hatten, alle ungefähr zum gleichen Zeitpunkt brunftig. Das Ergebnis war der größte Babyboom, den Cynthia in vierzig Jahren erlebt hatte. Innerhalb der letzten zwei Jahre wurden zweihundertfünfzig Elefantenbabys geboren, und es gibt wohl keinen besseren Zeitpunkt, um in Amboseli als Elefant zur Welt zu kommen. Üppiger Pflanzenwuchs, jede Menge Gras – und kaum Konkurrenz. Wasser macht, dass es Elefanten gibt. Und Wasser macht Elefanten glücklich.

Eine fröhliche Elefantengruppe watet durch eine smaragdgrüne Wasserstelle, Palmen spenden großzügig Schatten. Es ist ein kleines Paradies. Mit ihren wuseligen, biegsamen, kleinen Rüsseln sind die Elefantenbabys der Inbegriff vollkommener Unschuld.

«Wie kugelrund *dieses* Kleine ist», staune ich. Mit seinen fünfzehn Monaten ist es ein wahrer Wonneproppen. Vier erwachsene Elefanten und drei junge Kälber suhlen sich in einem Schlammbecken und spritzen sich mit ihren Rüsseln Wasser auf den Rücken. Danach machen sie es sich am Ufer gemütlich. Eines der Elefantenbabys schmilzt vor Vergnügen förmlich dahin und ich beobachte, wie sich die Muskeln rund um seinen Rüssel langsam entspannen und ihm die Augen zufallen. Auch

Nach einer schweren Dürre ein Babyboom. Für einige Jahre bleiben die heranwachsenden Elefanten in Berührungsnähe ihrer Mütter.

Die große Frage 23

eines der älteren Tiere namens Alfre legt sich hin. Doch drei junge Draufgänger drängeln sich dazu und trampeln auf Alfres Ohr. *Und wie.* Nach und nach kehrt Ruhe ein. Die Babys schlafen auf der Seite liegend, die Erwachsenen stehen eng aneinandergeschmiegt schützend um sie herum, während auch sie ein Nickerchen halten. Sie wissen, dass ihre Familie hier in Sicherheit ist. Ihre Ruhe ist ansteckend. Alleine sie zu beobachten, wirkt schon besänftigend.

Viele Leute träumen davon, im Fall eines Lottogewinns ihren Job hinzuschmeißen und sich nur noch den schönen Dingen des Lebens zu widmen: Freizeit, Spiel, Familie, Elternschaft und zwischendurch aufregendem Sex. Sie würden essen, wenn sie Hunger hätten, und schlafen, wenn sie müde wären. Viele Leute lebten, würden sie über Nacht reich, genauso wie Elefanten.

Die Elefanten scheinen glücklich zu sein. Doch stimmt diese Vermutung auch? Sind sie wirklich glücklich? Der Wissenschaftler in mir fordert Beweise.

«Elefanten erleben Freude»,[2] meint Cynthia. «Mag sein, dass es sich nicht um die Freude handelt, die wir Menschen verspüren, aber es ist definitiv Freude.»

Elefanten verhalten sich in Situationen freudvoll, in denen auch wir tiefe Zufriedenheit empfinden: im vertrauten Zusammensein mit «Freunden» und Familie, bei üppigem Vorhandensein von Essen und Trinken. Wir nehmen an, dass sie auf dieselbe Art und Weise Glück verspüren wie wir. Doch Vorsicht bei Spekulationen! Seit Jahrhunderten reißen sie nicht ab und reichen vom Verdacht, dass Tiere uns verhexen können, bis zu der These, dass sie keinerlei Bewusstsein haben und nicht in der Lage sind, Schmerz zu verspüren. Zwar geben Wissenschaftler durchaus den Rat, das Handeln von Tieren zu beobachten, doch gelten Vermutungen über deren Psyche als sinnlos und reine Zeitverschwendung.

Mutmaßungen über die Gefühlswelt und das Denkvermögen von Tieren sind aber das Hauptthema dieses Buchs. Die knifflige Aufgabe besteht darin, nur Behauptungen aufzustellen, die sich empirisch beweisen lassen und logisch sind – und dabei keine Fehler zu machen.

Cynthias wild lebende Freunde scheinen weise zu sein. Außerdem jung und verspielt. Mächtig, würdevoll. Und unschuldig. Das alles trifft auf

Das Trompeten der Elefanten

Wasser und Matsch machen Elefanten glücklich.

sie zu. Außerdem wirken sie friedfertig. Doch von allen Tieren sind sie auch diejenigen, die zähen Widerstand gegen die Verfolgung durch uns Menschen leisten und sogar töten, um sich selbst zu verteidigen. Sie versuchen, zu überleben und ihren Nachwuchs zu schützen. Ich denke, dass ich hier bin, weil ich offen für Neues bin, weil ich den Dingen auf den Grund gehen und wissen will: Inwiefern sind sie wie wir? Was lehren sie uns über uns selbst? Was ich allerdings nicht ahnen kann: Ich stelle die falschen Fragen.

Am wohlsten fühlt sich Cynthia Moss in ihrem gemütlichen, von Palmen umgebenen Zeltlager im Amboseli-Nationalpark. In einer kleinen Baracke befindet sich die Küche und jedes der sechs großen Zelte ist mit einem richtigen Bett und ein paar Möbeln ausgestattet. Kürzlich war morgens der Tee noch nicht fertig. Eine Forscherin zog den Reißverschluss ihres Zelts auf, um nachzusehen, was los ist, und entdeckte auf der Schwelle zur Küche einen dösenden Löwen. Der Koch hinter der Küchentür hingegen war in hellem Aufruhr.

Heute frühstücken wir pünktlich und endlich komme ich dazu, Cynthia die für mich alles entscheidende Frage zu stellen: «Dein ganzes Leben lang beobachtest du nun Elefanten. Was hast du dabei über das Menschsein gelernt?» Verstohlen schiele ich auf mein Diktiergerät, um sicherzugehen, dass ich es auch angestellt habe. Dann lehne ich mich zurück. Seit vierzig Jahren sammelt Cynthia dazu Erkenntnisse; sie hat bestimmt die Antwort.

Doch Cynthia Moss umgeht meine Frage elegant. «Ich betrachte sie immer als das, was sie sind, nämlich Elefanten», antwortet sie. «Mein ganzes Interesse gilt den Elefanten. Den Vergleich zwischen Elefanten und Menschen finde ich nicht besonders hilfreich. Der Versuch, ein Tier als Tier zu verstehen, ist in meinen Augen viel interessanter. Wie kann ein Vogel, etwa eine Krähe, mit einem solch kleinen Gehirn derart erstaunliche Entscheidungen treffen? Die Krähe neben ein dreijähriges Kind zu halten – das ist nicht mein Ding.»

Cynthias sanfter Einwand auf meine Frage kommt so unerwartet, dass ich ihn zunächst überhaupt nicht verstehe. Dann bin ich überwältigt.

Seit ich denken kann, erforsche ich das Verhalten von Tieren. Schon vor langer Zeit kam ich zu dem Schluss, dass viele soziale Tiere – besonders Vögel und Säugetiere – in wesentlichen Punkten wie wir Menschen sind. Ich war mit dem Ziel nach Afrika gereist, herausfinden, inwiefern Elefanten «wie wir» sind, um dann genau darüber ein Buch zu schreiben. Doch eben gab es eine entscheidende Kursänderung. Ich habe einen Moment – genauer gesagt Tage – gebraucht, aber Tropfen für Tropfen, wie eine Infusion, sickerte die Erkenntnis in mich.

Cynthias kleine, durchschlagende Bemerkung bedeutete, dass der Mensch nicht das Maß aller Dinge ist. Und damit verfolgte sie den einzig richtigen Denkansatz.

Ihr Kommentar warf alles über den Haufen, nicht nur meine Fragestellung, sondern auch meine ganze Denkweise. Ich war davon ausgegangen, dass meine Aufgabe darin bestand, den Tieren die Möglichkeit zu geben, zu zeigen, wie sehr sie uns Menschen ähneln. Nun war die Angelegenheit schwieriger und komplexer geworden: Ich musste erforschen, *wer* sie *sind* – wie wir oder auch nicht.

Die Elefanten, die wir beobachten, rupfen mit ihren Rüsseln behände Gras und Gestrüpp aus. Kontinuierlich stopfen sie sich große Büschel in ihre Backentaschen und zermahlen sie mit ihren riesigen, kräftigen Backenzähnen. Egal ob Dornen, die Autoreifen zerstechen könnten, Palmfrüchte oder Gras – ihnen schmeckt alles. Ich hatte einmal die Gelegenheit, die Zunge eines Elefanten in Gefangenschaft zu streicheln. Sie war unglaublich weich. Es geht mir nicht in den Kopf, wie ihre Zungen und Mägen mit diesen spitzen Dornen zurechtkommen.

Alles, was ich sehe, sind fressende Elefanten. Doch mit unseren Worten können wir Menschen die Realität nur vage beschreiben. Ja, wir beobachten hier «Elefanten», doch stelle ich verwirrt fest, dass ich über ihr Leben überhaupt nichts weiß.

Cynthia aber hat mehr Ahnung. «Wenn du eine Gruppe von Tieren beobachtest, egal ob Löwen, Zebras oder Elefanten, siehst du zunächst immer nur ein zweidimensionales Bild. Doch wenn du ihre verschiedenen Persönlichkeiten kennenlernst, wenn du weißt, wer ihre Mutter war, wer ihre Kinder sind, dann gewinnt das Bild an Tiefe.» Eine Elefantenfamilie versammelt ganz unterschiedliche Charaktere: Sie können würdevoll und sanft, scheu, zurückhaltend oder besonders verspielt wirken. Vielleicht ist auch einer dabei, der äußerst dominant und bei Futtermangel sogar aggressiv auftritt.

«Ich habe rund zwanzig Jahre gebraucht, bis mir klar wurde, wie komplex diese Tiere sind», fährt Cynthia fort. «In der Zeit, in der wir Echos Familie gefolgt sind – damals war sie ungefähr fünfundvierzig Jahre alt –, bemerkte ich, dass sich Enid ihr gegenüber sehr loyal verhielt, Eliot eher verspielt war, Eudora unverbindlich, Edwina unbeliebt und so weiter. Langsam konnte ich voraussagen, was als Nächstes passieren würde, weil ich die Hinweise darauf direkt von Echo bekam. Ich begann – wie ein Mitglied der Elefantenfamilie – Echos Handeln als Anführerin zu verstehen.»

Ich blicke zu den Elefanten.

Cynthia erzählt weiter: «Jetzt merkte ich auch, wie überaus bewusst sie sich unseres Tuns sind.»

Überaus bewusst? Sie wirken so selbstvergessen.

«Elefanten *wirken* so, als würden sie Einzelheiten überhaupt nicht wahrnehmen», erklärt Cynthia, «bis sich Vertrautes ändert.» Eines Tages legte sich ein Kameramann, der mit Cynthia zusammenarbeitete, *unter* das Forschungsfahrzeug, um aus einem anderen Winkel filmen zu können. Normalerweise trotteten die Elefanten einfach an dem Fahrzeug vorbei, doch jetzt bemerkten sie sofort, dass etwas anders war, blieben wie angewurzelt stehen und starrten. Warum versteckte sich da ein Mensch unter dem Auto? Ein Elefantenbulle namens Mr. Nick ließ tastend seinen Rüssel daruntergleiten, um das Ganze zu erforschen. Er war nicht angriffslustig und versuchte auch nicht, den Mann unter dem Fahrzeug herauszuziehen; er war einfach nur neugierig. Ein anderes Mal, als das Fahrzeug mit einer Luke für Filmarbeiten ausgestattet worden war, untersuchten die Elefanten die Neuerung und betasteten sie mit ihren Rüsseln.

Der Rüssel der Elefanten ist uns eigenartig vertraut und doch so fremd. Einerseits ist er sehr feinfühlig, andererseits von enormer Schlagkraft. Mit ihm kann ein Elefant ein Ei[3] auflesen, ohne es zu zerbrechen – oder einen Menschen mit einem einzigen Schlag töten. Am Ende des Rüssels befinden sich zwei fingerartige Ausbuchtungen, wie eine Hand in einem Fäustling. Es ist die Art und Weise, wie Elefanten ihre Rüssel benutzen, die sie uns so vertraut erscheinen lässt. Sie muten an wie ein-

Elefanten begrüßen sich häufig, indem sie mit ihrem Rüssel das Maul des anderen berühren, eine Art Kombination aus Händeschütteln, Umarmung und Kuss.

armige Menschen, die erfolglos versuchen, ihre hässliche Nase zu verbergen und dabei deren Verwandlung vortäuschen.

Wird uns ihre fremdartige Herrlichkeit, ihre wunderbare Schönheit jemals kaltlassen? Ein Elefantenrüssel ist strukturiert wie der Stamm einer Palme und multifunktional wie ein Schweizer Messer. Mit ihrer abgerundeten Außenkante und glatten Innenseite kann diese riesige raupenartige Nase in großer Reichweite den immensen Durst stillen, Wasser spritzen, Schlamm herumschleudern, Staub verwirbeln, Witterung aufnehmen, Nahrung sammeln, Freunde begrüßen, Elefantenkinder retten und beruhigen. Oria Douglas-Hamilton schrieb: «Im Rüssel befinden sich zwei Schläuche, um Wasser einzusaugen und wieder auszuspritzen.» Die Journalistin Caitrin Nicol ergänzt, dass ein Rüssel all das kann, «wozu der Mensch eine Kombination aus Augen, Nase, Händen und einer Maschine bräuchte».[4] Yoshihito Niimura von der Universität Tokio meint: «Stellen Sie sich vor, Sie haben eine Nase auf Ihrer Handfläche und jedes Mal, wenn Sie etwas berühren, riechen Sie es auch.»[5]

Die große Frage

Mit kräftigem Griff umwickeln die Dickhäuter mit ihren erstaunlichen Nasen Grasbüschel und reißen sie aus. Wenn die Ballen sich nicht gleich aus der Erde lösen lassen, geben sie ihnen einen kleinen Tritt, damit sie zerbröselt. So holen sie sich ihre Nahrung aus dem Boden. Manchmal schütteln sie auch die Erde von den Wurzeln. Ihre Art zu essen ist ruhig und entspannt. Oft schwingen sie ihren Rüssel leicht hin und her, um sich den nächsten Happen mit ein wenig Schwung in ihr dreieckiges Maul zu stecken. Manchmal halten sie für einen Moment inne, als würden sie einem Gedanken nachhängen. Vielleicht aber lauschen sie auch nur, um sich zu vergewissern, dass es ihren Kindern gut geht, ihre Familie in Sicherheit ist und keine Gefahr droht.

Ich würde so gerne wissen, wie groß in diesem Moment die Schnittmenge zwischen meiner Wahrnehmung und der eines Elefanten in meiner unmittelbaren Nähe ist. Unsere «Eingangskanäle» sind ähnlich: Sehen, Riechen, Hören, Tasten, Schmecken; was wir mit Hilfe dieser Sinne registrieren, müsste sich größtenteils überschneiden. Wir können beispielsweise die gleichen Hyänen wie die Elefanten sehen oder die gleichen Löwen. Als Primaten haben wir Menschen jedoch einen sehr ausgeprägten Sehsinn. Elefanten hingegen haben, wie die meisten anderen Säugetiere, einen hochentwickelten Geruchssinn. Außerdem hören sie äußerst gut.

Ich bin sicher, dass die Elefanten viel mehr mitbekommen als ich; hier sind sie zu Hause, hier haben sie ihre Wurzeln. Ich habe keine Ahnung, was in ihren Köpfen vorgeht. Auch weiß ich nicht, was Cynthia denkt, während sie ruhig und aufmerksam ihre Schützlinge beobachtet.

Das gleiche Gehirn

Vier wohlgenährte Elefantenbabys folgen ihren imposanten Müttern durch eine ausgedehnte, süß riechende Graslandschaft. Als wären sie verabredet, schreiten die ausgewachsenen Tiere zielstrebig in Richtung des großen Sumpfgebiets, wo sich bereits Hunderte ihrer Artgenossen tummeln. Die Familien pendeln täglich zwischen ihren Schlafplätzen in den dichtbewachsenen Hügeln und dem Moor. Hin und zurück kommen sie dabei nicht selten auf fünfzehn Kilometer. Auf ihren langen, täglichen Wanderungen kann eine Menge passieren.

Unsere Aufgabe ist es, die Elefanten morgens aufzuspüren und zu überprüfen, an welchem Ort sich die einzelnen Tiere aufhalten. Man möchte meinen, dass dies nicht so schwer sein kann, doch handelt es sich um Dutzende von Familien, Hunderte von Elefanten.

«Man muss sich *jeden* einprägen. Ja, wirklich!», sagt Katito Sayialel. Ihr trällernder Akzent klingt so klar und leicht wie ein afrikanischer Morgen. Katito ist eine Massai, hochgewachsen und tüchtig. Seit über zwei Jahrzehnten studiert sie zusammen mit Cynthia Moss Elefanten in freier Wildbahn.

Wie viele meinst du, wenn du «jeden» sagst?

«Ich erkenne alle ausgewachsenen weiblichen Tiere wieder, also neunhundert bis tausend Elefanten. Ja, das dürfte hinkommen», schätzt Katito.

Aber *wie* ist es möglich, Hunderte von Elefanten voneinander zu unterscheiden? Manche prägt sich Katito anhand individueller Erkennungszeichen ein, wie etwa eines Lochs im Ohr. Doch bei manchen reicht schon ein Blick, wie bei einem vertrauten Freund.

Wenn sie alle zusammenstehen, kann man es sich nicht erlauben, zu sagen: «Sekunde, wer war das gleich nochmal?» Auch die Elefanten können Hunderte von Artgenossen auseinanderhalten. Sie leben in riesigen sozialen Netzwerken, die aus Familienmitgliedern und Freunden bestehen. Daher sind sie auch so berühmt für ihr gutes Gedächtnis. Mit Sicherheit erkennen sie Katito wieder.

«Als ich hier zum ersten Mal auftauchte, hörten sie meine Stimme und merkten, dass ich neu war. Sie kamen näher, um sich meinen Geruch einzuprägen, und inzwischen wissen sie, wer ich bin.»

Auch Vicki Fishlock lebt hier. Die blauäugige Britin, Anfang dreißig, erforschte Gorillas und Elefanten in der Republik Kongo. Nach ihrer Promotion kam sie nach Kenia, um mit Cynthia zusammenzuarbeiten. Inzwischen sind ein paar Jahre vergangen und Vicki denkt nicht einmal im Traum daran, Amboseli zu verlassen. Normalerweise schaut Katito nach, welche Elefanten da sind, und fährt dann weiter. Vicki bleibt und beobachtet sie. Heute machen wir einen kleinen Ausflug.

Abseits des hohen «Elefantengrases» rupfen fünf ausgewachsene Tiere und vier Babys kurze, spärlich wachsende Halme. Das bedeutet mehr Arbeit, doch scheinen sie viel besser zu schmecken. Sie haben keine Abhandlungen über den Nährstoffgehalt von Gras gelesen. In gewissem Sinne teilt ihnen ihr Unterbewusstsein mit, was zu tun ist, indem es sie mit Genuss dafür belohnt, das reichhaltigere Gras zu wählen. Bei uns funktioniert das ganz genau so – deswegen schmecken uns Fett und Zucker so gut.

Die grasenden Elefanten werden von etlichen Reihern und einem Schwarm wild herumflatternder Schwalben verfolgt. Wenn sich die Dickhäuter wie große graue Schiffe durch den Ozean aus Gras pflügen, scheuchen sie die darin lebenden Insekten für die Vögel auf. Wechselnde Schattierungen auf ihren sanft geschwungenen Rücken, gleich Wellen im Sonnenlicht. Elefantengeräusche. Gras, das mit einem Ruck aus der Erde gerissen wird, Malmen und Kauen. Ohrenflattern. Mist, der zu Boden plumpst. Das Summen von Fliegen und Elefantenschwänzen, die zischend nach ihnen schlagen. Die Ruhe dieser riesigen Tiere. Ohne Worte erzählen sie von einer Zeit, lange bevor es den Menschen gab. Sie existieren weiter, ohne uns Beachtung zu schenken.

«Nein, sie ignorieren uns nicht», verbessert mich Vicki. Sie erwarten von uns, dass wir uns ihnen gegenüber höflich verhalten, und wir entsprechen diesem Wunsch. Daher besteht für sie auch kein Grund, uns weiter zu beachten.

«Sie haben sich mir gegenüber nicht immer so gegeben», ergänzt Vicki.

«Als ich anfing, hier zu arbeiten, waren sie daran gewöhnt, dass Autos vorbeikamen, aus denen ein paar Fotos geschossen wurden, um sogleich weiterzufahren.» Über jemanden, der hier herumsaß und sie über einen längeren Zeitraum beobachtete, waren sie alles andere als glücklich. Sie gehen davon aus, dass wir ein bestimmtes Verhalten an den Tag legen. Weichen wir davon ab, lassen sie uns wissen, dass sie dies sehr wohl bemerken. Doch nicht auf feindselige Art und Weise. Etwa, indem sie den Kopf schütteln und uns einen Blick zuwerfen, der sagen will: «Was ist *dein* Problem?»

Wir fahren gemächlich durch das hügelige Buschland. Eine Elefantenkuh namens Tecla trottet rechter Hand nur ein paar Meter voneweg, als sie plötzlich kehrtmacht und protestierend zu trompeten beginnt. Ein Elefantenjunges zu unserer Linken läuft im Kreis und schreit.

«Es tut mir schrecklich leid!», beschwichtigt Katito Tecla. Abrupt bleibt sie stehen und stellt den Motor ab. Mir scheint, als hätten wir aus Versehen Tecla von ihrem Jungen getrennt. Doch Tecla ist überhaupt nicht die Mutter. Eine andere Elefantenkuh, deren Gesäuge prall gefüllt mit Milch ist, rennt auf uns zu und bleibt unmittelbar vor uns stehen. *Sie* ist die Mutter. Tecla war es, die ihr mitgeteilt hat: «Die Menschen haben sich zwischen dich und dein Baby gedrängt, komm sofort her und *tu* etwas!»

«Elefanten sind wie wir Menschen», meint Katito. «Sehr intelligent. Ich mag die Art wie sie sich verhalten, ihre Familie zusammenhalten und beschützen. Ja, das mag ich.»

Wie wir Menschen? In einigen grundsätzlichen Dingen scheinen wir – sind wir – uns unglaublich ähnlich. Doch vor meinem inneren Auge sehe ich Cynthia mahnend den Zeigefinder heben und mich daran erinnern, dass Elefanten nicht wie wir sind, sondern sie selbst.

Mutter und Baby sind wieder vereint, die Ordnung ist wieder hergestellt. Langsam fahren wir weiter. Wenn ein Individuum weiß, in welcher Beziehung ein weiteres zu einem dritten steht, spricht man vom «Verständnis der Beziehung Dritter».[6] Auch Primaten verstehen die Beziehung Dritter, genauso wie Wölfe, Hyänen, Delfine, Vögel aus der Krähenfamilie sowie einige Papageien.[7] Ein Papagei etwa kann eifersüchtig auf die Frau seines Halters sein.[8] Wenn Grüne Meerkatzen die Angstschreie eines Babys aus ihrer Sippe hören, beginnen sie sofort nach seiner Mutter Ausschau zu halten.⁹ Sie wissen genau, wer sie und *wer die anderen* sind. Außerdem sind sie sich im Klaren darüber, wer für wen wichtig ist. Wenn Delfinmütter in freier Wildbahn wollen, dass ihre Jungen aufhören, mit Menschen zu interagieren, erteilen sie dem Menschen, der gerade die Aufmerksamkeit ihres Kleinen genießt, einen Schlag mit der Schwanzflosse, um ihm zu signalisieren: «Genug gespielt, jetzt soll mein Kind wieder auf mich achten». Wenn die Jungtiere trödeln und lieber mit den wissenschaftlichen Hilfskräften der Forscherin Denise Herzing spielen, kann es passieren, dass sich die «Verwarnungen» der Delfinmütter *direkt an Dr. Herzing* richten.¹⁰ Dies beweist, dass die Delfine wissen, dass sie die Chefin der Menschengruppe im Wasser ist. Die Tatsache, dass wildlebende Tiere die Rangordnung in einer Gruppe von Menschen durchschauen, ist einfach nur erstaunlich.

«Am faszinierendsten finde ich, dass wir wirklich in der Lage sind, einander zu verstehen», fasst Vicki zusammen. «Man findet mit der Zeit heraus, wo die unsichtbaren Grenzen eines Elefanten liegen. Irgendwann spürt man, wann es Zeit ist zu sagen: ‹Ich will sie nicht unter Druck setzen›. Begriffe wie ‹verwirrt›, ‹glücklich›, ‹traurig› oder ‹angespannt› – sie alle beschreiben tatsächlich den Gemütszustand des jeweiligen Elefanten. Unsere Erfahrungsbereiche überschneiden sich, weil», an dieser Stelle zwinkert mir Vicki zu, «wir alle das gleiche Gehirn haben».

Ich schaue hinüber zu den Elefanten, die sich angesichts unserer Präsenz so ungerührt geben, dass sie nur wenige Schritte von unserem Wagen entfernt entlangtrotteten. «Eines unserer größten Privilegien ist es, Elefanten begleiten zu dürfen, die damit einverstanden sind, dass wir hier sind», erklärt Vicki. «Sie wollen nach Tansania, wo es von Wilderern nur so wimmelt. Hier hingegen –.» Vickis Tonfall ist ruhig und sanft, wenn sie ihnen Dinge zuflüstert wie, «Hallo, mein Schatz» oder «Du bist aber eine Schöne». Vicki erinnert sich, dass Echos Familie nach deren tragischem Tod unter Führung ihrer Tochter Enid das Gebiet für drei Monate verließ. «Als sie zurückkehrten, sagte ich Sätze wie ‹Hallo, ich habe dich vermisst›. Da hob Enid mit einem Ruck den Kopf und gab dieses langgezogene Kollern von sich; sie flatterte mit den Ohren und alle Familienmitglieder scharten sich um mich herum, so nahe, dass ich

Elefantenbabys ruhen sich häufig im Schatten aus, während die Erwachsenen aufpassen.

sie hätte streicheln können. In ihren Gesichtern konnte ich lesen, was sie fühlten. Das ist Vertrauen. Es war, als würden mich die Elefanten in den Arm nehmen.»

Vor einiger Zeit war ich zusammen mit einem Wissenschaftler in einem anderen afrikanischen Reservat unterwegs. Mehrere Elefanten dösten mit ihren Jungen im Schatten einer Palme; sie wedelten mit den Ohren, um sich abzukühlen. Der Wissenschaftler vertrat die Meinung, dass sich die Elefanten «ausschließlich abhängig von der Temperaturentwicklung bewegen und ansonsten nichts wahrnehmen». Dabei erklärte er: «Ich habe keine Möglichkeit, festzustellen, ob dieser Elefant mehr mitbekommt, als der Strauch da drüben.»

Keine Möglichkeit, dies festzustellen? Zunächst einmal unterscheidet sich das Verhalten eines Strauchs von dem eines Elefanten in wesentlichen Punkten. Bei einem Strauch sind keine psychischen Reaktionen nachweisbar: Er zeigt keine Gefühle, trifft keine Entscheidungen und verteidigt nicht seinen Nachwuchs. Demgegenüber verfügen Mensch und Elefant über nahezu identische Nerven- und Hormonsysteme, Sinnesorgane und Milch, um ihre Babys zu ernähren. Beide zeigen in bestimmten Situationen Angst und Aggression.

Die These, dass ein Elefant ebenso wenig bemerkt wie ein Strauch, erklärt das Verhalten der Elefanten nicht besser als die Antithese, dass ein Elefant sehr wohl seine Umwelt wahrnimmt. Mein Kollege hielt sich für einen objektiven Wissenschaftler. Doch genau das Gegenteil war der Fall: Er zwang sich dazu, Beweise zu ignorieren, und dies ist alles andere als wissenschaftlich, da eine wissenschaftliche Aussage auf Beweisen basiert.

Zur Debatte steht: Mit wem leben wir hier zusammen? Wie sieht es in der Seele derjenigen aus, die auf dieser Welt leben?

Dies herauszufinden, ist ein schwieriges Unterfangen. Ich werde nicht einfach annehmen oder ausschließen, dass andere Tiere über ein Bewusstsein verfügen, sondern stattdessen nach Beweisen suchen und meine Schlüsse daraus ziehen. Wir machen es uns zu leicht, wenn wir *falsche* Hypothesen aufstellen und Jahrhunderte lang daran festhalten.

Im 5. Jahrhundert v. Chr. erklärte der griechische Philosoph Protagoras: «Der Mensch ist das Maß aller Dinge.» Anders formuliert, wir fühlen uns berechtigt, die Welt zu fragen: «Wie kannst du mir von Nutzen sein?» Wir gehen davon aus, dass wir mustergültig sind und der Rest der Welt sich nach uns richten soll. Doch diese Einstellung trübt unseren Blick. «Typisch menschliche» Eigenschaften, wie Empathie-, Trauer- und Kommunikationsfähigkeit, die Benutzung von Werkzeug und vieles mehr, finden sich in unterschiedlicher Ausprägung auch bei anderen Wesen auf dieser Erde. Wirbeltiere (Fische, Amphibien, Reptilien, Vögel und Säugetiere) verfügen über grundsätzliche Gemeinsamkeiten, was Skelett, Organe, Nervensystem, Hormonhaushalt und Verhaltensweisen anbelangt. Verglichen mit Autos haben wir alle einen Motor, einen Antriebsstrang, vier Räder, Türen und Sitze, nur dass der Mensch in puncto Design und Feineinstellung ein wenig abweicht. Doch wie ahnungslosen Autokäufern fällt den meisten Menschen nur das andersartige Äußere der Tiere ins Auge.

Wir sagen «Mensch und Tier», als ob es nur diese zwei Kategorien gäbe: uns und den Rest. Dabei haben wir Elefanten beigebracht, für uns Baumstämme aus den Wäldern zu ziehen, haben in Laboren Ratten durch Labyrinthe geschickt, um mehr über das Lernverhalten zu erfahren; haben Tauben auf Scheiben picken lassen, um die Grundlagen der Psychologie zu erforschen; haben Fliegen als Versuchsobjekte genommen, um die Funktionsweise unserer DNA zu entschlüsseln, und Affen mit Krankheitserregern infiziert, um Heilmittel für uns selbst zu gewinnen. Blinde sind auf die Hilfe ihrer treuen, vierbeinigen Begleiter angewiesen. Doch trotz dieser großen Nähe wollen wir nicht von dieser vagen Haltung abrücken, dass «Tiere» nicht wie wir sind – obwohl wir doch selbst Tiere sind. Es gibt wohl kaum eine andere Beziehung, die derart fehlgedeutet wird.

Um die Elefanten verstehen zu können, müssen wir uns eingehend mit Themen wie Bewusstsein, Wahrnehmung, Intelligenz und Emotionen auseinandersetzen. Bedauerlicherweise gibt es keine Standarddefinitionen, was bedeutet, dass ein und derselbe Begriff unterschiedliche Bedeutungen haben kann. Wie im Gleichnis von den blinden Männern und dem Elefanten liefern Philosophen, Psychologen, Ökologen und Neurologen keine allgemeingültigen Erklärungen, sondern betasten und beschreiben sozusagen jeweils nur einen Körperteil des Elefanten. Das Gute daran ist, dass diese vorherrschende Uneinigkeit es uns erlaubt, die akademischen Zankereien beiseitezulassen und uns eigene Gedanken zu machen.

Zunächst wollen wir den Begriff «Bewusstsein» wie folgt definieren: Bewusstsein ist *das, was sich nach etwas anfühlt*.[11] Diese einfache Begriffsklärung stammt von Christof Koch, dem Leiter des Allen Institute for Brain Science in Seattle. Eine Schnittverletzung am Bein ist zunächst ein rein physisches Ereignis. Wenn diese Verletzung schmerzt, ist man sich darüber bewusst. Das Wissen darüber, dass eine Schnittverletzung weh tut, liefert unser *Verstand*. Die Fähigkeit, etwas zu fühlen, nennt man *Empfindungsvermögen*. Das Empfindungsvermögen von Menschen, Elefanten, Käfern, Muscheln, Quallen und Bäumen rangiert auf einer breit gefächerten Skala. Beim Menschen ist es sehr differenziert, wohingegen es bei Pflanzen nicht zu existieren scheint. *Erkenntnisvermögen* meint die Fähigkeit, Wissen aufzunehmen und zu verstehen. Überlegt man etwas, das man zuvor wahrgenommen hat, spricht man von *Denk-*

vermögen. Im Vergleich unterschiedlicher Lebewesen miteinander stellt man auch in Bezug auf ihr Denkvermögen sehr unterschiedliche Ausprägungen fest. Ein Jaguar, der genau taxiert, wie er ein wachsames Nabelschwein am besten von hinten angreift, zeigt Denkvermögen, ebenso wie ein Bogenschütze, der sein Ziel anvisiert oder jemand, der über einen Heiratsantrag nachdenkt. Bei Lebewesen mit Bewusstsein handelt es sich beim Empfindungs-, Erkenntnis- und Denkvermögen um sich überschneidende Fähigkeiten.

Dem Bewusstsein wird dabei generell zu viel Bedeutung beigemessen, denn viele Abläufe finden ohne Beteiligung des Bewusstseins statt: Herzschlag, Atmung, Verdauung, Stoffwechsel, Immunantwort, Heilungsprozesse, Biorhythmus, Monatszyklus, Schwangerschaft, Wachstum. Auch in Vollnarkose sind wir quicklebendig, wenngleich nicht bei Bewusstsein. Während wir schlafen, wird in unseren unbewusst funktionierenden Gehirnregionen hart gearbeitet: gesäubert, sortiert und erneuert. In Ihrem Körper ist sehr fähiges Personal am Werk und das schon lange, bevor das Bewusstsein in die Belegschaft aufgenommen wurde. Zu schade, dass Sie Ihr Team niemals persönlich kennenlernen werden.

Das Bewusstsein können wir uns als einen Computerbildschirm vorstellen, den wir sehen und mit dem wir interagieren. Dieser wird von unsichtbaren Software-Codes betrieben, von denen wir keine Ahnung haben. Die meisten Abläufe im Gehirn finden unbemerkt statt. Der Wissenschaftsjournalist und ehemalige Herausgeber des Magazins *Rolling Stone*, Timothy Ferris, schrieb: «Was in unserem Gehirn vorgeht, können wir mit unserem Verstand größtenteils weder kontrollieren noch verstehen.»[12]

Wozu ist das Bewusstsein gut? Bäume und Quallen kommen auch ohne gut zurecht. Unser Bewusstsein brauchen wir, um Dinge beurteilen zu können, Pläne zu machen und Entscheidungen zu treffen.

Wie kann aus dem unübersichtlichen Brei aus Nervenzellen, dem Netz aus elektrischen Impulsen und chemischen Prozessen – seien es die von Elefanten, Menschen oder wem auch immer – ein Bewusstsein entstehen?

Wie produziert das Gehirn den Verstand? Niemand weiß, wie Nervenzellen, auch Neuronen genannt, das Bewusstsein schaffen. Doch so viel ist sicher: Das Bewusstsein wird bei Schädigung des Gehirns beeinträchtigt. Daraus folgt, dass das Bewusstsein im Gehirn sitzt. Der Neurowissenschaftler und Nobelpreisträger Eric R. Kandel schrieb im Jahr 2013: «Unser Verstand besteht aus einer Reihe von Abläufen, die unser Gehirn durchführt.»[13] Das Bewusstsein scheint also durch die Vernetzung von Neuronen zu entstehen.

Wie viele Nervenzellen müssen dafür vernetzt sein? Keiner kann sagen, wo sich die einfachsten Bewusstseinsformen verbergen, doch verfügen vermutlich weder Quallen noch Würmer über ein Bewusstsein. Mit ihren knapp einer Million Hirnzellen können sich Honigbienen Muster, Geruch und Farben verschiedener Blüten sowie deren Standort einprägen. Ihr «Schwänzeltanz» verrät ihren Stockgenossinnen Richtung, Entfernung und Reichhaltigkeit der gefundenen Nektarquelle. Bienen «weisen eine ausgeprägte Kompetenz auf»[14], behauptet der renommierte Neurologe Oliver Sacks. Wenn die Bienen an demselben Nektarfundort eine Gefahrenquelle, wie etwa eine Spinne, ausfindig machen, unterbinden sie den Schwänzeltanz ihrer Kolleginnen.[15] Werden Bienen im wissenschaftlichen Versuch mit einem Angriff konfrontiert, stellen Forscher «die gleichen Kennzeichen negativer Gefühle, wie sie der Menschen aufweist»[16] fest. Noch erstaunlicher ist, dass sich im Gehirn von Bienen die gleichen «Nervenkitzelhormone»[17] wie bei jenen Menschen finden, die ständig auf der Suche nach einem neuen Kick sind. *Wenn* diese Hormone den Bienen tatsächlich zu einem prickelndem Vergnügen oder einem Motivationsschub verhelfen, bedeutet dies, dass sie ein Bewusstsein haben. Bestimmte Wespenarten mit einem komplexen Sozialverhalten können Individuen anhand ihres Gesichts erkennen.[18] Vor dieser Erkenntnis hatte man diese Fähigkeit nur einigen wenigen Säugetieren zugeschrieben. «Es liegt auf der Hand, dass Insekten auf vielfältige und verblüffende Weise erinnern, lernen, denken, und kommunizieren können»,[19] stellt Sacks fest.

Ist es möglich, dass Elefanten, Insekten und andere Lebewesen über ein Bewusstsein verfügen, obwohl sie nicht mit der riesigen, in sich gefalteten Großhirnrinde ausgestattet sind, in der menschliches Denken stattfindet? Die Antwort ist ja und trifft sogar auf den Menschen zu: Der dreißigjährige Roger verlor aufgrund einer Hirninfektion rund fünfundneunzig Prozent seines Kortex.[20] An die Zeit vor der Infektion kann er sich nicht erinnern, Geruchs- und Geschmackssinn hat er verloren, außerdem hat er große Schwierigkeiten, neue Erinnerungen zu bilden. Doch weiß er genau, wer er ist, erkennt sich selbst im Spiegel sowie auf Fotos und verhält sich im Zusammensein mit anderen Personen normal. Roger hat Sinn für Humor und empfindet Scham. Und das alles mit einem Gehirn, das keine Ähnlichkeit mehr mit dem eines Menschen hat.

Die gewöhnliche Vorstellung, dass nur der Mensch ein Bewusstsein hat, ist rückständig. Im Lauf der Zivilisation sind die Sinne des Menschen immer mehr abgestumpft. Viele Tiere dagegen haben übermenschlich feine Antennen, – denken Sie nur an das Verhalten von Elefanten, wenn sich Kleinigkeiten in ihrem Umfeld ändern – ihr Wahrnehmungsrüstzeug ist so hochentwickelt, dass sie selbst den leisesten Hauch einer Gefahr sofort erkennen. Im Jahr 2012 formulierten Wissenschaftler in der *Cambridge Declaration on Consciousness*, dass «alle Säugetiere und Vögel, sowie viele andere Lebewesen, wie etwa Kraken» Nervensysteme haben, die den Zustand des Bewusstseins ermöglichen. (Kraken benutzen Werkzeuge und lösen Probleme genauso geschickt wie die meisten Affenarten – dabei sind sie *Weichtiere*.) Die Wissenschaft bestätigt das Offensichtliche: Andere Tiere hören, sehen und riechen mit ihren Ohren, Augen und Nasen; sie haben Angst, wenn sie einen Grund dafür haben und sind glücklich, wenn sie glücklich wirken.

Christof Koch schreibt: «Was auch immer Bewusstsein ist, wie auch immer es mit dem Gehirn verknüpft sein mag – Hunde, Vögel und Legionen anderer Tiere haben es. Wie ich ... dargelegt ... habe, ist das Bewusstsein von Hunden nicht dasselbe wie das unsrige ..., aber ohne Frage erleben sie ebenfalls ihr Leben.»[21]

Mein Hund Jude lag einmal schlafend auf dem Teppich. Seine Hinterläufe zuckten, offenbar träumte er davon, zu rennen. Plötzlich stieß er ein langes, schaurig-dumpfes Jaulen aus. Chula, mein anderer Hund, stand sofort auf und lief zu ihm. Jude schreckte hoch, erhob sich und begann laut zu bellen, wie ein Mensch, der, noch in seinem Albtraum gefangen, schreiend aufwacht und ein paar Minuten braucht, um sich zurechtzufinden.

Wir versuchen klare Grenzen zu ziehen, wie etwa die zwischen den Elefanten und dem Menschen, doch die Natur hat diese Grenzen durch die tiefen Beziehungen, die zwischen uns gewachsen sind, längst verwischt. Doch wie sieht es mit Lebewesen aus, die *kein* Nervensystem haben? Hier befindet sich definitiv eine Trennlinie – oder?

Pflanzen verfügen über kein Nervensystem, *produzieren aber die gleichen Chemikalien*, etwa Serotonin, Dopamin und Glutamat, die als Neurotransmitter dienen und bei Tieren, einschließlich des Menschen, für die Stimmungslage verantwortlich sind. Auch bei Pflanzen finden sich Signalsysteme, die grundsätzlich genauso arbeiten wie bei Tieren, wenn auch langsamer. Michael Pollan drückt es bildlich aus: «Die Pflanzen sprechen mit chemischen Wörtern, die wir weder direkt vernehmen noch verstehen können.»[22] Dies bedeutet nicht zwangsläufig, dass Pflanzen zu Sinneswahrnehmungen fähig sind, doch sind sie zu anderen, wirklich verblüffenden Dingen in Lage. Der Mensch nimmt chemische Stoffe über den Geruchs- und Geschmackssinn wahr. Pflanzen reagieren auf Chemikalien in der Luft, dem Boden und an ihnen selbst. Pflanzen biegen ihre Blätter, um das Sonnenlicht optimal aufnehmen zu können. Wenn ihre Wurzeln auf ein Hindernis oder Giftstoffe stoßen, ändern sie ihre Wuchsrichtung, noch *bevor* sie damit in Kontakt kommen. Berichten zufolge reagieren Pflanzen auf *Tonbandaufzeichnungen* des Kaugeräuschs von Raupen, indem sie Abwehrstoffe produzieren. Pflanzen, die von Insekten oder Pflanzenfressern angegriffen werden, sondern «Stress»-Chemikalien aus, die angrenzende Blätter und Pflanzen dazu anregen, mehr Abwehrstoffe zu produzieren sowie Insekten fressende Wespen anzulocken, welche den Angriff abmildern sollen. Durch die Blütenbildung teilen Pflanzen Bienen und anderen Bestäubern mit, dass der Nektar bereit zur Ernte ist.

Doch abgesehen von fleischfressenden und berührungsempfindlichen Arten agieren die meisten Pflanzen so langsam, dass es für das menschliche Auge nicht wahrnehmbar ist. Beim Anblick einer Blumenwiese könne er sich das unsichtbare, chemische Geschwätz um ihn herum, eingeschlossen die Angstschreie, nur schwer vorstellen, schreibt Pollan. Doch schon Charles Darwin ließ sein Buch *Das Bewegungsvermögen der Pflanzen* mit dem Satz enden: «Es ist kaum eine Übertreibung, wenn man sagt, dass die in dieser Weise ausgerüstete Spitze des Würzelchens ... gleich dem Gehirn eines der niedere Thiere wirkt; das Gehirn ... erhält Eindrücke von den Sinnesorganen und leitet die verschiedenen Bewegungen.»

Zugegeben, hier betreten wir unsicheres Terrain und die Gefahr von Fehldeutungen ist groß. Ähnlich wie Cynthia Moss in Bezug auf die Elefanten war auch der Botaniker Tim Plowman nicht an einem Vergleich zwischen Pflanze und Mensch interessiert. Seine Wertschätzung galt den Pflanzen. «Sie können Licht essen», sagte er, «reicht das nicht?»

Der Grund, warum ich bei den Pflanzen ein wenig ausführlicher geworden bin, ist schlicht folgender: Verglichen mit ihrer Fremdartigkeit und den großen Unterschieden zwischen Pflanzen und Tieren ist eine Elefantenkuh, die ihr Baby säugt, uns Menschen so ähnlich, dass sie auch meine Schwester sein könnte.

Ist der Mensch wirklich einzigartig?

In einem grasbewachsenen, lichtdurchfluteten Hain versuchen kleine Elefantenbabys ihre widerspenstigen Rüssel unter Kontrolle zu bringen, um danach eine kleine Trinkpause an den Zitzen ihrer Mütter einzulegen.

«Wie nett diese beiden Familien miteinander umgehen», sagt Vicki. «Elin wollte dichter ans Wasser, Eloise war einverstanden und wartete, bis die ganze Gruppe aufgerückt war. Offensichtlich haben sie beschlossen, den Tag heute gemeinsam zu verbringen.»

Warum schließen Elefanten Freundschaften? Einige der jüngeren mögen die gleichen Spiele und hängen ständig zusammen. Manche der Erwachsenen haben einfach dieselbe «Wellenlänge» in Bezug auf Fress- und Schlafrhythmus sowie auf bevorzugte Schlafplätze und Nahrung.

Dieselbe Wellenlänge. Interessant. Die ist schon bei Menschen nicht leicht zu finden.

Die beste Antwort auf die Frage: «Haben Elefanten ein Bewusstsein?» ist: Alle Beweise sprechen dafür, dass sie über ein umfassendes Bewusstsein verfügen. Nun stellt sich eine neue, spannende Frage: Was bedeutet das Vorhandensein eines Bewusstseins bei Tieren? Für Tierliebhaber liegt die Antwort auf der Hand, doch kann ich die Zwischenrufe der Zweifler förmlich hören: «Nicht so schnell!» Viele Forscher und Wissenschaftsautoren bestehen darauf, dass wir keinen Zugang zur Seelenwelt eines Tieres haben. Mir ist klar, warum sie dies behaupten, doch glaube ich, dass sie falsch liegen. Weil wir heute mehr darüber wissen als früher.

Tierverhalten ist eine junge Wissenschaft. Erst in den 1920er Jahren entdeckte man, dass es unter Hühnern eine «Hackordnung» gibt. Die Erkenntnis von Margaret Morse, dass Singvögel ihr Revier verteidigen – und dass dies der Hauptgrund für ihren Gesang ist –, fällt ebenfalls in diesen Zeitraum. Mitte des 20. Jahrhunderts hatten Pioniere der Verhaltenswissenschaft wie Konrad Lorenz, Niko Tinbergen und Karl von Frisch viel damit zu tun, ihr Forschungsgebiet von uraltem Aberglauben, Ammenmärchen (Eulen prophezeien den Tod, Wölfe sind die Komplizen des Teufels) und Fabeln zu entrümpeln, in denen Tieren menschliche Eigenschaften zugeordnet sind (Heuschrecken sind faul, Schildkröten beharrlich, Füchse hinterlistig).

Diese Wissenschaftler waren hervorragende Beobachter. Sie schafften es, viele Tierarten von verkrusteten metaphorischen Projektionen freizulegen. Ihr Vorgehen ist schnell beschrieben: Beschreibe nur das, was du siehst. Die Forscher mussten erst den Beweis erbringen, dass das Beobachten von Tieren ein objektiver Ansatz war. Es gelang ihnen. Für ihre Studien über die Tanzsprache der Honigbienen, das Balzverhalten von Fischen und die Prägung frisch geschlüpfter Junggänse auf das, was sie zuerst sehen, erhielten Frisch, Tinbergen und Lorenz den Nobelpreis. Für die drei wissbegierigen Naturforscher muss dies ein tolles Erfolgserlebnis gewesen sein.

Doch gab es keine wissenschaftliche Herangehensweise an Fragen wie «Was fühlt eine Elefantenkuh, wenn sie ihr Baby säugt?» Hier schien eine Grenze erreicht zu sein. Niemand hatte bisher freilebende Tiere in ihrem natürlichen Umfeld beobachtet. Die Hirnforschung steckte noch in den Kinderschuhen. Daher mussten sich Vermutungen über ihre Gefühlswelt auf die unsrige stützen – doch mit diesem Ansatz drehte man sich im Kreis. Die neue Wissenschaftlerriege beharrte darauf, ihre Erkenntnisse nur durch Beobachtung zu gewinnen. Spekulationen und Ratespiele vermied sie strikt. Wir können beobachten, *was* ein Elefant macht. *Wie* sich das Tier dabei fühlt, bleibt uns verschlossen. Konkret bedeutet dies etwa, zu schauen, wie viele Minuten die Elefantenkuh ihren Nachwuchs trinken lässt. Selbst die renommierte Expertin für Elefantenkommunikation, Joyce Poole, erklärte: «Ich war darin geschult, bei der Beobachtung nichtmenschlicher Tiere nicht zwangsläufig bewusstes Denken vorauszusetzen».[23]

Auch ich bekam am Anfang meiner Ausbildung die allgemeingültige Anweisung: Übertrage nicht das, was sich in der Psyche des Menschen abspielt – Gedanken oder Gefühle – auf Tiere (diese Übertragung nennt sich «Anthropomorphismus»). Grundsätzlich begrüße ich diesen Ansatz. Wir sollten nicht davon ausgehen, dass Tiere (oder, wenn wir schon dabei sind, Geliebte, Ehefrauen, Kinder oder Eltern) «bestimmt» genauso denken und fühlen würden wie wir. Sie sind nicht wir.

Die Frage nach der Gedanken- und Gefühlswelt der Tiere scheiterte aber nicht an der dünnen Datenlage; der gesamte Forschungsbereich wurde als verboten erklärt. Die Methode der Beobachtung wurde zu einer einengenden gedanklichen Zwangsjacke. Verhaltensforscher durften nur beschreiben, was sie sahen. Punktum. Beschreibung – und nur Beschreibung – wurde zur «einzig richtigen» Methode, wenn es um die Erforschung von Tierverhalten ging. Die Frage, welche Gefühle oder Gedanken einzelnen Verhaltensakten zugrunde liegen, war absolut tabu. Man durfte sagen: «Die Elefantenkuh stellte sich zwischen ihr Junges und die Hyäne.» Doch mit dem Satz «Das Muttertier brachte sich in Stellung, um ihr Junges vor der Hyäne zu schützen» hätte man schon die Regeln *gebrochen*; er wurde als anthropomorph erachtet, da wir keinen Zugang zu den Absichten des Muttertiers haben. Die Frage danach wurde im Keim erstickt.

Bei der Etablierung der Erforschung des Tierverhaltens als Wissenschaft war es anfangs sicherlich hilfreich, dass mit der Bezeichnung «Anthropomorphismus» eine rote Flagge gehisst wurde. Doch als kleinere Geister den Nobelpreisträgern folgten, wurde der Begriff «Anthropomorphismus» zu einer Piratenflagge. Sobald der Begriff gefallen war, stand der Angriff unmittelbar bevor. Seine wissenschaftliche Arbeit veröffentlicht zu bekommen, war dann ein Ding der Unmöglichkeit. Und gemäß dem Motto des Wissenschaftsbetriebs «publish or perish» stand schnell der Job auf dem Spiel.

Selbst noch so fundierte, logische Rückschlüsse über die Motivation, die Gefühle oder das Bewusstsein von Tieren konnten das berufliche Aus bedeuten. Die bloße Frage danach reichte schon aus. In den 1970er Jahren verursachte ein Buch mit dem vorsichtig formulierten Titel *The Question of Animal Awareness* einen solchen Aufruhr, dass der Autor, Donald Griffin, von seinen Kollegen als Verhaltensforscher an den Rand der Bedeutungslosigkeit gedrängt wurde. Dabei war Griffin kein Anfänger. Er galt schon seit vielen Jahren als renommierte Größe seines Fachs, da es ihm gelungen war, das Geheimnis zu lüften, wie Fledermäuse Ultraschall zur Orientierung benutzen. Man könnte ihn auch als Genie bezeichnen. Doch diese eine Frage zu stellen, war für viele seiner orthodoxen Kollegen einfach zu viel. Die Vermutung, dass Tiere in der Lage sind, *irgendetwas* zu fühlen, war ein sicherer Gesprächskiller – schlimmer noch, es war ein Karrierekiller. Im Jahr 1992 warnte ein Wissenschaftsautor des hoch angesehenen Magazins *Science* seine Leser, dass die Beschäftigung mit den Empfindungen von Tieren «kein Forschungsgegenstand ist, den ich irgendjemandem ohne unkündbare Festanstellung empfehlen würde».[24] Er meinte das nicht als Witz.

Durch das Verbot aller Themen, die als anthropomorph galten, stellten die Verhaltensforscher den Irrglauben ans Gegenteil auf Dauerbetrieb. Sie sorgten für die Institutionalisierung der Auffassung von der Exklusivität des Menschen, dass nur er über ein Bewusstsein verfügt oder überhaupt etwas fühlt. (Der Ansatz, dass sich alles nur um uns Menschen dreht, nennt sich Anthropo*zentrismus*.) Sicherlich führt die Übertragung von Gefühlen auf andere Tiere zu einer Fehlinterpretation von deren Beweggründen. Doch wenn wir ihnen *jeglichen* geistigen Antrieb absprechen, missverstehen wir sie *garantiert*.

Sich von der bloßen Annahme zu distanzieren, dass Tiere fühlen und denken können, war ein guter Start für eine neue Wissenschaft. Doch auf der Negierung dieser Fähigkeiten zu bestehen, war unwissenschaftlich. Sonderbarerweise zogen es viele Verhaltensforscher – die auch Biologen sind – vor, einen elementaren biologischen Prozess zu negieren: Jede Neuerung stellt eine kleine Verbesserung des Vorherigen dar. Alles, was der Mensch heute macht oder besitzt, hat seinen Ursprung in der Vergangenheit. Bevor er «zusammengebaut» werden konnte, musste die Evolution alle Bauteile parat haben und diese wurden für Vorläufermodelle entwickelt. Der heutige Mensch hat sie übernommen.

Nehmen wir beispielsweise die Entwicklung der Gliedmaßen: vom Gliederfüßer über den Vierbeiner bis zum zweibeinigen Menschen. Beim oberen Teil der Hintergliedmaßen handelt es sich bei Fröschen, Hühnern und Menschen um einen Oberschenkelknochen. So lässt sich die Transformation von einer Amphibie über einen Vogel bis zu einem menschlichen Triathleten nachzeichnen. Ungeachtet der jeweiligen Art gibt es Phänomene wie Schlaf oder Niesen, die bei allen gleich sind. Die Arten unterscheiden sich – sind aber gar nicht so unterschiedlich. Nur der Mensch hat eine menschliche Psyche. Doch daraus zu folgern, dass nur er eine Psyche hat, entspräche dem Trugschluss, dass ausschließlich der Mensch über ein Skelett verfügt, weil nur bei ihm ein menschliches

Skelett vorliegt. Die Skelette von Elefanten können wir sogar mit unseren eigenen Augen sehen. Ihre Psyche hingegen nicht. Für uns sichtbar aber ist ihr Nervensystem und anhand ihrer Verhaltensweisen können wir bei ihnen psychische Prozesse beobachten. Egal ob Skelett oder Gehirn, das Prinzip ist das gleiche und wenn wir eine These aufstellen sollen, dann wohl diese, dass man sich das Vorhandensein einer Psyche auf einer abgestuften Skala vorstellen muss.

Doch dies geschah nicht. Die Verhaltensforscher zogen eine klare Trennlinie zwischen dem Nervensystem des gesamten Tierreichs und ihrer eigenen Spezies: dem des Menschen. Das Leugnen der schieren Möglichkeit, dass andere Tiere Gedanken oder Gefühle haben könnten, verstärkte genau das, was alle Welt hören wollte: Wir sind etwas Besonderes. Wir sind völlig anders. Besser. Die Besten. (Stichwort Projektion!)

Jahrzehntelang ernteten Wissenschaftler, die über den Tellerrand hinausblickten, den Hohn ihrer Kollegen. Einige Umstürzler, die keine ausgebildeten Verhaltensforscher waren – Jane Goodall war wahrscheinlich die Erste –, mussten diese Erfahrung machen. Goodall beschreibt die Situation, als sie sich nach ihren ersten Studien mit Schimpansen als Doktorandin in Cambridge immatrikulierte: «Es war ein Schock für mich zu hören, dass ich alles falsch gemacht hatte. Wirklich alles. Ich hätte ihnen keine Namen geben dürfen. Ich hätte nicht über ihre Persönlichkeiten, ihre Seele, ihre Gefühle sprechen dürfen. Dabei sind sie doch einzigartig.»[25]

Bis heute ist die «Anthropo»-Phobie unter Verhaltensforschern und Wissenschaftsautoren weitverbreitet, wobei sie mit ihrer längst überholten, übertriebenen Vorsicht in der Tradition ihrer orthodoxen Lehrer stehen. Wir dürfen anderen Tieren keine menschlichen Gefühle zusprechen, bestärken sich die Orthodoxen gegenseitig und beten es ihren Schülern vor. Diese plappern es ihnen nach und denken, sich dadurch besonders professionell zu verhalten.

Was aber versteht man unter einem «menschlichen» Gefühl? Wenn behauptet wird, dass man menschliche Empfindungen nicht auf Tiere übertragen dürfe, wird dabei vergessen, dass es sich bei menschlichen Gefühlen um animalische Gefühle handelt. Übernommene, ererbte Gefühle, die ein ererbtes Nervensystem benutzen.

Die simple Behauptung, dass Tiere nicht zu menschlichen Gefühlsregungen in der Lage seien, ist ein billiger Trick des Menschen, sich den Alleinanspruch auf alle erdenklichen Gefühle und Handlungsantriebe zu sichern. Menschen, die sich eingehend mit Tieren beschäftigen, wissen, wie absurd das ist, doch viele andere eben nicht. Als ich an meinem Buch schrieb, bemerkte Caitrin Nicol: «Das Dilemma bleibt bestehen, wie sollen wir ein exaktes Verständnis für die Natur und (gegebenenfalls) für die Gefühle eines Tieres entwickeln, ohne dass wir Vermutungen über sie anstellen, die aus der nur uns Menschen eigenen Weltsicht resultieren?»[26]

Aber verraten Sie mir, inwiefern uns diese menschliche Perspektive davon abhält, die Emotionen anderer Tiere zu begreifen? *Behindert* uns unsere Fähigkeit, Freude, Schmerz, Lust oder Hunger zu empfinden, daran, sie zu verstehen? Nein, das tut sie nicht, im Gegenteil, sie hilft uns dabei. Doch führt uns dies nicht wieder zurück zu falschen Vermutungen? Nein, nicht, wenn wir alle inzwischen gewonnenen Erkenntnisse mit einbeziehen. Denken Sie etwa an die romantische Liebe. Es ist ganz offensichtlich, dass es bei den Elefanten in Anbetracht ihrer matriarchalischen Familienstruktur, des Fehlens von gemischtgeschlechtlichen Paarbeziehungen, des Wanderverhaltens der Elefantenbullen und der Aufzucht des Nachwuchses ausschließlich durch weibliche Tiere keine Liebesbeziehungen gibt. Und genau deshalb stellen Elefantenforscher dazu keine irrigen Thesen auf. Beweise und logisches Denken können also verlässliche Richtlinien sein. Tatsächlich ist es sogar so, dass es ein Synonym für Beweise und Logik gibt: «Wissenschaft».

Wir würden niemals daran zweifeln, dass ein Tier, das sich hungrig verhält auch tatsächlich Hunger hat. Gibt es einen Grund, daran zu zweifeln, dass ein Elefant, der glücklich wirkt, auch glücklich ist? Wir stellen bei Tieren Hunger und Durst fest, wenn sie fressen und saufen, ebenso Erschöpfung, wenn sie müde werden. Doch sprechen wir es ihnen ab, Freude und Glück zu empfinden, wenn sie mit ihrem Nachwuchs oder Familienmitgliedern spielen. Lange Zeit hatte die Verhaltensforschung genau diese Ausrichtung – dies entspricht nicht den Regeln der Wissenschaft. In der Wissenschaft ist die einfache Interpretation eines Befundes oft die beste. Wenn Elefanten in einem Freude stimulierenden Kontext freudvoll wirken, ist Freude die simpelste Interpretation der Beweislage. Ihre Gehirne ähneln den unseren. Sie produzieren die gleichen

Hormone, die auch bei uns Menschen für unsere Gefühle verantwortlich sind – auch das ist ein Beweis. Wir wollen nicht spekulieren. Aber auch nicht Beweise unter den Tisch fallen lassen.

Wenn ein Hund mit seiner Pfote gegen die Tür kratzt, würden manche Menschen darauf bestehen, dass wir *nicht wissen können*, ob der Hund hinaus will. (Inzwischen denkt Ihr Hund natürlich, «Halloooo, wann lässt du mich endlich raus; ich möchte nicht auf den Dielenboden pinkeln!») Offensichtlich *will* der Hund hinaus. Wenn Sie den Beweis dafür weiterhin ignorieren, halten Sie besser einen Wischlappen bereit.

Seit Urzeiten gehen Elefanten starke soziale Bindungen ein. Elterninstinkt, Zufriedenheit, Freundschaft, Leidenschaft und Trauer, all diese Gefühle gibt es nicht erst seit dem Auftauchen des modernen Menschen. Am Anfang unserer Entwicklung waren wir alle Urzeitwesen. Der Ursprung unseres Gehirns ist untrennbar mit den Gehirnen anderer Arten im Schmelztiegel der Schöpfung verbunden. Folglich gilt dies auch für unsere Psyche.

Erbe aus der Urzeit

Ist es uns möglich, die Unterschiede in der Wahrnehmung eines Elefanten und der einer Maus festzustellen? Weder Elefanten noch Mäuse können uns sagen, was sie denken. Doch ihre Gehirne können es. Gehirnscans zeigen, dass basale Emotionen wie Trauer, Glück, Wut, Angst sowie die handlungsanregenden Gefühle Hunger und Durst «in sehr archaischen Verknüpfungen im Gehirn entstehen»,[27] sagt der renommierte Neurologe Jaak Panksepp.

Forscher sind heute in der Lage, bei Tieren viele emotionale Reaktionen durch direkte elektrische Stimulation des Gehirns auszulösen. Beispielsweise wird das Gefühl der Wut bei Katze und Mensch im gleichen Gehirnareal generiert.

Ein weiterer Beweis für eine Überschneidung von menschlicher und animalischer Erfahrung: Ratten können nach denselben euphorisierenden Substanzen süchtig werden wie Menschen.[28] Hunde mit zwanghaftem Verhalten weisen die gleichen Gehirnanomalitäten auf wie Menschen mit einer zwanghaften Persönlichkeitsstörung.[29] Beide sprechen auf die gleichen Medikamente an. Unter Stress schütten Tiere und Menschen identische Hormone ins Blut aus. Eine Languste, die im Versuch leichte Elektroschocks bekam, zog sich über einen längeren Zeitraum zurück und wies erhöhte Serotoninwerte auf – Zeichen für eine Angststörung. Als die Forscher dieser Languste ein bei Menschen bewährtes Medikament gegen Angstzustände, Chlordiazepoxid, verabreichten, verhielt sich die Languste wieder normal und erkundete ihre Umwelt. Die Forscher hielten fest: «Unsere Ergebnisse zeigen, dass Langusten eine Form der Angst aufweisen, die auch bei Wirbeltieren beobachtet wird.»[30]

Ich empfinde Unbehagen bei dem Gedanken, dass ich Krabben und Hummern eine wesentlich rüdere Behandlung als nur leichte Stromstöße angedeihen habe lassen. Das Gefühl der Angst wird offenbar bei vielen Arten durch das gleiche, vor Urzeiten entwickelte System chemischer

Signalsubstanzen ausgelöst, welches sich im Lauf der Evolution kaum verändert hat. Dies macht Sinn: Für alle mögliche Tierarten stellte es einen entscheidenden Vorteil im Kampf ums Überleben dar, wenn sie sich bei drohender Gefahr aus Angst nicht hinauswagten.

Komplexe Tiere haben sehr urzeitliche Gefühlssysteme geerbt. Die Gene etwa, die dafür sorgen, dass unser Körper die Gefühlshormone Oxytocin und Vasopressin bildet, entwickelten sich vor gut siebenhundert Millionen Jahren. Forscher vermuten, dass sie «wahrscheinlich entstanden, als Tiere begannen, umherzuziehen und erfahrungsbasierte Entscheidungen zu treffen».[31]

Darwin schrieb: «Wird ein Wurm unerwartet angestrahlt, flitzt er wie ein Hase in sein Erdloch.» Wird er aber dauerhaft erschreckt, hört der Wurm auf, sich zurückzuziehen. Ein solch offenkundiger Lernprozess ließ Darwin auf «das Vorhandensein irgendeiner Art von Psyche» rückschließen. Nach seiner Beobachtung, dass Würmer verschiedene Gegenstände auf ihre Tauglichkeit zum Verschließen ihrer Erdlöcher prüfen, stellte Darwin die These auf, dass Würmer «es verdienen, als intelligent bezeichnet zu werden, da sie auf die annähernd gleiche Weise handeln wie ein Mensch unter ähnlichen Bedingungen».[32]

Sie finden das lächerlich? Bedenken Sie eines: «Bei Würmern und Menschen laufen identische neurale Mechanismen ab», schrieb im Jahr 2012 S. W. Emmons in einem Artikel mit dem faszinierenden Titel «The Mood of a Worm».[33] Sein Forschungsobjekt ist der einen Millimeter lange *C. elegans* – der elegante Fadenwurm. Und hier kommt das Beste: Die Gensequenz, der das Nervensystem zugrunde liegt, ist bei Wurm und Mensch annähernd identisch, was den Wurm «mit Vernetzungsmustern, die auch im menschlichen Gehirn zu finden sind», ausstattet. *C. elegans* hat insgesamt 302 Nervenzellen (Menschen haben ungefähr hundert Billionen). Doch auch *C. elegans* produziert einen handlungsauslösenden chemischen Botenstoff, der dem Oxytocin ähnelt. Er wird als Nematocin bezeichnet und hat eine vergleichbare Funktion: Er stimuliert beim Wurm die Lust auf Sex. Mutierte männliche Würmer, die kein Nematocin ausschütteten, verbrachten weniger Zeit damit, eine Partnerin zu finden, benötigten mehr Zeit, eine solche zu erkennen, brauchten länger, den Paarungsakt zu starten und «führten ihn schlecht durch». Armer Wurm! Emmons, Professor am Albert Einstein College of Medicine, gibt uns diese Erkenntnis mit auf den Weg: «So wie die heutigen Hauptstraßen und Autobahnen ehemalige Trampelpfade sind, können aktuelle biologische Systeme entscheidende Merkmale enthalten, die noch aus der Zeit ihrer Entstehung stammen. Er warnt: «Es ist ein Fehler, kleine wirbellose Tiere für primitiv zu halten.»

Oxytocin unterstützt die Fähigkeit, Bindungen[34] einzugehen und fördert das Sozial- und Sexualverhalten von Elefanten und vielen anderen Arten. Sobald das Hormon fehlt, verlieren viele Säugetiere und Vögel das Interesse am Knüpfen von Kontakten, der Paarung, dem Nestbau und der Kontaktaufnahme mit Artgenossen. Oxytocin und Opioidhormone erzeugen das Gefühl der Freude und des Wohlbefindens bei vielen Arten, auch bei Menschen. Erhalten Väter einen Sprühstoß eines oxytocinhaltigen Nasensprays, spielen sie mehr mit ihren Babys, suchen verstärkt Blickkontakt mit ihnen und zeigen allgemein ein größeres Interesse. Das ist die Chemie des Bindungsverhaltens.

Wenn wir irgendetwas tun, von dem wir wissen, dass es keine gute Idee ist, blockieren unsere von Hormonen überschwemmten archaischen Gehirnareale den von unserem Intellekt gesteuerten «Ausschalter». Hormone entfesseln auch tief verborgene sexuelle Sehnsüchte. Sie lassen uns ein Verhalten an den Tag legen, das wir einfach nicht abstellen können, und während unser Verstand gefesselt und geknebelt am Boden liegt, kidnappen unsere Gefühle unsere Gedanken. Oftmals ist Sex so riskant und aufwendig, dass wir uns vielleicht überhaupt nicht fortpflanzten, wären da nicht die ungezügelten Triebe in unserem Kopf, die uns mit Hilfe chemischer Substanzen den nächsten Kick verschaffen. Das klingt ziemlich animalisch, oder? Es fühlt sich auch genau so an – weil es animalisch ist. Es ist in gleichem Maße herrlich und erschreckend.

1883 stellte George John Ramones fest: «Es lässt sich ohne weiteres erkennen, dass sich die strukturellen Einheiten des Nervengewebes von Quallen, Austern, Insekten, Vögeln oder Menschen mehr oder weniger ähneln.» Sigmund Freud beobachtete, dass die Nervenzellen von Langusten und Menschen prinzipiell identisch sind. Er erkannte, dass im Nervensystem von Tieren die Nervenzelle für die Signalübertragung zuständig ist. Oliver Sacks erklärt, dass die Neuronen «bei äußerst primitiven als auch bei hochentwickelten Tieren prinzipiell gleich aufgebaut sind. Sie unterscheiden sich lediglich in ihrer Organisation und Anzahl.»

Als Vicki behauptete, dass «wir alle grundsätzlich das gleiche Hirn» hätten, stach sie in ein Wespennest. *Unsicherheit, Ängstlichkeit, Sorge, Schmerz, Angst, Schrecken, Trotz, Abwehrinstinkt, Ärger, Verachtung, Wut, Hass, Misstrauen, Enttäuschung, Beruhigung, Geduld, Hartnäckigkeit, Interesse, Zuneigung, Überraschung, Glück, Verzückung, Freude, Ausgelassenheit, Traurigkeit, Depression, Reue, Schuldgefühle, Scham, Trauer, Ehrfurcht, Verwunderung, Neugier, Humor, Verspieltheit, Zärtlichkeit, Lust, Verlangen, Liebe, Eifersucht, Loyalität, Leidenschaft, Nächstenliebe, Stolz, Eitelkeit, Schüchternheit, Ruhe, Erleichterung, Abscheu, Dankbarkeit, Ekel, Hoffnung, Bescheidenheit, Kummer, Frustration, Anständigkeit* – ist es möglich, dass der Mensch allein all dies fühlen kann und Elefanten und andere Tiere nichts davon? Ich denke nicht. Wenn wir die Möglichkeit, dass Tiere Gefühle haben, bestreiten, sie aber doch welche haben, würden wir falsch liegen. Und genau das ist meiner Meinung nach der Fall. Dabei denke ich nicht, dass das Gefühlsrepertoire von Menschen und Elefanten identisch ist. Selbsthass scheint nur beim Menschen vorzukommen.

So brauchen wir uns nicht so sehr davor zu fürchten, fälschlicherweise etwa das Gefühl der Angst in Elefanten hineinzudeuten, wenn diese ängstlich wirken. Bestimmte Seevogel- und Robbenarten lebten Millionen von Jahre auf abgelegenen Inseln im Ozean, weit entfernt von den Küsten des Festlands. Da ihre auf dem Festland lebenden Fressfeinde meilenweit entfernt waren und sie noch nie Kontakt zu ihnen hatten, fehlte diesen Tieren die *Fähigkeit*, ihre Feinde zu fürchten. Sie verfügten nicht über die nötige Angst, als Ratten, Katzen, Hunde und Menschen mit dem Boot übersetzten. Sie versuchten nicht, zu flüchten oder wegzufliegen, als sie wegen ihres kostbaren Pelzes und ihrer Federn mit Stöcken niedergeknüppelt wurden.

Andererseits ist es so, dass Tiere, die seit langer Zeit durch den Menschen verfolgt werden und daher fähig sind, Angst zu empfinden, in sicheren Zonen, wie etwa Nationalparks, ihre Ängstlichkeit ablegen. In Vorstadtgebieten können generell scheue Tiere wie Enten, Gänse, Rehe, Truthähne und Kojoten ziemlich frech werden. In den Nationalparks Afrikas springen manchmal Geparde in vollbesetzte Touristenfahrzeuge, um von dort aus ihre Beute besser ins Visier nehmen zu können. Elefanten können dem Menschen gegenüber ängstlich, angriffslustig oder gelassen sein, je nachdem, welche Behandlung sie von ihm gewöhnt sind. Was ich damit sagen will: Statt den Elefanten irrtümlicherweise Gefühle zuzuschreiben, die sie nicht empfinden, haben wir einen viel größeren Fehler gemacht, indem wir ihnen selbst die Gefühle abgesprochen haben, die sie empfinden.

Haben andere Tiere nun menschliche Emotionen? Meine Antwort lautet, ja. Empfinden Menschen im Gegenzug auf animalische Art und Weise? Ja, es handelt sich größtenteils um die gleichen Seelenregungen. Angst, Aggression, Wohlgefühl, Ängstlichkeit und Freude entstehen bei Mensch und Tier in denselben Gehirnstrukturen und durch dieselben chemischen Prozesse, welche jeweils ein und denselben Ursprung haben. Es handelt sich um gemeinsame Gefühle in einer Welt, in der wir gemeinsam leben. Ein Elefant nähert sich einer Wasserstelle und erwartet angenehme Erfrischung und ein vergnügliches Schlammbad. Wenn sich meine junge Hündin auf den Rücken dreht, um mich aufzufordern, ihr den Bauch zu streicheln, macht sie das – auch in diesem Fall –, weil sie erwartet, dadurch eine wohltuende Streicheleinheit zu bekommen. Auch wenn meine Hunde nicht hungrig sind, eine kleine Leckerei genießen sie immer. Sie *genießen* die Leckerei.

Das Problem liegt nicht darin, dass wir «die Welt aus einem exklusiv menschlichen Blickwinkel betrachten», sondern vielmehr darin, dass wir sie exklusiv menschlich *fehl*interpretieren. Unsere tiefste Erkenntnis über das Leben auf der Erde ist: Alles Leben ist ein großes Ganzes. Ihre Zellen sind unsere Zellen, ihr Körper ist unser Körper, ihr Skelett ist unser Skelett, genauso wie ihr Herz, ihre Lunge und ihr Blut. Wenn wir diese Sichtweise einnehmen, machen wir einen großen Schritt in die richtige Richtung, weil wir dann jede Art auf dieser großen, weiten Welt wirklich wahrnehmen. Jede Spezies stellt einen unverwechselbaren Einschnitt in einem Kontinuum dar, wie die Noten auf dem Griffbrett einer Violine. Sie warten nur darauf, gefunden zu werden, auch ohne Bund. Keine abrupten Brüche, sondern eine riesige Symphonie.

Familienbande

In den späten 1960er Jahren, einige Jahre bevor Cynthia Moss nach Kenia kam, erkannte Iain Hamilton, eine weitere Koryphäe in der Verhaltensforschung, dass eine Elefantenkuh mit ihren Kindern die Grundeinheit einer Elefantenfamilie bildet. Vierzig Jahre später erinnert er sich, wie außerordentlich beeindruckend diese Einsicht in einer Zeit war, in der man selbstverständlich davon ausging, dass alles in der Welt von Männern angeführt wird. Iain erzählte mir: «Als ich feststellte, dass sich Elefanten in Familien organisieren, an deren Spitze Matriarchinnen stehen, erkannte ich die unerschrockene weibliche Intelligenz, die ihnen innewohnte.» (Erst kürzlich hat Dhruba Das, der indischen Dorfbewohnern zeigt, wie sie Konflikte mit Elefanten vermeiden können, bemerkt: «Ich würde vielmehr von Weisheit sprechen. Sie haben ein gutes Gespür. Sie wissen, was zu tun ist. Sie nehmen die Dinge, wie sie kommen, und machen das Beste daraus.»[35])

Eine reife Elefantenkuh, ihre Schwestern, deren erwachsene Töchter und alle ihre Kinder leben zusammen. Die Familie dient als Basisstation[36] für die gemeinsame Pflege und Erziehung des Nachwuchses.

Normalerweise hat die älteste Elefantenkuh den Status des erfahrensten und klügsten Mitglieds. Diese «Matriarchin» entscheidet über das Ziel, den Zeitpunkt und die Dauer eines Ortswechsels.[37] Sie ist der Ruhepol und die wichtigste Beschützerin der Familie. Mit ihrer Persönlichkeit, sei sie nun ruhig, nervös, stark, unentschieden oder mutig, bestimmt sie über den vorherrschenden Ton in der Familie. Solange eine Matriarchin lebt, ist es sehr unwahrscheinlich, dass ihre Töchter eigene Wege gehen.[38]

Das Leben der Elefanten spielt sich in Beziehungen ab, die Teil eines weitgefächerten, vielschichtigen Netzwerks sind.[39] Wenn zwei oder mehrere Familien miteinander freundschaftlich verbunden sind, bezeichnet man dies als «Bond-Group». Bond-Groups können aus Verwandten, einer ehemaligen Familie, die sich geteilt hat, Freunden oder einer Kombination von beidem bestehen. Erwachsene Elefantenbullen verlassen ihre Familie, um mit anderen Bullen Kontakte zu knüpfen und wandern dabei deutlich mehr umher.

«Siehst du den da hinten?» Vicki zeigt auf einen ziemlich kleinen Elefanten, der mit etwas Abstand einigen anderen über eine Ebene mit kurzem Gras folgt. «Das ist Emmett, ein vierzehnjähriger Junge.» Er hat sich – eventuell nicht ganz freiwillig – aufgrund seines Alters von seiner Familie getrennt. «Jetzt schließt er sich fremden Familien an.» Es ist ein harter Übergang. Er wirkt auf mich ein wenig verloren. Ich frage mich, ob er sich zurückgewiesen fühlt. Er wird anderen Familien folgen, bis er gelernt hat, innerhalb einer Gruppe von anderen Bullen auf sich selbst gestellt zu sein. Männliche Elefanten leben in Gruppen oder wandern innerhalb einer Familie beziehungsweise zwischen verschiedenen Familien hin und her. Dabei versuchen sie, das zu bekommen, worauf alle Männer aus sind.

Elefantenbullen wachsen schneller als ihre weiblichen Artgenossinnen, und ihre Wachstumsperiode dauert doppelt so lange; dabei können sie doppelt so schwer werden. Weibliche Elefanten sind um das fünfundzwanzigste Lebensjahr mit etwa zweieinhalb Metern Schultermaß ausgewachsen und werden bis zu drei Tonnen schwer. Da die Bullen weiter wachsen, können sie ein Schultermaß von drei bis knapp vier Metern erreichen. Bei einer entsprechenden Größe bringen sie bis zu fünf Tonnen auf die Waage.[40]

Bei steigender Mitgliederzahl oder beim Tod des weiblichen Familienoberhaupts kann es dazu kommen, dass sich eine Familie langsam aufsplittet. Andererseits können sich getrennte Familien auch wieder zusammenschließen. Dieser Vorgang des sich Trennens und Wiedervereinigens nennt sich das «Fission-Fusion-System». Da Elefanten, genauso wie wir Menschen, in Fission-Fusion-Organisationen leben, ist ihr Handeln für uns bemerkenswert leicht nachvollziehbar. Viele der komplexesten sozialen Systeme, wie etwa das der Affen, der Wölfe und bestimmter Wale funktionieren auch nach dem «Fission-Fusion»-Prinzip.

Ob sich eine Familie aufteilt oder wiedervereinigt, hängt ganz von den jeweiligen Persönlichkeiten ab. «Eine Sache ist, und das kann ich *sicher* behaupten, für eine Elefantenfamilie am allerwichtigsten: ‹Wir sind alle zusammen›. Ich habe *niemals* eine Elefantenfamilie gesehen oder von einer gehört, die sich ohne triftigen Grund getrennt hätte.»

Vicki versuchte herauszufinden, warum sich Waldelefanten in Zentralafrika gerne an bestimmten Lichtungen trafen. «Anfangs hatte ich diese schönen, logischen Theorien dazu, wie etwa: Partnersuche oder mineralstoffreiche Böden», sagt Vicki. «Doch ich fand keinen einzigen Beweis dafür.» Sie folgerte daraus: Elefanten suchen bestimmte Orte auf, weil andere Elefanten auch dorthin gehen. «Ich hatte keinen besseren Grund parat. Sie tun Dinge, ganz einfach, weil sie *wollen*», erklärt Vicki schulterzuckend. Im sozialen Gefüge der Elefanten gibt es eine wichtige Regel: Individuelle Persönlichkeiten zählen mehr als allgemeine Regeln. Der eine Elefant mag den anderen, die beiden wollen gemeinsam Zeit verbringen, und so kommt eins zum anderen. «Es kann passieren, dass eine Familie auf ihrem Weg zu einem bestimmten Gebiet eine andere bekannte Familie hört und sich sagt: ‹Ach, diesen und jenen haben wir schon so lange nicht mehr gesehen, lasst uns doch bei ihnen vorbeischauen.›» Bestimmte Elefantenkühe pflegten ihre Freundschaften über sechzig Jahre lang. «Die Wahrheit über Elefanten ist, dass sie gerne mit anderen Elefanten zusammen sind», resümiert Vicki. «Sie haben dadurch Vorteile, doch hauptsächlich macht es sie ganz einfach zufrieden.»

Wenn es darum geht, eine große Zahl von Individuen im Auge zu behalten, scheinen Elefanten besser als Affen – ja sogar besser als Menschen – zu sein. Ihr Erinnerungsvermögen übertrifft das von Primaten (möglicherweise mit Ausnahme einiger Elefantenforscher!). Wahrscheinlich kennt jeder Elefant in Amboseli alle anderen Erwachsenen in der Population.[41] Als Forscher die Tonbandaufnahme mit dem Ruf eines abwesenden Familien- oder Bond-Group-Mitglieds abspielten, antworteten die Elefanten und bewegten sich in Richtung der Geräuschquelle. Wurde die Aufnahme eines Elefanten abgespielt, der nicht zur Bond-Group gehörte, zeigten sie keine wahrnehmbare Reaktion. Handelte es sich um den Ruf völlig fremder Artgenossen, nahmen sie eine Verteidigungshaltung an und erhoben ihre Rüssel, um Witterung aufzunehmen.[42]

«Intelligent, sozial, gefühlvoll, freundlich, respektvoll gegenüber den Vorfahren, verspielt, ich-bewusst, mitfühlend – diese Eigenschaften würden uns sicher die Türen zu einem exklusiven Club öffnen», schrieb

Cynthia Moss.[43] «Sie beschreiben auch die Elefanten.» Iain Douglas-Hamilton, der Gründungsvater der Verhaltensforschung bei den Elefanten, schrieb: Elefanten «verdienen unseren Respekt, genauso wie auch jedes Menschenleben Respekt verdient». Nett gesagt, doch Elefanten müssen auch schonungslos sein, wenn es die Situation verlangt. In Dürreperioden sind sie gezwungen, um karge Futter- und Wasserreserven zu konkurrieren. Aber «selbst in Stress- und Gefahrensituationen», schreibt Douglas-Hamilton, beweisen Elefanten «eine bemerkenswerte Toleranz gegenüber ihren Artgenossen und halten die Familie fest zusammen».[44]

Anders als viele Primaten versuchen Elefanten selten, Anspruch auf mehr Einfluss geltend zu machen oder einen höheren Status zu erlangen. Statusstreben spielt in ihrem Zusammenleben keine große Rolle. Bei Elefanten steigt der Status mit zunehmendem Alter, da offenbar Erfahrung die angesehenste Eigenschaft ist. Auch in harten Zeiten zeichnet sich das Führungsverhalten durch Nuanciertheit sowie subtile Gesten und Geräusche aus.[45] Es zielt darauf ab, anerkannt zu werden, ohne übermäßige Zankereien innerhalb der Familie zu provozieren.

Das große Meisterwerk der Natur, ein Elefant,
das einzige harmlose große Wesen; der Riese
unter den Tieren ...
Und niemands Feind, vermutet er auch keine Feinde.

John Donne, 1612

Was die charakteristische Friedfertigkeit der Elefanten anbelangt, gibt es durchaus Ausnahmen. In Dürreperioden, wenn es nicht genug zu fressen gibt, entscheidet die Größe einer Familie über deren Herrschaftsanspruch. Dies wiederum wirkt sich teilweise auf ihren Zugang zu Wasser und Futter und somit auf ihre Überlebenschancen aus. Hier spielt die individuelle Persönlichkeit wieder eine große Rolle. Die Leitkuh Slit Ear verhielt sich in ihrem eigenen Interesse gegenüber anderen Familien derart aggressiv, dass sie Cynthia Moss als ein «richtiges Miststück, aber ... temperamentvoll» in Erinnerung geblieben ist.[46]

Vicki erklärt: «Wenn es sich um eine große Familie handelt, bedeutet dies, dass sie von einer starken Matriarchin angeführt wird, der viele folgen wollen.» Elefanten behandeln die Älteren aus gutem Grund mit Respekt: Das Überleben einer Gruppe kann von einem Individuum abhängen, das sich Jahrzehnte zuvor dafür alle entscheidenden Kenntnisse angeeignet hat. Außerdem erkennen alte Elefantenkühe am besten die Stimmen und Rufe einzelner Mitglieder anderer Familien wieder.[47] Sie haben die meisten Kontakte. In der Tat spielt bei Elefanten die altersbedingte Erfahrung in allen Aspekten des Zusammenlebens eine große Rolle. Elefanten sind berühmt für ihr gutes Gedächtnis, da es tatsächlich viel zu erinnern gibt.

Vicki berichtet: «Ein erfahrenes Familienoberhaupt kann beispielsweise entscheiden: ‹Lasst uns zu dieser Hügellandschaft ziehen, ich kann mich erinnern, dass es zu dieser Jahreszeit dort Wasser und Gras gibt.›» In der Wüste lebende Elefanten suchen Wasserstellen auf, die bis zu fünfundsechzig Kilometer entfernt sind.[48] Dadurch wandern sie innerhalb von fünf Monaten bis zu 650 Kilometer. Manchmal legen sie auf Routen, die schon seit Jahren nicht mehr benutzt wurden, Hunderte von Kilometern zurück, um just nach Einsetzen des Regens bestimmte Wasserlöcher zu erreichen.[49] Nehmen sie das entfernte Grollen des Donners durch den Erdboden wahr und orientieren sich daran? Welche Rolle spielt dabei ihr Erinnerungsvermögen? Sie müssen einen Plan haben, wohin sie gehen. Alles hängt davon ab, die richtigen Entscheidungen zu treffen. «Die Überlebensrate ist in Familien mit einer über fünfunddreißigjährigen Leitkuh höher», erklärt Vicki. Elefanten scheint diese Tatsache bekannt zu sein. Manchmal schließt sich eine Familie einer anderen mit einem älteren Oberhaupt an. Daher führen ältere Matriarchinnen oft größere, dominantere Familien[50] an, getreu dem Motto: Wer hat, dem wird gegeben. Die älteste bekannte Elefantenkuh, die in Amboseli ein Kalb zur Welt gebracht hat, war vierundsechzig Jahre alt.[51] Dennoch bekommen sie in der Regel um das Alter von fünfundfünfzig Jahren weniger Babys und wechseln in ihre Rolle als weise, bestimmende Großmütter, die den Jüngeren beim Überleben helfen.[52] Elefanten haben im Verlauf ihres Lebens sechs Zahnwechsel. Die letzten Zähne brechen etwa im Alter von dreißig Jahren durch und bleiben bis weit in die Sechziger erhalten. Irgendwann nutzen sie sich so stark ab, dass sie nur noch als Stummel im Zahnfleisch stecken;[53] wenn ältere Elefanten nicht mehr ordentlich fressen können, sterben sie. Stirbt eine Matriarchin in hohem Alter eines natürlichen Todes, hat sie normalerweise erwachsene, reife Töchter, die ausreichend Kenntnisse gesammelt haben, um existenzielle Herausforderungen zu meistern und die Familie kompetent anzuführen. Von «Weisheit» sprechen die Menschen in solchen Fällen.

Ein Elefant besteht also nicht nur aus Fleisch. Um überleben zu können, bedarf es eines reichen Wissensschatzes. Die Erfolgsformel für diese Art von Wissen ist, dass sich die Welt im Laufe des Lebens nicht zu stark verändert. Und viele Jahrtausende lang hat das auch funktioniert.

Mit ihren großen Stoßzähnen sind die älteren weiblichen Familienoberhäupter allerdings eine begehrte Beute bei den Wilderern, was dazu führt, dass Elefanten vorzeitig sterben. Werden die älteren Tiere um Jahrzehnte zu früh aus dem Leben gerissen, lassen sie ihre Familienmitglieder unvorbereitet zurück. Der Tod ihrer Leitkuh zieht verheerende psychologische Folgen nach sich. Manche Familien zerfallen. Elefantenmütter haben eine außergewöhnlich enge Bindung zu ihrem Nachwuchs. Reißt diese ab, führt das zu großem Leid.[54] Babys, die ihre Mutter innerhalb der ersten beiden Lebensjahre verlieren, sterben sehr schnell. Waisen unter zehn Jahren sterben jung. Jungtiere, die noch gesäugt werden, haben so gut wie keine Chance. Elefanten sind nicht in der Lage, Milch für zwei heranwachsende Jungtiere zu produzieren. In seltenen Fällen trifft ein frisch verwaistes Elefantenkind auf eine Mutter, die gerade ihr eigenes Baby verloren hat, und sich der Waise annehmen kann. Ältere Waisen ziehen manchmal in führungslosen Gruppen umher.[55] Überlebende sind mit traumatischen Erinnerungen belastet und reagieren ängstlich und manchmal auch aggressiv auf Menschen. Dies wiederum stachelt die Feindseligkeit der Menschen gegenüber den Elefanten an.

«Hier ist gerade jemand ein bisschen albern», sagt Vicki und zeigt auf einen Elefanten. «Siehst du, wie sie herumtänzelt und ihren Rüssel hin- und herschwingt?»

Vicki erinnert sich: «Als ich noch neu hier war, zog ich zusammen mit Norah los, um Elefanten zu beobachten. Plötzlich fingen sie alle an, wie verrückt herumzulaufen und zu trompeten». Ich dachte nur: ‹Was um Himmels Willen ist denn jetzt los?› Norah erklärte mir dann: ‹Na ja, sie albern nur herum.›»

«Ich dachte, ‹herumalbern›, wirklich? Was ich als Nächstes zu sehen bekam, war eine ausgewachsene Elefantenkuh, die auf ihren Knien kroch, wie verrückt ihren Kopf schüttelte und sich schlichtweg zum Affen machte. Die Elefanten fühlten sich einfach glücklich, als würden sie ein lautes ‹Jippie!› schreien. Alle Welt behauptet, dass Elefanten klug wären. Doch sie können auch albern sein. Junge Bullen, die gerade keinen Artgenossen zum Scherzen haben, tun manchmal so, als würden sie uns angreifen, ziehen sich dann aber wieder zurück oder wirbeln herum. Einmal kniete ein Bulle direkt vor meinem Auto nieder und warf Zebraknochen nach mir, um mich zum Spielen aufzufordern.»

«Wenn es genügend Wasser gibt, sind sie glücklich und übermütig. Der Regen verschafft ihnen ein Wohlgefühl. Mir ist jetzt erst klar geworden, dass bei meiner Ankunft hier die Elefanten noch in einer trübsinnigen Stimmung waren, die der großen Dürre geschuldet war. Langsam geht es ihnen besser. Man kann jetzt vermehrt freundliche, positive Interaktionen beobachten oder einfach spaßiges Verhalten. Auch die vielen Babys tragen zu diesem Wandel bei. All die Mütter, die ihre Kinder beim Herumtollen, Spielen und Schlafen beobachten; es schafft eine positive Atmosphäre, weil alles in Ordnung ist und na ja – weil Babys einfach *großartig* sind.»

Mutterfreuden

Die Babys sehen so kugelrund aus, fast ein wenig überernährt. Eine Elefantin kreuzt den Weg direkt vor unserer Windschutzscheibe und Vicki raunt: «Schau dir mal diese Mutter mit ihren riesigen Brüsten an; sie wippen auf und ab, wenn sie geht. Das bedeutet viel Milch für ihr Baby.» «Viel» bedeutet ungefähr zwanzig Liter täglich.[56] Jungtiere werden bis zu fünf Jahre lang gesäugt. Wenn ihre kleinen Stoßzähne langsam durchbrechen, haben ihre Mütter wahrscheinlich einiges auszuhalten.

Erfahrung ist für die Rolle als Mutter ebenso ausschlaggebend wie für die Rolle als Matriarchin. «Elefantenkühe sind mit dreizehn Jahren im fortpflanzungsfähigen Alter», erklärt Vicki, «doch die Wahrscheinlichkeit, in Schwierigkeiten zu geraten, ist bei einer Teenagermutter größer als bei einer Zwanzigjährigen.» Junge Mütter gehen mit ihren Kleinen auch in kaltes Wasser, obwohl sie dadurch leicht auskühlen. Oder sie streifen mit ihnen durch zu schwieriges Gelände. Vielleicht wissen sie einfach nicht, wie sie sich als Mutter zu verhalten haben. Als die siebzehnjährige Tallulah ihr erstes Baby bekam, wirkte sie verärgert, verwirrt und verhielt sich meistens unbeholfen. Sie war unerfahren und wusste nicht, dass sie ihr Baby zu ihren Zitzen führen und dann absolut still stehen musste. Auch war ihr nicht bewusst, dass ihr Kleines nur dann trinken konnte, wenn sie ihr Bein nach vorne streckte, um den Abstand zu ihrem Euter etwas zu verringern. Als es die Zitze mit seinem Mäulchen fast erreicht hatte, gab sie ihm einen Stoß auf die Nase und warf es aus Versehen um. Dann hatte sie keine Ahnung, wie sie ihm wieder aufhelfen sollte. Irgendwann fiel ihr ein, was zu tun war.

Im Gegensatz dazu erwies sich die fast siebenundvierzigjährige Deborah, die schon mehrere Kinder bekommen hatte, gleich nach der Geburt ihres jüngsten Kindes als gelassen und kompetent.[57] In der ersten halben Stunde fiel ihr Baby fünfmal zu Boden, doch Deborah half ihm vorsichtig wieder auf, indem sie sanft ihren Fuß unter das Kleine schob und es

Neugeborenes, dem seine Mutter und ihre Cousinen mit Fuß und Rüssel auf die Beine helfen.

zugleich mit ihrem Rüssel festhielt. Nach eineinhalb Stunden fand es den Weg zu Deborahs Zitze und saugte energisch über zwei Minuten lang. Deborah stand währenddessen ruhig, mit nach vorne gestrecktem Bein da, damit das Neugeborene trinken konnte. Vicki betont: «Die Älteren sind wirklich wunderbare Mütter. Sie sind überaus entspannt und scharen oft eine ganze Gruppe von Helferinnen um sich.»

Sie scheint kurz in Gedanken versunken und fährt dann fort: «Die Zeitschiene ihres Lebens spiegelt die unsere wider. In ihren Zwanzigern sind sie damit beschäftigt, auf Teufel komm raus ihren Platz im Leben zu finden. In ihren Dreißigern pendeln sie sich langsam ein. Im Alter von fünfzig, sechzig Jahren wissen sie, wie der Hase läuft und gehen locker durchs Leben.»

Das Geburtsgewicht eines Elefantenbabys beträgt etwa 118 Kilogramm, bei einer verhältnismäßig geringen Größe von ungefähr 90 Zentimetern. Bei den meisten Säugetieren hat das Gehirn bei der Geburt bereits 90 Prozent seines Gewichts im ausgewachsenen Zustand erreicht. Beim

Elefanten sind es 35 Prozent und beim Menschen sogar nur 25 Prozent. Sowohl bei Elefanten als auch bei Menschen findet ein Großteil der Gehirnentwicklung nach der Geburt statt.[58]

«Nach der Geburt können sie ihrer Mutter folgen und bei ihr trinken – das ist aber auch schon alles», sagt Vicki. Ein neugeborenes Elefantenkind ist schnell in der Lage, zu gehen, doch sonst ziemlich hilflos. In seiner ersten Lebenswoche kann es kaum sehen. In den ersten Lebensmonaten bleibt es stets auf Tuchfühlung mit seiner Mutter, wobei sie meistens Hautkontakt haben. Die Mutter ihrerseits macht ständig leise, summende Geräusche, die ihrem Kind bedeuten sollen: «Hier bin ich, ganz in deiner Nähe.»

Ein Kleines, das seiner Mutter hinterherwackelt, stolpert oft über Wurzeln oder verheddert sich im hohen Gras. Für die Befreiung aus derart misslichen Lagen sind häufig aufmerksame Cousinen zuständig. Wenn ein Baby hinfällt, stecken bleibt, geschubst oder schikaniert wird, stößt es einen – sehr lauten – Schrei aus, der an eine quietschende Tür erinnert. Dieser führt zu einer unmittelbaren Reaktion. Junge Elefantenkühe eilen dem kleinen Familienmitglied oftmals so übereifrig zu Hilfe, dass sie dadurch seiner eigenen Mutter im Weg stehen. Erfahrene Mütter lassen daher nicht selten jüngeren Elefantinnen den Vortritt. Fällt ein Baby zu Boden, rennen all seine weiblichen Verwandten zu ihm und schauen nach, ob es ihm auch gut geht. Dabei geben sie Laute in einer speziellen Stimmlage von sich, die auf das Kleine beruhigend wirken.

Die Elefantenkinder können sich an jede erwachsene Elefantenkuh wenden. Tanten und Großmütter sind wichtige Babysitter und die erfahrene Mutter bleibt ruhig, solange sie ihr Kind in Begleitung eines kompetenten weiblichen Familienmitglieds weiß. In den ersten fünf Lebensjahren beträgt sein Abstand zu einem seiner Familienmitglieder nicht mehr als eine Körperlänge. Wie es sich als Elefant zu verhalten hat, muss das Jungtier von denjenigen Artgenossen *lernen*, die es beschützen. Das freundliche, hilfsbereite Miteinander zwischen Jung und Alt ist normal und alltäglich. Feindseligkeit gegenüber den Jungtieren ist selten zu beobachten. Allerdings gibt es Babys, welche die Aufmerksamkeit manipulieren und dadurch ein wenig verzogen werden. Die Angstschreie der Kleinen ertönen dann so häufig, dass manchen Forscher das Gefühl beschleicht, dass es sich nicht immer um einen echten Notfall handelt.[59]

Der Rüssel des Neugeborenen ist die wichtigste Verbindung zu seiner

Umwelt – ständig greift, schnüffelt und tastet es damit. Doch stellt dieses gummiartige, unkontrollierbare Anhängsel für das Kleine auch eine schier unlösbare Aufgabe dar. Es muss erst lernen, wie es seinen Rüssel richtig benutzt. Häufig kann man die Elefantenkinder dabei beobachten, wie sie mit ihm experimentieren, indem sie ihn schwingen, werfen, herumwirbeln und dann schauen, was damit passiert. Es kommt auch vor, dass sie auf ihren eigenen Rüssel steigen und darüber stolpern. Um sich selbst zu trösten, nuckeln sie an ihm,[60] ähnlich wie Menschenkinder an ihrem Daumen.

Schon in der ersten Lebenswoche versuchen kleine Elefanten, mit ihrem Rüssel Dinge vom Boden aufzuheben. Beim Meistern von Aufgaben, wie etwa dem Auflesen von Stöcken, legen sie ein hohes Maß an Konzentration an den Tag. Mit ungefähr drei Monaten beginnen sie, feste Nahrung zu sich zu nehmen. Sie wickeln immer und immer wieder ihren kleinen Rüssel um einen einzelnen Grashalm, bekommen ihn endlich zu fassen und lassen ihn aus Versehen gleich wieder fallen. Und nach etlichen Schwierigkeiten, ihn wieder aufzuheben, landet er statt in ihrem Maul auf ihrem Kopf. Manchmal versuchen sie es ohne ihren störrischen Rüssel und knien sich hin, um an das gewünschte Gras zu kommen. Das Gleiche kann man auch beim Trinken beobachten. Nach etwa fünf Monaten haben sie gelernt, mit ihrem nasalen Bewässerungssystem umzugehen.

Ich beobachte ein acht Monate altes Elefantenkind bei seinem Versuch, Gras zu fressen. Es erinnert mich an die unbeholfenen Versuche eines Europäers, mit Stäbchen zu essen; der Happen landet einfach nicht da, wo er hin soll. Die Hälfte des Grases fällt wieder auf den Boden. Die Kleine schaut zu ihrer Mutter, die demonstrativ ein Grasbüschel ausreißt und frisst, als ob sie sichergehen will, dass ihr Baby auch zuschaut. Nicht selten fassen die Kleinen in die Mäuler ihrer Familienmitglieder und nehmen sich etwas von ihrem Futter wieder heraus, um den Geruch und den Geschmack von leckeren Gewächsen kennenzulernen.[61]

Gerade haben sich einige Familien, rund 130 Elefanten, unter ihnen auch viele Jungtiere und Bullen, auf einer nach Salbei duftenden Grasfläche versammelt. Einer der Bullen steckt seinen Rüssel in das Maul eines Weibchens – eine sehr intime Geste, die von großem, wechselseitigem Vertrauen zeugt.

Um sie herum schwirren Tausende von Schwalben. Sie machen Jagd auf Insekten, die von der Herde aufgescheucht wurden. Die Elefanten ziehen weiter zu einer weitläufigen Ebene mit kurzem, dickblättrigem Gras. Hier werden sie von Silberreihern verfolgt, die Schwalben machen kehrt. Offenbar beherbergt das kurze Gras andere Insektenarten.

Der Ausblick, die Gerüche, diese friedliebenden Massen von miteinander verwobenen Leben und Zeiten, der vielschichtige Rhythmus, das Versprechen von Jugend und von solch offensichtlicher Glückseligkeit – eine Szene, die so erhaben ist wie alles andere an diesem Ort.

Unter den Familien sind auch die «Zs». Vicki, die sich von der allgegenwärtigen guten Laune hat anstecken lassen, witzelt: «Sie sind eine kleine, kleinwüchsige Familie.» Sie erklärt, dass einige Familien bestimmte äußere Merkmale aufweisen. So hätten beispielsweise «einige von ihnen große Ohren.» (Trifft das nicht auf alle zu?, frage ich mich. Immerhin sind es *Elefanten*.) Manche hätten eine eher runde Form.

Eine erwachsene Elefantin kommt vorbei, schüttelt ihren Kopf und gibt uns damit zu verstehen, dass sie unsere Anwesenheit nicht gutheißt. Mit beruhigender Stimme flötet Vicki: «Schau dich doch mal an, du halbe Portion.» Die Ähnlichkeiten innerhalb einer Familie beziehen sich nicht nur auf das Aussehen. Die Mitglieder zeigen auch ein ähnliches Verhalten. «Da sie so viel voneinander lernen, übernehmen sie auch die jeweiligen Gewohnheiten», sagt Vicki. Etwa zu welcher Tageszeit sie zum Trinken gehen oder welches Sumpfgebiet sie bevorzugen. Diese Familientraditionen lernen sie schon als Baby.

Wir stoßen auf drei große Bullen. Vronski ist ein passionierter Kämpfer. Sogar einige Ältere ordnen sich ihm unter. Er befindet sich gerade in einer Phase gesteigerter sexueller Lust und Aggressivität, die sich nur bei ranghohen männlichen Tiere ab dreißig Jahren einstellt. Sie wird als «Musth» bezeichnet und dauert mehrere Monate. Bullen in Musth verhalten sich angriffslustig und kompetitiv gegenüber anderen männlichen Artgenossen. Ihr Verhalten ist mit dem von brünstigen Hirschen vergleichbar. Anders als sie sind die Elefantenbullen aber nicht alle zur gleichen Zeit fortpflanzungsbereit. Sie kommen zwar jährlich ungefähr zur selben Zeit in die Musth, doch der Zeitpunkt dafür ist bei jedem individuell unterschiedlich. Es handelt sich um ein unübliches, aber vortreffliches System, welches das Leben der weiblichen Elefanten wesentlich leichter und das der männlichen weniger brutal macht. (Es ist besser als das System bei den Schwarzfersenantilopen oder den Seehunden, in dem die dominanten Männchen durch kontinuierliche Machtkämpfe ihren Harem verteidigen müssen. Sie ermüden nach kurzer Zeit, werden verletzt und verlieren ihren Führungsanspruch, was faktisch ihr Ende bedeutet.) Den größten und ältesten Bullen fällt die beste Periode im Jahr zu: nach der Regenzeit, wenn ein Großteil der Elefantenkühe brunftig, fruchtbar und paarungsbereit ist.

Vicki erläutert: «Die Bullen sind in der Regel verspielt und gehen sehr nett miteinander um. In Wahrheit sind sie keine Konkurrenten. Wenn sich nicht gerade eine brunftige Elefantin in der Nähe befindet, gibt es auch keinen Grund zu kämpfen.» Im Alter von fünfzehn bis zwanzig Jahren beginnen männliche Elefanten, sich für das andere Geschlecht zu interessieren; doch zwischen einem Zwanzigjährigen und einem Fünfzigjährigen, der doppelt so viel auf die Waage bringt, hält sich der Konkurrenzkampf in Grenzen. Bullen in der Musth verhalten sich herrisch und angriffslustig, in dieser Zeit ist ihr Testosteronwert viermal[62] so hoch. Da die Elefantinnen Bullen in der Musth stark bevorzugen, erstickt dies die Flirtversuche der Jüngeren schon im Keim. Um erste sexuelle Erfahrungen zu sammeln, müssen diese warten, bis sie rund um ihr dreißigstes Lebensjahr in ihre erste Musth kommen.

Die Anwesenheit von älteren Geschlechtsgenossen bewirkt eine Unterdrückung der Hormonausschüttung bei den jüngeren, was sich sehr positiv auf das respektvolle Miteinander in einer Population auswirkt. In einem Nationalpark in Südafrika wurden einige männliche Elefantenwaisen ausgesetzt. Es gab dort keine älteren Bullen, die ihre überschießenden Testosteronwerte in Zaum gehalten hätten, also fingen sie an, Nashörner zu töten. So etwas hatte es vorher noch nie gegeben. «Für einen Elefanten», fügt Vicki hinzu, «ist der Verlust der Familie völlig abnormal. Ich denke, dass diese mordenden Waisen unter einer posttraumatischen Belastungsstörung litten. Es wäre lächerlich, zu behaupten, dass der Verlust ihrer Familie sie nicht tief beeinflusst hätte.» Die Behörden schickten zwei große Elefantenbullen, jeder um die vierzig Jahre alt, und das Problem war gelöst.

Neben Vronski taucht ein weiterer Bulle auf, der sich ebenfalls in der Musth befindet. Das macht die Sache komplizierter. Vicki kennt ihn nicht, weiß nichts über sein Naturell oder welche Erfahrungen er mit Menschen gemacht hat. Er dreht sich um, damit er uns anschauen kann.

«In Gegenwart von Bullen in der Musth», sagt Vicki, «lasse ich den Gang eingelegt und habe meine Hand am Autoschlüssel. Wenn du noch keinen Fluchtplan hast, machst du besser schnell einen.»

In einem anderen Forschungslager bekam ich ein Fahrzeug zu sehen, das von einem Elefanten zerstört worden war. Er hatte zuvor den Kampf mit einem anderen Bullen in der Musth verloren. Verlagerte Aggression. Die Insassen hatten Glück, dass sie mit dem Leben davongekommen sind.

«Wenn sie dich *wirklich* schnappen wollen», warnt Vicki, «dann kommen sie ohne jede Vorwarnung. Schütteln sie hingegen oft ihren Kopf, bluffen sie nur. Dann droht keine unmittelbare Gefahr. Wenn ich einem großen Bullen, wie diesem hier, zum ersten Mal begegne, frage ich mich die ganze Zeit: ‹Na, wen von uns willst du dir vorknöpfen?›»

Er kommt näher, bis er sich neben einem großen Baum befindet. Dann fängt er an, sein Hinterteil an der Rinde zu reiben. Vicki entspannt sich und sagt zu ihm: «Ah, nachdem man sich den Hintern ordentlich gekratzt hat, ist die Welt wieder in Ordnung, nicht wahr Kumpel?» Er hat seine Augen halb geschlossen und Vicki kommentiert: «Oh ja, das ist jetzt genau das Richtige.»

Eine Elefantenkuh kommt ungefähr mit elf Jahren ins fortpflanzungsfähige Alter. Die Brunft dauert in der Regel drei bis vier Tage. Fast jedes Mal, wenn sie brunftig ist, wird sie trächtig, trägt das Junge zwei Jahre lang aus, säugt es weitere zwei Jahre und ist dann erneut empfängnisbereit. Vier Jahre, nachdem sie zuletzt geboren hat, wird sie wieder trächtig.

Das bedeutet, dass jedes erwachsene weibliche Tier nur alle vier Jahre für etwa vier Tage fruchtbar ist. Angesichts dieses kleinen und raren Zeitfensters herrscht große Aufregung. Bullen in der Musth streifen umher und statten verschiedenen Familien einen Besuch ab. Dabei sondern sie aus den Drüsen an ihren Schläfen ein Sekret ab. Diese Sekretabsonderung erfolgt bei beiden Geschlechtern in Situationen erhöhter Erregtheit oder irgendeiner anderen Form von Aufregung – es ist meiner Meinung nach vergleichbar mit den schweißnassen Achseln, die der Mensch bekommt. Forscher bezeichnen diese Drüsen als Temporaldrüsen.

Bullen in der Musth scheiden ständig tröpfchenweise scharf riechenden Urin aus, was ihre gesteigerte sexuelle Erregung signalisiert. Außerdem erscheint ihr Penis grünlich verfärbt. Alle diese Beobachtungen an afrikanischen Elefanten haben Cynthia Moss und Joyce Poole in den 1970er Jahren angestellt. Zunächst waren sie davon ausgegangen, dass die Bullen krank seien, weswegen sie das Ganze die «Grüne-Penis-Krankheit» tauften. Dies zeigt, wie wenig wir noch bis vor kurzem über die Elefanten wussten und wie jung unsere Kenntnis über elementarste Vorgänge ist.

Die Elefantenbullen wandern umher und nehmen die Witterung paarungsbereiter Kühe in den Herden auf. Sie gehen auf sie zu und statt die Auserwählte nach ihrem Sternzeichen zu fragen, berühren sie mit ihrer Rüsselspitze deren Vulva, nehmen eine Prise und stecken sich anschließend den Rüssel ins Maul, um ihren Geschmack zu testen. Ihre plumpe Aufdringlichkeit stört die Damen nicht im Geringsten. Sie nehmen es im wahrsten Sinne des Wortes sehr locker: Sie schlendern herum und fressen, als ob nichts wäre. Elefanten sind in vielen Punkten wie wir Menschen, doch der Vergleich mit ihnen hat auch seine Grenzen. Zumindest was ihre Anstandsregeln anbelangt. Wenn eine Elefantin in die Brunft kommt, folgen mehrere Bullen ihr und ihrer Familie. Ist ein Bulle in der Musth unter ihnen, vertreibt er seine Rivalen und sichert sich das brunftige Weibchen, welches ihm den Vorzug gibt.

Jetzt, da dieser riesige, unbekannte Bulle zwischen mehreren Familien in unmittelbarer Nähe herumstolziert, wird mir bewusst, wie groß die männlichen Tiere im Vergleich zu den weiblichen werden. «Wow», sagt Vicki, «er ist ein Monster.» Die fünfundzwanzigjährige Elefantin hinter ihm ist ausgewachsen. Er wirkt doppelt so groß. «Sieh nur, jetzt geht sie zu ihm rüber und begrüßt ihn.» Sie kollern und schlingen kurz ihre Rüssel ineinander. Für eine erneute Brunft scheint ihr Baby noch zu jung zu sein. Doch der Bulle wehrt einen anderen stattlichen Geschlechtsgenossen ab. Dann legt er eine Pause ein, gibt sich fast übertrieben lässig und hat seinen Rüssel um einen seiner riesigen Stoßzähne gewunden. «Dies dient dazu, den Weibchen zu zeigen, ‹Ich bin nicht furchteinflößend, schau, wie entspannt und locker ich bin.› Wir bezeichnen dieses Verhalten als ‹casual›», erklärt mir Vicki. «Es ist jedes Mal wie eine Seifenoper», fährt sie fort. «Man taucht in ihre Welt ein. Wer kommt mit wem zusammen? Was wird Vronski jetzt wohl machen?»

Das Vermeiden von Kämpfen ist sehr wichtig. Wenn es zum Kampf kommt, «rasen zwei Sechstonner mit gewaltigen, scharfen Lanzen an ihrer Vorderseite und einer Geschwindigkeit von knapp fünfzig Stundenkilometern aufeinander zu. Das führt zu erheblichen Verletzungen.» Cynthia Moss beobachtete einmal zwei ebenbürtige Elefantenbullen in der Musth, die zehn Stunden und zwanzig Minuten ununterbrochen kämpften.[63] Sie gönnten sich keine Pause. Dabei kam es nur drei Mal zu direktem Körperkontakt, als sie zusammenprallten und ihre Stoßzähne ineinander verhakten, um sich gegenseitig aus dem Gleichgewicht zu bringen. Die restliche Zeit verbrachten sie damit, sich ständig zu umkreisen, näherzukommen, wieder auf Abstand zugehen, Töne von sich zu geben sowie Büsche und Bäume auszureißen, um den anderen einzuschüchtern. Irgendwann stellte einer der Kämpfer seinen Vorderfuß auf einen abgestorbenen Baumstamm, um größer zu wirken. Da ergriff der jüngere Koloss die Flucht.

Zwei Gruppen, etwa einen Kilometer voneinander entfernt, steuern auf das Sumpfgebiet zu, um sich dort zu treffen. «Ich würde so gerne einmal für fünf Minuten in ihrer Welt leben», meint Vicki ein wenig verträumt. Unterdessen kommt Duke, ungefähr vierzehn Jahre alt, mit ausgestrecktem Rüssel auf mich zu, um meinen Geruch aufzunehmen. Er tut so, als würde er etwas einzuwenden haben, dreht sich weg und reißt seinen Kopf nach oben, dass seine Ohren an seinen Körper klatschen. Dann schüttelt er stolz sein Haupt und schwingt seinen Rüssel eindrucksvoll hin und her. Mit seinen braunen Augen schaut er mich an und lässt uns seine knitterige, schlauchartige Nase und seine fächelnden Lederohren aus unmittelbarer Nähe bewundern. Prachtvoll in jedem Detail, wirkt er durchaus bedrohlich – doch kein bisschen überzeugend.

Mit Leichtigkeit könnte er uns zerquetschen, doch das ist nicht seine Absicht. Er will nur in typischer Teenager-Manier angeben. Er zeigt uns, dass er groß und stark genug ist, um ernst genommen werden zu müssen. Doch es fehlt ihm an Selbstvertrauen, er muss seine Rolle erst noch finden. Sein Vertrauen in *uns* aber ist groß genug, um uns Aufmerksamkeit zu schenken, ohne sich bedroht zu fühlen. Er hat nicht vor, uns zu verletzen. Ich weiß genau, was er hier macht. Er drückt sich aus und ich verstehe ihn. Er sendet eine Botschaft, und ich nehme sie in Empfang. In anderen Worten: Wir kommunizieren – und das im Vollsinn des Wortes.

Lieben Elefanten ihre Babys?

Die aufeinander zustrebenden Elefantengruppen gehören beide zur sogenannten «FB»-Familie. Alle Muttertiere halten engen Körperkontakt mit ihren Jungen, indem sie diese mit ihren Schwänzen berühren. Gleich neben Felicity befinden sich ihre Töchter sowie zwei nicht verwandte Elefantinnen – die Schwestern Flame und Flossie. Fanny führt Felicitys Nachwuchs an, Nichte Feretia und Großnichte Felicia. Vicki berichtet mir, dass Fanny sehr vernünftig ist, aber nicht sehr liebevoll mit den Kleinen umgeht. Felicity hingegen ist ständig auf Tuchfühlung mit ihrem Nachwuchs. Fannys und Felicitys Gruppen treffen sich. In einer Elefantenfamilie spielt es keine Rolle, *was* man ist – es ist egal, ob man weiblich und achtundvierzig Jahre alt ist. «Das einzig Wichtige ist, dass man die achtundvierzigjährige Felicity aus der FB-Familie ist», erklärt Vicki. Es ist nur wichtig, *wer* man ist. Die Elefanten führen ihr Leben und sie nehmen sich gegenseitig wichtig. Das ist der ausschlaggebende Punkt.

Felicity weiß, dass das Gebiet, in dem sie sich nun befinden, sicher ist. Ihre Familie fühlt sich geborgen, weil Felicity das Schlusslicht der Kolonne bildet. Nicht selten führen Matriarchinnen ihre Gruppen an, indem sie deren Abschluss bilden. Doch sobald sie stehen bleiben, bleiben alle stehen. Die Familie lauscht auf das Oberhaupt und weiß immer, wo es sich befindet.

Eine Forscherin namens Lucy Bates nahm eine Urinprobe von einer Leitkuh, die sich am Ende ihrer Gruppe befand. Als die Familie weiterzog, platzierte Bates etwas von ihrem Urin im Vorfeld der Gruppe. Als diese an der Stelle mit dem frischen Urin der Elefantin, die sie hinter sich wähnte, vorbeikam, herrschte große Verwirrung. Es war, als ob die Familienmitglieder sagten: «Moment mal, wie konnte sie uns überholen? Sie ist doch hinter uns!» Bates folgerte daraus, «dass Elefanten in der Lage sind, Informationen über den Aufenthaltsort einzelner Familienmitglieder zu sammeln und regelmäßig zu aktualisieren».[64]

Sobald die Gruppe auf etwas Angsteinflößendes stößt, eilt sie schnell zurück zu Felicity. Handelt es sich bei der Gefahr um einen Löwen oder Büffel, hat Felicity die Wahl, sich zurückzuziehen oder gemeinsam mit der Familie anzugreifen und den Gegner zu verjagen.

«Die Entscheidung liegt bei ihr», erklärt Vicki mir. Gerade im Moment beobachtet sie: «Alle fühlen sich sicher und geborgen, alle sind entspannt. Die Kleinen spielen und keiner macht sich über irgendetwas Sorgen.»

«Felicity ist eine außerordentlich gute Matriarchin. Ist das Familienoberhaupt argwöhnisch und chronisch gestresst, ist auch der Rest der Familie immer auf der Hut. Solche Elefanten weisen dauerhaft eine erhöhte Konzentration des Stresshormons Kortisol im Blut auf; dies ist schädlich für den Stoffwechsel.» Vicki richtet sich an die Elefanten: «Es zahlt sich aus, den Ball flach zu halten, nicht wahr, Leute?»

Sie trifft auf breite Zustimmung. Keiner lässt sich aus der Ruhe bringen.

Felicitys kleines Baby befindet sich zusammen mit der restlichen Familie etwa fünfzig Meter von seiner Mutter entfernt, ganz in unserer Nähe. Die Kleine ist besonders selbstsicher. Ihre große Schwester steht direkt neben ihr, doch plötzlich sprintet sie zurück zu ihrer Mutter.

«Es ist ein kleines Spiel», erklärt Vicki. «Es meint: Schau mal, ich bin hier, mir geht es gut!» Die Kleine hat Spaß, mit aufgerichteten Ohren und einem wild umherschwingenden Rüssel jagt sie einem Reiher hinterher. Ihre *Art* zu jagen ähnelt jener der Erwachsenen, wenn sie auf Löwen losgehen. Die Familie lässt sie ihre eigenen Entdeckungen und Erfahrungen machen, um daraus lernen zu können. Männliche Jungtiere tragen gerne Wettbewerbe untereinander aus. Weibliche spielen lieber «Ich verjage einen Feind». Felicitys Baby verscheucht noch ein paar Reiher. «Doch sie müssen auch lernen, auf Gefahr zu reagieren.»

Sogar ausgewachsene Tiere jagen manchmal im Spiel *imaginäre* Feinde. Dabei rennen sie durch hohes Gras, trampeln darauf herum und legen das Verhalten an den Tag, das sie normalerweise zeigen, wenn sie Löwen in die Flucht schlagen. «Doch die Elefanten spielen es nur», erläutert Vicki. «Sie wissen ganz genau, dass da keine Löwen sind.»

Aber wenn Elefanten sich so verhalten, als wären Löwen in der Nähe, obwohl weit und breit keiner da ist, könnte es nicht sein, dass sie sich geirrt haben oder dass sie besonders vorsichtig sein wollen?

«Diese Frage ist leicht zu beantworten», erwidert Vicki. Wenn ein Elefant mit einer realen Gefahr konfrontiert wird, steht er unter Hochspannung. Einen Elefanten, der nur so tut, erkennt man an seiner lockeren, «lässigen» Art zu laufen, den Kopf zu schütteln sowie Ohren und Rüssel herumschlackern zu lassen.[65]

«Sie irren sich nicht und geben auch keinen Fehlalarm. Sie rennen umher, als wären sie sehr besorgt und zeigen dabei ein Verhalten, das wir ‹Trompeten-Spiel› nennen. Alle wissen, dass es sich nur um ein Spiel handelt.»

Wenn Elefanten ernsthafte Handlungen in einem nicht ernsthaften Kontext ausführen – etwa, indem sie mit weit aufgerissenen Augen auf imaginäre Feinde starren oder ihre Köpfe schütteln, um danach in vorgetäuschter Panik davonzurennen –, scheint es ihnen dabei schlichtweg um den Spaß zu gehen. Und sie machen alle mit. Eine solch offensichtliche Albernheit muss doch – denke ich jedenfalls – jedem Elefanten einen Heidenspaß machen. Sie müssen sich kaputtlachen. «Manchmal setzen sie sich Büsche auf und schauen dann zu mir rüber», erzählt Vicki. «Einfach witzig.»

Fannys Baby stellt seine Ohren in unsere Richtung auf und taxiert uns, um zu entscheiden, ob wir Freund oder Feind sind. Sie baut sich in voller Größe vor uns auf, als würde sie die Nase über uns rümpfen. «Wir nennen diese Körperhaltung ‹Sichgroßmachen›», erklärt Vicki. Die Kleine scheint beschlossen zu haben, dass wir in Ordnung sind oder dass wir zu groß sind, um sich mit uns anzulegen. Im nächsten Moment ist sie schon unterhalb des Kinns ihrer Schwester und überlegt, ob sie zum Angriff auf einen Gelbkehlfrankolin ansetzen soll.

Die Szene ist berührend. Die Unschuld dieses Elefantenkinds geht einem unter die Haut. Doch das Leben der Elefanten ist nicht so vollkommen wie es scheint. Kein Leben ist vollkommen.

In Flannas Ohr klafft ein Loch in Form eines Dreiecks. Ein Speer hat es ihr herausgerissen. Eine der Elefantenkühe hat keinen Schwanz mehr. Manchmal beißen ihn Hyänen ab, während sie gebären, und schnappen sich auch gleich das Baby, wenn sie die Gelegenheit dazu haben. Löwen machen Jagd auf Jungtiere. Unbeschwertes Glück und Todesgefahr liegen nahe beieinander. Die Elefantenkinder aber, naiv und verletzlich, tollen herum und haben einfach nur Spaß. Sie müssen erst *lernen*, dass sie sich vor den Löwen in Acht nehmen müssen.

Felicity hat sich ans Ende ihrer Kolonne gesetzt, drosselt das Tempo und lässt sich weiter zurückfallen, so als würde etwas in der Luft liegen. Plötzlich dreht sie sich um, und eine Hyäne lugt verstohlen aus dem Gebüsch hervor. Jetzt, da ihre Tarnung aufgeflogen ist, macht sie sich unwillig aus dem Staub.

«Hast du gesehen?», fragt Vicki stolz. «Felicity ist ein *fabelhaftes* Familienoberhaupt.» Manche Elefantinnen sind für die Rolle als Matriarchin geboren, manchen wird die Führungsrolle aufgedrängt und wieder andere drücken sich davor. Echos Schwester Ella ist älter als alle anderen Familienmitglieder. Normalerweise müsste sie die Rolle der Leitkuh übernehmen. Doch sie verbringt ihre Zeit lieber mit ihren Töchtern und Enkelkindern. Sie hat keine Lust auf die vielen anderen Familienmitglieder. Vicki, die Ella eingehend beobachtet hat, erläutert: «Ich bin überzeugt, dass sie einfach nicht antworten würde, wenn sie die anderen rufen hörte.» Manche der Elefantenkühe sind hochmotiviert, sich um das Wohlergehen und die Sicherheit ihrer Familie zu kümmern. Doch Ella will nicht führen.

Die Sonne schwebt frei am Horizont. Die sengende Hitze treibt die Elefanten in das Sumpfgebiet, wo sie ihren Durst stillen können. Die Mütter sorgen dafür, dass die Kinder in ihrem Schatten laufen.

Wir folgen ihnen im Elefantentempo. Inmitten bestimmter Tierarten überkommt mich oft ein Gefühl, vergleichbar mit dem, das ich immer habe, wenn ich in meiner Wohngegend auf Menschen einer anderen Kultur treffe. Ich werde nie an ihrem Leben teilhaben und sie auch nicht an meinem. Unser Hintergrund hindert uns daran, die Plätze zu tauschen. In der Poststelle begegne ich Menschen, die zu derselben Zeit an demselben Ort leben wie ich und dennoch ein völlig anderes Leben führen. Dennoch haben wir Verständnis füreinander. Wir wissen, dass wir im Grunde gleich sind. Wir messen unserem eigenen Leben einen höheren Wert bei, weil wir es müssen. Doch in moralischer Hinsicht sind wir ebenbürtig.

Ich will damit nicht sagen, dass das Leben eines Fischs oder eines Vogels ebenso viel wert ist wie das eines Menschen. Doch sie haben genauso wie wir ein Recht darauf, auf dieser Welt zu leben. Vielleicht wiegt ihr Recht sogar mehr: Sie waren als Erste hier; wir sind aus ihnen hervorgegangen. Sie nehmen sich nur das, was sie brauchen, und passen sich dem Leben ringsum an. Aus ihrer Sicht ist die Welt immer noch die gleiche. Sie sind nicht wie wir, doch sie leben ihr Leben in vollen Zügen und ihr Lebenslicht hat die Kraft, hell zu leuchten. Wir haben ihnen schon so viel geraubt und dadurch ihr Lebenslicht gedimmt. Dabei sind sie es, die diese Erde bunt und schön machen.

Weiter vorne gibt es einen kleinen Tumult. «Siehst du wie Felicity den Bullen wegschiebt?»

Für mich sind sie, inmitten all der grauen Leiber, eingehüllt in eine Staubwolke, nicht leicht auseinanderzuhalten.

«Felicity will diese Bullengruppe loswerden, weil sie ihre Familie aufhält», erklärt Vicki.

Einer kommt in einem schaukelnden, exaltierten Gang auf Felicity zu und stellt sich hinter sie. Sie kennt ihn gut. Er hängt oft zusammen mit ihrer Familie herum. Er testet, wie weit er gehen kann, indem er sie ein wenig abdrängt. Da dreht sich Felicity um und droht ihm.

Zunächst tritt der junge Elefantenbulle den Rückzug an, doch dann scheint er zu realisieren, dass er mit seinen zwanzig Jahren inzwischen genauso groß ist wie sie. Er kommt wieder näher. Felicity lässt sich davon nicht beeindrucken. Doch sie treibt das Ganze nicht auf die Spitze und dreht sich weg. Ihr Selbstvertrauen ist groß genug, um ihm den Rücken zuzukehren.

Vicki erklärt mir, dass ältere weibliche Elefanten die Jungspunde nicht besonders mögen. Sie stehen gerne im Weg «und oftmals ist ihr Verhalten den weiblichen Elefanten zu theatralisch. Elefantenmütter können die ständigen Stör- und Ablenkmanöver der jungen Bullen überhaupt nicht gebrauchen. Es kommt vor, dass sie die Babys umrennen, wenn sie ihre Kämpfe austragen. Sie gehen den Müttern schlichtweg auf die Nerven.» Rufen wir uns die vorherige Szene in Erinnerung: Der Elefantenbulle sorgte für Unruhe und Felicity versuchte, ihn in seine Schranken zu verweisen; dann aber probierte er, mit seiner Größe zu trumpfen. «Ich bin überrascht darüber, dass sie das so hingenommen hat», kommentiert Vicki. «Andere Elefantenkühe hätten es durchgezogen.»

Und manche Bullen hätten sich besser benommen. Eines Tages beobachtete Cynthia einen jungen Elefanten namens Tom. Er war gerade dabei, herauszufinden, wie er mit der Tatsache umgehen sollte, dass er unter den ganzen Elefantenjungen in seiner Familie der größte war. Er hatte sich hingelegt, um sich ein wenig auszuruhen, als ein kleines Elefantenmädchen namens Tao auf ihn zu rannte und auf ihm herumzuklettern begann. Tom versuchte sie abzuschütteln und trat nach ihr. Als seine Tritte ein wenig zu heftig ausfielen, rannte Tao in Panik zu ihrer Mutter Tallulah. Tom folgte ihr und legte sich flach neben Tao auf den Boden, als wollte er sie beschwichtigend dazu auffordern, erneut auf ihn zu steigen. Tao nahm die Einladung sofort an.[66] Einmal sah Cynthia, wie ein ausgewachsener Elefant sich mit weit gespreizten Hinterbeinen auf die Knie fallen ließ, um einen viel jüngeren Geschlechtsgenossen zum Spielen einzuladen. Als er sich klein gemacht hatte, kam das Elefantenkind angetrabt. Der Größere hatte den Kleineren davon überzeugen können, dass er gefahrlos mit ihm kämpfen üben konnte. Und genau dies schien die Absicht des Bullen gewesen zu sein.

Felicity wendet sich uns zu. Wie prächtig und würdevoll sie ist. Vor Erreichen des Sumpflands hat sie einen Zwischenstopp eingelegt, um ihr Baby trinken zu lassen. Während der Stillzeit brauchen Elefantenkühe täglich Wasser. Vicki erklärt: «Die Mütter füllen ihre Kälber nochmals richtig ab, bevor sie das Moor erreichen, weil es schwierig ist, die Kleinen zu säugen, wenn sie bis zum Bauch im Wasser stehen.»

Diese Art, vorauszudenken, ist bemerkenswert. Es handelt sich um geplantes, der Situation angepasstes Stillen. Ich möchte auf eine bereits gestellte Frage zurückkommen: Säugt eine Elefantin ihr Kalb aus Instinkt oder aus Liebe? Ist Liebe ein Instinkt? Oder befriedigt das Stillen nur einen niederen Trieb, vergleichbar mit dem Kratzen von juckender Haut?

Nachwuchs großzuziehen verlangt den Eltern viel ab, außerdem müssen sie ihre Nahrung teilen. Daher liegt die Vermutung nahe, dass sie mit positiven Gefühlen belohnt werden. Wenn eine Mutter bei einer notwendigen Tätigkeit, die dazu führt, dass sie mit Verzögerung in den Genuss von Annehmlichkeiten wie Essen oder Trinken gelangt, keine Freude empfinden würde – was wäre dann ihre Motivation, sich um ihr Baby zu kümmern?

In ihrem Buch *Wie Tiere fühlen* schreiben Jeffrey M. Masson und

Lieben Elefanten ihre Babys?

Susan McCarthy, dass wir uns, wenn wir uns fragen, ob eine Affenmutter ihr Kind liebt, genauso gut fragen können, ob unsere Nachbarn wohl ihre Kinder lieben. «Im Unterschied zum Affen können unsere Nachbarn *sagen*, dass sie ihr Baby lieben. Aber woher wissen wir, dass sie die Wahrheit sprechen? In letzter Instanz können wir nicht genau wissen, was andere Menschen meinen, wenn sie von Liebe sprechen.»[67]

Eine Affenmutter, die ihr Baby füttert, wiegt, krault und verteidigt, oder eine Braunbärenmutter, die mit ihren Drillingen knapp zwei Kilometer aus dem Sichtbereich eines potenziell gefährlichen Männchens flüchtet, handeln mit Sicherheit nicht aus einem Instinkt heraus. Ganz sicher? Ist eine frisch gebackene Menschenmutter, die zum ersten Mal ihr Baby sieht, nicht auch gewissen «instinktiven» Gefühlswellen und Trieben ausgesetzt? Aber sicher ist sie das. Uns allen geht es so.

Wenn wir für unsere eigenen Kinder Liebe empfinden, tun wir das aus einem Instinkt heraus und nicht, weil wir unseren Intellekt einsetzen. In bestimmten Situationen werden gewisse Hormone freigesetzt, und Hormone produzieren wiederum Gefühle. Dies passiert vermutlich ebenso unwillkürlich wie der Milcheinschuss – doch empfinden wir es als Liebe. Liebe ist ein Gefühl. Sie motiviert uns zu gewissen Handlungen, etwa unseren Nachwuchs zu füttern oder zu beschützen. Wir brauchen uns nicht dafür zu schämen, uns von dieser grenzenlosen Liebe ganz und gar einnehmen zu lassen, einer Liebe, die aus den urtümlichen, tiefen Quellen in unseren Zellen entspringt. Tatsächlich tun wir gut daran, die Gründe, warum wir ein Neugeborenes lieben, nicht bis ins Detail zu zerpflücken. Es ist besser, das Gefühl einfach zu genießen. Der Triumph des Instinkts über die Vernunft hat vielen überhaupt erst zu einem Baby verholfen.

Auf der einen Seite ist Liebe die Bezeichnung für ein Gefühl, mit dem uns die Evolution dazu bringt, risiko- und entbehrungsreiche Verhaltensweisen an den Tag zu legen, beispielsweise das Aufziehen von Nachwuchs oder die Verteidigung des Lebenspartners. Würden wir hinsichtlich unseres Wohlergehens eine rationale Kosten- und Nutzenrechnung aufstellen, würden wir versuchen, diese Risiken und Kosten zu vermeiden. Liebe hilft uns dabei, uns dazu zu verpflichten. Die Fähigkeit zu lieben entwickelte sich im Lauf der Evolution, weil eine emotionale Bindung und die Fürsorge der Eltern die Fortpflanzung ankurbeln. Dies soll nicht heißen, dass Liebe nicht ein tiefgründiges Gefühl ist, sondern nur, dass sie einem tief verwachsenen Wurzelwirrwarr entspringt. Und wie wir alle wissen, fühlt sich Liebe manchmal auch so an.

Wenn ein Tier auf Sie zukommt, Sie abschleckt und sich neben Sie legt, schließen Sie daraus, dass es Sie «liebt». Meiner Meinung nach ist dies eine logische Schlussfolgerung, besonders in Betracht der breitgefächerten Skala von Gefühlen, die wir unter dem Begriff «Liebe» subsumieren. Die romantische, elterliche, kindliche Liebe, die Liebe zu einer Gemeinschaft, zu einem Land, zum Essen, zu Schokolade, zu Büchern, zum Sport oder zur Kunst ... Das Wort «Liebe» ist ein Sammelbegriff für viele verschiedene positive Gefühle. Sie bringen uns dazu, aufeinander zuzugehen, andere zu beschützen, fürsorglich zu sein, uns einzubringen oder nicht wegzulaufen. Es gibt wohl kaum etwas, das der Mensch nicht mit dem Wort «Liebe» in Beziehung setzen würde. Wir sagen, dass wir Eis, einen bestimmten Film oder den Sommer lieben. Manche Menschen lieben es, zu kämpfen. Doch wenn wir ein so wichtiges Wort derart indifferent und nachlässig verwenden, liegt nur eine Schlussfolgerung nahe: Auch Tiere lieben. Die viel spannendere Frage ist doch: Welche Tiere lieben was und auf welche Weise? Was empfinden sie dabei – welche positiven Gefühle haben sie?

Felicitys Baby löst sich von der Zitze. Milch tropft von seinem Kinn herab und es zottelt fröhlich herum, während es sich die Lippen leckt. An Mamas Euter ist die Welt in Ordnung. Einige andere Elefantenkälber, die etwas älter als das Kleine sind und bald entwöhnt werden, brechen in wild protestierendes Trompeten aus. Ihre Mütter haben keine Milch mehr und haben ihnen ihren gewohnten Trunk vor Betreten des Sumpfs verweigert. Wenn junge Elefanten nicht bei ihren Müttern saugen dürfen, bekommen sie manchmal schlimme Wutanfälle. Vicki konnte dies mehr als einmal beobachten.

«Sie brüllen herum, als ob sie sagen wollten ‹Was *meinst* du mit, ich kann nicht mehr haben?›» Vicki beobachtete einmal ein Junges, das abgestillt werden sollte. Immer und immer wieder versuchte es, an die Zitze seiner Mutter zu kommen. Sie wollte aber eine Pause machen. Eine Elefantenmutter muss nur ihr Vorderbein zurückziehen, um ihrem Kleinen den Zugang zum Euter zu versperren, und genau das hat sie gemacht. «Der Kleine war aufgebracht und fing an, seine Mutter zu stoßen, zu schubsen und mit seinen Stoßzähnen zu traktieren. Es war so, als würde er schreien, ‹Oh, ich hasse dich!› – dann steckte er ihr seinen Rüssel *in* den Anus. Vermutlich dachte er, damit ihre Aufmerksamkeit gewinnen zu können. Dann drehte er sich um und trat auf sie ein. Und ich dachte nur, ‹du kleiner Teufelsbraten!›»

Es gibt eine unüberschaubar große Bandbreite an Gefühlen; die Bezeichnungen dafür sind wie die Zeiger eines Kompasses, die verschieden stark in unterschiedlichen Richtungen ausschlagen. «Glücklich», «traurig», «Angst», «Liebe» sind die Richtungen auf unserem Gefühlszeigerblatt. Vielleicht liegt «Schönheit» in nordöstlicher Richtung zwischen «glücklich» und «Liebe». Wie sieht die emotionale Reaktion eines Vogels auf die aufwendig gemusterte Balztracht oder den Werbungstanz eines potenziellen Partners aus? Auch wir tanzen, wenn wir um jemanden werben. Und auch wir empfinden buntes Licht als schön. Es zieht uns an.

Im Gombe-Stream-Nationalpark beobachtete ein Forscher zwei ausgewachsene Schimpansenmännchen, die unabhängig voneinander bei Sonnenuntergang einen Bergrücken erklommen. Oben angekommen, erblickten und begrüßten sie sich. Dann nahmen sie sich an den Händen, setzten sich hin und sahen zu, wie die Sonne unterging.[68] Ein anderer Forscher beschrieb einen freilebenden Schimpansen, der sich fünfzehn Minuten lang einen besonders beeindruckenden Sonnenuntergang anschaute. Wenn sie wirklich den Sonnenuntergang bewundern, dann könnte der Grund dafür schlichtweg darin liegen, dass er für sie schön aussieht. Genauso wie für uns. Vielleicht fragen sie sich, ob hier gerade ein Wunder geschieht; eine Frage, die der Mensch stur mit der Religion beantwortet sieht. Der Unterschied besteht darin, dass sich die Affen während des Sonnenuntergangs kein Glas Wein einschenken oder einen Toast machen. Dabei kommen auch die meisten Menschen niemals in den Genuss dieser Erfahrung.

Es gehört zu den größten Rätseln dieser Welt, dass unterschiedliche Lebewesen dieselben Dinge schön finden. Jared Diamond entdeckte im Dschungel eine gewebte, kreisförmige Hütte, deren Durchmesser gute zwei Meter betrug und die einen Meter hoch war. Ein Kind hätte durch ihren Eingang gepasst und darin sitzen können. Vor der Hütte war ein Rasen aus grünem Moos ausgelegt, den Hunderte, aus der Natur zusammengesammelte Gegenstände zierten. Die Dekoration war nach Farben sortiert; so lagen etwa rote Früchte und rote Blätter beisammen und, davon getrennt, gelber, violetter, schwarzer und grüner Dekor. Alle blauen Dinge befanden sich in der Hütte, die roten außerhalb. Der Forscher war auf den Balzpavillon oder die «Laube» des Laubenvogels gestoßen. Als der Forscher testete, wie pingelig der Vogel in seinem ästhetischen Empfinden war, indem er einige der Objekte anders platzierte, brachte sie der Laubenvogel umgehend wieder an ihren ursprünglichen Platz zurück. Diamond beschrieb seine eigene unmittelbare Assoziation mit dem Wort «schön». Der geflügelte Eigentümer der Laube hatte sehr genaue Vorstellungen. Als Diamond unterschiedlich gefärbte Spielmarken auslegte, entsorgte er die verhassten weißen Marken im Dschungel, während die blauen in der Laube und die roten auf der Grünfläche vor der Laube neben den roten Blättern und Früchten aufgestapelt wurden.»[69] Das Ganze diente ausschließlich dazu, die Weibchen zu beeindrucken (weder handelte es sich um einen Bau noch um ein Nest). Es heißt immer, dass Aussehen nicht alles ist, aber manchmal ist es doch so.

Wenn Tiere etwas schaffen, das auch wir Menschen als schön empfinden, deutet dies vielleicht darauf hin, dass wir den gleichen Sinn für Ästhetik haben? Ich habe einmal ein Orang-Utan-Weibchen gesehen, das eine Perlenkette aufreihte und sich umlegte. Niemand hatte ihm dies beigebracht. Das Thema Ästhetik wirft eine andere, häufig gestellte Frage auf: «Warum singen Vögel?» Diamond schreibt, «... es ist schon suspekt, dass sie vor allem in der Brutsaison singen, woraus man folgern kann, dass ihr Gesang wahrscheinlich nicht nur dem ästhetischen Genuss dient».[70] Einverstanden, nicht *nur* dem ästhetischen Genuss. Doch wie viele unserer Lieder sind Liebeslieder? Und wird nicht auch Popmusik von denjenigen am begeistertsten gehört und gesungen, die sich in ihrer sexuellen Reife befinden, aber noch nicht verheiratet sind – sich mit anderen Worten gerade in der Paarungszeit befinden? Auch unsere Musik unterliegt nicht nur den Gesetzen der Ästhetik, auch sie hat soziale Funktionen. Blumen, die farbenfrohe Balztracht von Vögeln oder die bunten Muster von Rifffischen – sie alle haben ihren Zweck, doch sind sie auch sehr hübsch. Ihre Effektivität ist an eine allgemeingültige Ästhetik gekoppelt.

Der alleinige Zweck der äußeren Erscheinung und des Dufts von Blüten ist, Bestäuber (vor allem Insekten, außerdem Kolibris, Naschvögel und spezielle Fledermäuse) anzulocken. Wir haben keine plausible Erklärung, warum wir Menschen den Duft und den Anblick von Blumen anziehender finden als den von Laub. Tatsächlich empfinden wir Blumen sogar als so ansprechend, dass wir ihre Schönheit mit Lebensfreude gleichsetzen, dass wir zu unseren Freunden sagen, «rieche doch mal an diesen Rosen», dass wir damit um unsere Geliebten werben und sie bei Beerdigungen verschenken. Egal ob Kolibri, Waldlaubsänger, Paradiesvogel oder Silberreiher – ihre extravaganten Federkleider locken Partner an und sind in unseren Augen wunderschön. So schön, dass wir uns seit Urzeiten mit den Körperteilen toter Vögel kleiden, um uns mit genau jenen betörenden Farben und Mustern zu schmücken, welche auch die Vögel aneinander so attraktiv finden. Korallenfische überwältigen uns mit ihrer schillernden, prunkvollen Zeichnung, die unter ihresgleichen als Erkennungsmerkmal bei der Schwarmbildung und Partnersuche dient. Wenn wir die Weiterentwicklung des Gehirns betrachten, angefangen von der Freude, die eine Biene auf einer Blumenwiese verspürt, über das Vergnügen, das ein Vogel beim Tanzen hat, bis zu dem Glück, das auch wir beim Tanzen empfinden – ist es vielleicht möglich, dass unser Gehirn Relikte ästhetischen Empfindens aufweist, die ihren Ursprung bei den Insekten haben? Wenn dem so ist, werden wir uns wohl niemals bei den Insekten dafür erkenntlich zeigen können, außer dass wir unsere kleinen Vorfahren zu unseren Füßen und all das Schwirren und Surren in den Blumenbeeten unserer Gärten in Ehren halten. Egal, an wen unser Dank geht, es gibt wohl kaum eine wundersamere Tatsache als die, dass wir alle einer Sippe angehören, Biene, Paradiesvogel und großer Elefant – alle sind wir Sternenstaub.

Elefantenempathie

Alle Elefanten in Sichtweite sind nun mit Essen und Trinken beschäftigt. Vicki zeigt auf eine Elefantenkuh, die ihr Baby säugt. Vor einigen Monaten war es in ein Wasserloch gefallen, das so tief war, dass es nicht darin stehen konnte. Als Vicki kam, um den kleinen Bullen zu retten, stellte sich seine aufgebrachte Mutter ihr in den Weg. «Verzweifelt protestierte sie, als wir das Fahrzeug dazu benutzten, sie von dem Loch fernzuhalten. Doch wir mussten es tun. Es wäre für sie viel zu furchteinflößend gewesen, mit anzusehen, wie wir ihr Baby anseilen und an ihm herumziehen. Ich wollte ihr gegenüber nicht unentschlossen wirken, daher war ich richtig widerlich zu ihr und schrie sie an. Beinahe hätte sie sich auf den Kotflügel des Wagens gesetzt. Die ganze Situation war extrem und äußerst angespannt. Die Elefantin blieb in der Nähe, und als sie und ihr Kind wieder vereint waren, ließ sie es sofort trinken. Sie schien nicht verärgert zu sein über uns. Ich vermute, dass sie verstanden hat, dass wir helfen wollten.»

Ich habe das Video dieses Vorfalls gesehen und finde es sehr bemerkenswert. Man sieht, wie diese panische Mutter weggejagt wird. Doch anstatt anzugreifen, protestiert sie, wendet dem Fahrzeug *ihren Rücken* zu und versucht es anzuhalten, indem sie sich darauf setzt. Sie hat nichts Boshaftes an sich. Sie will denjenigen, die sie so grob behandeln, nicht schaden. Es ist eindeutig zu erkennen, dass sie ihr verletzliches Kind nicht gegen Vicki und die anderen Menschen verteidigt; sie sieht in ihnen keine Bedrohung. Sie will nur bei ihrem Baby bleiben. Man kann behaupten, dass sie letztlich damit einverstanden war, sich zu entfernen. Nachdem das Kleine an die Stoßstange gebunden und herausgezogen worden war, wusste es genau, in welche Richtung es laufen musste – seine Mutter hat es wohl die ganze Zeit über gerufen. Sie rannten aufeinander zu und im nächsten Moment waren sie wieder vereint.

Elefanten wissen, was Kooperation bedeutet. Sie kooperieren, um einem Artgenossen zu helfen, der im Schlamm eines Flussufers stecken geblieben ist, um verloren gegangene Babys wiederzufinden oder um einem verletzten oder gestürzten Kameraden wieder auf die Beine zu helfen. Wenn ein Elefant von einem Pfeil mit Beruhigungsmittel getroffen wurde, kommt es vor, dass andere ihn von beiden Seiten stützen, um zu verhindern, dass er zu Boden geht.[71] Eines Tages beobachtete Cynthia Moss, wie ein Elefantenkind in ein kleines, steil abfallendes Wasserloch fiel. Seine Mutter und Tante konnten es nicht herausbringen, daher begannen sie, eine Seite des Lochs abzugraben und eine Rampe zu bauen. Mit dieser Art der Problemlösung retteten sie dem Kleinen das Leben.

Im Samburu-Nationalreservat in Kenia wollte sich eine junge Elefantenmutter namens Cherie wieder ihrer Familie anschließen. Bei dem verhängnisvollen Versuch, einen reißenden Fluss zu überqueren, wurde ihr drei Monate altes Baby von der Strömung mitgerissen. Cherie stürzte sich in die tosenden Fluten, holte die Kleine ein und brachte sie ins seichte Wasser des weit entlegenen Ufers.[72] Doch ihr Kind hatte scheinbar sehr viel Wasser eingeatmet oder war stark unterkühlt; es erreichte zwar das Land, wirkte aber sehr mitgenommen und starb wenig später. In Burma wurde J. H. Williams[73] Zeuge, wie eine Elefantenmutter und ihr Kind von der Strömung eines stark angeschwollenen Flusses erfasst wurden: «Sie schob das Kalb mit ihrem Kopf und ihrem Rüssel fest gegen das steinige Ufer. Mit einem gigantischen Kraftaufwand nahm sie es mit ihrem Rüssel hoch und bäumte sich auf, dass sie fast auf ihren Hinterbeinen stand. So konnte sie es auf einen schmalen Felsvorsprung, etwa eineinhalb Meter oberhalb des Flusses, hieven. Nachdem ihr dies gelungen war, ließ sie sich zurück in die reißenden Fluten fallen, die sie wie einen Korken wegspülten.» Eine halbe Stunde später, das völlig verängstigte Jungtier schlotterte immer noch auf dem Vorsprung, hörte Williams ein gewaltiges Kollern: «So großartig hört sich Mutterliebe an.»[74] Sie lief am Ufer entlang zurück und fand ihr Kind wieder.

Gewöhnlich ist dafür gesorgt, dass Elefantenkinder nicht verloren gehen. Ihre Mütter behalten sie ständig im Auge. Keines wird zurückgelassen. Die Leitkühe bestimmen das Reisetempo der Familie und achten darauf, dass die Kleinen genügend Verschnaufpausen bekommen.

1990 brachte die berühmte Echo hier in Amboseli einen kleinen Bullen zur Welt, der seine Vorderbeine nicht durchstrecken und daher kaum bei seiner Mutter trinken konnte. Er kroch entsetzlich langsam auf seinen Fußgelenken voran, brach aber häufig zusammen. Die Forscher waren überzeugt, dass sich seine Gelenke wundscheuern und entzünden würden und er keine Überlebenschancen hätte. Sie überlegten sogar, ob es nicht menschlich sei, seinem Leiden ein Ende zu bereiten. Doch in typischer Elefanten-Hartnäckigkeit richteten Echo und ihre Familie den kleinen Bullen immer und immer wieder auf, wenn er gestürzt war. Echos acht Jahre alte Tochter Enid stupste den Kleinen manchmal an, um ihm auf die Beine zu helfen, doch Echo schob Enid vorsichtig beiseite. Wenn sie zu zweit neben dem Baby standen, steckte Enid oft ihren Rüssel in Echos Maul, als wollte sie sich damit beruhigen. Drei Tage lang humpelte der erschöpfte Kleine vor sich hin. Echo und Enid passten ihr Tempo dem seinen an, drehten sich ständig nach ihm um und warteten, bis er wieder aufgeschlossen hatte. Am dritten Tag lehnte sich der kleine Bulle so weit zurück, dass er seine stark verkrümmten Fußsohlen auf dem Boden absetzen konnte. Dann verlagerte er ganz vorsichtig und langsam sein Gewicht wieder auf die vordere Körperhälfte und streckte gleichzeitig alle vier Beine durch. Und obwohl er noch einige Male hinfiel, konnte er ab dem vierten Tag so gut laufen, als wäre nichts gewesen. Die Beharrlichkeit seiner Familie – bei Menschen in einer ähnlichen Situation würden wir wahrscheinlich von Glauben sprechen – hat ihn gerettet.

Als wir langsam weiterfahren, erzählt Vicki: «Vor einigen Tagen rannte Eclipse plötzlich panisch schreiend herum.» Zu diesem Zeitpunkt war die Familie über eine Distanz von ungefähr zweihundert Meter verstreut, wobei sich die Jungtiere zusammen mit einigen weiblichen Erwachsenen weiter vorne befanden. «Ich vermute, ihr Sohn war mit einigen Freunden unterwegs und antwortete ihr einfach nicht», meint Vicki. «Sie war so aufgebracht.» Irgendwann fand sie ihn schließlich – und alles war wieder gut. Cynthia Moss berichtet von einem Einjährigen, der so vertieft in das Spiel mit Gleichaltrigen war, dass er nicht mitbekam, dass seine Familie weitergezogen war. Auch seiner Familie war nicht aufgefallen, dass sie ihn zurückgelassen hatte. Plötzlich bekam er Panik und stieß einen durchdringenden «Baby-in-Not»-Schrei aus. Mehrere Elefantenkühe aus seiner Familie machten auf der Stelle kehrt, und er rannte ihnen so schnell er konnte entgegen.[75]

Normalerweise dauert es nicht lange, bis verloren gegangene Babys wiedergefunden werden, doch Erwachsene können so sehr damit beschäftigt sein, Kontakte zu knüpfen, dass sie wirklich von ihrer Familie getrennt werden. «Dies ist eine sehr beängstigende Erfahrung für die Tiere», erklärt mir Vicki. Sie konnte beobachten, wie Elefanten an windigen Abenden, an denen sie nicht so gut hören können, erst in die eine Richtung liefen, riefen, kurz innehielten und horchten, um dann schnell in die andere Richtung zu eilen. «Manchmal wünscht man sich, sagen zu können, ‹Hey, du musst *da lang*!›». So gut sie auch darin sein mögen, sich gegenseitig im Auge zu behalten, werden besonders ältere Elefanten, die nicht mehr so gut hören können, an windigen Tagen von ihrer Familie abgeschnitten. Sie wirkten dann verloren und ängstlich, während sie umherirren und rufen. Wenn sie ihre Familie wiederfinden, kann es sehr emotional zugehen. «Es scheint, als würden sie sagen, ‹Das war das Schlimmste, das mir *jemals* passiert ist!›», schmunzelt Vicki und macht sich über die kleinen Dramen in einem Elefantenleben lustig.

Es wäre doch sehr weit hergeholt, zu behaupten, dass verirrte, panische Elefanten *keine* Angst empfinden würden. «Ihre Mimik ist nicht sehr ausdrucksstark», erläutert Vicki. «Sie machen in unseren Worten ein ‹besorgtes›, ‹misstrauisches› oder ‹trauriges Gesicht›, und ich bin nicht sicher, ob ich etwas hineindeute, aber man kann in ihren Gesichtern diese Gefühle lesen.»

Einzelne Tiere fallen ihren Feinden leichter zur Beute. Elefanten, die von ihrer Herde getrennt sind, fühlen sich, ähnlich wie wir, unwohl in der Wildnis. Die Nähe ihrer Artgenossen beruhigt sie.

Dies ist wenig überraschend. Auch wir Menschen wurden in dieser Wildnis groß. Unsere Psyche – die des Elefanten und des Menschen – bildete sich heraus, als wir durch eben diese Landschaft streiften, unsere Tage nach dem Lauf der Sonne ausrichteten und unsere Nächte vom Gebrüll der gleichen Feinde erfüllt waren. Wir mussten die gleichen Fähigkeiten haben wie sie. Wir scheinen aufeinander abgestimmt zu sein, weil wir im Grunde Landsleute sind.

Wir treffen auf einen Zweijährigen, der ohne seine Mutter unterwegs ist. Er sondert Flüssigkeit aus seinen Temporaldrüsen ab, ein Zeichen dafür, dass er gestresst ist. Vielleicht ist seine Mutter brunftig und irgendwo mit einem Bullen unterwegs. Junge Mütter lassen sich oftmals von attraktiven Kerlen ablenken. Wir hoffen, es ist nichts Schlimmeres.

Eines Tages entdeckte Katito eine Elefantenkuh, in deren Ohr ein Speer steckte. Schnell holte sie Hilfe und kam zusammen mit einem Tierarzt zurück, welcher der Verwundeten Antibiotika und Schmerzmittel per Pfeil verabreichen wollte. Sie stellten fest, dass sich inzwischen ein anderer Elefant zu der verletzten Kuh gesellt hatte – und der Speer aus ihrem Ohr verschwunden war. Es gibt keine Berichte darüber, dass jemals ein Elefant einen Speer von einem Artgenossen entfernt hätte. Wahrscheinlich ist er einfach herausgefallen. Doch als der Pfeil des Tierarztes die verwundete Elefantin traf, kam ihre Freundin und zog den Pfeil heraus. Forscher konnten beobachten, wie ein Elefant einem anderen, dessen Rüssel schwer verletzt war, Futter ins Maul steckte. «Elefanten zeigen Empathie»[76], erklären die beiden im Amboseli-Nationalpark tätigen Forscher Richard Byrne und Lucy Bates in aller Deutlichkeit. Sie helfen ihren kranken Artgenossen. Sie helfen sich gegenseitig.

Was noch viel rätselhafter ist: Elefanten helfen manchmal auch Menschen. George Adamson, der die bekannte Löwin Elsa aus dem Buch *Frei geboren. Eine Löwin in zwei Welten* mit großgezogen hatte, kannte eine alte, halbblinde Frau vom Stamm der Turkana, die sich einst verlaufen hatte. Als die Nacht hereinbrach, legte sie sich unter einen Baum. Mitten in der Nacht wurde sie von einem Elefanten geweckt, der sie am ganzen Körper mit seinem Rüssel beschnüffelte. Sie hatte unglaublich große Angst. Weitere Elefanten kamen herbei und fingen an, Äste abzubrechen und sie damit zu bedecken. Am nächsten Morgen wurde ein Viehhirte auf ihre schwachen Schreie aufmerksam und befreite sie aus ihrem Gefängnis aus Ästen.[77] Hatten die Elefanten sie irrtümlich für tot gehalten und versucht, sie zu bestatten? Dies wäre schon sehr merkwürdig. Oder haben sie erkannt, wie hilflos die Frau war und sie deswegen aus Empathie oder sogar Mitleid eingeschlossen, um sie vor Hyänen und Leoparden zu schützen? Diese Erklärung klingt noch seltsamer. In ihrem Buch *Coming of Age with Elephants* berichtet Joyce Poole von einem Viehhirten, der eine Auseinandersetzung mit einer Leitkuh hatte und sich dabei das Bein brach. Als ihn der Suchtrupp nebst der angriffslustigen Elefantin unter einem Baum entdeckte, versuchte der Viehhirte verzweifelt, seine Retter davon abzuhalten, sie zu erschießen. Später erklärte er, dass die Elefantin bemerkt hatte, dass er durch die Verletzung, die sie ihm zugefügt hatte, nicht mehr laufen konnte. Mit Hilfe ihres

Rüssels und ihrer Vorderbeine hievte sie ihn vorsichtig ein kurzes Stück in den Schatten eines Baumes. Die ganze Nacht lang bewachte sie ihn und berührte ihn dabei immer wieder mit ihrem Rüssel, obwohl ihre Familie schon längst weitergezogen war.

Empathie hat unter den Gefühlen einen besonderen Stellenwert. Viele glauben, dass Empathie «uns zu Menschen macht». Angst, auf der anderen Seite, ist wahrscheinlich das älteste, verbreitetste Gefühl. Daher mag es überraschen, dass Angst und Empathie eng miteinander verknüpft sind: Angst ist auch eine Art von Empathie. Empathie bedeutet die Fähigkeit, sich in die emotionale Verfassung eines anderen hineinzuversetzen. Wenn ein ganzer Vogelschwarm plötzlich hochfliegt, weil ein einzelner Vogel aufgeschreckt ist, spricht man von «emotionaler Ansteckung». Auch wenn ein schreiendes Kind sein Unwohlsein auf seine Eltern überträgt, ist das ein Fall von emotionaler Ansteckung. Um das Unbehagen oder die Furcht eines anderen selbst fühlen zu können, muss unser Gehirn die Gefühlslage des Gegenübers übernehmen. Das ist Empathie. Wenn die Angst Ihres Freundes auch Sie befällt oder Sie sich vom Gähnen eines Mitmenschen anstecken lassen, handelt es sich um Empathie. Ursprünglich entstand Empathie aus der Angstübertragung. Empathie ist wirklich ein spezielles Phänomen und ein ziemlich verbreitetes noch dazu. (Viele autistische Menschen haben eine eingeschränkte Fähigkeit, die Gefühlslage ihrer Mitmenschen zu «lesen».)

In einer wissenschaftlichen Studie versuchten einjährige Kinder, Hunde und Katzen allesamt, «gestresste» Familienmitglieder, die schluchzten oder Anzeichen von Schmerzen beziehungsweise Luftnot äußerten, zu trösten, indem sie beispielsweise ihren Kopf in den Schoß der gestressten Person legten.[78] Menschen und Affen, die Bilder mit emotional aufgeladenen Motiven vorgelegt bekamen, reagierten mit den entsprechenden Veränderungen ihrer Gehirnaktivität und Körpertemperatur. Der Gesichtsausdruck von Menschen passte sich dem auf Bildern anderer Menschen an, selbst wenn diese jeweils nur so kurz gezeigt wurden, dass die Probanden sie nicht bewusst wahrnehmen konnten. Daraus folgt, dass Empathie automatisch erfolgt und keinen Denkprozess voraussetzt. Das Gehirn vollzieht den Gefühlsabgleich ganz von alleine und macht uns später das jeweilige Gefühl bewusst.

Wenn Tiere miteinander spielen, wissen sie, dass es ihr Spielgefährte, der sie jagt und angreift, nicht ernst meint. Ein klarer Fall von Empathie. Sie müssen die Einladung zum Spiel verstehen – Empathie.[79] Sie müssen sich darauf verstehen, mal den Part des Schwächeren, mal den des Attackierenden zu übernehmen, Letzteres, ohne den anderen zu verletzen. Ich kann dies jeden Tag an meinen beiden Hunden Chula und Jude beobachten. Sie spielen sehr lebhaft, mit eindrucksvoll gefletschten Zähnen und lautem Knurren. Dann aber drehen sie den Spieß um und «benachteiligen» sich selbst, indem sie sich auf den Rücken drehen oder ducken und beginnen, den anderen abzuschlecken. Die beiden sind beste Freunde, sie kennen sich und vertrauen einander.

Wir tanzen und singen gemeinsam oder besuchen mit Freunden Sportveranstaltungen und Konzerte – unsere Körper bewegen sich synchron, während unsere Psyche nachahmt, was wir in unserem Gegenüber erkennen. Dadurch nähern wir uns einander an, ohne jemals ein und dasselbe Gefühl teilen zu können, da jeder Mensch eine ihm eigene, individuelle Seelenwelt hat, in der seine Gefühle entstehen. Dennoch schafft diese Fähigkeit eine große Nähe, die uns eine Einheit werden lässt. Zwar können wir nicht durch die Augen eines anderen die Farbe Rot sehen, eine Bohnensuppe genauso schmecken wie unser Tischnachbar oder den Klang des Stücks «Kashmir» von Led Zeppelin identisch wahrnehmen. Doch unsere Fähigkeit zur Empathie lässt uns unsere Erfahrungen sofort vergleichen und eine naturgetreue Nachbildung davon erstellen. Es ist eine Illusion, die dazu dient, Freunden und Geliebten zu zeigen: «So fühle ich mich». Und unsere Gehirne lassen uns, ohne zu überlegen, antworten: «Wirklich? Mir geht es genauso!» Damit ist alles Wichtige gesagt. Es ist das Beste, was uns passieren kann und einfach wunderbar.

Oft gebrauchen wir «Empathie» synonym mit «Sympathie» oder «Mitgefühl». Doch würde ich die Begriffe gerne unterscheiden. *Empathie* bedeutet die Übereinstimmung der Gemütslage, Gefühle werden geteilt: Ich bin ängstlich, wenn du es bist; glücklich, wenn du es bist; traurig, wenn du es bist. *Sympathie* meint die Sorge um jemanden, der bekümmert ist. Hier besteht ein größerer Abstand, da das eigene Gefühl nicht mit dem des anderen übereinstimmen muss: «Es tut mir leid, dass deine Großmutter gestorben ist.» Man empfindet nicht die Trauer des anderen, doch versteht man ihn. *Mitgefühl* ist Sympathie kombiniert mit dem Willen, zu handeln: «Ich sehe, wie groß deine Schmerzen sind, und

Elefantenempathie

würde dir gerne helfen.» Auch ist es ein Akt des Mitgefühls, wenn man einem Obdachlosen ein Sandwich kauft oder bei einer Unterschriftenaktion zur Rettung der Wale mitmacht. Natürlich handelt es sich bei «Empathie», «Sympathie» und «Mitgefühl» um eng miteinander verknüpfte Gefühlsregungen. Doch wenn Mitgefühl tatsächlich das Bedürfnis meint, das Leiden eines anderen zu lindern, dann zeigt ein Elefant, der eine alte, verirrte Frau schützt, eindrucksvoll die ganze Bandbreite an Empathie, Sympathie und Mitgefühl.

Jane Goodall hat von Schimpansen und Bonobos, die nicht schwimmen können, wahre «Heldentaten» zu berichten, da es in Zoos mit Wassergräben immer wieder vorkommt, dass sie ihre Artgenossen vor dem Ertrinken retten. Ein ausgewachsenes Männchen ertrank bei dem Versuch, ein Junges aus dem Wasser zu ziehen. Nachdem der Wassergraben eines Bonobo-Geheges ausgelassen und gereinigt worden war, begannen die Tierwärter damit, ihn wieder mit Wasser aufzufüllen. Plötzlich tauchte der Senior der Horde am Fenster auf und begann laut zu schreien und verzweifelt mit den Armen zu rudern, um ihre Aufmerksamkeit zu erregen. Einige der Jungtiere waren in den leeren Graben geklettert und kamen aus eigener Kraft nicht wieder hinaus. Sie wären ertrunken. Das Kleinste der Affenkinder brachte der Alte selbst in Sicherheit.[80]

Ratten befreien Artgenossen aus Käfigen.[81] Selbst wenn sich im benachbarten Käfig Schokolade befindet, befreien sie *zuerst* den Gefangenen, um sich danach die Leckerei zu teilen. Demnach weist das Handeln der Ratten nicht nur die Merkmale von Empathie, sondern auch von Sympathie, Mitgefühl und Altruismus auf. Da es sich oftmals später auszahlt, anderen geholfen zu haben, versorgt uns unser Gehirn zur Belohnung für unser freundliches Verhalten mit einer Dosis Oxytocin. Deswegen *fühlen* wir uns gut, wenn wir Gutes tun. Uneigennütziges Verhalten unter Freunden ist wie der Kauf einer Versicherung. Es ist besser, die teuerste Versicherung abzuschließen, auch wenn man denkt, dass man sie niemals brauchen wird. Tatsächlich braucht man sie dann doch. Als Ratte kann es sich als sehr nützlich erweisen, einer anderen zur Flucht verholfen zu haben. Wenn ein Fressfeind angreift, halbiert das Zusammensein mit einem Kameraden die Gefahr, getötet zu werden. Auf der anderen Seite verdoppelt sich die Wahrscheinlichkeit, dass man den Angreifer schon vorab bemerkt und seine Attacke verhindert.

Doch altruistisches Handeln lässt sich nicht immer mit seiner Nützlichkeit erklären. Freundlichkeit und Güte überschreiten manchmal die Grenzen des Konkreten und lassen sich sogar im Miteinander unterschiedlicher Spezies beobachten. In einem Zoo in Großbritannien fing ein Bonobo-Weibchen einen Star. Als ein Tierwärter sie aufforderte, ihn wieder freizulassen, kletterte sie in die Krone des höchsten Baums, wickelte ihre Beine um den Stamm, damit sie beide Hände frei hatte, spreizte vorsichtig die Flügel des Stars und schleuderte ihn in den Himmel. Sie hatte die Situation verstanden und wusste auch ein wenig über Vögel Bescheid.[82] Ich frage mich, ob sie sich wohl vorgestellt hat, wie es sein würde, fliegen zu können.

Die konkreten Gründe, warum Elefanten Empathie und Mitgefühl verspüren, bleiben uns im Verborgenen. Auch wissen wir nicht genau, was Elefanten fühlen, doch sie *haben* Gefühle. Vielleicht aber auch nicht ausschließlich. Vielleicht suchen auch Elefanten nach dem Sinn von Leben und Tod, der ihnen ebenso verschlossen bleibt wie uns Menschen. Vielleicht sind wir nicht die Einzigen, deren Seele tief genug ist, um die Grenzen von Logik und Verstand zu sprengen und über das Ungeahnte jenseits des Wägbaren nachzudenken. Vielleicht machen auch sie sich Gedanken. Wenn dem so ist, gibt es bestimmt noch weitere Wesen, die es ihnen gleichtun.

Ich denke nach. Auch andere Tiere sind neugierig. Menschliche Neugier ist ein Vorläufer der Reflexion, auf welcher wiederum die Spiritualität gründet, die ihrerseits Voraussetzung für die Wissenschaft ist. Ziel der Wissenschaft ist es, herauszufinden, was wirklich passiert. Und das Suchen der Wissenschaft ist ein immerwährendes Wunder.

Tiefe Trauer

Cynthia Moss war da, als die Familien endlich in den Amboseli-Nationalpark zurückkehrten.[83] Teresia fehlte ein halber Stoßzahn. Vielleicht war sie angeschossen worden oder der Zahn brach ab, als sie einem gestürzten Familienmitglied aufhelfen wollte. Trista blieb verschwunden. Wendy ebenfalls. Tania hatte drei stark infizierte Schusswunden an der linken Schulter, hinter dem linken Ohr und am Hinterteil. Immer wieder betastete Tania sie mit ihrem Rüssel und bestreute sie mit Staub. Ihr Euter war klein und verschrumpelt, doch ihr Jüngster, eigentlich noch ein Stillkind, strotzte vor Kraft. Er hatte schnell gelernt, mit fester Nahrung auszukommen.

Als Cynthia gerade fahren wollte, erschien Tania am Fenster ihres Landrovers. Sie stand einfach nur da und schaute sie an. Cynthia war tief berührt und beunruhigt, denn sie konnte spüren, dass Tania ihr mitteilen wollte, wie schlecht es ihr ging. Doch Cynthia konnte ihr nicht helfen.

Tania wurde wieder gesund und auch ihr Sohn kam mit dem Leben davon. Die Tochter der verstorbenen Wendy überlebte, weil sich ihre Tante Willa um sie kümmerte und sie beschützte. Teresia wurde zweiundsechzig Jahre alt.

Seit Teresias Geburt in den 1920er Jahren hat sich die Welt stark verändert. Zeit ihres Lebens kamen immer mehr Menschen und Maschinen hinzu. Die Große Depression, der Zweite Weltkrieg, die Konzentrationslager und Hiroshima – all diese Ereignisse passierten, als sie lebte, aber sie nahm keine Notiz davon. Die Schrecken von Burma, Korea, Kambodscha und Vietnam blieben ihr verborgen. Auf dem Mond, in dessen Licht Teresia nachts wanderte, war die Apollo gelandet, ohne dass sie es registriert hatte. Die Ären des Swing, des Jazz und des Rock 'n' Roll lösten einander ab, doch sie wusste nichts davon. Ebenso wenig von der Bürgerrechts- und der Frauenbewegung, dem Buch *Der stumme Frühling* und der nachfolgenden Umweltbewegung. Teresia verbrachte den

Kalten Krieg in tropischer Wärme. Nelson Mandela kämpfte für die Befreiung der Menschen eines Landes, das fast all seine Elefanten ausgelöscht hatte – Teresia bekam davon nichts mit. Ihr Leben überschneidet sich mit diesen Ereignissen auf der Zeitachse der Weltgeschichte, doch Teresia folgte einem älteren, gleichmäßigeren Rhythmus. Sie war der älteste Elefant der gesamten Population, als sie drei Massai-Speere trafen. Die Wunden infizierten sich und ungefähr zwei Wochen später starb sie.[84]

Heute werden nur wenige Elefanten so alt wie Teresia. Um überleben zu können, müssen sie ihr Wissen und ihre althergebrachten Traditionen – ihre gesamte Lebenskultur – aufgeben, die einst ihren Fortbestand sicherten: uralte Wanderrouten und seit Generationen überlieferte Pfade zu Futter- und Wasserreserven, Reserven, die ihrerseits immer weniger werden, da sie der Mensch für sich beansprucht.

In Teresias Kindheit gab es noch mehr Platz auf der Welt. «Ich bin sicher, dass es viele leuchtend-grüne, strahlende Sonnentage gab, an denen Teresia und die übrigen Jungtiere ... ‹albern› sein konnten», schwärmt Cynthia und stellt sich vor, wie sie «umherrannten, sich durch die Büsche und das hohe Gras schlugen und dabei die Köpfe hoch erhoben trugen, die Ohren abgespreizt hielten und wie die vor lauter Unsinn glänzenden Augen weit geöffnet waren. Oder wie sie ... rannten und dabei wilde, pulsierende Trompetentöne ausstießen.»[85] Natürlich gab es auch damals schlechte Zeiten, wie etwa Dürren oder Todesfälle. Doch so ist das Leben. Es kann noch eine Million Jahre so weitergehen, auch wenn es mal nicht so gut läuft. Heute aber stirbt ein Elefant eher durch die Hand des Menschen als aus irgendeinem anderen Grund.[86]

Elefanten sterben; wir alle sterben irgendwann einmal. Für Elefanten und einige andere Tiere ist es von Bedeutung, wer gestorben ist. Dies ist der Grund, warum sie «Wer»-Tiere sind. Jeder Einzelne zählt, weil für Elefanten Erinnerung, Lernen und Führungsqualitäten so wichtig sind. Und deswegen ist ein Todesfall so einschneidend für diejenigen, die überleben.

Einmal spielte ein Forscher eine Tonbandaufnahme mit der Stimme einer verstorbenen Elefantenkuh ab. Die Lautsprecher hatte er im Dickicht versteckt. Ihre Familie war völlig aufgebracht, rief und suchte nach ihr. Die Tochter der Elefantin rief noch Tage später nach ihr. Der Forscher beließ es bei diesem einen Versuch.[87]

Die Reaktion der Elefanten auf den Tod wurde einst als das «Merkwürdigste an ihnen»[88] bezeichnet. Fast immer reagieren sie auf die sterblichen Überreste eines toten Artgenossen. Manchmal reagieren sie auch auf die Überreste eines Menschen, wohingegen sie die von anderen Tieren nicht interessieren.

Joyce Poole schreibt: «Am erschütterndsten ist, dass sie so still sind. Wenn sie ihre Verstorbenen untersuchen, hört man sie nur langsam Luft über ihren Rüssel ausblasen. Es ist, also würden sogar die Vögel ihren Gesang einstellen.»[89] Vicki hat es mit eigenen Augen gesehen und bestätigt, dass es herzzerreißend traurig ist. Die Elefanten strecken langsam ihre Rüssel aus und berühren sanft den Kadaver, als würden sie dabei tastend, lesend, irgendetwas in Erfahrung bringen wollen. Mit ihrer Rüsselspitze fahren sie über den Unterkiefer, die Stoßzähne und die Zähne, also die Körperteile, die ihnen auch zu Lebzeiten am vertrautesten waren und die sie bei der Begrüßung am häufigsten berührt hatten – die für jeden Einzelnen charakteristischsten Stellen.[90]

Cynthia erzählte mir von einer wunderbaren Leitkuh namens Big Tuskless. Sie starb eines natürlichen Todes, und einige Wochen später brachte Cynthia den Kieferknochen der Elefantin in ein Forschungslager, um ihr Alter bestimmen zu lassen. Ein paar Tage danach kam ihre Familie an dem Camp vorbei. Zig verschiedene Elefantenkiefer lagen dort am Boden, doch die Familienmitglieder von Big Tuskless steuerten zielstrebig auf ihren Kiefer zu. Sie ließen sich Zeit. Sie berührten ihn. Dann zogen sie weiter, bis auf einen. Er blieb noch eine ganze Weile, obwohl die anderen längst weg waren. Er streichelte den Kiefer mit seinem Rüssel, liebkoste ihn und drehte ihn herum. Es war Butch, der sieben Jahre alte Sohn von Big Tuskless. Sah er noch einmal das Gesicht seiner Mutter vor sich? Versuchte er, sich ihren Geruch, ihre Stimme in Erinnerung zu rufen oder das Gefühl, von ihr berührt zu werden?

Heutzutage werden die Stoßzähne eines toten Elefanten sofort abtransportiert. Doch 1957 berichtete David Sheldrick über die eigenartige Angewohnheit der Elefanten, die Stoßzähne ihrer toten Gefährten zu entfernen.[91] Nach Sheldrick gab es einige Fälle, in denen Elefanten Stoßzähne, die um die fünfzig Kilogramm wogen, fast einen Kilometer weit trugen. Ian Douglas-Hamilton brachte einmal den Körper eines Elefanten, der von einem Farmer erschossen worden war, an einen anderen Ort. Kurz danach kam eine befreundete Familie des toten Elefanten vorbei. Als die Mitglieder der Familie seinen Geruch wahrnahmen, drehten sie sich ruckartig um und näherten sich vorsichtig dem Kadaver. In einer Auf- und Ab-Bewegung tasteten sie sich mit ihren Rüsseln langsam vorwärts, die Ohren leicht nach vorne gestellt. Keiner von ihnen wollte als erster das Skelett erreichen. Dicht aneinandergedrängt, näherten sie sich, um den Toten zu beschnüffeln und seine Stoßzähne zu untersuchen. Manche der Knochen wiegten oder rollten sie sanft mit ihren Vorderfüßen hin und her. Andere Knochen schlugen sie aneinander. Von manchen nahmen sie eine Geschmacksprobe. Einige wechselten sich dabei ab, den Schädel zu rollen. Bald waren alle Elefanten dabei, den Kadaver zu untersuchen, wobei manche von ihnen auch Knochen davontrugen.[92] George Adamson erschoss einmal einen Bullen, der einen Beamten in dessen eigenem Garten vor sich her gejagt hatte. Die Einheimischen schlachteten das Tier, weil sie sein Fleisch essen wollten und entsorgten das Gerippe anschließend etwa einen Kilometer entfernt. Noch in der gleichen Nacht platzierten Elefanten ein Schulterblatt[93] und einen Beinknochen genau an der Stelle, an welcher der Bulle tot zusammengebrochen war.

Manchmal bedecken Elefanten ihre verstorbenen Artgenossen mit Erde und Blättern. Damit sind sie, abgesehen von uns Menschen, die einzigen Tiere, die schlichte Bestattungsrituale vollziehen. Es gibt sogar mehrere dokumentierte Berichte über Elefanten, die Menschen bestatteten. Nachdem Großwildjäger einen großen Elefantenbullen erlegt hatten, umringten seine Begleiter den Kadaver. Stunden später kehrten die Jäger zurück und stellten fest, dass die Elefanten ihren toten Kameraden nicht nur mit Erde und Blättern bedeckt, sondern auch seine klaffende Kopfwunde mit Lehm verschlossen hatten.[94]

Haben Elefanten eine *Vorstellung* vom Tod? *Ahnen* sie ihn voraus? Vor einigen Jahren brach im schönen Samburu-Nationalreservat eine kranke Leitkuh namens Eleanor zusammen. Grace, eine andere Leitkuh, eilte zu ihr. Sie war so aufgeregt, dass die Flüssigkeit aus ihren Kopfdrüsen nur so herausströmte. Grace schaffte es, Eleanor wieder auf die Beine zu helfen, doch kurz darauf fiel sie wieder zu Boden. Grace schien sehr gestresst zu sein und versuchte immer wieder, Eleanor aufzuhelfen, doch ohne Erfolg. Als es dunkel wurde, blieb Grace bei Eleanor, die noch in derselben Nacht starb. Am nächsten Tag begann eine Elefantin namens Maui die tote Eleanor mit ihrem Fuß hin und her zu schaukeln. Am dritten Tag wurde Eleanor von ihrer eigenen Familie, einer weiteren Familie und ihrer besten Freundin Maya besucht. Auch Grace war da. Am fünften Tag verbrachte Maya eineinhalb Stunden beim Kadaver von Eleanor. Eine Woche nach Eleanors Tod kehrte ihre Familie zurück und blieb eine halbe Stunde bei ihr. Wenn ich mich recht erinnere, benutzte Iain Douglas-Hamilton das Wort «Trauer».[95]

Trauern Elefanten wirklich? Und wie können wir das feststellen? Wenn ein Elefantenjunges stirbt, verhält sich seine Mutter manchmal deprimiert, lässt sich weit zurückfallen und folgt ihrer Herde nur langsam. Als eine Elefantenkuh namens Tonie eine Totgeburt hatte, verbrachte sie trotz sengender Hitze vier Tage bei ihrem toten Kind und verteidigte es gegen gierige Löwen. Irgendwann zog sie weiter.

Manchmal tragen Elefanten kranke oder tote Babys auf ihren Stoßzähnen. Eine Elefantin aus dem Amboseli-Nationalpark brachte ihr frühgeborenes, sterbendes Baby einen halben Kilometer weit in die kühle Abgeschiedenheit eines Palmenhains.[96] Ähnlich verhält es sich mit Menschenaffen, Pavianen und Delfinen, die tagelang ihre toten Jungtiere bei sich tragen. Doch sind die Muttertiere wirklich traurig? Oder tragen sie das tote Junge einfach nur deswegen herum, weil sie es mit einem lebendigen genauso machen würden? Die Antwort ist einfach: Elefanten und Delfine tragen keine gesunden Jungtiere. Das Verhalten der Mütter gegenüber toten Jungtieren ist also anders.

Im September 2010 beobachteten Menschen in der Nähe der San Juan Islands im Bundesstaat Washington einen weiblichen Killerwal, der sein totes Neugeborenes sechs Stunden lang vor sich herschob.[97] Hätte diese Killerwal-Mutter den Tod rein rational aufgefasst, hätte sie das Kleine einfach zurückgelassen. Für uns Menschen ist es ebenfalls schwer, uns von unseren verstorbenen Kindern zu trennen. Wir haben eine Vorstellung vom Tod und verspüren Trauer. Die Bindungen zwischen uns und unseren Liebsten sind eng. Wir wollen sie nicht gehen lassen. Auch zwischen Tieren bestehen starke Bindungen. Vielleicht fällt es ihnen ebenso schwer, loszulassen.

Vor ein paar Jahren trieb ein junger, kranker Buckelwal, der noch im Stillalter war, in der Brandung vor East Hampton. Marge Winski, die Leuchtturmwärterin im vierundzwanzig Kilometer entfernten Montauk, erzählte mir, dass sie in der Nacht, nachdem der junge Buckelwal an Land gespült worden war, «einen unglaublich traurig klingenden Walgesang» hörte, der so klang, als riefe eine Mutter ihr verlorenes Kind. Denise Herzing beschreibt die Situation, als ein Atlantischer Fleckendelfin namens Luna in trübem Wasser über einen längeren Zeitraum von ihrem nur wenige Tage alten Jungen getrennt wurde und gleichzeitig ein großer Tigerhai auftauchte: «Ich hatte noch nie zuvor ein Muttertier gehört, das seine Not so eindrucksvoll mit seiner Stimme zum Ausdruck brachte.»[98] Als der in Gefangenschaft lebende Delfin Spock plötzlich starb, wirkte seine beste Freundin bestürzt und lag tagelang regungslos am Grund ihres Beckens. Nur zum Luftholen schwamm sie an die Wasseroberfläche. Nach fast einer Woche begann sie wieder zu fressen und Kontakt zu anderen aufzunehmen.[99] Maddalena Bearzi beobachtet: «Eine trauernde Delfinmutter will oft allein, abseits ihrer Gruppe, sein. Doch während dieser Trauerphase wird sie von Artgenossen besucht. Vielleicht schauen sie nach ihr, genauso wie wir Menschen es machen, wenn jemand einen Verstorbenen zu beklagen hat.»[100]

Nochmals zu der eingangs gestellten Frage: *Empfinden* Tiere wirklich Trauer? Um diese Diskussion mit der nötigen gedanklichen Klarheit fortführen zu können, bedarf es einer wissenschaftlich fundierten Definition des Begriffs «Trauer». Eine Definition stammt von der Anthropologin Barbara J. King.[101] Um als trauernd eingestuft werden zu können, müssen Überlebende, die den Verstorbenen gekannt haben, ihr alltägliches Verhalten ändern. Eventuell nehmen sie weniger Nahrung zu sich oder schlafen weniger, verhalten sich teilnahmslos oder fahrig. Vielleicht suchen sie den Leichnam ihres Freunds auf. Kings Begriffsbestimmung ist ziemlich brauchbar. Doch die Wissenschaft erzielt die besten Ergebnisse, wenn ihr Gegenstand messbar ist. Allerdings ist Traurigkeit nicht ein Pfund leichter als Kummer und Trauer nicht zwei Meter kürzer als Glück. Bei Menschen existieren diese Gefühle in abgestufter Form, sie machen sich breit und verschwinden wieder. Auch bei Tieren scheinen sie in unterschiedlicher Intensität vorzukommen. Wenn ein Mensch einen Elternteil oder ein Geschwister verliert, kommt es vor, dass er mehrere

Tage lang nicht zur Arbeit erscheinen kann. Trauernde Angehörige halten manchmal ein oder zwei Tage lang Totenwache. Auch eine Elefantenfamilie sucht immer wieder den Kadaver eines toten Artgenossen auf. Später besuchen Menschen das Grab des Verstorbenen und genauso halten es auch die Elefanten. Das Leben eines Menschen kann sich durch den Tod eines wichtigen Familienmitglieds für immer verändern, genau wie das von Elefanten, Menschenaffen ...

Im Zoo von Philadelphia lebte in den 1870er Jahren ein unzertrennliches Schimpansenpärchen. «Als das Weibchen starb», schrieb ein Tierwärter, «versuchte das Männchen viele Male, seine Partnerin wieder aufzuwecken, und als sich dies als unmöglich erwies, war es hart mit anzusehen, wie wütend und traurig es war ... Seine Wutschreie ... verebbten in ein Wehklagen, welches der Wärter des Pärchens angeblich noch nie zuvor gehört hatte ... *hah-ah-ah-ah*, flüsterte es klagend und seufzend, und so ging es den ganzen Tag lang. Am Folgetag saß das Affenmännchen meist regungslos da und jammerte ununterbrochen.»[102] Mehr als ein Jahrhundert später blieb im *Yerkes National Primate Research Center* der Schimpanse Amos in seinem Nest liegen, obwohl die anderen alle nach draußen gingen. Immer wieder kamen sie herein, um nach Amos zu sehen. Ein Weibchen namens Daisy kraulte sanft die zarte Stelle hinter seinen Ohren und stopfte ihm weiches Streu in den Rücken, so wie eine Krankenschwester die Kissen eines Patienten aufschüttelt. Wenig später starb Amos. In den Folgetagen waren die anderen Affen kleinlaut und fraßen nur wenig.[103] In Uganda gab es zwei Schimpansenmännchen, die jahrelang beste Freunde waren. Als der eine starb, wollte sein Freund «mehrere Wochen lang niemanden sehen, obwohl er zuvor kontaktfreudig war und in der Rangordnung weit oben stand», berichtet Forscher John Mitani. «Er schien zu trauern.»[104]

Patricia Wright erforscht die Lemuren auf Madagaskar. Pat erzählt, dass der Tod eines Lemuren «für die ganze Familie eine Tragödie bedeutet». Ausführlich berichtete sie mir über ihre Beobachtungen, nachdem eine Fossa, ein katzenähnliches Raubtier, ein Sifakamännchen getötet hatte: «Als die Fossa weg war, kam seine Familie zurück. Seine Partnerin stieß immer wieder den ‹Verloren›-Schrei aus. Wenn sich Sifakas *wirklich* verirren, schreien sie nicht so oft, dafür in einer höheren Tonlage und energischer. Hier aber war nur ein wiederkehrendes, leises Pfeifen zu hören, traurig und eindringlich.» Auch die anderen Mitglieder

der Gruppe, allesamt Töchter und Söhne des toten Männchens, gaben den «Verloren»-Schrei von sich. Sie saßen auf vier bis neun Meter hohen Ästen und starrten von oben auf den Kadaver. Innerhalb von fünf Tagen kehrten die Lemuren noch fünfzehn Mal an die Stelle zurück.[105]

Tiko, der Amazonenpapagei der Biologieprofessorin Joanna Burger, verbrachte viel Zeit mit Joannas Schwiegermutter, die das letzte Jahr ihres Lebens bei ihr wohnte. In den Wochen vor ihrem Tod versuchte Tiko zu verhindern, dass die Mitarbeiter des Hospizdienstes sie berührten. Beim bloßen Versuch, Fieber zu messen, wurden sie schon von Tiko attackiert. Daher musste Tiko, wenn die Pfleger anwesend waren, in seinem Zimmer bleiben. Kurz bevor die alte Dame starb und nur noch im Bett liegen konnte, saß Tiko den ganzen Tag lang neben ihrem Kopf und bewachte sie. «Nicht einmal zum Fressen wollte er sie verlassen», erzählte Joanna. In der Nacht, nachdem sie verstorben und ihre Leiche aus dem Haus transportiert worden war, «schrie Tiko in seinem Zimmer ohne Unterlass. Zuvor hatte er dort *nicht einen Ton* von sich gegeben, egal was im Erdgeschoss los war.» Noch Monate später saß der Papagei stundenlang am Bett seiner verstorbenen Freundin.

Doch Trauer ist nicht nur eine Reaktion auf den Tod anderer. Es kommt vor, dass Leute, die wir kennen, versterben und wir nicht um sie trauern. Manchmal verschwinden geliebte Menschen aus unserem Leben, und obgleich sie keineswegs tot sind, trauern wir um sie. Wir vermissen sie schrecklich. Sie kennengelernt zu haben, hat unser Leben verändert und sie wieder zu verlieren, ändert es erneut. Bei Trauer geht es nicht nur um Leben oder Tod. Vielmehr geht es darum, dass jemand, der uns begleitet hat, plötzlich nicht mehr da ist. Wenn zwei oder mehrere Tiere ihr Leben miteinander teilen, ist nach Barbara J. King Trauer das Resultat eines Liebesverlusts.

Doch ist «Liebe» *wirklich* das richtige Wort? Wenn eine Elefantin ihre Schwester erblickt und nach ihr ruft, um den Kontakt aufrechtzuerhalten, oder ein Papagei seinen Partner entdeckt und näher bei ihm sein will, ist es ein *Gefühl* von Verbundenheit, das sie die Nähe des anderen suchen lässt. Die Bezeichnung für das *Gefühl*, das sich hinter unserer Sehnsucht nach Nähe verbirgt, ist «Liebe». Elefanten und Vögel lieben einander anders als ich liebe. Aber dasselbe gilt auch für meine Freunde, meine Mutter, meine Frau, meine Stieftochter und meine Nachbarn. Es gibt nicht die eine Liebe. Wir Menschen lieben auf verschiedene Art und Weise und unterschiedlich intensiv. Aber ich denke, dass die Bezeichnung sowohl auf uns als auch auf Tiere zutrifft. Man sagt, Liebe hat viele Gesichter. Vermutlich *ist* «Liebe» das richtige Wort.

Viele Tiere scheinen ihre verstorbenen Kameraden und Familienmitglieder nicht zu vermissen. Aber stimmt das wirklich? Vielleicht sehen wir auch nicht genau genug hin oder erkennen die Anzeichen für ihre Trauer nicht. Wer hat schon die Möglichkeit, eine Möwe oder einen Mungo zu beobachten, bis ihre jeweiligen Partner sterben und ihr Verhalten in den Wochen danach weiter zu studieren? (Im Fall von Albatrossen würde es sich sogar um Jahre handeln, bis sie wieder anfangen zu werben und sich einen neuen Partner zu suchen.) Die Berichte über Trauer bei Wildtieren sind rar und anekdotenhaft, weil wir es nur selten zu Gesicht bekommen, wenn Tiere in freier Wildbahn sterben. Das Leben und Sterben auf dieser Welt bleibt unserem Blick meistens verborgen. Haustierbesitzer hingegen berichten über Katzen, die jammern und wochenlang lethargisch wirken, über niedergeschlagene Kaninchen, über einen Hund, der immer wieder das Grab eines Kumpels besucht oder jahrelang täglich zum Bahnhof läuft, um auf sein verstorbenes Herrchen zu warten. Ein Freund erzählte mir von seinen beiden Bartagamen. Als die eine starb, bewegte sich die zurück gebliebene Bartagame wochenlang kaum mehr. Erst nach einiger Zeit kehrte sie zu ihrem gewohnten Aktivitätsmodus zurück. Ist es möglich, dass selbst Echsen ihre Gefährten vermissen?

Ich hatte bis jetzt kaum Gelegenheit, zu beobachten, was passiert, wenn ein Tier seinen Lebenspartner verliert. Allerdings hatten meine Frau und ich früher zwei Enten, die miteinander aufgewachsen sind. Sie lebten zusammen mit unseren vier Hühnern. Oft wanderten sie durch unseren Garten und waren unzertrennlich. Sie badeten gemeinsam, und während der Balz paarten sie sich. Eines Tages wurden beide Enten krank. Einen Tag später starb der Erpel Duke Ellington. Die Ente, Thelonius Duck genannt, erholte sich wieder. Doch tagelang watschelte sie quakend durch den Garten und suchte Duke Ellington in den Efeubeeten und den Büschen. Aus Trauer? Aus Sorge? Sicherlich vermisste sie ihren Kameraden, ihren Partner. Irgendwann hörte sie auf, ihn zu suchen und schloss sich als eine Art Sonderling den Hühnern an. Ich bin mir nicht sicher, wie es sich tatsächlich für sie anfühlte, aber ganz offensichtlich hat sie ihren Freund vermisst und versucht, ihn zu finden. Irgendwann ging das Leben auch für sie weiter – so wie für uns alle. Einzeln betrachtet fallen diese Anekdoten nicht sonderlich ins Gewicht und werden gerne fehlinterpretiert. Doch in ihrer Gesamtheit ergeben sie einen Sinn.

Wie auch uns Menschen, trifft das einzelne Tier ein bestimmter Verlust besonders hart. 1990 starb die Killerwal-Matriarchin Eve im Alter von fünfundfünfzig Jahren im Pazifischen Ozean bei Kanada. Ihre Söhne Top Notch und Foster umkreisten Hanson Island und riefen sie ständig. Zum ersten Mal in ihrem Leben – Top Notch war zu diesem Zeitpunkt dreiunddreißig Jahre alt – antwortete ihre Mutter nicht auf ihr Rufen. Immer wieder suchten die Brüder die Stellen auf, an welchen sich ihre Mutter in den Tagen vor ihrem Tod aufgehalten hatte. Voller Treue, Sehnsucht und Trauer.[106] Daphne Sheldrick, die seit fünfzig Jahren mit verwaisten Elefanten zu tun hat, bestätigte mir ganz nüchtern: «Ein Elefant kann an gebrochenem Herzen sterben». Sie habe es selbst gesehen. Daphne erzählt, dass sie während des halben Jahrhunderts, in dem sie verwaiste Elefantenkinder großzieht, eines gelernt hat: Wer Elefanten verstehen will, muss ‹anthropomorph› sein, weil Elefanten auf die gleiche Art und Weise fühlen wie der Mensch. Sie betrauern den Verlust ihrer Liebsten ebenso tief wie wir es tun. Ihre Fähigkeit, zu lieben, lässt einen demütig werden.

Doch selbst wenn wir davon ausgehen, dass Tiere Trauer empfinden – trauern sie tatsächlich «ebenso tief wie wir»? Rufen wir uns doch einmal eine Totenwache von uns Menschen vor Augen: Man trifft sich ein oder zwei Tage lang. Die Enkel und die erwachsenen Kinder sind da, auch Verwandte und Freunde; Kollegen reißen Witze und tauschen Visitenkarten aus; eine junge Frau trägt ein schwarzes Kleid, das einen seine Trauer schnell vergessen lässt; für die einen ist es eine Wunde, die wieder heilt, und für die anderen bedeutet es Schmerz, der für immer bleibt. Des einen Leben ändert sich für immer, des anderen bleibt davon unberührt. Was ist «menschliche Trauer»? Sie ist kein klar umrissenes Gefühl. Ähnlich wie Liebe hat auch Trauer viele Gesichter, kann verschieden stark und von Mensch zu Mensch anders sein. Und sie ist nicht nur bei uns Menschen zu finden.

Um Trauer empfinden zu können, muss man den Tod nicht verstehen. Menschen betrauern ihre Toten, doch gehen ihre Meinungen über die Bedeutung des Todes weit auseinander. Es gibt die unterschiedlichsten traditionellen Glaubensansätze – Himmel und Hölle, Karma und Wiedergeburt sowie weitere Vorstellungen vom Leben nach dem Tod. Sie alle basieren auf einem Grundgedanken: Man ist nie wirklich tot. Nur wenige Menschen glauben, dass es irgendwann einfach zu Ende ist und wir aufhören zu existieren. Für die meisten Menschen ist dies unvorstellbar. Einst lernte ich den Satz «Ich glaube an das ewige Leben», um ihn in der Kirche viele Male zu wiederholen. Begreift ein Schimpanse oder ein Delfin, der sein totes Junges mit sich herumträgt, den Tod weniger als der Papst? Versteht ihn ein Elefant, der die Knochen eines geliebten Artgenossen tätschelt, besser?

Zwei Jahre nach Teresias gewaltsamem Tod beobachtete Cynthia Tallulah, Theodora und jüngere Familienmitglieder beim «Herumalbern»: Sie eierten durch Büsche, drehten sich mit gekringelten Schwänzen im Kreis, planschten im Wasser und machten sich einen Spaß daraus, Wellen zu machen und sich gegenseitig nass zu spritzen. Sie hatten sich von Teresias Tod erholt und «waren wieder», wie Cynthia es ausdrückte, «die lebhaften, verrückten Elefanten, die ich in Erinnerung hatte, und die ich so sehr liebte.»[107]

Ich weiß nicht, wie ich Wiedersehen sagen soll

Wir beobachten die Elefanten auf ihrem Weg in den Sumpf. Krachend bahnen sie sich ihren Weg durch das hohe Gras und waten in die erfrischende Nässe.

Wie entscheiden die Familien über das Ziel und den Zeitpunkt ihrer nächsten Wanderung? Vicki hat dies sehr genau beobachtet. «Wenn ein Familienmitglied gerne an einen bestimmten Ort gehen möchte, setzt es sich an den Rand der Gruppe und schaut in die gewünschte Richtung.» Dies wird als die «Los geht's»-Körperhaltung bezeichnet. Alle paar Minuten kollert der Elefant ein «Los geht's». Es ist ein Vorschlag: «Ich würde gerne diesen Weg einschlagen; lasst uns zusammen gehen.» – «Entweder die anderen kommen mit», erklärt Vicki, «oder sie bewegen sich nicht von der Stelle».[108]

Und wenn die anderen nicht mitkommen wollen?

«Dann kommt der Elefant mit dem Wunschziel nochmals auf die Familie zu und initiiert eine große Begrüßungsrunde, um sich Unterstützung zu holen. In etwa so: ‹Hey! Wir sind doch gute Freunde oder? Ich würde gern *dahin* gehen›». Daher kann eine Begrüßung auch strategische Gründe haben.

Manchmal erfolgt die Zustimmung sehr schnell. Die Leitkuh gibt ein langgezogenes, leises Kollern von sich, stellt dann ihre Ohren auf und schlägt sie gegen Hals und Schultern, als würde sie in die Hände klatschen. Die Familie setzt sich unmittelbar in Bewegung, als hätte sie nur auf ihr Zeichen gewartet. Manchmal aber wird erst stundenlang diskutiert.

«Sie wissen, was sie erwartet», erläutert Vicki. «Wenn eine große, dominante Familie sich dort aufhält, wo man selbst gerne hingegangen wäre, vermeidet man Ärger und sucht sich ein anderes Ziel.» Manchmal ist es offensichtlich, in manchen Fällen kann ich mir ihr Handeln nicht erklären.

Vicki hält inne und sagt: «Hallo Amelia». Dann, mir zugewandt: «Siehst du die Elefantenkuh, die mit den Ohren wedelt? Das ist Jolene, die Matriarchin der JAs. Und –» Vicki beobachtet durch ihr Fernglas eine Kuh, die sich weiter entfernt im hohen Gras des Sumpfs befindet. «Ach ja, das ist Yvonne.»

Die AAs, die YAs und die JAs sind gemeinsam hier. Die AAs sind mit den JAs befreundet und die YAs mit den JAs. Sie begrüßen sich alle. Vicki übersetzt für mich: «Sie sagen nicht nur ‹Oh, hallo!›, sondern eher, ‹Das bin ich, und das bist du – wir sind befreundet und zusammen hier.›»

Bei der Begrüßung machen alle Elefanten mit, um einander ihre Gefühle mitzuteilen und klarzustellen, in welcher Beziehung sie zueinander stehen.

Die Forscherin Joyce Poole bezeichnet dies als eine «Bonding»-Zeremonie. Ihre Teilnehmer signalisieren damit laut Poole sich selbst und entfernten Zuhörern, dass sie «zusammen eine Einheit bilden und eine geschlossene Front darstellen».[109]

«Wie man sehen kann, ob es sich um gute Freunde oder enge Verwandte handelt?», fragt Vicki rhetorisch. «Ihre Art, sich zu begrüßen, verrät es.» Je intensiver und enthusiastischer die Begrüßung ist, desto enger ist die Beziehung. Freudig erregte Elefanten greifen oftmals in einer dramatischen Geste nach dem Rüssel des anderen und drücken ihre Körper aneinander. Sie trompeten, kollern, greifen sich mit dem Rüssel gegenseitig ins Gesicht oder ins Maul, flattern mit den Ohren und klappern mit den Stoßzähnen. Einen «begeisterten» Elefanten erkennt man auf den ersten Blick.[110]

Elefanten kommunizieren mit über hundert ritualisierten Gesten in unterschiedlichen Kontexten, wobei die Bedeutungsvermittlung durch den Kontext unterstützt wird.[111] Unentschlossene und zaghafte Elefanten stehen nur lauschend und beobachtend da, während sie ihre Rüsselspitze hin- und herdrehen. Manchmal berühren sie sich dabei an Gesicht, Mund, Ohren oder Rüssel, um sich selbst zu beruhigen, ähnlich wie ein Mensch sich an die Wange fasst oder sein Kinn in die Hand stützt. Regelmäßiges Rufen aus nächster Nähe stärkt die Familienbande, gleicht Differenzen aus, dient der Verteidigung, bildet Seilschaften, koordiniert Bewegungen und erhält den Kontakt aufrecht. Für manche Laute nutzen Elefanten ihre Stimmbänder, für andere ihren Rüssel.[112]

Wenn es zwischen Elefanten Streit gibt, hilft manchmal ein Schlichter bei der Einigung. Forscher hielten fest: «Eine dritte Partei, wie etwa eine Leitkuh oder eine enge Vertraute der gekränkten Elefantin initiiert die Wiederversöhnung. Sie geht auf die Streithähne, die sich Kopf an Kopf gegenüberstehen, zu … und kollert mit hoch erhobenem Kopf und aufgestellten Ohren, während sie in einer affiliativen Geste den Rüssel nach der anderen Elefantin ausstreckt».[113]

Vicki ist in meinem Namen ein wenig enttäuscht, dass die gerade stattfindende Begrüßungszeremonie ein wenig an Lebhaftigkeit zu wünschen übrig lässt. «Wenn die EBs da wären, wäre es überwältigend gewesen, voller Begeisterung und Trompeten, sie hätten sich ständig aneinander gerieben und sich gegenseitig berührt – wir nennen sie die italienische Familie, weil sie so unglaublich ausdrucksvoll ist. Hier haben wir es nicht gerade mit einem euphorischen Treffen zu tun.»

Die JAs sind eine kleine Familie und haben keinen Grund, euphorisch zu sein. «Sie wurden von einer wunderbaren Leitkuh angeführt», erzählt Vicki. «Sie wurde von einem Speer getroffen und starb. Die nachfolgende Matriarchin starb während der Dürre.» Durch den Verlust ihrer Ältesten scheint die Familie auch an Emotionalität eingebüßt zu haben. «Wer»-Tiere trifft der Tod am härtesten oder genauer, die Überlebenden.

Fast die ganze Familie hat sich hinter den Büschen versteckt. Nahe bei uns steht Jamila. Dann kommt ein Bulle, der sich gerade einen Rüssel voll Gras auf den Kopf geworfen hat. Es ist der neun Jahre alte Jeremy. Zu seiner Rechten sehen wir Jolene, die derzeitige Leitkuh der Gruppe. Neben ihr steht Jean, die gerade eine Fehlgeburt hatte. Und die Kuh mit den nach oben gebogenen Stoßzähnen ist Jody. Jolene gilt als sehr feinfühlig, außerdem als gelassen und beschwichtigend. Sie geht mit gutem Beispiel voran. «Die Familienmitglieder gehen sehr liebevoll miteinander um, es herrscht ein großer Zusammenhalt. Es ist eine meiner Lieblingsfamilien», gesteht Vicki voller Zuneigung.

Die JAs sorgten auch für eine große Überraschung: Gentests ergaben, dass Jolene, Jamila und Jody keine engen Verwandten sind. «Sie sind Freunde, die sich zu einer Familie zusammengeschlossen haben. Sie stehen sich sehr nahe und verbringen ihr Leben miteinander; die ganze Zeit haben sie Körperkontakt oder reiben sich aneinander. Schau nur, Jamila begrüßt das kleine Kalb. ‹Hallo, wir sind alle da.›»

Jolene muss gerade mit Jetta geredet haben. Diese steht nun Gesicht an Gesicht mit Jody. Beiden rinnt Flüssigkeit aus den Temporaldrüsen. Jody hat ihre Ohren nach vorne gestreckt. «Das bedeutet, dass sie zuhört», erklärt Vicki. «Hast du gesehen, wie sie gerade ganz leicht mit den Ohren gewackelt hat? Sie führen einen Dialog.»

Ich frage mich, warum ich sie nicht hören kann.

Ein wenig verschwörerisch meint Vicki: «Oft können wir sie zwar nicht hören und dennoch sagen, ‹Ich kann fühlen, dass hier irgendwo Elefanten sind› oder ‹Ich spüre die Elefanten›. Wir alle nehmen es wahr, wenn Elefanten in der Nähe sind. Warum das so ist, weiß keiner. Es ist etwas sehr Subtiles, dessen wir uns überhaupt nicht bewusst sind. Ich denke, dass wir ihre Rufe im Infraschallbereich zwar spüren, uns aber nicht darüber bewusst sind.»

Die Stimme der Elefanten umfasst zehn Oktaven, von einem Kollern im Infraschallbereich bis zu einem Trompeten, das acht- bis zehntausend Hertz haben kann.[114] Versuche mit Instrumenten, die sehr niedrige Töne so umwandeln können, dass der Mensch sie hören kann, haben ergeben, dass Elefanten, die so erregt sind, dass sie Sekret aus ihren Temporaldrüsen absondern, auch Laute von sich geben. Oft ist es demnach so, dass ihr Kollern zwar laut genug wäre, doch in einem so niedrigen Frequenzbereich liegt, dass wir Menschen es nicht hören können.

Die durch das niederfrequente Kollern der Elefanten erzeugten Schallwellen werden nicht nur über die Luft, sondern auch über den Boden übertragen.[115] Elefanten können ein für menschliche Ohren nicht hörbares Kollern über mehrere Kilometer hinweg vernehmen. Ihre herausragende Fähigkeit, Töne im Niederfrequenzbereich wahrzunehmen, ist dem Aufbau ihrer Ohren, der Leitfähigkeit ihrer Knochen und speziellen Nervenenden geschuldet, die ihre Zehen, Füße und Rüssel extrem vibrationsempfindlich machen. Teilweise werden die Nachrichten zwischen Elefanten also über den Boden gesendet und über die Füße empfangen. (Ihre Fähigkeit, über den Boden übertragene Vibrationen zu spüren, liefert eine Erklärung dafür, dass Elefanten sich in höhere Lagen flüchteten, noch bevor Menschen einen herannahenden Tsunami bemerkten.)

Wenn wir einen Elefanten kollern hören, nehmen wir nur die oberste

Frequenz einer vertikal verlaufenden Wand aus Klängen wahr, ungefähr so, als würden wir ausschließlich die hohen Töne eines komplexen Akkords hören. Bildlich gesprochen: Wäre das Kollern ein Haus, würden wir nur sein Dachgeschoss hören, obwohl es auch ein Untergeschoss gäbe. Elefanten erzeugen unterschiedliche Kollerlaute, die sich in ihrer Klangstruktur unterscheiden. Das Kollern während einer angespannten beziehungsweise freundschaftlichen, vertrauten Begegnung unterscheidet sich hinsichtlich seiner Schwingungsweite, Häufigkeit und Dauer.[116] Einfach zu behaupten, dass Elefanten kollern, käme der Feststellung gleich, dass Menschen lachen. Doch je nach Kontext und Gefühlstiefe lachen wir auf unterschiedliche Art und Weise: Wir kichern leise, lachen höhnisch auf oder haben einen bellenden Lachanfall.

«Viele ihrer Äußerungen sind für menschliche Ohren nicht wahrnehmbar», erzählt Vicki, «aber man sieht, wenn sie kurz innehalten, kleine Veränderungen ihrer Körperhaltung, winzige, kaum merkliche Dinge.» Manchmal legen sie beim Rufen ihre Stirn in Falten. Wenn du direkt neben ihnen stehst, kannst du sie in deinem Solarplexus spüren, mitten in der Brust; es ist ein Gefühl, das einem durch Mark und Bein geht.

Doch – wenn sie wirklich etwas sagen – *was* sagen sie dann? «Kommunikation» meint die Übertragung einer Nachricht von einem Sender auf einen Empfänger, der diese versteht. Überraschenderweise setzt Kommunikation nicht immer das Vorhandensein eines Bewusstseins voraus. Durch das Ausbilden von Blüten sendet eine Pflanze Bienen und anderen Bestäubern ein Signal. Die Welt ist voll von elektronischen Impulsen, Chemikalien und visuellen Signalen, die Informationen übermitteln. Es ist nicht das, was wir Menschen unter Sprache verstehen, doch ist es eine effektive, wichtige Art der Nachrichtenübermittlung. Ein Elefant ist jedoch kein Busch; Tiere kommunizieren oft wechselseitig. Wenn mein Hund Jude seine Schnauze auf meine Computertastatur legt, mir mit seiner Nase «deqwwsaa» oder einen irgendeinen anderen Buchstabensalat schreibt, sich dann seitlich zu mir hindreht und mit dem Schwanz wedelt, wissen wir beide, dass er damit meint: «Wenn du mir jetzt mein Hinterteil kraulen würdest, wäre das eine tolle Sache!»

Das gesprochene Wort ist nur eine von vielen Möglichkeiten, zu kommunizieren. Die Welt quillt fast über vor stillen Gefühlen, die geräuschlose Art von sensiblen Wesen, sich auszudrücken. Krustentiere, Insekten oder Oktopusse: Millionen von Tierarten kommunizieren über Gerüche, Gesten, Körperhaltungen, Hormone, Pheromone, Berührungen, Blicke *und* Lautäußerungen. Überall auf der Welt schicken sie sich direkte Botschaften oder rufen sich aus großer Distanz. Die Wale in den Ozeanen können die Rufe ihrer Artgenossen über Hunderte von Kilometern Entfernung hören. Vielen Fische grunzen sich gegenseitig Einladungen mit der Bitte um Antwort zu. Pistolenfische füllen die Unterwasserwelt mit Knackgeräuschen. Es tut sich einiges. Doch ist es bisher kaum erforscht, wie Tiere mit Hilfe unterschiedlicher Stimmlagen, Duftnuancen und Gesten kommunizieren.

Jahrhundertelang wurde die Tatsache, dass sich Tiere anders als wir Menschen verständigen, als Beweis für ihre Geistlosigkeit ausgelegt. Zumindest hilft es, zu rechtfertigen, was wir ihnen antun. Wenn sie nicht denken können, brauchen wir uns auch keine Gedanken darüber machen, was sie denken. Doch bevor wir dazu kommen, sollen zunächst die ineinander verflochtenen Themenbereiche «Kommunikation», «Denken» und «Grausamkeit» klar voneinander abgegrenzt werden.

Im 17. Jahrhundert warf René Descartes bestimmte Themen wild durcheinander: Kommunikation, Bewusstsein, Denken, menschliche Vorrangstellung, Religion. Fälschlicherweise behauptete er: «Das scheint mir ein sehr starkes Argument zu sein, um zu beweisen, dass, wenn die Tiere nicht sprechen wie wir, dies daher rührt, dass ihnen das Denken fehlt, nicht aber, dass ihnen die Organe fehlen.» Er fügte noch hinzu: «Würden die Tiere denken wie wir, hätten sie wie wir eine unsterbliche Seele; dies wiederum ist nicht wahrscheinlich ...»[117]

Voltaire nannte Descartes' widersprüchliche Argumentation «barbarisch», wobei er damit auch Descartes selbst und dessen Anhänger meinte.[118]

Denkst Du, dass ich fühle, denke und erinnere, nur weil ich mit Dir spreche? Ich spreche nicht mit Dir. Du siehst, wie untröstlich ich wirke, während ich nach Hause gehe und ängstlich nach einem Dokument suche, wie ich meinen Schreibtisch aufschließe, weil ich mich erinnere, dass ich es dort verwahrt habe, es wiederfinde und voller Freude darin lese. Daraus schließt du, dass ich Kummer und Freude empfunden habe und dass mir Erinnerungs- und Denkvermögen eigen sind. Doch dies gilt auch für einen Hund, der seinen

Herrn verloren hat und diesen unter sorgenvollem Jaulen auf den Straßen sucht, aufgeregt ins Haus stürmt und unruhig die Treppen hinauf- und hinabläuft, jedes Zimmer durchsucht und seinen geliebten Herrn schließlich in dessen Arbeitszimmer findet und ihm seine Freude zeigt, indem er verzückt schreit, herumspringt und ihn liebkost.

Barbaren greifen sich diesen Hund, der den Menschen in seiner Loyalität so weit überragt; sie nageln ihn auf einem Tisch fest und zergliedern ihn lebendig, um dir die Gekrösevenen zu zeigen. Du entdeckst in ihm die gleichen Organe der Empfindung wie sie in Dir vorhanden sind. Antworte mir, Maschinist, hat die Natur in diesem Tier all die Sprungfedern der Empfindung zu dem Zweck eingerichtet, dass es nichts spürt? Hat es Nerven, um unempfindlich zu sein? Glaube doch nur nicht an einen derart frechen Widerspruch der Natur.

In einer Zeit, in der es noch keine Betäubungsmittel gab, kamen Descartes' Ideen gerade recht, um die gequälten Schreie von Hunden und Katzen während einer Sektion oder «Vivisektion» als bedeutungslos abzutun. War es denn so schrecklich, zu akzeptieren, dass auch nichtmenschliche Wesen ein Bewusstsein und Gefühle haben? Warum wählte Descartes für seine These von der Vorrangstellung des Menschen Worte, die es rechtfertigten, Tieren Leid zuzufügen? Ich denke, seine Worte zielten genau darauf ab. Andere widersprachen ihm. Im Jahr 1789 brachte es Jeremy Bentham auf den Punkt: «Es stellt sich nicht die Frage, ob sie über etwas *nachdenken* können, und auch nicht, ob sie *reden* können, sondern ob sie *leiden* können». Charles Darwin schrieb in seinem Buch *Die Abstammung des Menschen und die geschlechtliche Zuchtwahl*: «Alle haben davon gehört, wie ein Hund, an dem man die Vivisection ausführte, die Hand seines Operateurs leckte. Wenn nicht dieser Mann ein Herz von Stein hatte, so muss er bis zur letzten Stunde seines Lebens Gewissensbisse gefühlt haben.»[119] In seinem Tagebuch notierte Darwin folgende schneidende Erkenntnis: «Tiere, die wir zu unseren Sklaven gemacht haben, betrachten wir nicht gerne als uns ebenbürtig.»

Manchmal scheint es so, als würden Menschen zwar denken, aber dabei ihre Gefühle außen vor lassen. Es wäre störend, wenn ein Schwein schreien würde: «Bitte töte mich nicht!»[120] Doch genau das sagt ein Schwein, wenn es geschlachtet werden soll. Es kann kein Deutsch, doch das können viele Menschen nicht. Der Lebenswille der Tiere, die ich bisher gesehen habe, scheint genauso groß zu sein wie der von uns Menschen. Tatsächlich ist der des Menschen weniger stark ausgeprägt. Autoaggressives Verhalten kommt nur bei uns vor. Bei freilebenden Tieren ist kein Fall von depressionsbedingter Selbsttötung bekannt. Die meisten Tiere tun alles in ihrer Macht stehende, um am Leben zu bleiben.

Doch zurück zum Thema «Kommunikation». Es ist viel Wahres an der Behauptung, dass wir die Gedanken einer anderen Spezies nicht kennen können, weil wir keine Möglichkeit haben, mit ihr zu sprechen. Es ist tatsächlich schwierig, herauszufinden, was Tiere fühlen. Sogar uns Menschen geht es manchmal so, dass wir nicht mit unseren Eltern, Ehepartnern oder Kindern reden können. Oft genug sind wir nicht in der Lage, zu sagen, was wir meinen, uns «fehlen die Worte» oder wir können etwas nicht «in Worte fassen».

Es ist sinnlos, andere Wesen aufzufordern, mit uns zu reden. Aber wir können ihr Verhalten beobachten, sinnvolle Fragen stellen und aufschlussreiche Experimente durchführen, um sie besser zu verstehen. Einstein gelang dies mit dem Universum, er kam zu neuen Erkenntnissen. Mit dieser Herangehensweise hatten Newton als Physiker und Darwin als Naturforscher Erfolg. Galileo beschwerte sich nicht bei seinen Freunden über Planeten, die nicht mit ihm sprechen wollten. Und abgesehen davon, dass die Planeten in unvorstellbar großen Entfernungen ihre Runden drehen, deutete nichts darauf hin, dass sie denken oder fühlen. Tiere hingegen erwecken sehr wohl den Eindruck. Aber da wir uns nicht mit ihnen unterhalten können, nahmen Tierverhaltensforscher schulterzuckend an, dass sie weder denken noch fühlen. Wissenschaftler, die sich mit dem menschlichen Verhalten beschäftigen – Freud etwa –, zogen sich nicht diese gedankliche Zwangsjacke an. Sie versuchen uns über die Gedanken zu belehren, derer wir uns gar nicht bewusst sind. Über das, was man zwar nicht ausgesprochen, aber *gefühlt* hat. Diese unterschiedlichen Bewertungsmaßstäbe sind befremdend, oder? Auf der einen Seite Experten, die sagen, dass wir nicht wissen können, ob Tiere denken, weil sie keine Wörter benutzen, und auf der anderen Seite Profis für die menschliche Seele, die behaupten, dass Wörter nicht erklären, was ein Mensch *wirklich* denkt.

Wörter sind bestenfalls weitmaschige Netze, die wir über schwammige Vorstellungen werfen, in der Hoffnung, dass sich im Fang auch einige unserer Gedanken und Gefühle befinden. Wörter sind Skizzen von realen Phänomenen, wobei die Ähnlichkeit zwischen Skizze und Realität variiert. Können Sie das Gefühl von Juckreiz beschreiben, ohne den Begriff «Juckreiz» zu verwenden? Auch ein Hund ist dazu nicht in der Lage, er kratzt sich einfach, und so wissen wir, dass es ihn juckt. Beschreiben Sie einmal die Nässe von Wasser! Oder wie sich Liebe anfühlt, wie Schnee riecht oder ein Apfel schmeckt! Keine dieser Erfahrungen lässt sich in Worte fassen.

Sprache ist ein tückisches Hilfsmittel, wenn es darum geht, Gefühle zu erfassen. Menschen können lügen. Manchmal ignorieren wir, was unser Gegenüber sagt, und erachten seine Körpersprache als verlässlicheren Indikator dafür, was es wirklich fühlt. Das gesprochene Wort kann enttäuschend sein. Und die Tatsache, dass es verschiedene Sprachen gibt, ist der Beweis dafür, dass Wörter willkürlich sind: Zunächst entsteht ein authentischer Gedanke, den wir dann mit einem Begriff etikettieren. Wörter interpretieren Gedanken, doch die Gedanken sind zuerst da.

Interessanterweise ist im menschlichen Gehirn schon Aktivität feststellbar, bevor eine Person sich eines Gedankens bewusst wird.[121] Viele Prozesse laufen schon im Vorfeld des Sprechens ab. Wenn Sie sich in einem Raum umschauen, sagen Sie nicht zu sich selbst: «mein Kühlschrank, mein Spülbecken, mein Schatz». Das Foto eines geliebten Menschen ist tausend Worte wert – und bedarf keines einzigen. Augenblicklich ist alles gesagt – ganz ohne Worte. Je weniger gesprochen wird, desto unmittelbarer ist unsere Wahrnehmung. Wenn ein Hund ausgeschimpft wurde, reicht schon eine einzige Berührung, um ihm zu sagen: «Wir sind immer noch Freunde – lass uns weitermachen». Wenn es um die wirklich wichtigen Dinge im Leben geht, ist Reden nur eine von mehreren Möglichkeiten. Mit dem Satz «Ich liebe dich» ist alles gesagt, doch glaubwürdiger ist es, wenn ein Liebesbeweis ohne Worte auskommt. Oftmals zeigt sich Liebe in Gesten. Tiere wissen, was es damit auf sich hat. Und wir Menschen wissen es auch. Wenn ein Paar eine Krise hat und miteinander zu sprechen nicht der richtige Weg ist, kann auch ein Blumenstrauß viel aussagen. Bildende Künste, Musik und Tanz führen die wortlosen Unterhaltungen unserer Vorfahren fort.

Wer Elefanten dabei beobachtet, wie sie miteinander kommunizieren, erkennt schnell, welche Meister der Subtilität sie sind. Leider fehlt es unserem Vokabular an Nuanciertheit, um übersetzen zu können. Uns stehen nur dürftige Kategorisierungen zur Verfügung. Forscher bezeichnen – aus Mangel an treffenderen Begriffen – die Lautäußerungen von Elefanten als Schnauben, Bellen, Grollen, Schreien und Quietschen. Die Bedeutung dieser Laute ist für die Sender und Empfänger – nämlich die Elefanten – wahrscheinlich ebenso klar wie die Bedeutung verschiedener Wörter für uns Menschen.

Lassen Sie uns einmal die Rollen tauschen. In den Ohren von Elefanten muss sich menschliche Sprache ungefähr so anhören, wie es sich für uns anhört, wenn wir Leute in einer uns fremden Sprache reden hören. Stellen Sie sich vor, Sie sollen zum Beispiel Vietnamesisch beschreiben, indem Sie seine *unterschiedlichen Klangbilder* kategorisieren. Sie würden es niemals dechiffrieren.

Die Sprache der Elefanten ins Vietnamesische, Englische oder Deutsche zu übertragen – das ist eine knifflige Aufgabe. Keiner kann die Aussage bestreiten: «Der Elefant kollert.» Diese Beschreibung kann nicht in Frage gestellt werden. Doch viele würden der Schlussfolgerung widersprechen: «Der Elefant hat ‹Hallo› gesagt.» Aber ohne eine Interpretation und *Übersetzung* ist es ein Ding der Unmöglichkeit zu verstehen, was sie sagen. Ein halbes Jahrhundert lang beschränkte sich die Erforschung tierischer Kommunikation auf die bloße Beschreibung. Sie sollte nun den wichtigen Schritt in Richtung Übersetzung machen.

Dr. Joyce Poole lieferte kürzlich eine Beschreibung der Lautäußerungen von Elefanten auf dem neuesten Stand. Sie zeigt, wie schwierig es ist, geeignete Bezeichnungen aus dem Repertoire des menschlichen Wortschatzes für die Eigenart eines Elefantenrufs zu finden. Hier diskutiert Dr. Poole das Kollern der Elefanten:

Östrus-Kollern, Begrüßungs-/Bonding-Kollern, Paarungs-Tumult und gesteigertes Kollern (wenn Elefanten Angreifer in die Flucht schlagen) haben alle eine Gemeinsamkeit: Auf dem Gipfel der Erregung ist eine Steigerung der Amplitude, Schallwellenzahl und Modulation feststellbar, mit Intensitätsgewinn im oberen Frequenzbereich (statt im niederen Frequenzbereich, wo sich ein Großteil der Kollergeräusche befinden), wobei die Rufe nach und nach sanfter, weniger moduliert und laut werden … Besonders die Rufe des Begrüßungs-Kollerns und Bonding-Kollerns weisen ein breites Frequenzspektrum auf. Sie können flach, leicht oder stark gewölbt, bimodal, multimodal, linksschief oder rechtsschief sein.[122]

Die Beobachtungen von Poole sind sehr genau. Doch versuchen Sie doch einmal, zu verstehen, was bei einer Begrüßung zwischen Menschen abläuft, wenn sie auf dieselbe Art und Weise beschrieben wird wie die von Poole analysierte Begrüßung zwischen Elefanten: «Während einer einzigen Begrüßungszeremonie treten verschiedene Arten von Kollern auf: gewölbte, verzerrte, gewölbte mit einer ungenauen Kontur, bimodale, bimodale und verzerrte sowie multimodale.»

Nach dem Kollern widmet sich Poole dem Brüllen und schreibt: «Die Klangqualität von *gebrüllten* Äußerungen variiert stark und kann als Quietschen, ähnlich dem der Schweine, Kreischen, Dröhnen, Schreien, Bläken, Weinen und Krähen, ähnlich dem eines Hahns, beschrieben werden.»

Es gibt tatsächlich einige Varianten. Aber, liebe Dr. Poole: *Sie haben die Elefanten Tausende von Stunden beobachtet, also seien Sie nicht schüchtern. Ich würde zu gerne wissen, was die Elefanten Ihrer Meinung nach – in allen möglichen Varianten – tatsächlich sagen.*

Joyce Poole schreibt: «Die Variabilität ihrer Rufe spiegelt eventuell ihren Erregungsgrad wider. Vielleicht enthalten die Rufe auch zusätzliche Informationen, wie etwa das individuelle Erkennungszeichen oder die Bezugnahme auf bestimmte andere Elefanten.»

In anderen Worten: Elefanten sprechen miteinander und rufen sich dabei sogar gegenseitig beim Namen. Doch bisher ist es uns nicht gelungen, herauszufinden, was sie sagen. Wir können daher nicht viel mehr machen, als die physikalischen Merkmale ihrer Lautäußerungen zu beschreiben.

Ein außerirdischer Forscher würde die schnatternden Geräusche, die wir Menschen bei einer Begrüßung machen, vielleicht so beschreiben: «Die Begrüßungen von aufrecht gehenden Erdlingen können unterschiedlich intensiv ausfallen. Begrüßungen von hoher Intensität können *Schreie* und *Ausrufe* mit hohen Dezibel- und Frequenzwerten aufweisen. Bei ausgewachsenen Exemplaren ist dabei auch ein kurzes *Händeberühren* zu beobachten.» Anders als die Forscher aus dem All könnten wir die gleiche Begrüßungssituation aufschlussreicher schildern: «Begrüßungen können sehr unterschiedlich ausfallen, von sehr emotional bis förmlich. Sehen sich Freunde wieder, kreischen sie manchmal vor Erregung. Die meisten Erwachsenen geben sich die Hand.» Der außerirdische Forscher kann nur das beschreiben, was er sieht, weil er nicht versteht, was dabei wirklich passiert. Wir Erdlinge dagegen können dies, weil wir einander verstehen.

Für das Vokabular der Tiere stehen uns nur primitive Wörter wie «kollern» zur Verfügung. Die Art und Weise, wie wir die Sprache der Elefanten *beschreiben*, hat Einfluss darauf, wie wir sie *verstehen*. Keiner würde sagen, dass ein Spanier «gerade den *ho-la*-Ruf getätigt hat»; stattdessen würden wir übersetzen: «Er sagte ‹Hallo› zu ihr».

Die Lautäußerungen der Elefanten sind weder für unsere Ohren gemacht, noch lassen sie sich mit unserem Alphabet abbilden. Versuchen Sie einmal Beethovens Mondscheinsonate oder John Coltranes *A Love Supreme* in Sprache zu fassen. Es funktioniert nicht. (Beethoven geht «da da da da da da da dada da; Coltrane ließ sein Instrument auf unterschiedlichste Arten kreischen, gröhlen und quietschen.) Stellen Sie sich vor, Sie sollen einen Sonnenuntergang beschreiben, indem Sie die Wellenlängenverteilung des farbigen Lichts auflisten. Ebenso wenig steht uns ein notationales System für Elefantenlaute zur Verfügung (auch nicht für Vogelgesang, Hundebellen und so weiter). Im menschlichen Sprachsystem kann man sagen: «*Hola* bedeutet auf Deutsch *Hallo*». Das Kollern der Elefanten können wir nicht in Lautsprache übertragen und dann übersetzen: «Diese verschiedenen Rufe bedeuten ‹Hier gibt es etwas zu fressen›, ‹Wo bist du?›, ‹Willst du dich mit mir paaren?› und ‹Hilfe, ich habe mich verlaufen!›.» Wir haben keine adäquate Darstellungs- oder Übersetzungsmöglichkeit.

Eine Ausnahme bildet das Kollern, das Forscher als das «Los geht's»-Kollern bezeichnen. Diese Etikettierung ist auch eine Übersetzung. Doch die Kernfrage ist: *Meinen* Elefanten tatsächlich unterschiedliche Dinge mit unterschiedlichen Lautäußerungen in unterschiedlichen Kontexten? Selbst wenn wir den Kontext kennzeichnen, etwa mit «Kontaktaufnahmeruf», «kleine Begrüßung» oder «Musth-Laut», ist es ein wenig so, als würden wir ein «Hallo, wie geht es dir?» unseren «Begrüßungsruf» nennen. Eine Übersetzung funktioniert nicht. Wenn Elefanten ein «Begrüßungskollern» abgeben, sagen sie dann «Hallo, wie geht es dir?» oder vielleicht «Aus dem Weg!»? Was *meinen* die Elefanten?

Ich sage Hallo!

Afrikanische Elefanten haben ein spezielles Alarmsignal, das «Achtung, Bienen!» bedeutet. Sie flüchten vor dem Geräusch summender Bienen und schütteln dabei ihre Köpfe. Elefanten ergreifen schon die Flucht, wenn sie nur die Tonbandaufnahme von rufenden Elefanten hören, die vor Bienen davonrennen. Spielt man ihnen menschliche Stimmen vor, schütteln sie ihre Köpfe nicht. Das Kopfschütteln erfolgt nur, wenn sie sich vor Bienenstichen an Ohren und Rüssel schützen wollen. Bei Zooelefanten in den Vereinigten Staaten von Amerika, die niemals in ihrem Leben von einem Schwarm afrikanischer Honigbienen attackiert wurden, zeigte das Geräusch summender Bienen keine Wirkung. Ausgewachsene Afrikanische Elefanten reagieren unmittelbar darauf, während Jungtiere zunächst zu ihren älteren Artgenossen schauen und erst dann deren Verhalten nachahmen. «Sie sehen, dass ihre Mütter die Bienen als gefährlich einstufen», erklärt die Elefantenforscherin Lucy King. «Dies ist eine Möglichkeit für sie, zu lernen.»[123] Eine Freundin konnte beobachten, wie Schwarzfersenantilopen flüchteten, als sie hörten, dass Elefanten sich vor einem Rudel wilder Hunde warnten. Der Führer meiner Freundin meinte, dass Schwarzfersenantilopen dagegen völlig unbeeindruckt blieben, wenn Elefanten Rufe ausstießen, die Menschen oder anderen Elefanten galten. Wenn das stimmt, sagen Elefanten irgendetwas ganz Bestimmtes, das auch Schwarzfersenantilopen verstehen.

Babyelefanten «kollern», doch haben sie zwei verschiedene «Wörter»,[124] eines drückt ihre Zufriedenheit, das andere ihre Verärgerung aus. Werden sie getröstet, klingt es wie *Aauurrrr*. Wenn sie beschimpft, geschubst, getreten oder nicht ans Euter ihrer Mutter gelassen werden, hört es sich wie *Barooo* an. Mit einem speziellen Kollern pfeifen Elefantenmütter ihre herumlaufenden Kinder wieder zurück an ihre Seite. Es als die Aufforderung «Komm zu mir!» zu interpretieren, scheint angemessen.[125]

Die Interaktionen der Elefanten beweisen, dass sie verstehen, was sie sagen. Dabei ist es egal, ob es sich bei dem Gesagten um eine detaillierte Information handelt, wie etwa «Lasst uns gehen!» oder um die Gefühlslage des «Sprechers», also das, was wir unter dem Tonfall verstehen. «Langsam werde ich *ungeduldig*, los jetzt!» Die Bedeutung dieses Satzes hängt vom Kontext ab. Da der adressierte Elefant den Kontext kennt, versteht er auch die Botschaft.

Die menschliche Sprache folgt teilweise diesem Prinzip, da auch hier die Bedeutung des Gesagten je nach Kontext und emotionaler Verfassung des Sprechers variieren kann. Ich kann «Hey!» mit freundlicher oder scharfer Stimme sagen und mein Gegenüber versteht, ob ich es als freundliche Begrüßung oder drohende Warnung verstanden wissen will. Für einen Elefanten muss sich ein trompetender Artgenosse wie jemand anhören, der «Hey!» brüllt. Die detaillierte Bedeutung wird vom Sender der Nachricht festgelegt und von einem erfahrenen Empfänger verstanden. Diese Art der Ver- und Entschlüsselung bewerkstelligen Elefanten mit ihrem riesigen, fünf Kilo schweren Gehirn.

Erst im Jahr 1967 fand man heraus, dass die Rufe der weit verbreiteten Grünen Meerkatzen unterschiedliche Bedeutungen haben. Anders gesagt bedeutet das, dass sie Wörter benutzen. Bei Raubkatzen-Alarm klettern sie in Windeseile auf Bäume. Wenn ein Kampfadler oder ein Kronenadler über sie hinwegfliegt, stößt einer der Affen einen zweisilbigen Warnruf aus, in dessen Folge die übrigen Affen zum Himmel blicken oder sich in dichtem Gebüsch verstecken (nicht in den Bäumen). Grüne Meerkatzen sind clevere Vogelkenner: Sie reagieren weder auf Schwarzbrust-Schlangenadler noch auf Weißrückengeier, da diese keine Jagd auf die Affen machen. Entdeckt einer von ihnen eine Schlange, gibt er einen «Schnatter»-Ruf von sich, woraufhin sich seine Artgenossen auf ihre Hinterbeine stellen und den Boden nach dem Feind absuchen. Die Grünen Meerkatzen im Amboseli-Nationalpark haben Wörter für «Leopard», «Adler», «Schlange», «Pavian», «andere Raubtiere», «ranghoher Affe», «rangniedriger Affe», «beobachte anderen Affen» und «rivalisierende Gruppe in Sicht». Im Alter von sechs bis sieben Monaten reagieren Grüne Meerkatzen noch falsch auf Alarmsignale und klettern beispielsweise auf einen Baum, wenn das Adler-Signal ertönt. Bis zum Alter von zwei Jahren lösen Grüne Meerkatzen noch Fehlalarme aus, indem sie etwa «Adler» schreien, wenn sie harmlose Vögel entdecken, oder «Leopard» beim Anblick einer kleinen Katze. Etwa zur Halbzeit ihrer Kindheit ist ihre Aussprache vollständig entwickelt.[126]

Auch andere Affen benennen mit ihren Alarmrufen spezielle Gefahren. Springaffen, Große Weißnasenmeerkatzen und Schwarz-weiße Stummelaffen fügen Zusatzinformationen hinzu, und zwar nicht nur mit Hilfe individueller Rufkomponenten, sondern auch der Rufreihenfolge. (Überraschenderweise lässt sich dies auch bei einigen Singvögeln, etwa dem Goldflügel-Waldsänger oder dem Rotkehlchen beobachten.)[127] Campbell-Meerkatzen unterscheiden durch die Anordnung ihrer Rufe – vergleichbar mit unserer Syntax, in der sich durch den Stellungswechsel sprachlicher Einheiten die Bedeutung verändert –, ob sie einen Feind sehen oder lediglich hören. Befindet sich die Bedrohung weit entfernt, leitet die Campbell-Meerkatze ihre Warnrufe mit einer Art von adjektivischem Zusatz, einem tiefen «Boom» ein, das ihren Artgenossen sagen soll: «Weiter entfernt sehe ich einen Leoparden, seid wachsam!» Ertönt der Alarm ohne das «Boom», signalisiert er: «Hier ist ein Leopard!» Campbell-Meerkatzen haben drei verschiedene Rufsequenzen für Leoparden und sogar vier für den Kronenadler.[128] Dianameerkatzen reagieren auf die Warnrufe der Campbell-Meerkatzen. Sie können sich keine Sprachbarrieren leisten, wenn es um Leben oder Tod geht. Gibbons fügen mindestens sieben unterschiedliche Rufe zu Liedern zusammen. Die Lieder dienen dazu, störende Artgenossen zu vertreiben, Partner anzulocken und vor Feinden zu warnen.[129] Schimpansen verständigen sich mit rund neunzig Rufvarianten und in bestimmten Kontexten auch mit dem Trommeln auf Baumstämmen. Ein Weibchen kündigt beispielsweise die Ankunft bei seiner Gruppe mit einem «Pant-Hoot»-Schrei an, um gleich danach mit einem «Pant-Grunt» einen letzten Annäherungsversuch bei dem rangobersten Männchen zu machen.[130] Sie scheint damit zu sagen: «Hallo zusammen – ich werde jetzt *das* machen.» Wenn ein Schimpanse von einem Artgenossen angegangen wird, «übertreibt das Opfer gerne, *wenn* ein hochrangiges Gruppenmitglied, das dem Angriff ein Ende setzen kann, in Hörweite ist».[131]

Im Asa Wright Nature Center in Trinidad sagte eines Morgens ein Naturforscher zu mir, dass er das schnatternde Alarmsignal eines Motmots für «Achtung, Schlange!» gehört habe. Tatsächlich fanden wir wenig später den aufgeregten Motmot hoch oben in den Ästen, wo er um eine Hundskopfboa flatterte und sie gelegentlich mit seinem Schnabel attackierte. Andere Vögel hatten seine Warnung verstanden und schauten sich das Spektakel an, was die Tarnung der Schlange auffliegen ließ und einen Angriff aus dem Hinterhalt unmöglich machte. Wenn Motmots tatsächlich ein Wort für «Schlange» haben, liegt doch die Frage nahe: Brauchen wir denn noch mehr Beweise? Einen Hinweis habe ich noch: Tiko, der Amazonenpapagei von Joanna Burger, hat unterschiedliche Laute für Falke, Mensch, Katze oder Hund im Garten. Joanna meinte zu mir: «Ich weiß genau, was da ist, noch bevor ich hinsehe.»

Zwei Elefanten gehen aufeinander zu und begrüßen sich mit einem sanften Kollern. Wenn Tierpfleger einen verwaisten Elefanten bei seinem Namen nennen, antwortet er häufig mit genau diesem Begrüßungskollern. (Tatsächlich ist es so, dass der Tierpfleger Englisch spricht und der Elefant auf «Elefantisch» antwortet.) Forscher behaupten, dass es «Hallo, schön, dass ich in deiner Nähe sein darf» oder «Du bist mir wichtig» bedeutet.[132]

In unserer Sprache macht es einen Unterschied, ob jemand sagt: «Du bist mir wichtig» oder «Bist du mir wichtig?». Die Wortstellung verändert die Bedeutung des Satzes. Man bezeichnet dies als Syntax. Der Delfinforscher Louis Herman merkte an: «Syntax macht, dass der Satz «Das Flugzeug stürzt auf die Brücke» etwas anderes bedeutet als «Die Brücke stürzt auf das Flugzeug».[133] Viele Kommunikationsexperten betrachten die Syntax als charakteristisches Merkmal echter «Sprache». Vielleicht haben sie Recht.

Herman erforschte auf Hawaiii das Verhalten von Delfinen in Gefangenschaft. Er fand heraus, dass Delfine den Unterschied erkannten zwischen «Hole den Ring von John und gib ihn Susan» und «Hole den Ring von Susan und gib ihn John». Sie verstanden den Satzbau.

Mit relativ großer Sicherheit können wir annehmen, dass die meisten Tiere über keine komplexe Syntax verfügen. Diese ist ein Charakteristikum der menschlichen Sprache. Es ist gut möglich, dass auch frei lebende Delfine ein einfaches Regelsystem anwenden. Manche Affen – besonders Bonobos – können sich die Satzlehre des Menschen aneignen. Dies ist bemerkenswert, denn es bedeutet, dass diese Wesen dazu imstande sind, die menschliche Syntax teilweise geistig zu erfassen und in angemessener Weise zu antworten. Trainer gehen dabei sehr geschickt vor, diese Fähigkeiten aus den Affen herauslocken und nachvollziehbar zu machen. Diese Gemeinsamkeit ermöglicht, dass wir einander verstehen.

Wenn sich ein Tier sogar die Syntax des Menschen aneignen kann, liegt es nahe, dass auch unter seinesgleichen ein Regelsystem existiert. Doch scheinen wir dies noch nicht ganz erfasst zu haben.

Vielleicht wenden Tiere Syntax aber auch nur anders an. Eine Möglichkeit wäre diese: Viele Tiere können Einschätzungen treffen, sodass sie den Unterschied zwischen «Wenn ich dich angreife, werde ich gewinnen», «Wenn du mich angreifst, werde ich verlieren» und so weiter verstehen. Sogar Fische sind offensichtlich in der Lage, eine Differenzierung zwischen «Ich bin groß genug, um dich fressen zu können» und «Du bist groß genug, um mich fressen zu können» vorzunehmen. Bei komplexen sozialen Tieren, deren Status weitgehend von Alter und Erfahrung abhängt, existiert vielleicht eine Art von Regelsystem bei der gegenseitigen Beurteilung: «Ich stehe zwar über ihr, doch er ist ranghöher als ich.» Hunderte von sozialen Interaktionen basieren auf der Fähigkeit, diese Beziehungen richtig einzuschätzen.

Bedenken Sie einmal, wie viele soziale und strategische Entscheidungen, basierend auf entsprechenden Kosten-Nutzen-Analysen, ein Elefant oder Affe im Laufe der Jahre treffen muss. Es reicht nicht, die Augen offen zu haben, wenn sie nach vorne marschieren, sie müssen sich vorher genau ihre Chancen ausrechnen, sich durchzusetzen. Sie müssen gedanklich dazu in der Lage sein, die Akteure in unterschiedlichen Szenarien auszutauschen und mögliche Resultate zu bewerten. Handelt es sich bei dieser komplizierten Show, in der ständig ausgewählt und unterschieden wird, um eine Art Syntax des Überlebens?

Ist das der Grund dafür, dass sie im Zusammenleben mit Menschen lernen, dass sich mit der Änderung der Wortstellung auch das Beziehungsgefüge verändert? Vielleicht hat dies etwas damit zu tun.

Joyce Poole bestätigt, dass die Platzierung unterschiedlicher Trompetentöne innerhalb verschiedener Kollerarten «als einfache Form von Syntax betrachtet werden kann».[134] Die unterschiedlichen Arten des Trompetens drücken die individuelle Erregung und die Bedeutung aus, welche ein Elefant einem Ereignis beimisst. Wenn es bei der Syntax um die Frage geht, in welcher Stellung sich Wörter zueinander befinden, ist auch der Kontext eine Art von Syntax. Bedeutung hängt davon ab, *wo* sich ein Elefant in Bezug auf andere Artgenossen befindet. Wenn Ihre Hündin an der Tür kratzt, ist es nicht nötig, dass sie in einem langen Monolog ihren Wunsch kundtut. Für Sie ist es nur wichtig zu wissen, auf welcher Seite der Türe sie sich befindet.

Man könnte also zusammenfassen: Menschen sprechen in Sätzen, andere Wesen nutzen Satzglieder. Die beiden Sätze «Ich würde gerne eine Runde um den Teich drehen. Wir könnten ein paar andere Hunde treffen» ließen sich problemlos auf die Wörter «Spaziergang, Teich, Hunde» reduzieren. Mit einer Hundeschnauze vor der Türe und einem wackelnden Schwanz lässt sich die Botschaft sogar wortlos vermitteln. Auch auf diese Weise wird der Gedanke kommuniziert. Es handelt sich um ein und dieselbe Idee, die, egal welchen Kommunikationsweg sie nimmt, zum gleichen gewünschten Ergebnis kommt. Eine Unzahl von Wesen schafft es, unter schwierigen Bedingungen zu überleben. Ohne auch nur ein einziges Adverb oder Gerundium zu benutzen, signalisieren sie ihre Absichten.

Wir Menschen sind nun einmal Schwätzer. Doch der Großteil von dem, was wir quasseln, könnte auch in weniger Worten ausgedrückt werden (was auch mein Lektor immer wieder betont). Meist vergehen die Tage, ohne dass wir auch nur einen Gedanken hegen, der es wert ist, erinnert zu werden. Unser Gerede ist so banal, dass es besser unausgesprochen bliebe. All die verschwendeten Worte. Professionelle Ratgeber versuchen uns dabei zu helfen, eine Brücke über diesen sinnleeren, reißenden Redefluss zu bauen. Im Krieg werden Worte durch Speere und Bomben ersetzt. Millionen von Wörtern sind nicht in der Lage, die tiefen Risse zu kitten, die sich zwischen verfeindeten Ethnien, Religionen, Ideologien auftun, geschweige denn eine Annäherung in der Klimadebatte oder den verschiedenen «Friedensgesprächen» zu erzielen.

Denken Sie einmal über die Liebe nach und wie die wirklich wichtigen Dinge im Leben gesagt werden: mit weit geöffneten Armen, einer zarten Berührung, einem Lächeln. Die Macht echter Gefühle entfaltet ihre Wirkung ganz still – ohne Sätze, ohne Syntax.

Wir sind nachlässig mit dem Vokabular der Tiere umgegangen. Ganze zwei Bezeichnungen fallen uns für das der Hunde ein: «bellen» und «jaulen». Das ist so, als würden wir behaupten, dass der Mensch entweder «spricht» oder «schreit». Dabei kann ein Hundebesitzer leicht unterscheiden, ob sein Hund an der Tür bellt, weil er raus will oder weil genau vor dieser Tür ein Fremder steht. Mit Leichtigkeit können wir anhand der Unterschiede in der Tonhöhe, -qualität und Lautstärke beurteilen, was der Hund sagen will. Ihr Hund versteht und macht sich verständlich. Wenn ich in meinem Arbeitszimmer sitze, kann ich Jude und Chula anhand ihres Bellens unterscheiden, außerdem, ob sie einen Passanten, einen Passanten mit Hund, einen Boten, ein Eichhörnchen oder einander anbellen.

Für den Tonfall anderer Tiere scheinen wir taub zu sein. Wir stülpen ihren vielschichtigen Lautäußerungen Allerweltswörter wie «bellen», «kollern» oder «heulen» über, die ihnen bei Weitem nicht angemessen sind und hindern uns damit selbst daran, zu verstehen, was *die Tiere* darunter verstehen.

Lassen Sie uns einen genaueren Blick darauf werfen, was passiert, wenn zwei Elefantenkühe aufeinander zugehen. Die eine beginnt damit, «Kontaktrufe» abzugeben, die so übersetzt werden können: «Ich bin hier, wo bist du?» Die andere hört dies, reißt ihren Kopf ruckartig nach oben und lässt ein explosionsartiges Kollern folgen, das sagt: «Ich bin's, ich bin hier drüben.»[135]

Dann entspannt sich die Körperhaltung der Elefantin, die den Kontakt aufgenommen hat, als ob sie sich denken würde: «Alles klar, da drüben bist du.» Vielleicht kollert die andere Kuh nochmals, als ob sie den Empfang der Nachricht bestätigen würde. Manchmal schalten sich Familienmitglieder, die sich in der Nähe befinden, ein und rufen sich gegenseitig. Dies kann stundenlang so gehen.

Jetzt treffen die beiden Elefantenkühe aufeinander. Die Konversation überschlägt sich und sie wechseln zu einer Serie lauter, kollernder, sich überschneidender Begrüßungsrufe über. Dann erfolgt ein weiterer Wechsel. Sie stimmen in ein sanfteres Kollern ein, das sich von dem vorherigen merklich unterscheidet. Dieser Teil der Begrüßungszeremonie dauert meist einige Minuten.

Elefanten verfügen zwar über keine ausgeklügelte Syntax, aber über einen Wortschatz. In ihrem Kommunikationsbaukasten liegen zig Gesten, Laute und Kombinationen daraus bereit. Doch warum verstehen wir sie immer noch nicht besser? Wir erforschen die Kommunikation der Tiere erst seit ein paar Jahrzehnten und immer noch arbeiten weltweit eine Handvoll Pioniere daran.

Vielleicht haben die Elefanten im Lauf der Zeit ein so riesiges Spektrum komplexer Töne entwickelt, dass sie arbiträr, bedeutungslos geworden sind. Ich halte das für unwahrscheinlich. Die Bedeutung dieser Lautäußerungen mag begrenzt sein, doch die Fähigkeit, sie zu verstehen, entscheidet manchmal über Leben und Tod. Wäre dies nicht der Fall, verfügten Tiere auch nicht über ein derart komplexes Repertoire an Gesten und Lautäußerungen.

Elefanten besitzen die faszinierende Fähigkeit, über sehr weite Entfernungen hinweg zu kommunizieren. Wie sie dies bewerkstelligen, weiß man nicht genau. Zwar befindet sich ihr niederfrequentes Kollern außerhalb des menschlichen Hörbereichs, dennoch ist es laut (etwa hundertfünfzehn Dezibel, vergleichbar mit einem Rockkonzert mit 120 Dezibel). Das Kollern ist so laut, dass es rein theoretisch Artgenossen in zehn Kilometern Entfernung noch hören können.[136] Man weiß, dass spezielle Rezeptoren in ihren Füßen, sogenannte Pacinische Körperchen, dafür sorgen, dass sie durch das Kollern erzeugte Schwingungen im Erdboden ertasten können. Gibt es vielleicht noch andere Kommunikationsarten, die sogar noch weiter gehen? Übermitteln sie sich gegenseitig Nachrichten, so wie es Menschen etwa mit der Trommelsprache machen?

Es gibt einige kaum zu erklärende Berichte über die Kommunikation unter Elefanten. Hier ein Beispiel dafür: In einem privaten Wildschutzgebiet in Zimbabwe lebten ungefähr achtzig sehr entspannte Elefanten, die sich gerne an den künstlich angelegten Wasserlöchern rund um die Lodges der Touristen aufhielten. Im hundertvierzig Kilometer entfernten Hwange-Nationalpark entschieden die Behörden, die Populationsdichte der dort lebenden Elefanten durch «Keulung» zu reduzieren (Hubschrauber sollten die Elefanten zusammentreiben, um es den Schützen, die damit beauftragt worden waren, ganze Familien zu erschießen, leichter zu machen). Exakt an dem Tag, als im weit entfernten Hwage-Nationalpark das Massaker begann, waren die entspannten Lodge-Elefanten plötzlich von der Bildfläche verschwunden. Einige Tage später fand man sie zusammengedrängt in einer Ecke des Wildschutzgebietes, die am weitesten von Hwage entfernt lag. Cynthia Moss sagte einmal: «Elefanten können die Angstschreie ihrer Artgenossen über große Entfernungen hinweg wahrnehmen, wobei sie sich vollkommen darüber im Klaren sind, dass diese gerade getötet werden.»[137] Nach Meinung vieler Forscher wissen Elefanten, die getötet werden, genau, was ihnen gerade widerfährt. Aber wie?

Kurz nach dem Tod des «Elefantenflüsterers» Lawrence Anthony versammelten sich an seinem Haus zwei Dutzend Elefanten, die Anthony einst gerettet und in seinem riesigen Reservat untergebracht hatte. Sie kamen in zwei Gruppen, an zwei aufeinanderfolgenden Tagen und blieben zwei Tage lang. Berichten zufolge hatten sie sich zuvor ein ganzes Jahr lang nicht mehr blicken lassen.[138] Wir wissen, dass Elefanten trauern. Aber trauern sie auch um Menschen? Und wie hatten die Elefanten, die einen Zwölf-Stunden-Marsch entfernt waren, mitbekommen, dass das Herz eines bestimmten Menschen aufgehört hatte zu schlagen? Man weiß es nicht. Der Skeptiker in mir fordert eine stringentere Beweisführung. Entsprechen diese Geschichten tatsächlich der Wahrheit?

Elefantenwaisen, die vom David Sheldrick Wildlife Trust gerettet werden, bekommen in der benachbarten Elefantenaufzuchtstation mehrere Jahre lang die Flasche und werden dann im Tsavo-Nationalpark ausgewildert. Dort schließen sie sich anderen einstigen Elefantenwaisen an. Sie bekommen die Chance auf ein neues Leben in freier Wildbahn inmitten einer Elefantenfamilie, in der Alt und Jung zusammenleben. Als ich den außerordentlich talentierten Tierpfleger Julius Shivegha, der in der Aufzuchtstation arbeitet, auf einem Spaziergang mit Elefantenwaisen in den Busch begleiten durfte, erzählte er mir: «Wenn sie in Tsavo ankommen, gehen sie zu uns, um uns zu fragen: ‹Wo sind wir hier? Warum habt ihr uns hierher gebracht?›. Sie sagen das natürlich nicht in unserer Sprache, sondern in der Art und Weise, wie sie uns überallhin folgen. Später, wenn sie sich in ihrer eigenen Sprache mit den anderen Elefanten unterhalten, beginnen sie langsam, es zu verstehen.» Daphne Sheldrick fügte hinzu: «Die älteren Waisen wissen ganz genau, wo die Kleinen herkommen, weil auch sie ihre Kindheit in der Aufzuchtstation verbracht haben.»

Wenn die ausgewachsenen Elefanten sich an ihre Zeit im Waisenhaus erinnern können und auch daran, wie sie nach Tsavo kamen, wenn sie verstehen, was mit den Neuankömmlingen passiert, dann bedeutet dies, dass sie sich ihrer eigenen, individuellen Lebensgeschichte bewusst sind. Skeptiker, die mit eigenen Augen gesehen haben, wie sich die Elefanten in Tsavo begrüßen, tun es als unerklärlich ab. Doch Menschen, die mit den Waisen arbeiten, haben keine Zweifel. Basierend auf jahrzehntelanger Erfahrung beharrt Daphne Sheldrick darauf, dass die Elefanten in Tsavo genau wissen, wann ein neuer Lkw mit Waisen aus Nairobi unterwegs ist. Sie behauptet, dass ihre ehemaligen Schützlinge schon im Busch warten, um die Neuankömmlinge begrüßen zu können. Sie nennt es «Telepathie». Ich lege ihre Behauptung in meinem Hinterkopf unter der Rubrik «Berichte mit fragwürdigem Wahrheitsgehalt» ab. Doch die Rubrik platzt aus allen Nähten: Es gibt ziemlich viele «fragwürdige» Geschichten über Elefanten.

Der Mensch neigt zu der Annahme, dass jede Spezies über ein bestimmtes Repertoire an Lautäußerungen verfügt, ohne, analog zur menschlichen Sprachenvielfalt, Dialekte und unterschiedliche Sprachen mit einzubeziehen. Darüber hinaus geht man davon aus, dass jene Lautäußerungen angeboren sind und nicht erlernt werden müssen. Wildtiere, die noch sehr jung waren, als sie in Gefangenschaft kamen, wie etwa Affen in Tierparks, Zirkuselefanten oder Killerwale, haben wahrscheinlich niemals die Gelegenheit gehabt, die arttypischen Kommunikationsmöglichkeiten per Stimmlage, Gesten und Kontext zu erlernen.

Bei vielen Vogelarten lassen sich regional unterschiedliche Dialekte beobachten. Auch einzelne Killerwalgruppen weisen ein exklusiv von der jeweiligen Gruppe benutztes Rufvokabular auf. Um auf solche Feinheiten zu stoßen, brauchen wir nicht lange zu suchen – ständig entdecken wir Neues. Immer noch versuchen wir, das Verhalten der Tiere in Kategorien einzuordnen und ihre Rufe zu beschreiben. Eine Übersetzung ist zwar reizvoll, lässt sich aber nur sehr schwer bewerkstelligen. Fest steht aber, dass das, was Elefanten sagen und verstehen, wesentlich anspruchsvoller und komplexer ist als das, was wir bis jetzt davon verstehen.

Festhalten und Gehenlassen

«Das», sagt Vicki voller Begeisterung, «ist ein perfektes Beispiel für den Zusammenhalt in der Familie!»

Nach dem Fressen drängen sich die Elefanten eng zusammen, die Erwachsenen nach außen gewandt, die Kleinen in der Mitte. Jean macht ein paar behäbige Rückwärtsschritte in Richtung Jolene, bis sie sich berühren. «Sieh nur, wie sie alle beisammenstehen, sich aneinanderlehnen und mit Schwänzen und Rüsseln berühren –. Es ist perfekt so. Jeder fühlt sich vollkommen sicher. Vielleicht machen sie jetzt ein kleines Nickerchen.»

Die Babys strecken sich der ganzen Länge nach aus und schlummern friedlich in der Obhut ihrer Sippe. Die älteren Elefanten stehen ruhig da. Doch die Stille trügt.

«Hast du bemerkt, wie sie mit den Ohren schlagen?», fragt Vicki. «Das bedeutet, dass sie sich unterhalten.» Wir können sie nicht hören.

Lyall Watson beschreibt, wie er an der Klippenküste Südafrikas Zeuge einer äußerst ergreifenden Begegnung wurde:

> *Oben auf der Klippe war mir, als würde irgendetwas in der Luft nachhallen ... Der Wal war wieder untergetaucht und dennoch war da etwas. Das eigenartige Vibrieren schien vom Land zu kommen, daher drehte ich mich um und spähte auf die andere Seite der Schlucht ... mir stockte das Herz.*
>
> *Unter dem Schatten eines Baumes stand ein Elefant ... seinen Blick starr auf das Meer gerichtet! ... Es war eine Elefantenkuh, deren linker Stoßzahn direkt am Ansatz abgebrochen war ... Ich wusste, wer sie war, wer sie sein musste. Ich erkannte sie aufgrund einer Farbfotografie wieder, die das Wasserwirtschafts- und Forstamt unter dem Titel «Der letzte Knysna Elefant» ausgehängt hatte. Es war die Matriarchin höchstpersönlich ...*
>
> *Sie war hier, weil sie im Wald niemanden mehr zum Reden hatte. Sie war an den Strand gekommen, weil der Ozean die nächstgelegene und gewaltigste Infraschallquelle war. Das tiefe Grollen der Brandung konnte sie bestimmt gut hören, Seelenbalsam für ein Tier, das es gewöhnt war, von niedrigen, beruhigenden Klängen umgeben zu sein, von den Geräuschen seiner Familie, Geräusche, die von Leben zeugten. Das Meer schien ihr Anker zu sein.*

Festhalten und Gehenlassen 125

Ich war mit all meinen Gedanken und Gefühlen bei ihr. Ich fand die Vorstellung, dass diese einst von einer großen Kinderschar umringte Großmutter zum ersten Mal in ihrem Leben völlig alleine war, unglaublich tragisch, sie ließ mich an all die anderen alten und einsamen Seelen denken. Doch gerade, als ich mich vor Hilflosigkeit und Kummer schier verzehrte, passierte etwas noch Außergewöhnlicheres ...

Wieder begann die Luft zu vibrieren. Ich fühlte es deutlich und dann verstand ich warum. Die Blauwalkuh war wieder an die Wasseroberfläche gekommen, ich konnte ihr Blasloch deutlich erkennen. Sie hatte sich der Küste zugewandt und ruhte sich aus. Die Elefantin war wegen des Wals hierher gekommen! Zwischen dem größten Meerestier und dem größten Landtier lagen kaum mehr als hundert Meter und ich war überzeugt davon, dass sie miteinander redeten! In einem Konzert aus Infraschall, die Gemeinsamkeiten eines großen Gehirns und eines langen Lebens teilend, sowie den Schmerz darüber, ihr ganzes Leben lang alles für das Kostbarste, ihre Kinder, getan zu haben. In dem Wissen, wie wichtig die belebende Gesellschaft anderer ist, tratschten diese beiden alten Damen, von Frau zu Frau, von Matriarchin zu Matriarchin, als die Letzten ihrer Art über den felsigen Gartenzaun der Küste hinweg.

Ich wandte mich ab, wischte mir die Tränen aus dem Gesicht und überließ die beiden sich selbst. Ein unbedeutender Mensch hatte hier nichts verloren.[139]

Früher Nachmittag.

Schon immer kommen sie an diesen Ort, wo das Gras so hoch wächst. Sie werden hier eine Weile fressen, aber da es hier kein Wasser gibt, werden sie später wieder nach unten zu den Reihern wandern. Da gibt es Wasser. Vielleicht kommen sie später, nachdem sie einen großen Schluck genommen haben, wieder hierher zum Grasen. Die Entscheidung wird die ganze Familie betreffen, da die ausgewachsenen Tiere festlegen, wann getrunken und gebadet wird.

Wenn ein Ortswechsel ansteht, richten sich alle Familienmitglieder gleich aus. Dann aber heißt es auf die Entscheidung der Leitkuh warten. «Ich habe schon erlebt, dass Familien kurz vor Aufbruch eine halbe Stunde an Ort und Stelle verharrten, bis die Leitkuh endlich das Startsignal gab», erzählt Vicki.

Jetzt ziehen sie los. Der elfjährige Makelele hinkt stark. Vor fünf Jahren hat er sich das rechte Hinterbein gebrochen. Es muss eine Qual gewesen sein und der Knochen wuchs stark abgeknickt wieder zusammen. Man hat den Eindruck, sein schauerlich verdrehtes Knie schaute wie das Sprunggelenk eines Pferdes nach hinten. Doch mit Hilfe seiner Familie hat er überlebt. «Er ist langsam», räumt Vicki ein. «Es ist wirklich bemerkenswert, dass er damit klarkommt, aber seine Familie wartet wohl auf ihn.»

Ein anderer Elefant, Tito, brach sich als Einjähriger das Bein, vermutlich bei einem Sturz in eine Müllgrube.[140] Er konnte nur langsam und mit Schwierigkeiten laufen. Offensichtlich hatte er große Schmerzen. Doch seine Mutter wartete stets auf ihn und ließ ihn nie zurück. Er wurde nur sechs Jahre alt. Makelele ist schon mehr als doppelt so alt.

Seine Familie wandert viel. Sie legen die dreißig bis vierzig Kilometer nach Tansania zurück. «Das ist wirklich weit», stellt Vicki fest. Doch wie es scheint, schafft er es. Er ist immer noch gut genährt.

Tatsächlich wird Makelele zumindest so lange überleben, bis er unabhängig von seiner Familie ist. Ich hoffe, dass sein schlimmes Bein sein größtes Problem bleibt. In Anbetracht ihres eigenen Babybooms, der explosionsartig steigenden Weltbevölkerung und des ungelösten Problems des Elfenbeinhandels, sind es gute und zugleich schlechte Zeiten für die Elefanten.

«Da sind all die guten Dinge in ihrem Leben», erzählt mir Cynthia Moss beim Frühstück. «Fürsorge, Loyalität, Verbundenheit, Zusammengehörigkeit, Kooperation – Dinge, die wir uns auch für uns wünschen.» Wir können beobachten, wie sie ihren Jungen und sich gegenseitig helfen. Und dann gibt es da noch diese seltenen, ganz besonderen Momente: Wenn ein Elefant einen anderen füttert, weil dieser sich den Rüssel verletzt hat, oder wenn ein Elefant versucht, einen toten Artgenossen zu füttern.[141] Wir haben auch erlebt, wie Elefanten auf hilflose oder verwundete Menschen reagiert haben. Diese und unzählige andere Gesten beweisen nicht, dass Elefanten wie wir Menschen sind. Sie zeigen, dass sie sich, ähnlich wie wir, ihrer Beziehungen bewusst sind und vielfältige Möglichkeiten besitzen, mittels Körper, Stimme, Geruch und Geist ihre sozialen Werte aufrechtzuerhalten, zu stärken und abzustimmen.

Anfang der 1980er Jahre legte man in einem der Zeltlager im Amboseli-Nationalpark Fressen für die Elefanten aus, um sie als Touristenattraktion ins Lager zu locken. Bald aber begannen die arglos herumstöbernden Elefanten Schäden an den Bäumen und im Küchenbereich anzurichten. Die Leute schrien sie an, warfen ihnen Gegenstände nach und versuchten sie zu vertreiben – auch indem sie die Elefanten mit Stöcken und Besen schlugen. Jeder dieser Elefanten hätte einen solch bedrohlichen Menschen mit Leichtigkeit wie eine lästige Mücke erschlagen können. Sie hätten mehr als einen Grund und mehr als eine Gelegenheit dazu gehabt.

«Doch obwohl es zahlreiche Zwischenfälle gab, vermieden es Tuskless und die anderen Elefanten stets, irgendjemanden zu verletzen», betont Cynthia. «Eines Tages verlor Tania die Geduld und griff eine bedauernswerte Touristin an, die zur Lodge zurückrannte, jedoch auf halber Strecke auf dem Rasen hinfiel. Tania, die nur etwa einen Meter hinter ihr war, bremste schlitternd und stand dann hoch über der Frau.»[142]

Schließlich ging sie ein paar Schritte rückwärts, drehte sich um und kehrte zurück zu ihrer Familie. Wären sie über sie hinweggetrampelt, hätte dies den sicheren Tod der Frau bedeutet. Und dennoch – obwohl die Frau Tania derart gereizt hatte, verwendete diese so viel Energie darauf, eine Berührung zu vermeiden, dass sie tiefe Bremsspuren auf dem Rasen hinterließ.

Was hielt sie zurück?

Wir vermuten, dass Tiere nicht verstehen, warum sich der Mensch manchmal von seiner gütigen Seite zeigt. Genauso wenig können wir Menschen nachvollziehen, warum ein Elefant sich in Nachsicht übt. Elefanten scheinen den Kampf zu meiden. Sie verfügen über soziale Fähigkeiten, um sich durchzusetzen und ihren Platz in der Hierarchie zu verteidigen, ohne Gewalt zu riskieren, die beiden Parteien schaden kann.

Bisweilen können wir bei Tieren zurückhaltendes Verhalten beobachten. Die meisten von uns haben schon einmal einen wütenden Hund gesehen, der aber nicht zugebissen hat. Ein Schimpanse, dem man die Zeichensprache beigebracht hatte, verwendete die Zeichen «beißen» und «wütend», anstatt tatsächlich anzugreifen. Seine Verärgerung ließ dann allmählich nach. Mit den Zeichen konnte er das Bedürfnis befriedigen, seinem Ärger Luft zu machen.[143]

Elefanten können Rachepläne schmieden. Können sie auch erahnen, dass sie sich Ärger einhandeln, wenn sie einen Menschen verletzen? Wenn Tania die Frau verletzt hätte, hätte sie dies mit Sicherheit mit ihrem Leben bezahlt. Hat sie dieser Frau eine Extrabehandlung zukommen lassen, weil sie ein Mensch ist? Es ist schwer vorstellbar, dass ein Elefant eine Bremsspur hinterlassen würde, um etwa eine lästige Hyäne zu verschonen.

Tuskless, Tania und ihre Familie besuchten Cynthias Zeltlager regelmäßig. Cynthia beschreibt Tuskless so: «Sie ist klug und tapfer, mutig und erfinderisch, und gleichzeitig scheint sie eines der gutherzigsten Tiere zu sein, die ich kenne. Ich kann ihr niemals richtig böse sein, ganz egal wie schlimm sie und die anderen sich auch manchmal benehmen.»[144] Laut Cynthia sind es «Liebe und Bewunderung», die sie für diese Elefantin empfindet, und sie fügt noch hinzu: «Sie sind immer noch wilde Tiere, aber wir akzeptieren uns gegenseitig, und es besteht ein gewisses Einverständnis darüber, was gestattet ist und was nicht.»[145]

Doch wenn ein Elefant versucht, klarzumachen, was erlaubt ist, löst er auf Seiten des Menschen meist panische, ja gewalttätige Reaktionen aus. Im Jahr 1997 ging an einem Januartag beim Kenya Wildlife Service die Beschwerde ein, dass ein Elefantenbulle – mit Stoßzähnen – ein Rind getötet hätte. Als Mitarbeiter der Behörde eintrafen, fanden sie eine Herde mit Elefantenkühen und Jungtieren vor, die sie dann über zwei Stunden lang vor sich her jagten. Als die gehetzte Leitkuh sich irgendwann umdrehte, um ihre Familie zu verteidigen, feuerten die Männer einen tödlichen Schuss auf sie ab. Die Leitkuh war Tuskless.

Tuskless ist in über hundert Tierdokumentationen zu sehen. Sie war der meistfotografierte Elefant im Amboseli-Nationalpark und hat seinen Besuchern laut Cynthia mehr Momente des Glücks und des Staunens bereitet als weltweit irgendein anderer Elefant in freier Wildbahn. «Es tut», sagt sie, «unvorstellbar weh.»

Seelen in Not

Heute Morgen macht im Camp der Bericht die Runde, dass in den letzten zehn Jahren hunderttausend Afrikanische Elefanten Wilderern zum Opfer gefallen sind.[146] Dies bedeutet, dass sich in diesem Zeitraum der Elefantenbestand in Zentralafrika um fünfundsechzig Prozent verringert hat und weiter schrumpft.

Die Zahlen machen mich benommen. Es will mir einfach nicht in den Kopf gehen, wie wir zu diesen uns seelenverwandten Wesen, in die ich mich unsterblich verliebt habe, so grausam sein können. Ich bin unfähig, klar zu denken. Es sind absurde Zahlen, die nicht in die Welt passen, in der ich lebe.

Katito bestätigt die Abwärtsspirale. «Früher gab es hier viele große Bullen mit riesigen Stoßzähnen. Heute sind es viel weniger. Es ist kein Vergleich zu Früher.»

Das strahlend weiße Elfenbein hat eine dunkle Kehrseite. Die heutige Situation ist vergleichbar mit der vor dem Handelsverbot mit Elfenbein in den 1990er Jahren; in ganz Afrika werden Elefanten wieder brutal abgeschlachtet. Viele teilen Katitos Meinung, dass es – Babyboom hin oder her – für die Elefanten kritisch wird.

Die Grenzen des Nationalparks sind durchlässig, die Elefanten können sie frei passieren. Unter den Elefanten aus den Grenzgebieten Amboseli, Kilimandscharo, Tansania und Tsavo herrscht ein reges Kommen und Gehen. Tsavo ist zwar offiziell ein Nationalpark, doch herrschen hier bei Weitem keine paradiesischen Zustände. Wilderer töten Elefanten und auch zwischen Wildhütern und Wilderern gibt es tödliche Gefechte. Da verstärkt Patrouillen gefahren werden und sich Wilderer durch Schüsse verraten würden, gehen sie wieder zur Verwendung von Giftpfeilen über. Im Jahr 2014 erbeuteten Wilderer die neunzig Kilogramm schweren Stoßzähne von Satao, Kenias größtem Elefantenbullen, als sie ihn im Abstand von drei Monaten zwei Mal mit einen Giftpfeil beschossen. Wie Meuchelmörder hatten sie ihn langsam vergiftet.

Warum bauen wir nicht einfach zum Schutz vor den Menschen einen großen Zaun um die Elefanten, wenn sie tatsächlich so gefährdet sind?

«Das hat nichts mit Naturschutz zu tun, das ist Gärtnern», beteuert Vicki. «Wir wissen nicht einmal, ob ein eingezäunter Nationalpark auf lange Sicht besser funktionieren würde als ein Tierpark. Wir können es uns nicht leisten, noch mehr Elefanten zu verlieren. Wir haben jetzt schon zu viele verloren.»

Ein Elefantenbulle aus dem Amboseli-Nationalpark wanderte 137 Kilometer Luftlinie bis zum Natronsee in Tansania. In anderen Worten: Es sind nun einmal echte Elefanten, die ihr Leben genau so leben, wie es ihnen und der Welt bestimmt ist. Was hier auf dem Spiel steht, ist das echte Leben, das langsam und schleichend verlischt.

Viele dieser Elefanten sind wahrscheinlich schwer traumatisiert. Eine aktuelle Studie zeigt, dass überlebende Familienmitglieder noch fünfzehn Jahre nach dem Verlust ihrer Leitkuh erhöhte Stresshormonwerte aufweisen und weniger Junge bekommen.[147] Hier zeigt sich wieder, wie fundamental sich der Tod Einzelner auf die Überlebenden auswirkt.

Der Biologe Richard Ruggiero, der dreißig Jahre lang Elefanten in Zentralafrika erforscht hat und den ich von der Universität kenne, sagt: «Es ist ein Tier, das sich irgendwie bewusst darüber ist, dass etwas Schreckliches mit ihm geschieht, eine sehr sensible Kreatur, die sich im Klaren darüber ist, dass hier ein Genozid vonstattengeht.»[148]

«Sie wissen, dass sie hier sicherer sind», erzählt Vicki. «Wenn außerhalb des Nationalparks irgendetwas Schlimmes passiert, eilen sie schnell wieder hierher.»

Das gilt natürlich nur für die Elefanten, die mit dem Leben davongekommen sind.

Im Nationalpark kommen wir an einem von Nutztierherden überweidetet Gebiet vorbei. Einige junge Massai, *Morani*, Kämpfer und Viehhirten, ziehen mit ihren Rindern und Ziegen vorbei. Sie haben rote *Shukas* an und sind mit traditionellen Speeren, Schlagstöcken, die sie *Rungus* nennen, und breiten Messern, *Simis*, bewaffnet. Ihre Haare haben sie traditionell zu langen Zöpfen geflochten, die mit Haarbändern und Metallspangen geschmückt sind.

Ihr leichtfüßiger Gang ist ein Tanz mit der Obrigkeit. Es ist ihnen erlaubt, ihr Vieh im Nationalpark zu tränken und es manchmal auch weiden zu lassen, wobei genau festgelegt ist, wann und wo sie dies dürfen. Da die Regeln nicht von den Massai selbst aufgestellt wurden, halten sie sich nur teilweise daran. Wenn ihre Brunnen ausgetrocknet sind, treiben die Massai ihr Vieh in den Nationalpark, was in manchen Fällen erlaubt ist, in anderen wiederum nicht. Sie behaupten, dass die Behörden ihre Brunnen nicht wie versprochen warten. Dies sorgt für weitere Auseinandersetzungen und Spannungen.

Dabei ist es eben dieses Hirtenvolk der Massai, vor dem sich die Elefanten hier am meisten in Acht nehmen müssen. Und das ist der pure Hohn: Jahrhundertelang ging es den Wildtieren gut, als sich das schier unendlich große Land noch in der Hand der Massai befand.[149] Katito, selbst eine Massai, erinnerte mich daran, dass das Volk der Massai kein Fleisch von Wildtieren isst; Wildtiere sind in ihren Augen das «Vieh Gottes». Dies ist der Grund, warum auf dem Land der Massai auch Wildtiere leben dürfen. Während meiner ersten Afrikareise in den 1980er Jahren war ich zu Gast bei einem befreundeten Massai, streifte in den Loita Hills zwischen Zebras, Gazellen und den Rindern der Massai umher, schlief in einer Hütte aus Lehm und Dung und erwachte jeden Morgen mit dem Gefühl, das Afrika meiner Träume erleben zu dürfen.

Die Massai hatten den Ruf, mit Wilderern nicht zimperlich umzugehen, und dem war auch so. Oft ließen sie sie auffliegen. Auf diese Weise hielten die Massai die Wilderei in Schach und sorgten dafür, dass die Elefanten relativ sicher waren und sich auch einigermaßen frei bewegen konnten – zumindest im Vergleich zu Elefanten anderenorts.

Einst erstreckte sich das Stammesgebiet der Massai vom heutigen Zentralkenia über neunhundertsiebzig Kilometer bis ins weiter südliche Zentraltansania. 1904 wies die britische Kolonialbehörde im Zuge der Landeserschließung für europäische Siedler den Massai zwei Reservate zu, deren Fläche nur zehn Prozent ihres einstigen Stammesgebiets ausmachte. 1911 brauchte man Platz für weitere europäische Farmer und pferchte die Massai in einem einzigen Reservat zusammen. Die Farmer sahen überhaupt keine Veranlassung, der Urbevölkerung oder den Elefanten etwas Land zu überlassen und behandelten beide wie Schädlinge.

Lange Zeit lebten die Massai in Eintracht mit den Wildtieren. Die Wildtierpopulationen begannen zu schrumpfen, als die europäischen Siedler kamen und Jagd auf die Tiere machten. Dann erwachte das Bewusstsein für die enorme Wichtigkeit der Erhaltung der Tierwelt. Dabei konzentrierte man sich in Kenia weitgehend auf die Gebiete der Massai, weil sich hier die jeweils größte Populationsdichte einer Art fand. Welche Ironie: In den 1940er Jahren wiesen die Briten Wildschutzgebiete aus, welche die Massai von ihren lebenswichtigen Wasserquellen abtrennten. Als ihnen und ihren Rindern 1961 der Zugang zu einem zentralen Bereich des Amboseli-Wildreservats untersagt wurde, begannen sie als Zeichen ihres Protests Elefanten und Nashörner zu speeren. Für die Massai ist der Tierschutz das unheilvolle Vermächtnis kolonialer Ungerechtigkeit.

Heute, da die Viehhirten den Farmern weichen müssen und Städte dort stehen, wo einst Wildtiere ungestört lebten, scheint es, als ob die Massai nicht das Problem wären, sondern vielmehr der Grund dafür, dass es überhaupt noch Wildtiere gibt. Nur dank ihrer traditionellen Art, das Land zu verwalten, nimmt die Nationalparkbehörde so viel Geld ein.

Vicki räumt ein: «Achtzig Prozent ihrer Zeit verbringen unsere Elefanten außerhalb des Nationalparks auf dem Land der Massai. Hier im Park gibt es ungefähr vierzig Ranger. Draußen sind es dreitausend Massai-Krieger.»

Den Elefanten bleibt gar nichts anderes übrig, als den Park zu verlassen, weil er zu klein ist. Wenn es kein Wasser mehr für ihr Vieh gibt, kommen Hirten in den Nationalpark. Außerhalb und innerhalb der Grenzen des Schutzgebiets stoßen Elefanten und Viehhirten aufeinander. Sie haben ein und dieselbe Existenzgrundlage, die gleichen Bedürfnisse. Diese spiegelbildliche Gleichheit ist angstbesetzt und spannungsgeladen.

Vicki ist der Meinung, dass die Zukunft der Elefanten in der Region davon abhängt, ob man den Massai weiterhin das Amt der Nationalparkverwaltung überlässt. Dies heißt aber noch lange nicht, dass die Beziehung zwischen dem Naturvolk und den Elefanten immerzu friedlich ist. Während der vierzigjährigen Laufzeit dieses Forschungsprojekts kamen mehrere Hundert Elefanten durch die Speere der Massai zu Tode.

Das Volk der Massai verehrt und schmäht die Elefanten gleichermaßen. Sie glauben, dass nur Menschen und Elefanten eine Seele haben. In der Kultur der Massai ist es Bräuten, die ihr Zuhause verlassen, untersagt, sich umzublicken. Der Sage nach blickte sich eine Braut trotzdem um und verwandelte sich in den ersten Elefanten, weshalb die Zitzen einer Elefantenkuh auch wie menschliche Brüste aussehen. Wenn ein Massai die Knochen eines Menschen oder eines Elefanten entdeckt, bedeckt er sie in einem rituellen Akt mit Gras, um seinen Respekt zum Ausdruck zu bringen. Bei keinem anderen Tier machen die Massai Vergleichbares.

Jahrhundertelang sorgte der wohlverdiente Ruf der Massai, Eindringlingen mit aller Grausamkeit zu begegnen, dafür, dass das Gebiet uneingeschränkter Lebensraum für eine prosperierende Tierwelt blieb. Die gute Nachricht ist, dass die Region immer noch offen und frei zugänglich ist. Die schlechte Nachricht ist: Auch ohne Zäune kommen weitere Einschränkungen hinzu.

Große Teile der Massai-Gebiete wurden weiter unterteilt. Jeder Massai besitzt heute eine Fläche von 24 Hektar. Auswärtige Investoren kaufen den Massai ihr Land ab. Sie bekommen Bargeld dafür, doch haben sie keine Lebensgrundlage mehr. Von dem Geld kaufen sie sich Motorräder, die teuren Treibstoff schlucken und ihnen im Gegensatz zu den Rindern keine Einkommen bringen. Daher sinkt der Lebensstandard vieler Massai. Durch die Bestrebungen, noch mehr Landwirtschaft und Tourismus zu betreiben, hat sich das Land in einen kleinteiligen Flickenteppich mit neuen Besitzern verwandelt. Und natürlich werden Lodges und Farmen die Habitate weiter zerfressen und die Wanderrouten der Wildtiere versperren. Auf diese Weise kann es nur schieflaufen.

Ursprünglich hatte man in der Kultur der Massai keine Verwendung für Elfenbein. Doch aus Mangel an Perspektiven ist der Reiz des schnell verdienten Geldes heute für viele Massai einfach zu groß. Der Begriff *Moran* bezeichnet einen jungen Mann nach dem Übergangsritus in die Pubertät. Einige Jahre lang sind sie gemäß ihrer Tradition sowohl die Verteidiger als auch die Angreifer ihrer Stammesgemeinschaft. Durch das starke Bevölkerungswachstum gibt es immer mehr junge Männer, die nicht ausreichend Beschäftigung haben. Oft werden die Elefanten zur Zielscheibe ihres Protests und ihrer überschüssigen Energie. Die Gründe, warum die Massai Elefanten verletzen, sind ganz unterschiedlicher Natur. Sie reichen von Rachegelüsten über jugendliches Draufgängertum bis zu politischem Protest.

Vicki beginnt mir von einem Elefanten namens Ezra zu erzählen. «Er befand sich mitten in seiner Musth und kam an meinem Auto vorbei, einfach nur, um Guten Tag zu sagen. Er war ein so *gutmütiger, lieber Bulle.*»

Man ahnt schon, wie diese Geschichte enden wird.

«Sechsundvierzig Jahre lang ist er über diese Hügel gewandert. Niemals hatte er mit irgendjemandem Ärger. Er hat einen Bogen um die Felder gemacht –»

Einige *Morani* warfen aus politischem Protest sieben Speere auf ihn. «Man folgte dem Bullen noch eine ganze Zeit, aber er war so schwer verletzt, dass man nichts für ihn tun konnte. Er blutete und blutete – bis er verblutet war. Jedes Mal, wenn ich an der Stelle vorbeikomme, wo ich ihn zuletzt gesehen habe ...»

Für einige Minuten herrscht Stille. Ich beobachte, wie sich die Elefanten im Sumpf tummeln.

«Sie taten es, weil man ihrer Gemeinschaft keinen Respekt entgegenbrachte», fährt Vicki fort. «Und ich muss zugeben – sie hatten Recht.» Es war so, dass die Massai behaupteten, dass ein kleiner Junge von einem Büffel getötet worden war. Der Beamte von der Wildschutzbehörde, der die Entschädigungszahlung veranschlagen sollte, unterstellte der Familie, dass sie ihren Jungen des Geldes wegen selbst umgebracht hatte. «Na ja, und das hat die Leute sehr verärgert. Es war eine *ungeheuerliche* Kränkung. Die Massai sind *freundliche* Menschen. Sie lieben ihre Kinder ebenso sehr wie alle anderen. Ein Menschenleben ist auch hier von Bedeutung.» Der Beamte war kein Massai, was die Vorbehalte auf beiden Seiten nur noch verstärkte.

Letzten Sommer sah Vicki dreihundert *Morani* in den Nationalpark stürmen, die aus Protest Tiere abschlachten wollten. «Ihr Anblick war unerträglich. Wir hatten solche Angst. Diese jungen Männer waren völlig außer Kontrolle, man konnte einfach nichts tun.» Gibt man den Massai ein Mitbestimmungsrecht, dann geht es den Elefanten gut. Entmündigt man sie, gerät alles in Schieflage.

Nichts fürchten die Elefanten des Amboseli-Nationalparks so sehr wie die Massai. Und das mit gutem Grund. Sobald sie einen Massai sehen oder riechen, und sei er auch einen Kilometer entfernt, rennen sie panikartig davon.[150]

Je nachdem, auf welche Menschen sie treffen, reagieren Elefanten sehr unterschiedlich. Die Forscher Richard Byrne und Lucy Bates ließen Elefanten aus dem Amboseli-Nationalpark die T-Shirts verschiedener Menschen beschnuppern: von Menschen vom Stamm der Kamba, die kaum mit Elefanten zu tun haben, von kriegerischen Massai und von den Forschern selbst. Die Elefanten zeigten nur bei der Kleidung, die zuvor von den Massai getragen worden war, Angstreaktionen. Ihr Geruchssinn und ihre Fähigkeit, sich zu erinnern, sind sehr stark ausgeprägt. Genauso wie ihre Angst vor den Massai.

Für menschliche Ohren sind die Stimmen der Elefanten nur sehr schwer auseinanderzuhalten. Elefanten hingegen können nicht nur die Stimmen von mindestens hundert Artgenossen erkennen, sondern auch menschliche Sprachen unterscheiden. Ein Lautsprecher hat immer den gleichen Geruch, egal ob er die Sprachaufzeichnungen von Massai oder von englischsprachigen Menschen wiedergibt. Als die Elefanten die Aufnahmen mit den Stimmen der Forscher, der Massai und der Bauern vom Stamm der Kamba hörten, fürchteten sie sich nur vor den Stimmen der Massai.[151]

Als Forscher rund einem Duzend verschiedener Elefantenfamilien eine Tonbandaufnahme mit den bimmelnden Kuhglocken der Massai vorspielten, erstarrten die Elefanten, schauten zum Lautsprecher, drehten ihren Kopf von einer auf die andere Seite, um die Geräuschquelle besser lokalisieren zu können, und nahmen gleichzeitig mit hocherhobenen Rüsseln Geruchsproben aus der Luft. Sie rückten zusammen, machten kehrt und zogen sich – meistens rennend – zurück. Dabei legten sie knapp dreihundert Meter zurück, um sich dann dicht aneinander zu drängen und die Jungtiere schützend in die Mitte zu nehmen. Bekamen sie die Aufnahmen von Raubtieren zuhören, hielten die Elefanten oftmals noch nicht einmal inne; keiner drehte sich auch nur in Richtung der Geräuschquelle. So gut verstehen sie die Welt, in der sie leben.

Ein großes Gehirn ist nicht zwangsweise Voraussetzung für herausragende kognitive Fähigkeiten. (Man denke an den Raben, dessen Gehirn winzig ist, der aber über eine erstaunliche Denkfähigkeit verfügt.) Nichtsdestotrotz haben Elefanten sehr große Gehirne, sie sind sogar größer, als man proportional zu ihrer Körpergröße, verglichen mit anderen Säugetieren, erwarten würde.[152] Der Elefant ist schlichtweg das Landtier mit dem größten Gehirn. Ihre pyramidenförmigen Neuronen, die Voraussetzung für Motorik, Wahrnehmung, Wiedererkennung und andere Fähigkeiten sind, sind größer als die des Menschen und für viel mehr Verknüpfungen ausgelegt. Wahrscheinlich ist dies die Grundlage für ihre außerordentliche Lern- und Erinnerungsleistung. Was die Elefanten gelernt haben und sich immer wieder ins Gedächtnis rufen: Die Menschen sind nicht alle gleich und gewisse Menschen sind gefährlich.

Am Rüssel dieses Elefanten sieht man eine frisch verheilte Speerwunde. Schon der Gedanke daran schmerzt.

«Ja, sie sieht besser aus», stellt Vicki fest. «Zuvor war Wundsekret herausgetropft.»

«Manchmal töten Elefanten Menschen», erzählt mir Vicki. «Manche Elefanten hassen die Menschen und nehmen jede Gelegenheit beim Schopf, ihnen Schaden zuzufügen.»

Ich frage nach dem Grund.

«Es muss etwas Schlimmes passiert sein. Ich kann mir nicht vorstellen, dass ein Elefant Menschen hasst, ohne zuvor negative Erfahrungen mit ihnen gemacht zu haben.»

Wie groß ist der Anteil der Elefanten, die menschliche Gewalt am eigenen Leib erlebt oder gesehen haben?

«Hmm ...», Vicki denkt nach. «In der AA-Familie hat jeder Elefant über zehn Jahre ein Familienmitglied durch Menschenhand verloren. Die AAs verlassen nie den Nationalpark. Auch die JAs bleiben innerhalb des Reservats und dennoch stammt das große Loch in Jacksons Ohr von einem Speer. Die EBs, die EAs –. Du weißt, was ich sagen will: Jedem dieser Familien widerfuhr Gewalt durch den Menschen.»

Das bedeutet, dass sie Zeuge eines Angriffs waren und von der Panik der anderen erfasst wurden. Manche wurden verletzt und erlitten Schmerzen.

Und wenn sich irgendwann die Gelegenheit ergibt, den Spieß umzudrehen, greifen einige der Elefanten zu. Zwar befindet sich der Lebensstil der Massai derzeit im Wandel, doch leben viele immer noch als Viehhüter, die sich ihren Lebensunterhalt mit Rindern verdienen. Die Elefantin Fenella galt als wahre Rinderkillerin. Eines Tages verschwand sie und tauchte nicht mehr auf.

Was bringt Elefanten dazu, Rinder zu töten?

Elefanten töten keine Esel. Esel befinden sich im Besitz der Frauen.

Und Frauen begleiten ihre Esel nie in den Busch – ihre Männer mögen das nicht (wahrscheinlich nicht nur aus Sicherheitsgründen). Die Esel streifen nur auf ihrem eigenen Land umher und kommen wieder zurück. Die Rinder hingegen werden von Männern und Jungen in den Busch getrieben. Manche der Hirten sind nicht älter als neun oder zehn Jahre. Manchmal werden sie böse überrascht, da sie kaum in der Lage sind, einen Elefanten zu entdecken, wenn sie auf ihren Pfaden unterwegs sind. In der Trockenzeit führen die Massai ihr Vieh zu den letzten verbleibenden Wasserpfützen. Die Situation spitzt sich weiter zu, wenn sie versuchen, die Elefanten von den Wasserlöchern zu vertreiben.

Es scheint, als wäre es der Mensch, der das Vieh in Konflikt mit den Elefanten brächte. Der Krisenherd ist der Mensch. Wenn Elefanten immer wieder von Menschen in Begleitung von Rindern schikaniert werden, kommen die Elefanten wahrscheinlich nach und nach zu dem Punkt, dass sie Rinder nicht mögen. Manchmal bringt ein Elefant seinen Widerspruch zum Ausdruck, und die Reaktion erfolgt in Form eines fliegenden Speers. Der Elefant schlägt zurück und tötet noch mehr Rinder und Menschen. Wie in einem Stammeskrieg entsteht ein Teufelskreis aus Rache und Vergeltung ohne Aussicht auf eine Lösung.

Eine Ausnahme gibt es: Geld. Weil die Rinder für die Massai nichts anderes als Geld bedeuten. Die Massai rund um den Amboseli-Nationalpark haben Recht auf eine «Entschädigungszahlung», welche die Elefanten aus ihrer Schusslinie bringt. Ziel ist es, das Verhältnis zwischen Massai und Elefanten zu harmonisieren. Inzwischen fliegen weniger Speere auf die Elefanten. Aber woher stammt das Geld? Es stammt aus Spenden. Sie können Ihren Beitrag online leisten.

Später an diesem Tag sehen wir eine große Herde, die den Sumpf verlässt, um zu ihrem Nachtlager aufzubrechen. Die Elefanten marschieren über eine Ebene, getaucht in das goldene Licht der schräg stehenden Sonne. Was wir spüren und deutlich sehen können: Die Elefanten leben nach dem Prinzip «leben und leben lassen». Dabei ist ihr Lebensweg steiniger als unserer. Elefanten sind wie arme Menschen, wie Mitglieder eines Naturvolks. Sie fordern der Welt nicht viel ab und nehmen sich nur das, was sie brauchen. Sie leben im Einklang mit ihr.

Hunderte von Elefanten trotten über die staubige Ebene in Richtung der entlegenen Hügel. Eine Familie aber, warum auch immer, planscht immer noch in einem tiefen, von einer Quelle gespeisten Wasserloch. Umgeben von saftigem Grün wälzen sie sich im Schlamm und blasen Wasser in die Luft. Wahrscheinlich ist der Spaß einfach zu groß, um jetzt schon aufzubrechen.

Wie Nilpferde tauchen sie unter und stoßen wie Wale hohe Wasserfontänen aus. Während über Wasser nur noch ihre Hinterteile zu sehen sind, wälzen sie sich am Grund des Wasserlochs, planschen und matschen. Schwarzen U-Booten gleich, ziehen sie ihre Bahnen, während ihre Rüssel wie Fernrohre in die Luft ragen.

Nach einer Weile waten sie im Gänsemarsch ans Ufer. Ihre nasse Haut glänzt in der Sonne wie der Lack eines Autos, das frisch aus der Waschstraße kommt. Eine Elefantenkuh aber war noch nicht im Wasser und verharrt mit ihrem Jungen am Ufer. Der Kleine traut sich nicht, doch seine Mutter hat Geduld mit ihm. Sie taucht ihren Rüssel ins Wasser, bleibt aber bei ihrem Kind. Irgendwann steigt sie ins Wasser und der Kleine folgt ihr. Zur Sicherheit wickelt er seinen Rüssel um den Stoßzahn seiner Mutter. Jetzt ist das Elefantenkind ganz von Wasser umspült und seine Mutter führt es mit ihrem Rüssel sicher durch das Nass.

Ebony and Ivory

«Ich kann nicht zu ihnen sagen: ‹Dieser Herr da will ein Buch über euch schreiben, also seid nett zu ihm!›», meint Julius Shivegha. «Wenn du ein guter Mensch bist, dann sehen sie dich auch als solchen. Wenn sie dich lieben, dann nur um deiner selbst willen.»

Der jüngste Elefant versucht mit seinem winzigen Rüssel in Julius' Mund zu fassen. Normalerweise machen sie dies bei ihren Müttern, um zu lernen, welche Pflanzen ungefährlich und nahrhaft sind. Die Frage «Was frisst du da?» wandelt sich mit zunehmendem Alter des Elefanten in eine Begrüßungsgeste um, bei welcher der Rüssel zum Maul des Gegenübers gestreckt wird, vergleichbar mit einem menschlichen Kuss. Julius nimmt den kleinen Rüssel und bläst scherzhaft hinein. Der kleine Elefant lässt seinen Rüssel schlaff hängen. In seiner Körpersprache ist dies gleichbedeutend mit der Aufforderung eines Hundes, der sich auf den Rücken dreht, weil er gekrault werden möchte. Julius tut dem Elefantenkind den Gefallen und knetet seinen Rüssel kräftig zwischen seinen Handflächen, wie ein Bäcker, der ein Baguette aus einem Stück Teig formt.

Der kleine Elefant, der jetzt seine Rüsselmassage bekommt, war zwei Wochen alt, als er neben seiner tödlich verwundeten Mutter gefunden wurde. Ein anderer hat Narben von einer Machete. Oder Quanzana, die aus einer bekannten und zigfach fotografierten Amboseli-Familie stammt und als Einzige überlebt hat. Da sie zum Zeitpunkt des Angriffs schon über ein Jahr alt war, haben sich der Schrecken und die Verwirrung in ihr Gedächtnis eingebrannt. «Sie ist immer noch sehr aufgewühlt», erklärt Julius ihre Neigung, sich aufzuspielen. «Man sieht es ihnen an, wenn sie trauern und klagen. Und es ist offensichtlich, wenn sie glücklich sind und spielen.»

All diese Elefanten sind Elfenbeinwaisen und hatten das Glück, dass sie gerettet und zum David Sheldrick Wildlife Trust in Nairobi gebracht wurden. Sie sind jung genug, um uns Menschen vergeben zu können, und damit haben sie mir etwas voraus. Dabei lernen sie unsere andere Seite kennen: Wie wir sie zur Übung täglich in den Busch begleiten und ihnen im Auf und Ab einer zweiten Chance zur Seite stehen.

In den 1960er Jahren entdeckte Iain Douglas-Hamilton mitten im Wald einen platt getrampelten Pfad, der nicht breiter als vier Meter war. Wahrscheinlich gab es ihn schon seit Tausenden von Jahren. Einst überzogen Elefantenstraßen den ganzen Kontinent von einer Wasserquelle zur nächsten. Auch der Mensch nutzt diese Straßen seit Urzeiten. Wahrscheinlich reiste er selbst dann auf den Spuren der Elefanten, als er die altbekannten Pfade verließ. Heute werden die meisten dieser alten Elefantenstraßen nicht mehr genutzt. Die überlebenden Elefanten drängen sich auf kleinen Habitatinseln, abgeschnitten von anderen Populationen. Seit Jahrhunderten werden sie schon belagert.

Zu Beginn des Römischen Reichs lebten in ganz Afrika Elefanten. Sie waren überall zu Hause, von den Mittelmeerküsten bis zum Kap der Guten Hoffnung und vom Indischen Ozean bis zum Atlantik, mit Ausnahme der lebensfeindlichsten Regionen in der Sahara. Und jetzt stellen Sie sich einen riesigen Radiergummi mit einem Elfenbeingriff vor. Schon vor ungefähr tausend Jahren waren die Elefanten Nordafrikas ausradiert worden. Im 19. Jahrhundert kam es in Südafrika zur Zersplitterung und Isolierung der Elefantenpopulationen. Letztlich wurden auch sie in mehreren Schritten ausgelöscht. Den Elefanten Ostafrikas erging es ebenso. Von *Amazing Grace* keine Spur. Um 1900 wussten die meisten Kinder in Weltafrika nicht einmal, dass es Elefanten gibt. In den 1970er und 1980er Jahren spitzte sich die Situation durch das starke Bevölkerungswachstum, die Erfindung immer tödlicherer Waffen, steigende Elfenbeinpreise, die Öffnung der internationalen Märkte und die Verschlechterung der politischen Lage weiter zu.

In den letzten zwei Millionen Jahren haben rund ein Dutzend Elefantenarten ihre Spuren auf verschiedenen Teilen der Erde hinterlassen. Auf der Mittelmeerinsel Malta lebte einst eine kleine, kaum einen Meter messende Elefantenspezies[153] und auf den heutigen Kanalinseln von Kalifornien war das Zwergmammut anzutreffen. Auf Indonesien gab es zwei unterschiedliche Zwergelefantenarten, als deren Fressfeind sich der

Komodowaran[154] herausgebildet hat, ehe sie durch die ersten Abenteurer ausgerottet wurden. Auf den Kontinenten wuchsen die Elefanten ihren Fressfeinden über den Kopf und wurden so groß, dass sie sich nicht mehr verstecken mussten. Ihre enorme Größe kam ihnen sehr entgegen. Doch als ihr allergrößter Feind auftauchte, *konnten* sich die Elefanten nicht mehr vor ihm verstecken. Der Mensch begann, Jagd auf Elefanten zu machen und wurde irgendwann einfach zu gut darin. In der Tschechischen Republik fand man in einem Lager von Mammutjägern, das strategisch günstig zwischen zwei Bergketten lag, die Überreste von neunhundert Mammuts.[155] Erst vor viertausend Jahren starben die in der Arktis lebenden Mammuts aus;[156] da hatten die alten Ägypter schon die Pyramiden erbaut. In Alaska sah ich ein Inuitmädchen mit einem kleinen, schwarz verfärbten Mammutstoßzahn, der an ein Flussufer gespült geworden war. Obwohl die Bewohner der Arktis sich heute kaum mehr vorstellen können, wie ein Mammut aussah, haben sie nie aufgehört, ihr Elfenbein zu begehren.

Immer wenn Elefant und Mensch aufeinandertrafen, erging es dem Elefanten schlecht. Vor zweitausendfünfhundert Jahren wurden die letzten Elefanten Syriens ausgelöscht. Noch vor dem Jahr eins waren fast alle Elefanten aus China verschwunden und um 1000 n. Chr. auch aus großen Teilen Afrikas.[157] In Indien und Südasien hingegen wurde der Elefant zum Reittier der Könige. Im Krieg brachten sie als Rammböcke Festungen zu Fall, dienten als Henker der Gefangenen und wurden zur Zielscheibe feindlicher Pfeile, ehe sie im Schlachtgetümmel ihren Verstand verloren. Auch als Holzlastwagen und Bulldozer werden sie eingesetzt, und wie andere Zwangsarbeiter auch werden sie mit Schlägen gefügig gemacht. Seit der Römerzeit hat der Mensch Afrikas Elefantenpopulation etwa um 99 Prozent reduziert. Selbst in Regionen, in denen sie um 1800 noch anzutreffen waren, sind sie heute zu 90 Prozent verschwunden. Zu dieser Zeit waren in Afrika, trotz vorangegangener Verluste, schätzungsweise sechsundzwanzig Millionen Elefanten beheimatet.[158] Heute gibt es vielleicht noch vierhunderttausend. (Dem Asiatischen Elefanten erging es im Lauf der Geschichte noch schlechter.) Das Tiergehege der Welt ist in tausend Scherben zerbrochen. Und wir Menschen schleifen die Scherben immer kleiner.

Was beim Gedanken an die Elefanten stets mitschwingt, ist ihre Verletzlichkeit. Bei der Elite des Römischen Reichs war die Nachfrage nach Elfenbein so groß, dass bereits im Jahr siebenundsiebzig nach Christus Plinius der Ältere aufgrund der schrumpfenden Elefantenzahlen in Nordafrika Alarm schlug: «Die Nachfrage an Luxusartikeln hat alle Elefanten in unserem Teil der Welt ausgelöscht.»[159] Jahrhundertelang, noch vor Erfindung der ersten Schusswaffen, schrumpften die Elefantenpopulationen Nordafrikas. Dann kamen die arabischen Händler, die über tausend Jahre lang an der Küste Ostafrikas entlangsegelten, um Tauschhandel mit Elfenbein und Sklaven zu treiben. Im 15. Jahrhundert war die Zahl der an Afrikas Ostküste lebenden Elefanten deutlich geschrumpft. Die Routen der Elfenbeinhändler bohrten sich Hunderte Kilometer weit ins Binnenland.[160] Die industrielle Revolution produzierte mit ihren Schwungrädern und Zahnradgetrieben elfenbeinerne Haarkämme, Zahnstocher, Knöpfe, Zigarettenetuis, Topfgriffe und Millionen von Klaviaturen, für die Millionen von Elefanten getötet wurden. Für die neue Mittelklasse wurde die einstige Kostbarkeit zum prosaischen Werkstoff.

Das Wort «Elfenbein» stellt keine Assoziation zwischen dem Stoff und dem Tier, von dem er stammt, her. Elfenbein ist sowohl ein Material als auch eine Farbe, wie etwa «Jade» oder «Gold». Im Gegensatz zu den Begriffen «Tigerknochen» oder «Haifischflosse» führt die Bezeichnung aber zu einer semantischen Verdunkelung. Anderenfalls müsste es «Elefantenzahn» heißen. Deswegen werde ich den Begriff näher beleuchten.

«Die Höhlung meiner Hand war noch elfenbeinvoll von Lolita …», schrieb Nabokov, «voll des Ertastens … der gleitenden Elfenbeinglätte ihrer Haut unter dem dünnen Kleid …» Elfenbein wird gerne in Metaphern rund um weibliche Rundungen verwendet. Für Frauen aber, deren Brüste schwarz wie Ebenholz waren, bedeutete Elfenbein lediglich eine weitere Quelle für Folter und Qualen. Im 16. Jahrhundert hatten die Europäer den Handel mit der Massenware Mensch perfektioniert und jahrhundertelang sorgten Sklaven- und Elfenbeinhandel für Leid und Elend. Um die europäischen Ladys in ihren Salons mit Elfenbein versorgen zu können, trieb man den Handel mit Stoßzähnen und Sklaven gleichermaßen voran. Die Nachfrage war so groß, dass Afrika sprichwörtlich ausblutete. Die Elefantenpopulationen zerbröckelten und Sklavenhändler sorgten dafür, dass in ganzen Regionen kein Mensch mehr lebte. Ein Marsch zu den Dörfern im Binnenland dauerte an die drei Wochen. Dort wurden die Menschen gefangen genommen und gezwungen, das geraubte Elfenbein an die Häfen zu schleppen, wo sie zusammen mit der Ware auf Schiffe verfrachtet wurden.[161] Das Elfenbein war wertvoller und wurde sorgsamer behandelt als die Menschen, die es transportierten.[162] Als Micheal Shepard aus Salem, Massachusetts, für seinen Vater eine Handelsreise nach Sansibar unternahm, schrieb er: «Es ist Sitte, einen Stoßzahn und einen Sklaven zu kaufen und beides zu verschiffen.»[163] Im 19. Jahrhundert wog ein Stoßzahn häufig noch über fünfunddreißig Kilogramm.[164] Heute beträgt das Durchschnittsgewicht ein Drittel davon.[165] Das schwerste schriftlich belegte Stoßzahnpaar wiegt zweihundert Kilogramm und stammt von einem riesigen Elefantenbullen, der 1898 von einem Sklaven am Fuß des Kilimandscharo erschossen wurde.[166] Auf einem Foto wirken die beiden Männer neben den jeweils drei Meter langen Stoßzähnen wie Zwerge.[167]

Diese allumfassende Grausamkeit entbehrt jedes Erklärungsversuchs. Noch im Jahr 1882 (als die Sklaverei in vielen Ländern abgeschafft oder eingeschränkt worden war) bot sich dem britischen Missionar Alfred J. Swann im heutigen Tansania ein grausiger Anblick: Aneinander gekettete Menschen, die an ihren Nacken in zwei Meter breite Joche gespannt waren, schleppen Stoßzähne. «Es gab ebenso viele Frauen wie Männer, wobei sich die Frauen ihre Babys auf den Rücken gebunden hatten, die sie zusätzlich zum Gewicht der Stoßzähne tragen mussten ... Ihre Füße und Schultern waren übersät von offenen Wunden. Fliegenschwärme, angelockt vom frischen Blut, verfolgten den Tross und dürften die Schmerzen noch verschlimmert haben ... ein Bild tiefsten Elends.» Fassungslos stellte Swann die Frage, «wie irgendein Mensch diesen Gewaltmarsch von mindestens 1600 Kilometern vom unteren Kongo bis hierher überleben konnte». Der Aufseher versicherte ihm, «Ja, viele sind gestorben». Swann stellte fest, dass viele der Menschen zu erschöpft wirkten, um die Last weiter tragen zu können. Daraufhin antwortete der Aufseher lächelnd: «Sie haben keine Wahl! Entweder sie laufen oder sie sterben!» Er erklärte, dass die Sklaventreiber die Kranken getötet hätten, mit der Begründung: «Wenn wir es nicht getan hätten, würden auch andere vorgeben, krank zu sein, um das Elfenbein nicht mehr tragen zu müssen. Nein! Wir lassen keinen lebend zurück.» Da fragte

Swann, was passieren würde, wenn die Frauen zu schwach würden, um beides zu tragen, ihre Kinder und – ? Mit völligem Unverständnis für Swanns Priorisierung antwortete der Vorsteher: «Wir lassen das wertvolle Elfenbein nicht am Wegesrand liegen. *Wir speeren das Kind und machen damit die Last der Frau leichter.*» Zuerst kommt das Elfenbein.[168]

Anschließend wurden die Sklaven und das Elfenbein per Schiff nach Sansibar gebracht, um verkauft zu werden. Michael Shepard schrieb, dass die Sklaven verladen wurden «wie eine Schafherde ... Tote wurden über Bord geworfen, um mit der Flut weggespült zu werden ... die Eingeborenen stießen sie dann mit einem Stab vom Strand zurück ins Meer.»[169]

Irgendwann bargen die Sklavenschiffe zum letzten Mal ihre Segel. Die Jagd nach Elfenbein hatte dazu geführt, dass es in weiten Teilen Afrikas keine Elefanten mehr gab.[170] Doch die Nachfrage nach Elfenbein hält an, es ist schlimmer als je zuvor. Seit mehreren tausend Jahren hat das Geschäft mit dem Elfenbein immer die gleiche *Konsequenz:* Ausrottung. Die Geschichte der Elefanten in unserer Zeit ist schnell erzählt: Für ihre Stoßzähne werden sie getötet, und da der Mensch immer mehr Platz für sich beansprucht, werden sie in «Schutzzonen» zusammengepfercht. Sie sind Flüchtlinge. Doch wegen des Elfenbeins sind sie auch im Asyl nicht sicher. Die dauerhafte Existenz der Asyle wird wiederum von den wachsenden Platzansprüchen des Menschen in Frage gestellt.

Vierhundertfünfzig Kilometer nördlich des Amboseli-Nationalparks zieht der Augurbussard über den unendlichen Weiten des Samburu-Nationalreservats seine Kreise. Am Rande des Reservats liegt eine schäbige Stadt namens Archer's Post. Ihre Bewohner sind Kriminelle, die vom Elfenbeinhandel leben, und eine Handvoll bitterarmer Ziegenhirten, die in schiefen Holzhütten hausen, deren Dächer notdürftig mit Plastikplanen und Mülltüten bedeckt sind. Die Armut der Menschen macht sprachlos. Sie haben nichts zu geben, weder den Elefanten noch irgendjemand anderem. Seit Menschengedenken bietet Afrika Mensch und Tier genügend Platz, um friedlich zusammenleben zu können. Doch durch die anwachsende Menschenflut verlieren die Elefanten ihre Lebensgrundlage. Manche Menschen haben auch alles andere verloren: jegliche Chance oder Wahlmöglichkeit sowie ihre Menschenwürde ... Darstellungen der Arche Noah zeigen Mensch und Elefant sicher geborgen an Bord eines Schiffes. Welch passende Metapher: Die meisten Tiere dieser Welt werden mit der steigenden Menschenflut weggespült. Den Armen ergeht es da nicht anders. Jeder, den ich hier treffe, ist freundlich, die Kinder mit ihren großen Augen sind aufgeweckt und neugierig wie kleine Welpen. Junge Samburu, die in ihren Hüftgürteln einen Speer, einen Schlagstock und ein breites Messer mit sich tragen, kommen mit einem offenen Lächeln auf mich zu, nehmen meine Hand in beide Hände und schütteln sie. Einige fragen mich, ob es auch in meinem Heimatland Löwen und Elefanten gebe, oder versuchen dezent herauszufinden, wie viele Rinder ich besitze (und versuchen dann ebenso dezent, ihre Verwunderung über meine rätselhafte Armut zu verbergen). Sie sind in jeder Hinsicht genauso wie ich, nur dass es das Schicksal nicht so gut mit ihnen gemeint hat. Sie können dem ihren genauso wenig entkommen, wie ich dem meinen.

Das Samburu-Reservat ist, ähnlich wie der Amboseli-Nationalpark, einer der wenigen Orte, wo das Leben der Elefanten nicht von einem zentralen Gefühl beherrscht wird: der Angst vor Menschen. Hier können sie die ganze Palette an Emotionen ausleben. Doch auch hier schleicht sich die Angst ein. Viel zu oft.

Am Nachmittag ist die Luft von feinem Staub erfüllt. Er legt sich über alles und gemeinsam mit den Elefanten werden wir von diesem rauen, aber einladenden Land, dieser letzten Bastion, sanft eingehüllt.

Shifra Goldenberg schaltet in den Leerlauf, und als sich der Staub ein wenig gelegt hat, erklärt sie mir, dass die Forscher hier im Samburu-Reservat die Elefantenfamilien nicht mit Buchstaben benennen, sondern nach «Themen». Die Familie, die hier drüben gerade am Flussufer entlangmarschiert, wurde beispielsweise nach berühmten Dichterinnen benannt.

«Die Wilderei hat dieser Familie stark zugesetzt», erklärt mir Shifra. «Alle älteren Elefantenkühe sind tot.» Emily Dickinson war fünfundfünfzig Jahre alt, als sie erschossen wurde. Auch Virginia Woolf und Sylvia Plath hat es erwischt. Alice Oswald hat überlebt, doch Maya Angelou wurde getötet. Jetzt sehen wir die elf überlebenden Familienmitglieder, aber Wendy Cope, die derzeitige Leitkuh, ist nirgends zu sehen, ebenso wenig ihr vierjähriges Kind.

Wendy wurde schon einmal angeschossen. Auch ihre beiden Jungen wurden getroffen. Tierärzte gaben ihnen Beruhigungsmittel und behandelten sie. Wendy und eines ihrer Kinder erholten sich von der Attacke. Doch ihr anderes Kind schaffte es nicht. Die Forscher und die Elefanten mussten mit ansehen, wie es zwei Wochen lang mit dem Tod rang, bis es starb.

Wendy trägt ein Halsband, um sie genau lokalisieren zu können. Vor zwei Tagen führte sie ihre Familie in das vierundzwanzig Kilometer entfernte Shaba-Nationalreservat, das seine Bezeichnung als Reservat nicht verdient hat, da es inzwischen ein gefährlicher Ort für Elefanten ist. Aber auch Wilderer können sich hier nicht vollkommen sicher fühlen. Erst vor kurzem erschossen Wildhüter des Kenia Wildlife Service zwei von ihnen. Nun ist Wendys Familie ohne ihre Anführerin zurückgekehrt und ihre Bestürzung ist ihnen anzusehen. Aus ihren Temporaldrüsen strömt ungewöhnlich viel Flüssigkeit, ein untrügliches Zeichen dafür, dass sie emotional sehr aufgewühlt sind. Sie wandern am Flussufer entlang, ohne ins Wasser zu gehen oder zu fressen.

Shifra ruft Gilbert Sabinga in unserem Zeltlager im Reservat an. Er will gleich einen Versuch starten, Wendy mit Hilfe ihres Halsbands zu orten. Shifra ist eine Studentin im Aufbaustudium, die sich mit den Auswirkungen der Wilderei auf das Sozialleben der Elefantenfamilien beschäftigt. Sie arbeitet für Iain Douglas-Hamiltons Organisation «Save the Elephants».

Die Halsbänder machen die für uns unsichtbaren Wanderrouten der Elefanten nachvollziehbar. Ein Elefantenbulle legte innerhalb von vier Tagen zweihundertfünfzig Kilometer zurück, wobei ihn sein Weg hauptsächlich über Ackerland führte. Er wanderte nur nachts und versteckte sich tagsüber. Wie es scheint, wusste er genau, dass er sich auf gefährlichem Territorium bewegte.

In den 1980er Jahren, als ich ungefähr zwanzig war, unternahm ich mit meinen Freunden Richard Wagner und Moses ole Kipelian, einem Massai, einen langen, nicht ungefährlichen Trip durch die Chalbi-Wüste. Zufällig stießen wir auf das endlos scheinende Gebiet der Samburu. Für uns war es wie das Überbleibsel des ursprünglichen, wilden Afrikas. Als die Sonne schon fast untergegangen war, bauten wir hastig unser windiges Zelt auf, doch ließ uns das Gebrüll der Löwen kein Auge zumachen. Außerhalb der Nationalparks und Reservate entdeckten wir große, sich frei bewegende Antilopen-, Zebra- und Giraffenherden.

Damals konnten wir nicht einfach dorthin fahren. Es war eine echte Expedition. Heute ist das anders. Von den südlich des Nationalparks gelegenen, vom Ziegenverbiss gebrandmarkten Gebieten über die Stadt Isiolo, deren Straßen überquellen vor Ziegen, Müll sowie bitterarmen und überarbeiteten Menschen, bis noch weiter südlich, wo einst Gazellen und Kuduantilopen im Schatten der goldenen Sonne wanderten, spannt sich heute ein Mantel aus Getreide und hellgelben Senfblüten über die kultivierten Hügel. Dort zu leben wäre für die Elefanten ähnlich «einfach» wie durch Iowa zu stromern, dessen einstige Bewohner, die Bisonherden, die Wandertaubenschwärme und die Indianer genauso unwiederbringlich verschwunden sind, wie die Elefanten und Antilopen. Wo sich seit kurzem Weizenfelder im Wind wiegen, existierte seit ewiger Zeit eine andere Welt. Mit wie viel von der Erde soll sich der Mensch zufriedengeben? Wahrscheinlich würden die Antworten von Mensch und Elefant unterschiedlich ausfallen. Ich lasse die Elefanten für mich antworten.

Endlich ruft Gilbert zurück. Es gibt ein Problem. Das normalerweise jeden Morgen um neun Uhr eintreffende Funksignal von Wendys Halsband ist ausgeblieben. Die Funksignale aller anderen Halsbänder kamen an.

Mehrere Touristenbusse aus den umliegenden Lodges finden sich ein und versuchen drängelnd den besten Blick auf Wendys Familie zu erhaschen. *Klick, klick, klick* machen die Kameras. Einzig und allein dieses geistlose Klicken der Auslöser kann in ökonomischer Hinsicht mit dem Töten der Elefanten mithalten. Touristen sei Dank.

David Dallaben und Lucy King kommen an. David ist ein hochgewachsener Samburu mit sanfter Stimme und scharfem Verstand. Er spricht mehrere Sprachen und ist Außendienstmitarbeiter bei «Save the Elephants». Lucys Aufgabe besteht in der Konfliktvermeidung zwischen Dorfbewohnern und Elefanten. Dank ihrer brillanten Forschung hat man herausgefunden, wie man die große Abneigung der Elefanten gegen Bienen nutzen kann, um Auseinandersetzungen zwischen Mensch und Tier einzudämmen und gleichzeitig mit der Honigproduktion eine neue Einkommensquelle zu schaffen. Lucy tätigt einen Anruf und versucht herauszubekommen, warum das Signal heute Vormittag um neun Uhr nicht eingegangen ist. Wir halten alle den Atem an. Plötzlich sagt Lucy: «O mein Gott!» In Erwartung neuer Horrorgeschichten spanne ich meine Muskeln an. Wie sich herausstellt, lässt sie der Kundendienst ihres Internetanbieters schon wieder in einer Warteschleife schmoren. Frustriert legt sie auf. Keiner sagt etwas. «Es ist ein wenig besorgniserregend», meint Lucy irgendwann mit typisch britischem Understatement.

Unterdessen bekommt David einen Anruf auf seinem Handy. Zwei Schützen gaben in der Nähe des Attan-Sumpfs Schüsse ab, um eine Elefantengruppe aus dem Wasser zu jagen und sie an einem zugänglicheren Ort zusammenzutreiben und abzuschlachten. Die Elefanten sind in Panik geraten. Als Dorfbewohnerinnen die wegrennenden Elefanten bemerkten, begannen sie zu schreien. David versucht gleichzeitig zuzuhören und die Informationen an uns weiterzureichen. Was ich aus all dem Durcheinander heraushören kann, ist, dass die Elefanten in Richtung Norden, in unsere Richtung geflohen sind. David und Lucy beschließen, am Flussufer entlangzufahren, während Shifra und ich an Ort und Stelle bleiben.

Ein paar Minuten später klingelt Shifras Handy.

Es ist Lucy. Sie haben Wendy an der Flussmündung des Isiliof in den Ewaso Ng'iro Fluss, im Buffalo-Springs-Nationalreservat gefunden. Es geht ihr gut.

Ich kann förmlich hören, wie sich unsere Körper vor Erleichterung entspannen. Als wir Lucy und David wiedertreffen, hat Wendys Halsband inzwischen wieder ein Signal abgegeben und Lucy konnte ihre Wanderroute auf dem Computer darstellen. Letzte Nacht war Wendys Familie Hals über Kopf zurück ins Reservat geeilt, ohne sich auf der fünfundzwanzig Kilometer langen Strecke eine Pause zu gönnen. Dieses Verhalten wird «streaking» genannt, was so viel heißt wie flitzen. Während Lucy auf die Landkarte zeigt, erzählt sie weiter: «Hier haben sie das Reservat verlassen. In diesem Sumpfgebiet gibt es üppig zu fressen, daher waren sie dort. Und jetzt seht euch mal den Zeitraum zwischen Mitternacht und drei Uhr morgens an. Sie ziehen um das Dorf herum. Dort ist es sehr gefährlich für sie.» Die Häuser der Menschen, ihre Farmen ...

«Jagdgebiet der Wilderer», meint David.

«Sieh nur, wie sie durch die Dunkelheit hetzen, wie sehr sie in Eile waren.»

Jetzt haben wir Wendys Familie direkt vor uns und beobachten zwei Stunden lang, wie sie fast regungslos am Flussufer döst. Ihre abenteuerliche nächtliche Nahrungssuche muss sie sehr erschöpft haben. Irgendwann trotten sie in den Fluss, um zu trinken. Dann durchqueren sie ihn und verschwinden am gegenüberliegenden Flussufer. Begegnungen mit Elefanten sind schnelllebig. Es ist überraschend schwer, ihnen zu folgen und eine echte Herausforderung, sie zu verstehen. Es ist leicht, sie zu lieben, leicht sie zu töten. Leicht sie zu verlieren.

Heute kommen Kinder aus dem benachbarten Dorf Attan, einer Wildererhochburg, in das Samburu-Nationalreservat, um sich die Elefanten anzusehen. Mitarbeiter von «Save the Elephants» und des Disney Worldwide Conservation Fund haben den Ausflug gesponsert. Die hölzernen Wände ihres Klassenzimmers sind von Termiten zerfressen, der Boden ist schmutzig. Einfache Tische dienen den Kindern als «Schreibpulte». Sie sind mager und haben streichholzdünne Beine.

Ihr Lächeln erteilt uns eine Lektion in Wertschätzung und Dankbarkeit, wie sie in keinem Lehrbuch zu finden ist. Und es ist ein stiller Appell an unsere Menschlichkeit. Die meisten von ihnen werden ohne eine Ausbildung mit Berufsperspektive aufwachsen, in einer Welt, die keine Chancen für sie bereithält. Junge Männer haben zwei Möglichkeiten, sich zu beweisen: Stammeskriege und Wilderei. Für die schutzlosen Frauen bleibt nur der Sex.

Obwohl sie nur acht Kilometer vom Buffalo-Springs-Reservat entfernt leben und es in ihrem Dorf vor Wilderern nur so wimmelt, obwohl die umliegenden Farmen einen gefährlichen Korridor für die zwischen dem Reservat und den abseits gelegenen Sumpfgebieten pendelnden Elefanten bilden und obwohl es zu Zusammenstößen zwischen Landwirten und Elefanten kommt, haben die meisten Schüler und Lehrer noch nie einen Elefanten gesehen. Heute haben sie die Möglichkeit, im Reservat Elefanten zu beobachten, die ein Schlammbad nehmen.

Als die Kinder darum gebeten werden, aufzuschreiben, was ihnen zu den Elefanten einfällt, bringen sie ihre Angst vor ihnen zum Ausdruck sowie den Ärger über den Schaden, den die Elefanten anrichten. Gibt es denn nichts, was sie gut an den Elefanten finden? Doch: Für die Kinder bedeuten die Elefanten Geld, Geld von den Touristen und Geld aus dem Verkauf von Elfenbein. Wie soll man ihnen klarmachen, dass man auf lange Sicht nicht beides haben kann?

Letzte Nacht riss mich das Brüllen der Löwen aus dem Tiefschlaf und ließ mich Zeuge eines spannenden Schauspiels werden. Der Ehrfurcht einflößende Klang ihres Brüllens – *OOOWWWHHHwwwph, OOWW-wwph, oohwph, ooph, uff* – weckte die Frösche am Fluss auf, die nach ihrem abendlichen Quakkonzert verstummt waren. Jetzt stimmte der Chor ein neues Lied an. Ich fand mich auf einem Planeten wieder, dessen Felsen, Staub und Wasser Stimmen hervorgebracht haben, die mitten in der Nacht mit Inbrunst das Leben bejahen. Ich kostete die unterschwellige Begeisterung und die kruden Schrecken aus, die darin mitschwangen. Um davon erzählen zu können, bedarf es der Worte, doch die Erfahrung selbst konnte ich nur schweigend machen. Irgendwo zwischen Träumen und Wachen, als die Stimmen vom nachtschwarzen Berghang über das Flussufer in mein Hirn schwappten, konnte ich ihnen lauschen, ohne dass mich wie sonst ein reißender Strom von Gedanken und Bewertungen abgelenkt hätte. Die Klänge drangen direkt in meine Seele vor, die aus dem Gehörten Bilder malte. Dank meines kreativen Unterbewusstseins machte ich eine überwältigende emotionale Erfahrung: Ich konnte den Gesang der Frösche intensiv und ungefiltert fühlen. Ich konnte ihn unmittelbar verstehen.

Am Morgen genießen wir unser Frühstück, während die Affen in den Bäumen am Fluss ihrem emsigen Treiben nachgehen. Männliche Grüne Meerkatzen tragen geckenhaft ihre taubenblauen Hoden zur Schau. Die Weibchen umklammern ihre Babys, die mit großen Augen diese wundersame Welt bestaunen, welche ungeahnte Gefahren birgt und viel mehr Unwahrscheinliches bereithält, als wir alle ahnen. Sie sind Primaten, unsere Gefährten. Ein uns wohlbekannter und stets wachsamer Nashornvogel wartet geduldig auf den passenden Moment, um zuzuschlagen: Als wir alle damit beschäftigt sind, die Affen zu beobachten, kommt er im Sturzflug angeschossen. Ich sehe einen Pfannkuchen davonfliegen. Können Sie sich vorstellen, wie ein Nashornvogel aussieht, der mit einem Pfannkuchen im Schnabel unterwegs ist? Es erinnert ein wenig an das *Raumschiff Enterprise*.

Nur ein paar Minuten später erreicht uns an diesem Sonntagmorgen ein Anruf. David Daballen springt auf und entfernt sich etwas vom Tisch, um zu sprechen. Er kommt zurück und weiht uns ein: «Man hat gerade einen getöteten Elefanten gefunden, etwas abseits der Straße, auf der anderen Seite des Flusses.»

Das ist erschreckend nahe, nur etwa fünf Kilometer entfernt. «So schlimm war es noch nie», murmelt David. «Irgendetwas läuft entsetzlich schief». In den letzten fünfundvierzig Tagen haben Wilderer in der Umgebung von dreißig Kilometern siebenundzwanzig Elefanten getötet. Diese Woche war es fast täglich ein Elefant. Doch wie sehr die Wilderer bisher auch ihrem Blutrausch verfallen waren, hatten sie sich bis heute noch nie so weit in das Reservat und so nahe an die Touristenlodges und unser Forschungslager gewagt.

David und ich waten durch den Fluss. Die Krokodile machen uns nichts aus. «Sie greifen hier keine Erwachsenen an», versichert mir David. «Kinder manchmal schon.»

Am anderen Ufer, im Buffalo-Springs-Nationalreservat, steht Davids Auto. Wir steigen ein. Ungefähr eintausend Elefanten – inzwischen sind es jede Woche ein paar weniger – nutzen das Samburu- und das Buffalo-Springs-Reservat. Doch diese Reservate sind, wie auch alle anderen in Afrika, zu klein. Ähnlich wie im Amboseli-Nationalpark, wandern die Elefanten ständig zwischen ihren Weideflächen und Wasserstellen hin und her. Doch ihre althergebrachten und erprobten Überlebensstrategien sind inzwischen kein Garant mehr fürs Überleben. Außerhalb der Reservate geraten sie in Konflikt mit den Bewohnern der wachsenden Dörfer sowie mit den Wilderern. Jetzt, wo die Preise für Elfenbein so hoch sind wie noch nie, sind die Aussichten der Elefanten so schlecht wie noch nie.

Mit grimmiger Miene sitzt David hinter dem Lenkrad, seine Worte rütteln mich auf: «Die Wilderer sind junge Männer ohne Ausbildung. Sie sind genauso schlau wie wir. Von schlechten Menschen werden sie für ihre Zwecke missbraucht, weil diese Männer nichts zu verlieren haben, außer ihrem Leben.»

Elfenbein bedeutet Armut, ethnische Rivalitäten, Terrorismus und Bürgerkrieg. Gelenkt wird das Ganze von gewissenlosen Menschen – Kriminellen, korrupten Regierungsbeamten, gewählten Regierungen; sie alle höhlen die Elefantenpopulationen aus, um ihre barbarischen Konflikte zu finanzieren. Ähnlich wie beim Geschäft mit den «Blutdiamanten» mischt sich unter das Blut der Elefanten auch menschliches Blut. Mit Blutelfenbein finanzierten sich Joseph Konys Rebellengruppe Lord's Resistance Army, die Dschandscharid-Miliz im Sudan und wahrscheinlich auch die al-Shabaab-Bewegung der al-Qaida. All dies wird durch die Nachfrage der Konsumenten nach einer Ware befeuert, auf die sie wahrlich gut verzichten könnten. Das Thema Elfenbein betrifft also nicht nur die Elefanten. Wäre dies der Fall, wäre die Sache einfacher.

Selbstverständlich sind die Elefanten Teil der Diskussion. Elefanten, diese intelligenten, feinfühligen und sozialen Wesen, die in ihren Familien leben und ihre Mütter brauchen. Zu Beginn des 20. Jahrhunderts lebten schätzungsweise noch zehn Millionen Elefanten in Afrika,[171] heute sind es nur noch 40 000 und täglich sind es hundert weniger, mit steigender Tendenz. Während der Elfenbeinkrise in den 1980er Jahren schätzte Cynthia Moss, dass jährlich etwa 80 000 Elefanten durch den Fleischwolf des Elfenbeingeschäfts gedreht wurden. Tansania verlor 236 000 Elefanten. Es ist niederschmetternd. Mitte der 1970er Jahre beherbergte das Wildreservat Selous 110 000 Elefanten. In den 1980er Jahren hatte man bereits die Hälfte von ihnen getötet. Im gleichen Zeitraum reduzierte sich die Zahl der kenianischen Elefanten um 90 Prozent, von ungefähr 167 000 auf 16 000. Die Zentralafrikanische Republik beherbergte einst eine Elefantenpopulation, die ungefähr 100 000 Mitglieder zählte, heute sind es weniger als 15 000. Im Murchison-«Nationalpark» in Uganda lebten einmal 10 000 Elefanten, irgendwann waren es nur noch fünfundzwanzig (ja, fünfundzwanzig). Ugandas Regierung tötete etwa 85 Prozent seiner Elefanten, um sein Terrorregime finanzieren zu können. Die letzten Elefanten Sierra Leones wurden 2009 erschossen. Die Demokratische Republik Kongo verlor etwa 90 Prozent ihrer Elefanten, ähnlich sieht es in Gabun aus: Hier wurden in den vergangenen zehn Jahren etwa 80 Prozent aller Elefanten getötet. Und die Elefantenpopulationen in Tschad, Kamerun, Sudan, Somalia, Mosambik, Senegal? Zerschmettert, mit jeweils nur wenigen Überlebenden.[172] Es geht um den Raubbau am Elefanten, aber auch um den am Menschen selbst. Alleine in Kenia sind 300 000 Menschen in der Tourismusbranche angestellt und jeder Tourist will die Elefanten sehen. Wilderei aus Profitgier schafft Armut.

Gerade erfährt David am Telefon, dass Ranger das Signal der Wilderer auffangen konnten und ihnen auflauerten, diese aber plötzlich kehrtgemacht hätten und jetzt in die entgegengesetzte Richtung unterwegs seien. Einer der Ranger ist der Bruder eines berüchtigten Wilderers. Ich befürchte, dass David auf Kosten seiner Sicherheit ein bisschen zu viel erfährt.

Vor hundert Jahren waren die Hauptabnehmer für Elfenbein Europäer und Amerikaner. Die westliche Kultur hat sich inzwischen davon distanziert, aber in China ist das Interesse groß. Allerdings ist die Zahl der Elefanten mittlerweile zu sehr geschrumpft, um die Nachfrage der Chinesen nach den hübschen Schnitzereien aus Elfenbein befriedigen zu können. Eine freundliche Chinesin kam vor kurzem in das Reservat, um die Elefanten zu sehen. Wie viele vernünftige und menschenfreundliche Leute ging auch sie davon aus, dass man das Elfenbein vom Boden aufsammelt, sobald ein Elefant eines natürlichen Todes gestorben ist. «Die Leute urteilen sehr arrogant über die Chinesen», meinte Iain Douglas-Hamilton eines Abends im Zeltlager, «dass sie sich um nichts scheren und zu Mitgefühl auch gar nicht in der Lage seien, Interesse zu zeigen. Dass sie sich nie ändern. Nun ja, unsere Vorfahren rotteten den Amerikanischen Bison und die Wandertaube aus. Waren sie damals weniger habgierig als heute die Chinesen? Wohl kaum. Ich denke, dass wir eines aus der Geschichte des Menschen lernen können: Menschen ändern sich. Vergleichen Sie das Deutschland von 1943 mit dem von 1953 oder wie Italien früher mit dem Thema ‹Geburtenkontrolle› umging.»

Einverstanden: Menschen können sich ändern. Aber bleibt uns noch genügend Zeit?

Der internationale Handel mit Elfenbein und anderen «Wildtierprodukten» wird durch das Washingtoner Artenschutzübereinkommen, kurz CITES (Übereinkommen über den internationalen Handel mit gefährdeten Arten freilebender Tiere und Pflanzen) genannt, geregelt. In den 1980er Jahren beschloss das CITES die Einrichtung eines Quotensystems für die legale Einfuhr von Elfenbein. Es funktionierte nicht. Die Elefantenpopulationen schrumpften weiter, da die Erlaubnis, weiterhin bestimmtes Elfenbein zu verkaufen, Tür und Tor für den Schwarzhandel mit jeglicher Art von Elfenbein öffnete. Dies war die erste Lektion.

Die einzig effektive Maßnahme war ein mühsam erkämpftes weltweites Handelsverbot für Elfenbein in den 1990er Jahren. Die Regelung erlaubte keine Ausnahmen. Die Elfenbeinpreise gingen sofort in den Keller und mit der Zeit erholten sich die Elefantenpopulationen. Das Handelsverbot zeigte Wirkung. Dies war die zweite Lektion.

Doch es hielt nur bis 1999. In diesem Jahr erlaubte das CITES Simbabwe, Botswana und Namibia ihre Vorräte von fünfzig Tonnen Elfenbein an Japan zu verkaufen und nannte es einen «einmaligen Verkauf». Dies weckte Chinas Begehrlichkeiten. 2008 erlaubte CITES China den Aufkauf von Elfenbeinvorräten aus Botswana, Namibia, Südafrika und Simbabwe – dies war der zweite «einmalige Verkauf».

Keiner hatte seine Lektion gelernt. Nicht aus den eigenen Fehlern zu lernen, ist töricht. Doch wer sich weigert, aus seinem Erfolg zu lernen, muss wild entschlossen sein.

«Der Kauf von Elfenbein ist illegal», ist eine eindeutige Botschaft an Konsumenten, Gesetzeshüter und Regierungen. «Dieses Elfenbein ist verboten, doch jenes ist erlaubt», schafft Verwirrung und einen perfekten Deckmantel für das Abschlachten der Elefanten. Der Verkauf von Elfenbeinvorräten an China öffnete erneut die Schleusen für den illegalen Elfenbeinhandel. Die Wilderei schnellte in die Höhe, was den Tod Zehntausender Elefanten und menschliches Blutvergießen bedeutete. In Kenia beispielsweise steigerte sich die Tötungsrate um das Achtfache, von weniger als fünfzig getöteten Elefanten im Jahr 2007 auf fast vierhundert im Jahr 2012. Heute werden in Afrika jährlich ungefähr dreißig- bis vierzigtausend Elefanten getötet[173] – das bedeutet alle fünfzehn Minuten ein Elefant.

So wie der, zu dem wir gerade unterwegs sind.

Geier umkreisen den riesigen grauen Körper. David und ich verlassen die staubige Straße, um zu ihm zu gelangen. Es ist Philo.

Er war ein junger, fünfzehn Jahre alter Elefantenbulle, der sich erst auf halber Strecke zum fortpflanzungsfähigen Alter befunden hatte. Der Bereich unterhalb seiner Augen ist völlig verstümmelt. Sein wunderbarer Rüssel liegt ein wenig abseits, wie ein weggeworfenes Schiffstau auf dem verlassenen Gelände einer alten Werft. Seine Stoßzähne sind weg.

«Sie nehmen sich zwei Zähne und lassen die restlichen vier Tonnen verrotten. Das ist so bescheuert.» David kocht innerlich vor Wut; wie flüssige Lava scheint sie an seiner rauen Schale hinabzulaufen.

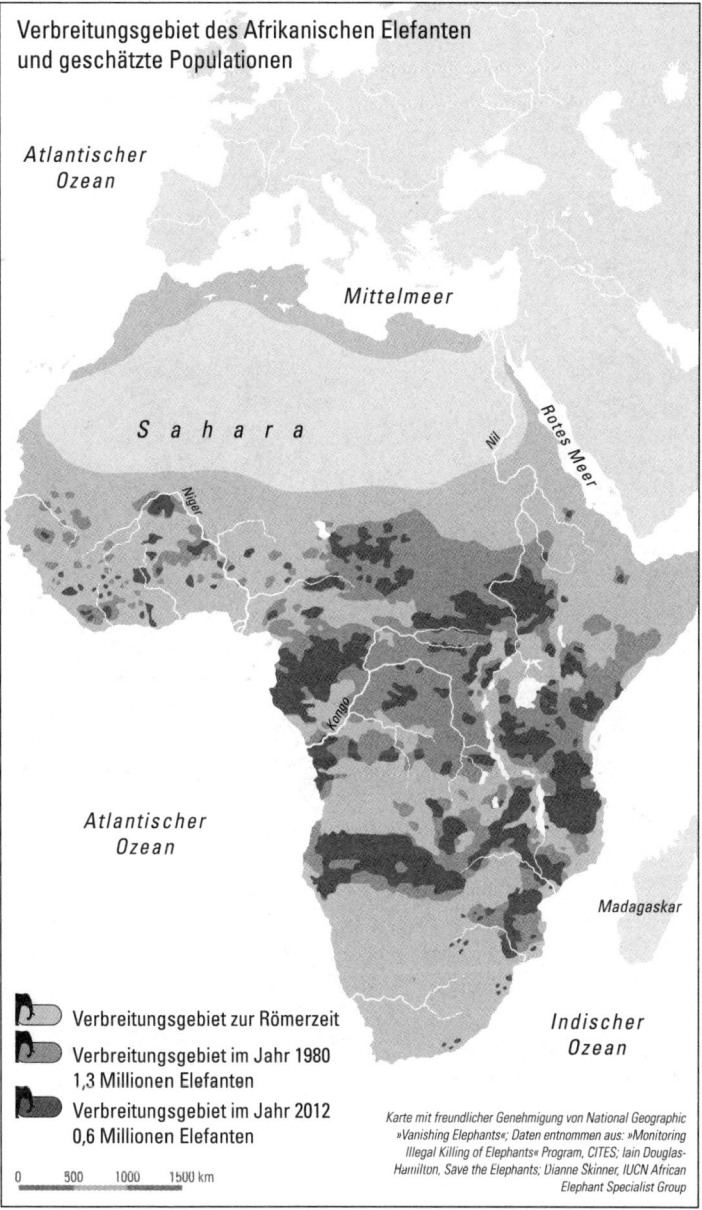

Das letzte Foto von Philo.
Vier Tage später wurde er von Wilderern getötet.

Wir verfolgen Philos Fußspuren zurück. Dort auf der Anhöhe wurde er getroffen, lief dann blutend die zweihundert Meter bis hierher und brach zusammen. Als er schon am Boden lag, schossen sie ihm noch einige Male in den Hinterkopf. Wie bei einer Hinrichtung. Aus einem der Einschusslöcher blubbert immer noch purpurrotes Blut.

Vier Tage zuvor hatte Ike Leonard, der sich gerade zu Forschungszwecken im Camp aufhält, das letzte Foto von Philo geschossen. Es zeigt einen vielversprechenden jungen Bullen, der keck, und wie es sich für einen Teenager seines Alters gehört, auch ein wenig großtuerisch auftritt. Leonard ist im Auftrag von Disney's Animal Kingdom in Florida gekommen, um herauszufinden, wie sich das Wohlbefinden der dort in Gefangenschaft lebenden Elefanten verbessern lässt. Er sagte mir, er wolle beobachten, «wie die wilden Elefanten leben». Wir sind auch im Begriff zuzusehen, wie sie sterben.

Es stellt sich die Frage, wie es in diesem Konflikt, der Mensch und Tier gleichermaßen betrifft, weitergeht. Werden wir es uns leisten können, sowohl Elefant als auch Mensch mehr Wertschätzung zuteilwerden zu lassen? Können wir es uns leisten, sie noch weniger zu würdigen? Ich glaube fest an die Zivilisation – aber was ist der Plan?

Lieber Herr Elefant,

... Gewiss, es gibt Menschen, die sagen, dass Sie nutzlos seien, dass Sie die Felder eines Landes verwüsten, in dem der Hunger wütet, und dass die Menschen schon genügend damit zu tun hätten, sich um sich selbst zu kümmern, und man nicht auch noch erwarten könne, dass sie sich die Elefanten aufhalsen; sie sagen, dass Sie ein Luxus seien, den wir uns nicht länger leisten können. Mit genau diesem Argument versuchte jedes totalitäre Regime, egal ob das von Stalin, Hitler oder Mao, zu beweisen, dass man von einer wirklich «fortschrittlichen» Gesellschaft nicht erwarten könne, sich den Luxus individueller Freiheit zu leisten. Dabei sind die Rechte des Menschen auch die der Elefanten. Das Recht auf Meinungs- und Gedankenfreiheit sowie darauf, sich zu widersetzen und die Autorität in Frage zu stellen wird allzu leicht im Namen der «Notwendigkeit» unterdrückt. ... In einem deutschen Gefangenenlager während des Zweiten Weltkriegs, ... eingepfercht hinter Stacheldrahtzäunen, hat uns der Gedanke an Elefantenherden, die im vollen Galopp über die endlosen Ebenen Afrikas jagen, diese Vision von unbezwingbarer Freiheit, vielleicht geholfen, zu überleben. Wenn sich die Welt den Luxus natürlicher Schönheit nicht länger leisten kann, wird sie bald von ihrer eigenen

Hässlichkeit übermannt und zerstört werden. Tief in mir fühle ich, dass das Schicksal der Menschheit und auch ihre Würde auf dem Spiel stehen ...

Im Namen eines kompromisslosen Rationalismus müssten Sie wohl in der Tat vernichtet werden, um uns Menschen auf diesem übervölkerten Planeten Platz zu machen. Doch besteht auch kein Zweifel daran, dass Ihr Verschwinden bedeuten würde, dass die Welt von nun an eine durch und durch künstliche wäre. Aber lassen Sie sich das gesagt sein, alter Freund: In einer durch und durch künstlichen Welt ist auch für den Menschen selbst kein Platz mehr. ... Wir sind nicht unser eigenes Werk und werden es auch nie sein. Wir sind auf ewig dazu verdammt, Teil eines Mysteriums zu sein, dem wir weder mit Logik noch mit Vorstellungskraft auf den Grund kommen werden. Ihre Präsenz mitten unter uns erzeugt einen Widerhall, für den weder die Wissenschaft noch die Vernunft eine Erklärung haben, sondern der sich nur mit Begriffen wie Ehrfurcht, Wunder und Verehrung fassen lässt. Sie sind das letzte Überbleibsel unserer Unschuld ...

Dies weiß ich nur zu gut, indem ich Partei für Sie ergreife – oder ergreife ich sie nur für mich selbst? – Ich sollte wohl als konservativ oder sogar reaktionär bezeichnet werden, als ein «Monster», das einer anderen und, wie es scheint, prähistorischen Zeit entstammt: der des Liberalismus. Dieses Etikett lasse ich mir nur zu gerne verpassen. Und so, lieber Herr Elefant, finden wir beide uns im selben Boot wieder ... In einer wahrhaft von Materialismus und Realismus geprägten Gesellschaft, in der Poeten, Schriftsteller, Künstler, Träumer und Elefanten nur als lästige Störenfriede gelten ...

Sie sind, lieber Herr Elefant, das letzte Individuum.

Hochachtungsvoll,
Romain Gary[174]

Abends sind David, Shifra und ich am Flussufer. Wie auf ein geheimes Zeichen hin kommt eine Elefantengruppe nach der anderen aus dem Gebüsch, überquert den Fluss und bewegt sich in unsere Richtung. Muttertiere, Babys, Elefanten jeder Altersklasse. Ohne Anstrengung waten sie spritzend durch das langsam fließende, ziegelrote Gewässer. Nach und nach haben sich an die zweihundertfünfzig Elefanten versammelt. Sie trinken und tauschen sich aus. Elefanten, die ihr arttypisches Verhalten an den Tag legen, sind ein Indikator dafür, dass die Welt noch in Ordnung ist.

Inmitten des Chaos versuchen sie, ganz normal weiterzumachen, ähnlich wie Menschen, die in Kriegszeiten nicht darauf verzichten wollen, ihre Geburtstagskerzen auszublasen. Es ist das, was sie kennen, woran sie festhalten. Jeder Schritt wird zu einem Akt der Hoffnung, jeder Schluck Wasser, jedes Maul voll Gras zu einem Akt der Zuversicht. Vielleicht ist Hoffnung und Zuversicht alles, was uns bleibt. Aber das ist nicht wenig.

Am Abend ziehen die Elefanten vom Fluss aus landeinwärts. In aller Seelenruhe trotten sie weiter, reißen hier und da ein Büschel Gras aus, bis sie Schritt für Schritt die Hügel erklimmen, aus denen sie hervorgegangen sind.

Die Älteren unter ihnen können sich noch an Wanderrouten erinnern, auf denen heute Farmen stehen. In ihrer Jugend, als sie hinter ihren Müttern hertrotteten, war dies ein zusammenhängendes Land. Ihr Land.

Plötzlich ziehen Wolken auf und dimmen das Licht, lassen die Farben weicher wirken und machen mir bewusst, wie süß das Gras riecht und wie erfüllt die Luft vom Gesang der Vögel ist. Die Elefanten bewegen sich, als bestünde die Zeit aus Lehm. Die siebenundfünfzigjährige Babylon, Leitkuh einer Familie, die *biblische Städte* heißt, ist der älteste Elefant dieser Population. Ich wüsste gerne, was sie alles erlebt hat. Wahrscheinlich wäre ich schockiert. Die *Blumen*, *Stürme*, *Suaheli*, die *Türken*, die *Schmetterlinge* und die *Gebirge*, angeführt von Himalaya, kommen hinzu.

David schaltet die Zündung ab, weil er die eintreffenden Familien nicht durch das Motorengeräusch stören will. Doch sie drehen sich um, gruppieren sich und gehen in Habachtstellung. Inzwischen machen ihnen Stimmen, die nicht vom Lärm der Motoren begleitet werden, Angst. Das Begleitgeräusch harmloser Touristen sind lärmende Autos. Wilderer haben keine Autos. David hat verstanden und startet den Motor. Augenblicklich entspannen sich die Elefanten.

Eine Kuh mit ihrem Baby trottet unmittelbar an uns vorbei. In einer Drohgebärde stampft sie mit wedelnden Ohren auf uns zu. Dann geht sie ein paar Schritte rückwärts und stellt ihre Verärgerung und ihre Stärke zu Schau, indem sie die Äste eines Busches abbricht. Ich bin ein wenig verunsichert, doch David weiß, dass diese aufwendige Show nur ein Bluff ist. Sie beherrscht die Kunst der Täuschung perfekt. Doch warum fühlt sie sich in Gegenwart von Menschen so unwohl?

Es sind auch junge Elefanten aus unterschiedlichen Familien dabei, die als Überlebende schwerer Übergriffe in der sozialen Gemeinschaft irgendwie zurechtkommen müssen. Eine Familie verlor fünf erwachsene Elefantenkühe. «Manche der Überlebenden schließen sich zu neuen Familien zusammen», erklärt David, «der um sie herum tosende Krieg schweißt sie zusammen». Er streckt den Finger aus: «Ute, das ist diese große Elefantin da drüben – sie ist der einzige ausgewachsene Elefant in ihrer Familie.» Aztec, Inca und all die anderen fielen Wilderern zum Opfer. Dabei hatten sie sich noch knapp innerhalb des Nationalparks befunden, als es passierte. «Was mit den *Planeten* passiert ist, ist der blanke Horror. Sie waren einmal eine riesige Familie mit ungefähr zwanzig Elefanten. Einige der ältesten Elefantinnen gehörten ihr an und daher legten sie auch die weitesten Strecken zurück. Und genau deswegen mussten sie so sehr leiden. Sie wurden regelrecht *abgeschlachtet*. Das Ganze passierte vor etwa einem Jahr, ungefähr hundert Kilometer von hier entfernt. Die Überlebenden des Angriffs rannten zurück in den Nationalpark. Doch es war ein so langer Weg. Viele der Elefanten erlagen unterwegs ihren Verletzungen. Die jüngeren dehydrierten, viele kamen ohne ihre Mütter hier an. Sie waren traumatisiert und sehr schreckhaft. Sie tauchten auf und verschwanden wieder. Deswegen konnten wir ihnen nicht helfen.» Letzten Endes waren fast alle Mitglieder der *Planeten* gestorben. «Es war furchtbar, mit ansehen zu müssen, wie diese Familie langsam auseinanderbrach. Die einzigen Überlebenden sind diese beiden Damen, Haumea und Europa.»

Ich besitze eine kleine Sammlung von Elfenbeinfiguren. Es sind ungefähr ein halbes Dutzend und jede von ihnen ist ungefähr acht bis zehn Zentimeter hoch. Die eine Hälfte hat mir eine ältere Dame geschenkt, als ich Anfang zwanzig war. Ich hänge an ihnen, weil sie mich an sie erinnern. Die Figürchen stehen auf meinem Schreibtisch, und wenn ich den Arm ausstrecke, kann ich sie berühren. Eines davon ist das Werk erlesener Schnitzkunst, das ein kugelförmiges Knäuel von winzigen, sich aufeinandertürmenden Elefanten darstellt. Die darin liegende Ironie schmerzt. In Kanada steckte man mir einmal spontan einen kleinen Delfin aus Walross-Elfenbein zu. Ausgerechnet ich, der ich niemals einen Haifischzahn, ein Korallenstück oder auch nur eine Muschel kaufen würde, bin Besitzer dieser Figuren, als ob es das Schicksal so gewollt hätte. In einer besseren Welt würden all diese wunderschönen Schnitzarbeiten aus Elfenbein hergestellt, das von Elefanten, die eines natürlichen Todes gestorben sind, stammt. Deren Stoßzähne wären größer und wertvoller.

Und Elfenbein wäre überhaupt kein Problem. Es wäre einfach nur schön anzusehen. Dieser Gedanke ist eine Utopie, weil wir Menschen den Hals nicht voll bekommen, auch wenn wir letztlich an unserer Habgier ersticken.

Europa dreht sich um und schaut zu uns hinüber. Was ich hier sehe, ist kein Elefant. Ich sehe ein so schönes Wesen, dass es schmerzt. David scheint seinen Erinnerungen an Elefanten nachzuhängen, die einst zu den Familien zählten, die wir hier sehen. «Einfach nur traurig ...»

«Du setzt dich für den Schutz einer der wunderbarsten Kreaturen dieser Erde ein», sage ich zu David. Doch meine Worte erreichen ihn gerade nicht. «Die drei kleinen Babys da drüben, sind sie nicht wunderbar?», versuche ich es erneut.

«Oh, ja», sagt David. Ihre Arglosigkeit lässt ihn seine Trauer vergessen. «Sieh, wie sie miteinander spielen.»

Während wir die Elefanten beobachten, setzt die Zeit ihre Signatur unter diese Szene, faltet sie und verwahrt sie sorgfältig in meiner Erinnerung.

David fügt noch hinzu. «Außerhalb des Nationalparks kleben sie eng an eng zusammen. Hier drinnen ist es sicherer für sie. Sie schwärmen aus, weil sie sich keine Sorgen machen müssen.»

Wo die Elefantenbabys herkommen

In Amboseli ist ein neuer Tag angebrochen. Der Wind vertreibt die Wolken um den fast sechstausend Meter hohen Gipfel des Kilimandscharo und lässt sanft Schnee auf seine blauen Schultern rieseln.

Katito und ich sind bei Felicitys Familie. «Sie sind eine liebenswerte Familie», betont Katito. «Ich bin froh, dass du die Möglichkeit hattest, sie kennenzulernen.»

Um halb elf ziehen sie sich ins umliegende Sumpfland zurück. Planschend und platschend stapft die bunt gemischte Gruppe in ein Wasserbecken, das ungefähr fünfundvierzig Meter lang und neun Meter breit ist. Graureiher und Heilige Ibise werden Zeugen einer fröhlichen Schlammschlacht, untermalt von wildem Trompeten. Die Elefanten tauchen unter und wälzen sich. Ein großer Bulle namens Wayne spritzt sich wiederholt mit dem trüben Wasser ab. Die Babys machen sich einen riesigen Spaß daraus, Monsterwellen zu machen, und es scheint, als würden sie lächeln. Über und über mit dickem Schlamm bedeckt, türmen sie sich voller Freude übereinander, kommen kurz ans matschige Ufer, um sich dann erneut in die Massenkarambolage zu stürzen. Der feuchte Präriestaub schimmert schwarz auf ihrer Haut.

«Es wird mir einfach nicht langweilig mit ihnen», sagt Katito. «Seit zwanzig Jahren – stell dir das mal vor.»

Ein Graureiher schnappt sich einen Fisch, der sich an den Rand des Wasserbeckens geflüchtet hatte. Der Vogel hat nur darauf gewartet; er versteht sein Handwerk.

«Oh», flötet Katito, «da drüben ist die schöne Ottoline.» Katito lächelt mich an und meint: «Genau daran erkenne ich sie – an ihrer Schönheit.»

Ottoline ist einunddreißig Jahre alt und die Leitkuh der OB-Familie. Auch Ozora und Ophra sind hier. «Ophra erkenne ich», erklärt Katito, «an ihren außergewöhnlich runden Körperkonturen und ihren großen Ohren». Haben das nicht *alle*?

Die früheren Matriarchinnen, Odile, Omo und Omega, fielen den Speeren der Massai zum Opfer. Odile wurde drei Mal von einem Speer getroffen. Den dritten Angriff hat sie nicht überlebt. Seither sind die acht überlebenden, erwachsenen Familienmitglieder äußerst schreckhaft und unzertrennlich. Sie haben die Nacht außerhalb des Nationalparks verbracht und einen ziemlich chaotischen Mondspaziergang gemacht.

Katito streckt ihren Finger aus und sagt: «Hier ist Orabel; für mich ist sie wunderschön. Ich mag die Art, wie sie sich bewegt und wie sie ihre Familie anführt. Ich finde, sie ist ein *sehr* hübscher Elefant.» Stimmt. «Oh», seufzt sie bedeutungsvoll, «da drüben ...» Die Familie kommt näher. «Das sind die überlebenden Familienmitglieder der berühmten Matriarchin Qumquat.» Katito dreht sich zu mir um. «Weißt du, was mit ihnen passiert ist?» Sie wendet sich wieder den Elefanten zu. «Es war so furchtbar.» Katito streckt ihren Arm aus. «Siehst du den Hügel da hinten? Er wird Lomomo genannt. Auf der Strecke zwischen hier und dem Hügel wurden sie niedergemetzelt. Gleich da drüben.» In sich versunken starrt Katito ins Leere und hängt ihren Erinnerungen nach.

Vor drei Monaten wurden die wunderbare, majestätische, vielfotografierte, sechsundvierzig Jahre alte Qumquat und ihre beiden erwachsenen Töchter wegen ihrer Stoßzähne ermordet. Qumquats Stillbaby Quanza und ihr sechs Jahre alter Sohn Qores wurden zu Waisenkindern. Qores blieb verschwunden, und man ging davon aus, dass er gestorben ist.

Doch vor einigen Tagen tauchte er zusammen mit der WB-Familie wieder auf. «Er wirkte verloren und traurig. Aber zu sehen, dass er am Leben ist, rührte mich zu Tränen.»

Die QBs werden jetzt von Qoral angeführt, die Qumquat sehr nahe stand. «Mir tut diese Familie so unglaublich leid», klagt Katito. Die kleine Quanza – Vicki nannte sie auf Suaheli «die Erste», weil sie das erste Baby aus dem Babyboom nach der Jahrhundertdürre war – fand man neben dem Kadaver ihrer zehn Jahre alten Schwester. Da sie zu klein war, um ohne die Hilfe ihrer Mutter zu überleben, wurde sie in das Waisenprogramm des David Sheldrick Trust aufgenommen, wo ich sie besuchte.

«Auch diese Familie hier macht mich traurig», erzählt Katito, als wir weiterfahren. «Das hier ist Savita. Sie ist erst dreiundzwanzig Jahre alt und schon Leitkuh.» Katito schüttelt den Kopf. «Die meisten Familienmitglieder sind der Hitze zum Opfer gefallen. Fast alle, die du hier siehst, sind Waisen.»

Plötzlich ruft Katito aufgeregt, «Schau! *Da* ist Qores, Qumquats Sohn! Meine Güte! Er sucht alle Familien ab auf der Suche nach der eigenen. Seine Familie befindet sich nur ein Stück weiter hinten. Vielleicht gibt es nach all den Monaten heute endlich ein Wiedersehen. Meine Güte.»

Wir fahren weiter. Am Rand von Kaliopes Ohrs klappt ein Loch. Sie ist die Matriarchin der KBs. Zusammen mit ihrer Schwester nimmt sie uns mit unverhohlenem Missfallen unter die Lupe. «Kaliope hat mit den Massai einiges durchgemacht», seufzt Katito. «Drei Mal wurde sie von Speeren getroffen, ihre Mutter wurde auf diese Weise getötet.»

Wir halten dennoch und warten eine Weile. Wir lassen sie bis auf dreißig Meter an uns herankommen. Doch als wir den Motor anstellen, macht sie kehrt, stellt sich vor ihr Kind und schüttelt den Kopf.

«Es tut mir leid, Kaliope», sagt Katito. «Jetzt wird alles gut, die schlechten Zeiten sind vorbei.»

Es ist ein Wunsch, kein Versprechen.

Viele verschiedene Familien strömen herbei, verschmelzen miteinander und formieren sich zu einer riesigen Herde von etwa hundert Elefanten. Langsam fahren wir an dem weitläufigen Sumpfgebiet entlang und schauen, welche Elefanten gekommen sind. Ich sauge ihren Anblick auf. Ich höre ihnen zu. Ich atme sie ein.

Ein Elefant ohne Stoßzähne schlendert an uns vorbei. Einer von hundert wird ohne Stoßzähne geboren. Ich frage mich laut, ob sich der Stoßzahnlose wohl inmitten seiner gut ausgestatteten Kameraden nicht auch zwei schöne, große Exemplare wünscht.

«Das tun die Glückspilze bestimmt nicht», antwortet Katito ohne Umschweife.

Weitere 250 Elefanten ergießen sich in einer zweiten großen Welle über die Ebene in Richtung Wasser. An der Spitze des Trosses befinden sich die PCs, deren Leitkuh die 26-jährige Petula ist. Sie sind zu siebt und haben im Gegensatz zu vielen anderen die Dürre und diverse Kugelhagel überlebt.

Die Lebensgeschichte dieser bedrohten Art besteht aus einer nicht enden wollenden Litanei aus Verlust und Zermürbung. In einer oder zwei Generationen wird die Erinnerung an das wilde Afrika ebenso gänzlich verblasst sein, wie jene an die Grassteppe Nordamerikas, auf der einst mannshohe Wildblumen und gewaltige Kastanienwälder wuchsen, und die früher Heimat von Bison und Wandertaube war. Dabei ist das alles doch noch gar nicht lange her.

In der letzten Stunde sind zwei gigantische Wellen von insgesamt vierhundert Elefanten an uns vorbeigerollt und es verschlägt uns fast den Atem. Wir fahren neben der riesigen Herde her, um uns an ihre Spitze zu setzen. Ihr Ziel ist die smaragdgrüne Oase jenseits der staubigen Ebene. Wir parken auf einem kleinen Hügel und versenken uns minutenlang in den Anblick Hunderter Elefanten, die unbehelligt ihr Leben leben. Sie fressen, stillen ihre Babys und ziehen sie groß. Die Kleinen versuchen übermütig, übereinander zu klettern. Bullen kundschaften den Fruchtbarkeitsstatus der Kühe aus, die mit wachsamen Augen – Ohren und Rüsseln – für Ordnung sorgen. In den Wasserarmen des Sumpfs spiegelt sich der weite Himmel über dem wolkenlosen, schneebedeckten Gipfel des Kilimandscharo.

Die ganze Weisheit dieses tief in der Zeit verwurzelten Orts wohnt den Elefanten inne. Was wüsste wohl der Berg über früher und heute zu erzählen, wenn er könnte? Vielleicht ist nur er alt genug, um beurteilen zu können, wie es sein sollte. Es würde sich lohnen, die Meinung seiner Felsen, oben in luftigen Höhen, auszukundschaften. Obwohl seine Krone aus Eis und Schnee langsam schmilzt, ist er wohl der Einzige, der einen kühlen Kopf bewahrt hat. Die zahllosen Knochen, die tief in diesen überzeitlichen Ebenen vergraben liegen, bezeugen, dass die Zeit nicht überall gleich schnell vergeht. Das Gedächtnis der Erde hat unterschiedliche Takte. Ein bedächtiger Tänzer behält seine Umgebung besser im Auge. Die ausdrucksstärksten Songs haben oft einen langsamen Takt und eine einfache Melodie.

Vielleicht antwortet uns der Berg mit den Fallwinden, die seine Hänge hinabrauschen, und den Staubhosen, die an seinen Flanken entlangwirbeln. Wenn das Land auf diese Weise mit uns spricht, dann verstehe ich besser, was die Elefanten mir mit ihren Geräuschen und ihrem Schweigen, mit ihren langsam im Takt schlagenden Trommel-Füßen und dem rhythmischen Klang von Gras, das mit einem Ruck aus der Erde gerissen wird, sagen wollen. Sie sagen uns auf so vielfältige Weise: «Lasst uns einfach unser Leben. Es ist nicht viel, worum wir euch bitten. Wir sollten euch nicht darum bitten müssen.»

Vorbei an sonnengebleichten Gerippen fahren wir über die ausgetrocknete Steppe und schon bald haben wir den Park verlassen.

Auch außerhalb seiner Grenzen gibt es Wildtiere. Das ist beruhigend. Wir sehen viele Zebras und Giraffen, doch beschleicht mich das Gefühl von allumfassender Verletzlichkeit.

Ein Wort zu den Giraffen: Sie sind so große, bemerkenswerte Tiere, dass ihre Körper sogar – ähnlich wie die der Elefanten, auf deren Rücken Fischreiher reiten dürfen – als Futterquelle insektenfressender Vögel dienen. Gerade flitzen ein paar Rotschnabel-Madenhacker an ihren langen Hälsen entlang.

Wir steigen auf einen Hügel, den die Massai schlicht «Hügel aus roten Felsen» nennen und lassen unseren Blick über Tansania und das umliegende Massai-Gebiet schweifen. In der purpurnen Senke, die sich in der Regenzeit in ein großes, flaches Gewässer, den Amboseli-See, verwandelt, tummeln sich gerade nur kleine Windhosen und viel roter Staub.

Die Sonne glüht von einem wolkenlosen Himmel herab und es scheint, als würde sie die Luft zum Tanzen bringen.

Nur das trockene Krächzen der Vögel und das Brummen der Käfer durchbrechen die Stille.

Lange Zeit muss es genau so gewesen sein.

Genau.

So.

Plötzlich höre ich Katitos Flüstern in der flirrenden Luft: «Ich war dabei, als Echo starb.» Sie spricht so sanft, dass der Klang ihrer Stimme die Stille zu vervollkommnen scheint. «Ich habe ihren Kopf gehalten. Es war der fünfte Mai 2009, 14.30 Uhr.»

«Eines Morgens entdeckte ich Echo mit ihren neun und vier Jahre alten Töchtern. Echo schleppte sich dahin wie eine alte Großmutter. Ich konnte nur hilflos meinen Kopf darüber schütteln. Die Dürre war unerbittlich. Und Echo war nicht mehr die Jüngste. Sie war schon vierundsechzig, weißt du. Ich blieb zwei Stunden lang bei ihr und sah zu, wie sie abwechselnd die Beine anhob. Das Laufen fiel ihr zusehends schwer. Am nächsten Morgen bekam ich um 6.30 Uhr einen Anruf: ‹Es geht um den Elefanten mit den gekreuzten Stoßzähnen ...› Und ich dachte nur, ‹Verdammt.› Ich eilte zu ihr. Ganz in der Nähe meines Wohnorts war Echo zusammengebrochen. Ich werde dir die Stelle noch zeigen. Mit aufgerissenen Augen lag sie strampelnd am Boden und versuchte wieder auf die Beine zu kommen. Leute kamen mit einem Laster und einem Seil. Sie schlugen vor: ‹Wir wickeln das Seil um sie und versuchen sie hochzuziehen›. Ich sagte: ‹Nein!›. Ich wusste, dass sie sterben würde. Eines natürlichen Todes. Wegen der Dürre. Ich sagte: ‹Wir werden bei ihr bleiben und sie beobachten.› Zwei von Echos Töchtern waren auch hier. Sie versuchten noch nicht einmal, uns zu verjagen.

Die Ranger wollten ihr einen Gnadenschuss geben. ‹Nein!›, protestierte ich erneut. Ich fragte sie: ‹Würdet ihr eure Großmutter töten, wenn sie im Sterben läge?› Sie antworteten: ‹Nein.› Ich schlug ihnen vor: ‹Lasst uns die Nacht über hierbleiben, dann bleibt Echo vor den Hyänen verschont.› Wir verbrachten die ganze Nacht und den nächsten Tag bis weit in den Nachmittag bei ihr. Die Leute brachten Essen und ich hielt Echos Kopf. Ich versuchte sie zu besänftigen, sie zu beruhigen. Ihre Tochter Enid rührte sich nicht von der Stelle. Sie verharrte dort, bis ihre Mutter gestorben war, und es schien, als würde sie ohne Unterlass klagen.

Ich hatte meine Arme um Echos Kopf geschlungen. Irgendwann streckte sie ganz langsam ihre Beine aus. Sie blinzelte und schaute mich an. Ich war so unfassbar traurig. Dann schloss sie ihre Augen wieder. Und starb.

Enid war vom Tod ihrer Mutter tief getroffen. Und wie. Ihr trauriges Gesicht. Unbeschreiblich. Wie ein Mensch, der ein Familienmitglied verloren hat und die ganze Zeit weint. Genauso sah ihr Gesicht aus. Einen Monat lang. Das ist eine ganz schön lange Zeit. Sie nahm ab.

Echos Schwester Ella war einige Wochen lang in Tansania gewesen. Die beiden sind nie besonders gut miteinander ausgekommen. Ella ist ein ziemlicher Freigeist. Man könnte sie auch als gemein bezeichnen. Manche Elefanten lassen sich als gutherzig, besonnen, freundlich charakterisieren. Ella ist gemein.

Nach ihrer Rückkehr bekam Ella mit, dass Echo gestorben war.

Mit ihren einundvierzig Jahren ist nun sie die älteste Elefantenkuh in der Familie. Sie führt sich auf, als wäre sie die Matriarchin, doch ihr Benehmen entspricht nicht dem einer vorbildlichen Leitkuh. Eudora ist schon vierzig, aber sie hat keine Ahnung –. Sie ist nicht in der Lage, die Führungsrolle zu übernehmen. Es gibt nun mal solche Leute. Sie sind zwar altersmäßig reif, aber trotzdem ungeeignet als Familienoberhaupt.

Bei Eudora ist das der Fall. Sie weiß einfach nicht, wie es geht. Sie ist nicht zuverlässig. Keiner will ihr folgen.

Diejenige, die sich wie eine echte Matriarchin verhält, ist Enid, Echos Tochter. Weißt du, es ist wie bei uns Menschen. Jemand liegt im Sterben und sagt zu seinem Kind: ‹Ich werde bald nicht mehr da sein, bitte kümmere dich um die anderen.› Echo hat Enid darauf vorbereitet, ihre Rolle zu übernehmen. Obwohl sie erst dreißig ist, führt Enid die Familie an. Wenn etwas passiert, bleibt Enid ruhig und alle scharen sich verängstigt um sie. Sie spüren, dass sie das Zeug dazu hat, sie zu beschützen.»

Unter Echos Leitung ging es der Familie außerordentlich gut. In der Zeit von 1974 bis zu ihrem Tod war diese von sieben auf über vierzig Elefanten angewachsen, und mit Erin hatte Echo nur ein einziges Familienmitglied verloren. Sie verfügte in jeder Hinsicht über herausragende Führungsqualitäten. Die Beziehung zu den Ihren war von Vertrauen und Loyalität geprägt. Klug traf sie schwierige, lebenswichtige Entscheidungen und setzte dabei stets auf Sicherheit.

Jetzt bestimmt Enid, wo es lang geht. Sie ist mit der Familie weggezogen, was Echo – die als Stubenhockerin bekannt war – niemals getan hätte. Bisweilen scheint sich die Familie in drei Teile aufzusplitten, die jeweils von Enid, Ella und Edwina angeführt werden. Sie sind nicht da momentan; um genauer zu sein, sind sie schon seit drei Monaten verschwunden. «Wir befürchten, dass Enid sie nach Tansania gebracht haben könnte», sagt Katito. «Bei ihrer Rückkehr werden wir sehen, ob jemand getötet wurde.»

Später Nachmittag. Wir haben Vicki im Camp abgeholt und sind jetzt zusammen unterwegs.

Überall tanzen Staubwirbel. Sie entstehen durch gut sichtbare Regenfronten, die den Park aber nicht erreichen. Aus den Fronten rieselt nur Staub auf die karge Ebene.

Die vierhundert Elefanten verlagern ihr beeindruckendes Treffen in mehreren Etappen vom Sumpf in die Hügel, wo sie die Nacht verbringen werden. Niemals wieder werde ich die Chance haben, so viele Elefanten gleichzeitig zu sehen. Sie sind hier, direkt vor uns, und wir sind über alle Maßen reich an Elefanten. Ich vermisse sie jetzt schon.

Ich habe angefangen, ihnen den Kosenamen «Elis» zu geben. Jetzt, wo ich sie kennengelernt habe, kann ich mir ein Leben ohne sie nicht mehr vorstellen. Ich werde an die Elefanten denken, wie an Familienmitglieder, die weit entfernt wohnen. Sie werden mich immer daran erinnern, wer ich bin. Die Elefanten hingegen wissen schon längst, wer sie sind, und haben ihre eigenen Familien. Sie brauchen mich nicht. Sie brauchen keine Menschen, um Elefanten zu sein. Seit Millionen von Jahren leben sie zusammen mit ihren Familien und ihren Freunden ein Leben, das einen Sinn hat. Wobei es besser war, als es uns Menschen noch nicht gab.

Die kleine Gruppe direkt vor uns, ein paar Duzend «Elis», wird von ungefähr fünfzehn Bullen verfolgt. Wahrscheinlich ist eine der Elefantenkühe gerade brunftig.

Vicki gibt zu bedenken: «Manche tun auch nur so, als wären sie brunftig.»

Diese Information muss ich erst einmal sacken lassen.

«Zwar nehmen sie keine paarungsbereite Haltung ein und lassen sich auch nicht besteigen, doch genießen sie die Aufmerksamkeit der Bullen. Sie setzen sich verführerisch in Szene.»

Einen bestimmten sexuellen Status vorzutäuschen, setzt ein hochentwickeltes Denkvermögen voraus.

Gerüchten zufolge ist ein außergewöhnlicher Bulle namens Tim nach drei langen Monaten wieder in den Park zurückgekehrt. In dem Getümmel halten wir Ausschau nach ihm.

Es dauert nicht lange, da entdecken wir ihn. Wir pirschen uns näher an ihn heran.

Jetzt verstehe ich; Tim ist eine überwältigende Erscheinung. Der Dreiundvierzigjährige ist mit zwei riesigen Stoßzähnen ausgestattet. Sie unterscheiden sich in Form und Länge, wobei der größere beim Gehen beinahe am Boden entlangschürft. Jeder der beiden Stoßzähne dürfte an die fünfzig Kilo wiegen.

Er sieht aus wie eine Kreatur, die schon längst ausgestorben ist, wie ein Mammut, das einer Höhlenmalerei entsprungen ist. Ich hätte es nicht für möglich gehalten, dass ein Bulle dieser Größe, mit so riesigen Stoßzähnen auch nur die geringste Überlebenschance hat.

Leise flüstert Vicki: «Wir sind immer so erleichtert, wenn er wieder auftaucht ... Es macht mir beinahe Angst, wie stark man für sie empfinden kann. Manchmal bin ich geradezu paralysiert.»

*Der Elefantenbulle Tim im Alter von 43 Jahren.
Seine riesigen Stoßzähne sind eine lebensgefährliche Bürde,
solange Elefanten wegen des Elfenbeins getötet werden.*

Ich beobachte Tim. Er lungert herum und wartet ab, bis seine Zeit reif ist.

Vicki schwärmt: «Schau dir diesen prächtigen Kerl an. Wenn ich ihn sehe, verliebe ich mich stets aufs Neue in meinen Job. Die Leute sagen, dass ich mich glücklich schätzen kann, und sie haben Recht. Doch du musst diese Art der Verwahrung akzeptieren. Wir leben in besorgniserregenden Zeiten. Wenn die Elfenbeinjäger in Zentralafrika fertig sind, werden sie alle hierher kommen. Ich würde gerne dreißig Jahre lang bleiben, doch in dreißig Jahren werden hier nicht mehr so viele Elefanten leben. Für mich ist eine Welt ohne Elefanten *schlichtweg unvorstellbar*. Je länger du sie beobachtest, desto besser verstehst du sie: Wie eng ihre Bindungen sind, ihre individuellen Charaktere, wie sie ihre Beziehungen jeden Tag aufs Neue festigen.»

Tim befindet sich in der Musth, scheidet tröpfchenweise Urin aus, frisst nicht und wacht aufmerksam über die Herde. Bullen in der Musth stolzieren mit hoch erhobenem Haupt umher. Brunftige Kühe haben einen wackelnden, schlingernden, sehr koketten Gang und schauen sich über die Schulter zu den Bullen um. Fehlt nur noch ein verführerischer Augenaufschlag. Sie zum ersten Mal dabei zu beobachten, bringt einen zum Schmunzeln. Die Elefanten legen ein Verhalten an den Tag, das man getrost als Flirten bezeichnen könnte, und wir Menschen empfinden dies als amüsant. Wir haben verstanden. Da ist sie wieder, diese Nähe.

Tim kreuzt unseren Weg und seine Duftwolke zieht zu mir herüber. «Die Musth riecht ein wenig nach Bhang», sagt Vicki.

Nach was? Oh – für mich eher wie Patchouli.

Mit seinen dreiundvierzig Jahren hat Tim noch ungefähr zehn Jahre Zeit, sich fortzupflanzen, vorausgesetzt, er wird nicht getötet. Da er nach der Regenzeit in die Musth kommt, wenn auch die meisten Kühe brunftig sind, wird er nicht nur der Vater einen Großteils der hier geborenen Babys sein, sondern ihnen auch die Gene für riesige Stoßzähne weitergeben.

Es gibt nur wenige Regionen in Afrika, in denen es überlebende Elefantenbullen über vierzig Jahre gibt. Obwohl bei Weitem nicht alles perfekt ist und die Gefahren weiter zunehmen, ist Tim hier. Die Welt ist immer noch ein Ort, an dem Elefanten ihr Leben leben können. Es geht nicht darum, sie zu «erhalten», sondern darum, sie in Ruhe zu lassen.

Sie *wissen*, was es bedeutet, ein Elefant zu sein. Vielleicht haben unsere Kindeskinder irgendwann die Chance, zu erfahren, dass wir uns mit den Elefanten darauf geeinigt haben.

Plötzlich ertönt wildes Trompeten und es herrscht großer Aufruhr. Zig Elefanten rennen aus allen Himmelsrichtungen auf einen Bullen zu, der eine junge, schmächtige Elefantenkuh jagt. Da die Kühe leichter sind, können sie den Bullen davonlaufen; ein Bulle kommt bei einer Kuh nur dann zum Zug, wenn sie es will.

Der Bulle hat die Kuh eingeholt und legt seinen Rüssel auf ihren Rücken. Sie bleibt stehen und er besteigt sie. Es dauert keine Minute, und das Ganze ist auch schon wieder vorbei.

Ich schaue zu Tim hinüber. Er hat seinen Rüssel um einen seiner gigantischen Stoßzähne gewickelt. Ich frage mich, warum er nicht herbeigestürmt ist, um das Techtelmechtel zu verhindern.

Vicki erklärt, «Es stört ihn nicht, was bedeutet, dass die Kuh sich noch nicht auf dem Höhepunkt ihres Östrus befindet.»

«Tim macht es nichts aus, dass sich hier auch jüngere Bullen herumtreiben», sagt Vicki. «Er weiß, dass er sie jederzeit loswerden kann. Ihm machen nur Bullen Sorgen, die ähnlich groß sind wie er.»

Doch es gibt nicht mehr viele Bullen, die so groß sind wie Tim. Allein Tims Ankunft führte dazu, dass ein anderer Bulle, der sich ebenfalls in der Musth befand, sofort das Feld räumte. Das soziale Wahrnehmungsvermögen hat Einfluss auf den Hormonstatus. Es ist besser, der Konfrontation aus dem Weg zu gehen, als einen Kampf mit einem mit Lanzen bewaffneten Güterzug zu riskieren.

Nach dem Paarungsakt brechen die anderen Elefanten in lautes Gebrüll und Trompeten aus. Das Ganze war aufregend für sie. Eine leichte Brise weht faszinierende Düfte an. Junge Bullen beschnüffeln neugierig den Ort des Geschehens und nehmen die Elefantenkuh unter die Lupe. Doch diese will nicht unter die Lupe genommen werden, sondern wieder zurück zu ihrer Familie.

Ihre aufgeregten Schwestern eilen herbei, berühren und beriechen sie.

Es ist eine rauschende Begrüßung. Alle Elefantenkühe sondern Sekret aus ihren Temporaldrüsen ab. Ihr Kollern bringt meine Brust zum Vi-

Rauschende Begrüßung eines Elefantenweibchens, das direkt im Anschluss an die Paarung zu ihrer Familie zurückkehrt und aufgeregt beschnüffelt wird.

brieren. Ihre festliche Stimmung ist ansteckend. «Als würden sie ‹I feel pretty› singen», meine ich lachend.

Wahrscheinlich sind die Gefühle von Elefanten rein sexueller Natur und haben nichts mit romantischer Liebe zu tun. Im Grunde genommen spielt auch bei der sexuellen Anziehung zwischen Menschen romantische Liebe häufig keine Rolle. Manche Anthropologen gehen bis heute davon aus, dass es in anderen Kulturen als unserer keine romantische Liebe gibt. In einigen gibt es arrangierte Ehen, die nach rein pragmatischen Kriterien geschlossen werden – Liebe spielt dabei überhaupt keine Rolle. Im Vergleich mit diesen menschlichen Gebräuchen haben Tiere sogar mehr Freiheit bei der Wahl ihres Partners. Aber was fühlen die Elefanten, wenn sie ihrer Tochter, die gerade begattet wurde, mit dieser zärtlichen Aufmerksamkeit begegnen? Was fühlen Primaten und Papageien bei der gegenseitigen Fell- und Gefiederpflege? Diese Verhaltensweisen dienen dazu, starke emotionale Bindungen aufzubauen.

Die Elefantenkuh Placida, 31 Jahre alt (links), zusammen mit Tee-Jay, einem riesigen, aber sanftmütigen Bullen von 24 Jahren. Als dieses Buch fertig war, kam Placida nieder.

«Hast du das Kollern gehört?», fragt Katito. «Sie rufen auf diese Weise ihre Familien.»

Ich höre es, doch spüre ich auch das Vibrieren in der Luft. Ich beobachte, wie einige der «Elis» ihre Familienmitglieder um sich herum scharen. Jetzt sind die einzelnen Familienverbände innerhalb der riesigen Herde deutlicher voneinander abgegrenzt. Die einzelnen Elefanten wissen, zu welcher Gruppe sie sich stellen müssen, um später mit ihren Bond-Gruppen ins Hochland zu ziehen. Es ist so *interessant*, sie dabei zu beobachten.

Tim hat sich einer Bond-Gruppe angeschlossen und verlässt mit ihr zusammen die Ebene, um sich in ein Waldgebiet mit Dornenbäumen zurückzuziehen. Die Szene kommt dem Bild, das wir uns von Afrika ausgemalt haben, unglaublich nahe.

Ich sehe zwei Jungtieren beim Fangen zu. Das eine versucht, seinen Spielgefährten in den Schwanz zu beißen und an ihm hochzuspringen, um sich kurz mit den Vorderbeinen auf seinen Rücken zu stellen. Sie haben einen Riesenspaß.

Es wird noch mehr Waisen, Quälerei und Schrecken geben. Einige dieser Elefanten werden Menschen umbringen. Manche werden von Menschen getötet werden. Es ist Zeit, zu handeln. Keiner kann voraussagen, was das Leben für diese Elefanten in den kommenden Tagen und Jahrzehnten bereithält.

«Im Samburu-Nationalreservat lebten einige Prachtexemplare wie Tim», sagt Vicki plötzlich. «Sie sind alle tot.»

Und doch gibt es Anzeichen, dass sich die Situation zum Guten wenden könnte: neue Gesetze, die eine wesentlich härtere Bestrafung von Elfenbeinhandel ermöglichen, deutlich mehr Verhaftungen, Protestmärsche von Kenianern gegen Wilderei und ein gesteigertes Interesse weltweit. Vicki betont: «Hier ist gerade alles, wie es sein sollte. Elefanten, die in Freiheit leben, und die guten Zeiten in vollen Zügen genießen. Und wenn mich mein Gefühl nicht trügt, liegen auch gute Zeiten vor uns.»

«Macht's gut», sagt Katito, und wir setzen unsere Fahrt fort.

II.
Das Heulen der Wölfe

Oft führten sie, direkt vor unseren Augen, epische Leben.

Doug Smith, *Decade of the Wolf*

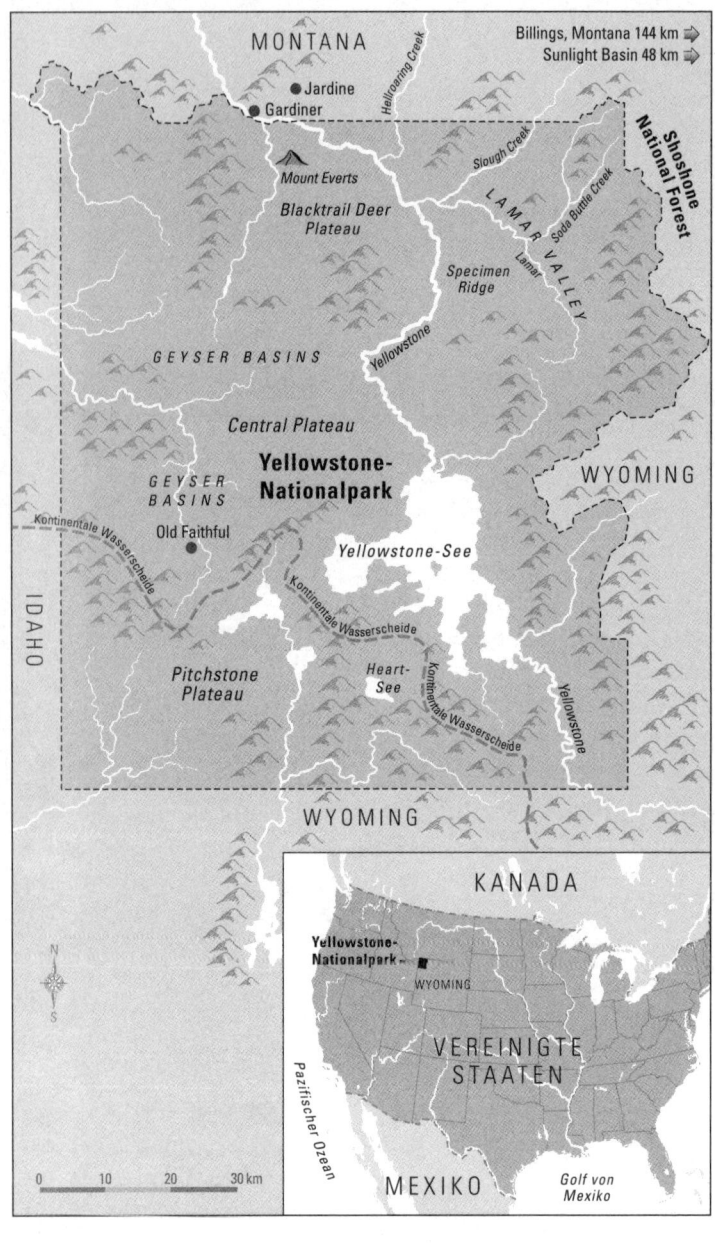

Eiszeit

An einem Eiszeitmorgen jault ein Coyote aus einem dichten Kiefernhain eine Warnung in die ursprüngliche Welt. Ich suche den Hang mit dem Fernglas ab, und mein Blick gleitet über Schnee, Salbei, Kiefern ... Wölfe. Über einen Kilometer entfernt, aber mit dem Fernglas deutlich zu sehen, trottet ein halbes Dutzend große, langbeinige, archetypische Hunde – urzeitlich und doch vertraut – ins Tal. Ohne Eile gleiten sie locker hangabwärts, überraschend schnell schmilzt der Abstand dahin. Ich selbst habe alle Zeit der Welt und beobachte, wie sie mit jeder Minute näher kommen. Der Wolf an der Spitze ist grau; zwei schwarze Wölfe folgen ihm auf den Fersen, einer von ihnen hinkt leicht; noch ein grauer, zwei weitere dunkle und zwei weitere graue. Acht Wölfe. Meine allerersten.

Die Wölfe im Lamar Valley des Yellowstone-Nationalparks ziehen die Aufmerksamkeit der Menschen auf sich wie nirgendwo sonst. Der Alphawolf-Beobachter Rick McIntyre folgt den Wölfen jeden Tag. Nicht fünf Tage die Woche oder wenn das Wetter es zulässt; an jedem einzelnen Morgen seit fünfzehn Jahren, sobald die Sonne über den Horizont lugt, ist Rick McIntyre im Lamar Valley. Ohne Ausnahme. Kein Blizzard im Winter hält ihn davon ab, und auch die Besuchermassen im Sommer nicht, kein Grund der Welt. Rick, ein Mann Mitte sechzig mit kantigem Gesicht, hatte Wölfe mehr Stunden lang im Blick als jeder andere Mensch, möglicherweise länger als jedes andere Lebewesen, das kein Wolf ist. Rick besitzt mehrere Zehntausend mit einzeiligem Abstand getippte Seiten voller Notizen. «Man lernt die einzelnen Tiere kennen, sieht ihre Nachkommen, und man will dabeibleiben», fasst er zusammen, als wäre es so einfach. «Es ist eine unendliche Geschichte.»

Wenn Rick bei einem Blick durchs Teleskop einen Wolf auf einem Bergrücken in eineinhalb Kilometer Entfernung sieht, weiß er sofort den Namen und kann die Lebensgeschichte erzählen. Rick hat als Ranger im Death Valley gearbeitet und auch im Denali-Nationalpark in Alaska, er kennt also die besten Parks. Daher erkannte er die einmalige Chance, als man ihm anbot, siebzig Jahre nach der Ausrottung der Wölfe ihre Wiederansiedelung in den Yellowstone-Nationalpark zu beobachten. «Das ist, als hätte man einem Historiker im Jahr 1860 angeboten, jeden Tag in Lincolns Weißem Haus zu verbringen und mitzuerleben, wie Geschichte geschrieben wurde.»

Wölfe und Menschen stünden vor ganz ähnlichen Problemen im Leben, sagt Rick. «Sie müssen überlegen, wann sie das Risiko eingehen, ihre Eltern zu verlassen und ihren eigenen Platz im Leben zu suchen. Es gibt zahllose Ähnlichkeiten.» Doch einen Unterschied erkennt er zwischen sich selbst und den Wölfen: «Bestimmte Wölfe, die ich kennengelernt habe ... Sie waren besser darin, ein Wolf zu sein, als ich darin, ein Mensch zu sein.»

Zwei weitere Wölfe, die auf einem sonnenbeschienenen Abhang gedöst hatten, haben sich gerade erhoben. «Okay, die beiden grauen Weibchen, die sich hingelegt hatten, kommen jetzt auch herunter.» Rick zeigt auf zwei Wölfe, die schräg hangabwärts über den Schnee rutschen. «Die mit der erhobenen Rute ist Acht-Zwanzig – das ist sie.»

Einige Wölfe tragen Sender um den Hals, mit denen Forscher ihre Bewegungen verfolgen, und diese Wölfe werden mit ihrer Sendernummer bezeichnet. Wenn man ein Empfangsgerät hat – so wie Rick –, dann kann man anhand des Sendersignals manchmal bestimmte Wölfe aufspüren und identifizieren.

Die Elefanten haben Namen, die Wölfe Nummern. Sind Namen oder Nummern objektiver? Die Zeitschrift *Annals of the New York Academy of Sciences* lehnte Jane Goodalls ersten wissenschaftlichen Aufsatz über Schimpansen ab, weil sie den Tieren Namen gegeben hatte, statt sie zu nummerieren.[1] Der Herausgeber hatte außerdem darauf bestanden, dass Goodall von «es» sprach, wenn sie über einzelne Tiere schrieb, statt «er» oder «sie». Goodall weigerte sich. Ihre Studie wurde trotzdem veröffentlicht. Machen uns Namen oder Nummern voreingenommen oder helfen sie uns zu sehen? Kein Botaniker käme auf die Idee, dass es ein Zeichen von Liebe oder Erkenntnis sein könnte, einem Rosenstrauch den Namen Dorothy zu geben. Julias flehentliche Bitte an Romeo: «O! Sei ein anderer Name», sagt möglicherweise mehr über Menschen aus als über Mäuse. Wenn man einen klaren Blick auf Tiere haben will, dann darf man weder zu großen Abstand halten noch zu große Nähe suchen. Beides führt zu Voreingenommenheit. Wenn ein Wolf die Nummer «25» erhält, dann wird Fünfundzwanzig für Wolfbeobachter zum Namen für das Tier, weil die Wölfe sich als Individuen erweisen, mit Beziehungen und Persönlichkeiten. Ein Wolf ist ein «Jemand».

Frühreif im Alter von zwei Jahren: Acht-Zwanzig sticht heraus – sogar im Vergleich zu ihren beiden Schwestern, die ein Jahr älter sind. Der zähe Wolfbeobachter Doug McLaughlin ist Anfang siebzig und kommt an den meisten Vormittagen. «Acht-Zwanzig ist ihrer Mutter so ähnlich», erzählt er. «Schon mit ihren zwei Jahren ist sie unabhängig und voller Selbstvertrauen. Sie ist eine natürliche Führungspersönlichkeit. Und sie ist jetzt schon eine gute Jägerin – als die ihre Mutter, Null-Sechs, *berühmt* war.»

Die zehn Wölfe treffen sich in der Talsohle. Breitbrüstige Erwachsene und schlaksige, knochige Jährlinge.

«Okay», diktiert Rick in sein Aufnahmegerät. «Große Versammlung.»

Die Wölfe begrüßen sich schwungvoll; mit erhobener, wedelnder Rute drücken sie sich aneinander, lecken sich die Gesichter. Sie begrüßen sich so, wie unsere Hunde uns beim Nachhausekommen begrüßen.

Hier bekomme ich den ersten flüchtigen Eindruck von dem grundlegenden Unterschied zwischen Hunden und Wölfen. Wölfe orientieren und richten sich nach ihren Ältesten, so wie Hunde sich nach den Menschen richten. Doch erwachsene Wölfe bestimmen selbst über ihr Leben. Hunde bleiben abhängig von Menschen und ihnen gegenüber unterwürfig. Es ist eine einfache Substitution gewesen, kombiniert mit einer Entwicklungshemmung. Hunde sind Wolfswelpen, die nie erwachsen und nie selbst über ihr Leben entscheiden werden. Wölfe übernehmen selbst die Verantwortung für sich. Sie müssen es.

Rick entwirrt für mich das wirre Fellknäuel, das sich gerade begrüßt. «Die Schwarze und die Graue da links sind beide Weibchen, also Fähen, und fast ein Jahr alt. Die Graue lag vorhin neben Acht-Zwanzig. Sie ist die jüngere Schwester von Acht-Zwanzig und hat kein Senderhalsband.» Sie verträgt sich gut mit allen und hat den Spitznamen Butterfly. «Sehen Sie, wie sie mit der Pfote stupst? Das ist typisch für Welpen und bedeutet: ‹Ich will spielen.›» Rechts neben Butterfly, «die beiden Schwarzen und die Graue dort – sie sind ein Jahr älter und haben sie mit aufgezogen». Butterfly muss ihnen gegenüber Respekt erweisen und nimmt eine Demutshaltung ein, indem sie sich duckt und die Ohren senkt, ähnlich wie Menschen es in ritualisierter Form tun, wenn sie sich verbeugen, niederknien, knicksen oder den Blick senken. Das bedeutet: «Ich will nicht angreifen oder dich herausfordern; ich mache mich dir gegenüber verletzlich.» «Das ist für sie kein Problem», erklärt Rick. «Sie ist sehr umgänglich, kommt mit allen klar.» Natürlich dient diese ausdrückliche Unterwerfung dem Schutz der rangniederen Tiere vor Angriffen. Normalerweise.

Eine Wölfin zeigt eine ganz besonders ausgeprägte Demutshaltung, sie hat den Kopf gesenkt, die Ohren unten und den Schwanz eingezogen. Plötzlich wird sie angegriffen, landet auf dem Rücken, drei Wölfe stehen drohend über ihr. Die Wölfin, die auf dem Rücken liegt, ist die stolze und frühreife Acht-Zwanzig.

Ihre Mutter, Null-Sechs, war zu Lebzeiten das unangefochtene Alphaweibchen. Aber das ist ein paar Monate her. Jetzt stehen die Fähen im Rudel in Konkurrenz. Von den drei Schwestern, die über Acht-Zwanzig aufragen, nimmt eine, die ein Jahr älter ist, eine Führungsrolle ein. Sie ist außerdem wahrscheinlich trächtig. Acht-Zwanzig könnte ebenfalls trächtig sein. Sie hat die Aufmerksamkeit von zwei neuen Rüden auf sich gezogen; damit hat sie eine Grenze überschritten. Zwei Würfe in einem Rudel würden miteinander um jede Nahrung konkurrieren, die Mitglieder des Rudels heranschaffen. Dadurch wird Acht-Zwanzig zur Bedrohung für die Stellung der älteren Schwester. Diese Schwester will jetzt, mit der Unterstützung der beiden schwarzen Wurfgeschwister von Acht-Zwanzig, die Bedrohung im Keim ersticken.

Acht-Zwanzig versucht gar nicht erst, auf dem Rücken liegend zu kämpfen, sie versucht nur, sich ihre Schwestern mit ausgestreckten Beinen vom Leib zu halten. Eine angespannte Pause entsteht.

Dann eskaliert plötzlich die Gewalt. Die anderen stürzen sich wild beißend auf Acht-Zwanzig. Das ist keine rituelle Zurschaustellung mehr; hier soll nicht einfach nur eine Wölfin auf ihren Platz verwiesen werden. Acht-Zwanzig winselt und jault vor Schmerz. Eine Schwester beißt sie in

Geschlagen und verstoßen: die einstmals stolze Wölfin Acht-Zwanzig am Wendepunkt ihres Lebens.

den Bauch, die andere in die Hüfte. Und jetzt schnappt die ältere Schwester nach ihrer Kehle – so töten Wölfe andere Wölfe.

Kaum hat Acht-Zwanzig die Chance, sich zu bewegen, rennt sie davon. Aber nur eine kurze Strecke.

Sie dreht um, in tiefer Duckhaltung, um ihre Unterwürfigkeit zu zeigen. Sie will zumindest bei ihrer Familie bleiben dürfen. Aber ihre Schwestern sind zu keinem Kompromiss bereit; sie wollen, dass sie verschwindet. Knurrend und drohend machen sie deutlich: Näher kommen – schlechte Idee.

Acht-Zwanzig verschwindet im verschneiten Salbeigebüsch. Dieser Moment – die Verbannung durch ihre eigenen Schwestern – ist der letzte Wendepunkt im Leben von Acht-Zwanzig.

Der große Wendepunkt liegt vier Monate zurück, als jemand ihre berühmte Mutter tötete, Null-Sechs. Der Tod von Null-Sechs versetzte die überlebenden Familienmitglieder in Aufruhr.

Um zu verstehen, warum Null-Sechs so außergewöhnlich war und warum ihr Tod so große Bedeutung hatte, muss man eine Generation in die Vergangenheit gehen, zu ihren majestätischen Vorfahren. Ihr Großvater war der berühmteste Wolf im Yellowstone-Park: Einundzwanzig.

Ein perfekter Wolf

«Wenn es jemals einen perfekten Wolf gab, dann war es Einundzwanzig», sagt Rick. «Er war wie eine Figur aus einem Roman. Aber es gab ihn wirklich.»

Die breitschultrige Silhouette von Einundzwanzig war schon aus der Entfernung unverkennbar.[2] Bei der Verteidigung seiner Familie kannte er keine Furcht, und er hatte die Größe, Kraft und Beweglichkeit, um sich auch angesichts schlechtester Chancen zu behaupten. «Bei zwei Gelegenheiten habe ich gesehen, wie Einundzwanzig es mit sechs Angreifern aufnahm – und sie alle in die Flucht schlug», erzählt Rick. «Er sah übernatürlich aus. Ihn zu beobachten war, als würde man Bruce Lee beim Kämpfen zusehen, aber im echten Leben. Ich dachte nur: ‹Kein Wolf kann das tun, was ich diesen Wolf tun sehe.›» Einundzwanzig zu beobachten war, wie Rick ausführt, «als sähe man Muhammad Ali oder Michael Jordan – ein einzigartiges Talent in Bestform, das alleroberste Ende des Kompetenzspektrums, weit mehr als ein ‹normales› Talent». Und normal für einen Wolf ist nicht dasselbe wie durchschnittlich für einen Menschen, weil *jeder* Wolf ein Profi-Athlet ist.

Einundzwanzig zeichnete sich in zweierlei Hinsicht aus: Er verlor keinen einzigen Kampf. Und er tötete niemals einen besiegten Gegner. Einundzwanzig war ein Superwolf.

Einundzwanzig kam im ersten Wolfswurf zur Welt, der Anfang der 1970er Jahre im Yellowstone-Park geboren wurde. Seine Eltern waren beide in Kanada lebend gefangen und nach Yellowstone gebracht worden, um Wölfe wieder in ein Ökosystem einzuführen, das aus dem Gleichgewicht geraten war, weil es mehr Wapitihirsche gab, als das Land tragen konnte. Nach fast siebzig Jahren ohne Wölfe gab es inzwischen so viele Wapitis, dass jeder Winter Futterknappheit und Hunger für sie brachte. Für die neu angesiedelten Wölfe jedoch bedeutete dieses Ungleichgewicht ein Überangebot an Nahrung.

Der Superwolf Einundzwanzig, der niemals einen Kampf verlor und niemals einen Rivalen tötete und im hohen Alter nach eigenen Bedingungen starb.

Obwohl es keine Wölfe mehr gegeben hatte, soweit die Erinnerung der meisten Menschen zurückreichte, erschoss jemand den Vater von Einundzwanzig kurz vor dessen Geburt.

Wölfinnen haben es als alleinerziehende Mutter sehr schwer. Daher beschlossen Forscher nach langem Zögern, sie und ihre Welpen zu fangen und sie in einem halben Hektar großen Gehege ein paar Monate lang durchzufüttern.

Alle Wölfe flohen ans andere Ende des Geheges, wenn Menschen Futter brachten, nur ein Welpe lief auf einer kleinen Anhöhe hin und her, positionierte sich zwischen den Menschen und dem Rest seiner Familie. Dieser Welpe bekam später die Senderhalsbandnummer 21.

Mit zweieinhalb Jahren verließ Einundzwanzig seine Mutter – und einen Adoptivvater – und sein Geburtsrudel. Er fand eine neue Familie, das Druid-Peak-Rudel, keine zwei Tage nachdem der Alpharüde dieses Rudels von einem Wilderer erschossen worden war. Die Druid-Weibchen begrüßten ihn als Leitwolf; die Welpen liebten den kräftigen Neuen. Er adoptierte die Welpen und half bei ihrer Fütterung. Einundzwanzig hatte sein Zuhause verlassen und war sofort Alphawolf eines etablierten Rudels geworden. Es war der Glückstreffer seines Lebens.

Einundzwanzig war «bemerkenswert fürsorglich» gegenüber den anderen Mitgliedern des Rudels, erzählt Rick. Häufig entfernte er sich von einer Beute, sobald er sie erlegt hatte, um zu urinieren oder sich hinzulegen und ein Nickerchen zu machen, sodass sich Familienmitglieder, die sich nicht an der Jagd beteiligt hatten, satt fressen konnten.

Mit den Welpen zu balgen machte ihm besonderen Spaß. «Und am allerliebsten tat er so, als würde er verlieren», erzählt Rick. «Das hat ihm einen *riesigen* Kick gegeben.» Da war dieser große, kräftige Alphawolf. Und er ließ irgendein kleines Wölfchen auf sich drauf springen und ihn ins Fell beißen. «Er ließ sich einfach auf den Rücken fallen, die Pfoten in die Luft gestreckt», erzählt Rick und deutet die Bewegung an. «Und der Kleine stand triumphierend über ihm und wedelte mit dem Schwanz.»

«Wenn man so tun kann ‹als ob›, dann zeigt das, dass man versteht, wie andere die eigenen Handlungen wahrnehmen», fügt Rick hinzu. «Es ist ein Zeichen für hohe Intelligenz. Ich bin überzeugt, dass die Welpen wussten, was da passierte, aber so lernten sie, wie es sich anfühlt, wenn man jemanden besiegt, der viel größer ist als man selbst. Und diese Art von Selbstvertrauen brauchen Wölfe ihr ganzes Jagdleben lang jeden Tag.»

In der Frühzeit von Einundzwanzig als Alphawolf brachten drei Weibchen in seinem Rudel Junge zur Welt. Das war ungewöhnlich. Normalerweise bekommt nur die Alphawölfin, die «Matriarchin», Junge. Die drei Würfe waren ein Zeichen für den unnatürlichen Überfluss an Futter. So überlebten erstaunliche zwanzig Welpen und ließen ein ohnehin großes Rudel auf kaum zu fassende siebenunddreißig Wölfe anwachsen, das größte jemals dokumentierte Rudel. Seine Größe verdankte es dem Nahrungsangebot, das nach sieben Jahrzehnten ohne Wölfe unnatürlich groß war, und so könnte das Drei-Dutzend-Rudel das größte aller Zeiten sein.

«Einundzwanzig war der Einzige, der eine so große Gruppe anführen konnte», meint Rick. Dabei ging es nicht immer friedlich zu. Bei einer so hohen Wolfsdichte waren ungewöhnlich viele Konflikte zwischen Wölfen sehr wahrscheinlich. Einundzwanzig beteiligte sich an zahlreichen Kämpfen, um sein Territorium zu verteidigen und es zu erweitern.

Territorialkämpfe von Wölfen ähneln menschlichen Kriegen. Wenn Rudel kämpfen, dann zählt die Anzahl der Kämpfer, aber mehr noch ihre Erfahrung. Wenn die Erwachsenen beider Rudel aufeinander zustürzen oder wegrennen oder um ihr Leben kämpfen, dann sind junge Wölfe manchmal verwirrt. Wolfsjunge unter einem Jahr wirken bei einem Angriff häufig verstört (anscheinend müssen sogar Wölfe Gewalt erst lernen), und manche Jugendliche, die von Angreifern in die Enge getrieben werden, geben einfach auf. Wölfe greifen häufig die Alphatiere des gegnerischen Rudels an, als verstünden sie genau, dass ihnen der Sieg sicher ist, wenn sie die erfahrenen Anführer in die Flucht schlagen oder töten.[3]

Tödliche Konflikte zwischen rivalisierenden Banden gibt es nicht nur bei Menschen und Schimpansen. Die zweithäufigste Todesursache für Wölfe in den Rocky Mountains ist die Tötung durch einen anderen Wolf. (Der Tod von Menschenhand ist die Nummer eins.) Aber wie bereits gesagt, zeichnete sich Einundzwanzig in zweierlei Hinsicht aus: Er verlor keinen einzigen Kampf; und er tötete niemals einen besiegten Wolf.

Einundzwanzig bewies eine scheinbar unglaubliche Selbstbeherrschung, wenn er besiegte Rivalen einfach ziehen ließ. Was war der Grund? Mitleid? Ein anderer Begriff für eine Person, die nicht jeden Vorteil gegen einen bedrohlichen Gegner nutzt, lautet: Großherzigkeit. Kann ein Wolf großherzig sein? Und falls ja, warum?

Wenn ein Mensch einen besiegten Gegner gehen lässt, statt ihn zu töten, dann verliert der Besiegte in den Augen der Zuschauer immer noch an Ansehen, aber der Sieger beeindruckt umso mehr. Man kann nur großherzig sein, wenn man gewonnen hat, also hat man sich dadurch bewiesen, dass man gewonnen hat. Und wenn man Gnade zeigt, beweist man damit, dass man keine Angst und enormes Selbstvertrauen hat. Die Zuschauer könnten zu dem Schluss kommen, dass es eine gute Idee ist, einer Person zu folgen, die so stark und doch nachsichtig ist.

Die angesehensten Führungspersönlichkeiten sind nicht unbarmherzige Männer wie Hitler, Stalin oder Mao, auch wenn sie über Hunderte Millionen Menschen herrschten. Das höchste Ansehen haben Menschen wie Gandhi, King und Mandela. Friedvolle Krieger erwerben sich weltweit einen höheren Status als gewalttätige. Muhammad Ali, der als berühmtester Mann der Welt bezeichnet wurde, übte eine ritualisierte Form des Kampfes aus, sprach von Frieden und weigerte sich, in den Krieg zu ziehen. Seine Entscheidung kostete ihn mehrere Millionen Dollar und seinen Titel als Schwergewichtsweltmeister, aber seine Weigerung zu töten steigerte sein Ansehen in unerreichte Höhen.

Status ist für Menschen und viele andere Tierarten eine große Sache, man denkt darüber nach, wendet Zeit und Energie dafür auf. Für Ansehen wird viel Geld und Blut riskiert. Wölfe verstehen ebenso wenig wie Menschen, *warum* Status und Dominanz so wichtig für sie sind. Unser Gehirn produziert Hormone, die uns zwingen, nach Status und Dominanz zu streben, ohne uns nach unserer Meinung zu fragen – oder uns auch nur über die zugrunde liegende Strategie zu informieren. Dominanz erscheint uns wie reiner Selbstzweck. Wir wissen nicht, warum das so ist. Der Grund ist: Ein hoher Status erhöht die Überlebenschancen. Status steht im Alltag für den Wettbewerb um Partner und Nahrungsmittel. Wenn diese knapp werden, ist jemand mit hohem Status im Vorteil. Es geht dabei ums Überleben, und beim Überleben geht es letzten Endes um Fortpflanzung – die Chance, Nachkommen hervorzubringen, Bedeutung zu haben. Wer dominant ist, gewinnt den Wettbewerb um Nahrungsmittel, Partner und bevorzugte Reviere – was wiederum die Fortpflanzung fördert. So wenig wie Hunde, die Autofahrten nur deshalb toll finden, weil sie an aufregende Orte führen, verstehen wir Menschen, wie das alles funktioniert. Wir müssen nur wissen, dass wir es wollen. Man kann von einem Wolf kaum erwarten, dass er versteht, was uns alle antreibt. Wir verstehen es ja auch nicht.

Aber zurück zur Frage: Kann ein Wolf großherzig sein? Beim Menschen wurde festgestellt, dass es ein Zeichen von Stärke und großem Selbstbewusstsein ist, wenn man einen besiegten Rivalen ziehen lässt. Beides wird geschätzt. Bei freilebenden Tieren wird die offene Zurschaustellung von Überschuss manchmal als «Handicap-Prinzip» bezeichnet. Damit wird signalisiert: «Seht nur, ich habe mehr als genug. Tatsächlich habe ich so viel, dass ich es mir leisten kann, etwas davon zu verschwenden.» Dabei wirkt fast jede Art von Überschuss beeindruckend, solange es um etwas geht, das wertgeschätzt wird – beispielsweise Mut, Schönheit oder Reichtum. Beim Menschen wird die Erlangung eines höheren Status durch die Zurschaustellung von finanziellem Überschuss als «demonstrativer Konsum» bezeichnet. Eine Oldtimer-Sammlung sagt kaum viel anderes aus als ein Würger, der jede Menge Mäuse fängt und tötet, sie aber nicht frisst, sondern für alle gut sichtbar in Dornenbüschen aufspießt.

Viele Tiere versuchen ihren Status zu erhöhen, indem sie einen Überfluss (Mäuse und Häuser), außergewöhnliche Schönheit (Pfauenfedern und langes, volles Haar) oder besondere Risikofreude (im Sport, im Krieg oder in der Wirtschaft) zur Schau stellen. Der revolutionäre israelische Forscher Amotz Zahavi, der das Handicap-Prinzip als Erster bemerkte und den Begriff prägte, studierte Graudrosslinge, eine in Gruppen lebende Vogelart. Ihm fiel dabei auf, dass die Vögel um Gelegenheiten wetteiferten, mit Rivalen kämpfen zu können. Er hielt diese Vögel für altruistisch, weil die Kämpfer um die Ehre wetteiferten, sich selbst zum Wohle der Gruppe einem Risiko auszusetzen zu dürfen. Wären sie Soldaten, dann würden sie mit Orden ausgezeichnet ins Nest zurückkehren. Zahavi schreibt: «Dieser altruistische Akt kann als eine Investition (Handicap) in einen Anspruch auf soziales Ansehen betrachtet werden, die die Seriosität des Anspruchs beweist.»[4] Man behauptet nicht nur, man habe mehr als nötig, sondern man beweist, dass es tatsächlich so ist. Die Zuschauer sind beeindruckt – und das zu Recht.

Wenn man einen geschlagenen, aber potenziell tödlichen Rivalen freilässt, erhöht man den Einsatz erheblich. Ein Individuum, das ein derart außergewöhnliches Selbstbewusstsein an den Tag legt, steigert das eigene Ansehen. Manche dieser selbstbewussten Tiere sind vielleicht Wölfe. Andere könnten Superhelden sein.

«Warum tötet Batman den Joker nicht einfach?», wirft Rick als Frage in den Raum und beantwortet sie sofort selbst. «Wir sind beeindruckt von der Heldenkraft und bewundern den Helden, wenn er seine Macht zügelt», sagt er. «Eine Geschichte, in der der Gute den Bösen tötet, ist nicht einmal annähernd so interessant wie eine Geschichte, in der der Gute vor einem moralischen Konflikt steht. Humphrey Bogart findet in dem Film, der als der beste Film aller Zeiten bezeichnet wurde, die Liebe, die er gesucht hat. Aber er richtet es so ein, dass der andere Mann seine Frau nicht verliert und nicht verletzt wird. Wir bewundern ihn dafür. Wenn wir bei jemandem Stärke kombiniert mit Beherrschung feststellen, dann wollen wir dieser Person folgen. Das erhöht ihren Status ganz erheblich.» Offensichtlich hat sich Rick eingehend damit beschäftigt.

Ein perfekter Wolf

Die Figur im Film fühlt sich an ethische Verhaltensnormen gebunden. Aber haben Wölfe auch eine Moral, ethische Verhaltensnormen?

Rick lacht bei dem Gedanken leise auf. «Wenn ich das behaupten würde, käme es wissenschaftlicher Ketzerei gleich. Aber ...»

Im Leben von Einundzwanzig gab es einen besonderen Rüden, eine Art umherstreifender Casanova, ein konstantes Ärgernis. Er sah auffallend gut aus, hatte eine große Persönlichkeit und tat immer etwas Interessantes. «Wenn ich ihn mit einem Wort beschreiben müsste, dann wäre es ‹Charisma›», sagt Rick. «Die Fähen paarten sich sehr gern mit ihm. Alle *liebten* ihn. Vor allem die Wölfinnen. Sie wollten einen Blick auf ihn werfen und – sie wollten nicht, dass irgendjemand schlecht über ihn sprach. Seine Verantwortungslosigkeit und Untreue – das zählte nicht.»

Eines Tages erwischte Einundzwanzig diesen Casanova bei seinen Töchtern. Einundzwanzig rannte hinein, packte ihn und fing an, ihn zu beißen und auf dem Boden festzunageln. Verschiedene Rudelmitglieder kamen dazu und stürzten sich auf Casanova. «Casanova war auch groß», erzählt Rick, «aber er war ein schlechter Kämpfer. Jetzt war er völlig überrumpelt, und das Rudel war dabei, ihn zu töten.

Plötzlich zieht sich Einundzwanzig zurück. Alle halten inne. Die Rudelmitglieder schauen Einundzwanzig an, als würden sie sagen: ‹Warum hat Papa aufgehört?›» Der Casanovawolf sprang auf und rannte davon – wie er es in solchen Situationen immer tat.

Aber Casanova machte Einundzwanzig immer wieder Probleme. Warum tötet Batman den Joker nicht einfach, anstatt sich immer weiter mit ihm herumzuschlagen? Bei Casanova und Einundzwanzig ergab das keinen Sinn – und das änderte sich erst einige Jahre später.

Ein Zeitsprung in die Zukunft. Nach dem Tod von Einundzwanzig war Casanova für kurze Zeit Alphawolf des Druid-Rudels. Aber er war nicht sehr effektiv, wie sich Rick erinnerte: «Er weiß nicht, was zu tun ist, er ist keine Führungspersönlichkeit.» Und obwohl es *sehr* selten vorkommt, dass ein jüngerer Bruder den älteren entthront, passierte ihm genau das. «Sein ein Jahr jüngerer Bruder hatte eine viel natürlichere Alpha-Persönlichkeit.» Casanova machte das nichts aus; so konnte er wieder frei herumstreifen und sich mit anderen Wölfinnen treffen.

Irgendwann traf Casanova mit einigen anderen jungen Druid-Wölfen auf ein paar Fähen, und sie gründeten gemeinsam das Schwarzschwanz-Rudel. «In diesem Rudel wurde er endlich ein vorbildlicher Alphawolf und ein großartiger Vater», erinnert sich Rick. In der Zwischenzeit wurde das große Druid-Rudel durch Räude und Kämpfe mit anderen Rudeln geschwächt und dezimiert; der letzte Druid-Wolf wurde 2010 bei Butte in Montana erschossen. Casanova, der ungern gekämpft hatte, starb bei einem Kampf mit einem rivalisierenden Rudel. Aber alle anderen Wölfe des Schwarzschwanz-Rudels blieben unverletzt – auch die Enkel und Urenkel von Einundzwanzig.

Wölfe können derartige Wendungen in der Geschichte genauso wenig vorhersehen wie Menschen. Aber die Evolution kann es. Sie rechnet mit langfristigen Durchschnittswerten. Indem Einundzwanzig Casanova verschonte, sorgte er in Wirklichkeit dafür, dass mehr seiner eigenen Nachkommen überlebten. Und in der Evolution sind überlebende Nachkommen die einzige Währung, die zählt. Was Nachkommen beim Überleben hilft, wird ins genetische Erbe aufgenommen, eine vererbte Neigung im Werkzeugkasten der Verhaltensweisen.

«Sollte» ein Wolf, dem es vor allem aufs Überleben ankommt, seinen Rivalen also ziehen lassen? Ist Beherrschung eine effektive Strategie, die Vorteile bringt? Meiner Meinung nach lautet die Antwort: Ja, wenn man es sich leisten kann – weil jemand, der heute mein Feind ist, morgen mein Erbe weitertragen kann. Die Entwicklung, die Rick im Lauf der Jahre beobachtet hatte, ist möglicherweise eines der Ereignisse, welche die Grundlage für die Großherzigkeit der Wölfe sind und auch den Kern für das Mitleid bei Menschen bilden.

Als Einundzwanzig noch ein junger Wolf war und bei seiner Mutter und seinem Adoptivvater lebte, verhielt sich eines seiner neuen Halbgeschwister ungewöhnlich. Die anderen Welpen hatten ein wenig Angst und spielten nicht mit ihm. Eines Tages brachte Einundzwanzig etwas Futter für die kleinen Welpen, und nachdem er sie gefüttert hatte, stand er einfach da und sah sich um. Kurz darauf begann er, mit dem Schwanz zu wedeln. «Er hatte nach dem kränklichen kleinen Welpen gesucht», sagt Rick, «und als er ihn gefunden hatte, ging er einfach zu ihm hinüber und blieb eine Weile bei ihm.»

Rick sucht plötzlich nach Worten, um etwas Bedeutendes auszudrücken. Dann sieht er mich an und sagt einfach: «Von all den Geschichten, die ich über Einundzwanzig erzählen kann, gefällt mir diese am besten.» Stärke beeindruckt uns. Aber wir erinnern uns an Freundlichkeit.

Ein perfekter Wolf

Die meisten Wölfe sterben eines gewaltsamen Todes. Einundzwanzig führte sogar nach Wolfsmaßstäben ein gewalterfülltes, ereignisreiches Leben, aber er blieb bis zum Ende ungewöhnlich: Er war ein schwarzer Wolf, der mit den Jahren ergraute, und er war einer von sehr wenigen Wölfen im Yellowstone-Park, der an Altersschwäche starb.

An einem Tag im Juni, Einundzwanzig war damals neun Jahre alt, hielt seine Familie gerade ein Nickerchen, als ein Wapiti vorbeiging. Alle sprangen auf und jagten ihm hinterher. Auch Einundzwanzig sprang auf, aber er stand einfach da und sah sich das Geschehen an. Dann legte er sich wieder hin. Als das Rudel später zur Lagerhöhle hinaufkletterte, durchquerte Einundzwanzig das Tal in der entgegengesetzten Richtung. Er ging bewusst allein irgendwohin.

Einige Zeit später berichtete ein Parkbesucher, der weit oben in der Wildnis gewesen war, von einem ungewöhnlichen Fund: einem toten Wolf. Rick stieg aufs Pferd und ritt hinauf.

An jenem letzten Tag hatte Einundzwanzig anscheinend gewusst, dass seine Zeit gekommen war. Mit letzter Kraft war er auf den Gipfel eines hohen Berges geklettert. An einem Rendezvousplatz, wo er Jahr für Jahr mit seinen Jungen gewesen war, hatte sich Einundzwanzig mitten zwischen hohem Gras und Wildblumen im Schatten eines großen Baumes zusammengerollt. Er hatte selbst ausgesucht, wo er sich zum letzten Mal schlafen legen wollte.

Rick hatte Einundzwanzig fast jeden Tag seines langen Lebens gesehen und seinen Aufstieg vom Welpen zum Rudelführer und seinen letzten Gang durch das Tal beobachtet. Bevor Rick an jenem Tag hinaufritt, versprach er Doug McLaughlin, er werde ihm erzählen, was er gefunden habe, wenn er zurückkomme. Später, als Doug sah, dass Rick von der Bergwiese zurückgekehrt war, ging er hinüber, um sich Ricks Bericht anzuhören.

Aber Rick ging auf direktem Weg zu seinem Wagen. Er öffnete die Tür und brach weinend zusammen, bevor er eingestiegen war. Doug McLaughlin erzählte mir die Geschichte mit Tränen in den Augen, und ich blickte zu Boden.

Rudelbildung und -auflösung

Ein Wolfsrudel ist nichts anderes als eine Familie. Was wir als Rudel bezeichnen, ist im Prinzip nur ein Elternpaar mit seinen Jungen. Wir bezeichnen die Elterntiere häufig als «Alphawölfin» und «Alphawolf». Wolfsexperten verwenden das Wort «Alpha» allerdings nicht mehr, sondern bezeichnen die sich fortpflanzende Fähe als die Matriarchin des Rudels, weil sie viele Entscheidungen des Rudels initiiert.

Die klassische Vorstellung einer Rudelbildung sieht so aus: Junge trifft Mädchen, sie haben Nachkommen – Rudel. Ja, das kommt vor. Aber bei Wölfen kommt alles vor. Die individuellen Persönlichkeiten und zufälligen Zusammentreffen spielen eine große Rolle. Manchmal bilden zwei oder drei Brüder ein neues Rudel mit zwei oder drei Schwestern aus einem anderen Rudel. Ein oder zwei Jahre später teilen sie sich vielleicht in zwei neue Rudel auf. Dies ist der «Fission-Fusion»-Aspekt bei Wölfen und Menschen (den es auch bei Elefanten gibt).

Ein Alphapaar ist gegenseitig sehr loyal, was Verteidigung und Unterstützung anbetrifft. (Die Loyalität, die wir an Hunden so lieben – das, was sie zum «besten Freund» macht –, ist der Wolf in ihnen.) Und die Alphas verlassen sich bei der Jagd, der Fütterung und Beaufsichtigung der Welpen, bei der Revierverteidigung und bei der Verteidigung gegen angreifende Rivalen stark auf ihre Kinder.

Wie Menschen halten sich auch Wölfe an Regeln und brechen sie manchmal, lassen die Familiengrenzen verschwimmen. Wie viele «monogame» Menschen auch, nehmen Wölfe es manchmal nicht ganz so genau mit den Regeln. Rüden überschreiten schon mal die Reviergrenzen des Rudels auf der Suche nach einer kurzen Affäre. Fähen tolerieren vagabundierende Rüden im Allgemeinen. Für die Rüden ist der Aufenthalt im Revier eines fremden Rudels allerdings äußerst gefährlich. Trotzdem riskieren sie gelegentliche nächtliche Ausflüge.[5]

Ausgedehnte Kinderfürsorge ist fester Bestandteil in Gesellschaft und Familienleben der Wölfe. Die Welpen bleiben mehrere Jahre bei ihren

Eltern. Die Älteren helfen bis ins junge Erwachsenenalter hinein bei der Aufzucht der jüngeren Geschwister, sodass Mehrgenerationengruppen entstehen. Irgendwann verlassen sie schließlich ihre Eltern, um eigene Familien zu gründen. Die Erwachsenen ziehen von Wohnhöhlen und Rendezvousplätzen – abgelegene Orte, wo die ganz jungen Welpen versteckt werden – aus abwechselnd los, um zu jagen und Futter heranzuschaffen, die anderen spielen mit den Welpen und lassen von den verspieltesten und hartnäckigsten Jungtieren der Welt spielerische Überfälle über sich ergehen und sich am Schwanz ziehen.[6]

«Bei Wölfen geht es um drei Dinge», sagt Doug Smith, Leiter der Wolfsforschung im Yellowstone-Park, und er zählt sie an den Fingern auf: «Sie ziehen umher, sie töten und sie sind Gruppentiere – das Gruppenleben ist sehr wichtig für sie. Vieles in ihrem Leben dreht sich um die Gruppe, das Rudel. Und nachdem ich dreißig Jahre lang Wölfe erforscht habe, weiß ich vor allem eines: Man kann nicht sagen ‹Wölfe tun dies›, ‹Rüden tun das› oder ‹Fähen tun jenes›. Nein. Wölfe sind fantastisch individualistisch.»

«In Gefangenschaft laufen Wölfe ständig hin und her», sagt Doug. «Sie wollen einfach weg.» Wölfe legen an einem Tag zwischen zehn und fünfundsechzig Kilometer zurück. «Nicht nur für die Jagd. Auch um ihr Revier zu sichern. Sie sind sehr eifrige Revierverteidiger.

Und noch ein vierter Punkt», sagt Smith. «Sie sind hart im Nehmen.»

Während der Wiederansiedlung der Wölfe befürchteten die Forscher, die wilden kanadischen Wölfe könnten sich sofort auf den Rückweg nach Kanada machen. Daher hielten sie die Tiere mehrere Wochen lang in riesigen «Eingewöhnungsgehegen».[7] Die meisten fanden sich mit diesem Arrangement ab. Aber drei widerspenstige Wölfe hielten die Gefangenschaft nicht aus. Einer sprang so hoch, dass er sich an einem überhängenden Teil des drei Meter hohen Zauns festkrallen und sich dann sogar über das Drahtgeflecht rollen konnte und so entkam. *Danach* grub er sich von außen unter dem Zaun hindurch – und befreite seine Kameraden. Zuvor hatten die drei trotzigen Wölfe pausenlos am Maschendraht genagt und so ihre Eckzähne schwer beschädigt. Sie hatten sie praktisch abgeschliffen.

«Ich dachte damals: ‹Wow, diese Tiere haben so gut wie keine Chance›», erinnerte sich Smith.

«Aber nach ihrer Freilassung merkte man gar nicht mehr, dass etwas nicht stimmte. Ich dachte: ‹Wie in aller Welt tötet dieser Wolf ohne Eckzähne einen Wapiti?›» Wölfe üben mit ihren Kiefern bis zu 8300 Kilopascal Druck aus, zweimal so viel wie ein Deutscher Schäferhund. «Damit zerquetschen sie alles.»[8]

Doug hat vier- oder fünfmal einen Wolf gefangen, um sein Funkhalsband auszutauschen, und dabei entdeckt, dass das Tier am Bein einen verheilten Bruch hatte. «Ich hatte sie die ganze Zeit verfolgt, nachdem ich die ersten Halsbänder angelegt hatte; es gab in der ganzen Zeit nicht das kleinste Anzeichen dafür, dass sie ein Bein gebrochen hatten!» Einmal überflog Smith ein Rudel mit einem Helikopter. «Sie sprangen in hohen Sätzen durch den Tiefschnee. Ich betäubte einen von ihnen mit einem Pfeil, um ihm ein Halsband anzulegen. Wir landeten und ich stellte schockiert fest, dass das Tier nur drei Beine hatte. Von oben hatte es so ausgesehen, als liefe der Wolf ganz normal.» Eine Wölfin aus der Gruppe mit dem dreibeinigen Tier hatte im Spätwinter eine gebrochene Schulter, wahrscheinlich durch den Tritt eines Wapitis oder Bisons. «Sie war *zehn* Jahre alt» – außergewöhnlich langlebig für einen wild lebenden Wolf –, «und sie überstand auch noch den ganzen folgenden Frühling und Sommer. Ich glaube, die anderen haben ihr geholfen.» Im Herbst baute sie schließlich ab und starb.

«Wenn man die Knochen der Wölfe untersucht, dann sieht man, dass diese Kerle ein sehr hartes Leben haben *und unglaublich* hart im Nehmen sind.» Einmal entdeckte Smith eine Alphawölfin mit einem hängenden Bein; sie beobachtete aufmerksam die Jagd des Rudels. «Sie war direkt vor Ort und ließ das Geschehen nicht aus den Augen», statt sich zu verstecken und ihr gebrochenes Bein zu schonen. Das Bein verheilte und die Wölfin überlebte.

«Nein», stellt Doug fest. «Wölfe tun sich niemals selbst leid. Sie sagen nie: ‹Oh, ich Armer.› Bei ihnen heißt es immer: ‹*Vorwärts!*› Sie fragen immer: ‹Was kommt als Nächstes?›»

Ein Wolfsrudel entwickelt einen eigenen Charakter. Das Druid-Rudel schweifte ohne Rücksicht auf Grenzen umher.[9] Im Gegensatz dazu richtete sich Mollies Rudel ein Revier in großer Höhe ein, wo es im Sommer wundervoll war, aber im Winter war es dort rau – tiefer Schnee und Temperaturen bis zu minus vierzig Grad Celsius. Dann fand sich kein einziger Wapiti mehr dort, und auch nur einige wenige Bisons blieben zurück, die «supergroßen, robusten Giganten», wie Smith sie nannte.[10] Nach ein paar Jahren waren Mollies Wölfe bei der Jagd auf diese zentnerschweren Winterbisons sehr effektiv geworden. Bei einem Jagdversuch trieben vierzehn Wölfe einen Bisonbullen mehrfach in den Tiefschnee, «um ihm die Standsicherheit zu nehmen, und damit die Wucht seiner Tritte zu verringern». Zwar schüttelte der Bison die Wölfe mehrfach «im wörtlichen Sinne ab», aber die Wölfe gaben nicht auf und töteten den Bison schließlich – nach neun Stunden Belagerung.

Bisons stehen ganz am oberen Ende der Jagdbeuteskala von Wölfen, und die Bisons tötenden Wölfe aus Mollies Rudel gehörten zu den größten im Yellowstone-Park. Höchstwahrscheinlich handelte es sich dabei um natürliche Auslese in Aktion, denn nur die größten Wölfe konnten das ganze Jahr über in dieser Kälte überleben und den Kampf gegen die riesigen Bisons wagen.

Fast alle Raubtiere jagen Beute, die kleiner ist als sie selbst. Wölfe jedoch jagen Tiere, die viel größer sind als sie. Ihre Beute wiegt oft das Fünf- bis Zehnfache eines Wolfs. Ohne Zusammenarbeit ist das unmöglich. Darum leben Wölfe in Gruppen. Das Leben als Wolf ist Gemeinschaftsarbeit. Das macht Wölfe zu sehr sozialen und damit auch besonderen Tieren.

Raubtiere, die Beute jagen, die größer ist als sie selbst, jagen meist in organisierten Gruppen, in denen soziale Strukturen und Arbeitsteilung herrschen. Nur wenige Arten gehören in diese Elite-Kategorie, zum Beispiel afrikanische Wildhunde *(Lycaon pictus)*, Löwen, Fleckenhyänen und mehrere Delfinarten, darunter die Säugetiere jagenden Unterarten der Killerwale. Und Menschen. Auch wir sind etwas Besonderes.

Löwen nehmen jeweils Positionen an der «Flanke» oder im «Zentrum» ein, und die Flankentiere treiben die Beute auf die Tiere im Zentrum zu, die im Hinterhalt liegen. Einzelne Löwen spezialisieren sich auf den Einsatz in der Flanke oder im Zentrum, und die Löwen an den Flanken spezialisieren sich auf die rechte oder linke Flanke. Auch bei Großen Tümmlern gibt es manchmal Arbeitsteilung. Manche von ihnen schwimmen hin und her, um den gefangenen Fischen den Fluchtweg abzuschneiden, während andere Delfine dann tatsächlich zuschnappen.

Nach einer Weile tauschen die Delfine die Plätze, die Blockierer stürzen sich auf den Schwarm, und die Fresser blockieren den Fluchtweg. Das bedeutet, dass die Delfine irgendwie in der Lage sein müssen, sich gegenseitig zu signalisieren, wann sie die Position wechseln. Manchmal teilen sie sich auf in «Treiberdelfine», die die Fische auf die «Blockierdelfine» zutreiben. In diesen Gruppen behalten die einzelnen Tiere ihre Spezialistenrollen meistens bei.[11] Buckelwale tauchen unter Fischschwärme und setzen die Fische in einem Zylinder aus aufsteigenden Luftblasen fest. Dann steigen die Wale in diesem «Luftbläschennetz» voller panischer Fische mit offenem Maul auf und schlingen die Fische hinunter. Forscher stellten überrascht fest, dass Buckelwale manchmal feste Luftbläschenfischermannschaften bilden, in denen dieselben Tiere jahrelang zusammenarbeiten und in dieser Zeit immer dieselben Positionen einnehmen. Bei einhundertdreißig Fresszügen in drei Tagen, bei denen Forscher acht Buckelwale beobachteten, nahm jeder Wal im Verhältnis zu seinen Kollegen jedes Mal dieselbe Position ein.[12] Wie die Wölfe schienen auch diese Tiere genau zu wissen, was geschah, was sie taten und wer es tat, und damit verbesserten sie ihre Überlebenschancen deutlich.

Wolfsjagden wirken auf den ersten Blick unorganisiert. Manchmal stehen zehn Wölfe einhundert Wapitis gegenüber, und dann sieht man nur, sagt Rick, dass «jeder Wolf einen anderen Wapiti jagt. Aber in dem Chaos suchen sie alle nach einem Anzeichen, das einen Wapiti als potenziell angreifbar ausweist. Und sie alle beobachten sich gegenseitig. Sie haben eine effiziente Art, große Mengen potenzieller Beute in kurzer Zeit zu überprüfen.»

Wölfe teilen sich die Arbeit. Große Rüden rennen langsamer als Fähen und leichtere, jüngere Rüden. (Fähen werden zwischen vierzig und fünfundvierzig Kilogramm schwer. Ein großer Rüde – der im Alter von vier Jahren sein volles Gewicht erreicht – wird fünfundfünfzig bis sechzig Kilogramm schwer. Die allergrößten bringen es auf etwa siebzig Kilogramm, nur sehr selten mehr.) Bei der schnellen Jagd sieht man normalerweise Fähen und Jährlinge an vorderster Front. Meist holen jüngere Wölfe einen rennenden Wapiti als Erste ein. Sie beißen in seine Hinterbeine und Schenkel, damit er langsamer wird. Aber Jungwölfe wissen nicht, wie man einen Wapiti am besten tötet. (Und je länger das dauert, umso gefährlicher wird es für die Wölfe. Ein tödlicher Stoß mit einem

Geweih oder ein verzweifelter, entschlossener Tritt eines Wapitis, der Knochen bricht oder Zähne ausschlägt und so lebensgefährliche Abszesse auslöst, können einen Wolf töten.) Dann mischt sich ein großer Wolf ein, stürzt an seinen Kindern und dem Wapiti vorbei, dreht sich um und springt dem Wapiti für den tödlichen Biss an die Kehle.

Die Älteren leiten eine Jagd häufig ein. Manchmal durchschauen die jüngeren Rudelmitglieder die Strategie nicht. Eines Tages sah Rick, wie der Alpharüde des Junction-Butte-Rudels, Puff, dieses den Berg hinaufführen wollte. Keiner folgte ihm. Doch Puff hatte ein paar Wapitis dort oben erspäht. Puff ging allein hinauf und verschwand zwischen den Bäumen. Plötzlich stürmten die Wapitis erschreckt los, und Puff rannte hinter dem letzten Wapiti, einer erwachsenen Wapitikuh, zwischen den Bäumen hervor. «Sie traf auf ihrer Flucht viele schlechte Entscheidungen, und er holte auf», sagt Rick. Jetzt hatte das ganze Rudel bemerkt, was passierte. Puffs Gefährtin rannte von der Seite heran und schnappte nach den Hinterläufen des Wapitis. Die Wapitikuh trat sie weg, wurde dadurch aber langsamer, sodass Puff sie einholte und ihr an die Kehle sprang. Ein drittes Rudelmitglied kam dazu, und gemeinsam brachten sie den Wapiti zu Fall. «Für die Jungen ist es äußerst lehrreich, zu beobachten, wie ältere, erfahrene Wölfe mit Leben und Tod umgehen», bemerkt Rick.

Als «Alphamännchen» bezeichnet man Typen, die sich besonders aggressiv durchsetzen und dominant sind – der Manager, der alle anbrüllt und herabsetzt, der ständig zeigt, dass er die absolute Kontrolle hat. Der knurrige Chef gilt heute als Karikatur des Alphamännchens. Wölfe sind *nicht* so.

Sondern so: Der Alphawolf spielt beim Erlegen von Beute eine Hauptrolle, geht danach aber weg und schläft, bis sich alle satt gegessen haben. «Das Hauptmerkmal eines Alphawolfs ist ein gelassenes Selbstvertrauen», sagt Rick. «Er weiß, was er will; er weiß, was für das Rudel das Beste ist. Er fühlt sich wohl damit. Er hat eine beruhigende Wirkung. Tatsächlich sind Alpharüden überraschend wenig aggressiv, weil sie nicht aggressiv sein müssen.»

«Einundzwanzig war der klassische Alphawolf», erklärt Rick. «Er war der härteste Kerl in der Gegend. Aber sein Verhalten war vor allem von Beherrschung geprägt. Stellen Sie sich einen emotional gefestigten

Mann oder einen großen Schwergewichtsmeister vor», fordert Rick mich auf. «Dann stellen Sie sich zwei Gruppen dieser Art vor – zwei Wolfsrudel, zwei Menschenvölker, irgendetwas. Welche Gruppe hat wohl die größeren Chancen, zu überleben und sich fortzupflanzen: die Gruppe, deren Mitglieder zusammenarbeiten, miteinander teilen, friedlich miteinander umgehen, oder eine Gruppe, in der die Mitglieder sich verprügeln und miteinander konkurrieren?»

Nach Ricks Erfahrung verhält sich ein Alphawolf demnach so gut wie nie offen aggressiv gegenüber den anderen Wolfsrüden, die in der Regel seine Söhne oder Adoptivsöhne oder vielleicht Brüder sind. Er hat vielmehr eine gewisse Persönlichkeit, die die anderen Rüden anerkennen. «Die einzige Zeit, in der er seine Dominanz durchsetzt, ist die der Paarung, wenn die Nummer zwei des Rudels sich der Leitwölfin nähert. Dann knurrt der Alphawolf vielleicht und fletscht die Zähne. Oder er schaut ihn einfach nur an. Das genügt.» Wenn der Alphawolf aggressiv auf den anderen Rüden zugeht, dann liegt dieser meistens schon auf dem Rücken, bevor er ihn erreicht; der Alphawolf beißt ihn dann vielleicht kurz in den Hals oder an die Schnauze, um die Rangfolge klarzustellen, will ihn aber nicht verletzen. Der andere Wolf wehrt sich nie. Meistens nimmt er einfach eine Demutshaltung ein oder schleicht davon. «Kennen Sie das, wenn ein Hund Sie schuldbewusst anschaut, wenn Sie mit ihm schimpfen? Genau so sieht der Wolf aus.» Zum Abschluss sagt Rick: «Minimale Gewalt fördert Zusammenhalt und Zusammenarbeit in der Gruppe. Das ist wichtig für ein Rudel. Der Alphawolf geht mit *gutem Beispiel* voran.»

Rick beschreibt Doug Smith als einen wolfsähnlichen Alphamann: «Doug ist mit Abstand der beste Vorgesetzte, für den ich je gearbeitet habe. Sehr gelassen, unterstützend; er schreit nie jemanden an; er hat sehr viel Verständnis für die Situation anderer Menschen. Er hat einen natürlichen, sanften Führungsstil. Er hat ein natürliches Selbstvertrauen im besten Sinne. Er motiviert Menschen mühelos. Seine Leute würden ohne Klagen neunzig Stunden die Woche für ihn arbeiten. Wahrscheinlich wäre es ihm sehr peinlich, wenn er das hören würde.»

Ich beschließe, mir eine zweite Meinung über Alphawölfe von dem Alphamann selbst einzuholen. «Früher bezeichnete man Alphawölfe als den *Boss*», beginnt Smith und fügt dann grinsend hinzu: «Vor allem männliche Biologen haben so geredet.» In der Realität gebe es zwei Hierarchien im Rudel, erklärt er: «Eine für die Rüden und eine für die Fähen.» Wer leitet dann das Rudel? «Das ist sehr subtil, aber anscheinend treffen die Fähen die meisten Entscheidungen.» Dazu gehören Entscheidungen darüber, wohin man geht, wo man ruht, welche Route man wählt, wann man jagen geht und die wichtigste Entscheidung für das Rudel: der Ort der Wohnhöhle.

Manche Fähen spielen für ihr Rudel eine größere Rolle als andere. «Nez-Perce-Rudel: Die Alphawölfin wird getötet und» – Smith schnippt mit den Fingern – «das Rudel löst sich auf. Weg. Leopold-Rudel: Die Alphawölfin stirbt und man merkt gar nichts; ihre Tochter übernimmt die Rolle als Leitwölfin. Nahtlos.»

Alle Wolfexperten sagen dasselbe wie Smith: «Für Wölfe sind Persönlichkeiten wichtig.» Die Persönlichkeit eines Wolfes hat Einfluss darauf, wie verspielt er ist, wie er jagt, wie lange ein junger Wolf bei den Eltern bleibt, bevor er sie verlässt, um sein eigenes Glück zu machen, und wie – und ob – er führt.

«Zwei Beispiele», bietet Smith an. «Sieben war die dominante Wölfin in ihrem Rudel. Aber man konnte sie tagelang beobachten und sagen: ‹Ich *glaube,* sie hat das Sagen.› In jahrelanger Beobachtung sah ich dann, dass sie das Rudel *tatsächlich* anführte. Sie führte durch vorbildliches Verhalten. Mit dem Wort ‹Matriarchin› meine ich eine Wölfin, deren freundliche Persönlichkeit das ganze Rudel prägt.»

Und dazu der Gegensatz: Sieben führte durch vorbildliches Verhalten. Vierzig führte mit eiserner Strenge. Doug betont das langsam: «Sehr ... *verschiedene* ... Persönlichkeiten.» Sieben konnte man wochenlang studieren, ihre Führung war so subtil. «Bei Vierzig sah man nach einer Stunde schon: Sie ist die Chefin und – eine *Bitch!*» Sie war eine außergewöhnlich aggressive Wölfin, die ihre eigene Mutter von der Spitzenposition verdrängt hatte. (Nachdem ihre Tochter sie entthront hatte, verließ die Mutter das Rudel. Und an einem Dezemberabend bellte ein Hund, eine Tür wurde geöffnet, ein Licht leuchtete auf, ein Gewehr wurde abgefeuert, und die Mutter war tot.)

Drei Jahre lang herrschte Vierzig als Tyrannin über das Druid-Rudel. Wenn ein Rudelmitglied sie zu lange anstarrte, erzählte Doug Smith, dann landete es auf dem Boden mit einem Paar gefletschter Eckzähne über dem Hals. Er erinnert sich: «Ihr ganzes Leben lang sorgte sie mit allen Mitteln dafür, dass sie die Oberhand behielt, mehr als jeder andere Wolf, den ich beobachtet habe.»

Besonders schwer litt eine gleichaltrige Halbschwester unter Vierzig. Weil sie von der Schwester brutal unterdrückt wurde, bekam diese Wölfin den Namen Cinderella, Aschenputtel.

In einem Jahr entfernte sich Cinderella vom Rudel und grub eine Höhle. Das tun Wölfinnen nur, wenn sie Junge bekommen. Kurz nachdem die Höhle fertig war, kam ihre Schwester und verpasste ihr eine Abreibung. Cinderella wehrte sich nicht; sie nahm es einfach hin, wie immer. Ob sie in jenem Jahr Junge bekam, ist nicht klar. Aber wenn sie es getan hat, dann tötete Vierzig die Welpen wahrscheinlich; niemand sah jemals einen davon.

Im folgenden Jahr jedoch brachten Cinderella und ihre brutale Schwester (inzwischen fünf Jahre alt) sowie eine Schwester, die in der Rangordnung weiter unten stand, allesamt Junge zur Welt in Höhlen, die mehrere Meilen voneinander entfernt lagen. (Wie bereits erwähnt, ist das höchst ungewöhnlich; darin spiegelt sich die hohe Wapitidichte in den ersten Jahren nach der Wiedereinführung wieder.)

Junge Wolfsmütter säugen und beschützen ihre Jungen ständig; für die Nahrungsversorgung sind sie auf andere Rudelmitglieder angewiesen.

In jenem Jahr besuchten nur wenige Rudelmitglieder die übellaunige Alphawölfin in ihrer Höhle. Ihr Partner – der berühmte Superwolf Einundzwanzig – schaffte fast ihre ganze Nahrung heran. Cinderella jedoch wurde von verschiedenen Rudelmitgliedern gut versorgt, auch ihren erwachsenen Schwestern.

Sechs Wochen nach der Geburt entfernte sich Cinderella in Begleitung mehrerer Rudelgenossen von ihrer Höhle. In der Nähe von Vierzigs Höhle trafen sie auf die Königin in Person. Vierzig griff Cinderella sofort an mit, «sogar für sie, enormer Heftigkeit». Danach richtete sie ihre Wut gegen eine jüngere Schwester, die Cinderella begleitet hatte, und verpasste auch ihr eine Abreibung. Kurz darauf machte sich Vierzig zu Cinderellas Höhle auf. Bei Einbruch der Dämmerung trotteten sie alle dort hin.

Nur die Wölfe sahen, was als Nächstes geschah. Aber wahrscheinlich passierte Folgendes: Anders als im Jahr zuvor hatte Cinderella dieses

Mal nicht vor, passiv zu bleiben und zuzulassen, dass ihre Schwester ihre Höhle und die sechs Wochen alten Welpen erreichte. In der Nähe der Höhle kam es zum Kampf. Wenn es zwischen zwei Wölfen zum Kampf kommt, ergreifen andere schnell Partei für die eine oder andere Seite und machen mit. In einem Kampf Wölfin gegen Wölfin wäre Cinderella wahrscheinlich ihrer Schwester unterlegen. Aber dieses Mal kämpften mindestens vier Wölfe, und Vierzig hatte keine Verbündete unter ihnen. Jetzt musste sie büßen.

Bei Sonnenaufgang versteckte sich Vierzig neben der Straße, dem Tode nahe. Sie war blutüberströmt, und ihre Wunden – darunter ein Biss in den Hals, der so schlimm war, dass man die Wirbelsäule sah – deuteten auf einen erschreckend heftigen Kampf hin. Ein Loch in ihrem Hals war so tief, erzählte Smith, «dass ich meinen Zeigefinger komplett hineinstecken konnte und noch Platz war». Sie starb kurze Zeit später. Ihre Halsschlagader war verletzt; ihre langmütige Schwester hatte ihr die Kehle aufgerissen.

Dies war der einzige in der Forschung bekannte Fall, bei dem ein Rudel das eigene Alphatier getötet hatte. Den Schwestern ist es hoch anzurechnen, dass sie gegen übliche Wolfsnormen verstießen und meuterten.

Das war schon bemerkenswert genug. Aber Cinderella fing gerade erst an. Sie adoptierte alle Welpen ihrer toten Schwester. Und sie nahm auch ihre nachrangigen Schwestern *samt* Welpen auf. Und so wuchsen in jenem Sommer im Druid-Peak-Rudel einmalige einundzwanzig Welpen in einer Höhle auf.

Die nachrangige Schwester entwickelte sich, von der brutalen Herrschaft Vierzigs befreit, zur besten Jägerin des Rudels und wurde später die gütige Matriarchin des Geode-Creek-Rudels. Da zeigt sich wieder einmal, dass ein Wolf, wie mancher Mensch auch, viele Talente und Fähigkeiten haben kann, die verdorren oder aufblühen können, je nachdem, wie es das Schicksal mit ihnen meint.[13]

«Cinderella war eine Alphawölfin im besten Sinne», sagt Rick McIntyre. «Kooperativ, sie revanchierte sich für die Unterstützung durch die anderen erwachsenen Fähen, indem sie mit ihnen teilte und ihre Schwestern einlud, ihre Welpen mit ihren eigenen Jungen und auch denen ihrer besiegten Schwester aufzuziehen. Sie führte Akzeptanz und Zusammenhalt als Verhaltensregeln ein, was dazu führte, dass das Druid-Rudel zum größten Wolfsrudel anwuchs, das je dokumentiert wurde.» Rick sagt, Cinderella habe «perfekt dazu beigetragen, dass alle gut miteinander auskamen».

Die Wölfin namens Sechs

Im glänzenden Licht eines neuen Morgens hatte frischer Schnee das eisige Reich in eine Traumlandschaft verwandelt. Kein Wind. Völlige Ruhe. Demütig wahrgenommen.

Es ist hübsch anzusehen, aber kein Wolf in Sicht. Also reden wir über – Wölfe.

«Sie hatte ein sagenhaftes Gespür dafür, wenn im Rudel etwas nicht stimmte», erzählt Laurie Lyman, unermüdliche Beobachterin und Sammlerin von Wolfsnachrichten für *Yellowstone Reports*. Sie spricht, natürlich, über die Wölfin, deren Geburtsjahr zu ihrem Namen wurde, die legendäre Null-Sechs: die majestätische Enkelin des großen Einundzwanzig; Alpha-Gründerin des Lamar-Rudels, das wir im Moment nicht sehen; Mentorin und Gefährtin von Sieben-Fünfundfünfzig und seinem stämmigen Bruder; Mutter der frühreifen, jetzt verbannten Acht-Zwanzig; und unfreiwillige Märtyrerin.

«Sie war eine Alphawölfin, die die meisten Regeln für ihr Leben selbst aufstellte», schaltet sich Doug McLaughlin ins Gespräch, der keine Gelegenheit auslässt, um Null-Sechs zu loben. «Sie machte alles auf ihre eigene Art», sagt er, «und sie war spektakulär gut darin. Je länger man sie beobachtete, desto mehr bewunderte man sie.»

«Also ein riesiger Verlust, wirklich traurig», bestätigt Laurie nachdenklich. Es geschah erst vor wenigen Monaten, und der Schmerz ist noch in ihren Gesichtern zu sehen, die Selbstvorwürfe. Laurie gesteht: «In gewisser Weise haben wir sie zu Tode geliebt; im Park hatte sie oft viele Menschen gesehen. Daher war sie außerhalb des Parks nicht besonders ängstlich.»

Der Großvater von Null-Sechs war der Superwolf, und Null-Sechs hatte selbst einen Ruf als brillante Jägerin und meisterhafte Taktikerin erworben.

Eines Tages sah Rick sechzehn Wölfe aus Mollies Rudel – das Bisons jagende Rudel hatte früher schon andere Wölfe getötet – sich der Höhle des Lamar-Rudels nähern. Wenn Wölfe die Höhle eines rivalisierenden Rudels entdecken, töten sie dort manchmal alle Welpen sowie jeden erwachsenen Wolf, der sich ihnen entgegenstellt. An jenem Tag passierte genau das.

Auf ihrem Weg nach oben nutzten die Mollie-Wölfe den dichten Baumbestand als Deckung. Plötzlich brachen siebzehn Wölfe zwischen den Bäumen hervor und rannten von der Höhle weg. Null-Sechs lief mit einigem Abstand an der Spitze, aber alle sechzehn feindlichen Wölfe jagten sie und holten rasch auf. Sie rannte über den offenen Hang, der an einem hohen Abgrund endete. Sie hielt direkt auf den Abgrund zu.

«Ich sah, dass sie aus Panik einen schrecklichen Fehler gemacht hatte», erinnerte sich Rick. «Ich sah, dass sie sich nur noch umdrehen und kämpfen konnte, wenn sie den Abgrund erreichte und ihren Fehler bemerkte.» Doch sechzehn gegen eine war ein aussichtsloser Kampf. «Wir hatten sie ihr ganzes Leben lang beobachtet, und jetzt würden wir auch ihren Tod beobachten», erinnert er sich.

«Aber sie wusste, anders als wir, dass sich an der Felswand eine winzige Rinne entlangzog, auf der sie ins Tal laufen konnte. Also stürzte sie sich diesen Pfad entlang nach unten. Und die anderen Wölfe konnten sich nicht erklären, wie sie nach unten gekommen war, als sie das obere Ende der Felswand erreichten.

«Doch ein wesentliches Problem bestand weiterhin: Die Wölfe mussten nur ihrer Fährte folgen, um ihre Höhle mit den schutzlosen Welpen zu finden.

In diesem Moment tauchte eine ihrer erwachsenen Töchter auf und tat etwas, das ich für dumm hielt. Sie stand einfach da, gut sichtbar. Die Angreifer entdeckten sie und stürzten auf sie zu. Sie lief nach Osten. Sie war eine sehr schnelle Wölfin und rannte ihnen allen problemlos davon. Aber so führte sie die anderen Wölfe weit von der Höhle und den Welpen weg.» Am Ende der Jagd sahen die Mollie-Wölfe verwirrt, müde und desorganisiert aus. Sie gingen ins Tal, durchschwammen den Fluss und kehrten nicht zurück.

Und die Welpen, die an jenem Tag überlebten, weil ihre erwachsenen Verwandten die Angreifer getäuscht hatten, sind die Jährlinge, auf die wir jetzt warten.

Null-Sechs erwarb sich den Ruf als beste Jägerin im Yellowstone. Menschliche Beobachter hatten nur viermal gesehen, dass Wölfe bei einer Jagd zwei Wapitis erlegten. Und wie zu erwarten, hatte immer ein Rudel die beiden Wapitis getötet. «Das war, bevor Null-Sechs mit dem Jagen anfing», sagte Doug McLaughlin mit Stolz in der Stimme. Bei drei Gelegenheiten erlegte Null-Sechs zwei Wapitis bei einer Jagd allein.

Eines Tages trat eine 250 Kilogramm schwere Wapitikuh mit ihrem halbwüchsigen Jungen aus dem Waldrand hervor. Einhundert Meter hinter ihnen trottete Null-Sechs. Die Wapitikuh ging schneller. Ihr Ziel war der Fluss, in den sie so tief hineinwaten wollte, dass ein Wolf schwimmen musste, bevor er sie erreichte. Die Wapitikuh wusste, was sie tun musste, und sie erreichte ihr Ziel.

Null-Sechs beschloss zu warten. Einmal hatte sie einen Wapiti drei Tage lang im Wasser stehen lassen, bevor sie ihn getötet hatte. Sie legte sich am Ufer nieder.

Die beiden Wapitis trennten sich: Die Mutter ging flussabwärts, das Junge flussaufwärts. Die Spannung wuchs, als das zunehmend schutzlose Jungtier einen flacheren Teil des Flusslaufs erreichte.

«Und in wenigen Sekunden stürzte sich Null-Sechs auf das *Muttertier*», erinnert sich Doug.

Während die Menschen sich auf das schutzlose Jungtier konzentrierten, hatte Null-Sechs die Situation anders eingeschätzt: Wenn sie das kleinere Tier angriff, dann musste sie es mit einem Drosselbiss töten, während die pferdegroße Mutter wutentbrannt mit scharfen, fliegenden Hufen angestürmt kam.

Folgendes geschah: Im Wasser konnte Null-Sechs sich die Mutter nicht schnappen, daher reizte sie die Wapitikuh von Land aus so lange, bis diese angriff. Und tatsächlich stürzte sich die Wapitikuh, mit den Vorderläufen wild um sich schlagend, ans Ufer. Null-Sechs wartete auf ihre Chance, sprang dann durch die ausschlagenden Hufe nach oben und packte den Wapiti an der Kehle.

Gemeinsam fielen sie das Ufer hinab ins Wasser. Der Kopf von Null-Sechs war unter Wasser. Sie löste sofort ihren Biss und drückte den Kopf der Wapitikuh mit ihrem ganzen Körpergewicht unter Wasser. «Sie kannte ihre Beute so gut, wie wir es noch nie bei einem Wolf gesehen hatten», erzählt mir Doug. «Und so *schnell* habe ich einen Wapiti noch nie erlegt gesehen.» Es kann etwa zehn Minuten dauern, bis Wölfe ein Tier mit einem Drosselbiss getötet haben, doch «dieser Wapiti ertrank in nur zwei Minuten».

Aber jetzt hatte Null-Sechs einen toten Wapiti im tiefen Wasser. Sie versuchte, ihn herauszuziehen, schaffte es aber nicht. Daher dachte sie sich eine andere Strategie aus. Sie zog den Wapiti ins tiefere Wasser, ließ ihn flussabwärts zu einem Stück Strand treiben und zog ihn dort heraus.

Sie fraß etwas und legte sich dann ans Ufer, um auszuruhen.

Das Kalb hatte sich in der Zwischenzeit anscheinend selbst einige Gedanken gemacht. «Es hatte das Wasser verlassen und war unübersehbar an der Stelle vorbeigegangen, an der wir standen.»

Anscheinend rechnete Null-Sechs damit, dass das Junge irgendwann zum Fluss zurückkehren würde. Und als es tatsächlich zurückkam, ging es nicht ins tiefe Wasser, wo es im Vorteil gewesen wäre, sondern in einen Flussabschnitt, der zu tief war, um schnell darin zu laufen, aber seicht genug, dass ein Wolf es erreichen konnte. Kaum hatte das Kalb das getan, war Null-Sechs schon aufgesprungen und rannte los.

«Dann gab es eine wilde Jagd, Wasser spritzte, der Kampf tobte hin und her, hin und her. Der junge Wapiti wog etwa einhundertzehn Kilogramm, und Null-Sechs brauchte lange, vielleicht zehn Minuten, bis sie ihn geschnappt hatte. Dann packte sie den Wapiti am Hals, und das Tier schrie und schrie und schrie. Das war nicht gerade der perfekte Würgegriff. Einige Zuschauer, die kleine Kinder dabeihatten, gingen weg», erinnert sich Doug mit grimmiger Miene. «Es dauerte noch weitere zehn oder fünfzehn Minuten, bis der arme Wapiti endlich starb.»

Rick hat eine Geschichte über Null-Sechs und Coyoten zu erzählen. In einem Frühjahr streifte in diesem Tal ein Coyotenrudel, das wie ein Wolfsrudel organisiert war – was ziemlich ungewöhnlich ist –, mit einem halben Dutzend Coyoten im Revier um eine Wohnhöhle herum. Normalerweise haben Coyoten Angst vor Wölfen, und das mit gutem Grund. Aber diese schlauen Coyoten hatten eine Strategie entwickelt, mit der sie einzelne Wölfe aggressiv belästigten, vor allem Jährlinge, die auf dem Weg zur Wolfshöhle von Null-Sechs und ihren Welpen waren. Alle Wölfe, die zu den Welpen gingen, hatten viel Futter dabei, die sie ihnen bringen wollten. (Ein Wolf kann bis zu zehn Kilogramm Fleisch im Magen haben.) Die Coyoten umzingelten den Wolf und bedrohten ihn. Coyotenüberfall. Der Wolf würgte das Fleisch für die Coyotenban-

Die Wölfin namens Sechs

diten heraus, um nicht schwer gebissen zu werden, und konnte dann unbehelligt fliehen. Als die Coyoten den Wolf das nächste Mal sahen, war er wieder randvoll mit Fleisch und ... na ja, das Prinzip ist klar.

Man kann die Coyoten fast lachen und sich Geschichten erzählen hören. In den Legenden der amerikanischen Ureinwohner ist der Coyote oft ein Gauner. Im echten Leben genauso. Eines Tages fraßen vier Coyoten am halb verzehrten Kadaver eines Wapitis, den die Wölfe erlegt hatten, als eine einzelne Wölfin dazukam. Normalerweise machen Coyoten dem Wolf Platz. Aber diesmal lief ein Coyote mit wedelndem Schwanz auf die Wölfin zu, als wolle er spielen – und biss sie dann heftig, als wolle er sagen: «Wir sind zu viert, und wir weichen nicht zurück!»

Das fand Null-Sechs gar nicht witzig. «Eines Tages», erzählt Rick, «verließ sie ihre Wohnhöhle, mit ihrem ganzen Rudel im Schlepptau, in Richtung der Coyotenhöhle, als würde es ihr reichen.» In Sichtweise des Coyotenlagers «signalisierte sie ihrem Rudel irgendwie, dass die Wölfe warten und zusehen sollten. Das taten sie jedenfalls.» Null-Sechs näherte sich der Höhle, und wie immer begannen die Coyoten sie zu umkreisen und ihr zuzusetzen, sie knurrten, fletschten die Zähne, die Köpfe gesenkt, die Nackenhaare aufgestellt, kreisten sie sie ein.

Null-Sechs ignorierte sie.

Sie wühlte sich in ihre Höhle. Eins nach dem anderen zog sie die Welpen heraus. Einen nach dem anderen schüttelte sie tot. Und vor den Augen der Coyoten fraß sie alle Welpen. «Sie drehte sich um und trottete zu ihrer wartenden Familie zurück, als wollte sie sagen: ‹So macht man das.› Es war das einzige Mal, dass wir einen Wolf *jemals* Coyoten fressen gesehen haben.»

Diese Tiere wissen – in ihrer angestammten Heimat oder einem geeigneten Ersatzgebiet –, was sie tun. Manchmal erlauben sie uns kleine Einblicke in ihre Fähigkeiten, wie sie planen, wie sie ihr Leben verstehen. Im Gegensatz zu uns bleiben sie im Kontext. Sie wissen, worum es in ihrem Leben geht. Ich würde nicht mit ihnen tauschen wollen (ihr Kontext ist nicht meiner), aber ich bewundere sie. Sehr. Sie gehören hierher.

Null-Sechs lebte ihr Leben tatsächlich nach ihren eigenen Regeln. Zum Beispiel hatte sie eine unerklärliche Vorstellung von Romantik und seltsame sexuelle Vorlieben, die sie schließlich zur Gründungsmatriarchin des Lamar-Rudels werden ließen. Als junge Abenteurerin bandelte

Sieben-Vierundfünfzig (oben rechts) und Null-Sechs.

sie mit einem äußerst kompetenten Wolfsrüden an, der später Alphawolf im Silver-Rudel wurde. Aber sie blieb nur etwa eine Woche bei ihm und ging dann wieder ihrer eigenen Wege. Sie hatte viele Verehrer, und manche von ihnen waren nach Status und Fähigkeiten ihrer durchaus würdig. In einer Fortpflanzungsperiode wurde sie bei der Paarung mit fünf verschiedenen Rüden beobachtet, ein Rekord. Doch eine Bindung entwickelte sie zu keinem von ihnen. Rick sagt, halb im Scherz: «Sie hatte hohe Ansprüche und gab deswegen allen den Laufpass.» Er weiß, dass dies keine echte Erklärung ist, weil sich ihre Wahl nicht allein mit hohen Ansprüchen erklären lässt.

Die beiden Brüder Sieben-Vierundfünfzig und Sieben-Fünfundfünfzig hatten sich erst kurz zuvor von ihrem elterlichen Rudel getrennt und mit den verbliebenen vier Weibchen des Druid-Rudels zusammengetan. Zu dem Zeitpunkt hatten die Druid-Fähen bereits die Räude. Sieben-Fünfundfünfzig und Sieben-Vierundfünfzig sahen Null-Sechs – dieses junge, gesunde Weibchen – und verließen die vier anderen wegen ihr. Null-Sechs tat aus eigenem Willen – nicht dem der Rüden – noch etwas, das bei Wölfen ungewöhnlich ist: Sie paarte sich mit beiden Brüdern.

Die Wölfin namens Sechs

Warum sie sich zwei so unglückselige Wölfe wie Sieben-Vierundfünfzig und Sieben-Fünfundfünfzig aussuchte, weiß niemand. Vielleicht genoss sie es einfach, eindeutig die Chefin zu sein. Sie war vier Jahre alt, eine sehr erfahrene Jägerin, die sehr gut allein zurechtgekommen war. Die Rüden waren halb so alt wie sie und als Jäger nicht einmal annähernd auf ihrem Niveau. Sie bezahlte für deren unterentwickelte Fähigkeiten im ersten Jahr damit, dass sie bei der Jagd für ihre Jungen mehr als ihren Anteil übernehmen musste. Und einmal geschah etwas Witziges, nachdem die Brüder an einem von der Wölfin erlegten Wapiti gefressen hatten. Die Brüder sollten zur Wohnhöhle zurückkehren und das Fleisch für die Welpen herauswürgen, aber als Sieben-Vierundfünfzig unterwegs Null-Sechs begegnete, würgte er das Fleisch für *sie* hervor. Doug McLaughlin erinnert sich: «Sie sah ihn an, als dächte sie: ‹Du dummer Wolf, das sollst du *dort oben* machen.›» Aber später stellten sie sich besser an.

Nach einiger Zeit verdiente sich Sieben-Fünfundfünfzig einen Spitznamen: der Hirschtöter. «Man erkennt bei Sieben-Fünfundfünfzig immer noch die schlanke Statur eines Marathonläufers», bemerkt Rick. «Wir haben beobachtet, wie er drüben beim Soda Butte Cone einen Hirsch jagte; er hat ihn tief ins Lamar Valley hineingescheucht. Der Hirsch überquerte den Fluss und wandte sich wieder südwärts, und dann lief der Wolf den Hang hinter der Einmündung (wo die Arme des Soda-Butte-Creeks in den Lamar-Fluss münden) entlang und trieb den Hirsch immer weiter, ließ ihn dabei nicht aus den Augen. Als das Wild auf einer Kiesbank schließlich anhielt, rannte der Wolf den Hang hinab ins offene Gelände. Der Hirsch sah ihn kommen und – rührte sich nicht. Er war völlig erschöpft. Leistete keinerlei Widerstand.

«Man könnte meinen», vermutete Rick, «dass jeder Wolf an nichts anderes denkt als ans Jagen und Töten, dass Wölfe jeden Tag ihres Lebens auf die Jagd gehen. Aber das ist nicht der Fall.» Normalerweise erledigen nur zwei oder drei Wölfe den Großteil des Tötens für das Rudel. Beim Essen machen alle mit. «Einzelne Wölfe interessieren sich einfach nicht besonders fürs Jagen.»

Als Beispiel führt Rick Sieben-Vierundfünfzig an, der viel größer war als sein Bruder Sieben-Fünfundfünfzig, aber lieber bei den Welpen blieb. Er folgte ihnen, wohin sie auch gingen, wie ein Hirte trottete er neben ihnen her, und wenn ein Welpe sich entfernt von den anderen hinlegte, dann ging er hinüber und bewachte ihn, gab ihm den nötigen Schutz. Damit entlastete er Null-Sechs und Sieben-Fünfundfünfzig. Sie waren ohnehin schneller als er. Hatten sie aber Schwierigkeiten, einen richtig großen Wapiti zur Strecke zu bringen, dann war die Größe von Sieben-Vierundfünfzig nützlich; wenn es darum ging, den Wapiti zu packen und zu Fall zu bringen, kam er dazu. Auch aus diesem Grund sind ältere Wölfe wichtig.

So gründeten Null-Sechs, Sieben-Fünfundfünfzig und sein Bruder Sieben-Vierundfünfzig das Lamar-Rudel. Sie war eine unabhängige Karrierefrau gewesen und bereits vier Jahre alt bei ihrem ersten Wurf, ziemlich alt für eine Wölfin, um das erste Mal Junge zu bekommen. Drei Jahre lang brachte sie jedes Jahr Junge zur Welt.

Eine der Töchter von Null-Sechs, aus ihrem zweiten Wurf, ist die frühreife Acht-Zwanzig, auf die Rick mich an meinem ersten Morgen im Lamar Valley hingewiesen hatte, als wir sahen, wie sie von ihren eigenen Schwestern aus dem Rudel gejagt wurde.

Die Geschichten von Rick, Doug und Laurie über Null-Sechs halfen mir, die Geschichten hinter diesen speziellen Wölfen, die ich gesehen hatte, zu verstehen – warum sie zusammen waren. Nun bin ich dabei zu erfahren, warum das Rudel zerfällt.

Gebrochene Versprechen

Kaltes Wetter hatte das Leben im Park im November zum Erliegen gebracht, vier Monate vor meiner Ankunft. Der Winter war strenger als sonst im Yellowstone. Die meisten Wapitis und Hirsche waren in tiefere Lagen gezogen und suchten außerhalb des Parks nach besseren Nahrungsquellen.

Null-Sechs und die anderen Lamar-Wölfe wanderten an die Grenze ihres Reviers. Dort stießen sie nicht mehr länger auf den Widerstand anderer Rudel. Sie fanden lohnendere Jagdgründe.

In der zweiten Novemberwoche drangen die Lamar-Wölfe ungehindert bis zu fünfundzwanzig Kilometer jenseits der Parkgrenzen vor. Dort war das Gelände ergiebiger – mit viel mehr Wapitis. Es war völliges Neuland für die Wölfe; dort waren sie noch nie gewesen.

Warum sie an der Ostgrenze ihres gewöhnlichen Reviers auf keinen Widerstand von anderen Wölfen stießen, konnten die Lamar-Wölfe nicht wissen. Sie verstanden nicht, dass sie den Schutz eines Nationalparks und eines Gesetzes zur Rettung bedrohter Tierarten verlassen hatten und zu Zielscheiben in der neu eröffneten Jagdsaison geworden waren. Die Lamar-Wölfe waren immer noch dieselben. Aber die Versprechen der Menschen hatten sich geändert.

Die Wölfe waren durch ihr Leben im Yellowstone an den Anblick von Menschen gewöhnt und achteten nicht besonders darauf, ungesehen zu bleiben.

Wenn man durch den stolzen Torbogen tritt, der den Eingang zur «Gated Community» des Yellowstone markiert, wirkt der Park beeindruckend groß. Aber auf der Karte sieht man, dass er nur die Größe einer Briefmarke hat, ein Überbleibsel des einst riesigen Westens, der zugleich gewonnen und verloren wurde.

Noch vor wenigen Augenblicken gab es keine geschützten Parks, die sich in den Schatten von Postkartengipfeln ducken. Es gab nur eine

Welt. Im Jahr 1806 erreichten Lewis und Clark mit ihrer Forschungsexpedition im Auftrag der US-Regierung den Yellowstone River in der Nähe von Billings, Montana – das heute deutlich jenseits der Parkgrenzen liegt –, und Clark schrieb mit seiner kostbaren Tinte: «Eine Schätzung der verschiedenen Arten von Wildtieren an diesem Fluss, insbesondere Büffel, Wapitihirsche, Antilopen und Wölfe, zu versuchen oder zu geben, wäre unglaubhaft. Ich werde deshalb zu diesem Thema nichts weiter sagen.»[14]

Aus der Ferne wirkt der Yellowstone-Park riesig; doch in Wirklichkeit ist er zu klein. Die schnurgeraden Grenzen des Parks wurden im Hinblick auf die touristische Anziehungskraft der Geysire, heißen Quellen und Landschaften des Yellowstone-Parks gezogen. Wie schlecht der Park für die Wildtiere funktioniert, war im Jahr 1872 keine Überlegung wert. Wen kümmerte es schon, wenn die Tiere im Winter den Park verlassen mussten, um Futter zu finden? Da konnte man sich genauso gut Gedanken über die Gänse machen, die gen Süden ziehen. Für Hirsche, Wapitis und Bisons ist der Park vor allem eine Sommerweide, kein Weideland für das ganze Jahr. In zweitausend Metern Höhe ist der Winter einfach zu brutal. Daher leert sich im Herbst das gesamte innere Hochplateau. Von den sieben Wapitiherden im Yellowstone wandern sechs aus. Die meisten Hirsche und viele Bisons verlassen den Park. Das Gebiet, das die großen Tiere im Park tatsächlich bräuchten, das «große Yellowstone-Ökosystem»[15], ist achtmal so groß wie der Park. Kann ein Wolf sein ganzes Leben nur im Park verbringen? Manche haben es getan. Könnte eine überlebensfähige Wolfspopulation nur im Park existieren? Nein, dafür ist er viel zu klein. Auch Wölfe müssen kommen und gehen. Wenn die Tiere den Park verlassen, kehren viele niemals zurück. In jedem Herbst wandern die größeren Tiere im Park in die tieferen Täler und die anliegenden Ebenen ab und gelangen so an Futter, das sie durch den Winter bringt. Doch wenn sie dort ankommen, geraten sie ins Schussfeld.

Am 13. November erschossen Jäger zwanzig Kilometer außerhalb des Parks im Shoshone National Forest einen vielleicht sechzig Kilogramm schweren Wolf. Er war der größte Rüde im Rudel. Die Jäger waren nur an seinem Fell interessiert. Dieses Fell beherbergte einen überlebenswichtigen Teil der Fähigkeiten und Erfahrungen des Rudels. Dieser Wolf war Sieben-Vierundfünfzig.

Das Rudel zog sich in den Park zurück. Doch nur kurz. Die beiden Brüder Sieben-Vierundfünfzig und Sieben-Fünfundfünfzig waren wahrscheinlich jeden Tag ihres Lebens zusammen gewesen und hatten sich hervorragend verstanden. Das ganze Rudel spürte die Abwesenheit von Sieben-Vierundfünfzig. Die Jäger aber hatten seine Leiche mitgenommen, und daher sahen die überlebenden Lamar-Wölfe seinen toten Körper nicht. Sie hatten keine Möglichkeit festzustellen, warum er nicht da war. Manchmal entfernen sich Wölfe einfach für ein paar Tage von ihrem Rudel und kehren dann zurück. Wie viel die Lamar-Wölfe von der Schießerei sahen oder wie sie das Fehlen eines Rudelmitglieds erlebten, ist schwer zu sagen.

Nach einem kurzen Aufenthalt verließen die Lamar-Wölfe den Park wieder. Vielleicht wollten sie nach Sieben-Vierundfünfzig suchen. Oder vielleicht gingen sie aus demselben Grund wieder hinaus, aus dem sie den Park das erste Mal verlassen hatten: ergiebige Jagdgründe. Doch egal, ob sie hinausgingen, um zu trauern, um ihn zu suchen, um ein neues Territorium zu erkunden, um in einem Gebiet zu jagen, wo es immer Futter gab, oder aus einer Kombination dieser Gründe, auf jeden Fall gingen sie wieder hinaus. Interessanterweise zogen sie ganz in die Nähe des Ortes, an dem sie Sieben-Vierundfünfzig zuletzt lebend gesehen hatten.

Am 6. Dezember wurde Null-Sechs erschossen.

Ihr Tod stellte einen Wendepunkt im Leben der verbliebenen Mitglieder ihrer Familie dar. Und auch für die Wolfsbeobachter bedeutete er grundlegende Veränderungen; noch nie zuvor hatten sie eine Zeit erlebt, in der so viele Wölfe, die sie gut kannten, so einfach erschossen werden konnten.

Laut US-Artenschutzgesetz gilt eine Art als bedroht, wenn sie «in ihrem gesamten Lebensraum oder großen Teilen davon» vor dem Aussterben steht. Wölfe sind in nahezu ihrem gesamten früheren Lebensraum ausgerottet worden. Forscher schätzen, dass vor der Ankunft der Europäer mehr als eine Million Wölfe durch die 48 zusammenhängenden US-Staaten streiften, 380 000 davon in den westlichen USA und Mexiko allein.[16] Bis 1930 hatten die Menschen alle Wölfe von 95 Prozent ihres Siedlungsgebietes in den 48 zusammenhängenden Staaten vertrieben.[17] Daher galten sie über Jahrzehnte hinweg als gefährdete Art.

Bevor Europäer nordamerikanischen Boden betraten, hatten Wölfe auf praktisch dem gesamten Kontinent ihre Spuren hinterlassen. Tatsächlich haben Wölfe über etwa eine Dreiviertelmillion Jahre hinweg die gesamte nördliche Welt beherrscht, von der atlantischen Ostküste Europas über die riesigen kontinentalen Landmassen Asiens zum pazifischen und indischen Ozean und in Nordamerika von der westlichen Arktis bis nach Grönland, durch die großen Wälder im Osten nach Süden, über die Prärie nach Westen bis zur Bergkette der Rocky Mountains hinunter an die Westküste und nach Süden bis Mexiko. Es sind außergewöhnlich gut angepasste, flexible Tiere, überaus erfolgreiche soziale Wesen.

In jüngster Zeit sind sie im Westen der USA wieder aufgetaucht, allerdings nur in begrenzten Gebieten und kleiner Zahl. Dennoch hat die US-Bundesregierung den Schutz für Wölfe in den vergangenen Jahren gelockert. Unter anderem erklärte sie, dass 30 Elternpaare und 300 Wölfe in den gesamten nördlichen Rocky Mountains eine «Erholung» des Artbestandes darstellten. (Zum Vergleich: Die 300 Tiere entsprechen nur einem halben Prozent des früheren Bestandes dort; das sind weniger als acht Zehntausendstel von den 380 000 Tieren, die früher den amerikanischen Westen durchstreiften; im heutigen Yellowstone-Nationalpark verkauften zwischen 1871 und 1872 Pelzhändler mehr als 500 Wolfsfelle.)[18] Am 30. September 2012 strich der United States Fish and Wildlife Service den Wolf speziell für Wyoming von der Liste für bedrohte Arten. Die Jagdsaison auf Wölfe begann in diesem Staat unmittelbar danach, am 1. Oktober. Jeder Rabe weiß, dass alles ein Land ist; die Rechtecke namens «Yellowstone Park» und «Wyoming» legen falsches Zeugnis über die Topografie von Zeit und die Konturen der Erinnerung ab. Dennoch erklärte die Regierung von Wyoming ihr Rechteck ganzjährig zur Todeszone für Wölfe. Lizenzen brauchte man nicht. Auch eine Abschussobergrenze gab es nicht.[19] Nur ein toter Wolf war ein guter Wolf.

Knapp zwei Monate später waren Sieben-Vierundfünfzig und Null-Sechs tot.

Wer «den Wolf» in Kultur und Literatur untersucht, findet kein lebendes Wesen, sondern die projizierten Ängste von Menschen mit Zweifeln an der Zivilisation. Wölfe jagen in Gruppen. Wölfe töten manchmal Nutztiere, und Wölfe haben auch schon Menschen angegriffen, vor allem in der Alten Welt. Menschen töten, selbstverständlich, Nutztiere und greifen manchmal andere Menschen an. Aber die Metapher «Wolf» ist so mächtig, dass Menschen sie nur selten als die Gemeinschaftsjäger sehen, die sie sind. «Manchmal ist eine Zigarre nur eine Zigarre», bestätigen Psychoanalytiker. Aber ein Wolf wird selten nur als Wolf gesehen.

In der Vorstellung der Menschen werden Wölfe zum Sinnbild für das Wilde und Ungezähmte, die Straßengang, für Menschen, die jenseits der Grenzen von Konvention und Konformität leben. Vielleicht hassen Menschen Wölfe auch wegen ihrer Hingabe an die Familie, weil sie dieselben Tiere fressen, die auch wir töten und essen. Wir erkennen so viel von uns selbst in ihnen, dass wir auf Wölfe reagieren, als wären sie ein feindlicher Stamm oder Diebe. Menschen besetzen den Wolf als Bösewicht und verwechseln dann den Schauspieler mit der Rolle.

Im Lauf der Jahrhunderte wurde «der Wolf» zu einem Spiegelbild und Verstärker aller Ängste der Menschen – egal ob der tagesaktuelle Teufel Luzifer oder Bundesregierung hieß.

Im Mittelalter betrachtete die Kirche Wölfe als «die Hunde des Teufels», einen sichtbaren Beweis dafür, dass Satan sein Unwesen trieb, irgendwo ganz in der Nähe. Wölfe wurden nicht nur ausgerottet; sie wurden verfolgt – auf dem Scheiterhaufen verbrannt wie Hexen und Häretiker und öffentlich gehängt. Sie waren nicht nur physisch gefährlich, sondern auch als Verführer zu bösen Taten. Gelegentlich wurden Menschen vor Gericht gestellt unter der Anklage, sie seien Wolfsbeschwörer oder Werwölfe. Noch Jahrhunderte später wurden in Amerika gefangene Wölfe manchmal in Brand gesteckt, oder man sägte ihnen den Unterkiefer ab oder verschloss die Kiefer mit Draht, bevor man sie wieder freiließ, damit sie verhungerten. Doug Smith spricht von «einer Vergeltung, wie sie an keinem anderen Tier ausgeübt wurde».[20]

Alles, was ein Wolf tat, bot einen Vorwand, um Wölfe zu hassen. Anfang des 20. Jahrhunderts kamen Menschen auf die Idee, Tierkadaver zu vergiften. So lernten Wölfe schnell, nicht für einen Nachschlag zu einem erlegten Tier zurückzukehren, erzählt Doug Smith. Wölfe, die so vermieden, vergiftet zu werden, wurden daraufhin beschuldigt, «Fleisch zu verschwenden», und folglich «nur zum Spaß zu töten». Das «Töten aus Spaß» wurde zu einem Kapitalverbrechen hochmoralisiert und somit zur perfekten Rechtfertigung, um Wölfe zu töten – nur zum Spaß. Das ist heute noch so. Im selben Jahr, in dem ich dieses Buch schreibe, hörte Christopher Ketchman bei einem Wolfsderby in Idaho einen «netten alten Mann» in einer Bar folgenden Tipp geben: «Schießt jeden gottverdammten Wolf in den Bauch.»[21] Tötet die Wölfe nicht einfach; lasst sie leiden.

Tiere, die jagen, werden vor allem in der westlichen Zivilisation verachtet. Und nichts ist westlicher als der amerikanische Westen. «Der Westen ist politisch reaktionär und ausbeuterisch ... unerklärlicher Verbrechen gegen das Land schuldig ... kulturell halbgar.» Dieser Meinung war Wallace Stegner, als er dort lebte. Er hoffte eine Zeit lang, dass die Menschen im Westen «eine zur Landschaft passende Gesellschaft» aufbauen würden.[22] Vielleicht hatte er Hemingway gelesen, dessen weite Reisen ihn zu dem Schluss kommen ließen: «Das Land war immer besser als die Leute.»[23]

Manche Menschen hassen Wölfe so sehr, dass es an Rassismus grenzt. Sie haben Wölfe zu Waffen in den eigentümlichen Kulturkriegen des Westens gemacht. Nach dem Verschwinden von zwei Frauen über sechzig, die zu einer Wandertour aufgebrochen und nicht zur erwarteten Zeit zurückgekehrt waren, titelte eine politische Website im Westen reißerisch: «Wölfe der Liberalen [sic] ermorden zwei Wanderinnen.» Der Artikel begann: «Schluss mit dem politisch korrekten Scheiß. Ohne die geistig beschränkten, liberalen Wolfsliebhaber wären diese beiden Frauen noch am Leben.» Eine andere Website verkündete: «Wölfe töten Wanderinnen, Liberale vertuschen es.» Wenige Wochen später veröffentlichte die erste Website (die zweite schwieg) diesen Widerruf: «Sie waren nur mit Jeans und T-Shirt bekleidet und waren den eisigen Temperaturen ausgesetzt. Es gibt keine Hinweise, dass sie auf Wildtiere trafen ... Die beiden Frauen starben an Unterkühlung.»

Bei der Einrichtung des Yellowstone-Nationalparks im Jahr 1872 existierte noch keine Bundesbehörde zu seinem Schutz. Es wurde so viel gewildert, um die Märkte zu bedienen, dass im Jahr 1886 das US-Militär gegen die Wilderer eingesetzt wurde. Nachdem Jäger auf den Great

Plains mehrere zehn Millionen Bisons getötet hatten, wurden die letzten bekannten dreiundzwanzig Bisons im Yellowstone als wichtig für das Überleben der Art anerkannt.

Bei Raubtieren sah man das anders. Nach der Einrichtung des National Park Service durch den US-Kongress im Jahr 1916 erhielten die Ranger die Anweisung, die Vernichtung von Berglöwen, Luchsen, Rotluchsen, Coyoten und anderen Fleischfressern anzustreben.[24] Ein einflussreicher Parkverwalter mochte zufällig die Bären im Yellowstone; das bewahrte sie vor der Ausrottung. Die Ranger suchten nach Wolfsspuren, lauschten nach ihrem Heulen, fanden Höhlen und Welpen. Im Jahr 1926 tötete ein Parkranger den letzten Yellowstone-Wolf. Jetzt gab es in ganz Amerika, wo früher Hunderttausende Wölfe gelebt hatten, keinen einzigen Wolf mehr.

Neunundsechzig Jahre lang heulte kein Wolf im Yellowstone. Der Himmel für Wapitis, so sollte man glauben.

«Für Beutetiere gibt es in einem Land ohne Fressfeinde keinen Frieden», erzählt mir Doug Smith. «Das Leiden nimmt nur andere Formen an.» Sie sterben entweder, weil sie erlegt werden, oder sie sterben, weil sie verhungern. Wenn sie erlegt werden, ist das dramatisch und schrecklich, aber beim Verhungern leiden mehr, und es dauert länger.

Ohne Wölfe explodierte der Wapitibestand, sodass die Parkverwaltung begann, Wapitis zu töten oder sie an so weit entfernte Orte wie Arizona und Alberta zu verbringen, wo alle einheimischen Wapitis erschossen worden waren. Zwischen 1930 und 1970 verschickte und tötete der Yellowstone-Nationalpark mehrere Tausend Wapitis. Als diese Praxis endete, stieg der Wapitibestand wieder stark an.

Ausgehungerte Wapitis und Hirsche plünderten die Weiden- und Pappelsetzlinge im Yellowstone so sehr, dass alle Tiere ihr Leben umstellen mussten, von Fischen bis zu Vögeln. Das Fehlen der Wölfe führte dazu, dass es zu viele Wapitis gab; die Überzahl an Wapitis führte dazu, dass die Biber kein Futter mehr fanden, was wiederum zur Folge hatte, dass es keine Biberteiche für die Fische gab, was dazu führte, dass ...

Man könnte sagen, dass Bäume und Flüsse Wapitis fürchten, so wie Wapitis Wölfe fürchten. In seinem klassischen Aufsatz *Denken wie ein Berg* bemerkte Aldo Leopold: «Zu meinen Lebzeiten rottete ein Staat nach dem anderen seine Wölfe aus. Ich habe viele seit Kurzem wolfsfreie

Berge beobachtet und gesehen ... wie jeder genießbare Busch und jeder Setzling ... zu Tode abgegrast wurde ... jeder genießbare Baum bis auf die Höhe eines Sattelknaufs entlaubt ... Zu viel Sicherheit führt auf lange Sicht offenbar nur zu Gefahren ... Vielleicht steckt darin die verborgene Bedeutung des Wolfsgeheuls, die in den Bergen schon lange bekannt ist, aber von Menschen nur selten wahrgenommen wird. ... Nur der Berg lebt schon so lange, dass er dem Heulen eines Wolfes unvoreingenommen lauschen kann», schloss er eindrucksvoll.[25]

Es ist der 12. Januar 1995 an exakt dieser Stelle. Gerade hält ein Pick-up mit Anhänger. Im Anhänger: in Alberta, Kanada, eingefangene Wölfe. Sechs von ihnen – das Alphapärchen und vier Rüdenwelpen – werden ins Eingewöhnungsgehege anderthalb Kilometer südlich von hier gebracht. Dort werden die Wölfe zwei Monate lang bleiben, bevor sie freigelassen werden. Nach der Freilassung beschloss dieses Rudel, dass das Lamar Valley ihnen gefiel. Mehrere zehntausend Menschen sahen sie, eine Erfahrung, die Wölfe und Menschen noch nie geteilt hatten. Insgesamt wurden in den Jahren 1995 und 1996 einunddreißig Wölfe freigelassen; dies setzte einem zwei Jahrzehnte langen Kampf ein Ende, in den der gesamte US-Kongress hineingezogen wurde und der eine Vielzahl von Rechtsklagen auslöste. All das nur, um den natürlichen Hauptjäger in ein geschundenes Landquadrat zurückzubringen.

Nach der Rückkehr der Wölfe waren endlich wieder alle einheimischen Säugetiere im Yellowstone vertreten. Berglöwen hatten sich Ende der 1980er Jahre von allein wieder in den Yellowstone geschlichen. (Wölfe hätten das irgendwann auch getan. In den 1990er Jahren hatten Wölfe aus Kanada sich selbst wieder im US-amerikanischen Teil der Rocky Mountains angesiedelt.) Inzwischen lebt im Yellowstone im Grunde wieder alles, was früher hier gelebt hat, alles, was hierhergehört. Mit den Wölfen erhielt der Yellowstone seine eigene Stimmung wieder zurück. Nicht dass die Beutejagd der Raubtiere besonders hübsch wäre. Aber sie erzeugt viel Schönheit.

Wer als der Wolfsfang formt die Flanken
Der windschlüpfigen Antilope?

Robinson Jeffers

Der Wolfsbestand erholte sich; die Überbevölkerung bei den Wapitis wurde abgebaut. Wölfe befreiten die Pappelsetzlinge und andere Pflanzen von der Tyrannei der Überzahl an verfressenen Wapitis. Nachdem sich die Vegetation erholt hatte, kehrten Biber an die Flussufer zurück, wo der Wind erneut in den Weiden flüsterte. In den beruhigten Gewässern hinter den Biberdämmen schwammen wieder Bisamratten, Frösche und Salamander, Fische und Enten. Sogar einige Ufervögel tauchten wieder auf. Hätten die Tiere und Pflanzen im Yellowstone abstimmen können, dann hätte eine Mehrheit Wölfe gewählt.[26]

Mitte der 2000er Jahre erreichte der Wolfsbestand einen Höhepunkt und sinkt seither wieder, nachdem sich das System eingependelt hatte und weitere Faktoren ins Spiel kamen. Natürlich ist die Geschichte komplizierter, aber in groben Zügen war es so.

«Yellowstone ist so gut, wie er nur sein kann», sagt Doug Smith, der die Wolfsforschung im Yellowstone schon leitete, bevor die Wölfe zurückkehrten. Unter dem Strich ist das richtig.

Ein Triumph? Einige Wapitijäger sehen das auf jeden Fall anders. «In der Zeit, die man braucht, um eine Tasse Kaffee zu trinken, fällt ein Wolf ein Dutzend Wapitikälber an und tötet sie», behauptete ein Verfechter der Wapitijagd. «Es ist ein Schlachtfest.»[27] Bei derartigem Unsinn geht es nicht darum, Wapitis zu schützen, sondern um die Frage, wer die Wapitis mit wenig Aufwand töten darf. Manchen Menschen gefällt es, wenn der Yellowstone als Wapitifarm fungiert, in dem Tiere aufwachsen, die dann aus dem Park hinaus und vor ihre Gewehrläufe wandern.

Nach der Wiedereinführung fand man wieder Wolfsspuren im nördlichen US-Teil der Rocky Mountains. Aber obwohl – und weil – die Wölfe wieder allmählich Fuß fassten, erhöhten westliche Kongressabgeordnete ihren Druck und sorgten dafür, dass der US Fish and Wildlife Service erklärte, der Wolfsbestand habe sich «erholt». Im Jahr 2012 verfügte der US-Kongress im Rahmen einer beispiellosen Intervention die Streichung der Wölfe von der Liste der bedrohten Arten in einem Anhang des Haushaltsplans. In den ersten sechs Monaten nachdem die Wölfe den Schutz als bedrohte Art verloren hatten, töteten Jäger und Fallensteller in Montana, Idaho und Wyoming mehr als 550 Wölfe – aus einem Gesamtbestand von geschätzten 1700 Tieren.[28] Im Westen der USA sterben die meisten Wölfe von Menschenhand. Im Yellowstone-Nationalpark ist Gewalt von Wölfen gegen Wölfe für etwa die Hälfte aller Todesfälle bei Wölfen verantwortlich. (Das ist für Wölfe ungewöhnlich viel. In den ersten Jahren nach der Wiedereinführung führte die ungewöhnlich hohe Beutedichte zu einer ungewöhnlich hohen Wolfsdichte, und die Rudel trafen häufig aufeinander.) Im US-Teil der Rocky Mountains außerhalb des Yellowstone sind Menschen für etwa achtzig Prozent der toten Wölfe verantwortlich.[29] Paradoxerweise kann das Töten von Wölfen dazu führen, dass die überlebenden Wölfe mehr Nutzvieh töten, weil die verstreuten Rudel ihre erfahrensten Jäger und ihr Gleichgewicht verlieren und hungrige Einzelgängerwölfe ihre Streifzüge ausdehnen.[30]

Das Senderhalsband von Null-Sechs zeigte, dass sie fünfundneunzig Prozent ihres Lebens im Yellowstone-Nationalpark verbracht hatte. In jener Saison schossen Jäger insgesamt sieben Wölfe mit teuren Senderhalsbändern, die Forscher ihnen im Park angelegt hatten. Wolfsfreunde vermuteten, dass Jäger die Signale von den Halsbändern auffingen. Das war keine reine Paranoia. Auf der Website *HuntWolves.com* wurde Folgendes geraten: «Wenn Sie die Möglichkeit haben, nach den Halsbändern zu scannen – suchen Sie von 281,000 bis 291,000 Megahertz in Schritten von 0,003 Megahertz.»[31]

«Ob das unserer Forschung schadet? Ja, sogar sehr», gab Doug Smith gegenüber der *New York Times* an. «Es ist ein gewaltiger Rückschlag.»[32]

Null-Sechs war der berühmteste und der am meisten beobachtete Wolf im Yellowstone. Wenige Tage nach ihrem Tod veröffentlichte die *New York Times* eine Art Nachruf unter dem Titel «Trauer um eine Alphawölfin». Im Gegensatz zu den meisten Nachrufen auf Menschen umfasste dieser auch Aussagen von Leuten, die sowohl die Verstorbene als auch die Trauernden hassten. Eine Person schimpfte über «heidnische» Wolfsliebhaber. Der Präsident der Montana Shooting Sports Association verglich Null-Sechs mit «einem Psychopathen, der im Central Park herumschleicht und arglosen Besuchern die Kehlen aufschlitzt». Nathan Varley von Yellowstone Wolf Tracker Tours in Gardiner, Montana, der seinen Lebensunterhalt vor allem mit Führungen für Touristen auf der

Suche nach Wölfen verdiente, beschwerte sich, dass die Jäger «Millionen Dollar schwere Wölfe» töteten.

Millionen Dollar schwere Wölfe? Eine in *Yellowstone Science* veröffentlichte Studie kam zu dem Schluss, dass in einem Jahr «annähernd 94 000 Besucher von außerhalb der Region in den Park kamen, um Wölfe zu sehen oder zu hören». Sie gaben dabei «in den drei Staaten eine Gesamtsumme von 35,5 Millionen Dollar aus». Der Marktwert der Rinder und Schafe, die von Wölfen getötet wurden (der Betrag also, den Viehzüchter bekommen hätten, wenn sie die Tiere als Schlachtvieh verkauft hätten), lag bei «etwa 65 000 Dollar pro Jahr». Diese Summe hätte durch siebzig Cents von jedem der 94 000 zusätzlichen Besucher, die im Schnitt 375 Dollar pro Person ausgaben, problemlos gedeckt werden können. «Wenn man die wirtschaftlichen Auswirkungen des vermehrten Tourismus gegen die reduzierte Produktivität bei Viehzucht und Großwildjagd abwägt», stellte die Studie fest, «dann führte die Erholung des Wolfsbestandes zu einem Nettogewinn und unmittelbaren Einnahmen in Höhe von 34 Millionen Dollar.»[33]

Das sind die Gründe, warum die Lamar-Wölfe bei ihrer Wanderung nach Osten nicht auf Widerstand von anderen Wölfen stießen. Deswegen überquerten sie eine imaginäre, schnurgerade Parkgrenze dorthin, wo die meisten Beutetiere zum Überwintern gezogen waren. Deswegen wurden ihr größter Rüde und ihre Matriarchin erschossen.

Die Schlacht tobt weiter. Zwei Jahre, nachdem Wyoming Wölfen den Krieg erklärt hatte, während ich gerade dieses Buch abschloss, gab eine Bundesrichterin eine eigene Erklärung ab. Sie erklärte die Wolfs-Managementpläne von Wyoming für ungültig und setzte den gesetzlichen Artenschutz für Wölfe in Wyoming wieder in Kraft. Aber keiner glaubte, dass damit das letzte Wort in der Sache gesprochen war.

Waffenstillstand

Jagende Ureinwohner haben bisweilen ein sachlicheres und spirituelleres Bild von Wölfen (und anderen Raubtieren, auch Löwen und Tigern), das näher an der Wahrheit liegt. In jüngster Zeit versuchten einige amerikanische Ureinwohnergruppen die Wiedereröffnung der Wolfsjagd zu verhindern.[34] Als Wisconsin Wölfe im Jahr 2012 zur Jagd freigab, reagierte Mike Wiggins, Vorsitzender des Bad River Ojibwe-Stammes mit der Frage: «Ist denn gar nichts mehr heilig?» *Ma'iingan,* der Wolf, ist den Ojibwe heilig. «Einen Wolf zu töten ist so, als würde man einen Bruder töten», sagte das Stammesmitglied Essie Leoso. *Ma'iingan* streift mit dem ersten Menschen umher. (Und tatsächlich umkreisten Wölfe die Siedlungen der ersten Menschen auf der Jagd nach Essensresten.)

Nach dem Glauben der Ojibwe widerfährt alles, was dem einen widerfährt, auch dem anderen. Und das geschah auch; für weiße Siedler waren die Ojibwe, wie *ma'iingan,* ein konkurrierender Stamm, den es in Schach zu halten galt. Im westlichen Denken spielen Dominanz und Ausrottung als Ziele häufig eine Rolle. Die Haltung der Ureinwohner gegenüber anderen Tieren ist oft mit einem langfristigen Zusammenleben vereinbar. Dabei ist das Weltbild der Ureinwohner nicht etwa wissenschaftlicher, aber was das Gespür für tiefe Verbindungen angeht, fängt ihr Glaubensnetz die Wahrheit auf.

Lange Zeit erfüllte die Macht anderer Lebewesen die Menschen mit tiefem Respekt und sorgte für eine erfolgreiche Entspannungspolitik; während dieser langen, traumerfüllten Zeit von Waffenstillstand und magischen Beschwörungen baten wir die starken, klugen Tiere, keinen Groll gegen uns zu hegen und uns einfach in Frieden zu lassen. Doch je findiger die Menschen wurden, umso mehr sank ihr Respekt. Unsere Waffen wurden stärker. Die Kraft der Tiere flößte uns keinen Respekt mehr ein. Wir töten Wölfe und Wale und Elefanten und andere Tiere nicht etwa, weil sie minderwertig wären, sondern weil wir es können.

Weil wir es können, reden wir uns ein, sie wären minderwertig. Wie auch beim Verhalten von Menschen gegenüber anderen Menschen spielt intellektuelle oder moralische Überlegenheit keine Rolle. Meist geht es letztendlich um tödliche Gewalt und um die Frage, womit der Starke ungestraft davonkommt. Der niederländische Philosoph Baruch de Spinoza schrieb im 17. Jahrhundert: «Ich leugne jedoch nicht, dass die Tiere Empfindung haben; ich leugne nur, dass es uns deshalb verboten sein soll, für unsern Nutzen zu sorgen und sie nach Gefallen zu gebrauchen und zu behandeln, wie es uns am besten zusagt.»[35] Das «Recht des Stärkeren» ist reizvoll, weil es uns die Entscheidungsfindung beim Umgang mit allem erleichtert, vom Fleisch bis zum Menschen.

Andere Tiere können nicht verhandeln, aber das ist nicht der entscheidende Faktor. Menschen *können* verhandeln. Aber nur aus einer Position der Stärke heraus. Die Unterdrückten, die Versklavten und Ausgebeuteten jedoch ... Wenn man für sich selbst sprechen und komplexe Sprache mit Syntax verwenden kann, hilft das nur bis zu einem gewissen Grad. Geld spricht, Waffen sprechen und beide brauchen keine Syntax, um ihren Standpunkt klarzumachen. Wir verstecken uns hinter der Ausrede, dass Tiere nicht sprechen können. Doch die Wahrheit ist: Sie können sich nicht wehren. Auch schwächere Menschen werden häufig überwältigt, entrechtet, entmenschlicht. «Der Orientale weist dem Leben nicht denselben hohen Wert zu wie ein Mensch aus dem Westen», sagte der US-General William Westmoreland, der in Vietnam einen industriellen Krieg führte. «Im Orient ist ein Leben nicht viel wert ... ein Leben ist nicht wichtig.»[36] Diese Selbsttäuschung ermöglichte ihm, seine Arbeit zu tun.

Eines der Dinge, die den Menschen zum Menschen machen, ist: Der Starke löscht den Schwachen aus. Menschen vollbringen Wundervolles, tun aber auch schreckliche Dinge. Unser Umgang mit anderen Tieren, mit dem Land und dem Wasser ist kaum von böswilligem Vorsatz bestimmt, weil im Voraus kaum darüber nachgedacht wird. Dennoch brennen wir klaffende Löcher in den Stoff, aus dem die Zukunft besteht, wir leben, als würden wir im Bett rauchen.

Daher ist es erstaunlich, dass Tiere, selbst wenn sie im Vorteil sind, manchmal mehr Rücksicht auf uns nehmen, als wir auf sie. So standen Menschen wie Doug Smith in der Wildnis schon ganz allein «von Angesicht zu Angesicht»[37] Wölfen gegenüber. Doch wurde in den 48 zusammenhängenden US-Staaten kein Mensch jemals von einem Wolf angegriffen. Nordamerikanische Wölfe fliehen praktisch immer sofort vor Menschen und betrachten sie nicht als potenzielle Beute.[38] (In den 1940er Jahren wurden in Alaska zwei Menschen von tollwütigen Wölfen gebissen.) Nur zwei Todesfälle von Menschen durch wilde Wölfe sind in Nordamerika bekannt, einer in Saskatchewan im Jahr 2005 und der andere in Alaska im Jahr 2010. Tatsächlich sterben durch Wölfe Menschen seltener als an jeder anderen Todesursache. Sicher entdecken Wolfsrudel verwundbare Wanderer. Und dennoch ist die kalkulierte Schüchternheit oder Zurückhaltung eines so gut ausgestatteten Rudels von Raubtieren ein wenig rätselhaft. Man fragt sich, was sie wohl denken.

Der selbstverschuldete Weltverlust der Moderne hat die alte menschliche Fähigkeit, Denkvermögen in anderen Tieren zu erkennen, verkümmern lassen. Doch manchmal sieht es so aus, als könnten andere Tiere das menschliche Denken erkennen. In *Der Tiger* beschreibt John Vaillant eine traditionelle Übereinkunft der (sibirischen) Amur-Tiger mit den Ortsansässigen. Menschen, wie die Jäger der Udeghe und Nanai, waren schon lange an das Leben mit den Amur-Tigern gewöhnt und kannten sie gut genug, um zu wissen, dass sie den Tigern besser aus dem Weg gingen, aber sie hinterließen ihnen auch ein kleines Stück ihres erlegten Fleisches.[39] Es war ein Geben und Nehmen; manchmal holten sich menschliche Jäger auch Fleisch von Tieren, die Tiger erlegt hatten. Durch das Kräftegleichgewicht und die Rücksichtnahme in der Wildnis der nördlichen Taiga entstand ein gegenseitiges Entgegenkommen, man verständigte sich auf einen beiderseitigen Gewaltverzicht. Dieser Frieden war umso beeindruckender, weil Tiger fleischgerichtete Gemüter in fleischgetriebenen, bis zu 230 Kilogramm schweren Körpern sind.

Doch nach der Ankunft russischer Kolonisten im 17. Jahrhundert, so schreibt Vaillant, «brachen diese eingespielten Übereinkünfte zusammen».[40] Die Flut an Kolonisten auf der Suche nach Pelzen, Gold und Bauholz mit ihren Missionaren schwoll immer mehr an und tat der zerbrechlichen Kultur des Gleichgewichts der einheimischen Animisten und den nichtmenschlichen Mitgliedern der Waldgemeinschaft zerstörerische Gewalt an.

Verstöße gegen diesen Pakt hatten Konsequenzen, was darauf hindeutet, dass es sich tatsächlich um ein beiderseitiges Einvernehmen handelte. Mit Verweis auf die «zähe Rachsucht ... des Tigers»[41] erzählt Vaillant, was einem modernen Jäger geschehen war, nachdem er einen Tiger von seiner Beute verjagt und einen Teil des Fleisches genommen hatte. «Der Tiger zerstörte unsere Fallen und verscheuchte die Tiere, die zu unseren Ködern kamen. Wenn sich eines näherte, brüllte er immer los, und alles rannte davon. Wir lernten auf die harte Tour. Der Tiger verdarb uns ein volles Jahr lang die Jagd. ... Sehr stark, sehr schlau, und sehr rachsüchtig.»[42] Der Tiger ist nicht nur ein Jäger, sondern auch der Verwalter seines Jagdreviers.

In kargen Zeiten erlegte ein Jäger manchmal einen Tiger, den er als Konkurrenten sah. Er richtete eine Falle ein, bei der ein Stolperdraht ein Gewehr abfeuerte. Der Tiger löste die Falle aus, aber die Kugel streifte nur sein Fell. Danach berührte der Tiger den Stolperdraht jedoch ein zweites Mal. Die Spuren im Schnee zeigen, dass er langsam rückwärts trat und nicht etwa den Spuren des Jägers folgte, sondern direkt zu dessen Hütte ging – offenbar verstand der Tiger, wer ihn töten wollte. Der Jäger sah den Tiger kommen und versteckte sich in der Hütte. Der Tiger wartete draußen mehrere Tage lang und verließ dann das Revier.[43] Ein ehemaliger leitender Inspektor für Tigerangriffe erzählte Vaillant: «Wenn ein Jäger auf einen Tiger schoss, spürte ihn der Tiger auf, auch wenn es zwei oder drei Monate dauerte. Es ist unbestreitbar, dass der Tiger genau auf den Jäger wartet, der auf ihn geschossen hat.»[44]

Der Tiger muss über ein abstraktes Denkvermögen oder eine präzise Intuition verfügen, um zu verstehen, dass der Knall aus einem Gewehr einen Versuch darstellt, ihn zu töten, oder dass eine schmerzhafte Wunde von dem mittelgroßen, aufrecht gehenden Wesen verursacht wurde, das viele Schritte entfernt stand. Besonders seltsam ist, dass Biologen, die Tiger fangen, sedieren, ihnen ein Halsband anlegen und sie wieder freilassen, in dieser Region noch nie von Tigern verfolgt oder angegriffen wurden. Wenn alles Vorhergehende zutrifft, dann versteht ein Tiger, wenn jemand die Absicht hat, ihn zu verletzen. Ein bestimmter Tiger tat das auf jeden Fall. Dieses Tier wurde von einem Wilderer namens Wladimir Markow verwundet. Daraufhin lag der Tiger tagelang vor Markows Hütte und wartete auf dessen Rückkehr von einem ausgedehnten Jagdausflug. Als sich Markow seinem Zuhause näherte, griff der Tiger ihn an, nicht aus Hunger, sondern aus Rache. Er fraß den Wilderer nicht einfach auf, sondern verstreute dessen Überreste großflächig hinter der Hütte «wie einen Haufen schmutziger Wäsche ... grausam ausgelöscht».[45]

In den ungezählten Jahrhunderten, in denen das Volk der San (ehemals als «Buschmänner» bezeichnet) als Jäger in der riesigen Weite der uralten Kalahariwüste lebten, jagten die San keine Löwen. Ihr Wohlwollen wurde belohnt. Die Löwen und die San hatten einen stabilen Waffenstillstand geschmiedet. Selbst wenn die San den Löwen Beute klauten und selbst wenn die Löwen in der Überzahl waren, sprachen die San bestimmt, aber respektvoll mit den Löwen. Diesen Respekt zollten sie den Leoparden oder Hyänen nicht. Diese Tiere ignorierten die San einfach, wenn sie sich ein getötetes Tier holten. Noch nie hatte ein Löwe einen Menschen getötet. Leoparden ja, manchmal nachts. Aber Löwen niemals.

Die Weißen wussten natürlich nichts von diesem Waffenstillstand. Elizabeth Marshall Thomas lebte in den 1950er Jahren bei den Juwa und Gikwe San; dort sah sie die alte Lebensweise und beobachtete ihren Niedergang. (Ihre Mutter war die wegweisende Ethnografin Lorna Marshall, und Elizabeth hielt ihre eigenen Erfahrungen in den Büchern *Meine Freunde, die Buschmänner* und *The Old Way* fest.) Eines Tages campierte Thomas mit ihrer Familie und einem Afrikaander, als sich fünf Löwen näherten, deren Anwesenheit nur das Leuchten ihrer Augen jenseits des Lagerfeuerscheins verriet. Entsetzt beobachteten Thomas und ihre Familie, wie der Afrikaander sofort in die Dunkelheit feuerte und zwei Löwen traf. Nachdem er zwei Löwen in Campnähe verletzt und somit eine gefährliche Situation geschaffen hatte, weigerte sich der Mann, ihnen in die Nacht zu folgen. Daher brach die schockierte Marshall mit ihrem Bruder und einem weiteren Mann zu Fuß im Sternenlicht auf. «Endlich hörten wir ein leises Stöhnen», schrieb sie. Im Licht der Taschenlampe entdeckten sie ein junges, voll ausgewachsenes Löwenmännchen, so schwer verwundet, dass es nicht aufstehen konnte. «Er hatte offensichtlich Schmerzen, denn er hatte das Gras abgebissen.» Sie brauchten mehrere Schüsse, um sein Leiden zu beenden. Thomas erinnerte sich: «Der Löwe drehte den Kopf zur Seite, wandte den Blick von uns ab, während wir über ihm standen und ihn erschossen. Ich frage mich, ob er uns damit beschwichtigen wollte.» Er weinte bei jeder Kugel, die ihn traf.[46]

Das andere verwundete Tier fanden sie erst, als sie bei Sonnenaufgang die Spuren eines Löwen entdeckten, der zweimal weit gesprungen war. Am Ende des zweiten Sprungs lag die Löwin, sie war tot. Ihr Fell und das sie umgebende Gras waren kalt und nass vom Tau. Nur an einer Stelle neben ihr war das Gras warm und trocken und richtete sich gerade erst wieder auf – dort war ein anderer Löwe eben erst von ihrer Seite gewichen. Nach der Größe der Spuren zu urteilen, war der eben verschwundene Löwe enorm groß. «Dieser riesige Löwe ... hatte neben der toten Löwin gelegen, in Sichtweite unseres Lagers, und hatte all dem Kommen und Gehen gelauscht, hatte unsere Schüsse gehört und unsere Schreie ... und dennoch hatte er den Körper der toten Löwin gepflegt und ihr Fell gegen den Strich geleckt.»

Die San jagten Löwen nicht, und die Löwen jagten die San nicht. Vielleicht wussten beide Seiten, dass die andere potenziell gefährlich war. Jeder hätte die Grenzen des anderen austesten können. Aber sie taten es nicht. Thomas schreibt: «Diesen Waffenstillstand kann niemand erklären, weil ihn niemand versteht.» Aber sie hatten beschlossen, den anderen in Ruhe zu lassen, führten so ein gutes Leben und gaben die Sitte an ihre Kinder weiter. Vielleicht ist das die Erklärung. Vielleicht war es so einfach. Aber so ist es nicht mehr. Und sie tun es nicht mehr.

«In den 1950er Jahren», schrieb Thomas, «bildeten die Löwen von Gautscha eine zusammenhängende Population, eine einzige Löwennation, die ein mehr oder weniger ungeteiltes Land bewohnte.» Dann kamen die Europäer, brachten ihre schwerfälligen Rinder in das Land der schnellfüßigen Tiere und nahmen allen Einwohnern das Land für ihre Ranchen und Farmen weg. Und genau nach Drehbuch wurde «aus der ehemals zusammenhängenden Löwennation ... etwas Prekäres». Die Löwen um die neuen Viehstationen hatten fruchtbare Reviere beherrscht. In alten Zeiten hatten die Löwen bis zu einer Meile lange Linien gebildet und sich dabei durch Brüllen verständigt. Aber als sich die Farmen ausbreiteten, «wurden die Löwen, die dort lebten, zu Unglücklichen ... zu Armen». Die Farmer nahmen das Land der Löwen, schossen ihre Antilopen und andere Tiere, zerschmetterten die Löwenwirtschaft und -kultur wie die Löwen selbst. Und dasselbe machten europäische Siedler mit den Juwa- und Gikwe-«Buschmännern». Thomas schrieb von einer Löwin, die direkt nachdem sie selbst gegähnt hatte, ebenfalls gähnte, und das mehrmals tat: «Löwen sind ausgezeichnete Beobachter, und ihre Beobachtungsgabe ist wichtig für sie – daher ihr Einfühlungsvermögen.»

Herrliche Ausgestoßene

Der Tod von Null-Sechs versetzte Sieben-Fünfundfünfzig augenblicklich in eine äußerst schlechte Lage. Erst sein Bruder, und jetzt war auch noch seine Lebens- und Jagdgefährtin tot. Selbst wenn er eine passende Wölfin fand und sie ins Rudel einlud, würden seine erwachsenen Töchter das vielleicht nicht zulassen. Die anderen neun überlebenden Lamar-Wölfe waren seine acht Töchter und ein männlicher Welpe, der in vergangenen Frühjahr geboren worden war. Zwei der Töchter waren fast drei Jahre alt. Sie würden jetzt nach eigenen Partnern suchen und einen höheren Status anstreben. Sieben-Fünfundfünfzig stand vor drängenden Problemen.

Zwei ranghohe Erwachsene waren tot, und der Vater durchstreifte das Revier und versuchte, die Situation wieder unter Kontrolle zu bekommen. Derweil trafen die Töchter zwei prächtige Rüden, die das Hoodoo-Rudel verlassen hatten, dessen Revier außerhalb des Yellowstone im Sunlight Basin, Wyoming, lag. Einer war ein hochgewachsener, grauer, energischer Wolf; der andere war riesig, mit hellem Fell und sanftem Gemüt. Es war Paarungszeit und alle Wölfe spürten es.

Bei den Lamar-Wölfinnen fanden die Hoodoo-Rüden freundliche Aufnahme – eine traumhafte Gelegenheit. Aber der Erfolg der Töchter ging auf Kosten des Vaters, Sieben-Fünfundfünfzig. Nachdem die beiden neuen Hoodoo-Rüden ins Rudel aufgenommen worden waren, gab es für Sieben-Fünfundfünfzig keinen Platz mehr in seiner eigenen Familie.

Mit jeder Stunde wurde es kälter. Minus 15 Grad Celsius. Und nur weil es eine «trockene Kälte» ist, fühle ich mich keineswegs wärmer. Meine brandneuen Stiefel sind für Temperaturen bis zu minus 50 Grad Celsius ausgelegt. Meine Füße nicht. Meine Füße sind kalt. Ich spüre die Kälte immer – außer wenn Wölfe in Sicht sind. Dann vergesse ich, dass mir, trotz allem, kalt ist. Ich habe eine Schneehose an, drei Hemden, eine Weste, einen Anorak, Ohrenschützer, meinen Schal, meinen Fischerhut

Der Wolf Sieben-Fünfundfünfzig, dessen Leben aus dem Tritt geriet, als sein Bruder und seine Gefährtin getötet wurden.

mit Ohr- und Nackenklappen unten und der Kapuze oben. Kein Wolf in Sicht.

Die Temperaturen sind eisig, aber die Stimmung gut. Das haben wir von den Wölfen gelernt, denen die für uns tödliche Kälte nichts auszumachen scheint.

Für kurze Zeit sah es so aus, als würde sich alles von selbst regeln. Sieben-Fünfundfünfzig lockte eine Wölfin aus Mollies Rudel, die er früher schon kennengelernt hatte, von ihrer Familie weg. Sie paarten sich, sie wurde schwanger, und er brachte sie mit zurück ins Lamar Valley. Wolfshöhlen sind besondere Orte, die eine starke Anziehungskraft auf Wölfe ausüben. Sieben-Fünfundfünfzig zeigte ihr die Höhle, die die Familie seit fünfzehn Jahren benutzte.

Es sah ganz so aus, als würde Sieben-Fünfundfünfzig der Alphawolf im Tal, also in seinem Revier bleiben. Seine Töchter und ihre Hoodoo-Partner hielten sich außerhalb des Parks auf. Alle hatten, was sie brauchten.

Dass die Mollie-Wölfin als Nächstes in der Lamar-Höhle Junge zur Welt brachte, bedeutete eine gewisse Ironie. Das Lamar-Rudel und das Mollie-Rudel waren verfeindet gewesen. Wahrscheinlich war sie einer von den Mollie-Wölfen gewesen, die in die Lamar-Höhle eingedrungen waren, nachdem Null-Sechs die Felskante hinunter entkommen war.

Nach drei turbulenten Monaten kehrte mit den Lamar-Töchtern und ihren Hoodoo-Partnern ein völlig verändertes Rudel in den Yellowstone zurück. Vielleicht erinnerten sie sich an den Geruch beim Angriff der Mollies, als sie das neue Weibchen bei ihrem Vater bemerkten. Wahrscheinlicher ist aber, dass sie in ihr schlicht einen Eindringling sahen oder vielleicht eine Konkurrenz im Jagdrevier. Der Tod von Null-Sechs hatte immer noch eine destabilisierende Wirkung auf die überlebenden Wölfe; es war ein wenig wie das Machtvakuum durch den Tod eines Häuptlings oder Stammesfürsten, das zwischen Menschengruppen zu blutigen Auseinandersetzungen führen kann.

Noch vor Einbruch der Dunkelheit griffen die Lamar-Wölfinnen an und verletzten die Neue schwer. Für Beobachter war offensichtlich, dass der schwarze, fast ein Jahr alte männliche Lamar-Welpe «Papa sehen wollte», wie sie es ausdrückten. «Sieben-Fünfundfünfzig heulte hinter uns», erinnert sich Doug McLaughlin, «und ein Großteil des Rudels antwortete ihm, aber sie hielten sich fern. Doch der Kleine hatte wohl entschieden: ‹Ich bin ein Welpe; ich will meinen Papa sehen.› Also zog er allein los und folgte der Fährte seines Vaters fast drei Kilometer weit.»

«Er war verwirrt», als er seinen Vater erreichte und das neue Weibchen bei ihm entdeckte. Er kannte ihren Geruch nicht. «Er nahm ihre Spur auf und folgte ihr, bis er die Spur seines Vaters fand. Er wollte herausfinden, wer die Fremde war, aber er verhielt sich, als sei er nicht ganz sicher, ob er nicht in einen Hinterhalt lief.» Daher ging er zögernd weiter, «und als er sie endlich sah, schien er zu fragen: ‹Dad! Aber wer ist die da?›»

Der Welpe kroch in einer deutlichen Demutshaltung auf dem Bauch auf seinen Vater zu und signalisierte so den beiden älteren Wölfen, dass er keine Bedrohung darstellte. Ranghohe Wölfe können ein wenig grob werden, wenn sie ihre dominante Stellung gegenüber Familienmitgliedern wieder geltend machen, die sie eine Weile nicht gesehen haben, aber Sieben-Fünfundfünfzig wedelte einfach nur mit dem Schwanz.

Vielleicht war er erleichtert. Vielleicht vermisste er sie alle auf seine Art.

Die neue Mollie-Wölfin war von den Schwestern bereits schwer verletzt worden und schnappte nach dem Jungwolf, als er auf sie zuging, um ihn auf Distanz zu halten. Aber sie verstand wohl, dass er nicht gekommen war, um ihr weh zu tun, dass er jung war und in der Rangfolge weit unten stand, und dass ihr neuer Partner, dem sie vertraute, ihn kannte und mochte.

Das war der Stand der Dinge, als bei Sonnenuntergang der Vorhang fiel.

Vor Sonnenaufgang kam das Signal der Mollie-Wölfin von einem anderen Hügel. Kurz darauf stürmte ein Teil des Lamar-Rudels diesen Hügel herab. Kein gutes Zeichen.

Sieben-Fünfundfünfzig tauchte bei Dunkelheit, kurz vor Tagesanbruch auf der Straße auf. Vier seiner Nachkommen warteten neben der Straße auf ihn.

Die beiden Hoodoo-Verehrer hatten nicht vor, sich mit ihrem neuen Schwiegervater abzufinden. Doch sie zögerten. Sie standen auf dem Hügel auf der anderen Straßenseite, aber sie waren außerhalb des Parks aufgewachsen und mochten daher keine Straßen. Das Sozialverhalten, das sie beobachteten, verwirrte sie wahrscheinlich. Möglicherweise verstanden sie die Beziehung zwischen dem älteren Wolf und ihren neuen Partnerinnen nicht. Oder vielleicht verstanden sie es, wegen seines Dufts. Oder wegen der Art, wie sie sich bei ihm verhielten, vertraut und ehrerbietig.

Zunächst kamen die Hoodoos nicht herunter. Und als sie es schließlich taten, zog sich Sieben-Fünfundfünfzig nur ein wenig zurück. Er schien unsicher, was er tun sollte. Dies war seine Familie. *Sein* Tal. Aber letztendlich stand er hier allein zwei starken Wölfen gegenüber.

Sieben-Fünfundfünfzig zog sich nicht weiter zurück. Seine Familie blieb stehen. Die Hoodoos kamen nicht näher.

Doug McLaughlin erinnert sich: «Schließlich *überquerte* Sieben-Fünfundfünfzig die Straße, er kam auf *ihre* Seite. Sie sahen sich einfach nur an.»

Und dann drehte Sieben-Fünfundfünfzig sich um und trottete davon.

«Wenn sie ihn hätten schnappen wollen?», sagte Laurie Lyman, «dann hätten sie sich in einer *Sekunde* auf ihn gestürzt. Sieben-Fünfundfünfzig ist kein Wolf, der um sein Leben fürchtet. Aber er hatte guten Grund zur Vorsicht – diese Rüden sind riesig.»

Offensichtlich war Sieben-Fünfundfünfzig vorsichtig. Er lief weiter gen Westen, ein einsamer Wolf, wurde nie langsamer, kam niemals zurück, um nach seiner neuen Partnerin zu suchen. Wahrscheinlich war ihm klar, dass sie tot war.

Raubtiere müssen ein praktisches Verständnis von Tod haben. Sie wissen, dass sie dem Kampf ihrer Beute ein Ende setzen müssen, und sie schalten vom Töten- in den Fressmodus um, wenn sich die Beute entspannt.

Dass Wölfe dieselbe Vorstellung von Tod haben wie Menschen, ist unwahrscheinlich, doch noch unwahrscheinlicher ist, dass sie gar keine Vorstellung von Tod haben, denn der Wolf lebt vom Tod. Ein Wolf muss in der Praxis zwischen «lebend» und «tot» unterscheiden können. Vielleicht erkennt der Wolf den Unterschied nur als «bewegt sich nicht mehr; ich kann jetzt aufhören zu töten». Wenn man ein hungriges Tier beobachtet, dann spürt man den Profi in ihm, erfahren und sachkundig.

Ich behaupte nicht, dass Wölfe den Tod verstehen oder wissen, dass ihr eigener Tod unvermeidbar ist. Wieso sollten sie auch mehr verstehen als wir? Die meisten Menschen können sich ihr eigenes Ende nicht vorstellen. Die meisten Menschen glauben, dass sie ewig existieren werden, im Himmel oder im ewigen Kreislauf von Karma und Wiedergeburt. Damit haben die Menschen die Grenze ihrer Vorstellungskraft erreicht. Wir existieren. Wir können uns nicht vorstellen, dass wir eines Tages nicht mehr existieren werden. Für die meisten von uns ist im Alltag das, was der menschliche Geist begreifen kann, deutlich begrenzt durch unsere bisherigen Erfahrungen.

Wie fühlt sich ein Wolf, wenn sein Partner stirbt? «Diese Frage hat mich immer beschäftigt», erinnert sich Doug Smith. Der Alpharüde eines Yellowstone-Rudels beim Heart Lake war ziemlich alt. Sein schwarzes Fell hatte bereits eine blaugraue Farbe angenommen, «daher nannten wir ihn Old Blue.» Old Blue hatte das übernatürlich hohe Alter von 11,9 Jahren erreicht (acht Jahre alte Wölfe gelten bereits als sehr alt). Es fiel ihm schwer, mit dem Rudel mitzuhalten, und dann, eines Tages, starb Old

Blue. Am nächsten Tag tat seine Partnerin, Vierzehn, etwas, das noch kein Wolfsforscher jemals gesehen hat. Sie ging weg. Sie verließ ihr Revier, verließ ihre Kinder, die ihr Rudel waren – sie ließ ihre neun Monate alten Welpen zurück. Das hatte es noch nie gegeben. «Sie wanderte durch den Schnee gen Westen», erzählt Smith, «und durchquerte dabei ein so unwirtliches Gebiet, dass die Spuren keines einzigen anderen Tieres zu sehen waren.» Nach vielen Kilometern hielt sie allein auf einem windigen Hang des Pitchstone Plateaus an. Und dann ging sie einfach noch 25 Kilometer weiter nach Westen. Eine Woche später kehrte sie zu ihrer Familie zurück. «Keiner von uns wollte sagen, dass sie trauerte», sagt Smith, «aber ich frage mich das schon.»[47]

Rick erzählt von einer Alphawölfin, die von einem anderen Rudel getötet wurde. Danach heulte ihr Partner tagelang. Also: Eine Wölfin verliert ihren Partner und geht auf Wanderschaft; ein anderer Wolf verliert seine Partnerin und heult – *tagelang*. Als meine Frau Patricia und ich zum ersten Mal verreisten und unsere Hunde in unserem Haus und in der Obhut eines Freundes zurückließen, fraß die immer glückliche, ewig hungrige Chula zwei Tage lang keinen Bissen. Was fühlte sie?

Wir trauern, wenn ein Mensch oder ein Haustier stirbt, weil wir jemand Geliebtes vermissen. Offensichtlich vermissen auch andere Tiere enge Gefährten, die gestorben sind. Solange sie leben, rufen sie einander, suchen einander und kehren zum selben Nest oder zur selben Wohnhöhle zurück. Ihr Verhalten beweist deutlich, dass sie eine Vorstellung von ihren Partnern, ihren Wohnhöhlen und Lagerplätzen haben. Sie warten auf die Rückkehr ihres Partners. Wenn der Partner verschwindet, dann sucht der Überlebende lange nach ihm. Die Tiere wissen, nach wem sie suchen. Mit anderen Worten: Sie vermissen einander. Dann passen sie sich an und das Leben geht weiter, wie bei uns. Manchmal ist das neue Leben ein völlig anderes.

Sieben-Fünfundfünfzig entfernte sich immer weiter von seiner entfremdeten Familie, bis er den Hellroaring Creek weit hinter sich gelassen hatte und sich dem Blacktail Deer Plateau näherte, das etwa dreißig Kilometer Luftlinie entfernt ist. Dort war er in seinem ganzen Leben noch nie gewesen.

Nur wenige Wochen zuvor war er der stolze Alpharüde des gesamten Lamar Valleys gewesen, Partner der besten Jägerin im Yellowstone mit der Unterstützung eines mächtigen, liebevollen Bruders und von drei Generationen seiner Nachkommen. Man muss sich das einmal vorstellen. In den letzten vier Monaten hatte er seinen Bruder und seine Partnerin durch Menschen verloren, und deswegen hatte er seine neue Partnerin durch seine eigenen Töchter verloren, und seine Töchter hatten sich mit feindlichen Rüden zusammengetan, mit denen er nicht umgehen konnte. Er ist in Gefahr in seinem eigenen Zuhause, bei seiner eigenen Familie; am harten Ende des Winters hat er keine Unterstützung mehr bei der Jagd und kein Jagdrevier. Kurz vor Beginn der Paarungszeit hat er keine Partnerin. Sein Leben ist im Grunde vorbei.

Und wir beobachteten, wie die eifersüchtigen Schwestern sich verbündeten und die frühreife Schwester Acht-Zwanzig aus dem Rudel warfen.

«Jäger behaupten gern, dass es keine Rolle spielt, wenn man ein Alphatier erlegt», erzählt Laurie Lyman, eine ehemalige Lehrerin. «Es spielt eine Rolle. Das Rudel ist dann wie ein Klassenzimmer ohne Lehrer.»

Paradoxerweise sind die beiden kompetentesten Mitglieder des Lamar-Rudels jetzt die Ausgestoßenen. Das Leben des Alpharüden Sieben-Fünfundfünfzig und seiner frühreifen Tochter Acht-Zwanzig ist völlig auf den Kopf gestellt, beide sind allein, und ihre Zukunftsaussichten prekär.

Ich hatte gewusst, dass ein Wolfsrudel eine Familie ist, ein Elternpaar mit ihren Nachkommen, die bei der Aufzucht der nächsten Generation helfen. Ich hatte gewusst, dass die Nachkommen, sobald sie erwachsen waren, das Rudel verließen, um ihr eigenes Leben zu beginnen und ihr eigenes Rudel zu gründen. Doch ich hatte nicht einmal geahnt, dass Politik dabei eine Rolle spielte, die einzelnen Persönlichkeiten, Fehden und Koalitionen, der Aufruhr in der Familie nach einer Tragödie, Treue und Treulosigkeit. Das war ... alles viel zu menschlich.

Und zum Teil ist es das auch. Menschen sind der Auslöser dieser Ereignisse. Der Anthropologe Serge Bouchard bemerkt: «Der Mensch ist dem Menschen ein Wolf, was, wie Sie mir sicher zustimmen werden, nicht besonders nett gegenüber dem Wolf ist.»

Über Nacht hat leichter Schneefall die Hänge und Täler wieder in eine Winterlandschaft verwandelt. Die aufgehende Sonne färbt den frischen Pulverschnee rosa. Minus neun Grad Celsius.

Mehrere Tausend Meilen im Osten, an der Küste, wo ich wohne, erfüllen die ersten Vorboten des Frühlings die Märzabende mit Leben, und die wiederkehrenden Fischadler beanspruchen ihre riesigen Nester zurück. Aber hier, in zweitausend Metern Höhe, ist der Winter nachtragend. Das einzige, ärmliche Anzeichen für den Frühling ist ein Gänseschwarm, der über uns hinwegzieht. Doch die länger werdenden Tage strafen den frischen Schnee Lügen, und die in Daunen gehüllten Gänse wissen, dass die Sonne die Wahrheit sagt.

Nach einer organisierten Suche entdecken wir an einer hohen Bergflanke lagernde Wölfe. Die Hoodoo-Rüden fühlen sich sichtlich wohl bei den angestammten Lamar-Wölfen. Der große Graue schläft am Rand einer Schneewehe mit dem Kinn im frischen Pulverschnee, seine Pfoten ragen über die Felskante. Er ist der kommissarische Alpharüde. Beide Hoodoos begrüßen den Jährling, als er seine Aufwartung macht, sie sind freundlich, lecken Gesichter und wedeln mit den Schwänzen. Dieses Rudel kommt zur Ruhe, die Beziehungen sind so gut wie geklärt.

Ein Funkgerät knistert. Einige Kilometer talaufwärts sind zwei Wölfe aufgetaucht, und die Signale bestätigen ihre Identität: Sieben-Fünfundfünfzig und seine verbannte Tochter Acht-Zwanzig. Wir brechen auf.

Hoch auf einer Felskante über einem verschneiten Hang, selbst mit unseren Teleskopen kaum noch zu erkennen, sind sie unterwegs. Sieben-Fünfundfünfzig hat seit gestern bereits eine erstaunliche Strecke zurückgelegt. Bis zum Hellroaring Creek und zurück, insgesamt vielleicht fünfundsechzig Kilometer. Er weiß, dass dieses Tal seine Heimat und dass Acht-Zwanzig seine Tochter ist. Und so haben sie sich in der Weite der verschneiten Berge, zwischen Bäumen und Beifußsträuchern gefunden.

Mit etwa zehn Kilometern pro Stunde legen sie erhebliche Entfernungen zurück. Acht-Zwanzig trabt mit gerade nach hinten ausgestreckter Rute daher – eine Alpha-Haltung. Sie fühlt sich wohl. Mit zwei Jahren ist sie eine Wölfin im besten Alter, mit einem typischen grauen Muster an Rücken und Flanken, einem dunkleren Grau an Kopf und Hals, die Wangen hell. Ihr Fell dagegen war von Geburt an schwarz und färbte sich mit dem Alter langsam silbrig, ihr fünfter Geburtstag ist nur zwei Wochen entfernt. Jetzt rennen sie über die verschneiten Hänge zwischen den Baumgruppen.

Typisch Wolf, dass sie sich gefunden haben; und sehr menschlich für uns, dass auch wir Erleichterung verspüren, dass sie wieder vereint sind. Aber ich vermute, dass die glückliche Zeit nur kurz dauern wird. Ein Neuanfang ist nicht so einfach. Acht-Zwanzig hat eine Alpha-Persönlichkeit und wird eine neue Partnerin des Vaters kaum tolerieren. Ebenso unerträglich wäre die Situation für ihren Vater, wenn Acht-Zwanzig selbst einen neuen Partner fände. Und dann ist da noch die Revierfrage: Wo können sie jagen? Acht-Zwanzig und Sieben-Fünfundfünfzig sind jetzt nur etwa eineinhalb Kilometer Luftlinie von ihrer Familie entfernt – den Wölfen, die ihnen solche Probleme bereitet haben.

Derweil hält der Hauptteil des Lamar-Rudels ein Schläfchen. Wir treiben uns in der Kälte herum und beobachten Wölfe beim Schlafen. Ein Jährling erwacht, trabt zu einer verborgenen Felsspalte, taucht mit einem Stück eines Wapitiunterschenkels wieder auf und legt sich fröhlich kauend wie ein Hündchen mit einem Knochen wieder hin.

Gegen drei Uhr nachmittags stehen die Lamar-Wölfe auf und versammeln sich. Dann beginnen sie zu heulen. Die Menschen verstummen.

Ihre Stimmen überraschen mich, sie sind höher als das tiefe Heulen, das ich erwartet habe. Und unerwartet vielfältig: Manche Wölfe jaulen langgezogen, andere in kurzen Tönen, manche ändern die Tonlage, andere halten lange, einzelne Töne, die sie auslaufen lassen. Der Gesang der einzelnen Sänger ist sehr verschieden. Und – wenn ich die Augen schließe – höre ich mehr Stimmen, als Wölfe da sind.

Ihr Heulen erfüllt das Tal, und für meine menschlichen Ohren klingt es so feierlich und sehnsüchtig wie Kirchengesang. Es dringt direkt ein. Ich höre Beteuerungen und Trauer, aber wie meinen sie es und was hören sie selbst? Einen Aufruf? Einen Gefühlsausdruck? Eine Warnung? Auf mich wirkt es wie eine uralte Geschichte, wortlos wie ein Traum in der Morgendämmerung, egal was die Wölfe sagen oder hören.

Wenn Acht-Zwanzig und Sieben-Fünfundfünfzig zurückheulen, könnte das zu einer gewalttätigen Konfrontation zwischen Wölfen führen, die jetzt allesamt Ansprüche auf dieses Tal erheben. Alle Beteiligten verstehen die Dynamik. Acht-Zwanzig und Sieben-Fünfundfünfzig schweigen schlauerweise. Aber sie können sich in diesem Tal nicht verstecken und auch nicht verhindern, dass sie bei der Durchwanderung eine Duftfährte hinterlassen. Früher oder später wird es kritisch werden. Wölfe und Menschen wollen endgültige Lösungen. Acht-Zwanzig und Sieben-Fünfundfünfzig stecken in der Klemme.

Sie verschwindet im tiefen Wald. Er folgt. Das Heulen verhallt, bis die Luft wieder nur von Sonnenlicht und Kälte erfüllt ist.

Gegen achtzehn Uhr beginnt Acht-Zwanzig zu heulen.

Taktischer Fehler. Die Lamar-Wölfe springen sofort auf und antworten – und machen dann mobil.

Die Hoodoo-Brüder liegen mit Acht-Zwanzig nicht im Streit. Dennoch machen sich die Lamar-Wölfe, unter Führung der Fähen, in die Richtung auf, aus der sie das Heulen der verbannten Schwester gehört haben.

Sie verschwinden in niedrigem Baumbestand und kommen hoch oben auf einem kleinen Plateau über einer breiten, verschneiten Bergflanke wieder zum Vorschein.

Acht-Zwanzig taucht ein ganzes Stück entfernt auf. Wahrscheinlich war ihr abendliches Heulen für Sieben-Fünfundfünfzig gedacht. Aber er ist spurlos verschwunden. Kein Piepser. Mit ihrem Heulen ist Acht-Zwanzig ein kalkuliertes Risiko eingegangen und hat sich verrechnet. Ihr ist es nicht gelungen, ihren einzig verbliebenen Freund auf der Welt anzulocken. Stattdessen hat sie all ihre neuen Feinde angezogen.

Acht-Zwanzig ist ihren durchschnittlichen Schwestern, die ähnliche Ambitionen, aber weniger Talent haben, überlegen. Wolfspolitik ist heikel. Selbst ein Wolf kann besser sein, als gut für ihn ist, und muss es büßen. Bei diesem Rudel geschieht dies vor unseren Augen. Im verblassenden Tageslicht ist Acht-Zwanzig in Bewegung, dieses Mal mit eingezogenem Schwanz. Sie wirkt entmutigt und unglücklich. Ich sehe ihr Rudel und ich sehe sie. Ob sie gegenseitig Sichtkontakt haben, weiß ich nicht, aber offensichtlich wissen alle, wer wo ist.

Auf der Spur der Wolfsvögel

Acht-Zwanzig und ihr Vater verbrachten nicht einmal einen ganzen Tag zusammen. Jetzt können die Handantennen, die durch die Winterluft geschwenkt werden, sein Signal nicht mehr aufspüren. Er hat sein Tal verlassen. Acht-Zwanzig, nun vollkommen allein, aber auffindbar, bleibt außer Sicht. Falls sie wirklich trächtig ist – wahrscheinlich die Ursache dafür, dass ihre ebenfalls trächtigen Schwestern sich gegen sie wendeten – und nur noch sehr wenig zu fressen hat, weil sie allein ist, dann wird ihr Körper die Schwangerschaft wohl beenden und die Föten absorbieren.

Der Tod von Sieben-Vierundfünfzig und Null-Sechs hat die Lebensplanung im Rudel völlig umgekrempelt. Der Tod beendet nicht nur das Leben der Wölfe, die getötet werden; er ändert auch die Spielregeln und die Überlebensaussichten für die Überlebenden, selbst der nachfolgenden Generationen. Einzelne Tiere sind wichtig. Ein Wolf ist kein «Etwas». Ein Wolf ist ein «Jemand».

Laurie sucht das Tal ab wie ein Rabe, untersucht sorgfältig jedes Detail auf Spuren hin, eine Bewegung, den Boden unter einem Adler in einem Baum – alles.

Ich erkenne – nichts.

Als Laurie schließlich verkündet: «Ich habe sie», hätte sie genauso gut ein weißes Kaninchen aus dem Hut zaubern können. Meine Frage: Wo? Ich sehe dorthin, wo sie hinsieht. Aber ich erkenne immer noch – nichts.

Mit einer einladenden Handbewegung tritt sie zur Seite, und ich drücke mein Auge an ihr Teleskop und sehe – unfassbar – acht Wölfe bei einem Beutezug dreieinhalb Kilometer entfernt. Mit meinem Fernglas erkenne ich in dieser Richtung nur einen länglichen, dunklen Klecks. Schwarze Punkte im Schnee. Die Raben. Natürlich.

Kaum haben Wölfe eine Jagdbeute getötet, da sind die Raben bereits im Anflug. Und weil das schon sehr lange so geht, werden Raben «Wolfsvögel» genannt. Von Wölfen erlegte Beute zieht oft Dutzende Raben an. Doch wenn Menschen Wapitikadaver auslegen, werden diese von den

Zwei Wölfe des Lamar-Rudels durch ein Teleskop beim Verzehr eines erlegten Wapitis beobachtet, begleitet von Elstern und den unvermeidlichen Raben, den «Wolfsvögeln».

Raben normalerweise ignoriert. Raben vertrauen Wölfen. Den Menschen vertrauen die Raben nicht.[48] Die Erinnerung an vergiftete Kadaver steht bei jungen Raben offensichtlich immer noch auf dem Lehrplan.

So war es nicht immer. Der nordische Gott Odin war Vater aller Götter, aber er sah schlecht, hatte ein schlechtes Gedächtnis und Wissenslücken. Odin trank nur Wein und sprach nur in Versen. Die beiden Raben Hugin und Munin (Gedanke und Gedächtnis) saßen auf seinen Schultern und glichen die göttlichen Schwächen aus, indem sie ihm Nachrichten aus aller Welt brachten. Die beiden Wölfe an seiner Seite versorgten ihn mit Fleisch und Nahrung. Zusammen bildeten sie ein Gott-Mensch-Rabe-Wolf-Superrudel. Seine Macht liegt in der Synergie dieser Koalition. Der Biologe und Autor Bernd Heinrich schrieb, der Odin-Mythos sei das Abbild «einer mächtigen Jagdallianz, einer Vergangenheit, die wir schon lange vergessen haben, nachdem aus unserer Jagdkultur eine Kultur der Hirten und Bauern geworden war».[49] Und der Tierzüchter.

Der Forscher Derek Craighead stellte erstaunt fest, dass flügge Jungvögel eines Rabenpaars manchmal die Nacht in einem aktiven Nest anderer Raben auf der anderen Seite eines Berges verbringen. «Wir dachten immer, Raben würden in eigenen Revieren leben», erklärte er, «aber anscheinend bilden sie eine weit vernetzte Gemeinschaft, lange nicht so einfach gestrickt, wie wir glaubten.»

Wölfe, Menschenaffen, Elefanten, Wale – offensichtlich intelligent. Aber auch bei Vögeln passiert einiges, trotz ihrer viel kleineren Gehirne. Vor allem bei Wolfsvögeln und ihren Verwandten aus der Familie der Rabenvögel: Häher, Elstern, Dohlen und Krähen. Sie sind clever. Sie sind aufmerksame Beobachter und manche verfügen im selben Umfang über logisches Denken, Planung, Flexibilität, Erkenntnis und Vorstellungskraft wie Delfine, Elefanten und einzelne Fleischfresser – auf dem Intelligenzniveau von Menschenaffen.

Im Yellowstone, wo Raben seit vielen Tausend Wintern ihre schwarzen Ausrufezeichen auf die weißen Seiten des Schnees schreiben, haben sie sich etwas Neues beigebracht: wie man Rucksäcke von Wanderern aufmacht. Im Vergleich zu anderen Vögeln, mit Ausnahme einiger Papageienarten, haben Raben ein größeres Vorderhirn – der «denkende» Gehirnteil. Relativ zum Körpergewicht ist das Gehirn eines Raben genauso groß wie das eines Schimpansen. Manche Wissenschaftler machen dieses vergrößerte Vorderhirn für die «primatenartige Intelligenz» der Rabenvögel verantwortlich.[50]

Bei einem Experiment wurden Raben mit etwas konfrontiert, das sie noch nie gesehen hatten: einem Stück Fleisch, das an einem Faden hing. Um an das Futter zu gelangen, muss der Vogel den Faden mit dem Schnabel ein Stück hochziehen, danach den Faden mit einem Fuß festhalten und das Ganze so lange wiederholen, bis der Leckerbissen in Reichweite ist. Manche Raben finden die Lösung beim ersten Versuch. Das heißt, sie verstehen Ursache und Wirkung und können sich die Lösung vorstellen, nur indem sie den Versuchsaufbau anschauen. Sie probieren nicht einfach herum. Bei einem anderen Experiment lösten Raben in kurzer Zeit ein Rätsel, bei dem sich ein menschliches Kleinkind und zwei Pudel (die vorher mit den Einzelteilen vertraut gemacht worden waren) verhielten, als «würden sie nicht einmal verstehen, dass da überhaupt ein Rätsel vorlag, das es zu lösen galt».[51]

Jetzt wird es persönlich. Betty ist eine Geradschnabelkrähe, die Probleme anhand früherer Erfahrungen löst. Nachdem sie gelernt hatte, was ein Haken ist, bog sie Draht zu Haken, um an Futter in Röhren heranzukommen. Wenn man ihr eine Auswahl verschiedener Drähte anbietet, wählt Betty die korrekte Länge und den passenden Durchmesser für die zu lösende Aufgabe.[52] Es gibt keinen Grund zu der Annahme, dass Betty eine Ausnahme unter den Geradschnabelkrähen ist.[53] Sie ist nur zufällig in das Experiment mit ein paar Menschen geraten. Geradschnabelkrähen können unter Zuhilfenahme von Werkzeug ein Rätsel lösen, das aus acht Schritten besteht (das kann man sich im Internet anschauen).[54]

Krähen verstehen problemlos eine durchsichtige Plastikapparatur, bei der die Vögel einen Stein eine Röhre hinunterwerfen müssen, um einen Leckerbissen zu bekommen. Sie suchen sich außerdem den größten von mehreren verfügbaren Steinen aus. Als die Experimentleiter eine engere Röhre einsetzten, wählten drei von vier Vögeln auf Anhieb *kleinere* Steine, die in die enge Röhre passten; sie probierten die größeren Steine, die sie vorher verwendet hatten, nicht einmal aus. Bekamen sie keine Steine, sondern nur einen Stock, steckten alle getesteten Krähen sofort den Stock in die Röhre und drückten nach unten, um das Futter freizugeben. Als die Forscher den Tieren entweder einen Stein, der zu groß war, und einen Stock, der funktionieren würde, gaben *oder* einen Stein, der funktionieren würde und einen Stock, der zu kurz war, wählte jeder Vogel – beim ersten Versuch – dasjenige Werkzeug, mit dem er an das Futter kam. Wenn die Vögel einen Stock mit Seitenzweigen bekamen, die erst entfernt werden mussten, bevor der Stock in die Röhre passte, knabberte jede Krähe geschickt die Zweige ab, und das häufig vor dem ersten Versuch. Wenn der Leckerbissen in einem kleinen Eimer in einer Röhre lag und die Krähen ein gerades Stück Draht bekamen, dann formten alle aus dem Draht einen Haken, den sie am Griff des Eimers einhängten und so den Snack herausholten.[55] Sie wussten, was sie wollten, und sie verstanden, was sie tun mussten, um daranzukommen. Das ist echte Erkenntnis. Kakadus, die zu den Papageien gehören, lösen Rätsel, die sie nie zuvor gesehen haben und die aus Vorhängeschlössern, Schrauben und Klappen bestehen, ebenfalls mit Hilfe ihrer Erkenntnisfähigkeit.[56]

Krähen erinnern sich – jahrelang – an die Gesichter von Forschern, die sie eingefangen haben, um sie zu markieren oder zu messen. Wenn sie diese Menschen über den Campus gehen sehen, dann beschimpfen sie sie laut. Von diesen Krähen lernen dann andere Krähen, wer diese vermeintlich bösen und gefährlichen Leute sind, und schreien eine Warnung, wenn sie sie sehen. Inzwischen tragen Forscher Masken oder Verkleidungen, wenn sie Krähen fangen, damit sie nicht noch Jahre später angeschrien werden.[57] Die Gehirne von diesen Vögeln und uns Menschenaffen sind unterschiedlich aufgebaut (wir haben den Neocortex der Säugetiere mit der für Affen typischen Vergrößerung, und sie haben das Nidopallium der Vögel mit der für Rabenvögel typischen Vergrößerung). Aber zwei Köpfe, ein Gedanke, und so entwickelten wir dieselben geistigen Fähigkeiten. Zwei Forscher schrieben: «Geradschnabelkrähen, und jetzt auch Saatkrähen, haben bewiesen, dass sie Schimpansen bei physischen Aufgaben ebenbürtig und in manchen Fällen überlegen sind, was uns die bisherige Auffassung von der Evolution der Intelligenz in Frage stellen lässt.»[58] Wissenschaftler kamen zu dem Schluss, dass Raben, Krähen und Anverwandte insgesamt «ähnlich intelligentes Verhalten zeigen wie die Menschenaffen».[59] Wer hätte das geahnt? Und was wissen wir sonst noch alles nicht?

Gerade eben ging es um Vögel, die Werkzeuge benutzen. Und das ist eine gute Ausrede, um sich kurz mit der Werkzeugverwendung im Allgemeinen zu beschäftigen. Wie bei vielen Aspekten der Verhaltensforschung gibt es auch für «Werkzeug» keine allgemeingültige Definition. Meine eigene lautet: Ein Ding, das nicht Teil des Körpers ist und das man benutzt, um ein Ziel zu erreichen.

Im Jahr 1960 erschütterte Jane Goodall die Welt mit der «Neuigkeit», dass Schimpansen Zweige – mit anderen Worten: *Werkzeuge* – benutzen, um Termiten auszugraben. Bis zu jenem Moment war die Wissenschaft davon ausgegangen, dass nur Menschen irgendwelche Werkzeuge herstellten und dass Werkzeuge «uns zu Menschen machen». Aber – Moment mal! Im Jahr 1844 hatte Thomas Savage, Missionar in Liberia, beschrieben, dass wilde Schimpansen Nüsse «mit Steinen knacken, ganz nach Art der Menschen».[60] Die Wissenschaft entdeckte die Position des Missionars erst mehr als ein Jahrhundert später wieder. Und im Jahr 1887 berichtete ein anderer Beobachter von Makakenaffen, die bei Ebbe Austern häufig mit Steinen aufbrechen.[61] Wie konnten diese schriftlichen

Berichte in Vergessenheit geraten? Vielleicht wirkte die Werkzeugverendung erst jetzt, im Weltraumzeitalter, überraschend, weil wir uns inzwischen so grundlegend von der Natur entfremdet haben? Irgendwie vergaß die Welt – und dann veranlasste Goodalls Wiederentdeckung den herausragenden Anthropologen Louis Leakey zu der berühmten Aussage: «Jetzt müssen wir neue Definitionen für Werkzeuge oder Menschen finden oder Schimpansen als Menschen anerkennen.» Diese Wiederentdeckung zwang die Menschen, ihr Monopol auf Logik und Kultur zu überdenken. Wir wirkten dadurch etwas weniger besonders. Aber wirklich «neu» daran war nur, dass wir uns dessen bewusst wurden; Schimpansen hatten seit Hunderten von Jahren Werkzeuge hergestellt. Und heute ist die Verwendung einfacher Werkzeuge bei Primaten, Elefanten, Seeottern, Delfinen, verschiedenen Vogelarten, Kraken – und sogar Insekten bekannt.

Jane Goodalls tansanische Schimpansen benutzen Werkzeuge, aber keine *Stein*werkzeuge. In anderen Regionen, etwa in Guinea und an der Elfenbeinküste, zertrümmern Schimpansen geschickt Nüsse mit Steinen oder Holzhämmern. Sie verbringen zehn bis fünfzehn Prozent ihrer Fütterungszeit mit Nüsseknacken, und in drei oder vier Spitzenmonaten knackt sich ein Schimpanse dreitausendfünfhundert fettreiche Kalorien täglich. Durch das Nüsseknacken haben Schimpansen Zugriff auf mindestens sechs Nussarten, an die sie ohne Werkzeuge nicht herankämen. Diese Schimpansen haben eine höhere Fortpflanzungsrate und sind sozialer.[62] Vielen Schimpansen in Afrika stehen dieselben Steine, Holzblöcke und Nüsse zur Verfügung, aber sie nutzen die reichhaltigen Nüsse und die potenziellen Werkzeuge nicht, die vor ihrer Nase liegen. In einer Gegend graben sie den Boden mit einem Stock auf und holen dann mit einem biegsamen Werkzeug Termiten aus dem Loch. An manchen Orten stellen Schimpansen Werkzeuge auf Vorrat her; manchmal benutzen sie zwei Werkzeuge, um ein Problem zu lösen. Manche Schimpansengruppen graben nach Ameisen und hämmern auf Nüsse ein, schöpfen Wasser mit Blättern oder jagen in Baumlöchern mit Speeren nach Buschbabys, und manche tun das nicht. Die Methoden sind erlernt; sie sind kulturell.

Wilde Bonobos gleichen Schimpansen sehr und sind schlau, aber sie benutzen keine Werkzeuge. Die meisten Menschen glauben das auch von Gorillas, aber Vicki Fishlock und Kollegen fanden heraus, dass

Gorillas mit Stöcken testen, wie tief Sumpflöcher sind, und mit Stöcken Holzblöcke übers Wasser heranziehen, um damit eine Brücke über sumpfige Stellen zu bauen. Ein Gorilla erfand und perfektionierte in Gefangenschaft eigenständig eine Keule-auf-Amboss-Methode zum Nüsseknacken.[63] Kapuzineräffchen transportieren schwere Steine zu einem Ort, wo sie Nüsse knacken wollen, wählen dann Steine mit passender Größe als Amboss und Steine mit jeweils passendem Gewicht für verschiedene Nussarten als Hammer.[64]

Wenn Orang-Utans Futter in einer Röhre erreichen wollen, dann spucken sie Wasser in die Röhre, bis das Futter in Reichweite schwimmt. Saatkrähen[65] und Eichelhäher[66] erreichten dasselbe Ergebnis bei ähnlichen Experimenten, indem sie Steine in die Röhre warfen, um den Wasserstand zu erhöhen, bis sie an das schwimmende Futter herankamen. Unsere Papageien zu Hause weichen mit Wasser Futter auf. Wenn wir ihnen trockenes Brot geben, dann geht Kane damit sofort zum Wasser und lässt es hineinfallen. Nach kurzem Warten holt er das inzwischen durchfeuchtete Brot wieder heraus und trägt es zur anderen Seite des Käfigs, lässt es in die Futterschale fallen und frisst den jetzt angenehm weichen Leckerbissen. Rosebud macht das auch oft. (Wir wollten eigentlich keine Papageien, aber als wir in der Tierhandlung sahen, wie Kane sein Futter mit Wasser aufweichte, war ich so fasziniert, dass wir beide mit nach Hause nahmen. Einer der beiden muss es erfunden haben, und der andere hat es dann nachgemacht. Die beiden sind von verschiedenen Arten – er ist ein Mönchssittich und sie ein Grünwangen-Rotschwanzsittich. Das Futtereinweichen stellt daher eine Kulturübertragung zwischen Arten dar, ein bisher in der Wissenschaft offensichtlich unbekanntes Phänomen. Sie lesen hier erstmals davon!)

Elefanten stellen mindestens sechs verschiedene Arten von Werkzeugen her, vor allem zum Kratzen und um Zecken zu entfernen.[67] Sie könnten an einem Tag einen Rückenkratzer herstellen und am nächsten mit Steinen oder Holzblöcken einen elektrischen Zaun herunterdrücken.[68] Seeotter knacken Krebse mit Steinen, während sie sich auf dem Rücken treiben lassen. Geradschnabelkrähen und Spechtfinken stochern mit Dornen in Baumlöchern nach Käfern. Einige andere Krähenarten legen Nüsse auf befahrene Straßen und lassen sie so von den Autos knacken.[69] Möwen lassen hartschalige Beute, wie Muscheln und Schnecken, auf harte Oberflächen fallen. Täten sie das nicht, dann kämen sie nicht an die Nahrung heran. Sie fangen die steinharte Beute unter Wasser, fliegen dann offenbar gezielt über eine Oberfläche, die entsprechende Anforderungen erfüllt, lassen die Beute los und lassen sie von der Schwerkraft beschleunigen. Wenn es beim ersten Mal nicht klappt, fliegen sie nochmal los.

Zahllose Male habe ich beobachtet, wie Möwen Muscheln knacken, indem sie sie auf steinige Strände, Straßen oder Flachdächer fallen lassen. (Aber nur auf Flachdächer. Meine Nachbarn wissen, wann ein gutes Muscheljahr ist, weil ihr Haus dann bombardiert wird. Ich habe zum Glück ein Giebeldach.) Schmutzgeier knacken Eier mit Steinen. Grünreiher benutzen Insekten als Fischköder oder lassen eine lose Feder oder sogar Brot aufs Wasser fallen, um Fische anzulocken. Online gibt es ein tolles Video von einem Reiher, der Fische mit einem Stück Brot in Reichweite lockt; der Reiher ist ziemlich beharrlich und legt den Köder mehrmals neu aus, bis er einen Fisch schnappt. (Suchbegriffe im Internet: Vogel fängt Fisch mit Brot.)

Buckelwale fangen Fischschwärme in einem «Netz» aus Luftbläschen und bedienen sich dabei einer «Einfangen und verwirren»-Strategie. Wenn sie dann durch das Netz mit aufgerissenem Maul nach oben tauchen, durchbrechen sie die Meeresoberfläche in einer riesigen Wasserfontäne. Ein spektakulärer Anblick.

Und was niemand je vermutet hätte: Große Tümmler schlagen an den Bahamas mit ihren Seiten- oder Schwanzflossen auf den Sand und erzeugen so einen Wirbel, der aussieht wie ein Sandtornado. Der Tornado bewegt sich über den Boden und bleibt dann stehen. Dort, wo er anhält, gräbt der Delfin mit der Schnauze im Sand. Was passiert da? Wie sich herausstellt, wird der Wirbel von einer Stelle mit niedrigem Druck angezogen, die entsteht, wenn er auf ein Loch im Boden trifft. Die Delfine erzeugen sichtbare Wasserwirbel als Werkzeug, um Fischlöcher aufzuspüren! «Etwas Erstaunlicheres habe ich nie gesehen», schrieb Denise Herzing, «aber für die Delfine schien es Routine zu sein.»[70]

Viele Tiere, die Werkzeuge einsetzen, beginnen ihre technische Laufbahn, indem sie mit Stöcken und Steinen herumspielen, wie ein Menschenkind, das erst brabbelt, wenn es Sprechen lernt, oder das die physische Welt durch das Spiel mit Holzklötzen kennenlernt und so ohne Druck die eigenen Fähigkeiten austestet.

Zu einem wissenschaftlichen Artikel gibt es ein exzellentes Video eines Kakadus namens Figaro, der aus einem Stück Bambus stockartige Werkzeuge herstellt und bearbeitet und damit Futter in seinen Käfig fegt. (Zwei andere Kakadus, denen man Bambus anbot, stellten keine Werkzeuge her, was darauf hindeutet, dass Vögel, wie Menschen, unterschiedliche Fähigkeiten haben.) Ich war verblüfft, als ich sah, wie ein Orang-Utan mit Stroh Futter heranfegte, das knapp außerhalb seiner Reichweite ausgelegt worden war, aber Blauhäher machen etwas Ähnliches: Sie reißen Papier in Streifen und fegen dann Futterkörner damit heran.[71]

Einige Lippfischarten benutzen Steine und Korallen als Amboss, um Seeigel und Schalentiere aufzuknacken. Diese Fische haben auch relativ große Gehirne im Vergleich zum Körpergewicht, wie jene Vögel und Primaten, die Werkzeuge benutzen. Manche Buntbarsche und Welse kleben ihre Eier an Blätter und kleine Steine, die sie dann wegtragen, wenn ihr Nest in Gefahr ist. Schützenfische spucken mit Wasserstrahlen Insekten von überhängenden Blättern und Zweigen.[72]

Der Werkzeugeinsatz von Insekten ist erstaunlich, weil man ihn nicht erwartet und er so bewusst wirkt. Wenn bestimmte Ameisenarten flüssige Nahrung finden, verrottendes Obst etwa, dann gehen sie Blätter, Sandkörner oder weiches Holz holen, um die Masse aufzusaugen; anschließend trägt jede Ameise das eigene Körpergewicht an flüssiger Nahrung zum Nest. Andere Ameisen schikanieren Konkurrenten, indem sie Sandkörner in deren Nesteingänge und damit im wörtlichen Sinn Sand ins Getriebe der anderen werfen, der sie Zeit und Mühe kostet. Wieder andere Ameisen locken bodenbrütende Bienen aus ihrem sicheren Bau. John D. Pierce beschreibt, wie sie das anstellen: «Nachdem die Ameise die Biene entdeckt hatte, verharrte sie normalerweise einige Sekunden am Rand des Nestes. Dann suchte sie die Umgebung ab, nahm ein kleines Stückchen Erde ... ging damit zurück zum Nesteingang, hielt das Erdbröckchen über den Eingang ... zögerte etwa eine Sekunde und ließ das Bröckchen fallen.» Ein paar Sekunden später geht die Ameise wieder los, um mehr Erde zu holen. Inzwischen kommen andere Ameisen dazu. Die Biene ist jetzt an der Oberfläche und schnappt mit ihren Mandibeln. Das ist ein Kampf mit dem Drachen in Miniatur. Wenn die Biene aus ihrem nicht mehr sicheren Schutzbau herausspringt, greifen die Ameisen an und töten die Biene.

Eine Wespenart verwendet Kiesel und Erde, um ihre Beute mitsamt den Eiern der Wespe (die sich von der Beute ernähren, wenn sie schlüpfen) in ein Loch einzusperren. Noch einmal Pierce: «Der größte Brocken wird tief in den Bau eingeführt und weitere, kleinere Objekte darüber platziert ... Gelegentlich hämmert das Weibchen die Füllung mit einem Kiesel zu einem kompakten Pfropfen zusammen.» Mordwanzen tarnen sich für die Jagd auf Termiten. Dazu heften sie sich Stücke aus dem Termitennest an den Körper, sodass sie riechen wie das Nest. Nachdem die Wanze eine Termite gefangen und den Körper ausgesaugt hat, hält sie sich den Kadaver vor den Kopf und «schwenkt ihn auf eine ‹aufreizende› Art herum». Wenn dann eine andere Termite nach dem Kadaver greift, zieht sich die Wanze schrittweise zurück und zieht so die Arbeitertermite langsam aus dem Nest. Sobald der Kopf der Arbeiterin erreichbar ist, «schnappt die Wanze schnell zu», lässt den Köderkadaver fallen und spritzt ihr Gift in die Termite.[73]

Dies sind nur einige Beispiele für die Werkzeugverwendung von Insekten. Ganz zu schweigen von den erstaunlichen Konstruktionen, Belüftungssystemen, der Futterproduktion, der Hitzedämmung von Termitenhügeln, Bienenstöcken, Spinnennetzen und Ähnlichem. Heißt das, dass Insekten, die Werkzeuge verwenden, besonders intelligent sind? Oder heißt es, dass man keine Intelligenz braucht, um Werkzeuge herzustellen? Oder ist die Werkzeugherstellung weniger beeindruckend, wenn Insekten das mit ihren winzigen Gehirnen können? Und was ist überhaupt mit diesen winzigen Gehirnen: Haben sie Bewusstsein? Wenn ja, wie viel? Wie treffen sie Entscheidungen, beurteilen ihren Fortschritt? Trifft unser eigenes Gehirn – wie wissenschaftliche Untersuchungen andeuten – eine Entscheidung und informiert danach unser Bewusstsein, sodass wir nur glauben, wir hätten die Idee gehabt?

Wir sind die besten Werkzeugproduzenten, aber wir sind gleichzeitig die hilflosesten Tiere. Wir greifen für alles auf Werkzeuge und Geräte zurück, um unsere Aufgaben zu erleichtern oder unsere Ziele zu erreichen, zum Schlafen, zum Essen und sogar zur Darmentleerung. Wenn wir eine Nacht nackt und ohne Werkzeuge auf dem Boden liegend in der Wildnis überleben wollten, dann müssten wir zunächst genügend Hilfsmittel herstellen, um am Leben zu bleiben. Doch die meisten Menschen stellen Werkzeuge nicht selbst her, sondern verwenden nur Werkzeuge, die andere hergestellt haben. Die meisten Leute können mit dem, was sie in der Natur finden, noch nicht einmal die grundlegendsten menschlichen Hilfsmittel herstellen: Feuer, ein Stück Schnur, ein Messer, Kleidung. Die wenigsten von uns haben jemals etwas erfunden. Ich benutze jetzt gerade einen Computer, habe aber keine Ahnung, wie er funktioniert oder wie er hergestellt wurde. Als Art sind wir ziemlich beeindruckend. Aber als Individuen könnten die meisten von uns kein ordentliches Hemd nähen, selbst wenn man ihnen einen Stoffballen auf dem Silbertablett servieren würde.

Trotzdem pflegen wir uns wegen der kollektiven menschlichen Errungenschaften, an denen wir als Individuen keinen Anteil hatten und die die meisten von uns nicht verstehen, gern selbst auf die Schulter zu klopfen. Auf die kollektiven Schreckenstaten der Menschheit erheben wir ganz großzügig nicht denselben Anspruch. (Im 20. Jahrhundert töteten zivilisierte Menschen mehr als einhundert Millionen andere zivilisierte Menschen, und das aktuelle Jahrhundert hat auch nicht gut angefangen.) Wir konzentrieren uns lieber auf unsere Fähigkeiten, Flugzeuge und Computer herzustellen, wobei jene von uns, die selbst gar nicht wissen, wie man Flugzeuge oder Computer herstellt, sich dabei einer angenehmen Illusion hingeben, was okay ist. Hunde wissen nicht, dass Menschen Autos bauen. Damit wissen sie kaum weniger als die meisten von uns, die einfach ins Auto steigen und losfahren, was für die Herstellung eines Autos nötig ist – über die Erzförderung, Metallgewinnung, Chemie, Design und Fertigung, die Fabrikproduktion und den Vertrieb.

Wolfsmusik

Wir steigen also in die Autos und fahren im Konvoi nach Osten. Von der anderen Seite des Tals aus sind jetzt deutlich schwarze Raben um einen rötlichen Fleck zu erkennen. Durchs Fernglas sehe ich mehrere rotgesichtige Lamar-Wölfe, die kräftig am frisch freigelegten Brustkorb eines bis vor kurzem noch lebenden Wapitis zerren und ihn in kurzer Zeit auf die Knochen abfressen. Der abgetrennte Kopf des Wapitis liegt mit dem Gesicht nach oben im Schnee wie eine beiseitegeschobene Trophäe, das spitze Geweih hat nun keinen Nutzen mehr. Für die Raben und Elstern scheint kaum etwas übrig zu bleiben, aber ihre Anwesenheit und Geduld stellen sicher, dass es genug sein wird. Die Bearbeitung dieser Kadaver ist ihr Beruf. Insgesamt neun Wölfe sind anwesend. Sieben liegen bereits mit vollen Bäuchen zufrieden ausgestreckt auf der verschneiten Erde.

Ein wenig Zeit, um sich mit der metaphysischen Seite der Angelegenheit zu beschäftigen: Ein Wapiti, der um sein Leben rennt, wird in Wolfsfleisch und Wolfsknochen umgewandelt, deren Zweck es ist, Wapitis zu jagen, die um ihr Leben rennen, um dem Schicksal zu entgehen, das sie verfolgt, ein Schicksal, zu dem ihre Artgenossen die Grundlage gebildet haben. Der Jäger als Vorbote des Borg. Am Himmel flattern verspielte Krähen, die ebenfalls aus Wapiti bestehen. Später fällt der Jäger und gibt alle ehemaligen Wapitis, die zu Wölfen, Raben, Bären wurden, frei für ein kurzes Zwischenspiel als Gras. Der Jäger des Grases, der Wapiti, frisst es. Gras wird wieder zu Wapiti, und das Rad der Ewigkeit hat eine Umdrehung vollendet. Die Menschheit unterbricht diese Ewigkeit, ein Borgfressender Super-Borg.

Ich stampfe mit den Füßen, um zu prüfen, ob sie noch da sind. Während wir herumstehen und darauf warten, dass die Wölfe ihr Verdauungsschläfchen beenden, sehen wir Zuschauer ihnen zu, unterhalten uns, essen eine Kleinigkeit, vergleichen noch einmal Stiefel und Handschuhe und tun so ziemlich alles, außer warm werden. Rick erzählt mir von dem kränklichen Jährling Triangle, der nach einem weißen Dreieck auf der Brust benannt worden war. Es waren schlechte Zeiten. Im Rudel grassierte die Räude, die den Tieren die Kräfte raubte, und rivalisierende Wölfe hatten die Rudelmatriarchin getötet.

Eines Morgens standen der Jährling Triangle und seine dreieinhalb Jahre alte Schwester drei feindlichen Wölfen gegenüber. Triangle und seine Schwester rannten davon und trennten sich – ob als Strategie oder einfach nur in Panik, ist unklar. Die Eindringlinge verfolgten die Schwester. Sie war die schnellste Läuferin des Rudels, aber ein Angreifer holte sie ein und zog sie zu Boden. Sie sprang sofort wieder auf, änderte die Richtung und rannte zum Fluss. Er fing sie noch zwei weitere Male; sie sprang jedes Mal auf und rannte, so schnell die Beine sie trugen.

Beim vierten Angriff stürzten sich alle drei Brüder auf sie. Jetzt lag sie auf dem Rücken und wehrte sich verzweifelt. Zwei Wölfe bissen sie mit heftig schüttelnden Bewegungen in den Bauch und in die Hinterbeine, während der größte Wolf zum Todesbiss an der Kehle ansetzte.

Sie wehrte sich weiter, und der große Wolf trat zurück. Er hatte in das Gehäuse ihres Funkhalsbands gebissen. Aber das verstand er wohl schnell und setzte zu einem neuen Biss neben dem Halsband an. Rick sah durch sein Fernglas zu, und in dem Moment verwandelte ein kleiner, schwarzer Klecks die Szene in Chaos. Triangle, der kleine, kränkliche Jährling versuchte, seine große Schwester den tödlichen Kiefern zu entreißen.

Sein Eingreifen lenkte die Angreifer ab, und zwei von ihnen ließen von der Schwester ab und jagten ihn. Die Schwester sprang auf die Füße und rannte zum Fluss. Triangle lenkte die drei Angreifer nur kurz ab. Sie holten die Schwester wieder ein, als sie gerade das Flussufer erreichte, und alle vier purzelten ins Wasser. Gegen alle drei hatte sie keine Chance. Aber Triangle schoss dazwischen. In dem Durcheinander sprang die Schwester durch den Fluss zum anderen Ufer. Sie hatte eine stark blutende Bisswunde an der Brust, durchquerte das Tal und rannte den Hang hinauf nach Norden, zur Wohnhöhle ihrer Familie.

Die drei Rüden jagten inzwischen alle Triangle. Und entgegen aller Wahrscheinlichkeit entkam der kranke, kleine Wolf seinen Verfolgern. Sie gaben auf und trotteten langsam zur anderen Seite des Tals, Richtung Süden.

Triangles große Schwester tauchte erst eineinhalb Wochen später wieder auf. Sie überlebte ihre Verwundungen und wurde wieder gesund. Triangle blieb noch mehrere Monate bei seinem Rudel und jagte mit seiner Familie, aber seine Infektion und die Verletzungen von dem Kampf hatten ihn wohl geschwächt und er starb schließlich.

Für Rick ist Triangle, der kränkliche kleine Wolfsbruder, «ein Held». Ich frage mich: Menschen können Helden sein, aber was ging Triangle wohl durch den Kopf?

Rick sagt: «Wir beurteilen Helden nicht nach dem, was sie denken, sondern nach dem, was sie tun.» Was geht Feuerwehrleuten durch den Kopf, wenn sie in ein brennendes Zimmer stürzen, um das Kind eines Fremden zu retten, und wenn gar keine Zeit ist, um nachzudenken? Wenn ein Held jemand ist, der sein Leben riskiert, um das Leben eines anderen zu retten, dann hat Rick recht.[74]

Nach zwei Stunden Dösen erheben sich die Lamar-Wölfe, versammeln und begrüßen sich enthusiastisch, entfernen sich dann ein paar Meter voneinander und beginnen zu heulen. Das menschliche Gespräch verstummt schnell, und wir lauschen. Tiefe Faszination. Die Stimmen der Wölfe schwanken, wechseln die Töne. Freudig und gleichzeitig traurig. Unvergesslich.

Wir lauschen ihrem Gesang mit gespannter Aufmerksamkeit. Irgendwie finden wir ihn bedeutsam. Im Gegensatz zu unserer Reaktion ignorieren andere Tiere unsere menschliche Musik häufig. Macht also Musik – und wie sie uns bewegt – uns «zum Menschen»? Oder ist das Heulen die Musik der Wölfe, von Wölfen und für Wölfe?

Unsere eigene Musik bewegt sich – offensichtlich – im menschlichen Hörbereich, der Rhythmus entspricht normalerweise menschlichen Herzschlägen oder Schrittgeschwindigkeiten, Muster und Intonation sind der menschlichen Sprache vergleichbar. Diese Eigenschaften – Ton, Rhythmus und Intonation – werden mit dem Fachbegriff «paralinguistische Funktionen» bezeichnet und unter dem Überbegriff «Prosodie» zusammengefasst. Unter Prosodie versteht man die Klangqualitäten der menschlichen Sprache. Aufgrund der Prosodie können beispielsweise Zuhörer in jeder Sprache Wiegenlieder von Geschrei unterscheiden. Durch die Prosodie klingen Solos von Klavier, Violine, Saxophon oder Gitarre manchmal wie ein Mensch, der eine Geschichte erzählt, nur ohne Worte.

Manchmal werden durch Töne Gefühle über Artengrenzen hinweg vermittelt. Hunde merken, wenn Menschen sich streiten. Und wir verstehen, dass ein Knurren eine Warnung ist. Häufig hat die emotionale Bedeutung tierischer Laute ihre Wurzeln in fernster Vergangenheit. Die Fähigkeit, dies wahrzunehmen, ist Teil unseres uralten menschlichen Erbes. Mehrere kurze aufsteigende Rufe sorgen für Erregung, lange, absteigende Rufe sind beruhigend, und ein einzelner, kurzer, abrupter Ton lässt einen unartigen Hund ebenso innehalten wie ein Kind mit einer Hand in der Keksdose.

Psychologen, die diese Wurzeln und gemeinsamen Wahrnehmungen untersuchen, sprechen hierbei vom «vormenschlichen Ursprung der Prosodie». Bei Menschen und wahrscheinlich auch anderen Tieren werden die Grundlagen dafür bereits im Mutterleib angelegt. Ein Mensch hört schon vor der Geburt den Herzschlag der Mutter, den Klang ihrer Stimme, Geschwindigkeit und Muster ihrer Schritte. Bereits bei der Geburt hat ein Mensch die Fähigkeit, im Klang der mütterlichen Stimme Bedeutung zu erkennen. (Viele Vögel singen ihre Küken an, sobald das Kleine ein winziges Loch in die Eierschale gebohrt hat.) In vielen Kulturen erzeugen die meisten Musikinstrumente Töne zwischen 200 und 900 Hertz, dem Frequenzbereich der erwachsenen weiblichen Stimme. Das ist kein Zufall.

Wenn man deutlicher werden will, dann kann man Text hinzufügen. Aber wer hat noch nie bei einem brasilianischen Bossanovasänger weiche Knie bekommen, auch ohne Portugiesisch zu verstehen? Wer wurde noch nie von religiösen Liedern oder Weltmusik mit unverständlichem Gesang berührt oder von Rockmusik – mit unverständlichem Gesang? Singen in einer fremden Sprache ist reinste Prosodie; wir verstehen die Worte nicht, daher reagieren wir nur auf den Klang der Stimmen und die rhythmischen Muster. Man könnte behaupten, dass die Musik, die eine Stimme aussendet, reiner ist, wenn man die wörtliche Bedeutung des Textes auf der anderen Seite der Sprachbarriere zurücklässt. Wenn Texte das Entscheidende wären, dann würden wir nur Lyriklesungen lauschen. Oder einfach das Libretto lesen. Aber nein; uns geht es um den *Klang*.

In gewissem Sinn abstrahiert die Musik die Klänge und Rhythmen unseres Lebens und schenkt sie uns als Ohrenschmaus reinster, Emotionen auslösender Stimulierung wieder zurück. Doch wie viel von der emotionalen Botschaft der Musik beim Hörer ankommt, hängt zum Teil davon ab, wie kulturell vertraut der Zuhörer mit der *Prosodie* der Musik ist, ihren klanglichen und rhythmischen Eigenschaften. Beim Menschen ist dies zum Teil universell, aber manches davon ist auch kulturell. Instrumente spiegeln oft die klanglichen Eigenschaften der Sprache wieder, zu deren Kultur sie gehören. Man denke nur an das Näseln orientalischer Instrumente oder den gedehnten Klang der Pedal-Steel-Gitarren des amerikanischen Country und Western.

Warum mögen andere Tiere menschliche Musik nicht? An mangelnden Bemühungen durch Menschen liegt es nicht. So berichteten Forscher, dass «Tauben, die darauf trainiert worden waren, zwischen Bachs Toccata und Fuge in D-Moll für Orgel und Strawinskys *Frühlingsopfer* zu unterscheiden, die beiden Stücke mit der Zeit auseinanderhalten konnten, aber langsam lernten und nur ein niedriges Leistungsniveau erreichten».[75]

Manche Tiere mögen Musik. Mein Freund Darrel sagt, seine Schildkröte «liebt mexikanische Musik» und rennt herum, wenn sie sie hört. Unser Grünwangen-Rotschwanzsittich, Rosebud, legt ein wildes Tänzchen hin, wenn er Musik mit einem starken Beat hört, vor allem dann, wenn wir unsere Spielzeugtrommeln hervorholen. Im Internet wimmelt es von tanzenden Papageien wie Snowball, dem Gelbhaubenkakadu.

Doch viele andere Tiere finden unsere Musik uninteressant bis störend. Bei einer Auswahl menschlicher Musik ziehen zwei Affenarten langsames Tempo vor, bevorzugen Mozart vor Rockmusik; aber wenn man sie zwischen verschiedenen Arten menschlicher Musik und gar keiner Musik wählen lässt – bevorzugen sie die Stille.

Allerdings scheint das so zu sein, weil man sie *menschlicher* Musik ausgesetzt hatte. Menschliche Musik besteht aus Klängen und Rhythmen, die menschlichen Charakteristiken entsprechen. Spielte man Tamarinaffen beruhigende und anregende menschliche Musik vor, dann beruhigten sie sich durch beide. Die Taktschläge der «schnellen» Musik, die auf Menschen anregend wirkt, entsprechen dem Ruhepuls der Affen. Menschen empfinden sie als belebend, aber für die Tamarine war sie nichts Aufregendes.

Was wäre, wenn man die Aspekte, die menschliche Musik ansprechend für Menschen macht, übersetzen – und *Affen*musik erschaffen würde? Forscher haben das getan.

Sie untersuchten Frequenzbereich, Tempi und Tonumfang der Lautäußerungen von Lisztaffen sowie deren Herzfrequenz. (Anders als bei menschlicher Musik mit ihrem Frequenzbereich zwischen 200 und 900 Hertz haben Drohrufe dieser Tamarinen Frequenzen zwischen 1600 und 2000 Hertz.) Dann erzeugten die Forscher Musik anhand dieser Parameter. Sie achteten darauf, dass sie keine Rufe der Tamarinen imitierten; sie verwendeten menschliche musikalische Techniken wie Kontrapunkte, das Beenden von Phrasen durch die Auflösung auf einen Akkord; und sie verwendeten Strukturen wie A-B-A. Sie schrieben Musik, die Affen beruhigen, und andere, die Affen anregen sollte. Die Musik wurde auf einem Cello gespielt. Es handelte sich dabei um die erste Tamarinenmusik der Welt. Die Affen reagierten so auf die Affenmusik, wie die Komponisten es beabsichtigt hatten. Nachdem sie die beruhigende Musik gehört hatten, bewegten sich die Affen weniger und fraßen mehr. Nach der anregenden Musik setzten sie sich auf und beobachteten.

Für Affen komponierte Musik erzielte anscheinend die beabsichtigten emotionalen Reaktionen. (Die Forscher notierten: «Wir und andere, die die Tamarinenmusik gehört haben, finden sie nicht besonders angenehm, und man könnte vermuten, dass Tamarine auf menschliche Musik ähnlich reagieren.»)[76] Musik kann *verschiedene* Emotionen ausdrücken, Wut, Furcht, Freude, Zuneigung, Trauer und Aufregung etwa, in unterschiedlicher *Intensität*. Musik kann diese Emotionen einfangen und ausdrücken. Forscher stellten fest: «Musik ist eine der besten emotionalen Kommunikationsformen, die wir kennen.»[77] Die Emotionen in der Musik wirken sich auf die Emotionen der Hörer aus; bei aufregender Musik werden wir aufgeregt. Dies ist ein weiteres Beispiel für «Gefühlsansteckung». Tatsächlich lebt Musik von der Gefühlsansteckung, die durch die Fähigkeit des menschlichen Gehirns entsteht, der Musik entsprechende Emotionen auszulösen. Diese Fähigkeit hat einen Namen: Empathie. Man fühlt die Musik.

Nachdem das eindringliche Heulen verklungen war, fraßen die Wölfe ein wenig mehr und tobten dann eine Zeit lang herum. Danach gab es ein weiteres Verdauungsschläfchen. Zwei Coyoten kommen zum Kadaver, aber die Wölfe, die keine zwanzig Meter von dem Gerippe entfernt im Schnee liegen, sind so vollgefressen, dass sie sich nicht darum kümmern. Sie werden noch den ganzen folgenden Tag und die darauf folgende Nacht nur fressen und schlafen. Ich überlasse sie ihren Wolfsträumen.

Minus 20 Grad Celsius bei Sonnenaufgang. Ein weiterer winterlicher Frühlingstag. Eine weitere Schicht Feenstaub auf dem Lamar Valley. Bewegungslose Stille.

Ich bin allein, entschlossen, in dieser eisigen Kälte auf eigene Faust Wölfe zu finden. Mit dem Fernglas suche ich die Hänge auf der anderen Seite des Tals nach Wölfen ab, indem ich nicht nach Wölfen suche. Ich suche nach frischen Spuren des Rudels im Neuschnee, einer Gruppe Raben vielleicht.

Doug McLaughlin kommt zu mir.

Ich will unbedingt etwas Gescheites finden, bevor er es tut, und suche ein bestimmtes Schneefeld mit dem Fernglas ab, als er sagt: «Hab' einen.»

Dieser Bastard.

Auf einer Schneekante über einer Baumgruppe geht ein Wolf. Ein gleitender Weißkopfseeadler führt mich den verschneiten Hang hinab. Und ganz am unteren Ende des Hangs, wo er in den Talboden übergeht, entdecke ich ein Spurengewirr und einen großen Fleck aus Haar und Blut und Raben. Hinter einer leichten Erhebung sehe ich nur noch den Kopf des inzwischen gelandeten Adlers, der mit aller Kraft an etwas zerrt. Dort ist also der eigentliche Kadaver, knapp außer Sicht.

Fast direkt den Hang hinauf – Doug weist mich auch darauf hin – brütet die Partnerin des Adlers bereits, die Eier liegen in einem riesigen Nest aus Zweigen im Schutz einer Pappel. Noch nie bin ich an einem Ort gewesen, wo Frühling und Winter so hart aufeinandertreffen. Ein Coyote trottet heran und zerrt ruckweise an dem Kadaverstück, das der Adler bearbeitete.

Jetzt kommen insgesamt neun Lamar-Wölfe, vier schwarze, fünf graue, zwischen den Bäumen hervor und gehen den langen Abhang hinunter. Dabei hinterlassen sie eine neue Spur im Schnee, an den verstreuten Haaren und dem Blut vorbei, und schlendern so gelassen auf den Kadaver zu, als kämen sie zum Nachschlag an die Salatbar. Die dominante Schwester geht links mit offensichtlichem Alpha-Verhalten. Ihre rangniedere Wurfschwester, Middle Gray, geht neben ihr. Im Moment wirken sie friedlich.

Die sich drängelnden Coyoten spüren das selbstsichere Auftreten der Wölfe. Sie befinden sich vollzählig im Herzen ihres Reviers, sind bestens ernährt, warm in ihren Pelzen, sie haben das Sagen hier und sind im Grunde unantastbar.

Ein Wolf zieht den roten Brustkorb und die Wirbelsäule eines Wapitis hinter der kleinen Erhebung hervor. Kein Kopf. Ein anderer Wolf zerrt ein großes Stück Haut heran. Andere reißen einzelne Rippen heraus oder holen sich ein Stück Bein und lassen sich zufrieden kauend nieder. Diese Wölfe brauchen etwa drei Wapitis pro Woche. Weniger als eine Meile von den satten Wölfen entfernt sehe ich drei Wapitis friedlich grasend am jetzt wieder mit Weiden bewachsenen Ufer des Flusses.

Nachdem die Wölfe gefressen und dann noch einmal gefressen haben, jagen und balgen sich die fast Einjährigen, wie unsere Hunde zuhause es tun. Eigentlich sollte man annehmen, dass Wölfe nach der Großwildjagd und dem ausgiebigen Gelage nicht mehr Fangen spielen müssen. Aber Arbeit allein macht eben nicht glücklich. Offensichtlich ist auch für Wölfe eine gesunde Work-Life-Balance wichtig.

Nach der Herumtollerei entfernen sie sich einige Meter und verteilen sich wie pelzige Bettvorleger, strecken sich aus, als lägen sie am Strand, und unternehmen keinerlei Anstrengungen, sich auf dem Schnee zusammenzurollen oder Wärme zu konservieren. Verschwenderisch und gemästet. Ihnen ist weder kalt noch sind sie hungrig. Das unterscheidet sie von mir.

Middle Gray erwacht. Sie ist eine gutmütige Dreijährige, die Welpen liebt. Ihre dominante Schwester – dieselbe Schwester, die Acht-Zwanzig nicht tolerierte – ist der Grund für ihren niedrigen Status. Middle Gray verschwindet den Hang hinauf.

«Sucht sie nach Acht-Zwanzig?», fragt sich Laurie laut.

Zwei Stunden später erwacht der Rest des Rudels, die Wölfe strecken sich und pinkeln. Sie versammeln sich, mit wedelnden Schwänzen, und lecken sich die Gesichter. Ein bisschen gemeinschaftsbildendes Spielen. Dann heulen alle einige Minuten lang. Dann legen sich alle wieder hin.

Eine Stunde später empfängt Rick ein starkes Signal von Acht-Zwanzig. Sie bewegt sich in Richtung der Wölfe, die auf dem Hang schlafen. Kommt sie auf sie zu? Sie muss hin- und hergerissen sein.

Ihre verfeindete Schwester schläft weiter.

Kurz darauf wird klar, dass Acht-Zwanzig ein ganzes Stück von den anderen entfernt ist – und dort bleibt.

«Und wo ist Fünfundfünfzig?», möchte Laurie wissen. Von Sieben-Fünfundfünfzig gibt es kein Signal. Auch gestern war nichts von ihm zu hören.

«Er hat jeden Grund, Angst zu haben», kommentiert Doug. Sie blicken beim Reden weiter durch ihre Ferngläser und suchen nach Acht-Zwanzig.

«Ja», stimmt Laurie ihm grundsätzlich zu. «Aber wenn diese Rüden ihn hätten töten wollen? Dann hätten sie es bereits getan.»

Am späten Vormittag schwere Schneefälle. Keiner bewegt sich viel.

Vorher hatte jemand einen Grizzly zwischen die Weiden an der Einmündung trotten sehen. Wir haben nichts Besseres zu tun, also fahren wir im Schneesturm zwei Meilen weit an den Ort, an dem sich die weidengezäumten Kanäle des Soda Butte Creek in den Lamar-Fluss graben.

Ein Otter schwimmt im Märzwasser flussaufwärts gegen den Schneesturm an.

Der Bär hatte sich bei einem alten Wapitiskelett aufgehalten, das durch den Schnee ragt. Er war wohl an diesem eiskalten Frühlingstag aus dem Winterschlaf erwacht und hatte die Nacht damit verbracht, Markknochen zu knacken, vielleicht am gefrorenen Wapitihirn im Schädel gelutscht. Winterkadaver sind hier wochenlang wertvoll und ernähren viele. Wölfe, Coyoten, Füchse ... Raben, Adler, Elstern ... Leben lebt vom Tod. Wie der Wolf erntet, so sät er.

Ein schwarzer Lamar-Wolf, der dort geschlafen hatte, wo wir gerade hergekommen waren – ist hier! Und jetzt sehen wir, dass das Rudel irgendwie vor uns durch den Schnee gewandert ist. Wir hatten geglaubt, wir hätten sie hinter uns gelassen, als wir hierher gefahren waren. Doch da sind sie. Wie Zauberei.

Sie schweben fast durch den nahezu waagrecht fallenden Schnee. So nahe waren wir ihnen noch nie, nur etwa einhundert Meter trennen uns. Durchs Fernglas erhasche ich einen guten Blick auf den Hoodoo-Rüden

Tall Gray, der an einem Weidendickicht entlangtrottet, mit seinen bernsteinfarbenen Augen wirft er mir einen Blick zurück. Aber er zeigt keinerlei Interesse, und sein Blick schweift weiter.

Die Wölfe schnuppern an den gefrorenen Knochen, dann strecken sie sich zufrieden im Schneesturm aus, so behaglich wie Chula und Jude auf unserem Teppich zu Hause. Wenn mir überhaupt etwas an den Wölfen Angst macht, dann: dass sie sich so wohlfühlen, weil mir das meine eigene Schwäche noch deutlicher macht.

Nebel und eine heftige Schneesturmbö gehen kurz im Tal nieder, wie ein weißer Bühnenvorhang, und als sich der Vorhang wieder hebt, sind alle Wölfe wie von Zauberhand verschwunden.

Um halb vier Uhr nachtmittags habe ich das Lamar Valley verlassen. Zwei entfernte, unsichtbare Wölfe heulen sich über eine größere Distanz in Zeit und Raum hinweg zu. Das Heulen wird ein wenig schwächer und dann wieder stärker. Diese Wölfe sind in Bewegung. Wer sind sie? Das Heulen erhebt sich immer weiter mit Pausen in die Luft, wie Rauchsignale aus Klang. Die Botschaft können wir noch nicht entziffern.

Wir erhaschen nur einen kurzen Blick auf einen schwarzen Wolf, der eine kleine Lichtung auf einem dicht bewaldeten Hang überquert. Gesträubtes Nackenhaar, schlaksige Statur; dieses Tier ist keine zwei Jahre alt. Aber mehr können wir nicht erkennen. Dieser Wolf entfernt sich von dem anderen Rufer, der ihn anscheinend verfolgt.

Ich setze das Fernglas ab und sehe zu, wie der schwarze Punkt, der ein Wolf ist, hinter einer Anhöhe verschwindet. Wir fahren zwei Meilen weit, um freie Sicht auf die andere Seite des Abhangs zu bekommen, und warten bei sinkenden Temperaturen in der Hoffnung, dass der schwarze Fleck wieder auftaucht.

Zwei Stunden später warten wir immer noch, hören aber in Abständen das dumpfe Heulen desselben Wolfes. Sie kommen.

Vier Stunden, seit wir den Wolf kurz sahen. Gelegentliches Heulen von beiden Seiten. Aber wir sehen keinen Wolf mehr. Wir hören, dass der Schwarze, den wir gesehen hatten, immer noch in Bewegung ist und heult.

Da ist der schwarze Wolf wieder!

Und von einem Hügel mindestens anderthalb Kilometer von dem schwarzen Wanderer entfernt, aber plötzlich klar zu hören, erhebt sich ein seltsamer Schrei. Eine Mischung aus Heulen und Winseln. Ein langer, schmerzerfüllter, sehnsüchtiger Klangklecks. Mir fällt nur ein Wort dazu ein: gepeinigt. Drückt er aus, wie sich sein Urheber fühlt?

Dort oben ... Ein einsamer grauer Wolf betritt den Hügelkamm über uns und blickt ins Tal hinab, sieht dorthin, wo der schwarze – einen Augenblick zuvor – aufgetaucht und wieder verschwunden ist.

Der schwarze Wolf entfernt sich weiter vom grauen, ständig heulend, jetzt wieder außer Sicht.

Ich blicke wieder zu dem grauen hoch, der unentschlossen wirkt wie ein verirrter Hund, sich erst hierhin, dann dorthin wendet. Schließlich entscheidet sich der graue Wolf dazu, sich abzuwenden, er trottet bergauf und über die Anhöhe, auf der er plötzlich erschienen war, zurück an den Ort, von dem er gekommen war.

«Der Schwarze muss Jet Black sein», meint Laurie. Eine junge Fähe aus dem Junction-Butte-Rudel.

«Der Graue muss Sieben-Fünfundfünfzig sein.» Das ist McLaughlins Meinung.

Stille legt sich über das Tal. Und dennoch – höre ich ihn immer noch oder bilde ich mir das nur ein? Sein sehnsüchtiges Heulen hat sich in meinem Kopf festgesetzt, und ich meine fast, ihn im sanften Wind ununterbrochen zu vernehmen.

Meine Begleiter schütteln die Köpfe; sie hören nicht, was ich höre.

Rick ruft an. Er bekommt das Signal von Sieben-Fünfundfünfzig herein. Ganz in der Nähe des Junction-Rudels. Und auch das Signal von Acht-Zwanzig empfängt er, aus Slough, nicht weit von ihrem Vater entfernt.

Hat er deswegen umgedreht?

Die Abenddämmerung lässt die Fragen unbeantwortet.

Der Jäger ist ein einsames Herz

Ricks Funkgerät sagt ihm, dass Sieben-Fünfundfünfzig weiter unten entdeckt wurde, westlich des Lamar Valley, etwa elf Kilometer von hier entfernt. Wir gehen hin. Auf einer kleinen Anhöhe finden wir frische Spuren von Sieben-Fünfundfünfzig im Schnee, gleich neben unseren. Manche von uns glauben, ein tiefes, widerhallendes Heulen von einem dicht bewaldeten Hügel östlich von uns zu hören. Ich bin nicht überzeugt.

Dann heult ein anderer Wolf – aus dem Junction-Butte-Rudel – eine Antwort von einem teilweise nebelverhangenen Berghang.

Jetzt erkennen wir durch unsere Ferngläser mehrere Junction-Butte-Wölfe, die gut einen Kilometer entfernt im Schnee eine mit hohen Bäumen bewachsene Felskante entlangwandern. Die beiden Alphas des Junction-Rudels, der Rüde Puff und seine deutlich hinkende Partnerin, Ragged Tail, führen zwei graue und drei schwarze Wölfe im strahlenden Sonnenlicht durch den frischen Pulverschnee, bahnen sich einen Weg über mehrere Bergterrassen nach unten. «Er ist ein guter Anführer», sagt Rick und presst dabei sein Fernglas an die Augen. «Er bleibt gern an der Spitze des Rudels.»

Ganz oben am Rand einer Terrasse, die auf weite Salbeifelder und die Bison-gesprenkelten Mäander des Crystal Creek hinausblickt, machen die Junction-Wölfe Pause, als wollten sie ihre Ländereien bewundern.

Sie werfen die Köpfe in den Nacken und heulen einen minutenlangen Chor in den weiten Himmel, der klingt wie ein Morgen in der Urwelt. Herren über ihr eigenes Leben. Hüter des Ortes, der sie ernährt. Wahrlich Ureinwohner. Über eine Stunde lang wechseln sie zwischen Wanderung und Heulen – manchmal beides gleichzeitig – und steigen langsam ins Tal ab, immer wieder zwischen Bäumen verschwindend. Durch die ausgedehnte Landschaft steigen sie weiter ab, hören auf zu heulen, weiter hinunter durch freie Schneefelder, heulen wieder, ein Irrgarten aus hohem Salbei und – verschwinden.

Wir packen selbstverständlich auch unsere Sachen zusammen und machen uns auf den Weg. Etwa anderthalb Kilometer weiter, dort, wo sie wieder auftauchen müssten, werden wir auf sie warten. Mir ist kalt und sie sind nicht zu sehen, daher frage ich mich, warum wir sie mit hartnäckiger Entschlossenheit immer wieder und wieder sehen wollen. Warum freuen wir uns nicht einfach, dass wir Wölfe gesehen und gehört haben, und machen Feierabend? Warum uns das so interessiert, ist fast so schwer zu beantworten, wie die Frage, wo sie als Nächstes auftauchen. Sie leben mit einem gewissen Glauben an sich selbst. Sie haben überdauert. Deswegen warte ich auf die nächste Sichtung. Laurie sagt, wir machen das, weil Wölfe Dinge tun. Wenn Wölfe untätig sind, dann wollen wir wissen, was sie als Nächstes tun werden. Sie erklärt: «Wenn jemand zu mir sagt: ‹Da ist ein Grizzly gleich neben der Straße!›, dann lautet meine einzige Frage: ‹Ist ein Wolf dabei?›»

Man *sieht* Bisons und Dickhornschafe, aber man *beobachtet* Wölfe. Sogar die Bisons und Dickhornschafe beobachten Wölfe. Wenn wir gerade keine Wölfe beobachten, dann warten wir, bis Wölfe da sind, die wir beobachten können. «In meiner Zeit als Lehrerin habe ich die Kinder wahnsinnig gerne beobachtet», erzählt Laurie. «Wie sie sich einfügen. In der Grundschule mögen manche den Sandkasten, andere spielten lieber Fangen; und ich beobachtete, wie sie sich über die Jahre entwickelten. So ist das für mich auch bei den Wölfen. Es ist irgendwie dasselbe. Wir folgen nicht nur Wölfen. Es geht um die *Geschichten* der Wölfe.»

Das Heulen ist immer noch zu hören, mit Pausen, Wölfe erzählen ihre eigenen Geschichten.

Plötzlich erreicht uns durch die klare Luft aus Osten – hinter uns – eine vollere und klagendere Antwort als der Chor des Junction-Rudels. Sieben-Fünfundfünfzig. Wir sehen ihn nicht. Wie individuell und einzigartig er klingt!

Wölfe verfügen vielleicht über keine Wörter. Aber sie haben etwas anderes: die Fähigkeit zur Wiedererkennung, Motivation, Emotion, Vorstellungskraft, eine mentale Karte ihrer Gegend, ein Mitgliedsverzeichnis ihrer Gemeinschaft, ein Vorrat an Erinnerungen und erlernten Fähigkeiten und einen Duftkatalog mit verknüpften Bedeutungen als Definitionen. Wie wir bei Hunden sehen, reicht das mehr als aus, um in einem Leben zu verstehen, wer wer und was wo ist.

Mehr als eine Stunde lang dauert diese Unterhaltung an, geht hin und her, sie wechseln sich ab oder überschneiden sich. Menschen spielen Musik, manchmal während langer Jamsessions. Ich habe das schon gemacht. Es ist eine starke Gemeinschaftserfahrung. Der Stamm versammelt sich. Zuhörer kommen zusammen. Es muss uns viel geben, weil die Erfahrung die Zeit der Musiker wert ist, die einander Klänge zusenden, und jener, die bleiben, um zuzuhören. Da wird eine Geschichte erzählt, ohne Worte, aber voller Leben.

Sieben-Fünfundfünfzig ist ein Bariton, wie ich es bei einem großen, heulenden Wolf auch erwartet hätte. Sehr markant. Ich würde ihn morgen oder am Tag danach problemlos erkennen. In seinem Gesang höre ich die Tragödie, die er kürzlich erlebt hat. Aber hören die anderen Wölfe sein Pathos? Projiziere ich da etwas hinein?

Sieben-Fünfundfünfzig bleibt außer Sicht, heult von einem dicht bewaldeten und mit Felsen übersäten Hang, von den Schatten der Bäume eingegrenzt. Mit unseren Ferngläsern suchen wir die Schatten sorgfältig ab. Ich suche vergeblich, doch Laurie sagt: «Hab' ihn.»

Laurie hat eine fast übernatürliche Sehkraft, aber erklären kann sie nicht ganz so gut. «Bei dem großen Baum links neben dem Felsen» hilft mir beim Absuchen einer Bergflanke voller großer Bäume und Felsbrocken nicht weiter. Es bringt mehr, wenn ich einfach durch ihr Fernglas schaue.

Ich sehe einen Felsen im Sonnenlicht unter dem Zweig einer Kiefer. Und ein silbriges Stück Fell. Daraus entsteht plötzlich Sieben-Fünfundfünfzig, als hätten meine Augen nur etwas Zeit gebraucht, um ihn dort abzuzeichnen. Er liegt zusammengerollt auf einem Findling, das Kinn auf den Vorderpfoten wie ein Welpe auf einer Veranda. Er wartet auf – eine Idee? Eine Entscheidung? Ein wenig Gesellschaft?

«Wie zum Teufel haben Sie ihn gesehen?»

«Ich weiß nicht – ich habe nur Fell gesehen.»

Sieben-Fünfundfünfzig setzt sich auf dem großen Findling auf. Er hockt dort im Sonnenlicht wie ein wuscheliger Hund und blickt auf die andere Seite des Tals, wo die Junction-Wölfe heulen.

Bei der Geburt hatte er schwarzes Fell gehabt, aber in der zweiten Lebenshälfte wurde er langsam grau, sodass er jetzt von allen Seiten zweifarbig ist mit einem markant zweifarbigen Gesicht. Dunkle Stirn, dunkle Ohren, dunkle Schnauze; abrupt abgesetztes Hellgrau vom Unterkiefer bis zur tiefen Wangenbehaarung; dunkles Rückenfell und ein dunkler Schwanz, aber cremefarbene Flanken. Ein äußerst markanter Wolf. Er wirft den Kopf in den Nacken. Es dauert ein oder zwei Sekunden, bis sein Heulen mich erreicht. Er ist also etwa einen halben Kilometer entfernt.

Er blickt direkt in mein Fernglas. Mir wurde gesagt, dass ein Wolf durch Menschen *hindurchschaut*. Aber mir wird etwas klar: Das wirkt so, weil ein Wolf sich nicht für Menschen interessiert. Menschen können nur schwer akzeptieren, dass sie nicht das Wichtigste sind, das es je gab. Für den Wolf bin ich nicht bedeutend genug, um durch mich hindurchzuschauen. Er sieht an mir *vorbei*. Seine gelben Augen registrieren mich nur einen Augenblick lang: «Mensch.» Wie etwas Unnützes, das ein Fischer wieder ins Wasser wirft: «Das ist nichts zum Fressen.»

Die Junction-Fähe Jet Black bewegt sich heulend durch die Salbeifelder nach unten, über das steile Ufer des Flusses und verschwindet zwischen den Weiden. Dieser Wölfin ist Sieben-Fünfundfünfzig gestern gefolgt.

Inzwischen haben alle Junction-Wölfe den Talboden erreicht, in einer Reihe hinter ihrem Alphapärchen, Ragged Tail und Puff, die sie zwischen den Weiden hindurchführen, wo sie immer mal wieder aus unserem Sichtfeld verschwinden, gelegentlich heulend.

Sieben-Fünfundfünfzig lauscht weiter aufmerksam auf die sporadischen Rufe der Junction-Wölfe, dreht seinen Kopf ein wenig, verzeichnet ihre Bewegungen im Tal genau.

Er neigt den Kopf wieder und schaut scheinbar direkt in mein Fernglas. Ich halte den Blick – *diese Augen, dieses Gesicht* – so lange, bis der Wind mir das Wasser in die Augen treibt. Ich setze das Glas ab, um mir die Augen zu wischen, und als ich wieder hindurchschaue, sehe ich nur einen leeren Felsen. Sieben-Fünfundfünfzig ist verschwunden.

Wir glauben es kaum, aber plötzlich schlendert er über die niedrige Felskante, auf der wir stehen, keine zweihundert Meter zu unserer Linken. Ich drehe mich zu ihm, bekomme ihn direkt vor die Linse meines Teleobjektivs und schieße einige Fotos von ihm mit schöner Seitenbeleuchtung, wie er aufmerksam vorausblickt, zweifarbig, wie kein anderer Wolf, den ich gesehen habe. Mit raschem Schritt läuft er auf seinen langen Beinen durch das Salbeigebüsch direkt auf die Weiden zu, die Jet

Black verbergen. Von unserem Hügel aus sehen wir sie beide und die Junction-Wölfe. Aber aus seinem Blickwinkel auf dem Talboden sind die anderen jenseits des Flussufers und nicht zu sehen.

Puff erstarrt und pirscht dann vorsichtig weiter. Puff hat einen albernen Namen; aber er überlebt alles, und Laurie sagt: «Für seine Größe hat er eine Menge Mumm.» Plötzlich stürzt sich Puff rennend ins Salbeigebüsch. Sieben-Fünfundfünfzig springt aus dem Salbei ins Freie. Aber es sieht so aus, als jage Puff seine eigene Tochter, Jet Black, als wolle er sie maßregeln. Jetzt bricht er die Verfolgung ab.

Die Junction-Jährlinge bleiben dicht beieinander, die Ruten wie Fahnen erhoben reiben sie Nasen und Körper aneinander. Macht sie das Verhalten der Erwachsenen unruhig?

Mich zumindest versetzt es in Unruhe.

Sieben-Fünfundfünfzig läuft genau auf sie zu. Er wirkt entschlossen zu einer Kontaktaufnahme. Er taucht im Salbeigestrüpp unter. Die Junction-Wölfe schauen sich suchend um, als wüssten sie nicht, wo er ist.

Plötzlich streckt Ragged Tail ihre buschige Rute waagrecht nach hinten. Sie hat ihn entdeckt.

Sieben-Fünfundfünfzig wechselt abrupt die Richtung. Er geht ein hohes Risiko ein. Oder vielleicht weiß er, wie seine Chancen stehen. Wahrscheinlich kennt er die Junction-Wölfe. Puff hat den Ruf, Kämpfe gern zu vermeiden (möglicherweise der Grund, dass er noch am Leben ist). Dennoch hat Sieben-Fünfundfünfzig allen Grund zur Vorsicht. Aber er geht offensichtlich entschlossen auf Freiersfüßen. Er braucht eine Partnerin und ist hergekommen, um eine zu finden. Er weiß, welche er will. Er wirkt hin- und hergerissen zwischen Anziehung und Angst. Und das ist nur logisch. Denn auch wenn Puff nicht besonders aggressiv ist, gibt es doch keine Garantien für Sieben-Fünfundfünfzig. Er ist in der Unterzahl, angreifbar.

Rick kommentiert: «Ein Wolfsrüde mit einem hohen Maß an sozialer Intelligenz kann vielleicht durch zur Schau gestellte Unterwerfung die Akzeptanz des Rudels gewinnen. Oder er könnte eine erwachsene Tochter vom Rudel weglocken. Das kommt vor.» Er fügt hinzu: «Es gibt also große Ähnlichkeit zwischen Wölfen und dem, was Sie über menschliches Verhalten wissen.»

Vor einigen Jahren, als die Druid- und die Slough-Wölfe erbitterte Feinde waren, hatte sich ein Druid-Rüde mit allen Slough-Welpen angefreundet. Dann hatte er sich mit allen erwachsenen Fähen angefreundet. Rick sagt: «Das hat eine Weile gedauert. Aber er hielt sich vom Rudelführer fern. Wenn der auf ihn zukam, dann zog er den Schwanz ein und lief davon. Damit zeigte er, dass er keinerlei Bedrohung darstellte und sich zurückzog.» Später «blieb er, rollte sich auf den Rücken und leckte über das Gesicht des Rudelführers», wenn der Alphawolf sich ihm näherte. Und das funktionierte. «Hätte er sich anders verhalten, wäre er vielleicht getötet worden.»

Kein Mensch würde vermuten, dass Wölfe langfristige Sozialstrategien verfolgen, räumt Rick ein. «Aber wenn man sie jeden Tag beobachtet, jahrelang, dann lautet die passendste Erklärung, dass sie eine Strategie verfolgen können, dass sie es zumindest manchmal tun und dass das Ergebnis gewissermaßen davon abhängt, wie die einzelnen Persönlichkeiten ihre Trümpfe ausspielen. Man weiß vorher nie wirklich, was dabei herauskommt.»

Plötzlich steht Sieben-Fünfundfünfzig der Matriarchin, Ragged Tail, auf dem Steilufer des Flusses gegenüber. Ihre Begegnung ließe sich als herzlich, aber gelassen beschreiben. Keine Aggression. Aber warum greift Puff nicht an? Ihm muss doch klar sein, dass Sieben-Fünfundfünfzig sich mit seiner Partnerin trifft.

Ich kann mich nicht des Eindrucks erwehren, dass Sieben-Fünfundfünfzig sich mit der Dame des Hauses trifft wie ein nervöser Verehrer vor einer Verabredung mit ihrer Tochter. Sieben-Fünfundfünfzig und Jet Black haben offenbar gegenseitig Interesse aneinander, bleiben aber auf Abstand. Ich glaube, sie sind sich schon früher begegnet. Laurie nennt sie Miss Personality, aber mit noch nicht einmal ganz zwei Jahren steht sie bei den Junction-Fähen auf der niedrigsten Stufe der Rangordnung.

Für Jet Black war dies also eine schwerwiegende Entscheidung: Entweder verließ sie ihre Eltern und Geschwister und gründete ihre eigene Familie – mit einem Einzelgänger ohne Rudel und ohne Revier – oder sie blieb, behielt ihren niedrigen Status und verbrachte ihr Leben damit, ihren Eltern zu helfen. Das Schlüsselwort hier war «Leben».

Zu meiner Verblüffung treffen sich Sieben-Fünfundfünfzig und Jet Black. Es dauert nur kurz; sofort tauchen die beiden Alphas auf und allein durch ihre Anwesenheit weisen sie Sieben-Fünfundfünfzig die Tür.

Offenbar wollen Puff und Ragged Tail ihr Rudel unter Kontrolle behalten. Da hilft es nicht, wenn sie ein Rudelmitglied verlieren.

Sieben-Fünfundfünfzig kehrt in den Irrgarten aus schneebedecktem Salbei zurück. Ich frage mich, wie er sich fühlt. Ich weiß, dass dies nicht das Ende der Geschichte ist.

Überlebenswille

Ende März ist das Wolfsmosaik immer noch in Bewegung. Der Frühling schläft bei minus 27 Grad Celsius noch aus, als Doug McLaughlin an einem Morgen in der dritten Märzwoche eine regelrechte Wolfsexplosion sieht, die Acht-Zwanzig verfolgt. Der größte Hoodoo-Rüde und die dominante große Schwester von Acht-Zwanzig sind unter ihnen. Butterfly ist dabei. Aber die Jagd ist nicht so brutal wie zuvor. Dennoch sieht es ganz und gar nicht nach Versöhnung aus. Acht-Zwanzig will ihnen folgen, aber sie weisen sie noch einmal ab.

Am nächsten Tag sehen wir Acht-Zwanzig weit westlich, bei Tower Junction, wie sie an einem Kadaver frisst, den die Junction-Wölfe erlegt haben. Riskant. Hier war Acht-Zwanzig noch nie. Anscheinend folgt sie der Fährte ihres Vaters. Er ist zum Hellroaring Creek gezogen.

Die Lamar-Wölfe sind in der entgegengesetzten Richtung unterwegs, nach Osten, aus dem Park hinaus dorthin, wo die Hoodoo-Wölfe herkamen, zu diesem seltsamen und fantastischen Ort voller echter Gefahren namens Wyoming.

In der letzten Märzwoche kommt gelegentlich ein Signal von Acht-Zwanzig aus dem westlichen Teil des Parks herein. Sieben-Fünfundfünfzig verbringt immer noch viel Zeit am Rand des Junction-Rudels damit, um Jet Black zu werben und Puff auszuweichen. Der Rudelführer scheint sich aber damit zu begnügen, ihn wegzujagen. Alle sagen, er ist kein Kämpfer, und er ist es wirklich nicht.

Anfang April kehren Hunderte Wapitis in den Park zurück. Verblüffenderweise verbringt Sieben-Fünfundfünfzig Zeit mit einer neuen, unbekannten Fähe, die ihm ein wenig jugendliche Frische zurückgibt. Sie spielen auf einem verschneiten Hang und rutschen ihn ganz hinunter. Dann besteigt *sie ihn* – und das auch noch außerhalb der Paarungszeit. «Wer immer sie ist, sie hat gern Spaß», kommentiert Laurie.

In der Zwischenzeit hat sich Acht-Zwanzig mit ihrer älteren Schwester Middle Gray und einem riesigen neuen grauen Rüden zusammengetan. Middle Gray hatte früher ein Leben mit niedrigem Status unter ihrer dominanten Wurfschwester geführt, hatte gegen Acht-Zwanzig aber nie Aggressionen gezeigt. Eine ihrer schwarzen Schwestern ist bei ihr, aber als diese Schwester anfängt, Acht-Zwanzig zu drangsalieren, wirft Middle Gray sie zu Boden und baut sich über ihr auf. Sieht Middle Gray sich selbst als neue Alphawölfin? Zerfällt das Lamar-Rudel weiter?

Das könnte eine Chance für Acht-Zwanzig sein. Doch die Entscheidungen von Wölfen sind genauso wenig von bloßer Ratio geleitet wie die von Menschen. Und vielleicht hört die schwarze Schwester nicht auf. So oder so dauert es nicht lange, bis Acht-Zwanzig wieder unterwegs ist.

Sie wandert allein viele Meilen gen Westen. Und drüben bei Hellroaring findet sie ihren Vater mit seiner neuen Partnerin. Das neue Weibchen behandelt Acht-Zwanzig wahrscheinlich als Rivalin. Am nächsten Tag fehlt von Acht-Zwanzig jede Spur.

Warum verträgt sich diese Familie nicht? Sie taten es – bis Jäger das Rudel zusammenschossen.

Bei Slough ist eine Wapitigruppe wie Wetterfahnen auf sieben Wölfe ausgerichtet, die durch eine Felsspalte kommen. Die Lamar-Wölfe sind zurück. Der größere Hoodo-Wolf, Tall, beschleunigt seine Schritte. Eine der beiden zweijährigen Schwestern läuft in die entgegengesetzte Richtung. Als Nächstes galoppiert ein Wapiti, von den anderen getrennt, über die Ebene auf den Fluss zu. Hinter dem Wapiti holt ein schwarzer Streifen langsam auf. Es ist eine lange Jagd. Der schwarze Wolf verbeißt sich im hinteren Sprunggelenk des Wapitis und lässt nicht los, während er auf und ab geschleudert wird wie ein Blatt im Wind. Der Wapiti erreicht den Fluss gleichzeitig mit den anderen Wölfen. Ein paar sehr nasse Wölfe sind schließlich erfolgreich.[78]

Plötzlich taucht überraschend Middle Gray auf, scheinbar trächtig – und wird von allen Lamar-Wölfen überschwänglich begrüßt. Wo ist ihr riesiger neuer Partner? Was passiert hier? Vor sechs Monaten waren die Lamar-Wölfe eine geschlossene Gruppe gewesen. Jetzt ist das Rudel in beständigem Wandel begriffen.

Der 18. April bringt es auf eisige minus zwanzig Grad Celsius mit einem tückischen Wind. Der Winter hält Yellowstone im Klammergriff. Doch pünktlich vom inneren Wecker alarmiert tauchen Grizzlymütter mit ihren neuen Jungen aus dem Winterschlaf auf, zeigen sich hier und dort. Die Gabelhornantilopen sind wieder zurück im Lamar Valley.

Die Lamar-Wölfe beäugen im Vorübergehen mit verlangsamtem Schritt einen neugeborenen Bison. Eine scheinbar leichte Beute, aber Bisons haben ihre eigene Auffassung von Leben und Tod, und wie die meisten Leute bevorzugen sie das Leben. Die kleine Gruppe erwachsener Bisons greift die Wölfe an und schlägt sie problemlos in die Flucht. Doug erzählt mir von «Bisonbegräbnissen», bei denen ein gefallener Kamerad von den anderen feierlich inspiziert wird, ähnlich wie bei den Elefanten. Das hatte ich nicht gewusst.

Laurie möchte Puff derweilen einen neuen Namen geben und hat sich für «Hunter» entschieden. Ich finde Hunter keinen besonders charakteristischen Namen, weil alle Wölfe von Natur aus Jäger sind. Daher soll Laurie selbst erzählen, wobei sie Puff beobachtete:

«Puff jagte eine Wapitiherde auseinander, die zur Flucht angesetzt hatte, und suchte sich einen gesunden Jährling aus. Der Wapiti war bereits zweimal so schwer wie Puff und rannte wie eine Rakete. Aber Puff legte noch einen Gang zu und holte ihn ein. Er schnappte ihn kurz an der Kehle, dann am Bein, aber zwei erwachsene Wapitikühe kamen zur Verteidigung des Jungen; eine trampelte Puff fast über den Haufen. So konnte der Jährling fliehen. Er verschaffte sich einen deutlichen Vorsprung vor Puff, und eigentlich hätte der Wapiti jetzt entkommen müssen. Aber Puff rannte im weiten Bogen um die anderen Wapitis herum und folgte dem, den er angegriffen hatte. Er legte noch einmal einen Gang zu und war bald neben dem galoppierenden Jährling. Puff sprang und klammerte sich an der Kehle des Wapitis fest, aber der Jährling war stark und dachte gar nicht daran, zu sterben. Dann rempelte Puff den Wapiti an, vollführte dabei eine brutale Drehung, und der Wapiti stolperte und fiel zu Boden. Puffs Rudel holte sie ein, und alle fraßen sich gründlich satt. Puff ist kein großer Wolf. Aber nachdem er die grassierende Räude überlebt hatte, die ihm seinen Namen gab, wurde aus ihm ein unbarmherziger und sehr effektiver Jäger.»

Überlebenswille

Im Mai senden Sieben-Fünfundfünfzig und Acht-Zwanzig abwechselnd Funksignale von Mount Everts nahe der Nordwestgrenze des Parks. Vater und Tochter sind anscheinend wieder vereint. Aber es sieht nicht so aus, als verbrächten sie viel Zeit zusammen. Wahrscheinlich versteht sich Acht-Zwanzig nicht besonders gut mit der neuen Partnerin des Vaters. Acht-Zwanzig wandert nach Norden, aus dem Park hinaus.

In der Zwischenzeit hat Middle Gray vom Lamar-Rudel in der ehemaligen Druid-Wohnhöhle Junge bekommen. Keiner hat die Welpen bisher gesehen, aber sie säugt offensichtlich, und ihr Partner und ihre schwarze Schwester schleppen jede Menge Futter zur Wohnhöhle. Der Rest dessen, was einmal das Lamar-Rudel war, befindet sich wieder im Osten außerhalb des Parks in Wyoming, wo die Hoodoo-Rüden herkamen.

«Middle Gray würde einen schönen Vorlegteppich abgeben.» Jemand ist so freundlich, das auf Facebook zu veröffentlichen. Der Hohn zeigt, dass es bei der Wolfsjagd nicht nur ums Jagen geht. Hier leben einige Leute ihre Lust daran aus, nicht nur Wölfen wehzutun, sondern auch anderen Menschen, die nicht so sind wie sie selbst.

Im Juli bleibt Acht-Zwanzig mehr oder weniger am selben Ort, außerhalb des Parks bei Jardine, Montana. Für eine Wölfin wie Acht-Zwanzig, die ihr ganzes Leben in der Nähe von Menschen verbracht und Straßen überquert hat, bietet Jardine zahlreiche Möglichkeiten für Missverständnisse.

THE BILLINGS GAZETTE vom 26. August.
Vor einer Stunde – Am Samstag erschoss ein Einwohner von Jardine eine junge graue Wölfin mit Funkhalsband, die sich kürzlich einigen Wohnhäusern genähert hatte … Die Wölfin wurde erschossen, während sie ein Huhn fraß.

Ich habe selbst schon einige Hühnchen verzehrt und werde nachdenklich bei dem Gedanken, ich könnte deswegen erschossen werden. Im Artikel wird auf die vorausgehenden Tode und das nachfolgende Chaos bei den Wölfen den ganzen Winter und Sommer über hingewiesen, das zu dem neuesten Jagdopfer führte, ohne jedoch eine Verbindung herzustellen:

> *Im letzten Herbst wurden während der Jagdsaison in Wyoming bereits zwei andere Mitglieder des Lamar-Rudels erschossen, unter anderem die Alphawölfin des Rudels. Insgesamt schossen Jäger im letzten Jahr in den angrenzenden Staaten zwölf Wölfe, die sich zeitweise innerhalb der Grenzen von Yellowstone aufhielten. Sechs dieser zwölf Wölfe trugen ein Funkhalsband.*

So endet die traurige Geschichte von Acht-Zwanzig, einer Wölfin in den besten frühreifen Jahren, die, in einer besseren Welt, zur Anführerin eines würdigen Wolfunternehmens hätte heranwachsen können. Sie hatte nie wirklich eingesehen – trotz der Ermordung ihres Onkels und ihrer berühmten Mutter –, dass Menschen tödlich sein können.

Doch es gibt auch eine gute Nachricht – wenn man Wölfe mag, so wie ich: Sieben-Fünfundfünfzig ist jetzt in ständiger Begleitung von Jet Black. Sie war ein Underdog und deswegen muss man wohl auf ihrer Seite sein. Wenn sie und Sieben-Fünfundfünfzig sich begrüßen, dann fallen sie mit wedelndem Schwanz und glücklich übereinander her. Inmitten von so viel Tod und Leid ist ihr tägliches Begrüßungsritual eine echte Erlösung. Ihre Zuneigung ist offensichtlich. Wir alle fühlen das.

Sieben-Fünfundfünfzig hielt durch, trotz der Katastrophe, die im vergangenen Herbst über ihn und sein Rudel hereinbrach und nachdem es so aussah, als sei sein Leben vorbei. Zwei Jahre, nachdem er seine Partnerin, seinen Bruder, sein Rudel und sein Revier verloren hatte, beendete ich dieses Buch. Am letzten Tag loggte ich mich bei Laurie Lymans Yellowstone Reports ein. Und da war er. Sieben-Fünfundfünfzig, immer noch lebendig und gesund, hatte alle Widrigkeiten überlebt. Es erinnerte mich an etwas, das Doug Smith voller Überzeugung vorgebracht hatte. «Wölfe sind hart im Nehmen», hatte er zu mir gesagt. «Unglaublich hart im Nehmen.»

Dienstboten

Die Persönlichkeiten, Fähigkeiten und die Gruppendynamik von Wölfen führten mich darauf, in ihnen autonome Hunde wahrzunehmen, die ihr Leben selbst in die Hand nehmen. Sie haben ihre eigenen Familien; ihre eigene Sozialordnung, Politik und Ziele; sie treffen ihre eigenen Entscheidungen und verdienen sich ihren Lebensunterhalt. Sie sind die alleinigen Befehlshaber über ihr Leben, manchmal grausam und gewalttätig einander gegenüber, oft freundlich, loyal und unterstützend. Sie wissen, wen sie beschützen und wen sie angreifen müssen. Sie sind ihre eigenen Herren, ihre eigenen besten Freunde. Niemals an der Leine. Ohne Futternäpfe. Sie sind frei, und Freiheit bedeutet auch Gefahren. In den Leben der Wölfe gibt es beides in großer Menge. Sie meinen es immer ernst.

Die Ähnlichkeiten zwischen Wölfen und Hunden sind tief verwurzelt, weil alle Hunde domestizierte Wölfe sind. Die Körpersprache, die man bei Hunden beobachten kann – die kauernde Aufforderung zum Spielen; wie sie sich unterwürfig auf den Rücken rollen oder den Schwanz zwischen die Beine klemmen; und ihre Loyalität –, besteht aus wölfischen Verhaltenselementen, die in den domestizierten Wölfen, mit denen wir zusammenleben, überlebt haben.

Eine wichtige Klarstellung, bevor ich fortfahre: «Domestiziert» bedeutet, dass eine wilde Tierart durch Zuchtwahl genetisch verändert wurde. Man kann sich das so vorstellen: In Zoos leben wilde Tiere in Gefangenschaft; auf Bauernhöfen werden domestizierte Tiere gehalten. In Baumschulen gibt es wilde Pflanzen; auf Bauernhöfen gibt es domestizierte Pflanzen. «Domestiziert» ist nicht dasselbe wie zahm. Ein Wolf, der in Gefangenschaft geboren und mit der Flasche aufgezogen wurde und völlig zahm ist, bleibt ein Wolf in Gefangenschaft; er ist nicht *domestiziert*. Papageien, die als Haustiere gehalten werden, sind nicht domestiziert, selbst wenn sie in Gefangenschaft geboren wurden.

Domestikation setzt voraus, dass Menschen willentlich Tier- oder Pflanzenarten oder Rassen geschaffen haben, die es in freier Natur nicht gibt. Bisher geschah dies vor allem durch Zuchtwahl, aber inzwischen wird auch Gentechnik eingesetzt. Bauern, Züchter und Forscher wählten Merkmale, die ihnen zusagten, und förderten diese. Sie verwendeten Einzeltiere mit den gewünschten Merkmalen zur Zucht, sodass eine Vielfalt verschiedener Haushühner, Kühe, Schweine, Tauben, Laborratten, Terrier, Zuchtlachse, Reis, Weizen usw. entstanden, alle im Vergleich zu ihren natürlich entwickelten, wilden Vorfahren genetisch verändert.

Alle Hunde sind domestizierte freilebende Wölfe. Ihre Domestikation ereignete sich höchstens einige wenige Male – vielleicht auch nur einmal – vor mehr als 15 000 Jahren. Alle Hunde sind eine Haustier*varietät* des Wolfs. Eine höchst *vielfältige* Varietät. Äußerlich unterscheiden sich viele Hunde so stark von Wölfen, dass Wissenschaftler zunächst annahmen, Hunde seien eine eigene Art. Taxonomen nannten den Haushund *Canis familiaris*. Wölfe heißen *Canis lupus*. Und offensichtlich unterscheiden sich verschiedene Hunderassen – Windhunde, Doggen, Dackel – genetisch voneinander. Aber bei der Erforschung der Hunde-DNA stellten Wissenschaftler fest, dass die sichtbaren Unterschiede zwar erheblich, die genetischen Veränderungen aber minimal sind. Über die Definition einer «Art» kann man streiten (und viele tun das auch). Aber *genetisch* hat sich zwischen Wolf und Haushund nur wenig verändert. So wenig, dass Hunde wieder ihren lateinischen Mädchennamen zurückbekamen, den Namen des Wolfes, *Canis lupus*, der uns sagt, woher sie kamen, bevor wir sie adoptierten, wer sie also in Wirklichkeit sind. Hunde heißen jetzt *Canis lupus familiaris*. Wolf. Das *familiaris* zeigt an, dass sie *unsere* Wölfe sind.

Nachdem die Menschen erkannt hatten, dass Hunde direkte Nachkommen der Wölfe sind, stellten sie sich vor, dass Steinzeitmenschen Wolfswelpen gefunden und sie als erste Haustiere in ihre Höhlen gebracht hatten. Aber soweit wir wissen verlief die Entstehungsgeschichte der Hunde folgendermaßen: Wölfe lungerten um die Menschenlager und -höhlen herum und lebten von weggeworfenen Knochen und den Resten zerlegter Kadaver. Die weniger schreckhaften Wölfe kamen näher und bekamen mehr ab. Die Wölfe mit den volleren Mägen zogen mehr Welpen groß, die dann das erfolgreiche Gen für Furchtlosigkeit trugen. Diese leicht veränderten Welpen wuchsen in der Nähe von Menschen auf, was zu häufigeren und freundlicheren Interaktionen führte.

Diese Wölfe hatten die wertvolle Angewohnheit, dass sie die Menschen warnten, wenn sich Fremde oder Fressfeinde näherten. Daraufhin warfen die Menschen diesen Wächtern mehr Fressen zu, damit sie in der Nähe blieben. Das zusätzliche Futter half noch mehr menschenfreundlichen Wolfswelpen beim Überleben.

Jahrhundertelang lief das so. Diese menschenorientierten Wölfe nutzten Menschen als neue Nahrungsquelle. Die Menschenlager waren ein neuer Lebensraum. Die Freundlichen bekamen das meiste Futter. Irgendwann waren diese Wölfe Stammgäste bei den Lagern, bewachten die Menschenlager als ihr Revier und begleiteten die Menschen bei der Jagd. Immer mehr Tiere mit den freundlichen Genen wurden geboren.

Heute glauben Forscher, dass so die ersten Hunde entstanden; Wölfe starteten die erste Annäherung und *domestizierten sich* so unabsichtlich *selbst* für die Menschen. Doch diese erste, unbeabsichtigte Domestikation war nicht einseitig. Hunde hatten einen Überlebensvorteil, wenn sie Menschenfreundlichkeit entwickelten, und so taten sie es. Doch unsere einzigartige emotionale Reaktion auf ihre wedelnden Schwänze legt nahe, dass sie auch uns ein kleines bisschen domestiziert haben.

Hunde verstehen menschliche Signale, etwa das Zeigen, auf eine Art, wie es nicht einmal Schimpansen tun. (Auch Elefanten können dem Fingerzeig von Menschen folgen.)[79] Ebenso verstehen Wölfe, wenn Menschen auf verstecktes Futter zeigen – ohne darauf trainiert worden zu sein. Manchmal erbringen Wölfe dabei bessere Leistungen als Haushunde.[80] Schließlich müssen freilebende Wölfe darauf achten, worauf ein anderer seine Aufmerksamkeit richtet. Hunde verstehen genau, worauf Menschen sich konzentrieren. Daher kann man einen Ball werfen und sich abwenden, und der Hund wird mit den Ball dorthin bringen, wohin man blickt. Vor allem aber sagen Wolfsforscher, dass «Domestikation keine Voraussetzung für menschenähnliche soziale Kognition ist». Menschenähnliche soziale Kognition – bitte merken.

Gleichzeitig wurden Menschen hundeorientierter. Aber haben Menschen tatsächlich eine Orientierung auf Hunde *entwickelt*? Ich denke mir das so: Tut eine Kuh, ein Huhn, ein Kaninchen, eine Ziege oder ein

Schwein irgendetwas mit dem Körper, das bei Menschen dasselbe Gefühl auslöst wie ein schwanzwedelnder Hund? Natürlich gibt es Menschen, die keine Hunde mögen – manche lieben das Schnurren einer Katze oder den Anblick von Schweinen –, aber für viele Menschen ist ihr Hund ein Familienmitglied. Die Stimmung von Menschen ist eng mit der von Hunden verknüpft; die meisten Menschen erleben eine deutliche Gefühlsansteckung – also mehr Empathie – bei Hunden als bei jeder anderen Tierart.

Daher glaube ich tatsächlich, dass Menschen und Hunde sich, in gewissem Umfang, gemeinsam entwickelt haben. Menschen verließen sich mehr auf Hunde, wurden vielleicht sogar abhängig von ihnen. Hunde waren Spurenleser und Jagdgehilfen, Hunde waren Alarmanlagen und gut bewehrte Wachen; sie verteidigten Menschenkinder und spielten mit ihnen. Hunde machten sauber. Hunde waren Wärmflaschen. Menschen versorgten Hunde mit Futter, und Hunde dienten als Sicherheitspersonal und Geländeführer. Und sie halfen bei der Nahrungsbeschaffung.

Sie hatten uns in dem Moment, als wir sie hatten; wir konnten nicht mehr ohne sie auskommen. Hunde begleiteten Menschen in die entlegensten Gebiete der Erde. Jagende Völker wären ohne sie wohl kaum in arktische Landstriche vorgedrungen. Im hohen Norden waren Hunde Transportmittel für Mensch und Fracht, und in harten Zeiten wurden Hunde auch zum Nahrungsmittel. Selbst nach Australien kamen Hunde (wo sie, mit einem neuen Kontinent und neuen Konkurrenten konfrontiert, teilweise wieder verwilderten und zu Dingos wurden). Hunde überquerten die Beringstraße nach Amerika. S. C. Gwynne beschreibt in *Empire of the Summer Moon* einen Armeeangriff aus dem Jahr 1860 auf ein Komantschenlager: «Mitten im Getümmel wurden die weißen Soldaten von etwa fünfzehn Hunden aus dem Indianerlager angegriffen, die ihre indianischen Herren tapfer verteidigten. Fast alle wurden erschossen.»[81] Die Loyalität und das Selbstverständnis der Hunde machte sie zu feindlichen Kämpfern. Hund sind überall, wo Menschen sind. Ich besuchte einst Papua-Neuguinea, um mit Meeresschildkröten zu arbeiten. An dieser wilden Küste lagen winzige Dörfer mit nur zwanzig bis achtzig Einwohnern mehrere Stunden Fußmarsch voneinander entfernt. Doch in jedem Dorf lebten halbwilde Hunde, die sich von Essensresten ernährten – wie es ihre Vorfahren vor Zehntausenden von Jahren erstmals getan hatten.

Mehrere Tausend Jahre später entdecken wir immer noch neue Fähigkeiten bei Hunden. Mindestens ein Border Collie wählte, als man ihm ein unbekanntes Wort sagte, das passende, ihm unbekannte Objekt dazu. Auf die Aufforderung «Hol den *Dax*!» folgerte der Hund offenbar folgendermaßen: «Da liegt ein Ball, aber sie hat nicht nach dem Ball gefragt. ‹*Dax*› muss also dieses andere Ding sein, das ich noch nie gesehen habe.» Eine solche Fähigkeit, Rückschlüsse zu ziehen, «wurde bisher nur beim Spracherwerb von menschlichen Kindern nachgewiesen», schreiben Wissenschaftler.[82]

Doch selbst Hunde haben Wahrnehmungslücken. Nichtmenschliche Menschenaffen können zum Beispiel gut folgern, wo Futter versteckt ist, wenn sie feststellen, dass ein Brett flach auf dem Boden liegt und das andere aufgestellt ist, was darauf hindeutet, dass sich darunter etwas befindet. Hunde sind darin furchtbar schlecht (das ist ein visueller Hinweis; Hunde sind Experten, wenn es darum geht, etwas nach Geruch zu suchen). Raben – Wolfsvögel – finden heraus, welcher von mehreren Fäden mit Leckerbissen verbunden ist. Primaten fällt eine solche Aufgabe leicht. Hunde sind auch hierbei furchtbar schlecht (weil es wieder rein visuell ist).

Allerdings könnte ein Rabe wahrscheinlich keinen Blinden über die Straße führen oder jemanden vor einem bevorstehenden epileptischen Anfall warnen. Hunde hingegen schaffen das spielend und mit großem Erfolg.

Wölfe sind sozial, und Menschen sind ungeheuer sozial. Hunde können eine Beziehung zu uns aufbauen, weil wir beide sozial genug sind, um einander zu verstehen. Doch Beziehungen zu Menschen haben einen Preis (wie wir alle wissen). Eine Beziehung setzt voraus, dass man Freiheit, Selbstgenügsamkeit und ein Gefühl von Eigenständigkeit aufgibt. Wenn man Hunden und Wölfen eine verschlossene Kiste mit Futter hinstellt, geben die Hunde fast sofort alle Versuche auf und schauen hin und her zwischen Mensch und Kiste, als wollten sie sagen: «Hilfst du mir?» Wölfe versuchen so lange, die Aufgabe zu lösen, bis die Testzeit abläuft. Bei der Lösung praktischer Probleme oder bei Gedächtnistests stellen sich Wölfe mindestens ebenso gut an wie Hunde. Die sozialen Fähigkeiten der Hunde sind ein Wolfserbe, aber die Orientierung der Hunde auf Menschen ist ein Ergebnis der Domestikation.

Wir befinden uns in einer so eigenartigen wie einzigartigen Beziehung: Die Hunde haben sich selbst domestiziert. Aber die Hunde haben nicht nur sich selbst domestiziert – sondern auch die Menschen. Indem sie sich von uns abhängig machten, sorgten sie dafür, dass wir von ihnen abhängig wurden. Wir wurden uns ähnlich.

Während der allerersten Domestikation der Hunde gibt es «beträchtliche Überschneidungen» zwischen den Genen, die sich bei Hunden veränderten, und Genen, die sich auch beim Menschen veränderten.[83] Diese Gene beeinflussen unter anderem die Verdauung und Verbrennung von Stärke, weil Menschen und ihre Hunde in jener Zeit von einer Jäger- zu einer Agrargesellschaft übergingen und Allesfresser wurden. Ebenfalls betroffen waren Gene, die sich auf neurologische Prozesse und Krebs auswirken, sowie Gene, die eine entscheidende Rolle beim Transport von Cholesterin aus der Nahrung spielen.

Die Freundlichkeit der Hunde ist das Ergebnis einer genetisch veränderten Hirnchemie. Bei uns ist das genauso. Durch die zunehmend beengten Lebensverhältnisse geriet das Serotoninsystem bei Menschen und Hunden unter Druck, um Aggressionen zu reduzieren. «Die Menschen mussten sich selbst zähmen», erklärt Adam Boyko von der Cornell University. «Wie die Hunde müssen auch die Menschen die Gegenwart anderer tolerieren.»[84] Bei Hunden und Menschen steuert dasselbe Gen ein Protein, das Serotonin transportiert, einen wichtigen Neurotransmitter. Varianten dieses Gens lösen pathologische Aggressivität, Depressionen, Zwangsstörungen und Autismus aus. Hunde und Menschen haben auffallend viele Zwangsstörungen gemeinsam und sie reagieren ähnlich auf Antidepressiva, etwa auf Serotonin-Wiederaufnahmehemmer. Ich habe mich oft gefragt, warum freilebende Tiere niemals an psychologischen Problemen oder Stimmungsschwankungen leiden (mit der möglichen Ausnahme von Elefanten, die infolge der Interaktion mit Menschen wahnsinnig werden können). Jetzt scheint es so, als stünden diese Probleme im Zusammenhang mit einer großen Nähe zu Menschen. Serotoninforscher kamen bei der Frage, wie viel wir von Hunden über menschliche Störungen lernen können, zu dem Schluss: «Der beste Freund des Menschen unter den Tieren könnte als Schlüssel dienen, um unser Verständnis der menschlichen Evolution und Krankheit aufzuklären.»[85]

In Gestalt unserer vierbeinigen Begleiter nehmen Wölfe auf einzigartige und vielsagende Weise am menschlichen Gespräch teil. Und wir verstehen uns hündisch gut.

Aber warum sahen Hunde mit der Zeit weniger wie Wölfe und mehr wie Hunde aus? Auch das geschah von selbst. Wie sich herausstellte – und das konnte keiner vorhersehen und hat auch keiner getan –, sehen Tiere mit Genen für Freundlichkeit anders aus. Jene Gene, die ein Verlangen nach freundlichem Kontakt mit Menschen auslösen, haben auch noch einen Sack voll *physischer* Merkmale mit im Gepäck. Im ersten Kapitel von *Die Entstehung der Arten* bespricht Charles Darwin die selektive Zucht bei Haustieren: «Wenn man daher durch Auswahl geeigneter Individuen von Pflanzen und Tieren für die Nachzucht irgend eine Eigentümlichkeit derselben steigert, so wird man fast sicher, ohne es zu wollen, auch noch andere Teile der Struktur mit abändern, gemäß diesen geheimnisvollen Gesetzen der Korrelation.»[86] Seltsamerweise bringen bei verschiedenen Säugetierarten (nicht nur bei Hunden) die Gene, die Hormone produzieren, die Angst und Aggressivität verringern und Freundlichkeit erhöhen, gleichzeitig auch Schlappohren, Ringelschwänze, gescheckte Fellzeichnung, kurze Gesichter und runde Köpfe hervor. Darwin beobachtete: «Es gibt keine Art von unseren Haus-Säugetieren, welche nicht da oder dort hängende Ohren hätte.»[87] Schlappohren gibt es bei *keinem* erwachsenen Wildtier. Aber finden wir Menschen Schlappohren nicht einfach toll? Manche Merkmale, die Menschen an Hunden so liebenswert oder zum Knuddeln finden, sind eben jene, die, rein zufällig, mit einer genetischen Vorprägung für Freundlichkeit einhergehen. Unsere emotionale Reaktion auf diese Schlappohren legt nahe, dass sich *unsere eigenen* freundlichen Gefühle gegenüber Hunden tatsächlich gleichzeitig mit ihren so gearteten Gefühlen gegenüber uns entwickelten, sodass wir eine positive emotionale Reaktion auf Tiere erleben, die am freundlichsten *aussehen*. Sie sind die freundlichsten. Und wie war das gleich mit unserer unmittelbaren Reaktion auf diesen wedelnden Schwanz? Anscheinend haben Hunde und Menschen gelernt, eine tiefe, genetische Liebe füreinander zu entwickeln. Zumindest fühlt es sich manchmal so an.

Aber woher weiß man eigentlich, dass Freundlichkeit, Schlappohren und ein geringelter Schwanz genetisch verknüpft sind? Bei der Antwort helfen russische Füchse. Im Jahr 1959 begannen Wissenschaftler in Sibirien ein mehrere Jahrzehnte dauerndes Experiment zu den genetischen Grundlagen des Verhaltens. Sie wollten herausfinden, ob Freundlichkeit genetische Ursachen hat, und teilten dazu gefangene Füchse in zwei Gruppen auf. Die eine Gruppe pflanzte sich willkürlich fort. Bei der anderen Gruppe durften sich nur solche Füchse fortpflanzen, die weniger aggressiv waren, weniger ängstlich und freundlicher gegenüber Menschen. Die Forscher interessierten sich nur für Aggressivität – nicht fürs Aussehen. Doch sie erlebten eine Überraschung.

Nach ein paar Generationen – und früher als erwartet – wurden die Testfüchse freundlicher. (Das lag nicht nur an der Gefangenschaft; die sich willkürlich vermehrenden Füchse sahen noch Jahrzehnte später genauso aus wie wilde Füchse und verhielten sich auch so.) Die Zuchtlinie der freundlichen Füchse *sah* aber mit jeder Generation anders *aus,* und das überraschte die Forscher am meisten. Aus dieser Zucht erhielten die Wissenschaftler Füchse mit Schlappohren, deren Felle andere Farben und Muster aufwiesen; mit geringelten, wedelnden Schwänzen; kürzeren Beinen; kleineren Köpfen mit kleineren Gehirnen; und kurzen Gesichtern mit kleineren Zähnen. Neben dem abnormen Fell kamen diese Tiere auch auf abnorme Ideen, sie zeigten außerhalb der Paarungszeit sexuelle Verhaltensweisen, die nicht auf Fortpflanzung abzielten (diesen Gedanken bitte merken). Als Erwachsene verhielten sich diese freundlichen Füchse immer noch wie Jugendliche, unterwürfig, sie winselten und bellten in hohen Tonlagen. Diese Füchse ähnelten eher Hunden.

Bei den auf Freundlichkeit gezüchteten Füchsen stellten Wissenschaftler erniedrigte Blutwerte für verschiedene Hormone fest, die das Kampf- und Fluchtverhalten beeinflussen (darunter Glukokortikoide, das adrenokortikotrope Hormon und die Adrenalinantwort auf Stress). Sie fanden außerdem veränderte chemische Aktivitäten in Hirnregionen, die emotionale und Defensivreaktionen regulieren. (Diese Veränderungen betrafen die Transmittersysteme von Serotonin, Noradrenalin und Dopamin.)[88] Dass bei von Geburt an freundlicheren Füchsen die chemische Gehirnaktivität verändert ist, überrascht nicht weiter. Das muss so sein, weil die Chemikalien im Gehirn Verhaltenstendenzen auslösen.

Veränderte Gene führen also zu unsichtbaren Veränderungen im Gehirn hin zu freundlichem Verhalten und gleichzeitig zu äußerst sichtbaren Veränderungen im Aussehen der Füchse. Den Wissenschaftlern war egal, wie die Füchse aussahen; sie wählten sie *nur* nach freundlichem

Verhalten aus. Das Aussehen veränderte sich automatisch, in Verbindung mit den Freundlichkeitsgenen.

Manche Wissenschaftler bezeichnen die Gesamtheit der Merkmale, die auf den Freundlichkeitsgenen mitreisen, als «Domestikationssyndrom».[89] Das kontrollierte Chaos der DNA beinhaltet Mehrfachfunktionalitäten, so dass zum Beispiel ein Hormon – etwa Dopamin – die Stimmung *und* die Fellfarbe beeinflusst.

Forscher und Viehzüchter glaubten vielleicht, dass sie nach sanfter Persönlichkeit selektierten, aber tatsächlich wählten sie Tiere, die auch im Erwachsenenalter noch jugendliches Verhalten zeigen, ewige Welpen. Bei Kühen und Schweinen, Ziegen, Kaninchen führt zunehmende Kontrollierbarkeit ebenfalls zu physischen Veränderungen. Der menschliche Züchter sagt: «Beiss nicht!» Aber das Genom versteht: «Werde nie erwachsen!» Daher wäre «Peter-Pan-Syndrom» vielleicht ein besserer Name als «Domestikationssyndrom».

Wölfe haben sich selbst zu Hunden domestiziert. Dabei haben sie gleichzeitig auch uns im Hinblick auf sie domestiziert. Und nichts davon war geplant; es ist einfach passiert. Das bedeutet: Wenn man einfach verhindert, dass sich aggressive Individuen fortpflanzen, erhält man irgendwann eine Population aus jugendlichen Erwachsenen – unabhängig von der Spezies.

Zwei Enden derselben Leine

Jetzt erhöhen wir den Einsatz und gehen von Wölfen zu Affen über. Schimpansen können ohne vorheriges Training zusammenarbeiten, wenn die Aufgabe darin besteht, an mehreren Seilen zu ziehen, um an eine schwere Kiste mit Futter heranzukommen. Aber sie tun es selten. Sie haben ein Problem: Sie sind oft selbst ihre ärgsten Feinde. Schimpansen ziehen nur gemeinsam an einem Strang, wenn: 1. das Futter geteilt werden kann; 2. die Partner einander nicht erreichen können; und 3. wenn die Partner schon vorher einmal Futter miteinander geteilt haben. Werden diese Voraussetzungen nicht erfüllt, dann arbeiten Schimpansen nicht zusammen.[90] Die Gründe dafür: Rangniedere Schimpansen riskieren keinen Angriff von dominanten Artgenossen, und dominante Schimpansen können anscheinend ihre aggressiven Impulse gegenüber den rangniederen nicht kontrollieren, wenn diese etwas vom Futter abbekommen – selbst wenn die dominanten Affen ohne Zusammenarbeit selbst auch kein Futter bekommen. Sie können nicht kooperieren, selbst wenn die Kooperation vor allem Eigennutz ist. Mit der Aufforderung: «Sei nett, und alle bekommen etwas zu essen» sind Schimpansen überfordert.

Schimpansen fehlen die menschenähnlichen Fertigkeiten der Hunde, weil Schimpansen die menschenähnliche Kooperationsbereitschaft der Hunde fehlt. Wir wissen, dass Hunde dies von den Wölfen geerbt haben. Aber wo in aller Welt haben *Menschen* ihr menschenähnliches Naturell her?

Einige Forscher glauben, dass die frühen Menschen ein versöhnliches, freundliches, menschenartiges Naturell entwickeln mussten, bevor ein kommunikatives und kooperatives Verhalten enorme Vorteile bieten konnte.

Aber wenn die Vorteile so groß sind, warum haben dann Schimpansen kein versöhnliches, freundliches, menschenartiges Naturell entwickelt? Andere Affen haben genau dies anscheinend getan. Und das ist bei der Betrachtung des Menschen konstruktiv. Warum sind Schimpansen so gemein und Bonobos so freundlich und sexy zueinander? Die Antwort lautet: Selbstdomestikation. Bonobos haben sich wohl, wie Wölfe, selbst domestiziert. Besonders bemerkenswert ist im Fall der Bonobos, dass ihre Selbstdomestikation nicht das Geringste mit Menschen zu tun hatte. Bonobos entwickelten sich, nachdem der Fluss Kongo entstanden war, vor etwa einer Million Jahren. Der Kongo isolierte eine Schimpansenpopulation südlich des Flusses. Und irgendwie veränderte sich dadurch für die Bonobos sehr viel.[91]

Erwachsene Schimpansen sind weniger verspielt und weitgehend unwillig zu teilen. Bonobos sind wie Schimpansen, die nie erwachsen werden. Erwachsene Bonobos spielen so miteinander, wie jugendliche Schimpansen es tun. Bonobos sind für ihr ausschweifendes Sexualleben bekannt, das nicht nur der Fortpflanzung dient. Diese offene Sexualität löst Spannungen, fördert das Teilen von Futter sowie die Zusammenarbeit und führt zu freundlichen Treffen verschiedener Gruppen. Bei demselben Versuchsaufbau, bei dem Schimpansen ihre Aggressionen nicht überwinden konnten, um gemeinsam an Seilen zu ziehen und so eine Kiste voller Futter zu bergen, spielten Bonobos miteinander, auch sexuell, und teilten das Futter bereitwillig, wie Jungtiere. «Erwachsene Bonobos verhielten sich auf dem Niveau jugendlicher Schimpansen», beschrieben das Forscher.[92] Im Vergleich zu ihren kriegstreibenden, habgierigen, politischen Schimpansencousins wirken Bonobos wie Kinder, die spielen und zusammenarbeiten – genau darum geht es.

Wenn sich verschiedene Schimpansengruppen treffen, ist das immer eine angespannte Angelegenheit und kann manchmal zu kriegsähnlichen Auseinandersetzungen eskalieren. Für Männchen, die ohne die Unterstützung ihrer Gruppe erwischt werden, kann ein solches Zusammentreffen tödlich enden. Und manchmal töten Schimpansenmännchen die Babys anderer Gruppen. Im Gegensatz dazu ziehen sich Bonobos, die auf eine andere Bonobogruppe treffen, häufig einfach in ihr eigenes Revier zurück. Aber manchmal mischen sich Bonobogruppen, flirten und tollen miteinander herum, sie nutzen den Besuch für die gegenseitige Fellpflege und zum Herumalbern. Und wenn die Stimmung passt, dann genießen sie auch mal eine höfliche – wenn auch nach Schimpansenstandards äußerst promiskuitive – Orgie.

Schimpansen sind eifersüchtig, ehrgeizig, häufig aggressiv innerhalb der eigenen Gruppe. Schimpansengruppen werden von Männchen dominiert. Schimpansenmännchen bilden Koalitionen gegen andere Männchen, und bei der Dominanz geht es vor allem um den alleinigen Anspruch auf die fruchtbaren Weibchen. (Ergebnis: Dominante Männchen zeugen überproportional viel Nachwuchs; darin besteht der größte Vorteil ihrer Aggression und ihres Statusstrebens.) Das dominante Tier in einer Bonobogruppe ist niemals ein Männchen, sondern immer ein Weibchen. Koalitionen von Weibchen dominieren, erhalten den Frieden und halten die Männchen sozial unterwürfig. Weibliche Autorität dämpft die männliche Aggression.

Die engste lebenslange Bindung hat ein männlicher Bonobo zu seiner Mutter (wie bei den Killerwalen). Kämpfe sind selten. Und oft werden Streitereien durch verschiedene sexuelle Kombinationen beigelegt. Die Weibchen bevorzugen Bauch-an-Bauch-Kopulationen und initiieren Sex häufig – was ein Schimpansenweibchen mit Selbstwertgefühl niemals in Erwägung ziehen würde. Bonobos sind trisexuell; sie probieren alles mit jedem aus. *Sharing is Caring:* Wer sich liebt, teilt miteinander. Viele Männchen in einer Gruppe zeugen ähnlich viele Nachkommen.[93]

Bestand die Schimpansengruppe am Südufer des Kongo, die der Fluss damals von den anderen Schimpansen abschnitt, vor allem aus Weibchen? Selbst wenn, wie etablierte sich die Dominanz und der Führungsanspruch der Weibchen? Ein Rätsel.

Wie bei uns allen hängen die Persönlichkeitsmerkmale von Bonobos mit ihrem Gehirn zusammen. Im Vergleich zu Schimpansen bestehen die Regionen im Bonobohirn, die an der Wahrnehmung von Leid bei anderen beteiligt sind, zu einem größeren Teil aus grauer Substanz.[94] Bonobos haben größere Nervenbahnen für die Kontrolle aggressiver Impulse, die verhindern, dass sie anderen Leid zufügen. Das baut Stress und Spannungen ab und verringert die Angst auf ein Niveau, das Raum für Sex und Spiel eröffnet.[95]

Noch als Erwachsene haben Bonobos eine Gehirnchemie und Blutwerte wie Jugendliche, einschließlich eines erhöhten Serotoninspiegels, der Aggressivität unterdrückt, und eines niedrigen Stresshormonspiegels. Die typische Gehirnchemie von Jugendlichen fördert Verspieltheit, Freundlichkeit und Vertrauen. Die zugrundeliegenden genetischen Veränderungen führen zu einer Reihe von inneren, äußerlichen und Verhaltensveränderungen. Zum Beispiel werden Bonobos im Vergleich zu Schimpansen in physischer, psychischer und sozialer Hinsicht langsamer erwachsen und brauchen länger, um neue Fähigkeiten zu erlernen. *Dieselben* Gene, die Aggressivität verringern, indem sie eine jugendlichere Gehirnchemie erzeugen, rufen auch jugendliche physische Merkmale hervor. Der Schädel eines erwachsenen Bonobos sieht aus wie der Schädel eines jugendlichen Schimpansen. Oder genauer gesagt sieht der Schädel eines erwachsenen Bonobos so aus wie der Schädel eines jugendlichen *Bonobos*. Ihre Köpfe ähneln in Form und Größe eher den Köpfen Jugendlicher, und Bonobos haben kleinere Eckzähne (zwanzig Prozent kleiner als bei Schimpansenmännchen). Verglichen mit Schimpansen haben Bonobos auch kleinere Kiefer und flachere Gesichter. Schimpansenweibchen verlieren ihre äußeren Schamlippen, wenn sie erwachsen werden; Bonobos behalten sie auch als Erwachsene, wie Menschen. Klitoris und Genitalien der Bonoboweibchen liegen weiter vorn als bei Schimpansen, was teilweise ihre Vorliebe für die Missionarsstellung erklärt. Bonobos haben keine Pigmente in den Lippen mehr, sondern ansprechend pinkfarbene Lippen.[96]

Warum und wie sich die Bonobos selbst domestizierten ist immer noch nicht geklärt, aber es gibt die faszinierende Möglichkeit, dass Bonobos in eine Art Garten Eden eingewandert sind, in dem es Futter im Überfluss gab. Das ist eine kleine Übertreibung, aber ein Überfluss an Nahrung könnte der entscheidende Unterschied gewesen sein. Erwachsene Schimpansen können sich sehr viel mehr Orte merken, an denen sie Futter gesehen haben, als Bonobos, was nahelegt, dass Futter für Schimpansen knapper ist als für Bonobos und längeres Suchen, größere Fertigkeiten und mehr Arbeit erfordert. Und tatsächlich suchen die Bonobos über kürzere Zeitspannen und in einem kleineren Gebiet nach Nahrung. Wo Bonobos leben, gibt es keine Gorillas. Gorillas und Schimpansen essen zum Teil dasselbe, daher haben Bonobos in ihrem gorillafreien Gebiet mehr Nahrung. Kämpfe zwischen Schimpansen können zu schweren Verletzungen oder sogar zum Tod führen. Schimpansen gehen häufig ein gutes Stück voneinander entfernt auf Futtersuche, und die Weibchen verbringen viel Zeit allein. Die höhere Futterdichte für die Bonobos ermöglicht größere Gruppen bei der Futtersuche. Daher mussten die Bonobos wohl mit den Spannungen und den Reibereien umgehen lernen, die durch engen, häufigen Kontakt entstehen. Dazu mussten sie friedliche Beziehungen zwischen den einzelnen Tieren aufbauen können. Irgendwie haben die Bonobos das geschafft und sich fast vollständig von Gewalt befreit.

Der Primatenexperte Richard Wrangham beschreibt Bonobos als «Schimpansen mit einem dreifachen Weg zum Frieden. Sie haben das Gewaltniveau zwischen den Geschlechtern, unter Männchen und zwischen verschiedenen Gruppen reduziert.» Der japanische Primatologe Takeshi Furuichi ist der einzige Mensch, der sowohl freilebende Schimpansen als auch Bonobos untersucht hat. Er bemerkte zutreffend: «Bei Bonobos ist alles friedlich. Bonobos sehen aus, als würden sie ihr Leben genießen.»[97]

«Danach zu urteilen könnte man ernsthaft die Hypothese aufstellen, dass ein wichtiger erster Schritt in der Evolution moderner menschlicher Gesellschaften die Selbstdomestikation war», schreiben Brian Hare und Michael Tomasello äußerst vorsichtig.

Wie kommen sie darauf? Hare und Tomasello erinnern an jene russischen Füchse, bei denen sich nur die freundlichen fortpflanzen durften, und mutmaßen, dass Menschen «jene, die übermäßig aggressiv oder despotisch waren, entweder töteten oder verstießen. Diese Selektion nach gemäßigter emotionaler Reaktivität verschaffte unseren hominiden Vorfahren, wie den Hunden, neuen Spielraum für Anpassungen» und bereitete so den Boden für die Evolution «moderner menschlicher Formen sozialer Interaktion und Kommunikation».[98]

Nun ja, wenn die übermäßig Aggressiven umgebracht werden, klingt das nicht besonders freundlich. Aber beschreibt das nicht die gesamte Geschichte der Demokratie und des Kampfes um Freiheit und Würde der Menschen? Und beauftragen wir heute nicht Regierungen damit, die übermäßig Aggressiven zu töten und zu isolieren, indem sie hinter Gitter gesteckt werden? Haben wir, mit gelegentlichen Aktivitätsschüben, auch in den dunkelsten Zeiten voller unaussprechlicher menschlicher Gräueltaten, immer nach Frieden gestrebt, immer nach der perfekten Möglichkeit gesucht, uns selbst zu zähmen? Selbstdomestikation scheint tatsächlich Teil des menschlichen Programms zu sein. Den Vorgang der Ausbildung ziviler Umgangsformen nennt man Zivilisation.

Ich habe schon lange den Eindruck, dass die Menschheit sich in einer juvenilen Phase befindet, und dabei als gegeben vorausgesetzt, dass wir uns irgendwie in einem Reifungsprozess befinden. Wenn die Theorie von der Selbstdomestikation stimmt, dann ist das mit der einer juvenilen Phase korrekt, aber unsere Entwicklung verläuft in Richtung zunehmende Infantilisierung.

Erwachsene Menschen haben so offensichtliche Merkmale von Jugendlichen, dass ein Wissenschaftler dies bereits im Jahr 1926 folgendermaßen zusammenfasste: «Wenn ich das Prinzip meiner Auffassung mit einem etwas scharf formulierten Satz ausdrücken wollte, dann möchte ich den Menschen in körperlicher Hinsicht als einen zur Geschlechtsreife gelangen Primatenfötus bezeichnen.»[99]

Die Füchse aus dem Experiment, unsere Familienhunde und freilebende Bonobos beweisen alle, dass eine genetische Veranlagung für Freundlichkeit noch andere, nicht selektierte Veränderungen im Gepäck hat, die in dieselben DNA-Abschnitte programmiert sind. Wie sich herausstellte, weisen alle domestizierten Tiere gewisse Merkmale auf, die mit einem zahmen, von Menschen verursachten Leben einhergehen. Im Verlauf vieler Generationen Domestikation wurden die meisten Säugetiere (Kühe, Schweine, Schafe, Ziegen, sogar Meerschweinchen) kleiner und feingliedriger im Vergleich zu ihren robusteren, freilebenden Verwandten. Typisch ist eine Verkleinerung des Hirnschädels und des Gehirns selbst. Die Schnauze wird kürzer, was vergleichsweise flache Gesichter zur Folge hat. Dadurch entsteht ein Platzproblem im Kiefer, und die Zähne werden kleiner. Die Größenunterschiede zwischen Männchen und Weibchen verringern sich. Fellfarben und -beschaffenheit werden vielfältiger. Die Kapazität für Fettreserven unter der Haut und in den Muskeln erhöht sich. Die Aktivität nimmt ab, die Fügsamkeit nimmt zu. Die Paarungszeiten verlängern sich, gleichzeitig nehmen das Balzverhalten, die sexuelle Stimulation, das nichtreproduktive Sexualverhalten, Mehrfachgeburten und die Milchproduktion zu. Jugendliche Verhaltensweisen, wie Spiel und niedriges männliches Aggressivitätsniveau, dehnen sich ins Erwachsenenalter aus.

Verglichen mit Wölfen verloren Hunde im Verlauf des Prozesses der Domestikation bis zu dreißig Prozent ihrer Hirngröße. Schweine und Frettchen etwa genauso viel; Nerze etwa zwanzig Prozent; Pferde etwa fünfzehn Prozent.[100] Bei verwilderten Haus- und Nutztieren wächst das Gehirn nicht wieder nach, was beweist, dass es sich tatsächlich um einen genetischen Verlust handelt. Im Vergleich zu ihren wilden Vorfahren sind Hausmeerschweinchen weniger aggressiv, interessieren sich mehr für Sex und achten weniger auf ihre Umgebung. Genetische Mutationen, die das Hormonsystem verändern, verursachen derartige Veränderungen bei domestizierten Tieren.

Im Jungpleistozän traten zahlreiche ähnliche physische Veränderungen auch bei einigen menschlichen Populationen auf. Ein Blick ins Fossilienarchiv beweist es. Man nimmt häufig an, dass die Zivilisation Menschen größer werden ließ, doch tatsächlich schrumpften die frühen Menschen. Vor etwa 18 000 Jahren sind die Menschen in Europa insgesamt um ganze zehn Zentimeter geschrumpft. Dieser Trend setzte sich während des Übergangs zur Agrargesellschaft fort. Eine Klimaerwärmung kann als Ursache für diese Schrumpfung wohl ausgeschlossen werden. Menschen reagieren – bis auf wenige Ausnahmen – auf ein wärmeres Klima evolutionär mit Wachstum, weil längere Gliedmaßen bei uns die Kühlmöglichkeit erhöhen. Das deutet darauf hin, dass eine andere Veränderung den Größenverlust beim Menschen verursacht hat. (Verbesserungen bei Gesundheit und Ernährung haben dazu geführt, dass die Europäer heute wieder so groß sind wie ihre Vorfahren aus dem Pleistozän.)

Weitere Veränderungen traten auf, während die Menschen ihr heutiges Aussehen erlangten. Verglichen mit den Neandertalern hatten die ersten modernen Menschen vor 130 000 Jahren «viel kleinere Gesichter», schreibt der amerikanische Anthropologe Osbjorn Pearson.[101] Gegen Ende des Pleistozäns weisen einige Menschengruppen *und* die zu ihnen gehörenden Tiere zunehmend *parallele* Einbußen an Größe und Statur auf, sie bekommen kürzere Gesichter und Kiefer, die Zähne stehen enger und werden kleiner.

Experten diskutieren, ob die Größe des menschlichen Gehirns im Vergleich zum Körpergewicht abgenommen hat. Auf jeden Fall aber haben wir kleinere Gehirne als die Neandertaler. Australische Männer aus sesshaften und nomadischen Populationen büßten zum Beispiel neun Prozent an Schädelvolumen zwischen dem Pleistozän und unserer aktuellen Epoche, dem Holozän, ein. Vor etwa 12 000 Jahren waren derartige Veränderungen typisch für fast alle Menschen. Unsere modernen Gehirne sind, mit circa 1350 Kubikzentimetern, zehn Prozent kleiner als die 1500 Kubikzentimeter großen Gehirne der Neandertaler. Diese körperlichen Veränderungen beschleunigten sich in der Regel, je mehr Landwirtschaft betrieben wurde.[102]

In der frühen Domestikationsphase erhielten die Tiere Obdach, eine durch die Landwirtschaft veränderte Ernährung und Schutz vor Fressfeinden dafür, dass sie sich vergleichsweise einschränken ließen. Das reduzierte ihre sensorischen Bedürfnisse, was eine weitere Domestikation ermöglichte. Gleichzeitig mit den Tieren richteten sich auch die Menschen auf ein Leben mit reduzierter Aktivität und Stimulation ein. Menschen schufen sichere und sesshafte Bedingungen für ihr Vieh und damit auch gleichzeitig für sich selbst. Die Einschränkung galt für beide Seiten. Als wir die freie Natur verließen und uns auf Bauernhöfen niederließen, wurde aus uns ein Nutztier unter anderen. Der Hirnforscher John Allman vom California Institute of Technology sagt, Menschen hätten sich durch die Landwirtschaft und die Reduzierung täglicher Lebensgefahren selbst domestiziert. Wir sind nun auf andere angewiesen, um Nahrung und Obdach zu erhalten. In dieser Hinsicht haben wir große Ähnlichkeit mit Pudeln.[103]

Domestizierte Lebewesen sind zum Überleben nicht auf ihre eigenen geistigen Fähigkeiten angewiesen. Daher ziemt es sich für sie, sich voller Demut in ihr Schicksal zu fügen. Kühe und Ziegen schenken ihrer Umgebung nicht viel Aufmerksamkeit; sie müssen es nicht. Und auch die Menschen nicht, die sie halten. Der Archäologe Colin Groves schreibt: «Menschen büßten parallel zu den Haus- und Nutztierarten einen Teil ihres Bewusstseins für ihre Umwelt ein, und zwar aus exakt denselben Gründen.» Groves sagt, wir haben unsere Sicherheit mit einer gewissen Abstumpfung unserer Sinne bezahlt, und erklärt, Veränderungen im menschlichen Gehirn hätten «zu einer verringerten Wertschätzung unserer Umwelt» geführt.[104]

Eine beeindruckende Aussage. Mit dem Wort «Umwelt» meint er alles, was uns umgibt. Aber auch unser Bewusstsein für die Natur, denke ich. «Nur wenige Erwachsene können die Natur sehen», schrieb Ralph Waldo Emerson vor langer Zeit. «Die meisten sehen die Sonne nicht.»

Ich hielt die Entfremdung der Menschheit von der Natur immer für eine reine Gewohnheit. Offensichtich gab es in jüngster Zeit noch Jäger-und-Sammler-Völker, die in Einklang mit der lebendigen Welt leben. Doch was ist, wenn die Entfremdung von der Natur – die Verbannung aus dem Garten Eden – in die eigentliche Natur des Menschen eingebettet ist? Wurde unser menschliches Naturell durch die Selbstdomestikation verändert? Haben unsere eigenen domestizierten Tiere uns domestiziert? Was ist, wenn das «Domestikationssyndrom» die menschliche Natur *ist?*

Robinson Jeffers:

> ... *nur das Geschlecht der Menschen ist bedingt*
> *Von Schrecken und aschgrauer Qual ...*
> ... *hier lernten sie Tiere metzgern, Menschen metzeln*
> *Und das Erdental hassen.*

Brachten die Veränderungen, die wir uns selbst auferlegten, während wir uns in unserer zivilisierenden «Häuslichkeit» einrichteten, tatsächlich Veränderungen im Hinblick auf Fettspeicherung, Sexualität, Häufigkeit von Mehrlingsgeburten, abnehmende Sinnesfähigkeiten, flache Gesichter mit eng stehenden Zähnen und Fügsamkeit mit sich ähnlich jenen, die wir bei anderen domestizierten Tieren beobachten?

Eines ist sicher: Die Vorstellung von uns selbst als postevolutionäre, rein kulturelle Wesen, die keinem Selektionsdruck mehr ausgesetzt sind und die Kontrolle über ihr eigenes Schicksal haben, ist falsch. Wir glauben oft, Menschen hätten sich entwickelt, dann aufgehört, sich zu entwickeln und eine Kultur gegründet. Weit gefehlt. Die Anfänge der Agrarkultur und die blühenden Kulturen der Zivilisation stellten selbst enorme Veränderungen in der Umwelt der Menschen dar, die den Selektionsdruck massiv veränderten. Der Druck, die Größe und Stärke und die Sinne eines Jägers zu erhalten, nahm ab, während gleichzeitig der Druck, sich kooperativ zu verhalten, soziale Fähigkeiten auszubauen und gewalttätige Impulse zu unterdrücken, stieg. Kleine, schlanke, feingliedrige Menschen wären der Härte einer Mammutjagd vielleicht nicht gewachsen gewesen. Aber Menschen, die weniger Kalorien verbrauchten, konnten Missernten besser überstehen. Darwin prägte den Begriff der «natürlichen Selektion», weil er die Vorgänge in der Natur mit der künstlichen Selektion verglich, die bei der Viehzucht Anwendung findet. Aber die Natur führt keine Selektion durch; sie filtert. Die Umwelt funktioniert als Filter, und wenn sie sich verändert, filtert sie anders. Das bedeutet: In dem Maße, wie der Druck sich ändert, setzt sich unsere Entwicklung als Art fort.

Wenn ich mich vor den Spiegel stelle, sehe ich ein sich entwickelndes Wesen. Wir haben noch einen langen Weg vor uns, bevor wir so umfassend lieb zu uns sind oder so viel Spaß mit uns haben wie die Bonobos.

Es heißt, keine zwei Arten sind sich so ähnlich wie Wölfe und Menschen. Wenn man Wölfe nicht nur im Hinblick auf ihre Schönheit und Anpassungsfähigkeit betrachtet, sondern auch auf ihre Brutalität, dann kommt man fast zwangsläufig zu diesem Schluss.

Wir leben in Familienrudeln, wehren uns gegen die menschlichen Wölfe unter uns, halten den Wolf in uns in Schach. So fällt es uns leicht, die sozialen Dilemmas und das Statusstreben der Wölfe zu verstehen. Kein Wunder, dass die Indianer Wölfe als ihre Brüder betrachteten.

Wolfsrüden und Männer haben ziemlich auffallende Gemeinsamkeiten. Nur bei sehr wenigen Arten verbessern die Männchen das ganze Jahr über direkt die Überlebenschancen von Weibchen und Jungen. Bei einigen wenigen Fisch- und Affenarten sorgen die Männchen aktiv für die Jungen, aber nur, solange die Jungen noch sehr klein sind. Nachtaffenmännchen tragen und beschützen Babys, aber sie füttern sie nicht. Lemurenmännchen fordern Fressfeinde heraus und ermöglichen so den Weibchen die Flucht, aber sie bringen kein Futter.

Nur sehr wenige Männchen helfen das ganze Jahr über bei der Futterbeschaffung, versorgen Babys mit Nahrung, helfen bei der Aufzucht der Jungen bis zur Geschlechtsreife über mehrere Jahre *und* verteidigen Weibchen und Nachkommen gegen Bedrohungen. Männer und Wolfsrüden – mehr nicht. Und von diesen beiden sind wir nicht die verlässlicheren. Wolfsrüden verhalten sich systemkonformer, sie helfen bei der Aufzucht der Jungen *und* helfen den Weibchen beim Überleben.

Schimpansen sind Menschen scheinbar viel näher, aber Schimpansenmännchen füttern keine Babys und bringen auch kein Futter zurück zu einer Wohnstätte. Wölfe und Menschen verstehen einander besser. Auch deswegen luden wir Wölfe in unser Leben ein statt Schimpansen. Wölfe und Hunde und wir; es ist nicht überraschend, dass wir einander gefunden haben. Wir verdienen einander. Wir sind füreinander gemacht.

In unseren Küchen, auf unseren Böden und Sofas, auf unseren Schößen und in unseren Betten sind Wölfe in der Verkleidung von Hunden in unseren Wohnungen allgegenwärtig und doch unsichtbar, sie transformieren unsere Familien und unsere Herzen, wedeln mit ihren süßen Schwänzen, sie sind unsere Partner bei der Arbeit und beste Freunde. Dass ausgerechnet ein so gewalttätiges Wesen wie der Wolf sich zum meistgeliebten Begleiter der Menschheit domestizieren konnte, ist nicht so eigenartig, wie es scheint. Sie könnten über uns Ähnliches sagen. In der Hundegestalt sind Wölfe mit Menschen verwoben durch ihre clevere, angeborene Auffassung vom Leben in Gruppen und außerhalb von Gruppen. Ein Wolf weiß, wen er beschützen und wen er angreifen muss und wie man jemanden mit seinem Leben verteidigt. Auch wir sind besessen von der Unterscheidung zwischen Freund und Feind. Deswegen verstehen wir uns einerseits und fürchten uns andererseits. Deswegen waren Wölfe für uns alles Mögliche, von Beschützern bis zu Göttern.

Wenn man wilde Wölfe beobachtet, erkennt man ein verwandtes Wesen, abwechselnd fesselnd, erschreckend und bewundernswert. Man sieht auch, wie viele Veranlagungen und Talente unserer Hunde in der Wildnis voll ausgebildet waren und auch in unseren Häusern noch intakt sind.

Hunde haben sich zu einer enormen Bandbreite diversifiziert; man denke nur an Dänische Doggen und Chihuahuas. Selbst aus der Ferne erkennt ein Hund den Unterschied zwischen einem Hund – egal welcher Rasse – und einer Katze. Kinder können das auch.

Rick McIntyre erzählt Zuhörern gern, dass wir schon «beide kennen», weil in vielen Haushalten Hunde leben.

«Sie meinen Wölfe und Hunde? Oder Wölfe und Menschen?», frage ich.

«Genau», antwortet er.

«Liebt mein Hund mich oder will er nur einen Leckerbissen?» Diese Frage stellte mir ein Professor und Experte für den Klimawandel – kein Hundeexperte – kürzlich. Das habe ich mich selbst schon oft gefragt. Die kurze Antwort: Ihr Hund liebt Sie wirklich. Das liegt zum Teil daran, dass Sie freundlich sind. Wenn Sie ihren Hund misshandeln würden, würde er Sie fürchten. Und er würde sie vielleicht trotzdem lieben, aus Pflichtgefühl oder Notwendigkeit – so wie viele Menschen, die in einer

Missbrauchsbeziehung gefangen sind. Aber um die Frage direkt zu beantworten: Was wir über Hundehirne, ihre Hirnchemie und die Veränderungen in ihrem Gehirn durch die Domestikation wissen, sagt uns, dass Ihr Hund Sie liebt. Die Fähigkeit eines Hundes, für Menschen Liebe zu empfinden, stammt zum Teil von der Liebe ab, die Wölfe für Wölfe empfinden, und liegt zum Teil an den genetischen Veränderungen in ihren domestizierten Vorfahren. Wir haben Hunde gezüchtet, wie wir selbst gerne wären: loyal, hart arbeitend, wachsam, leidenschaftliche Beschützer, intuitiv, sensibel, liebevoll und fürsorglich gegenüber Bedürftigen. Ihre Gefühle sind für sie real, egal wie sie entstanden. Ihr Hund liebt Sie wirklich, so wie Sie, in Ihrem Zustand der Domestikation, wenn Sie die uralten Areale Ihres Gehirns aktivieren, Ihren Hund lieben.

Am Stadtrand von Bozeman, Montana, betreiben Chris Bahn und seine Frau, Mary-Martha, ein Bed-and-Breakfast namens Howlers Inn. Auf anderthalb Hektar eingezäunten Landes gleich neben ihrem Haus versorgen sie mehrere in Gefangenschaft geborene Wölfe, die eine Zuflucht brauchten. Chris und Mary-Martha zogen diese Wölfe von Hand auf, fütterten sie mit der Flasche, seit sie drei Wochen alt waren. Es sind echte Wölfe, keine Wolf-Hund-Hybride. Sie kamen an den Zaun wie Hunde, als ich aufs Gelände fuhr, seltsam.

Ich hatte über die freundlichen russischen Füchse mit den geringelten Schwänzen und die Theorien gelesen, dass freundliche Wölfe sich selbst domestiziert haben – was alles wunderbar Sinn ergab –, aber ich war trotzdem nicht auf den Anblick vorbereitet, wie ein Mann mit zahmen, nicht domestizierten Wölfen umging.

Beim Betreten des Geheges trug Chris einen Overall aus Leinwand, um sich vor der Begeisterung ihrer überraschend langen und scharfen Krallen zu schützen. Mich überraschte allerdings ihre hundeartige Freundlichkeit am meisten. Sie wedelten mit den Schwänzen und drängten sich fröhlich um ihn. (Ich musste draußen bleiben.)

«Wölfe sind extrem ausdrucksvolle Tiere», sagte Chris und sah zu mir auf, während er in einem Wolfsknäuel kniete. «Wahrscheinlich noch ausdrucksvoller als Hunde. Man weiß immer, was ein Wolf denkt, ob er glücklich ist oder entspannt oder sich unbehaglich fühlt.»

Chris Bahn mit seinen von Hand aufgezogenen Wölfen in Howlers Inn.

Der sechsjährige Alphawolf ließ sich erst einmal kräftig kraulen und rollte sich dann mit dem Bauch nach oben auf den Boden. Chris beugte sich vor und tat ihm den Gefallen, während die anderen ihm übers Gesicht leckten, wie Jude es gern macht, wenn ich Chula zu Hause am Bauch kraule. Ich fragte Chris, welchen Rang er im Rudel hat. Er sagt, gar keinen; er nimmt keine dominante Rolle ein. Er ist der Pfleger.

Beim Anblick dieser Wölfe fand ich es völlig plausibel, dass Wölfe sich angewöhnt hatten, die Nähe menschlicher Behausungen zu suchen, nach und nach eine doppelte Staatsbürgerschaft annahmen und sich dann, im Lauf der Jahrhunderte, ins soziale Netzwerk der Menschen integrierten und ihre Ursprünge hinter sich ließen. Es wäre ein kluger Karriereschritt gewesen.

III.
Jaulen und Ärgernisse

Der hier vorliegende Gegenstand ist sehr dunkel; seiner großen Bedeutung wegen muss er aber in ziemlicher Ausführlichkeit erörtert werden; und es ist ratsam, uns unsere Unwissenheit klarzumachen.

Charles Darwin, *Der Ausdruck der Gemütsbewegungen bei den Menschen und den Tieren*

Das Problem ist, dass die Regeln einfach sind und Tiere nicht.

Bernd Heinrich, *The Geese of Beaver Bog*

Von wegen Theory of Mind

Wölfe fanden verstecktes Futter bei Experimenten nicht, wenn ein Mensch mit der Hand darauf zeigte. Hunde schafften das häufig. Allerdings waren die Wölfe bei dem Test durch einen Zaun von dem Menschen, der zeigte, getrennt. Hunde wurden natürlich barrierefrei getestet, und Hunde hatten ihren vertrautesten menschlichen Begleiter dabei. Nachdem die Tester gleiche Bedingungen geschaffen hatten, erbrachten die Wölfe dieselben Leistungen wie die Hunde – ohne Training.[1]

Mit Hilfe von Experimenten kann man viel über Verhalten herausfinden. Aber manchmal sind die Testsituationen so eingeschränkt und konstruiert – wie bei den Wölfen hinter dem Zaun –, dass sie jene Fähigkeiten, die untersucht werden sollen, verschleiern. Verhaltensweisen und Entscheidungen aus dem echten Leben können nicht immer in ein Experiment gezwängt werden.

Jeder Ökologe, der freilebende Tiere beobachtet, wird bescheiden, wenn er sieht, wie facettenreich und vielfältig sie sich in der Welt bewegen, wie leicht sie der Schlinge menschlicher Beobachtung entschlüpfen, während sie ihren Tätigkeiten nachgehen und sich selbst und ihre Babys am Leben erhalten.

Auf der anderen Seite sind Laborstudien vor allem darauf ausgerichtet, akademisch konstruierte Konzepte, wie «Ich-Bewusstsein» und – eines meiner liebsten Ärgernisse – «Theory of Mind», zu «testen».

Diese *Ideen* sind durchaus nützlich. Aber Tiere kümmern sich nicht um akademische Klassifikationen und Testaufbauten. Sie interessieren sich nicht für Haarspaltereien wegen Kategorien, wie etwa die Frage, ob ein Otter, der eine Muschel mit einem Stein aufschlägt, ein Werkzeug benutzt, aber eine Seemöwe, die eine Muschel auf einen Stein fallen lässt, nicht. Ihnen ist es wichtig, zu überleben. Manche Forscher spalten Konzepte in so viele Unterkategorien auf, dass man glauben könnte, Verhalten wäre eine Schisch-Kebab. In diesem Buchteil vergnüge ich mich mit ein paar Verwirrungen, die Verhaltensforscher geschaffen haben. Wir werden ein paar Schleier wegziehen und Spiegel zerbrechen. Und was den Kebab betrifft, geht der erste Spieß an die «Theory of Mind».

Die «Theory of Mind» – welch unhandliche Phrase – ist eine Vorstellung. Wovon genau, hängt davon ab, wen man fragt. Naomi Angoff Chedd, die mit autistischen Kindern arbeitet, sagt, sie bedeute, «zu wissen, dass ein anderer Gedanken haben kann, die sich von den eigenen unterscheiden».[2] Diese Definition gefällt mir; sie ist hilfreich. Die Delfinforscherin Diana Reiss sagt, es sei die Fähigkeit zu fühlen, dass «ich eine Vorstellung davon habe, was du denkst».[3] Das ist etwas anderes. Wieder andere behaupten, es sei die Fähigkeit «die Gedanken von anderen Menschen zu lesen»[4] – was ich seltsam finde. Das Lager der «Gedankenleser» bekommt die meiste Presse, und seine Anhänger übertreiben es am ehesten. Der italienische Neurowissenschaftler und Philosoph Vittorio Gallese schreibt von «unserer hoch entwickelten Fähigkeit zum Gedankenlesen».[5]

Ich weiß nicht, wie das bei anderen Leuten ist (und genau darum geht es mir), aber ich kann keine Gedanken von irgendjemandem lesen. Fundierte Vermutungen auf der Basis von Erfahrung und Körpersprache sind die Grenze unserer Möglichkeiten. Wenn ein dubioser Fremder die Straße überquert und auf uns zukommt, dann ist unser wichtigstes Problem, dass wir *nicht wissen können,* was er denkt. Wenn «Theory of Mind» bedeutet, «zu wissen, dass ein anderer Gedanken haben kann, die sich von den eigenen unterscheiden», dann okay, das gibt es. Aber die Behauptung, Menschen hätten «eine hoch entwickelte Fähigkeit zum Gedankenlesen», ist Quatsch. Deswegen fragen wir ja: «Wie geht es dir?»

Der Begriff «Theory of Mind» wurde im Jahr 1978 von Forschern geprägt, die Schimpansen testeten.[6] Bei ihrem Versuch bewiesen sie erstaunlich wenig menschliches Verständnis für einen Kontext, der für Schimpansen angemessenen oder bedeutungsvoll gewesen wäre. Sie spielten Schimpansen Videos von menschlichen Schauspielern vor, die versuchten, an außer Reichweite befindliche Bananen heranzukommen oder Musik mit einem Plattenspieler abzuspielen, der nicht eingestöpselt war, oder die zitterten, weil ein Heizgerät nicht funktionierte usw. Ein

Schimpanse sollte beweisen, dass er das Problem des Menschen verstand, indem er ein Foto mit der Lösung des Problems auswählte. Zum Beispiel sollte er «bei dem kaputten Heizgerät einen brennenden Docht» auswählen. Und ja, die Forscher meinten das *ernst*. Wenn der Schimpanse ein falsches Foto auswählte, verkündeten die Forscher, der Schimpanse verstehe das Problem des menschlichen Schauspielers im Video nicht und verfüge daher über keine Theory of Mind. (Stellen Sie sich einmal vor, sie wären ein Schimpanse und man würde Sie in einen Raum führen, ein Video von einem zitternden Mann neben einem Heizgerät vorführen und Sie sollten dann einen brennenden Docht auswählen, ohne dass ihnen jemand das Problem, das Experiment oder den Einsatz von Feuer erklären könnte. Oder stellen Sie sich vor, sie wären Thomas Jefferson, dem man ein Video eines Mannes vorspielt, der versucht, Musik mit einem nicht eingestöpselten Plattenspieler abzuspielen. Sie würden nicht verstehen, was sie sehen.) Ein paar Jahrzehnte und viele Studien später kamen Forscher dieses Fachbereichs endlich auf die Idee, diese Ergebnisse könnten vom Testaufbau beeinträchtigt worden sein. Die Wissenschaft macht Fortschritte. Na, herzlichen Glückwunsch.

Bisher gestehen Wissenschaftlern Affen und Delfinen die Befähigung für eine Theory of Mind zu, womit im Wesentlichen gemeint ist, zu verstehen, dass ein anderer Gedanken und Motive haben kann, die sich von den eigenen unterscheiden. Einige wenige zählen auch Elefanten und Krähen dazu. Gelegentlich wird das auch Hunden zugebilligt. Aber viele Forscher behaupten weiterhin, die Theory of Mind sei «einzigartig für Menschen». Und noch während ich an diesem Buch arbeite, schreibt die Wissenschaftsjournalistin Katherine Harmon: «Für die meisten Tierarten fanden Wissenschaftler nicht einmal den Hauch eines Beweises.»[7]

Kein Hauch? Es ist ein Sturm. Wer die Beweise nicht sieht, schaut einfach nicht richtig hin. Frans de Waal schaut richtig hin. Den Spaß, den sich Schimpansen erlauben, wenn sie arglose Zoobesucher mit Wasser bespritzen, bezeichnet er als Zeichen «eines komplexen und vertrauten, Innenlebens».[8]

Aber es macht kaum einen Unterschied, ob Forscher glauben oder nicht glauben, dass Schimpansen, Hunde und andere Tiere «über eine Theory of Mind verfügen». Entscheidend ist: Worüber verfügen sie und wie machen sie es? Was machen Hunde? Was motiviert sie? Statt zu fragen, ob ein Hund oder Schimpanse dem Blick eines Menschen folgt, sollten wir besser fragen, wie Hunde und Schimpansen die Aufmerksamkeit der Artgenossen auf etwas richten.

Wir Menschen können andere Menschen besser lesen, als wir Hunde lesen können. Delfine können Delfine besser lesen. Schimpansen sind besser im Schimpansenlesen. Wir schätzen die freundlichen oder bösen Absichten eines dubiosen Fremden anhand seiner Körpersprache ab. Aber das machen auch unsere Hunde. Andere Tiere sind äußerst begabt im Lesen von Körpersprache. Manchmal steht dabei ihr Leben auf dem Spiel, und sie können keine Fragen stellen. Unsere Waisenwaschbärin, Maddox (die wir mit der Flasche aufgezogen, aber nie in einen Käfig gesperrt haben; sie ist ein Freilandwaschbär), erkannte meine Absichten manchmal fast im selben Moment, in dem mir der Gedanke kam, ohne dass ich wusste, welche Hinweise ich ihr gab. Zum Beispiel machte sie plötzlich einen Buckel und sträubte das Fell, wenn ich gerade beschlossen hatte, dass sie genug in der Küche gespielt hatte und sie hinausscheuchen wollte. Früher habe ich gewitzelt, ich hätte einen gedankenlesenden Waschbären. (Es muss an der Art gelegen haben, wie ich sie ansah, aber wow, sie hatte einen scharfen Verstand. Und ebensolche Zähne.)

Wer sieht, wie freilebende Tiere sich eigenständig in der Welt zurechtfinden, erkennt ihre vielfältigen geistigen Fähigkeiten. Das fängt bei jenen an, die durch Ihr Haus schleichen, bittend zu Ihnen aufschauen und auf Ihre Reaktion warten.

Morgens mache ich Kaffee, und weil es kühl ist, ziehe ich die Jalousien hoch und schließe die äußeren Doppelfenster; das Telefon klingelt, und ich gehe ran. Chula folgt jeder meiner Bewegungen, sucht in meinen Augen nach einem Hinweis, dass ich mit ihr interagieren möchte – oder mich vielleicht in Richtung des Glases mit den Leckerbissen bewege. Sie hat keine Ahnung von Kaffee, Jalousien oder Telefonen. Menschen aus der meisten Zeit unserer Geschichte oder ein Indianer aus einem intakten Stamm im Jahr 1880 oder ein Jäger und Sammler der heutigen Zeit würde ebenfalls nichts von dem verstehen, was ich tue.

Der Unterschied zwischen meinem verrückten Hund und dem Indianerhäuptling Crazy Horse besteht darin, dass Crazy Horse alles, was ich tue, hätte lernen können (und wahrscheinlich auch umgekehrt). Aber auch hier geht es nicht darum, ob Hunde so sind wie wir. Es geht darum, dass sie wie sie selbst sind. Die interessante Frage lautet: Wie sind sie?

Unsere zwanzigjährige Tochter Alexandra sieht, wie unser anderer Hund, Jude, an der Hintertür auftaucht und seinen Wunsch anzeigt, hereingelassen zu werden. Normalerweise sind beide Hunde entweder gemeinsam drinnen oder draußen, aber Chula ist zufällig drinnen, als Jude zur Tür kommt. Alex sieht das Ganze und beschreibt es so: «Jude winselte, um hereingelassen zu werden. Chula ging zur Hintertür und starrte Jude an, ‹Ha›, als wolle sie ihn necken, wie sie es tut, bevor sie anfangen zu spielen; dann drückt sie mit der Pfote gegen die Tür, aber nur ganz vorsichtig, so wie ein Mensch die Tür öffnen würde, und öffnet ganz einfach die Tür, dreht sich um und geht zu dem Knochen zurück, an dem sie gekaut hatte. Sie wusste genau, was sie tat. Sie hatte sich bereits umgedreht, als Jude hereinkam. Sie war einfach aufgestanden, um die Tür zu öffnen, so à la ‹Okay, dann komm halt rein›. Doch das Interessanteste daran war, wie sie die Tür für ihn öffnete und sich dann abwendete und wieder das weitermachte, was sie getan hatte», betont Alex. «Genau so wie ich selbst Jude hereingelassen hätte.»

Wir holen unsere Jacken, und Chula und Jude werden unruhig. Sie hoffen – das kann man ziemlich sicher sagen –, dass wir sie zum Joggen mitnehmen. Ich öffne die Tür und sage «Auto», und sie laufen zum Kofferraum des Wagens.

Am Fluss lassen wir sie raus. Sie lieben das natürlich. Ein Schwan sieht sie am Ufer entlangrennen. Er gleitet behutsam ins Wasser und paddelt knapp außer Reichweite. Die Hunde gehen bis zum Bauch ins Wasser und bellen den Schwan ein paar Mal an. Der Schwan paddelt gegen die Strömung auf der Stelle, nicht etwa weg, er treibt nicht mal davon. Entweder will er nicht von dieser Uferstelle weg oder er verspottet die Hunde oder er ist hin- und hergerissen zwischen Angriff und Flucht. Aber die Brutzeit ist vorbei, und Schwäne haben kein Territorialverhalten. Er verspottet also wohl die Hunde, aber warum sollte er das tun? Ich weiß nicht, warum er diese Position hält – aber er muss es wissen. Ist das seine Vorstellung von Spaß?

Chula überlegt, ob es sich lohnt, zu dem Schwan zu schwimmen. Man sieht, wie sie nachdenkt, was sie tun soll. Sie watet so weit hinein, dass sie fast schwimmt, aber sie merkt anscheinend, dass ihr das nichts bringt. Der Schwan weiß das offensichtlich auch, denn er starrt sie direkt an, nur wenige Schwimmzüge entfernt, aber er bewegt sich keine Federbreite weiter weg. Nach einer Minute kapieren die Hunde, dass sie hier keinen Spaß mehr haben werden, und sie platschen an Land und springen davon.

Der Schwan hatte gerade bewiesen, dass er wusste, dass er den Hunden aus dem Weg gehen musste, *und* dass er wusste, wie weit sie ins Wasser kommen. Er verstand, wie er das Wasser nutzen konnte, um in Sicherheit und gleichzeitig so nah zu bleiben, dass die Hunde ihn in zwei Sprüngen, also in etwa einer halben Sekunde, erreicht hätten, wenn er an Land gewesen wäre. Der Schwan bewies, dass er über eine Theory of Mind verfügte und sein Medium beherrschte.

Ein Stück weiter den Strand entlang springt Chula in der Nähe einiger schwimmender Stockenten ins Wasser. Auch die Enten paddeln weiter ins tiefe Wasser, fliegen aber nicht weg. Ein paar hundert Meter weiter mündet der Fluss in den Long Island Sound. Die Flussmündung ist vielleicht neunzig Meter breit. Dort tauchen mitten im Fluss mehrere Hundert Bergenten nach Muscheln. Sie ignorieren die Hunde. Aber als vier Menschen am anderen Ufer auftauchen, fliegen alle Enten erschreckt auf, verlassen das Umfeld des Flusses und fliegen in die Bucht hinaus. Sie fliegen über andere sitzende Gruppen von Bergenten und Eisenten hinweg, und diese Enten fliegen dann auch in allgemeiner Panik los über die Bucht.

Warum paddelten die Enten von ihrem uralten Feind, dem Wolf (in domestizierter Form) weg, brachen aber in Panik aus, nur weil ein paar Menschen am anderen Ufer auftauchten? Weil diese Enten wissen, welche Grenzen ein Hund hat, und gelernt haben, dass Menschen auf große Entfernung töten können – deswegen. Sie wissen, dass Menschen manchmal die Absicht haben, Schmerzen zuzufügen, und sie haben eine Vorstellung von Tod oder Angriff oder großer Gefahr. In vielen Millionen Jahren Evolution machten sie keinerlei Erfahrung mit Schusswaffen, daher muss ihre genaue Einschätzung der unterschiedlichen Sicherheitsabstände von Hunden und Menschen erlernt sein, und zwar erst kürzlich. Verfügen sie über eine Theory of Mind? Die Frage wird weniger interessant, je offensichtlicher der Umfang der Verhaltensweisen und der Erkenntnisse wird. Was Vögel tun und warum; das ist die spannende Frage.

Bei unserer Rückkehr rubble ich Chula, deren Fell voller Sand und feucht vom Brackwasser ist, mit einem Handtuch trocken. Sie lässt es über sich ergehen, mag es aber nicht besonders. Doch Jude stürzt sich mit wild wedelndem Schwanz auf das Handtuch, sobald ich es auseinanderfalte. Er schnappt danach und tänzelt herum wie ein Frottee-Gespenst. Jude liebt es, Blindekuh zu spielen. Bei unserem Spiel geht es darum, dass man nach seiner Schnauze greift und sie wieder loslässt, während er blind zuschnappt. Sobald man das Handtuch wegzieht, hört er auf zuzuschnappen und versucht, wieder ins Handtuch zu kommen. Chula interessiert sich weder für das Spiel noch für Jude, wenn er so albern ist.

Später jagen sich die Hunde durch den Garten rund ums Haus in einem völlig unnötigen Spiel. Sie versuchen sich gegenseitig auszutricksen, während sie um den Schuppen oder das Cottage rennen. Chula macht kehrt, um Jude abzufangen, aber Jude hält an und wartet ab, aus welcher Richtung Chula kommt. Sie wissen, was passiert, und sie verstehen anscheinend, dass beide versuchen, den anderen auszumanövrieren. Auch das gehört zur Theory of Mind. Sie schätzen ab, was der andere denkt, und beide zeigen deutlich, dass sie verstehen, dass der andere getäuscht werden kann bezüglich der Richtung, aus der sie angerannt kommen. Ihr Spiel beweist Klugheit und Humor. (Es sei denn, sie sind nur zwei interagierende Maschinen ohne Bewusstsein, ohne Sinne oder Wahrnehmung. Manche Menschen behaupten immer noch, dass «wir uns dabei nicht sicher sein können». So etwas nenne ich Verweigerung.)

Ein Hund, der noch nie einen Ball gesehen hat, apportiert ihn nicht. Aber ein Hund mit Ballerfahrung fordert zum Spielen auf. Sie stellen sich das Spiel vor, stellen einen Plan auf, wie sie es anfangen können, und führen diesen Plan mit einem menschlichen Partner aus, von dem sie wissen, dass er versteht. Theory of Mind.

Jeder Hund, der sich in Spielhaltung hinkauert und Sie zum Spielen auffordert, versteht, dass Sie vielleicht mitmachen werden. (Die Spielhaltung gibt es nicht nur bei Hunden; Maddox die Waschbärin fordert uns häufig so zum Spielen auf.) Vor Bäumen, Stühlen oder anderen unbelebten Objekten nehmen Hunde und andere Tiere keine Spielhaltung ein. Unser Welpe Emi nahm vor dem ersten Ball, den sie je gesehen hatte, Spielhaltung ein, als ich ihn auf sie zurollte. Sie nahm an, dass alles, was gezielt über den Boden rollen konnte, lebendig sein musste – aber sie tat das nur einmal. Nach wenigen Augenblicken hatte sie erkannt, dass dies ein wundervolles neues Ding, aber unbelebt war und unfähig zu bewusster Reaktion oder Spiel. Daher brauchte es keine weitere Einladung, keine Rücksicht oder Zurückhaltung, man konnte daran kauen, es werfen und sich darauf stürzen.

Chula bellte einmal in ihrem Leben einen lebensgroßen Hund aus Zement an, aber nur einmal – sie musste nur einmal daran schnüffeln und wusste, dass die Form sie getäuscht hatte. Ein Hund – oder auch ein Elefant – bestätigt die Echtheit von Dingen oft anhand des Geruchs. Ein Hund, der gern Hasen jagt, schnüffelt nur einmal flüchtig an einem Porzellanhasen. Er erkennt den Hasen offensichtlich an der Form, aber er ist zu schlau, um sich täuschen zu lassen. Für einen Hund ist etwas, das aussieht und quakt wie eine Ente, erst dann wirklich eine Ente, wenn es auch nach Ente *riecht*.

Diese kleinen Geschichten zeigen, wie scharfsinnig Hunde sind, wenn es darum geht, zu erkennen, was selber denken kann – und was nicht. Theory of Mind. Schwimmende Schwäne und gründelnde Entenschwärme kann man nicht ins Labor bringen. Manchmal sollten wir Tiere nicht in Vorrichtungen und ausgeklügelten Testaufbauten «testen», wo sie nicht sie selbst sein können, sondern stattdessen die Konzepte, die uns interessieren, einfach definieren und die Tiere dann im Freiland, das zu ihrem Leben passt, beobachten. Zeigen sie, dass sie verstehen, dass andere Lebewesen Gedanken und Vorstellungen haben, die sich von den ihren unterscheiden, und dass die anderen sogar getäuscht werden können? Ja. Es geschieht überall, vierundzwanzig Stunden am Tag, direkt vor unseren Augen. Aber man muss die Augen aufmachen, um es zu sehen. Laborpsychologen und Verhaltensphilosophen scheinen manchmal nicht zu wissen, wie Erkenntnis in der realen Welt funktioniert. Ich wünschte, sie würden hinausgehen, beobachten und ein wenig Spaß haben.

Sex, Lügen und gedemütigte Seevögel

Im Frühjahr holten wir unsere beiden jungen Hunde aus dem Tierheim. Sie wuchsen im Sommer auf, und während der ganzen warmen Jahreszeit hatten wir die Tür nur angelehnt, sodass sie kommen und gehen konnten, wie sie wollten. Sie mussten fast nie darum bitten, hinausgelassen zu werden. Bei den wenigen Gelegenheiten, bei denen die Tür geschlossen war und sie drinnen waren und hinaus wollten, stellten sie sich neben die Tür; sie bellten nie, damit jemand kam und sie hinaus ließ. Gegen 22 Uhr gingen sie zum letzten Mal nach draußen und kamen dann hoch ins Schlafzimmer, wo sie sich in ihr Körbchen legten. Sie schliefen dann, bis es hell und sie aktiv wurden und uns aufweckten. Im Oktober ihres ersten Jahres waren wir eines Abends länger unterwegs als erwartet und wir fütterten sie daher ungewöhnlich spät. Ihr Tagesrhythmus war damit völlig durcheinander, und sie mussten um vier Uhr morgens raus, daher ging ich hinunter zur Tür. Ich wurde auf ihr Bedürfnis aufmerksam, weil einer von ihnen mehrmals gebellt hatte. Sie hatten noch nie zuvor gebellt, damit wir sie hinausließen; es war nicht nötig gewesen. Warum bellten sie dann jetzt? Offensichtlich verstanden sie, dass wir oben waren und schliefen und dass sie unsere Aufmerksamkeit erregen mussten, weil die Tür unten verschlossen war. Daher schickten sie uns eine Botschaft, die wir erhielten und verstanden; das ist Kommunikation, wie sie im Buche steht.

Das erste Mal fuhr Patricia allein mit den Hunden zu unserem Cottage am Lazy Point. Ich war bereits seit einigen Tagen dort. Bei ihrer Ankunft lief Chula sofort auf mein Auto zu und suchte nach mir. Ich war bei einem Spaziergang, aber Chula rannte aufgeregt in alle Zimmer des Hauses in der Hoffnung – so sah es Patricia –, mich zu finden und begrüßen zu können.

Was ein Hund denkt, können Sie nicht wissen – außer wenn Sie es können. Mensch und Hund wissen, wenn sie sich zum Gassi gehen fertig machen oder ins Auto steigen; beide kapieren, wenn der Mensch gerade ein paar Essensreste für den Hund fertig macht. Meistens weiß ich nicht, was meine Hunde denken, das stimmt. Aber meistens weiß ich auch nicht, ob meine Frau gerade darüber nachdenkt, wie sehr sie mich liebt oder was sie gerne zum Abendessen hätte. Sie kann es mir zeigen oder sagen. Auch unsere Hunde denken an Liebe und Abendessen, aber die Mitteilungsfähigkeiten eines Hundes sind begrenzt. Das Zeigen beherrschen sie ein bisschen besser. Aber sie haben zweifellos Gedanken, egal welcher Art. Und die wenigen Worte und Gesten, unsere tiefe Zuneigung und unser Vertrauen reichen für ein gemeinsames Leben.

Jude ist einer der süßesten Hunde, die ich kenne, aber nicht besonders helle. Wir nennen ihn «den Poeten», weil er immer aussieht, als würde er tagträumen, und nur selten aufpasst. Zumindest dachte ich das. Eines Tages ging ich mit ihm und Chula zum Joggen an den Strand. Auf halber Strecke witterten sie ein Reh und verschwanden im Wald oben am Hang. Normalerweise kommen sie innerhalb von fünf Minuten wieder. Aber dieses Mal blieben sie zwanzig, fünfundzwanzig Minuten weg, und ich rief die ganze Zeit über nach ihnen. Schließlich kletterte ich den Hang hinauf. Ich rief und rief. Nichts. Dann entdeckte ich Jude unten am Strand, der in vollem Galopp in die Richtung rannte, in die wir gelaufen waren, als sie durchgegangen waren.

Das war eigenartig. Chula ist immer schneller als Jude und Chula ist immer diejenige, die als Erste nach mir suchen kommt. Ich rief Jude, und er hielt sofort an und kletterte die Anhöhe hinauf, während ich durch die Kletterpflanzen nach unten stieg. Am Strand legte ich ihn an die Leine. Jetzt machte ich mir Sorgen: Wo war Chula? Zu den hässlichen Möglichkeiten gehörten: eine Verletzung; jemand dachte, sie hätte sich verlaufen, und nahm sie mit (sie hat eine Hundemarke am Hals); sie wurde vom Auto überfahren. Minute um Minute verging. Keine Chula. Vielleicht war sie zum Auto *zurück*gegangen. Jude hatte das bei zwei kürzeren Trennungen getan. Ich beschloss, zum Auto zurückzugehen, fast einen Kilometer weit, und wenn ich Chula dort nicht fand, dann wollte ich Jude ins Auto setzen und zurückkommen.

Jude gefiel das überhaupt nicht. Er weigerte sich, die Richtung zu ändern. Er wollte eindeutig in die Richtung weitergehen, die wir alle zuvor eingeschlagen hatten. Lag das daran, dass er zu viel Spaß hatte? Unwahrscheinlich. Normalerweise bleibt er gern in der Nähe und geht nach Hause, wenn er so viel Bewegung hatte. Dass er darauf bestand weiterzugehen, war seltsam. Dann sah ich ganz weit hinten am Strand – weiter als wir je gegangen waren – Chula im Zickzack umherrennen. Was für eine Erleichterung. Aber sie *entfernte* sich von uns. Ich rief, so laut ich konnte, und wedelte mit den Armen in der Hoffnung, dass der Wind meine Stimme zu ihr trug.

Sie hörte mich, drehte sich sofort um, sah mich winken und rannte auf uns zu. Sie musste gedacht haben, dass ich die ganze Zeit in diese Richtung weitergegangen war, während sie durch den Wald rannten – was ich normalerweise auch tue, wenn sie kurz weglaufen. Anscheinend war sie an der Stelle an den Strand zurückgekehrt, wo sie erwartet hatte, mich abzufangen. Sie wollte mich wohl finden und einholen, so schnell war sie gerannt, als ich sie entdeckte. Wusste Jude, dass sie dort war? Fürchtete er, ich würde Chula zurücklassen? Es gibt keine Möglichkeit, das festzustellen, aber so verhielten sie sich auf jeden Fall. *Ja, guter Junge, ich rede von dir* (er liegt neben meinem Schreibtisch, während ich dies hier schreibe). Rückblickend glaube ich, dass die Hunde die ganze Zeit über wussten, was sie taten; der einzige Verwirrte war ich.

Wir unterbrechen unseren Bericht über das Leben mit Hunden für eine wichtige Nachricht aus der Zeitschrift *Science* mit dem Titel «Hunde sind keine Gedankenleser».[9] Aber wer ist das schon? Das ist eine Nachricht? Als hätte ein Experiment beweisen können, dass Hunde hellsichtig sind? Im Mittelpunkt des Artikels steht vermeintlich ein Experiment, «das zeigt, dass Hunde unaufrichtigen Menschen weiter vertrauen und damit über keine sogenannte Theory of Mind verfügen». Da drängt sich die Frage auf, ob den Klienten des Anlagebetrügers Bernie Madoff oder den Opfern anderer Betrüger ebenfalls eine sogenannte Theory of Mind fehlt. Will der Autor etwa andeuten, dass Menschen unaufrichtigen Leuten niemals vertrauen? Manchmal messen Menschen mit zweierlei Maß: Wir gehen von der Annahme aus, dass andere Tiere weniger intelligent sind als Menschen, aber dann werden sie nach höheren Leistungsstandards beurteilt. Übrigens wird sich herausstellen, dass das Experiment in Wirklichkeit *nicht* das gezeigt hat, was im Artikel behauptet wurde.

Die Forscher testeten zwei Dutzend Hunde. Sie verwendeten zwei Eimer, die gleich stark nach Futter rochen. Aber nur ein Eimer enthielt tatsächlich Hundenahrung. Neben den beiden Eimern stand jeweils ein

Mensch, den der Hund nicht kannte. Die Hälfte der Menschen zeigte immer auf den Eimer mit dem Leckerbissen. Die andere Hälfte zeigte auf den leeren Eimer. In fünf Testsitzungen hatte jeder Hund insgesamt einhundert Versuche mit beiden Typen. Lügner und Ehrliche waren auf die Versuche verteilt. Dem Fingerzeig der Ehrlichen folgten die Hunde in neunzig Prozent der Fälle. Beim *ersten* Versuch mit einem Lügner folgten sie dem Hinweis des Lügners nur in achtzig Prozent der Fälle *und* sie brauchten zweimal so lange, um auf die Lügner auch nur zuzugehen (vierzehn Sekunden im Vergleich zu sechs Sekunden bei den ehrlichen Fremden). Das ist schon eine ziemlich gute Hunde-Intuition. Mit der Zeit liefen die Hunde immer seltener zu dem Eimer, auf den der Lügner zeigte, weil sie das Vertrauen in die Falschinformanten verloren. Bei der letzten Sitzung ignorierten die Hunde die Täuscher weitgehend und entschieden sich auf gut Glück, mit einer 50:50-Chance. Die Forscher schlossen daraus – wie die meisten vernünftigen Menschen es tun würden – dass «die Hunde lernten, die Helfer und die Täuscher unterschiedlich zu behandeln».

Aber dann drehten sie ihre Ergebnisse um und vermuteten, dass «die Hunde nicht aufhörten, Menschen zu vertrauen, weil sie intuitiv spürten, was die Menschen dachten, sondern nur, weil sie gelernt hatten, bestimmte Menschen mit einem Ausbleiben der Futterbelohnung zu assoziieren». Moment mal! Kein Mensch wüsste bei diesem Versuchsaufbau «intuitiv», was die Person *dachte*. Die Personen zeigten, ob sie aufrichtig waren oder nicht. Und die Hunde lernten, wer ehrlich war und wer nicht. (Schließlich waren die Hunde nie zuvor einem lügenden Menschen begegnet.) Aber die Forscher behaupteten, die Hunde hätten im wörtlichen Sinn die Gedanken der Menschen lesen müssen, um zu «beweisen», dass sie über eine Theory of Mind verfügen. Und das ist ganz einfach absurd.

Die Forscher sahen nicht, dass die Hunde *tatsächlich* bewiesen hatten, dass sie über eine sogenannte Theory of Mind verfügten. Die Hunde verstanden, dass ein Mensch wissen konnte, wo sich ein Leckerbissen befand, auch wenn die Hunde selbst es nicht wussten; das ist Theory of Mind. Sie verstanden, dass die Hinweise mancher Menschen nicht zuverlässig sind; das ist Theory of Mind. Hunde verfügen sehr wohl über eine Theory of Mind; aber die Menschen verstehen oft nicht, worum es geht. Wurden sie mit einem lügenden Menschen konfrontiert, weigerten sich die Hunde in einem Fünftel der Fälle, sich *überhaupt* für einen Eimer zu entscheiden. Die Hunde verstanden, laienhaft ausgedrückt, dass etwas faul war, dass die Menschen sie an der Nase herumführten. Die Forscher kamen zu dem Schluss, dass ihre Experimente «die Theorie, dass Hunde die Absichten von Menschen verstanden, nicht stützten».[10] Versuchen wir es daher mit einem anderen Experiment: Stolpern Sie versehentlich über Ihren Hund und treten Sie ihn dann absichtlich. Sie werden dann sicherlich sehen, dass Hunde Absichten verstehen.

Manche Experimente sagen vor allem etwas über diejenigen aus, die sie durchführen. Wenn Forscher sich nicht in die Gedanken oder den Standpunkt von Tieren hineinversetzen können, dann zeigt das, dass viele *Menschen* keine Theory of Mind *in Bezug auf Nichtmenschen* haben. Allerdings verstehen viele Tiere (Säugetiere und Vögel zum Beispiel), dass ein anderes Tier sie sieht, wenn es sie anschaut. Und sie verstehen, dass ihre Interessen manchmal kollidieren. (Es sei denn, sie haben absolutes Vertrauen gelernt und kennen nur Loyalität wie Shackletons Hunde.)

SHACKLETONS HUNDE

*An einem bestimmten Punkt beschloss er, dass er sich keine Hunde
leisten konnte. Jemand musste sie, einen nach dem anderen,
hinter einen Eishaufen führen und erschießen. Ich stelle mir
die arktische Nacht vor, die sich senkt und nicht mehr heben würde,*

*eine Dunkelheit, die an der Kleidung klebte.
Manche Männer hatten Einwände,
weil die Hunde Wärme und Liebe bedeuteten,
Erinnerungen an ihr früheres Leben, als sie in weichen Betten schliefen,
die Bäuche warm vor Abendessen. Hundeschwänze bestanden*

*aus Freude, ihre Körper waren in ein Fell aus Hoffnung gehüllt.
Ich musste das Buch weglegen, als ich las, wie die Hunde
willig in den Tod gingen, Befehlen folgend,
einer mit einem alten Spielzeug zwischen den Zähnen. Sie vertrauten*

*den Männern, die sie in diese weiße Gefahr geführt hatten,
diese unwirtliche Kälte. Mein Gott, sie zogen die Schlitten
mit den Vorräten und verbellten die Seeleoparden.
Jemand erhielt den Befehl, die Hunde zu töten, weil die Vorräte*

zur Neige gingen und die Hunde, ums Feuer versammelt,
die Zungen nass vor Freundlichkeit, ahnten
nichts von Verrat; sie wussten, wie man sitzt und kommt,
wie man Freude macht, wie man den Kopf senkt und wie man bleibt.

Faith Shearin

Dass Tiger eine Theory of Mind haben, hat noch niemand vermutet. Hätte ein Tiger eine Theory of Mind, dann wüsste er, dass ein Mensch herausfinden kann, wenn er ihn verfolgt, und dann entsprechend dieser Erkenntnis reagiert. Und – sie wissen es. Im indischen Sundarbandelta lösten Dorfbewohner, die im Wald arbeiteten, ein ernsthaftes Problem mit Tigerangriffen, indem sie Halloweenmasken verkehrt herum trugen, sodass die Augen und das Gesicht ihren Hinterkopf bedeckten. Kein Tiger griff sie an, weil alle dachten, dass sie beobachtet wurden. Zuvor hatten Tiger pro Woche einen Menschen getötet. Aber nach der Einführung des Maskentricks wurden keine Maskenträger mehr angegriffen, auch wenn beobachtet wurde, wie Tiger Masken tragenden Menschen folgten, und obwohl Tiger im selben Zeitraum neunundzwanzig andere Menschen töteten, die keine Masken trugen.[11] (Ein schönes Beispiel dafür, dass der Mensch ein Gewohnheitstier ist: Warum trugen nicht alle Leute Masken?) Zahlreiche Schmetterlinge, Käfer, Raupen, Fische und sogar einige Vogelarten haben deutliche «Augenflecken», üblicherweise hinten, wie Mütter, die ihre Kinder glauben machen wollen, dass sie «Augen am Hinterkopf» haben. Diese Flecken sind ein Versuch, Fressfeinden vorzugaukeln, dass die potenzielle Beute zurückstarrt, dass sie das Überraschungselement verloren haben. Das heißt, dass verschiedene Raubtiere wissen, dass Beute manchmal sehen kann, wenn man sich anschleicht, und dass Beute aufgrund dieses Wissens unabhängig handeln kann. Das *ist* «Theory of Mind». Genau deswegen schleichen sich Räuber an, deswegen verstecken sie sich, nähern sich von hinten und so weiter.

Eines Morgens beobachtete ich im tansanischen Ngorongoro-Krater, wie eine Löwenfamilie erwachte und die Mitglieder sich begrüßten. Dann kletterten die Löwen im Gänsemarsch auf den Kamm eines niedrigen Grashügels. Jenseits des Hügels, etwa einen Kilometer entfernt, graste eine kleine Zebraherde. Ohne ein Zeichen setzte sich ein Löwe. Die anderen gingen weiter. Ein weiterer Löwe setzte sich. Der Rest lief

Sex, Lügen und gedemütigte Seevögel 313

weiter den Kamm entlang. Noch einer setzte sich. Das ging so lange weiter, bis der Hügel mit Löwen gesäumt war, die in gleichmäßigen Abständen aufrecht im hohen, goldenen Gras mit Blick auf die fernen Zebras saßen. Ein Löwe hatte sich nicht gesetzt. Ich hatte gerade die Vorbereitungen für einen gut geplanten Hinterhalt beobachtet. Die Aufgabe des noch laufenden Löwen bestand darin, die Zebras in Richtung des Hügels zu scheuchen. Aus der Deckung im hohen Gras hatten die wartenden Löwen ein freies Sichtfeld und konnten bergab auf die Zebras zustürzen, die vielleicht bergauf laufen mussten. Eine hervorragende Taktik. Aber die Zebras waren nicht dumm. Sie entdeckten den sich anschleichenden Löwen frühzeitig – und entfernten sich weiter vom Hügel.

Beim Beobachten merkt man bald, dass das Überleben vieler Lebewesen davon abhängt, dass sie – schnell und korrekt – entscheiden, ob ein Fressfeind auf der Jagd oder nur auf der Durchreise ist, ob ein Rivale verzagt ist oder einen Angriff plant, und dass Tiere auch andere entscheidende Einschätzungen bezüglich der Absichten anderer Wesen treffen.

Richard Wagner beobachtet von Berufs wegen, wie Vögel ihr wirkliches Leben führen. Wir kennen uns, seit wir beide zehn Jahre alt waren. In unseren Zwanzigern studierten wir Seevögel und erlebten gemeinsam Abenteuer in Kenia. Jetzt sitzen wir an einem Sommertag in meinem Garten im Schatten von Ahornbäumen, und er erzählt mir von Seevögeln namens Tordalke. Er hat sie lange in ihren Brutkolonien studiert, sie viele Stunden, Tage, Monate, Jahre beobachtet. «Wenn man Tordalken beobachtet», sagt er, «dann sieht man, welche Vögel gute Kämpfer, welche gute Partner und welche leicht zu haben sind. Ein Weibchen sah, wie sich ihr Partner mit einem anderen Weibchen paarte. Sie schubste ihren Partner herunter. Am nächsten Tag traf sie eben dieses Weibchen. Sie wusste, wer sie war. Sie stürzte sich auf sie und schubste sie von dem Felsen herunter, auf dem sie stand.»

Wieso machte ihr das etwas aus – schmuggelte das Männchen vielleicht ein wenig Futter zu dem anderen Weibchen oder zu ihren Jungen? «Das geschieht nicht», sagt Wagner. «Ich habe sie mehrere Stunden lang beobachtet, und ich habe genau danach gesucht. Sie tun es nicht.» Der Grund für dieses aggressive Verhalten war, so fand Wagner heraus, dass das Männchen *im nächsten Jahr* mit dem anderen Weibchen durchbrennen konnte. «Kopulationen im einen Jahr führen zur Pärchenbindung im nächsten. Das Weibchen schützt ihre Paarbindung. Das Männchen hingegen bewacht seine Partnerin, um seine Vaterschaft zu schützen.» Denken Vögel tatsächlich so? Wahrscheinlich nicht. Aber ich wette, sie fühlen etwas, das wir als Eifersucht erkennen würden. Immerhin motiviert uns Menschen Eifersucht – und keine genetischen Wahrscheinlichkeiten der Evolution –, über unsere Partner zu wachen.

«Die Tordalken kennen sich wie Kinder im selben Schulbus sich kennen», erklärt Wagner. «Sie machen keine Fehler. Tordalken sind *soziale* Tiere. Sie sehen sich jeden Tag. Sie kommen zum selben Felsen. Sie können bis zu *zwanzig* Jahre alt werden!» Sie wissen, wer im Anflug ist, bevor sie landen. Ein Beispiel: Ein Weibchen kommt an. Männchen A besteigt es; Männchen B schubst Männchen A herunter und besteigt das Weibchen selbst. Männchen C besteigt Männchen B. Er hat Männchen B gerade seine Männlichkeit beweisen sehen. Dass er ihn besteigt, ist kein Irrtum im Eifer des Gefechts. Es ist eine Gefechtstaktik. Das bestiegene Männchen wurde öffentlich dominiert. Wie sich herausstellte, ist das Besteigen anderer Männchen eine Möglichkeit, um Konkurrenz auszuschalten. Je öfter ein Männchen von einem anderen bestiegen wird, desto seltener lässt er sich auf dem Paarungsfelsen blicken. Möglicherweise fühlen sie etwas, das wir als Erniedrigung bezeichnen würden. Sie verlieren an Status.» Auch wir streben nach Status, aber wir *verstehen* unsere Instinkte nicht viel besser, als sie ihre verstehen. Status erhöht die Reproduktionschancen, aber wir fühlen den lebenslangen Reproduktionsschnitt nicht, den die Evolution berechnet und uns auf dem Spickzettel namens Triebe überreicht hat.

Was andere Tiere angeht, fehlt uns häufig eine Theory of Mind. Allerdings scheinen sie über eine Theory of Mind zu verfügen, was uns betrifft. Sie wissen, dass wir wissen können. Meine guten Freunde John und Nancy fanden eines Tages ein freilebendes Stockentenpärchen auf ihrem Rasen. Sie gaben ihnen etwas Brot. Am nächsten Tag kamen die Enten zurück. Sie fütterten sie mit Maiskörnern. Daraufhin besuchten die Enten den Garten regelmäßig. Keine Überraschung. Aber eines Tages hörte John ein Klopfen an der Tür. Er öffnete die Haustür und sah durch die Fliegengittertür, aber der Klopfer war wohl schon wieder weg. Die untere Hälfte der Außentür mit dem Fliegengitter bestand aus Metall, und als John das Klopfen wieder hörte, sah er hinunter. Hätte eine Ente, die kein «Ich-Bewusstsein» oder keine «Theory of Mind» hatte, zur Vordertür watscheln und *klopfen* können?

In Trinidad verließ ein Kapuzineräffchen seine Gruppe, kletterte in einen Baum über unseren Köpfen und bewarf uns mit abgebrochenen Zweigen. Offensichtlich sah der Affe uns, hielt uns für eine potenzielle Gefahr (sie werden dort von Menschen gejagt) und versuchte, uns mit den geworfenen Zweigen abzuschrecken. Ob er damit seine Begleiter beschützen wollte, ist unklar, aber ich hatte den Eindruck. Seine Botschaft war eindeutig: «Verschwindet!» Meine Doktormutter Joanna Burger beobachtete Kapuzineräffchen an einem winzigen, fast ausgetrockneten Wasserloch. Die Affen mochten nicht, wenn sie sich auf ihrem Beobachtungsposten hinter Sichtschutz versteckte; es störte sie weniger, wenn sie sich gegen einen Baum lehnte, wo sie sie sehen konnten. Jeden Tag füllte Joanna eine Stunde vor Sonnenaufgang, wenn keine Affen in der Nähe waren, eine Plastikwanne neben dem Loch mit Wasser, das sie in einem Eimer herantrug. Wenn die Affen kamen, konnten sie aus der Wanne trinken und mussten nicht tief ins Wasserloch hinabklettern, wo man sie nicht sah. Solange sie die Affen beobachtete, war der Kübel hinter einem nahen Baum weggeräumt. An Joannas letztem Tag kam sie für einen letzten kurzen Blick zum Wasserloch, füllte aber die Plastikwanne nicht, weil sie keine Zeit für Beobachtungen hatte. Die Affen sahen, dass sie die Wanne nicht gefüllt hatte, und ein Affe ging hinter den Baum, holte den Eimer und brachte ihn ihr. Eine deutliche Kommunikation, beide verstanden, dass der andere verstand.

Arroganz und Täuschung

Die an Türen klopfende Ente und der freilebende Affe, der der Professorin den Eimer bringt, *stellten* sich ein gewünschtes Ergebnis *vor,* einen Zustand, der sich von der unmittelbaren Realität, die sie nur beobachteten, unterschied. Manchmal können Tiere uns ihre Wünsche sogar vermitteln. Wenn unsere Hunde in verschiedenen Räumen nach uns suchen, dann *stellen* sie sich *vor,* dass sie uns finden. Sie suchen etwas, das ihren Belangen besser dient als das, was sie im Moment haben, und sie wissen, was sie suchen. Die Vorstellungen von Ursache und Wirkung und gewünschtem Ergebnis sind ihre Überlegungen. Die Vorstellung eines Weges zu etwas Erwünschtem – erst dies, dann das – hat sogar etwas von Geschichtenerzählen.

Jude und Chula klingen und sehen aus, als würden sie miteinander kämpfen, wenn sie knurren und beißen. Wenn wir Gäste haben, fragen diese beunruhigt: «Kämpfen sie?» Aber die jungen Hunde wissen, dass sie spielen, und wir wissen es auch. Wir hören es heraus, weil wir den Tonfall ihres Knurrens kennen; wir verstehen, dass sie Spaß machen. Wir alle verstehen die Absicht. Auch wir Menschen schätzen unsere eigenen Sprachspiele. Als Menschen verstehen wir Metaphern und bemerken die Unterschiede zwischen dem Humor eines wohlmeinenden Witzes und der Beleidigung in einem sarkastischen.[12] Aber wir sind nicht die einzigen, die zarte Hinweise verstehen.

Wahrscheinlich sehen Sie die Vorstellung, dass Hunde und Affen Absichten anzeigen und verstehen können, inzwischen ziemlich locker. Aber wie steht es zum Beispiel mit Fischen? Womöglich einem, der gut schmeckt? Je mehr wir herausfinden – na ja, es könnte einige Wellen schlagen.

Wir halten Affen für schlau, weil sie schlau *sind – und* weil sie uns ähnlich sehen. Aber in der Kognitionsforschung mehren sich die Berichte von «affenähnlichen Leistungen» bei einigen anderen Tierarten.

Die neueste: bestimmte Fischarten. Auf unsere kurze Liste mit Tieren, die mit Hilfe von Gesten die Aufmerksamkeit ihrer Begleiter auf sich ziehen – Menschen, Bonobos,[13] Delfine, Raben, Afrikanische Wildhunde, Wölfe, Haushunde – müssen wir jetzt auch Zackenbarsche setzen. Ja genau, eben jene Fische, die es in zahllosen Backfischbrötchen zu kaufen gibt; sie gehören zu den schlauesten.

Wenn die Beute des Zackenbarschs in einer Spalte im Korallenriff verschwindet, wendet der Barsch und zeigt in die Richtung der versteckten Beute. Kommt keine Hilfe, dann schwimmt der Barsch zum Unterschlupf einer Muräne und schüttelt sich schnell als Aufforderung: «Schwimme mir hinterher.» Die Muräne, die in die Spalten passt, folgt dem Barsch häufig zur versteckten Beute. Um sicherzugehen, dass die Muräne ihm folgt, dreht sich der Barsch um. Wenn die Muräne den Hinweis nicht versteht, dann «schubst der Barsch sie manchmal in Richtung der vorher angezeigten Spalte». Beim Versteck der Beute angekommen, blickt der Barsch in Richtung der Stelle und schüttelt den Kopf. Der Barsch und die Muräne teilen sich den Fang nicht, aber beide können von dem Ergebnis profitieren: Manchmal erwischt die Muräne den versteckten Fisch, manchmal flüchtet die Beute und wird vom Barsch geschnappt.[14]

Wenn keine Muräne in der Nähe ist, dann rekrutiert der Barsch auch mal einen Napoleonfisch, der die Korallen abbricht, oder einen Kaiserfisch. Die Barsche machen sich bemerkbar, bis sie Hilfe bekommen, und hören dann sofort auf. Diese Gesten sind bewusst und auf andere Fische gerichtet, die freiwillig darauf reagieren. Mindestens zwei Barscharten machen das. Forscher sagen, diese Barsche jagen im Roten Meer «regelmäßig in Kollaboration mit anderen Fischarten» und «arbeiten auch mit Kraken» am gefährdeten Great Barrier Reef vor Australien zusammen. Darüber hinaus lässt die Geduld der Barsche, die über einer versteckten Beute bis zu fünfundzwanzig Minuten lang auf passende Jagdpartner warten, auf «eine affenähnliche Gedächtnisleistung» schließen. Bei jüngsten Experimenten fanden Forscher heraus, dass Barsche so schnell verstanden, welche Muränen gute Jagdpartner waren und welche nicht, dass ihr Geschick bei der Auswahl effektiver Partner «fast identisch mit den Fähigkeiten von Schimpansen» war.[15] Die Jagdkollaborationen der Barsche sind eine Neuigkeit für uns – und eine Überraschung. Aber die Barsche lotsen wahrscheinlich schon seit Millionen Jahren ihre Jagdpartner zur Beute.

Flexible artenübergreifende Kollaborationen, wie sie die Barsche und ihre Partner durchführen, sind so selten, dass sogar Menschen das nur mit zwei oder drei Arten machen. Honiganzeiger sind Vögel, die Dachse und Menschen zu Bienenstöcken führen, um einen Anteil am geraubten Honig zu bekommen. Menschen jagen mit Hunden oder Raubvögeln, aber Menschen kontrollieren sie und planen die Sache. Delfine jedoch kontrollieren und planen ihre Einsätze selbst und benutzen dabei Menschen – und trainieren Menschen in wenigen Fällen sogar – als Helfer beim Futterfang.

In Brasilien und Mauretanien treiben Delfine Meeräschenschwärme auf Fischer zu. An der brasilianischen Küste haben die Delfine die Fischer abgerichtet; an der mauretanischen Küste haben die Fischer dasselbe mit den Delfinen getan. Brasilianische Tümmler *zeigen den Menschen,* indem sie mit Kopf oder Schwanzflosse aufs Wasser schlagen, an, wann und wo die Fischer ihre Netze auswerfen sollten. Die Delfine schnappen sich dann Fische, die von den Netzen verwirrt oder verletzt werden.[16] Nur ein kleiner Teil der Tümmler in dieser Lagune tut das – sie lernen von ihren Müttern, Menschenfischer zu sein –, und die Fischer kennen sie so gut, dass sie ihnen Namen geben wie Caroba oder Scooby.[17] Wenn mauretanische Fischer Meeräschen entdecken, schlagen sie mit Stöcken aufs Wasser, um Tümmler und Buckeldelfine anzulocken, die den Fischschwarm dann gegen die Fischernetze treiben und ihren Teil vom Fang bekommen. Sie sind seit 1847 gemeinsam im Geschäft.

Die größten Delfine der Welt – die Schwert- oder Killerwale – begannen Mitte des 19. Jahrhunderts eine besonders ungewöhnliche Zusammenarbeit, die etwa einhundert Jahre lang andauerte. In der australischen Twofold Bay, nahe der Stadt Eden, hatten sie Menschen zu Jagdgefährten ausgebildet. Die Killerwale trieben große Wale in die Bucht und alarmierten dann menschliche Walfänger, die für den Angriff dazukamen. Die Killerwale wussten, dass sie ihren Anteil an der Beute der Walfänger bekommen würden. Angeblich sollen Killerwale sogar nach den Seilen, an denen die harpunierten Wale hingen, geschnappt haben, um die getroffenen Giganten weiter zu bremsen, damit sie leichter überwältigt werden konnten.[18]

Nach gängiger Meinung können nur Menschen bewusst planen. Aber wenn Eichelhäher verderbliche und nichtverderbliche Nahrungsmittel lagern, dann brauchen sie die verderblichen Nahrungsmittel zuerst auf. Das bedeutet, dass sie einschätzen, wie zeitabhängig verschiedene Futterarten sind, und dann nach dieser Einschätzung handeln. Im schwedischen Furuvik-Zoo sammelte ein bestimmter Schimpanse Steine, mit denen er später arglose Zoobesucher bombardieren wollte (glücklicherweise sind Schimpansen schlechte Schützen). Innerhalb eines Jahrzehnts häufte er Hunderte Munitionshaufen an. Jeden Morgen mussten Tierpfleger vor der Öffnung des Zoos das Schimpansengehege durchsuchen und seine Steinsammlungen entfernen.[19] In einem anderen Zoo entdeckte ein Orang-Utan, dass er und seine Freunde zu einem Ausflug in die Bäume des Zoos hinaus konnten, wenn er ein Stück Draht um den Türriegel einer verschlossenen Tür zum Heizraum wickelte und daran zog. Das machte er mehrmals, bis die verblüfften Tierpfleger endlich herausfanden, wie er das anstellte. Bis dahin hatte er den Draht versteckt in der vollen Absicht, sein Werkzeug, das er so geschickt hergestellt hatte, weiterhin zu benutzen.[20]

Der Orang-Utan war schlau, raffiniert und ein kleiner Täuscher. Zu einer Täuschung gehört der bewusste Versuch, bei jemand anderem eine falsche Vorstellung zu erzeugen. Deswegen beweist Falschheit, dass Menschen über eine Theory of Mind verfügen. Menschen beherrschen Unehrlichkeit hervorragend, und so werden wir jeden Tag mit Täuschungen konfrontiert – von lügenden Politikern, durchtriebenen Händlern, unseren Kindern. Die Natur ist voll von Täuschung, von Camouflage bis hin zu cleveren Lügen. Selbst in Sachen absichtlicher Täuschung sind die Menschen nicht einzigartig.

Wenn der Trauerdrongo, ein Vogel, Säugetiere, etwa Erdmännchen, oder andere Vögel, wie den Elsterdrossling, mit Futter sieht, ahmt er ihren speziellen Alarmruf nach. Die Tiere suchen Schutz, und der Drongo klaut ihr Futter.[21] Regenpfeifer sind Watvögel, die einen gebrochenen Flügel vortäuschen, um Räuber von ihren Nestern und Jungen im Sand wegzulocken. Sie verhalten sich, als wären sie verletzt, mit dem Ziel, im Räuber einen falschen Eindruck zu erwecken. Sie variieren Art und Schwere der vorgetäuschten Verletzung je nachdem, wie sehr sich der Räuber täuschen lässt. Ich habe das oft beobachtet; ich war oft das Täuschungsopfer der Regenpfeifer. Sie verstehen ihr Geschäft.

Durch das Leben in sozialen Gruppen bekommt man Gründe, um zu lügen, und hat jemanden, den man anlügen kann. Grüne Meerkatzen geben manchmal einen «Leopard»-Warnruf ab, wenn ihre Truppe im Kampf gegen eine andere verliert. Auf den strategischen Fehlalarm hin flüchten sich alle in die Bäume, und der Kampf ist beendet.[22] Eine Meerkatze schrie manchmal «Adler!», um Konkurrenten aus einem Obstbaum zu vertreiben. Die anderen Affen flohen – und der Rufer stopfte sich rasch den Magen voll. Eine ähnliche Taktik wenden Affen an, die von einem versteckten Leckerbissen in einer Kiste wissen. Sie «ignorieren» die Kiste, wenn andere Affen in der Nähe sind, damit kein anderer sieht, wie man sie öffnet.

Bei Schimpansen im berühmten Gombe-Stream-Nationalpark öffneten Forscher eine verschlossene Futterkiste per Fernsteuerung. Ein Schimpanse saß zufällig daneben, als die Kiste geöffnet wurde. Doch als er sah, dass sich ein ranghöheres Männchen näherte, schloss er die Kiste und entfernte sich. Sobald das andere Männchen wieder weg war, öffnete der erste Schimpanse die Kiste wieder und holte sich einen Armvoll Bananen. Aber das dominante Männchen hatte sich nur versteckt; er rannte herbei und schnappte sich das Obst.[23]

Bei Experimenten, in denen Rhesusaffen Trauben von einem von zwei Menschen stehlen können, holen sich die Affen das Obst von der Person, die so steht, dass sie nicht sehen kann, was der Affe tut.[24] Das zeigt, dass die Affen glauben, dass die Menschen etwas gegen den Diebstahl hätten und dass sie es heimlich machen müssen. Ebenso nehmen Affen lieber Futter aus Behältern, die kein Geräusch machen.[25] Diese Vorsicht zeigt, dass sie wissen, dass niemand auf ihren Diebstahl aufmerksam werden sollte. Auch Hunde klauen verbotenes Futter seltener, wenn ein Mensch sie dabei beobachtet, als wenn der Mensch wegsieht oder nicht da ist.[26] Sie verstehen, dass wir verstehen und dass unsere Ziele verschieden sein können.

Man muss kein Säugetier sein, um seine Freunde an der Nase herumzuführen. Wenn Westliche Buschhäher bemerken, dass ein anderer Buschhäher sie beim Verstecken von Futter beobachtet hat, dann holen sie das Futter und verstecken es woanders, sobald der Beobachter weg ist – aber nur, wenn sie selbst schon einmal einem anderen Vogel Futter geklaut haben. Anscheinend bilden sie eine Vorstellung vom Stehlen auf Basis ihrer eigenen Erfahrung aus und wissen dann: «Dieser Vogel könnte mein Futter stehlen.» Manchmal tun sie nur so, als würden sie das Futter anderswo verstecken. Buschhäher, die beobachtet wurden, aber selbst nie das versteckte Futter eines anderen Hähers gestohlen haben, lassen ihr eigenes Futter, wo es ist. Das setzt voraus, dass die Vögel ihre eigenen diebischen Motivationen auf die möglichen Entscheidungen eines anderen Vogels übertragen. Der Häher muss sich den Standpunkt eines anderen Hähers vorstellen. Wissenschaftler nennen dies «mentale Attribuierung» oder «Perspektivenübernahme» und machen eine große Sache daraus. Für den Häher ist es keine große Sache; es ist einfach etwas, das man tun muss in einer Welt, in der man «Leuten», einschließlich Hähern wie sie selbst, nicht vertrauen kann. Sie wissen, dass der andere Vogel wissen kann. Und sie wissen, dass es aus dem Wald herausschallt, wie man hineinruft, und vielleicht auch, dass das Leben nicht immer fair ist.[27]

Ein weiterer exklusiver Club sind Tiere mit Gerechtigkeitssinn. Ein Forscher bot einem Kapuzineräffchen ein Stück Gurke an. Lecker; die Affen mögen Gurke. Einem Affen daneben gab der Forscher eine Traube. Affe Eins sieht, wie Affe Zwei die Traube genießt. Als Affe Eins ein weiteres Stück Gurke angeboten bekommt, nimmt er es und bewirft dann den Forscher damit. Unfair! Gurken sind schön und gut, bis die Kollegen etwas Süßeres bekommen.[28] Raben, Krähen und Hunde sind ebenfalls empfindlich, wenn es um gleiche Bezahlung für gleiche Arbeit geht.[29] Und auch wir Menschen merken natürlich, ob etwas fair ist – wenn wir es wollen. Warum finden es nicht alle Menschen unfair, wenn Frauen weniger Geld für die gleiche Arbeit bekommen? Vielleicht ist es auch «typisch menschlich», mit zweierlei Maß zu messen.

Menschenaffen sind mehr als nur clever; sie sind häufig einsichtig, strategisch und politisch. Manchmal zeigt sich das, wenn Menschen die Affen in eine tödliche Falle locken wollen, und die Affen die Trickser austricksen, um zu überleben. Ein Gorillababy tappt in die Falle eines Wilderers und stirbt. Ein paar Tage später beobachten Tierschützer, wie das vierjährige Männchen Rwema den gebogenen Ast eines Baumes abbricht, der als Auslöser einer Falle dient, während das etwa gleichaltrige

Weibchen Dukore die Fallschlinge unbrauchbar macht. Dann entdecken die beiden in der Nähe eine weitere Falle. Rwema und Dukore zerstören diese Falle mit Hilfe des Teenagers Tetero so schnell und «sicher», dass ein wissenschaftlicher Beobachter vermutet, dass sie sich so nicht zum ersten Mal Schmerz erspart haben.[30] (Wer ist nun der bessere «Mensch»: Der Mensch, der die Fallen stellt, oder die Gorillas, die sich und ihre Familie beschützen?)

Tüpfelhyänen leben in sehr viel komplexeren Gesellschaften als Wölfe oder jeder andere Fleischfresser. Ein Tüpfelhyänenclan besteht aus bis zu neunzig Mitgliedern, die sich alle kennen. Entscheidungen treffen sie aufgrund von Verwandtschaft und Rang, verstehen diese Konzepte also. Außerdem können Tüpfelhyänen auch lügen. Forscher entdeckten bei der Beobachtung freilebender Hyänen Szenen wie diese: Während die ranghöheren Hyänen fressen, gibt eine rangniedere Hyäne einen falschen Alarmruf ab, der die anderen aufscheucht. Der Rufer rennt dann direkt zum Kadaver und schlingt ein paar schnelle Bissen hinunter, bevor seine Clankollegen merken, dass keine Gefahr besteht. Hyänenmütter geben manchmal falsche Alarmrufe ab, um Hyänen zu verscheuchen, die mit ihren Nachkommen kämpfen. Eine untergeordnete Hyäne, die weiß, wo Futter versteckt ist, führt manchmal andere Hyänen in die falsche Richtung und kehrt dann zurück, um sich die Belohnung zu holen. Forscher beobachteten eine Gruppe Hyänen, die an einem Leoparden vorbeiging, der bewegungslos in einem Bachbett neben dem Kadaver eines Gnus kauerte, das er getötet hatte. Nur ein rangniederes Hyänenmännchen aus der Gruppe sah ihn. Das Männchen sah den Leoparden und seine Beute direkt an, ging aber weiter. Nachdem alle Hyänen den Bach weit hinter sich gelassen hatten, kehrte das rangniedere Männchen zurück und nahm dem Leoparden den Kadaver ab, ohne Konkurrenz durch ranghöhere Artgenossen befürchten zu müssen.

Dennoch – es ist unfassbar – kamen die Forscher, die *all* das beschrieben, zu dem Schluss: «Tüpfelhyänen zeigen keinerlei Verständnis für die Gedanken oder Vorstellungen anderer.»

Wie bitte? Gerade eben erst haben sie beschrieben, wie gut Hyänen täuschen können. Doch unerklärlicherweise stellen die Forscher fest: «Wir fanden keinerlei Hinweise, dass Hyänen etwas über die Befindlichkeiten oder zukünftigen Absichten [von anderen Hyänen] wissen – außer wenn direkte Sinneswahrnehmungen diese Informationen liefern.»³¹

Wo soll man da anfangen? Sinneswahrnehmungen – wenn man den anderen sieht, wie er sich verhält – sind die einzige Möglichkeit, um «irgendetwas über den anderen zu erfahren», seine Befindlichkeiten oder Absichten. Ist das nicht – *offensichtlich*? Meine Frage: Warum messen Forscher die geistigen Leistungen anderer Tiere an höheren Maßstäben, als sie Menschen selbst entsprechen können? Lügen beweisen, dass der Lügner versteht, dass ein anderer den eigenen zuwiderlaufende Interessen haben kann – und dass man ihm zum eigenen Vorteil Wissen vorenthalten kann. Das *ist* «Theory of Mind».

In Tansania brauchen zwei rivalisierende hochrangige Schimpansenmännchen jeweils die Unterstützung eines bestimmten rangniederen Männchens, um ihre Vorherrschaft aufrechtzuerhalten. Beide werben um das Wohlwollen des Untergeordneten, indem sie ihm Zugang zu fruchtbaren Weibchen gewähren. Wenn sein Verbündeter ein bisschen geizig wird, wechselt der Rangniedere einfach seine Gefolgschaft und sorgt so dafür, dass er immer Sex haben kann. In einem anderen Fall beobachtet der Forscher Craig Stanford einen rangniederen Schimpansen, der einen dominanten Schimpansen zum Schein herausfordert. Der Herausgeforderte steigert sich daraufhin so sehr in die Zurschaustellung seiner Dominanz vor der ganzen Gruppe hinein, dass er nicht bemerkt, wie der rangniedere Schimpanse die Verwirrung für ein sexuelles Stelldichein mit einem willigen Weibchen nutzt.³² In einem Review zahlreicher Studien aus drei Jahrzehnten zu der Frage, was Schimpansen über andere wissen können, kam ein Team zu dem Schluss, der den Schimpansen schon lange bekannt ist: «Schimpansen verstehen die Ziele und die Absichten von anderen ebenso gut wie die Wahrnehmung und das Wissen anderer.»³³ Schimpansen streben nach Macht, und sie merken sich «ebenso genau wie manche Leute in Washington», welche Gefälligkeiten gewährt und empfangen werden, schreibt Frans de Waal. Er stellt fest: «Ihre Gefühle reichen von Dankbarkeit für politische Unterstützung bis zu Wut, wenn einer gegen gesellschaftliche Regeln verstößt.» Er fügt hinzu, dass «das Gefühlsleben dieser Tiere unseren ähnlicher ist, als wir das einst für möglich hielten».³⁴

Wirft diese Ähnlichkeit nun ein gutes Licht auf die Schimpansen –

oder ein schlechtes? Schimpansen halten uns einen Spiegel vor und fordern uns heraus, darin die Reflexion des Menschenaffen zu sehen. Oft erkennen wir uns selbst nicht. Schimpansen können so düster und mörderisch ehrgeizig sein wie römische Senatoren, als steckte in ihnen ein Mensch, der sich zwischen dem Garten Eden und unserer Geburt entlanghangelt, ein Flaschengeist, der darauf wartet, aus der Flasche und auf die Welt losgelassen zu werden. Aber uns Menschen hat man bereits aus der Flasche gelassen. Wer wir sind und wie wir sind gibt uns vielerlei Gründe für Stolz und Scham. Wenn Grausamkeit und Zerstörungswut etwas Schlechtes sind, dann sind wir Menschen mit Abstand die schlimmste Art, die den Planeten je infiziert hat. Wenn Mitgefühl und Kreativität etwas Gutes sind, dann sind Menschen mit Abstand die beste Art. Aber wir sind nicht einfach gut oder schlecht; wir sind alles zusammen und unvollkommen. Die Frage, die wir uns alle stellen sollten, lautet: Auf welche Seite neigt sich die Waage?

Was zum Lachen und schrullige Ideen

Wissenschaftliche Forschung unter kontrollierten Bedingungen kann außerordentlich hilfreich sein, das würde ich niemals leugnen. Aber ich vergesse auch nie, dass das echte Leben von Tieren zu umfangreich ist, als dass ein Labor es angemessen wiedergeben könnte. Dennoch arbeiten viele Verhaltensforscher nur im Labor (oder, noch schlimmer, in Philosophischen Instituten). Ich werde nun zeigen, wie Forscher, die die Realität in feine Scheiben schneiden und sie in Fachjargon marinieren, sich amüsant irren können.

Die Suche nach intelligentem Leben auf der Erde hat schon für einige Lacher gesorgt. Eine Forscherin und Hundeliebhaberin filmte zwei Jahre lang Hunde in einem nahe gelegenen Park, bis sie endlich zu dem Schluss kam: Wenn ein Hund einen anderen Hund, der ihm gegenübersteht, zum Spielen animieren will, dann nimmt er üblicherweise die «Spielhaltung» ein (die vertraute Verbeugung: vorne tief gebeugt, hinten hoch). Aber wenn der andere Hund in eine andere Richtung sieht, dann versucht der spielbereite Hund zunächst, die Aufmerksamkeit des anderen auf sich zu ziehen – mit einer Pfote etwa oder durch Bellen. In einem ihrer wissenschaftlich revolutionären Momente erzählt uns die Forscherin: «Sie scheinen auf bestimmte kognitive Zustände zu reagieren.»[35] In Alltagssprache ausgedrückt: Durch zweijährige Videoanalyse fand sie heraus, dass ein Hund den Kopf eines anderen Hundes von dessen Hintern unterscheiden kann. Eines möchte ich ganz deutlich sagen: Der Hintern eines Hundes ist kein «bestimmter kognitiver Zustand». Warum sagt sie nicht einfach, dass Hunde die Aufmerksamkeit anderer Hunde auf sich ziehen, bevor sie sie zum Spielen auffordern? Ist das zu offensichtlich, um wissenschaftlich zu wirken?

In den ersten Minuten meiner Recherche nach wissenschaftlicher Literatur zur «Theory of Mind» stieß ich auf eine typische aktuelle Studie. Sie wurde in *Philosophical Transactions of the Royal Society* unter dem

Titel «Über den Mangel an Beweisen, dass nichtmenschliche Tiere auch nur ansatzweise so etwas wie eine ‹Theory of Mind› besitzen» veröffentlicht.[36] Der Autoren leiten den Aufsatz ein mit: «Eine Theory of Mind beinhaltet die Fähigkeit, gesetzmäßige Rückschlüsse über das Verhalten anderer Akteure auf Basis von abstrakten, theorieartigen Repräsentationen der kausalen Beziehungen zwischen unbeobachtbaren mentalen Zuständen und beobachtbaren Sachlagen zu ziehen.» (Übersetzung: Indem wir das Verhalten anderer beobachten, können wir vermuten, was sie denken.) Weiter schreiben sie: «Wir sind vollkommen agnostisch (zumindest für unsere gegenwärtigen Zwecke), was die Frage betrifft, ob die Zustände eines Organismus modal oder amodal, diskret oder kontinuierlich, symbolisch oder konnektionistisch sind, und sogar bei der Frage, wie sie ihre Repräsentations- oder Informationseigenschaften erwarben ... Natürlich prägen noch viele weitere Faktoren das Verhalten biologischer Organismen.»

Ich kann diese Studie wahrscheinlich verstehen – aber ich will es nicht. Zwei Menschen von der Rutgers University (wo ich meinen Doktortitel erwarb, daher erwartete ich Gutes) veröffentlichen einen Review mit dem Titel «Die eigenen Gedanken lesen: Eine kognitive Theorie des Ich-Bewusstseins». Da stand Folgendes: «Zunächst untersuchen wir die wahrscheinlich verbreitetste Auffassung von Ich-Bewusstsein, die ‹Theorie-Theorie› (TT). TT basiert auf der Vorstellung, dass der Zugang zum eigenen Denken auf denselben kognitiven Mechanismen beruht, die auch bei der Zuschreibung von mentalen Zuständen bei anderen eine zentrale Rolle spielen. ... Theorie-Theoretiker weisen darauf hin, dass die TT durch Beweise über die psychologische Entwicklung und Psychopathologien gestützt wird. ... Wir werden zunächst unsere Argumente gegen die TT und für unsere Theorie vorbringen und dann zwei weitere Theorien zum Ich-Bewusstsein betrachten, die in der aktuellen Literatur zu finden sind.»[37]

Nein, danke! Theorien über Theorien aufzustellen, wenn man stattdessen echte lebende Wesen dabei beobachten könnte, wie sie sie selbst sind, scheint mir eine schlechte Wahl.

«Theory of Mind» ist wahrscheinlich das überverkaufteste Konzept der menschlichen Psychologie, aber gleichzeitig auch der am meisten unterschätzte, häufig geleugnete Aspekt nichtmenschlichen Denkens. Jeder befand sich schon einmal in einer Beziehung, in der er oder sie dachte: «Ich weiß nicht, woran ich bei ihr bin», oder: «Ich weiß nicht, was ich von ihm erwarten kann.»

John Locke notierte im 17. Jahrhundert, dass «die Seele des Einen kann nicht in den Leib des Andern eintreten» könne. Der Maler Paul Gauguin schrieb über seine dreizehnjährige tahitianische Ehefrau: «Ich bemühe mich, durch dieses Kind zu sehen und zu denken.» Joni Mitchell sang: «There's no comprehending, / Just how close to the bone and the skin and the eyes / And the lips you can get / And still feel so alone.» (Etwa: Es ist mit nichts zu vergleichen, wie nahe man Knochen und Haut und Augen und Lippen kommen kann und sich dennoch einsam fühlen.) Der römische Dichter Lukrez bemerkte – in der, laut W. B. Yeats, «besten Beschreibung von Geschlechtsverkehr, die je geschrieben wurde» – düster:

Pressen mit Gier sie die Brust an die Brust; es vermischt sich des Mundes
Speichel, sie pressen den Zahn in die Lippen mit keuchendem Atem:
Doch umsonst, sie können ja nichts dem Körper entreißen
Oder mit ihrem Leib sich ganz in den andern versenken [...]
Wieder versuchen sie endlich zum Ziele der Wünsche zu kommen:
Doch da gibt es kein Mittel, die Krankheit wirklich zu heilen.

«Die Tragik des Geschlechtsverkehrs», heulte Yeats, «liegt in der ewigen Jungfräulichkeit der Seele.» Paul Valéry, ein anderer Dichter, bemerkte, dass «der Austausch menschlicher Dinge zwischen Menschen erfordert, dass Gehirne undurchdringlich sind».[38] Lob den Dichtern dafür, dass sie gute Wissenschaftler sind. Der Wissenschaftler Nicholas Humphrey sagt: «Zwischen einem Bewusstsein und einem anderen gibt es keine Türen. Jeder hat direkte Kenntnis nur vom eigenen Bewusstsein und keinem anderen!»

Wenn ich mich anschleichen, beim Flirten Fantasien nachhängen oder stehlen will, dann ist es entscheidend, dass meine Gedanken geheim bleiben. Je besser wir die Gedanken anderer lesen könnten, desto mehr Möglichkeiten bräuchte unser Gehirn, um die Tür zu versperren. Also ja, wir beobachten, wir fühlen mit, aber letztendlich raten wir. Mehr können wir nicht tun. Wir können beschließen, uns zu offenbaren oder mit verdeckten Karten zu spielen. Aber die Entscheidung liegt bei uns.

Schimpansen haben in erster Linie eine Theory of Mind für Schimpansen, wenn man das so ausdrücken kann; Delfine vor allem für Delfine. Menschen fällt es oft schwer, selbst menschliche Bedürfnisse zu verstehen und die Handlungen anderer Menschen vorherzusagen. Und Menschen, die glauben, dass andere Tiere nicht einmal ein Bewusstsein haben – oder die den Umfang ihrer bewussten Erfahrungen leugnen –, beweisen, wie unzuverlässig unsere «Theory of Mind»-Talente sind.

In Japan und auf den Färöerinseln rammen Menschen Delfinen und Grindwalen Stahlstangen in die Wirbelsäule, während die Tiere vor Angst und Schmerz schreien und zappeln, um sie zu töten. (In Japan ist es illegal, Kühe oder Schweine so unmenschlich und schmerzhaft zu töten wie Delfine.) Der Mangel an Mitgefühl für Delfine und Wale deutet darauf hin, dass die menschliche Theory of Mind unvollständig ist. Wir leiden an einer Empathielücke, einem Mitgefühlsdefizit. Auf der Welt gibt es zu viel Gewalt, Missbrauch und ethnischen sowie religiösen Genozid zwischen Menschen. Kein Elefant wird jemals ein Düsenverkehrsflugzeug fliegen. Und kein Elefant wird jemals ein solches Flugzeug in das World Trade Center steuern. Wir sind zu umfangreichem Mitgefühl fähig, aber wir leben unser Potenzial nicht aus. Warum wirkt der Gedanke, dass andere Tiere denken und fühlen können, so bedrohlich für das menschliche Ego? Weil es schwieriger ist, andere zu misshandeln, wenn man ihnen ein Bewusstsein zugesteht? Wir sind unvollständig und fühlen uns schnell angegriffen. Vielleicht gehört Unvollständigkeit zum «Menschsein».

Manche Menschen können das Denken von nichtmenschlichen Tieren nicht erkennen, während andere Menschen menschenähnliches Bewusstsein in allem sehen. Wir erkennen automatisch menschenähnliche Gesichter in allem Möglichen, Wolken, dem Mond, sogar in Lebensmitteln.[39] Viele Leute glauben, dass Steine, Bäume, Flüsse, Vulkane, Feuer und andere Dinge Gedanken haben, dass *alles* ein Bewusstsein hat und von Geistwesen bewohnt wird, die für oder gegen uns arbeiten können. Das bezeichnet man als Panpsychismus. Die Religion, die sich aus dieser ursprünglich menschlichen Annahme herleitet, heißt Pantheismus. Sie ist bei Jäger-und-Sammler-Völkern verbreitet und erfreut sich auch im modernen Leben Beliebtheit. Auf dem Gipfel des Mount Kilauea in Hawaii habe ich Opfergaben aus Geld und Alkohol gesehen, von Menschen dort abgelegt, die glauben, dass im Vulkan ein Gott wohnt, der ihnen zusieht, sich alle Gefälligkeiten merkt und manchmal rachsüchtig ist. Man darf den Vulkan nicht ignorieren, sonst macht man ihn wütend. Ein bisschen mehr Schnaps und ein paar Scheine mehr, ein Strauß Blumen und ab und zu ein Spanferkel werden die feurige Vulkangöttin Pelé vielleicht besänftigen. Und das geschieht in den Vereinigten Staaten, wo man sich im Besucherzentrum über Vulkanologie informieren kann. (Parkranger baten Besucher bereits, keine Opfergaben mehr zu bringen, da die dafür verwendeten Lebensmittel offenbar bei Ratten, Fliegen und Kakerlaken mehr Anklang finden als bei der Göttin.)[40] Doch der tiefe Glaube an das Übernatürliche liegt wohl in unserer Natur.

«Nichtmenschliche Tiere können aufgrund von Anhaltspunkten zu Überzeugungen gelangen», schreibt die Philosophin Christine M. Korsgaard. «Aber Tiere, die sich selbst fragen können, ob die Anhaltspunkte die Überzeugung tatsächlich stützen, und die ihre Schlussfolgerungen entsprechend anpassen können, stellt die nächste Stufe dar.»[41] Doch gerade viele Menschen sind unfähig, sich zu fragen, ob die Anhaltspunkte ihre Überzeugungen stützen, und ihre Schlussfolgerungen anzupassen. Andere Tiere sind perfekte Realisten. Nur Menschen klammern sich unerschütterlich an Dogmen und Ideologien, die sich eines vollständigen Mangels an Beweisen erfreuen, trotz aller gegenteiligen Anhaltspunkte. Die große Kluft zwischen Rationalität und Glaube beruht darauf, dass einige Menschen Glaube der Rationalität vorziehen und umgekehrt.

Die Handlungen und Überzeugungen anderer Tiere sind evidenzbasiert; sie glauben etwas erst, wenn es begründete Anhaltspunkte gibt. Andere Tiere schreiben nur Dingen Bewusstsein zu, die tatsächlich eines haben. Ein Hund bellt vielleicht, um jemanden aufzuwecken, der auf der Wohnzimmercouch schläft, aber er würde niemals das Sofa selbst um Hilfe bitten. Oder Vulkane. Sie können Lebewesen problemlos von leblosen Objekten und sogar von Schwindlern unterscheiden. Geschickte Entenjäger können vorbeifliegende Enten zwar mit Lockvögeln und Rufen zumindest soweit täuschen, dass sie in Schussreichweite fliegen, aber sie müssen raffiniert vorgehen, damit es funktioniert. Fische sind sogar mit künstlichen Ködern, die gezielt so aussehen und sich verhalten wie das echte Vorbild, schwer zu täuschen.

Vor Jahren musste ich im Rahmen meiner Forschung Falken markieren und lockte sie dazu mit festgebundenen lebenden Staren in mein Netz. Den ängstlichen Staren gefiel das überhaupt nicht; mir auch nicht. Daher hängte ich einen ausgestopften Star hinter dem Netz an eine Schnur, die Flügel in Flugposition. In der Natur ist ausnahmslos alles, was wie ein Vogel aussieht, mit Federn bedeckt ist, glänzende Augen hat und sich auf und ab bewegt, tatsächlich ein Vogel. Doch von dem ausgestopften Vogel ließ sich kein einziger Falke täuschen. Sie alle erkannten ihn auf den ersten Blick als etwas «nicht Reales» und ignorierten ihn. *Das* ist beeindruckend. Andere Vögel sind ausgezeichnet darin, Fressfeinde, Rivalen und Freunde zu identifizieren und auf sie zu reagieren. Sie verhalten sich nie, als würden sie glauben, Flüsse oder Bäume seien von Geistern bewohnt, die sie beobachten. Auf all diese Arten beweisen andere Tiere ständig ihr Wissen darüber, dass sie in einer Welt leben, in der es von bewussten Lebewesen wimmelt, und auch, dass sie die Grenzen des Bewusstseins dieser Lebewesen kennen. Tatsächlich wirkt es so, als könnten sie genauer, pragmatischer und ehrlich gesagt auch besser zwischen Realität und Täuschung unterscheiden als wir.

Daher frage ich mich: Verfügen Menschen tatsächlich über eine höher entwickelte Theory of Mind als andere Tiere? Wenn Menschen Cartoons anschauen, die aus kaum mehr als einem Kreis und einem Dreieck bestehen, die sich bewegen und interagieren, dann leiten sie fast immer eine Geschichte daraus ab, mit Motiven, Persönlichkeiten und Geschlechtern. Kinder reden jahrelang mit Puppen, und glauben halb – oder sind sogar überzeugt davon –, dass die Puppe hören und fühlen kann und eine wertvolle Vertraute ist. Als ich Teenager war, wohnten wir neben Leuten (Amerikaner, die in New York geboren und aufgewachsen waren), die in jedem Raum ihrer Wohnung religiöse Statuen aufgestellt hatten, außer im Schlafzimmer, damit die Heilige Jungfrau keine menschliche Lust mitansehen musste. All dies deutet auf eine verbreitete menschliche Unfähigkeit hin, zwischen Lebewesen mit Bewusstsein und unbelebten Objekten zu unterscheiden, zwischen Beweisen und Unsinn.

Kinder reden oft mit vollständig imaginären Freunden, von denen sie glauben, dass sie ihnen zuhören und eigene Gedanken haben. Wir bevölkern unsere Welt mit imaginären bewussten Kräften und Wesen – Gut und Böse. Die meisten modernen Menschen glauben, dass verstorbene Verwandte, Engel, Heilige, Geistführer, Dämonen und Götter ihnen helfen oder Steine in den Weg legen. In den technologisch fortschrittlichsten Gesellschaften mit den besten Bildungssystemen hält eine Mehrheit der Menschen es für selbstverständlich, dass körperlose Geistwesen über sie wachen, sie beurteilen und auf sie einwirken. Die meisten heutigen Staatsführer vertrauen auf einen himmlischen Gott, den sie bei Katastrophen und Konflikten mit anderen Staaten um Schutz für ihre Nationen bitten können.

In all diesen Fällen ist die Theory of Mind außer Kontrolle geraten, wie ein Feuerwehrschlauch, den keiner hält und der das ganze Universum mit mutmaßlichen Bewusstseinen besprüht. Die *überlegene* Theory of Mind der Menschen ist teilweise pathologisch. Die häufig wiederholte Aussage, «Menschen sind rationale Wesen», ist wahrscheinlich die größte Halbwahrheit, die wir über uns verbreiten. In der Natur gibt es einen übergeordneten Sinn, und an der Menschheit nagt häufig der Irrsinn. Von allen Tieren sind wir am häufigsten irrational, leiden unter Wirklichkeitsverzerrung, sind wahnhaft und besorgt.

Aber ich frage mich auch: Bildet unsere pathologische Fähigkeit, falsche Glaubensvorstellungen auszubilden, das auszuarbeiten, was noch nicht existiert, nicht auch die Wurzel menschlicher Kreativität? Ist unsere Neigung, uns etwas vorzustellen und uns an falsche Vorstellungen zu klammern, die Grundlage all unseres Erfindungsreichtums?

Vielleicht gehört der Glaube an etwas Falsches einfach zu unserer eigentümlichen und brillanten Fähigkeit dazu, uns Dinge, die noch nicht existieren, und eine bessere Welt vorzustellen. Wodurch Kreativität entsteht, konnte noch niemand erklären, aber manche Menschen sprühen nur so vor neuen Ideen. Nicht Rationalität macht die Menschen einzigartig, sondern Irrationalität, die entscheidende Fähigkeit, sich vorzustellen, was nicht existiert, und unvernünftige Ideen zu verfolgen.

Vielleicht müssen sich andere Tiere nicht mit Logik beschäftigen, weil ihre Handlungen ohnehin logisch sind. Sie brauchen keine Werkzeuge, weil sie mit ihren speziellen Fähigkeiten alles erreichen, was sie brauchen. Vielleicht brauchen wir Menschen Logik und Werkzeuge, weil wir ohne sie nicht überleben könnten, nicht so erfolgreich wären, wie wir sind. Vielleicht ist das der tiefere Sinn der Geschichte vom Sündenfall, die Entwicklung vom eigenständigen Tier, wie es alle sind, zu einem Wesen, das Zugangswege zu neuem Wissen braucht, um die spezifisch menschlichen Schwächen mit viel Geschick und Mühen durch unsere speziell menschlichen Fähigkeiten auszugleichen.

Erkenntnisfähigkeit, über die in unterschiedlichem Maß auch andere Menschenaffen, Wölfe und Hunde, Delfine, Raben und einige wenige andere Lebewesen verfügen, setzt die Fähigkeit voraus, zu sehen, was nicht da ist. Wie wir es tun, wenn wir uns auf den Heimweg machen oder auf den Partner warten, der gerade abwesend ist. Vielleicht liegt die Ursache für den Umfang unserer Erkenntnisfähigkeit in Genen, die uns außerdem die Fähigkeit verleihen, uns nicht nur vorzustellen, was nicht da ist, sondern auch darauf zu bestehen, uns mit aller Inbrunst an Glaubensvorstellungen zu klammern und sie zu verfolgen. Was könnte irrationaler sein als eine nicht existierende Melodie oder der menschliche Traum vom Fliegen oder das Licht eines Bildes festhalten zu wollen oder eine musikalische Aufführung zu verewigen, damit sie immer wieder gehört werden kann, oder das Tauchen und Atmen unter Wasser? Wer hätte sich so etwas vorstellen können? Wer außer uns?

Diese einzigartige Vorstellungskraft geht mit Genie und Wahnsinn einher. Und vielleicht macht gerade unsere Fähigkeit, schrullige Ideen hervorzubringen, uns mehr als alles andere «zum Menschen».

Spieglein, Spieglein

Ein weiteres Ärgernis, das in die Mottenkiste der Wissenschaft gehört, ist der sogenannte «Markierungstest». Dessen Anhänger sagen, damit ließe sich herausfinden, ob ein Lebewesen über «Ich-Bewusstsein» verfügt. Der Test läuft folgendermaßen ab: Eine Person oder ein anderes Tier wird markiert, indem man zum Beispiel einem Kleinkind mit Schminke heimlich einen Fleck auf die Stirn malt. Wenn die Person später in einem Spiegel die Markierung bemerkt und zu entfernen versucht, dann versteht sie offensichtlich, dass der Spiegel ein Bild ihrer selbst zeigt. So weit, so gut. Menschenaffen und Delfine tun das, manche Vogelarten, gelegentlich ein Elefant. Aber wenn ein Tier nicht an dem Fleck herumwischt, wird daraus geschlossen, dass es kein Ich-Bewusstsein und keine Fähigkeit zum Selbst-Erkennen besitzt. Das ist eine ziemlich kühne Behauptung. Denn der Spiegeltest zeigt eigentlich gar nicht an, ob ein Tier Ich-Bewusstsein hat. Tatsächlich wird der Spiegeltest häufig genau falsch herum interpretiert, wie ich gleich zeigen werde.

Zunächst einmal gibt es ein Definitionsproblem. Der Psychologieprofessor Gordon Gallup – der den Markierungstest in den 1970er Jahren erfand – sagte: «Ich-Bewusstsein ermöglicht, über die Vergangenheit nachzudenken, in die Zukunft zu blicken und darüber zu spekulieren, was andere denken.»[42] Das ist eine ziemlich gewagte Definition. Versuchen Sie mal, all das in einem Spiegel zu finden. Am anderen Ende des Verwirrungsspektrums befindet sich die «Introspektionsschule», für die der folgende (englische) Wikipedia-Eintrag typisch ist: «Ich-Bewusstsein ist die Fähigkeit zur Introspektion, es ermöglicht, dass wir uns selbst als von unserer Umwelt getrenntes Individuum wahrnehmen.» Introspektion reflektiert kein Licht. Und wenn man sich selbst in einem Spiegel erkennt, beweist das nicht, dass man die Trennung zwischen Selbst und Umwelt versteht. In lediglich zwei Definitionen bedeutet der unscheinbare Ausdruck «Ich-Bewusstsein» also mutmaßlich: einen Zeitbegriff zu haben; erraten zu können, was jemand anderes denkt; das eigene Denken untersuchen und verstehen zu können, dass man sich vom Rest der Welt unterscheidet. Nichts davon kann man am eigenen Spiegelbild erkennen.

In diesem Buch wird «Ich-Bewusstsein» im wörtlichen Sinn verwendet: Man versteht, dass man ein Individuum ist und sich von anderen und dem Rest der Welt unterscheidet. Ich-Bewusstsein bedeutet ganz einfach, dass man erkennt, dass das eigene Selbst von allem anderen getrennt ist. Das war einfach. Auf zum nächsten Punkt.

An einem Herbstmorgen eilen zwei Strandläufer zwischen den anrollenden Wellen über den Strand in der Nähe meines Hauses. Plötzlich schlägt einer von ihnen Alarm, und der Schwarm hebt schnell ab, bleibt dicht zusammen und fliegt hinaus auf den Ozean. Ich drehe mich um und sehe einen Wanderfalken auf einen einzelnen Sanderling zustürzen, der es nicht zum Schwarm geschafft hat.

Für den Sanderling sieht es schlecht aus – allein über dem offenen Meer, nirgendwo Deckung –, weil der entschlossene Falke schnell aufholt. Der Sanderling fliegt, so schnell er kann, mit aller Kraft, etwa 100 Kilometer pro Stunde. Der Vorteil des Wanderfalken: Er ist das schnellste Lebewesen. Eine hoffnungslose Situation für den Sanderling.

Doch genau in dem Moment, als der Falke den kleineren Vogel überholt und nach ihm greift, schlägt der Sanderling einen scharfen Haken nach rechts, und der viel schnellere Falke, der die Richtung nicht so schnell ändern kann, schießt vorbei. Der Sanderling hat abrupt die Richtung geändert.

Der Falke rast mit dem Schwung seines fehlgeschlagenen Angriffs gen Himmel und nutzt so zusätzlich die Schwerkraft und den Höhenvorteil für sich. Durch die Richtungsänderung hat sich der Sanderling einen Vorsprung verschafft, aber es gibt keinen Ort, an er entkommen kann. Der Falke hat seine Flügel bei dem Steilflug nach oben kurz ausgeruht und setzt nun zu einem erneuten Angriff an. Der Sanderling jedoch ist die ganze Zeit mit voller Kraft geflogen. Der Falke kann sich den Fehlversuch leisten. Der Sanderling kann sich gar nichts leisten. Und irgendwann wird der kleinere Vogel unweigerlich ermüden.

Der Falke beschleunigt nun mühelos zu einem weiteren Sturzflug, der ihn direkt hinter den Sanderling bringt. Dieser ändert erneut die Richtung. Der Falke überschießt und rast wieder ohne einen Flügelschlag gen Himmel.

Der Sanderling macht eine Kehrtwende und rast in die entgegengesetzte Richtung davon. Er hat bereits einhundert Meter geschafft, als der Falke in einer halben Rolle in den Sturzflug geht und erneut angreift. Der Sanderling kann diese Kraft nicht ewig aufbringen. Das ist unmöglich.

Doch wieder ändert der Sanderling die Richtung und der Falke schießt vorbei. Dies ist ein Stierkampf, bei dem es um Leben und Tod geht und der Stier von hinten mit 160 Kilometern pro Stunde heranrast. Der Sanderling kombiniert Flugkunst, Sicht und perfektes Timing und erweist sich so als ernst zu nehmender Gegner statt als hilfloses Opfer.

Möglicherweise haben der Falke und ich die Situation falsch eingeschätzt. Ich war überzeugt, dass dem Sanderling inzwischen die Kraft ausgehen müsste, aber soweit ich sehe, hält er die Geschwindigkeit. Und vielleicht ist Geschwindigkeit hier gar nicht das Entscheidende. Man sollte denken, dass bei einer Jagd die überlegene Geschwindigkeit des Wanderfalken – die er bei jedem Angriff beweist – den Ausschlag geben würde. Aber in dem Moment, in dem sie am wichtigsten ist, wendet der Sanderling die Geschwindigkeit des Falken gegen ihn. Mehrfach ändert der Sanderling präzise und genau im richtigen Moment die Richtung und macht so aus dem Geschwindigkeitsvorteil des Falken einen Nachteil.

Die Geschwindigkeit des Sanderlings ist entscheidend. Je schneller der Sanderling fliegt, umso niedriger ist die relative Geschwindigkeit des Falken. Das verschafft dem Sanderling die zusätzlichen Sekundenbruchteile, die er braucht, um die Annäherung der heranrauschenden Rakete einzuschätzen und genau im richtigen Moment abzuschwenken. Gleichzeitig verhindert die *absolute* Geschwindigkeit des Falken, dass dieser mit dem Sanderling abrupt die Richtung ändert. Der Sanderling muss also schnell genug fliegen, um nicht vom Falken geschnappt zu werden, aber er muss auch langsam genug sein, um die Wendemanöver durchzuführen, denen der Falke nicht folgen kann. Die Geschwindigkeit nutzt dem Sanderling, während sie dem Falken gar nichts bringt.

Wieder holt der Falke ihn ein.

Sie jagen sich kreuz und quer über den Himmel. Innerhalb von drei Minuten beobachte ich sechs bis acht Angriffe. Bei jedem Angriff fliegen sie etwa 500 Meter weit. Das Drama spielt sich nur deswegen die ganze Zeit in meinem Sichtfeld ab, weil der Sanderling so abrupt die Richtung wechselt – und ich ein Fernglas habe.

Wieder schießt der Falke vorbei. Der Sanderling fliegt immer noch mit voller Kraft. Aber der Falke – gibt auf!

Erstaunlich!

Beide Tiere sind Profis bei dem, was sie tun. Ob der Falke erfolgreich ist oder der verfolgte Vogel entkommt, hängt vollständig vom genauen Ich-Bewusstsein jedes Tieres ab, der Unterscheidung vom anderen, dem meisterhaften Einsatz von Geschwindigkeit, Raum und anderen Umweltaspekten. Falken und Menschen sind seit Jahrtausenden Jagdgefährten, weil unser Weltverständnis zusammenpasst. Wenn man mit einem Falken, den man selbst trainiert hat, unterwegs ist, dann teilt man die Vorfreude und fühlt die Aufregung des Vogels, während beide die Welt nach etwas absuchen, das sie sich vorstellen.

Irgendwie wurde der Markierungstest zum Standard für die Bestimmung, ob ein Tier «über Ich-Bewusstsein verfügt». Das ist verrückt. Der Test kann diese Unterscheidung nicht treffen. Ein Tier, das *keinerlei* Selbstverständnis hat, könnte sich selbst von nichts anderem unterscheiden und würde daher *davon ausgehen,* dass das Spiegelbild es selbst ist. Aber ein bewegliches Tier, das nicht zwischen sich selbst und allem anderen unterscheiden kann, könnte kaum existieren. Es könnte sich in der realen Welt nicht bewegen, nicht entkommen, sich paaren oder überleben. Offensichtlich kennen sehr, sehr viele Tiere den Unterschied zwischen sich selbst und dem Rest der Welt. Selbst Menschen, die sich zum ersten Mal in einem Spiegel sehen, erkennen ihr Spiegelbild nicht sofort. Eingeborene in Neuguinea, die zum ersten Mal einen Spiegel sahen, reagierten mit «Schrecken».[43] Es muss also etwas anderes bedeuten, wenn man sich selbst in einem Spiegel erkennt.

Und das tut es auch. Wenn ein Individuum sein Spiegelbild nicht erkennen kann, dann beweist das, dass es Spiegelungen nicht versteht. Wissenschaftliche Autoren vermitteln den Eindruck, Ich-Bewusstsein sei selten, weil nur wenige Arten sich im Spiegel erkennen und weil sie das mit einem Mangel an Ich-Bewusstsein verwechseln. In Wirklichkeit könnte

Ich-Bewusstsein verbreiteter nicht sein. Tagtäglich und überall auf der Welt entscheiden hochentwickeltes Ich-Bewusstsein und rasiermesserscharfe Unterscheidungen zwischen Selbst, Umwelt und anderen über Leben und Tod. Und all das ohne Spiegel.

Die meisten Tiere verstehen Spiegelungen nicht. Anderen ist es vielleicht einfach nur egal. Eines Morgens, kurz nachdem wir unseren Hund Jude aufgenommen hatten, wachte ich auf und sah ihn vor dem großen Spiegel in unserem Schlafzimmer stehen. Ich setzte mich auf und sah mein Gesicht im Spiegel. In dem Moment begann er mit dem Schwanz zu wedeln, ohne sich umzudrehen. Anscheinend sah und erkannte er mein Spiegelbild. Er drehte sich nicht um, sah mich nicht direkt an (obwohl er wusste, wo ich war, und mich gehört hatte, als ich mich aufsetzte). Ich hatte den Eindruck, als genösse er einfach den Moment, mich im Spiegel zu sehen.

Jeder «weiß», dass Hunde sich im Spiegel nicht «selbst erkennen». Aber inzwischen bin ich mir nicht mehr so sicher. Welpen erkennen Tiere im Video, verlieren aber schnell das Interesse, wahrscheinlich weil die Bilder nicht interaktiv sind und keinen Geruch haben. Vielleicht wissen Hunde, dass das Bild im Spiegel sie selbst sind, aber es ist ihnen egal. Hunde halten Spiegelbilder nicht für andere Hunde; sie versuchen nicht, sie zu begrüßen oder anzugreifen, wie es viele Vögel tun. Vielleicht sind Hunde einfach nicht daran interessiert, sich selbst visuell zu untersuchen, weil sie so geruchsorientiert sind.

Deswegen wunderte ich mich, als Jude beim Anblick meines Spiegelbildes mit dem Schwanz wedelte. Tiere, die mit der Nase am Boden die Welt erkunden, könnten Betrug wittern, wenn es keine entsprechenden Gerüche zum Spiegelbild gibt. Interessanterweise können Hunde Bilder erkennen. Sie erkennen am Computerbildschirm Bilder von Hunden und Menschen, die sie kennen.[44] Noch beeindruckender finde ich, dass Hunde Fotos von Hunden als «Hunde» erkennen, unabhängig von der Rasse.[45] Das Ich-Bewusstsein von Hunden danach zu beurteilen, ob sie ihr Spiegelbild untersuchen, ist so, als würde ein Hund zu dem Schluss kommen, dass wir über kein Selbstbild verfügen, weil wir uns nach dem Geschäft nicht selbst beschnüffeln.

Menschenaffen finden heraus, dass sie selbst das Bild im Spiegel sind. Tierpfleger beobachten seit über einhundert Jahren, wie Affen sich im Spiegel selbst erkennen, und etwa das Innere ihres Mundes erkunden, was sie besonders gern tun.[46] Aber erst 1970 wurden vier Schimpansen einem offiziellen Test unterzogen. Forscher malten heimlich einen Farbklecks auf die Stirn der Schimpansen. Wenn die Schimpansen dann später ihr Spiegelbild in einem vertrauten Spiegel sahen, berührten sie den Fleck auf ihrer Haut. Die Forscher schlossen daraus, dies sei «der erste experimentelle Beweis für ein Selbstbild bei einem nichtmenschlichen Tier».[47] Es war nichts dergleichen. Aber die Behauptung gilt seither als Dogma. Wir stellen einen Spiegel in einen Käfig, um zu sehen, ob das Tier darin «Das bin ich!» ruft. Wenn es das tut, dann behaupten wir, es habe ein «Selbstbild». Andernfalls fallen sie durch und haben, wie Forscher es ausdrücken, kein Ich-Bewusstsein.

Wenn ein Vogel zum Beispiel den Spiegel *angreift*, dann tut er das, eben weil er glaubt, dass das Spiegelbild ein anderes Lebewesen zeigt – *nicht ihn selbst*. Das beweist, dass der Vogel versteht, dass er sich von anderen unterscheidet. Es beweist ein Selbstbild. Er fällt bei dem Spiegeltest nicht durch. Ein Tier, das sein Spiegelbild angreift, kennt ganz eindeutig den Unterschied zwischen Selbst und Nicht-Selbst. Es greift an, was es für Nicht-Selbst hält. Wenn das Testsubjekt Angst vor dem Spiegelbild zeigt oder es zum Spielen auffordert – wie Affen und manche Vögel das tun –, dann beweist es dadurch ebenfalls sein Selbstbild. Es versteht nur nicht, was eine Spiegelung ist.

Der Spiegeltest zeigt nur, ob ein Tier versteht, was eine Spiegelung von sich selbst ist *und* dass das Spiegelbild es interessiert. Spiegel sind extrem primitive Testwerkzeuge für die Komplexität des Denkens. Die Behauptung, dass Tiere, die ihr Spiegelbild nicht verstehen, nicht zwischen «Selbst» und «Nicht-Selbst» unterscheiden können, ist grotesk. Ein Wolf nagt am Bein eines Wapitis und beißt nicht in sein eigenes Bein, weil er über ein Selbstbild verfügt. Eine Vorstellung vom «Selbst» gehört zur Grundausstattung.

Vor Jahren schnitt ich eines Morgens ein paar Meter von meinem Haus entfernt einen Ast ab, der über einen Weg ragte, den ich regelmäßig entlangging. Danach kehrte ich nach Hause zurück und brach kurz danach zu meinem üblichen Spaziergang mit unserer Hündin auf, die immer ein paar Meter vorangeht. An der Stelle, wo ich den Ast ab-

Spieglein, Spieglein

geschnitten hatte, blieb sie stehen und schnüffelte und schnüffelte, anscheinend überrascht, meine frische Fährte hier zu finden, weil ich ja ganz offensichtlich hinter ihr war. Das Sehen ist nicht der Hauptsinn der Hunde, so wie das Riechen nicht der unsere ist. Aber Hunde kennen sich selbst und ihre Freunde gut, Spiegel hin oder her.

Auch Tiere, die ihr eigenes Spiegelbild letztendlich erkennen, gehen zunächst davon aus, dass sie ein anderes Tier sehen. Sie testen soziale Reaktionen und vielleicht Drohungen und versuchen dann häufig, hinter den Spiegel zu blicken. Aber die wenigen Auserwählten, die das Spiegelungsrätsel lösen – Menschenaffen, Delfine, Elefanten und ein paar wenige andere – merken irgendwann, dass das Tier im Spiegel alles tut, was sie selbst tun. Sie überprüfen diese Hypothese durch übertriebene, offensichtliche Bewegungen wie wippen, im Kreis laufen, die Köpfe neigen, den Mund öffnen, mit der Zunge wackeln. «Bin das da – ich?» Und sie merken schnell, dass es so ist. Und dann tun sie, was wir alle tun: Sie schauen sich Stellen an, die sie ohne Spiegel nur schwer sehen, vor allem das Innere des Mundes, die Genitalien und bei Delfinen das Atemloch (menschliche Kinder schauen gern in die eigenen Nasenlöcher).[48] Ein Delfin, mit dem Diana Reiss arbeitete, drehte sich gern um die eigene Achse, während er mit den Augen über einen Großteil der Bewegung hinweg den Spiegel fixierte, wie eine Balletttänzerin, die Pirouetten dreht.[49] Wenn ein Delfin gern seinen Körper in einem großen Spiegel betrachtet und man den großen Spiegel durch einen kleineren ersetzt, in dem er nur einen Teil von sich selbst sehen kann, dann schwimmt der Delfin so weit vom Spiegel weg, bis er wieder den ganzen Körper sehen kann.[50] Delfine wissen ganz genau, was sie tun.

Ironischerweise übersehen Fans des Spiegeltests dessen vielleicht interessantesten Aspekt: Wenn man versteht, was ein Spiegelbild ist, dann versteht man auch, dass das Spiegelbild nicht man selbst ist; man versteht, dass es jemanden nur *repräsentiert*. Wenn man kapiert, was «repräsentieren» bedeutet, dann verfügt man über symbolisches Denkvermögen.

Das ist eine noch größere Sache. Wenn man einen Artgenossen sieht und dann feststellt, dass dieses Abbild einen selbst repräsentieren muss, weil es alles tut, was man selbst tut (und obwohl man sich noch nie zuvor selbst gesehen hat), dann beweist das die Fähigkeit, etwas logisch herzuleiten. Menschenaffen, Delfine und Elefanten erkennen also, dass das Spiegelbild sie «selbst» repräsentiert. Das sind alles pfiffige Klassenkameraden. Elstern können das auch, was die Frage aufwirft, wer sich sonst noch alles im Spiegel versteckt.[51]

Eine Tierart, die es besonders gut mit Spiegeln kann, sieht sich selbst nicht *nur* im Spiegel. Sie sieht sich auch im Mond, in den Wolken; sie geht davon aus, dass sich das ganze Universum um sie dreht. Vielleicht zeigt der Spiegeltest auch nur, welche Tierart die narzisstischste ist.

Apropos Neuronen

Jeder, der in der Welt aktiv ist, muss den Unterschied zwischen «Ich» und «Nicht-Ich» spüren können. Tiere müssen eine Festung (den Körper, das Immunsystem) bauen, umgeben von einem Burggraben (die Selbst-/Nicht-Selbst-Grenze des Bewusstseins), aber wir brauchen auch eine Zugbrücke, wenn das Selbst mit dem Nicht-Selbst Kontakt aufnimmt – zum Beispiel um die Stimmung eines potenziellen Verbündeten, Rivalen oder Partners einzuschätzen. Diese Zugbrücke besteht aus Nervenzellen im Gehirn, die den Namen «Spiegelneuronen» bekamen.

Diese «Spiegelneuronen» wurden furchtbar gehypt, und man muss sie erst mal wieder auf den Boden der Tatsachen zurückholen, wenn man über sie reden will. Dennoch ist es nützlich, wenn man von ihnen gehört hat.

Doch bevor ich zu den «Spiegelneuronen» und dem Hype um sie komme, ist man mit der folgenden Vorstellung auf dem neuesten Stand der Wissenschaft und muss sich erst einmal nicht darum kümmern, wie sie heißen: Gewisse Nervennetze im Gehirn helfen uns, in emotionalen Einklang mit anderen zu kommen. Ist das eine ausschließlich menschliche Fähigkeit? Tipp: «Spiegelneuronen» wurden bei einem Affen entdeckt. Tipp: Wenn ich unsere Hündin Chula umarme, wedelt Jude mit dem Schwanz. Wenn Patricia und ich streiten, verkriechen sich beide Hunde unter den Möbeln. Gibt es das nur bei Säugetieren? Tipp: Papageien werden manchmal wahnsinnig eifersüchtig.[52] Der koordinierte Flug eines Vogelschwarms, die koordinierte Jagd großer Fischschwärme, die Vorliebe von Schildkröten für bestimmte Menschen und die Tatsache, dass im Gehirn von Würmern dieselben stimmungsauslösenden Chemikalien gefunden wurden, die Menschen Liebe fühlen lassen – all diese Phänomene zeigen, dass die Wurzeln unserer Einstimmungsfähigkeit auf andere tief reichen, über viele Tierarten verschwimmen und in den Tiefen der Zeit verblassen. Wir sind nicht genau gleich, aber wir sind nicht einfach anders. Verwandtschaft bedeutet, dass es Brücken und Verbindungen gibt. Man muss sich nur umsehen, um sie zu erkennen.

Spiegelneuronen wurden bei Makaken entdeckt, und trotzdem von einigen Wissenschaftlern und in vielen populären Berichten zum «großen Evolutionssprung, der uns zu Menschen gemacht hat», erklärt. Wie sich herausstellte, hat V. S. Ramachandran (seine Freunde nennen ihn Rama) von der University of California in San Diego eine Menge zum Thema Spiegelneuronen zu sagen. Vielleicht zu viel. Er sagt, sie erzeugten Empathie; erlaubten uns, andere zu imitieren; beschleunigten die Evolution des menschlichen Gehirns und katapultierten unsere Vorfahren in eine kulturelle Explosion, die vor etwa 75 000 Jahren begann. Eine ziemlich beeindruckende Liste ... Außerdem: Werkzeugbenutzung, Feuer, Schutzbauten, Sprache und die Fähigkeit, das Verhalten anderer Personen zu interpretieren – all das sei durch «das plötzliche Auftreten eines komplexen Systems aus Spiegelneuronen» ausgelöst worden, die «die Grundlage der Zivilisation» bildeten. Ermöglichen diese Zellen sonst noch etwas? «Ich nenne sie Gandhi-Neuronen», sagt Ramachandran. Warum? «Weil sie die Grenzen zwischen Menschen aufheben.» Wirklich? «Nicht in einem abstrakten, metaphorischen Sinn. Und das ist natürlich die Grundlage für einen Großteil östlicher Philosophie.» *Philosophie!* «Es gibt keine echte Trennung zwischen Ihrem Bewusstsein und dem Bewusstsein eines anderen. Und das ist kein hohles Gerede.»[53] Wer hat das je behauptet? Aber sind die Triumphe der Spiegelneuronen nicht ein ganz kleines bisschen übertrieben?[54] «Ich glaube nicht, dass sie übertrieben sind», antwortet er. «Ich denke sogar, dass sie heruntergespielt werden.»[55]

Wie seltsam, dass Forscher und die Medien Nervenzellen, die im Gehirn von Affen entdeckt wurden, zu «dem, was uns zum Menschen gemacht hat», erklären und dazu benutzen, um unsere «außergewöhnlich menschliche Empathiefähigkeit» zu belegen.

Wir suchen wie besessen nach etwas, das uns «zum Menschen» macht. Warum? Kratzt man ein bisschen an der Oberfläche dieser Obsession, dann wittert man etwas, das als Antwort passen könnte: unsere Unsicherheit. Was wir eigentlich wollen ist eine Geschichte, die uns von allen anderen Lebensformen abhebt. Warum? Weil wir verzweifelt nach einem Beweis suchen, dass wir nicht nur – wie alle Arten – einzigartig, sondern dass wir etwas ganz Besonderes sind, prächtig, übernatürlich, strahlend, göttlich inspiriert, erfüllt von einer ewigen Seele. Alles andere löst Furcht und existenzielle Ängste in uns aus.

Jetzt beruhigen sich bitte alle wieder. Die größte Chance, glorreich zu sein, haben wir, wenn wir menschlich sind, uns strebend bemühen, mit Freundlichkeit und Mitgefühl handeln, dienen, ab und zu tanzen, das Leben schätzen, solange wir können – besser geht es nicht. Aber ich schweife ab.

Fest steht: Niemand versteht wirklich, was Spiegelneuronen eigentlich machen. Eine kritische Analyse von Studien aus zwei Jahrzehnten, die veröffentlicht wurde, während ich nach einer Erklärung suchte, warum Spiegelneuronen als Antriebskraft hinter der Menschlichkeit der Menschheit gepriesen wurden, kam zu dem Schluss: «Die funktionalen Rollen der Spiegelneuronen ... sind noch ungeklärt.»[56]

Außerdem könnte es «Spiegelneuronen» als eigenständigen Zelltyp gar nicht geben. Ein bestimmter Nervenzelltyp, der in verschiedenen Teilen eines Affengehirns vorkommt, feuert, wenn der Affe zielgerichtete Handlungen ausführt (z. B. eine Hand bewegt) oder einen anderen Affen oder einen Forscher bei einer solchen Handlung beobachtet. Warum feuern sie? Was bedeutet das? Feuern sie, damit das Bewusstsein die Handlung des anderen erkennt? Oder vollzieht sich dieses Erkennen anderswo im Gehirn? Keiner weiß es, das steht fest. Hier klafft nicht nur eine Lücke, sondern ein riesiger Abgrund zwischen den tatsächlichen Erkenntnissen und den Behauptungen einiger Forscher.

Mit einiger Sorgfalt betrachtet hat aber die Entdeckung (wenn schon nicht die Diskussion) von Spiegelneuronen einen Wert. Lassen Sie es mich so formulieren: Unser Gehirn erschafft irgendwie ein Verständnis dessen, was wir und andere sind und tun und warum. Wenn wir die verschiedenen Neuronentypen, die daran beteiligt sind, als «Spiegelneuronen» bezeichnen, erinnert uns das daran, dass die Kunst des Verstehens dessen, was um uns herum geschieht, nicht «einfach nur passiert». Spezialisierte Netzwerke aus Nervenzellen ermöglichen dieses Verstehen. Mentalpsychische Störungen weisen darauf hin, dass verschiedene Neuronen unterschiedliche Aufgaben erfüllen. Menschen mit einer gewissen

Form des Autismus können die Ziele oder Wünsche anderer Menschen oder soziale Normen nicht wahrnehmen. Dennoch funktionieren solche Menschen in anderen Bereichen gut. Gehirne sind sehr facettenreiche, unglaublich komplexe Syndikate aus vernetzten Multisystemen.

Tatsächlich gibt es «das» Gehirn nicht; es ist eigentlich kein Organ. Jedes Stück Leber gleicht mehr oder weniger jedem anderen. Bei Gehirnen ist das anders. Gehirne bestehen aus Schichten und spezialisierten Abteilungen; ihre Entwicklung lässt sich an Struktur und Funktionen ablesen. Unterschiedliche Abteilungen repräsentieren verschiedene Unternehmen, die innerhalb des Mutterkonzerns funktionieren. Wir entstehen durch Übernahmen, Fusionen und Neuzugänge aus den fernen Tiefen der lebendigen Zeit. Dasselbe gilt auf jeweils eigene Art für die Gehirne aller anderen Tiere. Viele Spezies tragen das Erbe von gemeinsamen Vorfahren in sich. Und diesen gemeinsamen Kern hat die Evolution bei jeder Art mit einem charakteristischen Schnörkel versehen, der uns «zum Menschen» macht oder zum Schimpansen oder zur Weißkehlammer, die die kanadische Nationalhymne singt.

Bei der Suche nach «Intelligenz» bei anderen Spezies erliegen wir oft demselben Irrtum wie Protagoras, der glaubte, dass «der Mensch das Maß aller Dinge» sei. Wir sind Menschen und neigen daher dazu, bei Nichtmenschen nach menschenähnlicher Intelligenz zu suchen. Sind sie so intelligent *wie wir*? Nein, und genau deswegen – *gewinnen wir!* Sind wir so intelligent *wie sie*? Das ist uns egal. Wir beharren auf unseren Spielregeln; wir weigern uns, ihren zu folgen.

Andere Tiere müssen ganz andere Sachen lernen, ganz andere Probleme auf ganz andere Art lösen. Ein Mensch muss einen Speer herstellen. Ein Albatros muss für eine Mahlzeit 6000 Kilometer von seinem Nest wegfliegen und dann übers offene Meer zu einer einen Kilometer breiten Insel zurückkehren und unter vielen Tausenden das eigene Küken wiederfinden. Ein Delfin, ein Pottwal oder eine Fledermaus bemitleidet uns vielleicht, weil wir blind in die Nacht hinausstarren, während ihre Gehirne bei rasanten Geschwindigkeiten eine hochauflösende Sonarwelt «abbilden», die ihnen ermöglicht, in völliger Dunkelheit zu jagen, andere zu identifizieren und flinke Beute zu fangen. Für sie wirken wir vielleicht so bar wichtiger Fähigkeiten, wie sie mangels einer Sprache auf uns wirken – obwohl sie in manchen Bereichen so außerordentlich befähigt sind, dass wir ihnen nicht das Wasser reichen können. Viele Tiere übertreffen uns bei Seh-, Hör- und Riechvermögen, Reaktionszeit, beim Tauchen und Fliegen, sonaren Fähigkeiten, bei Wanderstrecken und Zielgenauigkeit (auch unter Wasser) deutlich. Viele sind Superjäger. Extreme Athleten. (Menschen sind beim Laufen auf zwei Beinen die Besten – von Straußen abgesehen.) Verschiedene Gehirne haben Schwerpunkte bei unterschiedlichen Fähigkeiten, was verschiedenen Lebewesen ermöglicht, sich unter verschiedenen Umständen zu bewähren. Hier ist Raum und Anlass für eine respektvolle Wertschätzung dafür, die Welt miteinander zu teilen.

Der Philosoph Thomas Nagel warf die Frage nach der Unerfahrbarkeit des Erlebens anderer Tiere in dem berühmten Essay «What Is It Like to Be a Bat?» («Wie ist das Leben als Fledermaus?») auf. Dahinter steht die Vorstellung, dass das Leben einer Fledermaus sich so sehr von unserem unterscheidet, dass wir diese Frage nicht einmal ansatzweise beantworten können; wir können nur wissen, wie es ist, ein Mensch zu sein. Aber wissen wir das wirklich? Wissen wir, was es *bedeutet,* Mensch zu sein? Teilweise ja und teilweise nein. Beim Besuch der Ureinwohner der Arktis oder beim Segeln mit Polynesiern stellte ich fest, dass wir gemeinsame Grundlagen haben, uns im Detail aber unterscheiden. Es gibt viele Unterschiede, aber auch genügend Ähnlichkeiten. Ich weiß nicht *genau,* wie es ist, einer von ihnen zu sein.

Auf der Post oder im Supermarkt stehe ich vor denselben Regalen und in denselben Schlangen wie diejenigen meiner Nachbarn, die die Häuser meiner anderen Nachbarn putzen; wir sehen und bewohnen dieselbe Welt, aber ich weiß nicht, wie es ist, einer von ihnen zu sein; sie wissen nicht, wie es ist, ich zu sein. Wie ist das, wenn man als Tochter eines Immigranten in New York aufwächst, der während der Großen Depression Selbstmord beging? Meine Mutter, die mir das Leben schenkte, führte ein anderes Leben. Wie ist das, wenn man bei den New Yorker Philharmonikern Harfe spielt? Wie ist es, ein Kindersoldat zu sein? Wahrscheinlich habe ich eine bessere Vorstellung davon, wie es ist, ein hungriger Pudel in einem Vorstadthaus zu sein als ein hungriger, hoffnungsloser Mensch in einem Slum in Nairobi, selbst wenn ich diesen Ort besucht habe. Wenn unsere Hunde glücklich oder müde sind, ist das offensichtlich; ich weiß aus eigener Erfahrung, wie es sich anfühlt, glücklich oder müde zu sein. Aber ich weiß nicht wirklich – und es zu vermuten fällt mir sehr schwer –, wie es sich anfühlt, hungrig und hoffnungslos zu sein.

Es gibt große Unterschiede zu einem Leben als Fledermaus, aber auch das Leben anderer Menschen kann sich sehr unterscheiden. Fledermäuse fühlen sich wohl, ruhen sich aus, regen sich auf, strengen sich an und haben Mutterinstinkte; sie sind Säugetiere, also gibt es gemeinsame Grundlagen. Und reden wir hier eigentlich von Fledermäusen, die Sonar einsetzen und Insekten fangen, oder von bestäubenden Fledermäusen oder gar von Flughunden, die Obst fressen? Fledertiere, zu denen Fledermäuse und Flughunde gehören, machen etwa zwanzig Prozent aller Säugetierarten aus, was die Frage rechtfertigt: «Welche Art Fledertier?» Es gibt mehr als 1200 Arten.

Der Philosoph Ludwig Wittgenstein sagte einst: «Wenn der Löwe sprechen könnte, wir könnten ihn nicht verstehen.»[57] Wie die meisten Philosophen, stützte er sich nicht auf Daten. Schlimmer noch, anscheinend kannte er keinen einzigen Löwen. Aber derartige Hindernisse haben Philosophen noch nie gestört. Aber gut. Er unterstellt, dass sich Menschen zumindest gegenseitig verstehen. Doch tun wir das? Worte helfen uns häufig nicht weiter. Wenn Araber und Israelis miteinander reden, verstehen sie sich dann? Können Sunniten und Schiiten miteinander reden? Viele von uns können nicht einmal mit ihren eigenen Eltern oder Kindern effektiv kommunizieren. Also komm mal runter, Wittgenstein. Wir alle streben nach Nahrung, Wasser, Sicherheit und Partnern. Wir streben nach Status, damit wir bevorzugten Zugang zu Nahrung, Wasser, Sicherheit und Partnern haben. Könnte ein Löwe sprechen, dann würde er uns wahrscheinlich mit Banalitäten langweilen: Wasserlöcher, Zebras, Warzenschweine und Gnus bis zum Abwinken. Sex. Löwenjunge. Noch mehr Sex. Sorgen wegen dieser beiden neuen bedrohlichen Brüder mit ihren prächtigen Mähnen. Was ist daran so schwer zu verstehen? Ihre Sorgen – Nahrung, Partner, Kinder, Sicherheit – sind unsere Sorgen. Schließlich wurden wir auf den gleichen Ebenen, auf denen auch Löwen leben, zum Menschen, wir jagten dieselbe Beute und stahlen sie uns gegenseitig. Wir haben viel gemeinsam. Dass einige Menschen später Philosophen werden, ist nicht die Schuld des Löwen.

Ein uraltes Volk

Winteranfang. Ich bin gerade aus meiner Schreibstube nach draußen getreten. Unsere beiden Hunde Chula und Jude liegen in einem frischen Laubhaufen in der Sonne. Sie haben nicht den Schatten gesucht, wie sie es im Sommer tun. Sie machen genau das, was ich auch machen würde. Sie genießen die letzten Sonnenstrahlen und fühlen sich wohl. (Aus demselben Grund liegen sie nachts auch lieber auf ihren Kissen als auf dem harten Boden – außer im Sommer, wenn der harte Boden kühler ist.) Ich gehe zu ihnen, Laub raschelt unter meinen Füßen, und sie schauen auf. Chula sieht mir in die Augen und fragt sich, ob ich etwas von ihr haben oder ihr etwas geben will. Ich stehe ganz still und ihr Blick gleitet zur Straße; das Geräusch des Schulbusses ist uns beiden vertraut. Sie kennt es und muss ihm daher nicht weiter nachgehen. In einer vertrauten Umgebung erleben wir so ziemlich denselben Moment, wir hören die vertrauten Geräusche mit Frequenzen, die wir beide wahrnehmen können und genießen die Wärme der Wintersonne. Wir nutzen dieselben Sinne: Sehen, Riechen, Berührungen, Temperatur, Hören. Ich sehe viele Farben. Sie riecht viele Gerüche und ihr Gehör ist schärfer. Unser Erleben ist nicht dasselbe. Aber es ist vergleichbar lebendig.

An jenem Morgen zerbrach ich aus Versehen ein Ei, als ich es aus unserem Hühnerstall holte, und die Hunde waren sofort da und leckten es auf. Wir haben auch einen gemeinsamen Geschmackssinn. Die gleichen Sinne. Warum sonst sollten sie Augen, Ohren, Nasen, berührungsempfindliche Haut und diese entzückend nassen Zungen haben, alle mit einem Gehirn verbunden? Hmm? *Meinst du nicht auch? Gutes Mädchen.* Ich weiß ziemlich genau, wie sich Chula fühlt, wenn sie an einem Winterabend neben dem Holzofen liegt und sooo müde ist, dass sie kaum noch die Augen offen halten kann. Später, wenn es Zeit wird, das Licht zu löschen und sie in ihren Betten liegen, dann weiß ich, wie sich das anfühlt, weil ich in unserem gemeinsamen Haus, in unserem gemeinsamen Schlafzimmer, unserer gemeinsamen Routine folgend dasselbe tue. Da muss ich nicht lange überlegen.

Andere Aspekte dessen hingegen, was Chula erlebt, was sie wahrnimmt, wenn wir Gassi gehen und sie schnüffelt und schnüffelt, die Gedanken und Gefühle, die diese Gerüche hervorrufen – kann ich nicht genau kennen. Jude kann es. Doch ich erkenne Enthusiasmus, wenn ich ihn sehe, Freude, wenn ich sie fühle, Liebe, wenn ich sie mit anderen teile. Da gibt es jede Menge. Vielleicht denken sie nicht über ihren eigenen Tod nach oder stellen sich ihren nächsten Sommerurlaub vor. Das mache ich die meiste Zeit über auch nicht. Im gegenwärtigen Moment sind sie hochaufmerksam und wachsam. Außer wenn sie in einem sonnenbeschienenen Laubhaufen ein Nickerchen machen natürlich. Meine Hunde sind meine Freunde und Teil meiner Familie. Ich kenne sie besser als den Mann, der auf der anderen Straßenseite wohnt. Ich tue alles, was ich kann, um für sie zu sorgen und uns zu beschützen und gesund zu erhalten. Ich verbringe mit ihnen einen größeren Teil meines Lebens als mit meinen menschlichen Freunden. Aber wie bei meinen menschlichen Freunden, hat der Zufall mich und meine Hunde zusammengeführt, und ich genieße einfach ihre Gesellschaft. Bei ihnen fühle ich mich wohl. Warum genau? Das weiß der Hund. Wenn Jude sich zwischen dem Teppich und dem Sofa entscheidet, dann zeigt jede seiner Handlungen – auch seine Reaktion, wenn wir nach Hause kommen und ihn auf der Couch vorfinden, die eigentlich für ihn tabu ist –, dass er seine Entscheidung bewusst getroffen hat und nach welcher Logik sein Gehirn arbeitet.

Wenn ich bei Sonnenaufgang draußen auf dem Meer nach Wasserwirbeln suche, die sich um Flossen herum bilden, dann wird mein Auge von Fischadlern und Seeschwalben angezogen, die nach denselben Fischen suchen, aber mit dem Vorteil der Vogelperspektive. Ich habe Seeschwalben viele Stunden lang beobachtet und den Eindruck gewonnen, dass wir viel gemeinsam haben. Wie ist das, eine Seeschwalbe zu sein? Ich weiß es nicht, aber irgendwie weiß ich es doch. Ich habe mehrere Hundert Tage in ihren Brutgebieten verbracht, habe Jahr um Jahr beobachtet, wie sie sich umwerben und ihre Jungen großziehen; ich habe gesehen, wie hart sie arbeiten, und bin in meinem Boot denjenigen gefolgt, die an den meisten Morgen wussten, wo die Fische waren. Sie sind Experten, Athleten, Profis. Ich habe viel von ihnen gelernt, über die Welt, die sie kennen und die unsere gemeinsame Welt ist. So viele Tiere verhalten sich, als hätten sie menschenähnliche Emotionen, sie zeigen, dass sie hungrig sind, glücklich oder ängstlich in Kontexten, die für uns Sinn ergeben. Wenn man etwa mit einem Frettchen oder jungen Waschbären spielt (oder fast jedem Säugetier und einigen Vogel- und Reptilienarten), dann erlebt man, wie viel Spaß sie haben können, und man spürt, dass bei ihrem Spiel auch Humor eine Rolle spielt. An den meisten Morgen und Abenden klettert unsere Eichhörnchendame Velcro, eine Waise, die wir von Hand aufgezogen haben, vom Baum herunter, um sich einen Leckerbissen zu holen und zu spielen. Sie kann ohne Weiteres eine Stunde damit zubringen, um an unsere Beine und Schultern zu springen, mit unseren Händen zu ringen und sich auf den Rücken zu legen, um sich kräftig durchkitzeln zu lassen. Wir interpretieren die Laute, die sie dabei von sich gibt, als Eichhörnchenkichern (uns bringt sie auf jeden Fall zum Lachen). Wenn Ratten miteinander spielen oder von menschlichen Forschern gekitzelt werden, bringen sie Laute hervor, die dem Gelächter von menschlichen Kleinkindern ähneln. (Ratten lachen in einer Frequenz, die über dem menschlichen Hörbereich liegt, aber Wissenschaftler können diese Töne für den Menschen hörbar machen.)[58] Heiterkeit von Nagetieren erregt dieselben Gehirnareale wie menschliche Freude.

Fühlt sich Spaß für Eichhörnchen, Ratten und Menschen also ähnlich an? Nagetiere, die so wirken, als hätten sie Spaß, haben offensichtlich welchen. «Jungtiere, die wir gekitzelt haben, wurden erstaunlich zutraulich», schreibt der führende Neurologe Jaak Panksepp. Unsere Eichhörnchenfreundin Velcro bekommt nie genug. Oft müssen wir sie wieder auf ihren großen, alten Ahornbaum setzen und weggehen, weil wir etwas zu erledigen haben, etwa zur Arbeit müssen, und nicht den ganzen Morgen nur mit Spielen verbringen können. In diesen Momenten glaube ich, dass sie ihre Prioritäten besser gesetzt hat. Zumindest weiß sie, wie man Spaß hat. Ich hatte nie vermutet, dass Eichhörnchen so verspielt sein können, aber weil wir sie von Hand aufgezogen haben, hat sie uns viel beigebracht.

Menschenaffen spielen gerne Streiche. Frans de Waal berichtet von einem jungen Bonobomännchen im Zoo von San Diego, das manchmal schnell die Kette hochzog, an der man aus dem Trockengraben im Gehege wieder hinaufklettern konnte, nachdem ein älteres Männchen hinuntergestiegen war. De Waal schreibt: «Er sah mit offenem Mund und

Spielgesicht hinunter und klatschte mit den Händen auf den Rand des Grabens. Dieser Ausdruck entspricht menschlichem Gelächter; Kalind machte sich über den Chef lustig. Bei mehreren Gelegenheiten eilte das einzige andere erwachsene Tier, Loretta, herbei, um ihren Partner zu retten, indem sie die Kette wieder hinunterließ und Wache stand, bis er wieder oben war.»[59]

Man muss die Beweise schon vollkommen ignorieren, um zu dem Schluss zu kommen, dass Menschen die *einzigen* Wesen mit Bewusstsein und Gefühlen sind, die das Leben genießen und das gerne fortsetzen möchten. Mit anderen Worten: Leben, Freiheit und das Streben nach Glück. Menschen, die mit einem Hund spielen – oder einem Eichhörnchen oder einer Ratte – und dann glauben, dass dieses Tier kein Bewusstsein hat, fehlt selbst ein gewisses Bewusstsein. Solchen Menschen fehlt auf jeden Fall, auf speziell menschliche Art, die umfassende Empathie, die unsere Hunde und andere uns so großherzig und selbstverständlich entgegenbringen.

Doch leider können Löwen und Eichhörnchen nicht sprechen – noch nicht einmal Chula kann das. Kommunizieren ja. Aber nicht sprechen. Ein paar bemerkenswerte Vögel (Krähen, Beos und Papageien etwa) und einige wenige Säugetiere (z. B. Delfine, Elefanten und einige Fledermausarten) können neue Laute lernen und hervorbringen. Aber die meisten Affen, auch Menschenaffen, verfügen anscheinend nur über instinktive Rufe, die sie nicht großartig verändern können. Bei Menschen gibt es universelle instinktive Rufe – Angstschreie, Gelächter, Weinen –, und zusätzlich können wir Sprache erwerben.

Menschen haben eine universelle Matrix für den Spracherwerb im Gehirn. In diese Matrix hinein lernen wir Italienisch, Malagassi und andere Sprachen. Menschen benutzen beim Sprechen dieselben Körperstrukturen, mit denen Hunde bellen und Katzen miauen. Die ungewöhnlich präzise Kontrolle des Menschen über die Lautproduktion ist wohl nur einer ungewöhnlichen Verdrahtung im Gehirn zu verdanken. Im Gegensatz zu anderen Primaten gibt es im menschlichen Gehirn eine direkte Verbindung zwischen den Arealen des Kortex, der an willentlichen Bewegungen beteiligt ist (dem lateralen Bereichen des Motorcortex), und dem Gehirnareal namens «Nucleus ambiguus», das die motorische

Kontrolle über den Kehlkopf ermöglicht. Andere Menschenaffen und sogar Mäuse besitzen das Gen FOXP2, das menschliche Sprache ermöglicht, aber unsere Version enthält eine winzige Mutation – zwei geänderte Aminosäuren –, die einen dramatischen Unterschied bei der Feinsteuerung der stimmlich-motorischen Fähigkeit bewirkt und Sprache ermöglicht. Diese Neuerung im menschlichen Erbgut war die Voraussetzung für Sprache und Gesang. In gewisser Hinsicht wartete der Vokaltrakt – Kiefer, Lippen und Zunge mit ihren Muskeln und Nervenverbindungen zum Gehirn – der Primaten nur auf den Kehlkopf zur subtilen Selbstkontrolle. Als diese auftrat, wurde Sprache möglich.[60]

Den meisten anderen Tieren fehlen tatsächlich die körperlichen Voraussetzungen für Sprache. Affen wie Kanzi, der Bonobo, verstehen mehrere Hundert Wörter gesprochener Menschensprache und können Symbole auf einer Tastatur benutzen, aber sie können keine menschliche Sprache hervorbringen. Zwar sind die Unterschiede zwischen dem Menschen und den anderen Tieren klein und nur graduell, aber kleine Unterschiede können letztendlich große Veränderungen bewirken. Komplexe Sprache ermöglicht unserem Gehirn, das Denken vieler Menschen zu vernetzen und generationenübergreifende Erinnerungen zu bilden, die vielschichtiger sind als die erlernten Traditionen, die ein paar andere Tierarten haben. Komplexe Sprache ermöglicht das Erzählen komplexer Geschichten. Nicht nur das gegenwärtige «Hey, ich sehe eine Schlange» eines Affen oder Vogels, sondern das menschliche Vermögen, einem anderen zu vermitteln: «Ich habe gestern dort eine Viper gesehen, sei also vorsichtig.»

Affen können im Allgemeinen keine menschenähnlichen Laute erzeugen, daher zogen in den 1960er Jahren die Forscher Allen und Beatrix Gardner mit ihrem Studenten Roger Fouts und dessen Forschungspartnerin und Ehefrau Debbi eine Schimpansin als Teil der Familie auf und lehrten sie Gebärdensprache: die weltberühmte Washoe. Später brachte Washoe anderen Schimpansen einzelne Zeichen bei, etwa für «Gib mir Apfel». Schimpansen können Zeichen kombinieren, und so ergibt beispielsweise die Kombination aus «Obst» und «Süßigkeit» zusammen «Wassermelone». Die Sätze mancher Schimpansen, die Gebärdensprache benutzen, werden bis zu sechs Wörter lang.[61]

«Gib mir Apfel» ist eine explizite Aussage, aber an Komplexität verblasst sie im Vergleich zu den mentalen Prozessen und der Gruppenkoordination von freilebenden Schimpansen, die etwa zusammenarbeiten, um Stummelaffen den Fluchtweg abzuschneiden, die aus Angst und weil sie wissen, dass die Schimpansen einen Angriff vorbereiten, fast durchdrehen. Schimpansen könnten nicht mit uns in unseren Gemeinschaften leben, und wir könnten auch nicht in ihren Sippen leben. Aber sie wissen, was sie wissen und tun müssen, bis ins kleinste Detail. Schimpansen können sich die Standorte von mehr als eintausend Obstbäumen merken und wissen über Wochen hinweg, welcher Baum wann reif wird, während die Gruppe ihr riesiges Revier patrouilliert.[62]

Bei der Arbeit der Menschen mit gefangenen Affen darf man nicht vergessen, dass die Affen sehr soziale Wesen sind und dass die Affenpopulationen in Labors und Zoos mit entführten Jungtieren gegründet wurden, die aus ihrem sozialen Kontext und ihrer kulturellen Geschichte gerissen wurden. Menschen, die an verschiedenen Orten gefangen genommen und als Sklaven zusammengeworfen wurden, verständigten sich in einer Weise «die fast jeder Grammatik entbehrte und nur ein schwaches Abbild menschlicher Sprache war».[63] Entsprechend wurde diesen Affen, die als Babys ermordeten Müttern entrissen wurden, wahrscheinlich die Chance verweigert, die Kommunikationsfähigkeiten, die in natürlichen und tief verwurzelten Affengemeinschaften zu beobachten sind, in all ihrer Reichhaltigkeit und mit allen Feinheiten zu entwickeln.

Freilebende Schimpansen verwenden keine genau definierten Worte. Sie bedienen sich einiger Dutzend Rufe und ebenso vieler Gesten, deren Bedeutung teilweise vom Kontext bestimmt wird, die aber viele Informationen vermitteln. Kürzlich gelang Affenforschern (die nicht nur Affen erforschen, sondern tatsächlich – formal – Affen sind) ein Durchbruch bei der Übersetzung. Wie sich herausstellte, verwenden alle Affen Gesten für die Kommunikation. Diese Gesten werden von allen Mitgliedern der Gruppe verstanden. Sie sind an einzelne Tiere gerichtet, die sie verstehen, und sie werden bewusst und flexibel eingesetzt. Forscher in Uganda erstellten ein erstes «Lexikon» aus 66 Schimpansengesten, mit denen sich 19 Botschaften übermitteln lassen, z. B. «Komm her», «Geh weg», «Lass uns spielen» und «Ich möchte umarmt werden».[64] Gorillas verwenden mehr als einhundert bedeutungstragende Gesten.[65] Und Bonobos verwenden menschenähnliche Gesten, wenn sie einen Artgenossen heranwinken und ihn oder sie dann mit einer lässigen Handdrehung in die Richtung weisen, in die er oder sie zu einem diskreten erotischen Stelldichein kommen soll.[66]

Der Bonobo Kanzi wurde in Gefangenschaft geboren und wuchs bei seiner Mutter in einer Forschungseinrichtung im US-Staat Georgia auf. In engem Kontakt mit Forschern verwendet er einen speziellen Touchscreen, über den er Zugriff auf ein 300 Wörter umfassendes Vokabular hat. Auf diese Weise kann er Kommentare abgeben, Bitten äußern und Wörter kombinieren. Er versteht mehr als 1000 englische Wörter, einschließlich ganzer Sätze mit Syntax. Es gibt Videoaufnahmen von ihm mit Sue Savage-Rumbaugh bei einem Picknick. Sie bittet ihn, einen Hamburger zuzubereiten und Feuer zu machen. Er tut es. Der Primatenexperte Craig Stanford schrieb: «Wenn es einen Unterschied gibt zwischen dem, was Kanzi versteht, und dem, was ein menschliches Kleinkind begreift, dann hat die Wissenschaft ihn noch nicht gefunden.»[67] Aber ich habe ihn gefunden: Man würde einem Kleinkind kein Feuerzeug anvertrauen. (Auf YouTube gibt es faszinierende Videos von Kanzi, wie er Syntax und ein Steinmesser verwendet; man findet sie, wenn man nach «Kanzi und neue Sätze» und «Kanzi der Werkzeugmacher» sucht.)

Die Anthropologin Dawn Prince-Hughes, die als autistisches Kind Schwierigkeiten beim Spracherwerb hatte, fand eine eigene Identität bei einer Gruppe Gorillas im Woodland Park Zoo in Seattle und bekam schließlich einen Job als Tierpflegerin dort. Sie nennt die Gorillas «die ersten und besten Freunde, die ich je hatte ... ein uraltes Volk».[68] In der Zwischenzeit hatte Kanzi im Labor in Georgia Videos des Gorillas Koko gesehen und, ohne Wissen seiner Betreuer, ein paar Zeichen von Kokos amerikanischer Gebärdensprache aufgeschnappt. (Kanzi hatte ja nur gelernt, per Symbole auf einer Tastatur zu kommunizieren.) Als Kanzi zum ersten Mal Prince-Hughes sah, beobachtete er eine Zeitlang ihr Verhalten und bildete dann die Zeichen: «Du Gorilla, Frage?»

Bis 1982 hatte Washoe zwei Babys zur Welt gebracht, aber beide verloren, eines durch einen Herzfehler und eines durch einen Infekt. Als die Forschungsassistentin Kat Beach schwanger wurde, zeigte Washoe großes Interesse an ihrem Bauch und bildete das Zeichen für «Baby». Beach hatte eine Fehlgeburt. Roger Fouts schrieb: «Kat wusste, dass Washoe zweimal ein eigenes Kind verloren hatte, und beschloss, ihr die Wahrheit zu sagen. MEIN BABY IST GESTORBEN, sagte sie ihr. Washoe blickte zu Boden. Dann sah sie Kat in die Augen und deutete WEINEN, wobei sie unmittelbar unter dem Auge die Wange berührte ... Als Kat an diesem Tag gehen musste, wollte Washoe sie nicht gehen lassen. BITTE PERSON UMARMUNG, bat sie.»[69]

Es gibt einige Nichtmenschen, die wenige menschliche Wörter erlernen können, aber die umfangreiche menschliche Sprachkompetenz findet sich sonst nirgends. (Mit «Sprache» meine ich ein System bestehend aus umfangreichem Vokabular mit Grammatik und Syntax.) Menschliche Kinder begreifen und meistern die Komplexitäten von Sprache intuitiv. Wenn ein Kind anfängt, die Vergangenheitsform zu verwenden und «Ich denkte» statt «Ich dachte» sagt, dann wendet es eine grammatische Regel an, die ihm nie jemand beigebracht hat.[70] Der Harvard-Psychologe Steven Pinker glaubt, dass die Fähigkeit eines Kindes, verbale Strukturen hervorzubringen, beweist, dass menschliche Gehirne von Geburt an auf den Erwerb von Grammatik programmiert sind. Menschen kommen mutmaßlich mit einem menschlichen Sprachinstinkt zur Welt. Wenn das zutrifft, dann ist menschliche Sprache für Menschen ebenso naturgemäß wie das Grollen und Trompeten für die Elefanten, das Heulen und Knurren für Wölfe und die sonaren Klicklaute für Delfine. Was, wenn man es genau bedenkt, auf der Hand liegt.

Doch die Implikationen sind elektrisierend. Vielleicht sind wir tatsächlich ebenso grundlegend und biologisch unfähig, den vollen Umfang zu verstehen, den andere Tierarten in ihrer Kommunikation wahrnehmen, wie sie unfähig sind, unsere Art zu verstehen. Was ist, wenn ihre Kommunikationsmodalitäten Grenzen sind, die wir zwar verwischen, aber nie wirklich übertreten können? Der große Traum der Menschheit, «mit Tieren sprechen» zu können, ist damit möglicherweise vom Tisch. Vielleicht ist es nicht nur deswegen unmöglich, mit Tieren zu sprechen, weil sie nicht mit uns reden können, sondern weil wir ebenso unfähig sind, eine Konversation auf Elefantisch zu führen, wie Elefanten unfähig sind, auf Englisch oder Farsi übers Wetter zu reden.

Und doch ist es nicht ganz so einfach. Wenn Menschen Delfine und Seelöwen auffordern, in ihrem Wasserbecken nach einem Objekt zu suchen, das nicht da ist, dann suchen die Tiere entweder besonders angestrengt –

Ein uraltes Volk   355

und zeigen damit, dass sie wissen, wonach sie suchen – oder sie machen sich gar nicht erst die Mühe – und zeigen damit, dass sie wissen, dass das, wonach sie suchen sollen, nicht da ist. Bedeutsam ist hierbei, dass an dem Wort «Ball» nichts Rundes ist, und das menschliche Wort daher eine *abstrakte Repräsentation* darstellt, ein Symbol. Dennoch versteht jedes Tier, das erfasst, dass «Ball» Ball bedeutet, dieses abstrakte Symbol. Schimpansen können abstrakte Vorstellungen entwickeln wie «Essen» und «Werkzeuge», und sie können Objekte und Symbole für Objekte in diese Kategorien einordnen.[71]

«Wenn wir Tiere um etwas bitten, verstehen sie uns meistens», schrieb Elizabeth Marshall Thomas. «Wenn sie uns um etwas bitten, sind wir oft schwer von Begriff.»[72] Orang-Utans können beurteilen, wie gut ein Mensch ihre Gesten versteht. Wenn Gesten nicht reichen, dann stellen sie manchmal pantomimisch dar, was sie von dem Menschen wollen. Hatte ein Mensch teilweise verstanden, was sie meinen, dann «grenzten die Orang-Utans ihre Palette an Signalen ein und konzentrierten sich auf Gesten, die sie bereits verwendet hatten, und wiederholten sie häufig», schrieben Forscher. Doch wenn sie missverstanden wurden, dann erfanden Orang-Utans – *neue* Signale! Orang-Utans können eine gemeinsame Bedeutung etablieren – wenn es sich erweist, dass die Menschen in der Lage sind zu verstehen, was sie auszudrücken versuchen.[73]

Gemeinsame Bedeutung. Verstehen. Das ist die große Aufgabe.

IV.
Der Gesang der Wale

*Am Namen, der diesem Wal gegeben wurde,
könnte man Anstoß nehmen ... denn wir sind alle Killer.*

Herman Melville, *Moby Dick*

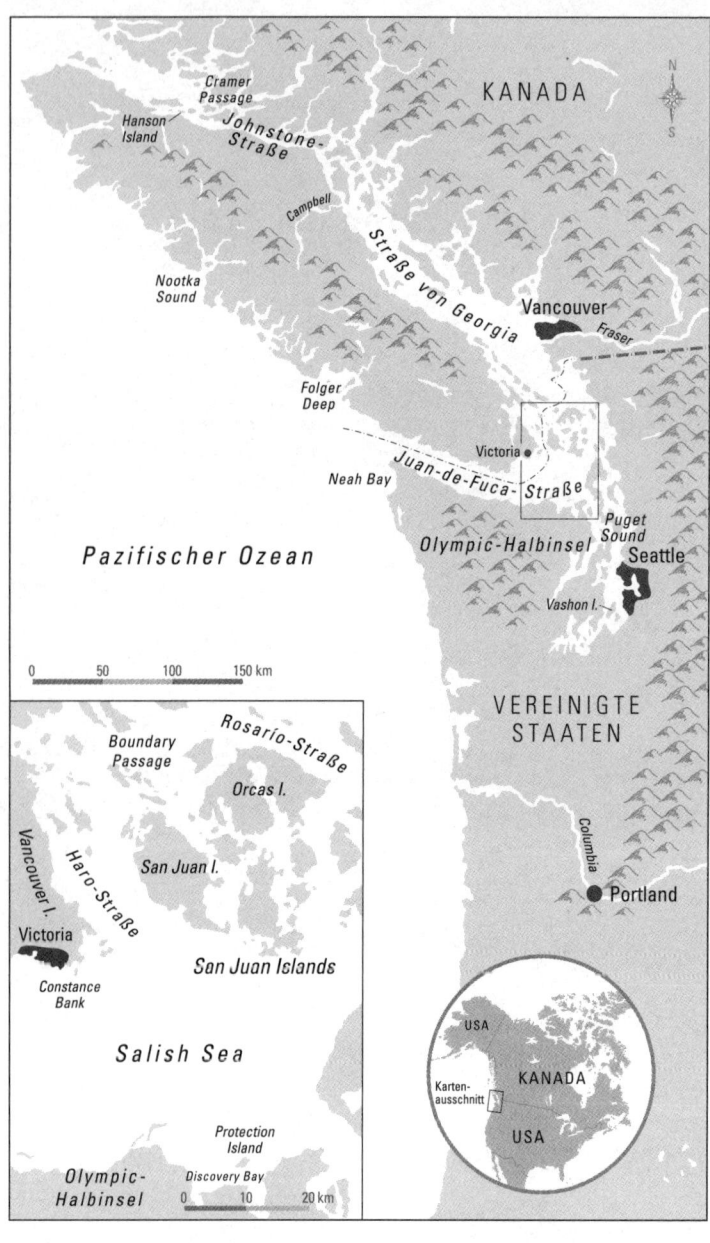

See-Rex

Ken Balcomb bewohnt ein Otterhaus auf einer Rehwiese mit Adlerblick. Sein Haus kauert sich zwischen Kiefern an einen Hang, der zum Meer hinabführt und einen weiten Ausblick von San Juan Island über die Haro-Straße hinweg bietet. Heute schäumt das Meer, die Wellen tragen weiße Kappen, der Wind spuckt Regen, und die Möwen schießen auf Böen dahin, die nahezu Sturmstärke erreichen. Auf der anderen Seite der Meerenge sieht Vancouver Island, Kanada, aus wie ein Gebirge hinter blauen Bergen zwischen blauem Himmel und blauem Wasser. Zu den bekannten Bewohnern der Meerenge gehören die größte Seestern-Konstellation, die langarmigsten Kraken und die größten Delfine der Welt – die Killerwale. Von Ufer zu Ufer, von der Wasseroberfläche bis zum Meeresboden kennen die Wale nur ein Land. Ihr Land.

In keinem anderen Wohnzimmer habe ich mich dem Meer so nahe gefühlt. Auf einem kleinen Beistelltischchen liegt ein Schädel, einen Meter lang, siebzig Kilogramm schwer. Durch seine Größe und die beiden ineinander verzahnten Kiefer ähnelt er dem Schädel eines *T. rex*. Es ist ein See-Rex. Und er lebt. Irgendwo da draußen schwimmen genau jetzt Tiere mit einem solchen Schädel, die sich ihr Futter mit ihren riesigen Kiefern und den Reihen voller daumendicker Dolche holen. Diese Killerwale werden sogar von den größten Walen gefürchtet und üben eine Macht aus, die seit dem Ableben der Dinosaurier vor 65 Millionen Jahren nicht mehr ihresgleichen hat. Doch die subtile, empfindsame Seite der Killerwale verleiht ihnen als Jäger eine Komplexität, die *T. rex* niemals hätte zeigen können: intelligent, mütterlich, langlebig, kooperativ, äußerst sozial, hingebungsvolle Familientiere.[1] Sie sind warmblütige Milchproduzenten wie wir, Säugetiere, deren Persönlichkeiten sich von unseren kaum unterscheiden. Sie sind nur sehr viel größer. Und deutlich weniger gewalttätig. Ihre Gehirne – ebenfalls viel größer – managen Herausforderungen in Familie und Geografie, sozialen Netzwerken und die minutiöse Analyse von Schall.

Ken erklärt mir gerade, wie die Wale ihr Sonar erzeugen und einsetzen, als mein Blick an den Fenstern vorbei zum Wasser gleitet.

Gleich hinter dem Seetangfeld in Ufernähe sehe ich ein Wölkchen Wasserdampf aufsteigen. Aber keine Flosse. Also denke ich, vielleicht ein Weißflankenschweinswal? Dann eine kräftige Fontäne. Ich kann mir nicht vorstellen, dass ein Killerwal atmen kann, ohne dass man die hohe Rückenflosse sieht, aber in dem Moment bricht die Meeresoberfläche auf und ein schwarz-weißer Kopf dringt daraus hervor.

Heilige …! Aber warum haben sie sich nicht angekündigt? Aus den Lautsprechern auf der Fensterbank von Kens Küche dringt ständig der Stream einer nahen Unterwasser-Mikrofonanlage, sogenannten Hydrophonen, über OrcaSound.net. Bisher war in den Lautsprechern nur das Hintergrundrauschen des Meeres zu hören gewesen.

Ken eilt zu seinem großen Fernglas, das er am Küchenfenster auf einem Stativ stehen hat und sucht das Meer ab. «Das könnten Transients sein», sagt er angespannt. «Die sind normalerweise lautlos.»

Jetzt sind zwei Flossen zu sehen.

«Keine ausgeprägte Nord- oder Süd-Richtung», sagt er fast zu sich selbst. «Ein paar Möwen folgen ihnen. Nicht besonders schnell unterwegs, schauen sich nur um …» Er schaut genau hin und ergänzt dann: «Die Flosse des Männchens dort hat eine ziemlich breite Basis. Lange Tauchzeit. Sieht immer mehr nach Transients aus.»

Transients, «durchreisende» Wale, fressen Säugetiere. Die «ortsansässigen» Killerwale (Residents) sind Fischfresser und jagen vor allem Lachse; sie sind üblicherweise Quasselstrippen, sehr lautstark. Die Transients können sich leise anschleichen, in Schweigen gehüllt, und bleiben so vor ihrer Jagdbeute, Seehunde, Delfine, Seelöwen und gelegentlich Wale, verborgen – während sie selbst auf deren Atemgeräusche und Luftblasen lauschen.

Wir treten auf Kens Küchendeck hinaus, das fast wie das Deck eines Schiffes aussieht. Die See glitzert in der tief stehenden Sonne. Ken zieht das Dreibeinstativ seiner Kamera auseinander.

Ein Fischerboot quält sich vorbei. Aber Minuten vergehen, ohne dass eine Atemfontäne oder eine Flosse zu sehen wäre. «Wie konnten sie einfach – verschwinden?», frage ich.

«Oh, Transients können das. Sanfte Atemzüge, wie der erste Luftstoß, den Sie gesehen haben. Keine Finne oben, lange Tauchgänge ... Transients sind schon vielen aufmerksamen Beobachtern entgangen.»

Erst eine volle Viertelstunde später tauchen sie wieder auf, vor der Inselspitze.

«Oh», haucht Ken, die Augen fest ans Fernglas gepresst. «Das ist T-19, glaube ich.» Bei der windgepeitschten See erscheint mir eine Identifizierung unmöglich. «Sehen Sie die leicht nach links geneigte Rückenflosse?»

T für Transient, Durchreisende. Keine feste Route oder Routine. Ständig in Bewegung. Sie können abrupt verschwinden. Und plötzlich wieder auftauchen.[2]

Da ist ein weiteres Männchen mit einer aufrechteren Rückenflosse. Und noch ein Wal, möglicherweise ein junges Männchen. Sie kommen langsam näher. Dicht an der Küste. Weiter draußen zwei Weibchen.

«Oh ja, ja ja», jubelt Ken, seine Augen kleben am Fernglas. «Junge, Junge.»

Eigentlich sollte man denken, dass ein Mann, der in Vollzeit Wale erforscht, etwas weniger leicht erregbar wäre. Aber in dem Fall wäre er nach vier Jahrzehnten wohl nicht mehr hier.

Ein ganzes Stück vor den Männchen streckt ein Seehund den Kopf aus dem Wasser. Er schaut sich um. Die Männchen sind überraschend schnell, und der Seehund hat den Tod vor Augen.

«Der Seehund hat keine ...», setzt Ken an. «Wie schnell er reagiert, ist entscheidend, aber ...»

Der Seehund verschwindet von der Oberfläche wie ein Regentropfen. Unter Wasser liegt die Sicht bei knapp drei Metern. Der Seehund ist etwa hundert Meter von dem vordersten Wal entfernt. Das Timing ist sein größtes Problem. Gerade eben kamen drei lauernde Riesen, die Echoortung in offenen Gewässern beherrschen, um die Ecke. Für die sonargerüsteten Wale wirkt der Seehund wie eine schwarze Silhouette auf einem weißen Tisch. Die Wale können sich in absoluter Stille bewegen, sind selbst aber schwimmende Horchposten mit ausgezeichneter Sensitivität und analytischen Fähigkeiten.

Der Seehund mag überrascht und vielleicht unerfahren sein, aber die Wale wissen, wie es läuft. Seehunde machen mehr als die Hälfte ihres Speiseplans aus.

Plötzlich preschen die drei vordersten Männchen vor.

«Na, der Seehund hätte sofort reagieren müssen», kommentiert Ken düster.

Natürliche Auslese in Echtzeit. Zwei Möwen tauchen ins Wasser. Einer der Wale taucht aus dem Wasser auf, ein Stück Seehund zwischen den Kiefern. Zerstückelung hat ihre Vorteile: Sie haben sich die Beute geteilt.

Eine Nachbarin ruft an. Auch sie hat alles gesehen. Zwei andere Nachbarn kommen plötzlich in einem kleinen Boot um die Landzunge nördlich von Kens Haus, als die Männchen mit ihren hohen Schwanzflossen vorbei paradieren. Im Vergleich zu ihnen wirken die Menschen winzig. Diese Walmännchen sind zwischen acht und achteinhalb Meter lang und wiegen etwa siebeneinhalb Tonnen. Der Seehund, den sie gerade in Stücke gerissen haben, wog wahrscheinlich so viel wie die beiden Menschen im Boot. Doch kein frei lebender Killerwal hat je einen Menschen getötet.

Ich hätte gedacht, dass sie nach erfolgreicher Jagd geräuschvoller werden würden, aber über die Hydrophone drang noch kein Pieps von den Walen. «Sie suchen wohl nach mehr», meint Ken. Killerwale, die von der Seehundjagd leben, brauchen etwa einen Seehund pro Tag, also ungefähr 110 Kilogramm. Sie jagen, fangen und verzehren Seehunde mehrmals am Tag und teilen sie.[3] Nur sehr wenige erwachsene Tiere teilen Futter miteinander. Die Liste ist kurz, doch abwechslungsreich. Die wenigen Tierarten, die in Gruppen jagen – Löwen, Hyänen und Wölfe etwa – teilen sich große Beute. Vampirfledermäuse würgen verzehrtes Blut für Verwandte und Freunde wieder hoch, die sich ein andermal revanchieren.[4] Staatenbildende Insekten teilen Futter miteinander. Ein paar Affen teilen.[5] Menschen teilen. Manche Hauskatzen bringen «Geschenke». Schimpansen teilen sich manchmal Fleisch – wenn auch häufig widerstrebend und fast immer mit politischen Verbundeten oder Sexualpartnern. Bonobos allerdings befreien einen anderen Bonobo, zu dem sie keinen Bezug haben, aus einem Nebenraum und essen mit ihm gemeinsam, statt sich alles allein einzuverleiben.[6] Dann gibt es die raren Beispiele aus der Tierbeobachtung: Ein Online-Video zeigt ein Pferd, das ein anderes in der Box nebenan füttert;[7] eine verletzte Krähe legt besondere Leckerbissen an den Zaun ihres Geheges, wo freilebende Bekannte herankommen.

Killerwale teilen ständig. Wenn ein Wal einen Lachs fängt, den er mit einem Schluck vertilgen könnte, teilt er ihn trotzdem in Dreiviertel aller Fälle mit Familienmitgliedern. Manchmal warten Killerwale an der Oberfläche, während einer aus der Gruppe einen langen Tauchgang unternimmt und mit Fisch wieder auftaucht, den er dann an die wartenden Kameraden verteilt. In Argentinien fing der Killerwal Magga zehn Seelöwenjunge in zwei Stunden, brachte sie einzeln zu wartenden Jungwalen und kehrte dann zur Küste zurück, um ein weiteres Seelöwenjunge zu holen.[8]

Menschen, die das Wort «Killer» nicht mögen, nennen diese Wale schon lange «Orcas» nach ihrem lateinischen Namen *Orcinus orca*. Aber das Wort «Orca» verweist auf eine dämonische Unterwelt und ist daher auch nicht besonders schmeichelhaft. Wahrscheinlich werden mehrere verschiedene Arten von *Orcinus*-Walen wissenschaftlich anerkannt werden, und nur eine davon wird den Namen *Orca* behalten können. Wenn dann die Nicht-Orcas weiterhin als Orca bezeichnet werden, wird es kompliziert.

Wie bei Rosen und Elefanten haben auch diese Wale viele verschiedene Namen bekommen. Im Deutschen heißen sie Schwertwale, eine alte Bezeichnung lautet «Blutskopf». In dieser Region nennen die Fischer sie Blackfish (was verwirrend ist, weil Grindwale ebenfalls Blackfish genannt werden, Killerwale nicht ausschließlich schwarz sind, beides keine Fische sind, und es einen richtigen Fisch namens Blackfish gibt, der auf Deutsch Schwarzfisch heißt, *Centrolophus niger*). Die Kwakiutl-Indianer nennen sie *max'inux*, und die Haida nennen sie *ska-ana*. Die Aino auf den Kurilen im Westpazifik sprechen von den *dukulad*. Die Inuit in der östlichen Arktis nennen sie *arluq*. Unten, an der Südspitze Feuerlands in Argentinien ist der Name der Yaghan für sie *shamanaj*.[9] Wie bei den verschiedenen Elefantenarten, die alle als Elefanten bezeichnet werden, sprechen die Forscher bei den verschiedenen Killerwalen einfach von «Killerwalen». Ginge es nach mir, würden sie «Dominodelfine» heißen, weil sie die größten Delfine der Welt sind und schwarzweiß. «Seepandas» war eine Weile im Gespräch. Aber Wale sind die bösen Jungs da draußen, das ist unbestreitbar. Kein anderes Lebewesen im Meer wagt es, diese Tiere zu jagen. Daher sind es für mich «Killer». Sie werden dem Namen oft genug gerecht. Wie ich gleich sehen werde.

Der annähernd fünfzig Jahre alte Transient T-20, der gerade einen Seehund verspeist hat.

In nicht einmal fünf Minuten hat Ken seine Fotos heruntergeladen und bestätigt die IDs der Seehunde jagenden Wale, indem er die gerade aufgenommenen Fotos mit seiner digitalen Datenbank abgleicht, nach passenden Unregelmäßigkeiten an der Rückenflosse und charakteristischen weißen «Sattelflecken» sucht. Mit ein oder zwei Millionen Fotografien aus mehreren Jahrzehnten kann man so etwas machen – wenn man außerordentlich gut organisiert ist. «Das war T-19, T-19b, T-19c, T-20 ...» T-20 ist circa fünfzig Jahre alt. Ken klickt durch die Seiten voller Walfotos und -stammbäume. Geburten. Tode. Verwandtschaftsbeziehungen. Auch Mysteriöses. Vor 1984 hatte niemand die T-20-Gruppe gesehen; jetzt tauchen sie jedes Jahr auf. Ein Wal, T-61, war dreizehn Jahre lang verschwunden – und kehrte dann zurück.[10]

Über Kens Seefunkgerät knistern sporadische Funksprüche von Kapitänen auf Walbeobachtungsschiffen fünfzig Kilometer entfernt im Admiralty Inlet. Sie sagen, ein paar Killerwale seien zum Puget Sound unterwegs. Ken lauscht den Kapitänen und dem Meer mit den Ohren eines professionellen Zuhörers. Aber bisher dringt nur anhaltendes Rauschen aus dem Meer. Acht Jahre lang hatte Ken – ein großer, liebenswürdiger Mann und fast schon übertrieben lässig – für die US-Navy während des Kalten Krieges im Ozean auf das Geräusch von Unterseebooten gelauscht. Und dort hörte Ken noch etwas anderes: Wale. Aber das Projekt war geheim. «Ich durfte niemandem erzählen, was ich hörte», klagt er.

Jetzt redet Ken. Er erklärt, Killerwale seien Meister der Produktion und Analyse von Schallwellen. Wie alle Delfine leben die Wale in einer selbst erschaffenen Klangwelt. Auch in einer Umgebung aus kaltem, grünem und häufig trübem Wasser spüren sie mit Hilfe selbst erzeugter Schallwellen Beute auf, die sich weit außerhalb der Sichtweite befindet; so bleiben sie über viele Kilometer Entfernung mit ihren Kameraden und Kindern in Kontakt.

Ken zeigt mir, dass die Schädelkonturen des Killerwals für das Erzeugen und den Empfang von Schall ausgelegt sind. Im Gegensatz zu den Stimmen von Menschen und anderen Säugetieren, die im Kehlkopf gebildet werden, erzeugen Wale und Delfine die Töne im Schädel. Hochspezialisierte Töne. Ken glaubt, diese Wale könnten wahrscheinlich einen Schallstrahl bündeln und formen. Forscher vermuteten, die Tiere würden Fische mit konzentrierten Schallstößen verwirren oder betäuben. Delfine können Töne mit über 220 Dezibel Lautstärke erzeugen, wenn sie das wollen, so laut, dass es schmerzhaft ist, wenn man unter Wasser zu nahe dran ist.[11] Ken glaubt, sie könnten mit ihrem riesigen Trigeminusnerv die ankommende Schallstärke kontrollieren und auf diese Weise einstellen, wie laut sie ihre eigenen Sonarwellen hören. (Die Schädelhöhle für den Trigeminusnerv ist so riesig, dass zwei meiner Finger hineinpassen.)

Ken erklärt mir einige Unterschiede zwischen den Säugetiere fressenden Transients und den Fisch fressenden Residents. Die Rufe der Transients unterscheiden sich von jenen der Residents.[12] Transients bilden keine festen «Schulen», sondern die verschiedenen Gruppen teilen sich auf und fügen sich immer wieder anders zusammen. Sie leben eher nach dem «Fission-Fusion»-Prinzip. Transients jagen in kleinen, leisen Gruppen. Residents bilden gesprächige, verspielte Aggregationen aus mehreren Schulen. Transients halten oft eine Viertelstunde lang die Luft an. Residents bleiben selten länger als fünf Minuten unter Wasser. Große Unterschiede.

Wenn Säugetiere fressende Transients das fröhliche Quietschen von Fisch fressenden Residents wenige Kilometer entfernt hören, dann schwimmen sie einen Umweg oder drehen sogar um. Die Säugetierfresser sind, man vermutet es bereits, aggressiver – Transients haben eine stärkere Kiefermuskulatur –, aber Residents sind gewöhnlich in größeren Gruppen unterwegs.

Einmal schwammen zehn Wale aus einer Residents-Schule plötzlich mit rasanter Geschwindigkeit auf eine drei Kilometer entfernte Bucht zu, in der mehrere Angehörige derselben Schule einen Riesentumult veranstalteten. Gemeinsam drangen sie weiter in die Bucht vor. Plötzlich tauchte der Transient T-20 – einer der Seehundfresser, die wir gesehen hatten – gemeinsam mit T-21 und T-22 auf. Offensichtlich flohen sie vor den Residents. Die Wale waren so aufgeregt, dass ihre Unterwasserrufe den Motorenlärm des Bootes des Forschers Graeme Ellis übertönten. Die Transients schossen davon, die Residents keine zweihundert Meter hinter ihnen. Und die Residents wollten nicht nur spielen. T-20 und T-22 wiesen frische Bisswunden auf. (Dies war der einzige Fall physischer Aggression zwischen freien Walen, der je dokumentiert wurde.)[13]

Die Transients flohen aus der Bucht, und die Residents ließen sie ziehen. Stattdessen schwammen die Residents eine halbe Stunde lang in der Bucht herum, bis eine weitere Angehörige der Schule, die bei dem Angriff nicht dabei gewesen war, sich zur Gruppe gesellte. Es war J-17 – mit ihrem Neugeborenen. Hatte sie sich versteckt? Hatte die Schule aus Angst angegriffen, weil sich Säugetiere fressende Wale in der Nähe ihres neugeborenen Verwandten aufgehalten hatten?

Ein anderes Mal beobachtete die Walexpertin und Autorin Alexandra Morton vierzig Angehörige der Residents-Schule A beim «vergnügten» Planschen, als die Wale plötzlich verschwanden. Am gegenüberliegenden Ufer tauchten sie wieder auf, sie schwammen schnell, kein Planschen mehr, eng zusammen, das Baby dicht bei den Erwachsenen.[14] Sie schwenkten in die erste Bucht ein. Morton wendete und erspähte vier Transients – wieder war T-20 dabei, der viel herumkommt. Wussten die Wale genau, was die anderen vorhatten? Sie sind nicht verpflichtet, es uns zu verraten. Aber gibt es eine bessere Erklärung?

Wir machten ein paar Fotos, sprachen über Killerwale und sahen durchs Küchenfenster zu, wie sie einen Seehund töteten – es war ein ganz normaler Sonntag in Ken Balcombs Haus. Von seiner Veranda aus hat Ken einen Großteil seines Lebens damit verbracht, nach Killerwalen Ausschau zu halten. «Er ist ihnen in mancher Hinsicht näher als Menschen», sagt ein Freund. «Nachts, wenn das Fenster offen ist, wacht er auf und sagt: ‹Sie sind hier.›»

In Kens Jugend, in den 1960er Jahren, gab es in Kalifornien immer noch Walfangstationen. Ein Professor schickte Ken los, um Proben von einem toten Wal zu holen. «Es war eine blutige Angelegenheit», erinnert sich Ken. «Aber ich hatte einen stabilen Magen.» Im Jahr 1972 beobachtete Ken dann schließlich, wie ein Wal tatsächlich getötet wurde. «Ich war nicht darauf vorbereitet, wie der Wal uns ansah, als würde er fragen: ‹Warum macht ihr das?› Ich hatte einen Nervenzusammenbruch. ‹Was haben wir *getan*?›, dachte ich. Ich fühlte mich, als wäre ich in Auschwitz oder so, einfach grauenhaft.» Als sein Professor eine Stelle finanziert bekam, um die Killerwale in Puget Sound zu zählen, ergriff Ken die Chance. «Fast vierzig Jahre später gibt es mehr Fragen als zu Beginn unserer Untersuchung», fasst Ken zusammen.

Ein komplexer Killer

In den 1970er Jahren wurden die ersten Walstudien im Nordwesten der USA gestartet. Bis dahin hatte ein einfacher Killer in der Vorstellungswelt der Menschen sein Unwesen getrieben: Eine einzige, weltweit verbreitete Art, so brutal, dass sie jeden anderen Wal – und natürlich auch jeden Menschen – tötete, der in seine grausame Umklammerung geriet. Aggressive und dominante Männchen herrschten über einen Harem voller Weibchen, die dem Befehlshaber Junge gebaren.[15] Falsch. Nach mehreren Jahrzehnten, in denen Wale beobachtet, belauscht, markiert, katalogisiert und genetisch erforscht wurden, tauchten hinter dem Vorhang nicht nur ein neuer Killer, sondern *zahlreiche* neue Killerwale auf.

Wie sich herausstellte, schwimmen mehrere «Killerwaltypen» im Nordpazifik. Die «Transients», die weite Wanderungen unternehmen, habe ich bereits erwähnt. Einzelne Tiere, die vor Monterey in Kalifornien gesichtet wurden, tauchten vor der Glacier Bay in Alaska auf, zweieinhalbtausend Kilometer entfernt. «Residents» haben eine Reichweite von etwa eineinhalbtausend Kilometern von Nord nach Süd. Im Sommer und Herbst bleiben sie mehr in der Nähe und durchschwimmen dieses Labyrinth aus Inseln auf der Spur der Lachse, die zum Laichen in die Küstenflüsse strömen. Den Rest des Jahres sieht man sie hier nicht. Aber die Transients unterscheiden sich vor allem bei den *Ernährungsgewohnheiten* – nicht den Reisegewohnheiten – von den Residents. Transients interessieren sich nicht für Fische, weil sie hinter Säugetieren her sind. Ihre Kiefer sind für diese größere und viel schwierigere Beute ausgelegt. Im Gegensatz dazu haben Residents keinerlei Interesse an Säugetieren als Nahrung. Und hinter diesen Ernährungsunterschieden warten immer neue Überraschungen. Die Wale sind wie russische Puppen; man sieht eine, doch – Überraschung! – in dieser einen stecken andere, die ähnlich aussehen, sich aber unterscheiden.

Es gibt also Transients und Residents – und noch mehr Puppen. Oben im Nordpazifik streifen die wenig bekannten «Offshores» umher, von deren Existenz vor 1988 noch niemand etwas geahnt hatte.[16] In jenem Jahr gaben kleinere Wale, die Haie jagten, mit eigenartigen Rufen den Forschern Rätseln auf. In Gruppen von bis zu einhundert Tieren ziehen sie fern der Küsten zwischen der Beringsee und Südamerika umher. Ein Tier, das 1988 vor der mexikanischen Küste gesehen worden war, wurde drei Jahre später vor Peru gesichtet, 5300 Kilometer entfernt.[17]

Die Reviere der verschiedenen «Typen» überschneiden sich, aber dass die Tiere miteinander in Kontakt kommen, hat noch niemand beobachtet. Untersuchungen der DNA haben gezeigt, dass die nordpazifischen Fischfresser (Residents) und die Säugetierfresser (Transients) unter den Killerwalen seit etwa einer halben Million Jahren keine gemeinsamen Nachkommen mehr hatten. Tatsächlich unterscheiden sich die nordpazifischen Transients genetisch am meisten von allen Killerwalen weltweit. Wenn sich freilebende Tiere miteinander fortpflanzen, dann gehören sie zur selben Art. Wenn sie es nicht tun, gehören sie zu verschiedenen Arten. Die meisten «Killerwaltypen» bilden offensichtlich bisher unbekannte, eigene Arten.

In Naturführern wird immer noch eine einzige weltweite Killerwalart genannt, *Orcinus orca*. Wahrscheinlich werden Wissenschaftler irgendwann genügend Daten gesammelt haben, um getrennte Arten anzuerkennen und ihnen neue lateinische Namen zu geben. Bis dahin sprechen Forscher von unterschiedlichen «Typen» – z. B. die antarktischen Typen A, B und C, Packeis-Killerwalen und anderen. In antarktischen Gewässern schwimmen mindestens fünf Typen.

«Packeis»-Killerwale durchstreifen in kleinen Jagdgruppen die Antarktis und heben die Köpfe über die Wasseroberfläche, um nach Seehunden zu suchen, die sich auf dem Eis ausruhen. Findet ein Wal einen Seehund, dann untersucht er ihn zunächst, «wohl um sicherzugehen, dass es sich um die richtige Art handelt», sagt der Killerwalexperte Bob Pitman. Wenn es eine Weddellrobbe ist, dann verschwindet der Wal zwanzig oder dreißig Sekunden lang, um seine Kameraden zu rufen. Zwei Minuten später ist die Gruppe versammelt, und alle schauen den Seehund an. «Nach ein oder zwei Minuten kollektiver Begutachtung entscheidet die Gruppe, ob sie weitermachen oder weiterziehen will. Falls sich die Wale für den Angriff entscheiden, schwimmen sie fünfzig Meter von der Eisscholle und dem Seehund weg. Dann drehen sie sich «wie aufs Stichwort» plötzlich wieder zur Scholle um mit gleichzeitig pumpenden Schwanzflossen. Über den synchronisierten Flossen bildet sich eine etwa einen Meter hohe Welle. Im letzten Moment tauchen die Wale unter das Eis ab. Die Welle bricht über die Scholle herein und spült den Seehund in aller Regel ins Wasser.[18]

In der antarktischen Gerlache-Straße jagt ein anderer Killerwal, halb so groß wie die Packeiswale, Pinguine. «Verblüffenderweise fressen diese Wale nur die Brustmuskulatur und werfen den Rest des Kadavers weg», sagt Bob Pitman. Der Rossmeer-Killerwal, die kleinste bekannte Killerwalart (die Männchen werden nur sechs Meter lang und wiegen nur ein Drittel dessen, was größere Typen auf die Waage bringen), dringt auf der Jagd nach bis zu neunzig Kilogramm schweren Riesen-Antarktisdorschen (die als chilenische Wolfsbarsche verkauft werden) mehrere Kilometer weit in Spalten im gefrorenen Meer vor.

Noch einmal zusammengefasst: Früher glaubte man, Killerwale bildeten eine einzige, weltweit verbreitete Art. Inzwischen sieht es so aus, als wären diese acht «Typen», mit ihren unterschiedlichen Ernährungsgewohnheiten, in Wahrheit unterschiedliche Arten. Die große Überraschung dabei: Einige der größten, unentdeckten Tierarten der Erde schwammen unerkannt direkt vor unseren Augen umher. Unglaublich.

Vor dem Abendessen überträgt die Hydrophonanlage weiterhin nur das tiefe, leicht statische, einsam leblose Rauschen, der Klang verteilt wie Atome im interstellaren Raum. Das heulende Geräusch eines vorbeifahrenden Motorboots kommentiert Ken beiläufig: «Der Motor verbreitet etwa ein bis vier Kilohertz um die, na, 160 Dezibel.» Das Bootsgeräusch schwillt an und lässt wieder nach, und die See kehrt zu ihrem statischen Rauschen zurück.

Menschen hören von 40 oder 50 Hertz bis zu etwa 20 000 Hertz (20 Kilohertz). Tiefe Bässe in der Musik liegen bei etwa 80 bis 100 Hertz. Menschliche Sprache bei etwa 500 bis 3000 Hertz. Am besten hören Killerwale Frequenzen um 20 Kilohertz. «Sie hören auch auf anderen Frequenzen gut, aber in dem Bereich sind sie topp», sagt Ken. Ihr Sonar bewegt sich in diesem Bereich, «weil man da eine ziemlich gute Auflösung bekommt». In aller Regel liegt es über dem menschlichen Hörbereich.

Wir vokalisieren mit einem Atemzug und brauchen dann den nächsten. Wir sprechen durch den Mund. Bei Delfinen ist das anders. Ein Delfin presst Luft durch die Nasengänge in seinem Kopf und – hier wird es seltsam – bearbeitet und verstärkt die Vibrationen mit einer speziellen, runden, fetthaltigen «akustischen Linse» in seiner Stirn (daher die «melonenartige» Kopfform der Delfine). Die Energie tritt dann als Schallstrahl aus dem Kopf des Delfins aus.

Ihr Gehör ist sogar noch eigenartiger. Ankommende Vibrationen, die auf ihren Unterkiefer treffen, werden dort von Öl in den hohlen Kieferknochen aufgenommen und aufs Innenohr übertragen. Man könnte wohl sagen, ihre Kieferknochen erfüllten perfekt die Schallsammelfunktion des Außenohres bei anderen Säugetieren, wenn auch auf sehr andersartige Weise.

Die Sonar einsetzenden «Zahnwale» – Delfine (einschließlich Killerwale natürlich), Schweinswale und Pottwale – haben mehr als dreimal so viele Nervenfasern in den Ohren wie Landsäugetiere. Ihre riesigen Hörnerven haben den größten Durchmesser aller Tiernerven überhaupt. Warum so viele und so große? «Um große Mengen akustischer Informationen in sehr hoher Geschwindigkeit zu übertragen», meinen Wissenschaftler.[19] Im Vergleich dazu wirkt unser Gehirn wie ein lahmes Modem. Manche Delfine können anscheinend die Frequenz ihres Sonars wechseln, wenn in dem Frequenzbereich, den sie normalerweise benutzen, zu viel Lärm herrscht.

Das ist in etwa so, als schalte man bei einem Funksprechgerät auf einen anderen Kanal, wenn auf dem bisher benutzten Kanal gesprochen wird. Allerdings haben diese Wale die Nerven und Gehirnstrukturen verloren, die andere Säugetiere für den Geruchssinn verwenden. Möglicherweise können sie überhaupt nicht riechen.

Die großen Bartenwale können, wie Elefanten, Töne hervorbringen, die unter dem menschlichen Hörbereich liegen. Aber die Elefanten wären erstaunt, wenn sie wüssten, was ein Wal mit Schall anstellen kann. Die großen Wale können so laute Töne erzeugen wie ein mittelgroßes Schiff.[20] Wir Menschen können sie aber nicht hören; ihre Frequenz ist zu niedrig. Wale jedoch können sich gegenseitig hören, selbst wenn sie sehr, sehr weit voneinander entfernt sind. Finnwale, die *mehrere Hundert Kilometer* voneinander entfernt schwimmen, bleiben durch Rufe auf ihren Reisen miteinander in Kontakt und können so ihre Wanderungen «gemeinsam» unternehmen. Im Tierreich gibt es ein wahres Orchester akustischer Aktivitäten, aber von den vielen Millionen Wellenlängen können wir nur den winzigsten Teil wahrnehmen.

Nach dem Abendessen, bevor wir zu Bett gehen, die Laptops sind bereits zugeklappt, sitzen wir in Kens Küche und unterhalten uns bei einem Glas Wein, als ein einzelner Pfiff durch das Hintergrundrauschen aus den kleinen Lautsprechern dringt und jedes Gespräch zum Erliegen bringt.

Ein sanftes Flirren beginnt durch eine langsame Klangflut zu sickern. Die ruhige, nächtliche Küche füllt sich mit Kreischen, Schnattern, Rufen, Summen, Pfeifen, Heulen und Quietschen. Als wäre gerade eine Dixieland-Band um die Ecke auf eine leere, dunkle Straße eingebogen. Es kommt näher und wird lauter.

Zwanzig Minuten lang paradieren sie aus der Dunkelheit an uns vorbei, pfeifend und zwitschernd wie Vögel im Regenwald, sie klingen zuversichtlich und kraftvoll. Ihr Crescendo und Diminuendo schwillt an und erreicht einen Höhepunkt. Es ist eine überraschend beruhigende Bestätigung dafür, dass solche Kreaturen neben uns in ansehnlicher Zahl überleben. Und dann verklingen die Geräusche langsam. Und als der letzte Ton dieser lebendigen Musik uns erreicht, spüre ich, was wir mit ihnen verlieren würden.

Das Meeresrauschen klingt anders, als es uns wieder einhüllt. Es ist nicht mehr leer, sondern steckt voller Möglichkeiten. So fühlt ein guter Fischer in seiner unberührten Fangleine ein unermessliches Potenzial, das Gefühl, dass alles möglich ist, das ihn mit der Geduld eines Jägers erfüllt. Die Wale haben mich erwischt; ich bin fasziniert.

Einfach sehr sexuell

Am nächsten Morgen schwebt Ken im Bademantel die Treppen herunter und sagt gut gelaunt: «Wir haben Kaffee. Und – wir haben Wale!»

Er hat die Hydrophone bei Lime Kiln eingestellt, wenige Kilometer südlich von uns. Die Lautsprecher auf seinem Fensterbrett weben für uns einen abstrakten Klangteppich aus Heulen, Pfeifen und Rufen ...

Wer ist das?

Ken hält einen Finger hoch und lässt mich verstummen. «Oh, das ist ein K; hörst du das sanfte Miauen, das klingt wie ein kleines Kätzchen? Ah, das da draußen ist nicht nur eine Schule. In einer Sekunde weiß ich es genau.» Pause. «Das ist eine J-Schule», meint Ken. «Die Rufe der J- und L-Schulen klingen mehr wie Hupen.» Pause. «Okay, ich höre Js, Ks *und* Ls – alle drei Schulen!»

Wir treten auf Kens Küchenveranda hinaus und überblicken die Meerenge. Keine Wale. Aber dann umrunden Killerwale die Landspitze anderthalb Kilometer südlich von uns und brechen in breiter Front energisch durch die hohen Wellen. Die hohen Piratenflaggen-Flossen, die mich jedes Mal faszinieren, schneiden sich durch die Gischt, der Wind bläst ihre explosiven Fontänen ins Sonnenlicht. Das sind viele Wale; sie füllen mein komplettes Sichtfeld im Fernglas, von links nach rechts und dann noch ein Stück weiter, sogar auf diese Entfernung. «Wow – da sind sechzig, vielleicht sogar fünfundsiebzig Wale da draußen!»

«Anscheinend sind sie *alle* hier», sagt Ken aufgeregt.

Tatsächlich kommen alle Killerwale von allen drei «Resident»-Schulen, die jemals in diesen Gewässern gesehen wurden – die J-, K- und L-Schulen – auf uns zu. Das ist «eine Superschule!», ruft Ken.

Was die Einschätzung von Walverhalten angeht, bin ich Anfänger, aber mir scheinen die Wale guter Laune zu sein. Bei Superschulen-Versammlungen «hängen die ganz alten und die ganz jungen gern miteinander herum», erzählt Ken. «Weibchen, die sich seit Monaten nicht mehr gesehen haben, bleiben tagelang zusammen und schnattern, als wollten sie sich erzählen, was sie den Winter über erlebt haben. Die Jungen rollen und tollen herum und jagen sich.»

Bei ihren Partys gibt es Spiel und Liebe im Überfluss. Die Eltern sind nicht ganz so wachsam, und wie bei vielen anderen Delfinen sind die Spiele nicht ganz jugendfrei. Junge männliche Killerwale beginnen in früher Kindheit mit den Sexspielen. «Sogar die kleinen Einjährigen», sagt Ken. «Kurz nachdem sie abgestillt sind, wird viel herumgerollt mit den kleinen Schlangen draußen.» Ältere Männchen haben gegenüber anderen Männchen auch nicht gerade Hemmungen. «Wir sehen ganze Gruppen von Walkerlen mit ihren ein Meter langen Schwengeln umeinander gewickelt – wir nennen das Pink Floyd.» Wie andere Delfine genießen auch Killerwale häufig gleichgeschlechtliche Begegnungen und lassen sich von einem Freund mit Flosse oder Schnauze helfen. Viele freilebende Delfine masturbieren regelmäßig an Objekten, und einmal rieb sich ein erregter Wal sogar an Kens Boot. Sie sind dabei energisch, aber nicht aggressiv.

Eines Tages stellte Diana Reiss einen riesigen Spiegel ins Becken der beiden siebenjährigen Delfine Pan und Delphi. Daraufhin posierten die beiden vor dem Spiegel – und sahen sich zu, wie sie Geschlechtsverkehr miteinander vortäuschten.[21] (Große Tümmler haben mehr gleichgeschlechtlichen Sex als jede andere bekannte Tierart.)[22] Denise Herzing kam zu dem Schluss: «Delfine lieben Sex, und sie haben viel Sex.»[23]

Weibliche Killerwale werden als Teenager sexuell aktiv – und hören damit niemals auf. «Das ist ziemlich interessant, wenn sich Großmütter jenseits des fruchtbaren Alters an Männchen reiben und an ihnen entlangrutschen», erzählt Ken. Menopausale Killerwalweibchen verführen von Zeit zu Zeit jüngere Männchen zu erotischen Spielereien. «Jeden scharfen Jungwal», sagt Ken. «Manchmal sogar ganz junge Männchen, fünf oder sechs Jahre alt. Sie bringen alle Männchen in Stimmung. Richtige Paarungen haben wir nicht beobachtet, aber wir haben jede Menge Penisse beobachtet, die über Wale gelegt waren, die kopfüber schwammen oder kopfunter oder seitwärts. Sie rollen sich herum, und man kann ihren geschwollenen Vaginalbereich sehen. Da läuft deutlich mehr Sex als nur zur Fortpflanzung. Sie sind einfach sehr sexuell.»

Kein anderes Tier auf Erden hat eine Gesellschaft, welche derjenigen der Resident-Killerwale im Nordwestpazifik vergleichbar wäre. Wie bei den Elefanten bildet auch hier die von einer älteren Matriarchin geführte Familie, mit den Kindern der Matriarchin und den Kindern ihrer Töchter, die gesellschaftliche Grundeinheit. Der große Unterschied: Junge Elefanten verlassen ihre Familie, wenn sie Geschlechtsreife erreichen, während die männlichen Killerwale ihr ganzes Leben lang in ihrer Geburtsfamilie bleiben. (Sie paaren sich beim Zusammentreffen mit anderen Familien, kehren aber schnell wieder zu Mama zurück.) Die Mutter-Kind-Bindung ist ein Leben lang extrem stark. Und tatsächlich bleiben bei keiner anderen bekannten Tierart alle Kinder – Töchter *und* Söhne – ihr ganzes Leben lang bei der Mutter.

Wie bei den Elefanten hat auch bei den Killerwalen jede Familienmatriarchin, die alle Entscheidungen trifft, das Überlebenshandbuch der Familie im Kopf, sie bewahrt das Wissen über die Region, die Routen und Inselpassagen, die Flüsse, an denen sich die Lachse in der Saison versammeln, und vieles mehr. Oft schwimmt sie den anderen voraus. Ken vermutet, dass die Matriarchinnen Entscheidungen aufgrund von Einschätzungen treffen, wie zum Beispiel: «Hier gibt es nur wenig Fisch; schauen wir mal, wie es am Columbia River aussieht.» Eine solche Entscheidung kann zwei Tage Reisezeit bedeuten; sie schwimmen am Tag 120 Kilometer weit, herrschen über große Gebiete.

Rufe spielen eine seltsame, aber wichtige Rolle in der nächsten Schicht der gesellschaftlichen Organisation von Residents. Alle Wale haben bestimmte Rufe gemeinsam. Aber manche Rufe werden nur von bestimmten Gruppen verwendet. Mehrere Familien mit einigen wenigen spezifischen Rufen, die von anderen Familien nicht benutzt werden, bilden eine stabile Vereinigung, die als «Schule» bezeichnet wird. (Kens Forschungsassistent Dave Ellifrit versichert mir: «Sie klingen völlig anders, selbst für ungeübte Ohren.») Jede Resident-Schule verwendet sieben bis siebzehn eigenständige Rufe. Jeder Wal einer Schule hat exakt dasselbe Repertoire an Rufen und alle verwenden das gesamte Repertoire. Verschiedene Schulen haben manche Rufe gemeinsam, aber keine Schule verwendet exakt dasselbe Repertoire wie eine andere.[24]

Eine Killerwalschule besteht also aus mehreren Familien, die sich regelmäßig treffen, und ist keine Bond-Gruppe wie bei Elefanten. Killerwalfamilien wandern zwar oft unabhängig von den anderen, aber Schulen sind reale, zusammenhängende soziale Einheiten. Man sieht das zum Beispiel, wenn die Familien der J-Schule gemeinsam zur Mündung des Fraser River wandern und die K-Schule zur Rosario Strait.

Nächste Schicht: «Clans», die sich aus mehreren Schulen zusammensetzten, deren Mitglieder weitere Rufe benutzen, die andere Clans nicht haben. Clans, die sich zumindest gelegentlich treffen, werden als «Gemeinschaft» bezeichnet. Gemeinschaften haben keinen Kontakt zu anderen Gemeinschaften. Hier im Nordwesten gibt es zwei Gemeinschaften: die nördlichen und die südlichen Residents. Die mehr als achtzig Wale der J-, K- und L-Schulen bilden gemeinsam die südlichen Residents. Ihr übliches Aufenthaltsgebiet erstreckt sich vom unteren Ende von Vancouver Island, Kanada, bis hinunter nach Monterey, Kalifornien. Die nördlichen Residents wandern normalerweise von Vancouver Island nach Südostalaska. Diese Gemeinschaft besteht aus insgesamt sechzehn Schulen, zu denen 260 Wale gehören.

Seltsamerweise vermeiden diese benachbarten Gemeinschaften von Residents, sich zu vermischen, und das aus anscheinend rein kulturellen Gründen, aufgrund erlernter Gewohnheiten, die zur Segregation führen. Nördliche und südliche Residents wurden weniger als einen Kilometer voneinander entfernt bei der Jagd beobachtet – aber nie bei einem Zusammentreffen. Diese Wale stehen seit Jahrzehnten unter genauester Beobachtung; eine Menge Leute hätte es bemerkt, wenn sie Kontakt gehabt hätten. Die DNA zeigt, dass es sich bei diesen Nachbarn, die gesellschaftlich nicht miteinander verkehren, genetisch gesehen um dieselbe Art handelt. Dennoch gilt es üblicherweise als *Verhaltensanzeichen* für *unterschiedliche* Arten, wenn «zwei Populationen keine Fortpflanzungsgemeinschaft bilden» – und das tun diese Wale nicht.

Möglicherweise beobachten wir hier, wie sich Killerwale in zwei verschiedene Arten aufteilen. Wenn sie sich weiterhin so gründlich meiden und beide Gemeinschaften überleben (die südliche ist inzwischen bedroht), dann könnten sich aus diesen verschiedenen Gemeinschaften unterschiedliche Arten entwickeln. (Wir sollten in hunderttausend Jahren nochmal nachsehen.) Derzeit sind die einzigen erkennbaren Unterschiede zwischen ihnen *kultureller* Art: ihre Rufdialekte. Alles andere haben sie gemeinsam, auch ihre wechselseitige Abneigung gegen Kontakte untereinander. Diese Selbst-Segregation stabiler kultureller Gruppen ist so außergewöhnlich, dass Forscher sagen, Parallelen dafür gebe es «nur beim Menschen».[25]

Bei Grindwalen rund um die Kanarischen Inseln gibt es ebenfalls Resident-Schulen (die man häufig sieht) und Transient-Schulen (selten zu beobachten), welche sich nicht vermischen.[26] Pottwale leben in riesigen «Clans», die keinen Kontakt zueinander haben. Im Pazifik identifizierten Forscher sechs «akustische Clans», mit unterschiedlichen Mustern von Klicklauten. Jeder Clan durchwanderte ein Gebiet von mehreren Tausend Kilometern und setzte sich aus vielleicht zehntausend Pottwalen zusammen. Der Wissenschaft ist keine andere stabile kulturelle Gruppierung in derart transozeanischem Maßstab bekannt.[27] Bei Großen Tümmlern gibt es Küsten- und Tiefseeformen, deren Reviere sich überschneiden, die sich aber nicht miteinander paaren. Das entspricht der Definition von «unterschiedlichen Arten», aber auch sie sind offiziell noch nicht als solche anerkannt. Von Fleckendelfinen und Ostpazifischen Delfinen gibt es ebenfalls verschiedene «Formen». Sie alle leben mit uns, sie sind groß, sie sind clever – und wir wissen kaum etwas über sie.

Ich fasse zusammen: Killerwale leben in komplexeren sozialen Strukturen als Schimpansen. Und sie sind friedlicher. Trotz ihrer Masse und ihrer Zahnbewaffnung sind sie, wenn sie aufeinandertreffen, entweder gesellig oder sie schwimmen davon. Das völlige Fehlen von Aggressionen zwischen freilebenden Killerwalen beeindruckt Forscher schon lange. Kens Assistent Dave Ellifrit sah einmal, wie zwei Männchen «mit einem dumpfen Schlag aufeinanderprallten, und dann ihrer Wege schwammen». Das war alles? Ich frage hartnäckig nach einem weiteren Beispiel für Aggression, und schließlich erzählt Dave, na ja, er habe einmal eine Mutter gesehen, die ihr Baby, das ihr auf die Nerven ging, zur Ruhe bringen wollte. «Die Mutter gab dem Baby einen Klaps mit dem Kopf, nach dem Motto: ‹Lass mich in Ruhe!›» Mehr Aggression ist ihm in mehr als zwanzig Jahren nicht aufgefallen. Alexandra Morton beobachtete und belauschte Killerwale mehrere Jahrzehnte lang und beschrieb dann das synchronisierte Atmen bei Familienmitgliedern, wie sie mit den Flossen sanft über die Flanken ihrer Begleiter fuhren oder Ganzkörperkontakt suchten; sie beschrieb, dass ihr kein Killerwal untergeordnet oder zweitrangig zu sein schien. Sie schildert den engen Kontakt zwischen Müttern und Kindern. Besonders weist sie auf die «Akzeptanz, Anerkennung und die Friedfertigkeit» bei Killerwalen hin.[28]

Verschiedene physische Merkmale, unterschiedliche Sprachen, unterschiedliche Kulturen, Familienwerte – abgesehen von dem Fehlen jeglicher Gewalt gegenüber ihren Artgenossen könnte man Killerwale fast für Menschen halten. Einige Eingeborenen halten sie tatsächlich dafür. Vielleicht spüren sie intuitiv, dass die stabilen, separaten, kulturell selbst definierten Gruppen der menschlichen Gesellschaft entsprechen. Vielleicht haben sie recht.

Die Superschule aus feiernden Walen entfernt sich von den Mikrofonen; das bedeutet, dass sie in unsere Richtung kommen. Wir schauen gebannt aufs Meer – und sie legen sich voll ins Zeug. In voller Geschwindigkeit brausen sie heran und liefern eine beeindruckende Show. Sie nähern sich bis auf eine Meile der Küste, direkt vor dem Haus. Mit Abständen von fünfzehn bis dreißig Metern zueinander bilden sie eine circa anderthalb Kilometer lange Linie, senden Schallstrahlen aus und suchen so nach Lachsen wie ein riesiger Trupp Ringwadenfischer. Viele weitere bewegen sich in loser Verbindung weiter in die Meerenge hinaus. Plötzlich tauchen alle Wale in unserer Nähe gleichzeitig ab. Ich stelle mir vor, wie sie rasch einen Kreis um einen Lachsschwarm schließen, abwechselnd in den Schwarm hineinschwimmen und die Fische fressen, sich die Beute teilen.[29] Weniger als eine Minute später tauchen einige wieder auf, die Atemfontänen werden von den hohen Rückenflossen angekündigt. Ein Männchen dreht sich mit dem Kopf über der Wasseroberfläche, als sehe es nach, wie viele seiner Begleiter schon oben sind. Ein paar mehr tauchen auf, dicht zusammengedrängt. Einige Möwen stürzen sich auf die Wasseroberfläche und schnappen sich dort treibende Fischreste. Der Jagderfolg hat die Wale in beschwingte Stimmung versetzt, sie planschen miteinander und wirken entspannt.

Als Ken auf die nächste Hydrophonanlage nördlich von uns umstellt, bekommt er zielsicher die nordwärts wandernden Wale herein, als hätten wir eine Karaokebar betreten. Eine Frage taucht auf: Kommunizieren die komplexen Klänge und Gehirne von Killerwalen und anderen Delfinen komplexe Dinge? Die Antwort: ja und nein. Was sie kommunizieren, ist nicht komplex. Delfine verstehen die Syntax von Sätzen in Gebärdensprache bis zu: «Berühre den Frisbee mit der Schwanzflosse und springe drüber.»[30] Delfine verstehen genug, um unsinnige Befehle zu ignorieren.[31] Sie können mehrere Dutzend menschliche Wörter erlernen und verstehen kurze Sätze.[32] Aber die reale Welt und Gesellschaft der Delfine ist erheblich anspruchsvoller und vielschichtiger, und es geht um höhere Einsätze als in einem Schwimmbecken mit ein oder zwei Menschen und ein paar Spielzeugen.

Delfine haben in den Schwimmbecken die Zeichen und Symbole der Forscher gelernt und einiges über menschliche Sprache verstanden. Wir Menschen hingegen haben ihren Code nie geknackt und auch nie herausgefunden, wie wir Delfintöne verwenden können, um mit Delfinen über Delfinangelegenheiten zu kommunizieren. Sprechen sie miteinander und geben sich gegenseitig Befehle und Anweisungen und erzählen sich Geschichten? Wir wissen es nicht. Genauso wenig wissen wir, was sie denken. Oder was sie sagen. Können wir es herausfinden?

Wie Menschenbabys brabbeln Kleinkinddelfine Sätze aus Pfeiftönen daher, die mit zunehmendem Alter immer organisierter werden. Im Alter zwischen einem Monat und zwei Jahren entwickeln Große Tümmler, Fleckdelfine und andere ihre eigenen, individuellen «Signaturrufe». Mit diesen charakteristischen Pfeiftönen geben sie sich selbst Namen. Der Klang ist einzigartig, und die Delfine behalten ihn ein Leben lang bei. Sie verwenden ihn, um sich selbst anzukündigen.

Wenn Delfine einen anderen Delfin ihren «Signaturruf» pfeifen hören, rufen sie zurück. Einem Delfin, der den «Signaturruf» eines dritten Delfins pfeift, antworten sie hingegen nicht. Sie rufen sich also beim Namen und sie antworten, wenn ihr eigener Name gerufen wird.[33] Delfine rufen die Namen ihrer engen Freunde, wenn sie getrennt werden.[34] Kein anderes Säugetier tut das (soweit wir wissen). Wenn die Wasserbedingungen stimmen, können sich Delfine über fünfzehn Kilometer weit hören.[35] Fleckendelfine verwenden Namen, um mehrere Einzeltiere zusammenzurufen.[36] Treffen sich mehrere Gruppen im Meer, dann tauschen sie ihre Namen aus.[37]

Große Tümmlerweibchen bleiben ihr Leben lang in der mütterlichen Gruppe. Sie entwickeln einen Signaturruf, der sich von dem der Mutter unterscheidet, und können so leicht auseinandergehalten werden, wenn sie zusammen unterwegs sind. Männliche Jungtiere – die ihre Geburtsgruppe verlassen – entwickeln einen Signaturruf, der dem der Mutter ähnelt.

Forscher fanden kürzlich heraus, dass verschiedene Fledermausarten ebenfalls Gesänge anstimmen, in denen Signaturrufe vorkommen. Die europäische Rauhautfledermaus hat einen Gesang, der aus mehreren Teilen besteht; sie sagt, in Menschensprache übersetzt: «Hört her, ich bin eine *Pipistrellus nathusii*, genau gesagt Männchen 17, ich gehöre dieser Gemeinschaft an, und wir haben eine gemeinsame soziale Identität; bitte landet hier.»[38] Bestimmte Papageienarten verwenden Signaturrufe, um Nachbarn und Einzeltiere zu identifizieren. Manche Forscher nehmen an, dass alle der mehr als 350 Papageienarten Signaturrufe verwenden. Grünbürzel-Sperlingspapageien geben ihren Jungen Namen, die die Jungtiere dann für sich selbst verwenden. Das sei «eine faszinierende Parallele zur Namensgebung bei Menschen», sagen Forscher.[39] Der Prachtstaffelschwanz, eine australische Vogelart, bringt seinen Jungen vor dem Schlüpfen ein Passwort bei, und «je besser die Kleinen das Passwort beherrschen, desto mehr Futter bekommen sie».[40] Neben Delfinen und Prachtstaffelschwänzen gibt es sicher noch viele, viele weitere Tierarten mit ungeahnten Verhaltensweisen, die uns bisher entgangen sind.

Natürlich erkennen Hunde und andere Tiere problemlos ihre eigenen Namen. Unsere clevere kleine Chula weiß, wen sie suchen muss, wenn ich sage: «Geh und hole Jude« (ihren Adoptivbruder) oder «Geh und hole Mami» (die Frau, die sich um sie kümmert und auch um mich). Und sie verstehen Begriffe wie «Wasser» oder «Spielzeug». Und auf jeden Fall auch «Leckerbissen». Als unser Welpe Emi das Wort «Spielzeug» lernte, stürzte sie sich nicht einfach auf das nächstgelegene Ding, einen Schuh etwa oder eine Socke, sondern suchte nach *ihrem* Spielzeug, entweder in einer Kiste oder auf dem Boden, und zeigte damit, dass sie ein Konzept verstand, das verschiedene Einzeldinge umfasste, aber viele andere ausschloss, eine *Kategorie*.

Delfine merken sich und erkennen die Signaturrufe der anderen ihr ganzes Leben lang. Bei dem Experiment, das dies bewies, hörten gefangene Große Tümmler die Aufnahme von Signaturrufen anderer Delfine, mit denen sie vor bis zu zwanzig Jahren gemeinsam untergebracht waren. Sie erinnerten sich an die Rufe und antworteten auf sie, selbst wenn sie sich nur kurz gekannt hatten, bevor sie wieder getrennt wurden. Der

Einfach sehr sexuell

Experimentleiter Jason Bruck kam zu dem Schluss: «Delfine können sich ein Leben lang aneinander erinnern.»[41] Diese Studie war der erste formelle Beweis für ein soziales Gedächtnis, das zwanzig Jahre umfasste, bei einem Nichtmenschen. Affen und Elefanten und einige weitere Tierarten begrüßen nach jahrelanger Trennung sehr rührend verlorene Artgenossen oder menschliche Pfleger. Im Internet gibt es mehrere Videos von derartigen herzzerreißenden Wiedersehen. Wenn der Sheldrick Trust in Nairobi verwaiste Elefanten in den Tsavo-Nationalpark bringt, treffen die Tiere dort ältere freilebende Elefantenwaisen, die sie vor Jahren in der Aufzuchtstation gekannt hatten. Tierpfleger Julius Shivegha erklärte mir bei einem Besuch: «Nach der Kontaktaufnahme sagen die Elefanten: ‹Oh – *du* bist es; ich habe dich nicht erkannt; du bist so groß geworden!› Wie Menschen, die sich seit der Kindheit nicht mehr gesehen haben.»

Innenansichten

Viele Menschen halten Delfine für die besseren Wesen – was an den Tieren liegen kann oder an uns. Vielleicht hoffen wir wegen unseres Unbehagens angesichts unserer menschlichen Schwächen, dass es am Himmel oder im Meer etwas oder jemand gibt, der perfekter ist als wir. Deswegen müssen wir uns aber nicht grämen. Vieles auf der Welt kann, aufgrund eigener Kompetenzen, den Anspruch darauf erheben, besser zu sein als wir. Auch bestimmte Menschen. Und wie mir meine Hunde ständig klarmachen, werden viele besonders wichtige Dinge ohne Worte gesagt. Vielleicht können Delfine manches wirklich besser – Sprechen jedoch gehört definitiv nicht dazu.

Nach allem, was wir bisher wissen, sind die Informationen, die Delfine über das Pfeifen übermitteln, einfach und repetitiv, unkompliziert, unspezifisch, ohne große Struktur; sie verfügen über keine wortbasierte, wortreiche Sprache mit Syntax.[42] Doch nur wenige Delfinliebhaber – mich selbst eingeschlossen – wollen das wirklich wahrhaben. Die Rufe klingen einfach zu komplex und variantenreich. Daher lauschen und warten wir, in der Hoffnung, eines Tages mehr zu hören.

Manche Menschen verbringen viel Zeit damit, Walen zuzuhören. Das sagt einiges über Menschen und Wale – oder über beide. In den 1970er Jahren entdeckten Wissenschaftler, dass Buckelwale strukturierte Gesänge singen.[43] Seltsamerweise singen Männchen, die sich in Paarungsgebieten treffen, alle denselben Gesang, selbst wenn sie aus Gegenden kommen, die mehrere Tausend Meilen voneinander entfernt sind. Buckelwalgesänge setzen sich aus etwa zehn verschiedenen, circa fünfzehn Sekunden langen, aufeinanderfolgenden Motiven zusammen, die jeweils aus etwa zehn verschiedenen Noten bestehen, welche wiederholt werden. Der ganze Gesang ist um die zehn Minuten lang und wird mehrfach wiederholt. Während der Paarungszeit singen die Wale stundenlang. Jeder Ozean hat einen eigenen Gesang, der sich wiederum im

Ein Buckelwal vor Long Island

Laufe der Monate und Jahre für die vielen Tausend Wale in jedem Ozean auf die gleiche Weise wandelt. Der Gesang ist ständig in Veränderung begriffen, und die Veränderungen werden mit allen Walen umfassend geteilt.

Manchmal treten plötzlich radikale Veränderungen auf. Im Jahr 2000 verkündeten Forscher, der Gesang der Buckelwale vor der australischen Ostküste sei «schnell und vollständig» durch den Gesang ersetzt worden, den die Buckelwale aus dem Indischen Ozean vor der australischen Westküste sangen.[44] Anscheinend waren ein paar «Fremde» von West nach Ost gewandert, und ihr Gesang hatte den östlichen Walen sofort so gut gefallen, dass sie *alle* ihn singen wollten. Die Forscher schrieben: «Eine derart revolutionäre Veränderung ist beispiellos unter den kulturellen Lautüberlieferungen der Tiere.» Eine Phrase, die einmal aus dem Gesang verschwand, wurde nie mehr gehört, obwohl Forscher zwanzig Jahre lang lauschten. Was bedeuten die Gesänge? Forscher Peter Tyack sagt: «Wahrscheinlich verdanken wir die musikalischen Merkmale der Gesänge von Buckelwalmännchen den Entwicklungen im ästhetischen Feingefühl der weiblichen Buckelwale.» Übrigens wurden von den Gesängen der Buckelwale mehrere Millionen Aufnahmen verkauft. Wir haben denselben Geschmack. Das ist sowohl das größte Rätsel als auch der beste Beweis dafür, dass wir ähnlich denken.

Die einzelnen Tiere einer Killerwalgruppe können über 400 Quadratkilometer verteilt sein – und alle halten singend Kontakt. Über die Hydrophone habe ich Zwitschern und Pfeifen gehört, Hupen und Rufe, und wie immer man das Geräusch nennt, wenn man mit nassen Händen über einen Gummiballon fährt. Die meisten Rufe ändern plötzlich oder fließend den Ton, sodass man sie trotz der Hintergrundgeräusche erkennt. Was für einen Gesang singen die Wale? Welche Schöpfungsepen rezitieren sie? Wenn es einen Code gibt, dann hat ihn noch keiner geknackt. Außer Ken, ansatzweise. «Seit der ersten Aufnahme aus dem Jahr 1956 haben sie immer wieder dasselbe gesagt», berichtet er. «Ich dachte mir schon: ‹Haben sie gar nichts Neues zu erzählen?› Sie sagen nicht ‹Große Fische hier› oder so etwas. Sie haben keinen Ruf für ‹Beute› und einen anderen für ‹Hallo›.» Ken ist jedoch überzeugt, dass «sie – an einem einzigen Piepsen – erkennen, wer das war und worum es geht. Ich bin mir sicher, dass für sie ihre Stimmen so unterschiedlich und leicht erkennbar sind wie unsere Stimmen für uns. Ich bin mir ziemlich sicher, dass sie, wie die Delfine, Namen haben und dass diese Signaturrufe in all den wiederholten Tönen stecken, die wir hören.»

Noch stärker wird vielleicht über Emotionen kommuniziert. «Ein Ruf klingt vielleicht wie Ih-rah'i, ih-rah'i», sagt Ken. «Hat das eine bestimmte Bedeutung? Oder hat die *Intensität* des Rufs eine Bedeutung? Wenn sich die Schulen versammeln, dann spürt man Intensität, Aufregung; es klingt wie eine Party. Wenn die Wale aufgeregt sind, werden die Rufe höher und kürzer – regelrecht schrill.» Die Rufe haben vielleicht keine Syntax, aber was sie transportieren ist: wer, wo, Stimmung und möglicherweise Futter. Den Ruf *Pituuu* verwenden die Wale bei synchronisierten Handlungen («Wir machen das jetzt; lasst es uns weiterhin zusammen machen»); der Ruf *Wee-oo-uuo* wird bei Ruhe und entspanntem Kontakt laut («Wie geht's – gut? Gut»). Die Rufe genügen, um Koordination, Gruppenzusammenhalt, -identität und -integrität aufrechtzuerhalten – über Jahrzehnte hinweg.[45]

Sind diese Rufe, die wir hören, auch das Sonar, mit dem sie Fische aufspüren?

«Nein. Sonar klingt wie ...» Ken klickt schnell mit der Zunge. «Manchmal kommen die Klicklaute über die Lautsprecher herein; dann ‹suchen› die Wale nach Fisch.»

Aus dem zurückkehrenden Echo der Klicklaute gewinnen die Gehirne Informationen. Delfine können per Sonar einen einhundert Meter entfernten Tischtennisball aufspüren, den Menschen auf diese Entfernung nicht sehen würden.[46] Sie können schnell schwimmende Fische genau genug orten, um sie zu fangen, während sie gleichzeitig bei hohen Geschwindigkeiten Hindernissen ausweichen. Sie klicken schnell: jeder Klicklaut dauert nur eine zehnmillionstel Sekunde, und sie erzeugen bis zu vierhundert davon in der Sekunde.

Resident-Killerwale erzeugen sieben bis zehn Sekunden lange Serien aus Klicklauten; diese sind doppelt so lang und kommen siebenundzwanzigmal häufiger vor als bei Transients.[47] Transients sind kryptische Klicker. Manchmal erzeugen sie nur einen einzigen, weicheren Klicklaut. Angesichts des beständigen Hintergrundrauschens des Ozeans aus kleinen Knalllauten und den Rufen von Krabben und anderen Tieren, das manchmal so klingt, als würde jemand im Ozean etwas braten, haben Seehunde und Schweinswale Schwierigkeiten, einen akustisch getarnten Klicklaut zu hören. Jacques Cousteau bezeichnete den Ozean als «die stille Welt», aber im Wasser breitet sich Schall viel besser aus als in der Luft, und viele Meerestiere nutzen die Schallautobahn des Ozeans zu ihrem Vorteil. Oder er wird gegen sie verwendet.

Killerwale erzeugen nicht nur Klicklaute; sie lauschen auch nach Platschern oder Atemgeräuschen. All das führt zu einem akustischen Wettrüsten zwischen den scharfsinnigen Killern und ihrer raffinierten Delfinbeute. Säugetiere jagende Killerwale jagen manchmal auch Weißflankenschweinswale. Die Schweinswale verwenden ebenfalls Sonar, und man sollte eigentlich glauben, dass es auf die Killerwale wie eine Glocke wirkt, die zum Essen ruft. Aber die Klicklaute der Schweinswale liegen über dem Hörbereich der Killerwale. Dass sich ein solcher Unterschied entwickeln konnte und erhalten bleibt, lässt sich leicht erklären: Ein Schweinswal, dessen Klicklaute für Killerwale hörbar sind, wird gefressen. Höhere Rufe ermöglichen ein Überleben auf höherer Frequenz.

Dass Tiere Sonar verwenden, weiß die Menschheit noch nicht lange.[48] Erst im Jahr 1960 erkannten Forscher das Sonar der Delfine. Im Jahr 1773 beobachtete der Italiener Lazzaro Spallanzani, dass Eulen in einem völlig dunklen Raum hilflos waren, Fledermäuse aber frei herumflogen. Später stellte er erstaunt fest, dass blinde Fledermäuse ebenso gut Hindernisse umflogen wie Fledermäuse, die sehen konnten. Wie machten sie das? Im Jahr 1798 verstopfte der Schweizer Forscher Charles Jurine einigen Fledermäusen die Ohren; sie flogen überall dagegen. Er war verblüfft, weil die Fledermäuse scheinbar kein Geräusch von sich gaben. Seine Behauptung, die Navigationsfähigkeit der Fledermäuse habe etwas mit ihrem Gehör zu tun, wurde zunächst belacht und dann ein Jahrhundert lang vergessen. (Aus der Geschichte der Ablehnung neuer Ideen, die sich später als wahr erwiesen – darunter auch die berühmte Idee, dass mikroskopisch kleine «Keime» Krankheiten auslösen können und dass Ärzte sich die Hände waschen sollten –, sollten wir Zurückhaltung bei der Zurückweisung des scheinbar Absurden lernen. Wale tun scheinbar absurde Dinge, die noch jenseits des menschlichen Verständnisses liegen, wie Sie in den nächsten Kapiteln lesen werden.) Im Jahr 1912 kam der Ingenieur Sir Hiram Maxim auf die Idee, Fledermäuse könnten Töne produzieren, die Menschen nicht zu hören vermögen; aber er vermutete, ihre Flügel würden das Geräusch erzeugen.

Im Jahr 1938 lösten G. W. Pierce und Donald Griffin in Harvard schließlich das «Spallanzani-Fledermaus-Problem». Die beiden zeichneten mit Spezialmikrofonen und -empfängern auf, dass Fledermäuse Töne ausstoßen, die über dem menschlichen Hörbereich liegen. Sie bewiesen, dass Fledermäuse Töne in diesem Frequenzbereich hören können, und so wurde unsere Blindheit bezüglich des Fledermaussonars beseitigt. Im Zweiten Weltkrieg entwickelten Menschen nach diesem Vorbild echobasierte Sonar- und Radarsysteme für militärische Zwecke. Etwa ein Jahrhundert nach Pierce und Griffin entdeckte Arthur McBride von Marine Studios (später Marineland) in Florida, dass Große Tümmler bei der Gefangennahme in sehr dunklen Nächten feinmaschige Netze umschwammen und Öffnungen entdeckten. Im Jahr 1952 stellten zwei Forscher erstmals öffentlich die Hypothese auf, dass «Schweinswale sich, wie Fledermäuse, in ihrer Umgebung im Hinblick auf Objekte durch Echoortung orientieren». Daraufhin wurde durch Experimente bewiesen, dass Delfine Töne hören, die für Menschen zu hoch sind. Der Kurator von Marineland, Forrest Wood, berichtete, gefangene Delfine würden in ihren Schwimmbecken Objekte einer «Echo-Untersuchung» unterziehen.

Doch erst 1956 berichteten Forscher, dass gefangene Delfine 320 Schallimpulse aussendeten, wenn sie sich toten Fischen näherten, dass Delfine durchsichtigen Glasscheiben, die in ihrem Becken immer wieder neu positioniert wurden, auswichen und dass sie bei Dunkelheit schwimmenden Objekten auszuweichen verstanden und die von ihnen bevorzugte Fischart identifizierten, wenn man ihnen daneben auch Fisch anbot, den sie nicht mochten. (Viel beeindruckender ist, dass viele freilebende Delfine bei Dunkelheit kleine, schnelle Fische jagen – und fangen.) Im Jahr 1960 pfropfte Kenneth Norris Gummisaugnäpfe auf die Augen von Delfinen, und die Tiere schwammen problemlos, stießen Schallimpulse aus, wichen schwimmenden Objekten aus und fanden sich in Labyrinthen zurecht. In weiteren Experimenten wurde zwischen den 1960er und den 1990er Jahren gezeigt, dass erblindete Delfine, Belugawale, Schweinswale und ein paar andere Walarten ins Wasser geworfene Fische und Spielzeuge fanden, Hindernisparcours durchschwammen und durch die Blindheit nicht beeinträchtigt wurden. Heute wissen wir, dass sich Pottwale, Killerwale, andere Delfine und Fledermäuse tatsächlich per Schall orientieren. In all den Generationen zuvor waren die Menschen blind für die Welt des Sonars gewesen.

Jeder Delfin funktioniert wie eine hochentwickelte Unterwasserspionagestation, weil ein so großer Teil seiner Hardware im Kopf und der Verdrahtung im Gehirn zur Erzeugung und Analyse von Unterwassergeräuschen dient. Aber auch wir Menschen sind, auf unsere eigene Art, für die Geräuschanalyse von der Natur gut ausgerüstet. Wir hören uns Aufnahmen von Orchestern oder Rockbands an und können allein anhand der Vibrationen der Lautsprechermembranen mühelos einen lückenlosen Klangteppich mit Geigen, Hörnern, Keyboards und Schlagzeug rekonstruieren und unsere Gitarrengötter und Stimmwunder identifizieren. Wale hören die sozialen Rufe ihrer Freunde und Familie wahrscheinlich auf ganz ähnliche Weise, wie wir unsere hören. Schließlich sind Forscher imstande, die Rufe der Wale gut zu hören, und erkennen, welche Schule gerade spricht.

Aber weil wir Menschen uns vor allem auf *visuelle* Navigation stützen, ist eine Sonarnavigation für uns kaum vorstellbar. Unsere Entsprechung ist das Sehen. Wenn Licht allseits reflektiert wird, dann landet ein Teil davon in unseren Augen, und unser Gehirn erstellt für uns daraus eine außerordentlich detaillierte Vision der Welt um uns herum. Wir sehen also Echos von Licht.

Stellen Sie sich vor, Sie stünden mit einer Taschenlampe an einem dunklen Ort, der Lichtstrahl geht von Ihnen aus, das Licht springt herum, damit sie scannen und sehen können, wie es dort aussieht. Nun stellen Sie sich vor, Ihr Körper würde statt eines Lichtstrahls einen Schallstrahl aussenden und Ihr Gehirn könnte immer noch eine detaillierte Einschätzung dessen vornehmen, von dem der Schallstrahl abprallt. Kein Bild – zumindest kein visuelles –, aber ausreichend, um Ihnen mit hoher Genauigkeit zu zeigen, was dort ist.

Wenn Sonarsignale verlangsamt werden, damit Menschen sie hören können, dann können sogar Menschen anhand der Echos erkennen, ob das Zielobjekt aus Stahl, Bronze, Aluminium oder Glas besteht – mit einer Genauigkeit von 95 bis 98 Prozent.[49] Wie sich herausstellte, kann das menschliche Gehör sehr gut Unterscheidungen treffen. Uns fällt es leicht, Stimmen am Telefon zu erkennen oder in einem lauten Restaurant einem Gespräch zu folgen.

Dennoch können wir uns nicht vorstellen, wie Tiere Sonar ohne Bezugnahme auf visuelle Wahrnehmung erleben. Man nimmt an, dass sie die Echos hören und eine Klangkarte erstellen, die so genau ist, dass sie allein mit dem Gehör wendige Fische aufspüren und fangen können. Wir stellen uns vor, dass Wale durch Sonar ein «Klangbild» erschaffen, das so scharf eingestellt ist wie das Lichtbild, das wir bei unserem Sehvermögen konstruieren. Aber ich frage mich: Können sie ihr Sonar tatsächlich *sehen*?

Immerhin: Es sind nicht die Augen, die sehen, sondern das Gehirn. Immerhin: «Licht» ist nichts inhärent «Visuelles».

Was wir als «sichtbares Licht» bezeichnen, ist nur eine kleine Wellenbandbreite, ein winziger Teil des elektromagnetischen Spektrums. Über und unter den Wellenlängen, die Menschen sehen können, gibt es weitere, ebenso reale, die als Gammawellen, Röntgenstrahlen, Infrarotstrahlen, ultraviolettes Licht, Funkwellen und andere bezeichnet werden. Wir sehen sie nicht, weil die menschlichen Augen bei diesen anderen Wellenlängen keine Impulse erzeugen und entlang unseres optischen

Nervs zum Gehirn senden. Ein paar andere Tierarten sehen jedoch ultraviolettes und infrarotes Licht. Verschiedene Insekten, Fische, Amphibien, Reptilien und Vögel – sowie Säugetiere, darunter einige Nagetiere, Beuteltiere, Maulwürfe, Fledermäuse, Katzen und Hunde – sehen ultraviolettes Licht. Einige Schlangen haben Grubenorgane, mit denen sie infrarote Energie *visualisieren*, die warme Körper ausstrahlen, wie mit einer Lochkamera.[50]

Die Wahrnehmung von Licht und das eigentliche Seh-Erlebnis entstehen im menschlichen Gehirn. Wenn wir unsere Augen schließen und wenn wir träumen, sehen wir vor unserem «inneren Auge», was wir befürchten und was wir ersehnen. Man kann mit der Hand im Papierkorb herumwühlen, während man sich vorstellt, was man dort finden will. Wenn unsere Augen offen sind, dann erzeugen sie *Impulse* basierend auf den elektromagnetischen Wellenmustern, die auf unsere Netzhaut treffen, und schicken die Impulse über den optischen Nerv an unser Sehzentrum im Gehirn, das die Impulse decodiert; das Gehirn erzeugt das Bild und präsentiert es unserem Bewusstsein, das sich dann am Anblick erfreut. Unsere Augen «sehen das Objekt» also gar nicht wirklich; unser Gehirn erzeugt Bilder aus reflektierter Energie. An den Wellenlängen, die wir als Rot sehen, ist gar nichts «Rotes»; unser Gehirn farbkodiert nur die ankommenden Impulse bestimmter Wellenlängen. Eine Videokamera sendet Impulse über Kabel an einen Monitor, der die Impulse wieder in Bilder verwandelt. Augen, Nerven und Gehirn machen exakt dasselbe, wenn man auf den Monitor blickt.

Ebenso wie Licht, tritt auch Schall in Wellen auf. Ebenso wie das Sehen, wird auch das Hören im und vom Gehirn erzeugt. Wir bezeichnen elektromagnetische Wellenlängen, die wir zufällig «sehen» können, als «Licht», und Vibrationen mit Wellenlängen, die wir zufällig hören können, als «Schall». Über und unter dem, was wir hören und sehen können, gibt es weitere Wellenlängen, die die Welt erfüllen, aber außerhalb unserer Wahrnehmungsmöglichkeiten liegen.

Ist es möglich, dass die Gehirne von Walen und Fledermäusen mit sonarreflektiertem Input echtes Sehen erzeugen? Ich sehe nichts, was dagegen spräche. Nimmt ein Walgehirn Nervenimpulse durch Sonarecho möglicherweise genauso auf wie Nervenimpulse durch Licht und konstruiert daraus ein *Bild,* das der Wal – oder die Fledermaus – tatsächlich sieht?

Hören und Sehen sind nicht so scharf voneinander getrennt, wie es scheint. Manche Menschen sehen Farben, wenn sie bestimmte Töne hören. Das wird Synästhesie genannt. Auf meinem Boot habe ich ein Sonargerät, das Schallimpulse generiert, dann die reflektierten Echos registriert und sie in elektrische Impulse umwandelt, die zur Verarbeitung über ein Kabel an ein Gerät geleitet werden. Schallkollektor, Kabel und Verarbeitungseinheit funktionieren wie Ohr, Nerv und Gehirn. Die verarbeiteten Echos werden in visuelle Bilder umgewandelt, die auf einem Bildschirm erscheinen. Mit Hilfe der Maschine sehe ich tatsächlich per Sonar Ozean-Tiefenlinie, Felsen und Abhänge, an denen Fische leben, sowie die Positionen von Fischen im Wasser.

Der wohl beste menschliche Anwender von Echoortung ist Daniel Kish, der im Alter von einem Jahr erblindete und in jungen Jahren entdeckte, dass er sich per Klicklaute orientieren konnte. Ein Großteil seines Gehirns muss sich auf Klang umgestellt haben, weil er anhand seiner eigenen Klicklaute navigiert. Er kann im Straßenverkehr Fahrradfahren (kaum vorzustellen), und er hat die Organisation *World Access for the Blind* gegründet, um anderen Blinden beizubringen, wie sie ihr eigenes Sonar nutzen können – um gleichsam ihren inneren Delfin zu wecken. Die Klicklaute, die seine Zunge erzeugt, «prallen von allen Oberflächen um mich herum ab und kehren als schwache Echos zu meinen Ohren zurück», erklärt er. «Mein Gehirn erzeugt anhand der Echos dynamische Bilder ... Ich konstruiere für mehrere Hundert Meter in allen Richtungen ein dreidimensionales Bild meiner Umgebung. Aus der Nähe kann ich einen drei Zentimeter dicken Pfahl entdecken. In fünf Metern Entfernung erkenne ich Autos und Büsche. Häuser werden ab fünfzig Metern scharf.» Das alles ist so schwer vorstellbar, dass Leute schon zweifelten, ob er die Wahrheit sagt. Aber er ist nicht der einzige, und seine Behauptungen halten einer Überprüfung stand. Er sagt: «Viele meiner Schüler sind überrascht, wie schnell sich Erfolge einstellen. Ich glaube, dass die Fähigkeit zur Echoortung latent in uns allen ruht ... Die neuronale Hardware ist vorhanden; ich habe verschiedene Methoden entwickelt, um sie zu aktivieren. Man sieht nicht mit den Augen, sondern mit dem Bewusstsein.»[51]

Ist es also möglich, dass ein Delfin, etwa ein Killerwal, Echos tatsächlich sieht?

Möglich ja, doch niemand weiß es. Aber eines lässt sich über unsere gemeinsamen, vergleichbaren Sinneswahrnehmungen der Welt sagen: Wir sind vor allem visuelle Wesen, können aber auch gut hören, während sie sich vor allem auf ihr Gehör verlassen, aber auch sehen können. Dieselben Sinne mit unterschiedlichen Schwerpunkten.

Wenn man sich die äußerst langsamen Veränderungen im Laufe von Millionen Jahren vorstellt, die aus manchen Säugetieren Affen machten und aus anderen Wale, dann haben wir uns tatsächlich sehr weit auseinanderentwickelt, sind uns fast fremd geworden. Aber ist das wirklich eine lange Zeitspanne oder ein großer Unterschied? Die Muskeln unter der Haut sind fast dieselben, der Skelettaufbau ist fast identisch. Die Gehirnzellen sind unter dem Mikroskop nicht zu unterscheiden. Beschleunigt man den Prozess in Gedanken stark, dann entdeckt man etwas Reales: Delfine und Menschen haben beide eine lange gemeinsame Geschichte als Tiere, Wirbeltiere und Säugetiere – die gleichen Knochen und Organe erledigen die gleichen Aufgaben, dieselbe Plazenta und dieselbe warme Milch –, sie sind im Grunde gleich, nur die Proportionen haben sich verändert. Es ist ein wenig so, als wäre eine Person fürs Wandern ausgerüstet und die andere fürs Tauchen.

Wale gleichen uns in fast jeder Hinsicht, außer in ihrer äußeren Gestalt. Sogar ihre Handknochen sind identisch mit unseren, nur ein wenig anders geformt und in Fausthandschuhe gesteckt. Delfine benutzen diese versteckten Hände für handartige Gesten wie Streicheln und Beruhigen. (In jeder Gruppe Ostpazifischer Delfine streichelt immer ein Drittel der Tiere ein anderes Tier mit den Brustflossen oder sucht Körperkontakt, wie Primaten bei der Fellpflege.)[52] Bei Primaten und Ponys, Pinguinen, Baumfröschen und Zahnkarpfen funktionieren Kreislauf-, Nerven- und endokrine Systeme ähnlich. Und in den Zellen? So ziemlich die gleichen Strukturen mit den gleichen Funktionen, sogar bei Amöben, Mammutbäumen und Champignons.

Die Vielfältigkeit des Lebens ist erstaunlich, aber wenn man hinter die Schichten aus Unterschieden blickt, stößt man auf noch erstaunlichere Gemeinsamkeiten. Die extreme Rückbildung der Hinterläufe, denen Wale ihre Schwimmkörper verdanken, ist überwiegend auf den Verlust eines Gens zurückzuführen. (Genetiker nennen dieses Gen «Sonic Hedgehog».)[53] Der Mensch verdankt diesem Gen seine «normalen» Gliedmaßen. Normal für Menschen eben. Wenn man Zeichnungen von

Menschen-, Elefanten- und Delfingehirnen nebeneinander legt, dann überwiegen die Ähnlichkeiten bei Weitem. Wir sind grundsätzlich gleich, nur durch lange Erfahrungen äußerlich in andere Formen modelliert, um mit unterschiedlichen Umgebungen umgehen zu können, und innerlich für spezielle Talente und Fähigkeiten verdrahtet. Aber unter der Haut sind wir Verwandte. Sicher, kein anderes Tier ist wie wir. Dabei darf man allerdings nicht vergessen, dass auch kein anderes Tier so ist wie die anderen.

Ungleiche Denker

Die verschiedenen Killerwaltypen haben jeweils sehr spezifische Vorstellungen davon, was Futter ist. (Parallelen dazu gibt es auch bei ethnischen, religiösen und Stammesgruppen der Menschen, wo verschiedene Lebensmittel traditionell verwendet werden oder tabu sind.) Bei den Killerwalen gibt es die Säugetierjäger, die Haijäger, die Pinguinjäger und die Fischfresser, die sich oft auf bestimmte Fischarten spezialisieren – bei den Residents sind es zum Beispiel Königslachse – und selten anderen Fisch essen. In allen Weltmeeren fressen verschiedene Killerwaltypen alles Mögliche, von Heringen bis zu großen Walen – aber wahrscheinlich frisst kein Killerwal alles. Die Wale haben für jede spezielle Beute spezielle Jagdfähigkeiten. Vor der Küste Norwegens treiben Killerwale zum Beispiel ganze Schwärme mit mehreren Tausend Heringen zu einem dichten Ball nahe der Oberfläche zusammen; dann schwimmen die meisten Wale um den Ball herum, um die Heringe zusammenzuhalten – Wissenschaftler nennen dies «das Karussell»[54] –, während bestimmte Wale mit der Schwanzflosse auf den Rand des Fischballs schlagen. Danach lassen sich die Wale die betäubten Fische schmecken.

Transients im Nordwesten vor Amerika jagen vor allem Seehunde mit fünfzig bis einhundert Kilogramm Körpergewicht, aber manchmal greifen sie zentnerschwere Seelöwen an, deren scharfe Eckzähne an die eines überdimensionierten Grizzlybären erinnern. Ein Fünftel des Speiseplans der Transients hier besteht aus extrem wendigen Schweinswalen und Delfinen.[55] Oft versuchen die Wale in enger Zusammenarbeit miteinander die Beutegruppen zu zerstreuen und einen Teil davon zur Küste hin in die Enge zu treiben. Manch ein verängstigter Delfin sprang schon an Land und starb. Bei der Jagd auf große Seelöwen erinnert die Aufgabe, vor der die Säugetierjäger stehen, an den Versuch, eine in die Ecke getriebene Katze mit den Zähnen zu fangen. Ich habe ein Foto eines Killerwals gesehen, der ein Auge verloren hatte.

Manchmal prügeln Wale stundenlang auf einen Seelöwen ein, bis das Tier so erschöpft ist, dass die Wale es ertränken können. Eines Tages wanderte eine ungewöhnlich große Transient-Gruppe in die Kwatsi-Bucht an der kanadischen Westküste. Alexandra Morton folgte ihnen. Die Führungswale verharrten und warteten neun Minuten lang, bis die anderen Wale eintrafen. Eine Zeit lang schwebten sie einfach dort im Wasser und atmeten. Dann, wie auf ein Signal, rollten sich die Wale im hohen Bogen in die Tiefe, was darauf hindeutet, dass sie einen langen Tauchgang planten.

Transients bleiben bis zu fünfzehn Minuten lang unter Wasser, wie ich soeben mit Ken gesehen habe. Mortons Stoppuhr zeigte gerade fünfzehn Minuten an, als vor ihren Augen «eine Wand aus weißem Wasser explodierte».[56] Ein zentnerschwerer Seelöwe flog aus dem Wasser und überschlug sich in der Luft. Morton beobachtete fasziniert, wie ein paar Wale gen Himmel schossen und drei Seelöwen mit den Köpfen rammten, während andere Wale mit ihren schweren Schwanzflossen auf die Seelöwen einschlugen. Die Seelöwen waren völlig überrumpelt und in der Unterzahl, aber sie drängten sich zusammen und stachen mit aller Kraft nach ihren Angreifern. Die Wale hatten alle Mühe, den Eckzähnen der Seelöwen auszuweichen. Nach fünfundvierzig Minuten Prügelei hörte Morton über ihr Hydrophon, wie die Orcas die zentnerschweren Seelöwen wild herumschüttelten und die Körper auseinanderrissen. Sie schrieb: «Bis jetzt war mir nie klar gewesen, über welche Kräfte Killerwale verfügen. Ich saß dort überwältigt und froh, dass die Orcas diese Kraft noch nie gegen Menschen entfesselt haben.»

Große Wale werden von Killerwalen nur selten gejagt. Aber wenn, dann mit einer fast grenzenlosen Hartnäckigkeit. Minkewale haben mehr Ausdauer und können Killerwalen bei langen Verfolgungsjagden davonschwimmen. Aber ein Killerwalteam kann einen schnellen Minkewal schon einmal stundenlang verfolgen, wenn die Orcas glauben, sie hätten gute Chancen, ihn zu erwischen.[57] Forscher haben in British Columbia zwei Killerwale bei der Hochgeschwindigkeitsverfolgung eines Minkewals beobachtet, der in einer Bucht in eine Sackgasse schwamm und dann mit voller Kraft auf den Strand zusteuerte bei dem verzweifelten Versuch, seinen Verfolgern zu entkommen. Die Killerwale blieben mehr als acht Stunden in der Nähe; und als die Flut stieg, stieß sich der Minkewal noch weiter den Strand hinauf. Bei Einbruch der Nacht schwammen die Killerwale immer noch in der Bucht herum. Am nächsten Morgen waren die Jäger verschwunden. Aber der selbst-gestrandete Minkewal war tot. Erstaunlich, welche Panik den Minkewal erfasste, als er seine Notlage und das Fehlschlagen seiner Strategie erkannte.[58]

Wale erlernen Wanderrouten, indem sie ihren Müttern folgen. Bei pazifischen Grauwalen ist das eine lange, manchmal mühevolle Reise: eineinhalbtausend Kilometer von ihren Geburtslagunen mit dem Badewannen-warmen Wasser an der mexikanischen Küste hinauf durch die Aleuten und – mit Glück – zu den Futtergebieten in der Arktis. Sie erleben und kennen ein Leben, das ebenso komplex ist wie das Leben von nomadischen Jägern und Sammlern, und sie werden damit fertig. Unterwegs, in den engen Passagen zwischen den Aleuten, werden sie von Killerwalen verfolgt.

Doch bevor die Killerwale ein Grauwaljunges ertränken können, müssen sie es von der Mutter trennen. Das ist schwierig und gefährlich, weil Grauwalmütter ihre Babys aggressiv verteidigen, indem sie mit ihren knochenbrechenden Flossen ausschlagen. Grauwale schwimmen oft nah der Küste, um so weniger angreifbar zu sein, weil Killerwale im seichten Wasser keinen Wal ertränken können. Um zu verhindern, dass die Grauwale diese Zuflucht dauerhaft nutzen, packen Killerwale manchmal einen Grauwal vorne an den Brustflossen und schieben ihn rückwärts. Als Gegenmaßnahme drehen sich Grauwale mit dem Bauch nach oben, damit die Bauchflossen weniger zugänglich sind, oder schwimmen absichtlich an den Strand.[59] Kraft und Angst. Denken und Gegendenken.

Man fragt sich, ob das Verständnis der Killerwale dafür, was es bedeutet, sein eigenes Kind zu beschützen – gepaart mit der Fähigkeit, Gedanken zu entwickeln –, sich auch auf ihre Beute erstreckt. Mit anderen Worten: Haben Wale jemals ein schlechtes Gewissen, nachdem sie ihr Essen getötet haben? Wahrscheinlich nicht; das haben auch nur wenige Menschen. Alles deutet darauf hin, dass Wale kein schlechtes Gewissen haben.

Vor der Küste Kaliforniens beobachteten meine Freunde, die Wal- und Seevogelexperten Bob Pitman, Lisa Balance und Sarah Mesnick, wie fünfunddreißig Killerwale (die zusammen etwa dreieinhalb Tonnen Futter pro Tag brauchen) neun Pottwalweibchen vier Stunden lang angriffen. Die überwältigten Pottwale bildeten an der Oberfläche einen Kreis mit den Köpfen nach innen und den Schwanzflossen nach außen. Erwachsene Killerwalweibchen greifen zu viert oder zu fünft an, indem sie ihre Beute erst verwunden und sich dann zurückziehen, anscheinend um die Pottwale durch Blutverlust zu töten und so ihre schlagenden Flossen zu vermeiden. Zogen die Killerwale einen Pottwal aus der Gruppe heraus, verließen ein oder zwei Pottwale «sofort ebenfalls die Formation, flankierten das isolierte Tier und führten es in die Formation zurück, obwohl sie dabei selbst heftigen Angriffen ausgesetzt waren».[60]

Während des Angriffs der Weibchen blieben mehrere erwachsene Killerwalmännchen auf Abstand. Aber sobald ein fast toter Pottwal herumrollte, «stürmte ein erwachsenes Killerwalmännchen heran, rammte das andere Tier und schüttelte den Pottwal heftig herum», wie es ein Beobachter beschrieb. «Dann drehte der Killerwal seine Beute an der Oberfläche herum und sprühte riesige Wasserfontänen in die Luft als enorme Demonstration seiner Kraft, wie sie kein Weibchen während des Angriffs gezeigt hatte.» Bei fast neun Metern Körperlänge brachte der männliche Killerwal es vielleicht auf neun Tonnen; der Pottwal mit über neun Metern war massiver und wog möglicherweise mehr als dreizehn Tonnen. Ein anderes Pottwalweibchen verließ die Formation und versuchte, den todgeweihten Wal zurückzuführen, und setzte sich dabei selbst heftigen Angriffen aus. Bei Menschen wäre das eine instinktive Handlung, wenn man sich großen Gefahren aussetzte, um einem anderen zu helfen, und man würde sie als heldenhaft bezeichnen.

Darauf folgten unfassbares Chaos und Verwirrung, sodass am Ende nicht einmal mehr klar war, welche beiden Pottwale getötet wurden. Aber das erwachsene Killerwalmännchen schwamm mit einem riesigen toten Pottwal im Maul davon. Am Ende hatten die Killerwale einen Pottwal getötet und gefressen und alle anderen verletzt, manche davon schwer. Die Beobachter schrieben: «Wir vermuten, dass mindestens drei oder vier der Überlebenden später ihren Wunden erlagen, gut möglich, dass die gesamte Herde an den Folgen dieses Angriffs starb.» (Diese Situation muss entsetzlich für *alle* Teilnehmer gewesen sein, gefangen in ihrem eigenen Naturell und den Umständen, mehr noch als wir es sind. Aber genau das ist ihre Entschuldigung.)

Ein anderes Mal sahen dieselben Forscher fünf Killerwale auf eine kleine Gruppe Pottwale zuschwimmen, etwa einen Kilometer entfernt.

Diese Pottwale mussten Alarm ausgelöst haben, denn augenblicklich gesellten sich weitere Pottwale zur ersten Gruppe. Gemeinsam bildeten sie einen Kreis, manche mit dem Kopf über Wasser, in verschiedene Richtungen blickend, andere schlugen mit den Schwanzflossen auf die Wasseroberfläche, als wollten sie damit Stärke demonstrieren. Ein einziges erwachsenes Killerwalweibchen schwamm auf die Pottwale zu und biss nach einem. Jetzt schossen vier weitere Pottwalgruppen, die weiter entfernt gewesen waren, mit Höchstgeschwindigkeit heran und verstärkten die Hauptgruppe. Eine von ihnen war aus sechs Kilometern Entfernung gekommen. Etwa eine Stunde lang kamen immer mehr Pottwale, bis die Gruppe aus etwa fünfzig Tieren bestand. Angesichts dieser bestens kommunizierten und solidarischen Verstärkung zogen sich die Killerwale zurück.

Ingrid Visser beschreibt die Strategie von vier Killerwalen, die vor Neuseeland gemeinsam auf Delfinjagd gingen (sie bevorzugt den Namen «Orca»):

> *Die Orcas bewegen sich lässig auf eine kleine Delfingruppe zu. Die Delfine schwimmen davon, aber nicht zu schnell, um nicht die Aufmerksamkeit der Orcas zu erregen, falls sie gar nicht auf der Jagd sind. Nach dreißig Minuten Verfolgung taucht das Orcaweibchen Stealth nicht mit den anderen zum Atmen auf, das nächste Mal und die folgenden zehn Minuten ebenfalls nicht. Die drei anderen Orcas stürmen jetzt mit hoher Geschwindigkeit auf die Delfine zu, was unglaublich dramatisch aussieht, weil sie sich durch die Wasseroberfläche wühlen. Die Delfine schwimmen um ihr Leben und sie wissen es; sie springen aus dem Wasser und tauchen kaum wieder ein, bevor sie wieder springen. Die drei Orcas holen rasch auf. Aber plötzlich fliegt der vorderste Delfin wie ein Tennisball in die Luft und überschlägt sich in der Luft, als würde er Saltos schlagen. Stealth ist von unten gegen den Delfin geprallt und taucht nun ebenfalls aus dem Wasser auf, dem Delfin hinterher. Sie schnappt den Delfin mitten im Sprung und fällt dann mit der Beute im Maul ins Wasser zurück. Gemeinsam vertilgen die vier Orcas die Mahlzeit.*[61]

«Ich habe nie eine vergebliche Orcajagd gesehen», fügt Visser hinzu.

Umso seltsamer ist es, dass Killerwale noch nie ein Kajak umgedreht oder ein Ruderboot geleert haben, dass sie sich noch nie an Menschen gütlich getan haben. Das könnte das rätselhafteste Verhalten auf unserem ohnehin schon rätselhaften Planeten sein.

Nachdem wir beobachtet haben, wie eine ansehnliche Gruppe Wale das Haus passiert hat, und sie bei ihrer Wanderung gen Norden über die Hydrophone belauscht haben, springen wir ins Auto und fahren das kurze Stück zu einem kleinen, in einer Felsnische versteckten Hafen, der von einem immergrünen Wald und vorsichtig an der Felskante hängenden Häusern umgeben ist. Es sieht hübsch aus. Ich steige gemeinsam mit Kens Assistenten Kathy Babiak und Dave Ellifrit in Kens Boot. Wir haben den Hafen kaum verlassen, als wir überraschend etwa fünfzehn Killerwalen gegenüberstehen. Aus der Nähe ist ihre Größe beängstigend. Sie sind fünfmal so lang wie ein Mensch und wiegen mehr als das Hundertfache von mir. Bei ihrem Weg durchs Wasser schieben sie Haufen und Kissen aus Wasser vor sich her, ihre aufragenden Rücken sind so breit, dass Meerwasser in breiten Bahnen herabfließt. Sie schwimmen an einer glatten Granitklippe vorbei unter einem kiefernbewachsenen Hang und hinterlassen dabei weiße Atemspuren in der Luft. Ihre Schönheit und ihre kraftvollen Bewegungen sind so ehrfurchtgebietend, dass ich sie nur schweigend anstarre.

Ein Stück voraus schwimmen weitere. Fünfunddreißig Fisch fressende Residents sind hier, die gesamte L-Schule. Das erwachsene Männchen mit der hohen Rückenflosse, die auf halber Höhe der Vorderkante eingekerbt ist und an der Hinterkante sogar zwei Kerben hat, ist L-14; er ist sechsunddreißig Jahre alt. Das Weibchen zu seiner Linken ist L-22, inzwischen zweiundvierzig Jahre alt. Viele Killerwale werden über fünfzig. L-12 war etwa neunundsiebzig, als sie in den 1980er Jahren starb; K-7 soll neunzig gewesen sein. L-25 ist jetzt fünfundachtzig Jahre alt. Man fühlt, dass diese Wale für ein langes Leben gebaut sind. Fraglich ist allerdings, ob man sie überleben lässt.

Beim Thema Langlebigkeit tippt Ken mit dem Finger auf ein Foto in seinem Walverzeichnis: «Das hier ist die Matriarchin J-2.» Weibchen bekommen normalerweise Junge, bis sie etwa vierzig Jahre alt sind, seit Studienbeginn vor vierzig Jahren hat sie sich nicht mehr fortgepflanzt. Ihr letztes Junges, das langlebigste Männchen in der Studie, starb 2010, und Forscher stellten fest, dass er zu der Zeit sechzig Jahre alt war. Wenn sie bei seiner Geburt etwa achtunddreißig Jahre alt war, dann muss sie

Das großflossige, 36 Jahre alte Walmännchen L-41 mit dem 42-jährigen Weibchen L-22 zu seiner Linken und zwei anderen Mitgliedern der L-Schule auf der Reise durch die Haro-Straße.

um 1912 geboren worden sein. «Deswegen glauben wir, dass sie etwa einhundert Jahre alt ist.»

Nur sehr wenige Tiere kennen ein Leben nach der Menopause. So etwas kommt ausschließlich bei Tieren vor, bei denen Großmütter jüngeren Familienmitgliedern beim Überleben helfen. Nur bei Menschen, Killerwalen und Kurzflossen-Grindwalen überleben Weibchen normalerweise ihre Fortpflanzungsphase längere Zeit.[62] Wie Menschen können auch Killer- und Grindwale etwa fünfundzwanzig Jahre lang Kinder gebären und danach etwa dreißig weitere Jahre leben. Und wie Ken gerade erklärte, leben ein paar deutlich länger. Bis zu einem Viertel der Weibchen in einer Gruppe sind postreproduktiv. Diese Wale warten nicht einfach auf den Tod; sie helfen ihren Kindern beim Überleben. Wie menschliche Kinder, die häufig von der Aufmerksamkeit ihrer Großmütter profitieren, erhöhen Killerwalgroßmütter die Überlebenschancen ihrer Enkel.[63]

Ein etwas bizarrer Aspekt der Killerwalgesellschaft ist, dass Killerwalmütter auch für das Überleben ihrer erwachsenen Kinder entscheidend sind. Wenn ältere Killerwalweibchen sterben, dann sterben auch viele ihrer erwachsenen Kinder, vor allem die Männchen. Bei männlichen Killerwalen, die unter dreißig Jahre alt sind, wenn ihre Mütter sterben, ist die jährliche Sterberate dreimal so hoch wie bei Männchen derselben Altersgruppe, deren Mütter noch leben. Bei männlichen Killerwalen, die älter als dreißig Jahre sind, wenn ihre Mütter sterben, steigt die Sterberate auf mehr als das Achtfache von Männchen in derselben Altersgruppe, deren Mütter noch leben. Töchter unter dreißig zeigen keinen Anstieg bei der Sterblichkeit nach dem Tod ihrer Mütter. Aber Töchter, die älter als dreißig sind, wenn ihre Mütter sterben, haben mehr als die zweieinhalbfache Sterberate von Weibchen derselben Altersgruppe, deren Mütter leben.

Anscheinend sind die Männchen wegen des Extragewichts ihrer riesigen Rücken- und Brustflossen und des zusätzlichen Nahrungsbedarfs aufgrund ihrer unglaublichen Größe (mit etwa neun Tonnen können Männchen ein Drittel schwerer werden als Weibchen) auf Nahrungshilfen ihrer berufstätigen Mütter angewiesen. Weibchen haben nicht dieselbe Körperlast zu tragen wie die Männchen, aber bei der Aufzucht ihrer Jungen sind sie möglicherweise von Anteilen an der Beute ihrer nicht mehr fortpflanzungsfähigen Mütter abhängig. Erwachsene Weibchen teilen sich so gut wie alle Fische, die sie fangen, und mehr als die Hälfte davon bekommen ihre Kinder. Erwachsene Männchen teilen in nur etwa fünfzehn Prozent der Fälle ihre Beute – normalerweise mit ihren Müttern. Niemand weiß genau, warum es zu diesen seltsamen Todesfällen nach dem Verlust der Mutter kommt, aber extreme elterliche Fürsorge ist die wahrscheinlichste Ursache.[64] Zahnwalweibchen sind die besten Mütter der Welt. Kurzflossen-Grindwale produzieren bis zu fünfzehn Jahre nach der Geburt ihres letzten Kalbes noch Milch und säugen damit wahrscheinlich die Jungen anderer Weibchen.[65]

Bei Großen Tümmlern und Atlantischen Fleckendelfinen (weitere Studien könnten diese Liste verlängern) bringen manche Weibchen gar keine Jungen zur Welt. Denise Herzing nennt sie «Karrierefrauen», weil Mutterschaft nicht zu ihren Rollen in der Gesellschaft gehört. Vielleicht sind sie unfruchtbar. Vielleicht sind sie lesbisch. Aber sie leisten einen entscheidenden Beitrag: Sie machen viel Babysitting. Einmal fuhr Herzing mit einer neunjährigen Besucherin aufs Meer: «White Patches, selbst die ewige Babysitterin, hatte mich noch nie mit einem Menschenkind gesehen. Sie gab aufgeregte und elektrisierende Laute von sich, während sie um uns herumschwamm und das Menschenjunge neben mir beäugte.»[66] (Forscher nennen Babysitter manchmal «Tanten», und genau das sind sie oft auch.) Bei Pottwalen sind Babysitter besonders wichtig, wenn die Mütter tiefe Tauchgänge unternehmen; die Babys müssen nahe der Wasseroberfläche auf sie warten, wo sie für Killerwale oder auch Weiße Haie leichte Beute sind. Pottwale machen es noch besser: Ein Weibchen betreut manchmal alle Jungtiere einer Gruppe, und im Magen von dreizehnjährigen Pottwalen wurden schon Spuren von Milch gefunden.[67]

Junge Killerwale, die ihre Mutter mit zwei oder drei Jahren verlieren, überleben oft nur dank der zusätzlichen Aufmerksamkeit durch andere Familienmitglieder. Tweak (alias L-97) war noch ein Kleinkind, als seine sechsundzwanzigjährige Mutter Nootka einem Gebärmuttervorfall erlag; sie starb bei einer Geburt. Tweak war noch vollständig auf Milch angewiesen. Seine Großmutter kümmerte sich um ihn, aber sie hatte keine Milch. Tweak wurde immer dünner. «Wir sahen, wie sein neunjähriger Bruder einen Fisch fing und ihn dem kleinen Tweak geben sollte», erzählt Ken. Der Walbruder riss den Lachs in kleine Stücke und ließ sie auf das Baby zutreiben. Aber Tweak war viel zu jung, um Fisch zu fressen. Er schaffte es nicht.[68]

Ein anderes Waljunge hatte mehr Glück. L-85 war drei Jahre alt, als seine Mutter starb. Sein dreißigjähriger Bruder kümmerte sich danach ganz besonders um ihn. «Man sah diesen kleinen Dreijährigen einfach neben diesem riesigen Männchen herschwimmen», erinnert sich Ken, «fast wie neben seiner Mutter.» L-85 ist heute zweiundzwanzig Jahre alt.

Und hier kommt der vom Glück gesegnete L-87. Er ist einundzwanzig. Er überlebte den Tod seiner Mutter vor acht Jahren, die mit fünfundzwanzig Jahren starb. Soweit man weiß, ist er der einzige Killerwal, der die Schule gewechselt hat. Er war ein paar Jahre bei der K-Schule und schwimmt jetzt meist mit den J-Walen. «Er hat eine tolle Persönlichkeit», sagt Ken bewundernd. «Ständig hat er den Kopf über Wasser und hält nach Booten Ausschau. Manchmal taucht sein Kopf ganz plötzlich neben dem Boot auf und er will offensichtlich spielen. Er mag die Reaktionen der Leute. Er hat Humor. So sind nicht alle.»

Zur Gruppe gehören Männchen, Weibchen und Babys. Wie bei Elefanten und Menschen sorgen die Babys für mehr Aktivität in der Familie. «Es gibt nichts Besseres, als Kinder um sich zu haben», bestätigt

Kathy. Killerwale mögen Babys, meint Dave, und ergänzt: «Manchmal taucht eine Mutter auf allen Seiten des Bootes mit ihrem Neugeborenen auf, als wolle sie damit angeben.» Es kam auch schon vor, dass Killerwalmütter ihre Babys vorübergehend beim Boot geparkt haben, während sie ein kurzes Stück entfernt Fische jagten oder andere Wale trafen. Dave trieb einmal neben der J-Schule dahin, «als die Mütter mit den kleinen Waljungen kamen und so etwas sagten wie: ‹Okay – hier. Jetzt spielt alle bei diesem Boot.›» Und da saßen wir, während vier oder fünf Waljunge, zwischen einem Jahr und sechs Jahren, um unser Boot herum spielten, während die Mütter auf Futtersuche gingen.» Ken fügt hinzu: «Den Jungen machte es riesigen Spaß, am Bug herumzutollen und dann zum Heck zu schwimmen. Sie spielen einfach miteinander und springen herum wie die Irren.»

Gleich nach der Geburt leisten oft mehrere Weibchen Hilfe, wenn das Neugeborene zum ersten Mal an die Oberfläche zum Atmen schwimmt. «Da waren so viele Weibchen», beschrieb Alexandra Morton eine Geburt. «Man konnte gar nicht erkennen, wer die Mutter war. Sie alle berührten das Baby überall.»[69] Mütter schubsen ihre säugenden Jungen häufig mit der Schnauze herum. Ein Forscher beobachtete, wie drei Killerwale ein Neugeborenes mit ihren Nasen in der Luft hielten. (Eine ganz schöne Leistung, denn neugeborene Killerwale sind zweieinhalb Meter lang und wiegen etwa einhundertachtzig Kilogramm.) Bissspuren an einem Neugeborenen der J-Schule deuteten darauf hin, dass ein Familienmitglied als Hebamme fungiert haben könnte und dabei half, das Baby aus der Mutter zu ziehen.

Alle Delfine kuscheln mit ihren Jungen und kümmern sich mit emotionaler Fürsorge um sie, wenn sie sie auch nicht in den Armen halten können. In ihren Gehirnen strömen dieselben Liebeshormone wie in unseren, ihre Babys suchen und saugen die warme Milch, ihre Begleiter sind ähnlich betulich, aufgeregt und fürsorglich. Ich erfahre, dass heranwachsende Delfinweibchen, wie auch heranwachsende Elefanten und viele menschliche Teenager, sich «sehr stark fürs Babysitting interessieren und gerne in der Nähe von Babys sind.»

Wenn junge Delfine die Grenzen elterlicher Geduld austesten, dann werden sie von Müttern und Babysittern gejagt und gemaßregelt. Seit

Jahrtausenden haben Menschen beobachtet, wie Delfine kranke Babys an die Oberfläche schubsen, doch erst im Zeitalter der Tauchmasken und der Verhaltensforschung konnte man sehen, wie eine Fleckendelfinmutter ihr ungezogenes Kind an den Meeresboden drückt! Danach ist für kurze Zeit Ruhe. Doch sobald der Erzieher die disziplinarischen Maßnahmen wieder lockert, kehren die Jungen «zu ihrem zügellosen Benehmen zurück». Schließlich sind es einfach Jugendliche.[70]

Spiel und Spaß gehören zu ihrem Repertoire. Ken hat gesehen, wie Wale sich mit einer Feder amüsierten, sie auf der Nase balancierten, dann losließen und sie mit einer Brustflosse auffingen, sie wieder losließen und mit der Schwanzflosse fingen. «Ein acht Tonnen schwerer Wal – spielt mit einer Feder», wundert sich Ken. «Welche ausgezeichnete taktile Kontrolle bei beträchtlicher Geschwindigkeit! Sie haben einfach Zeit für Spaß.»

Delfine sind sehr verspielt. Spielen gehört zur Klugheit – das ist so passend wie mysteriös. «Spielen ist ein wesentliches Merkmal von Intelligenz und ein unverzichtbarer Bestandteil von Kreativität», schrieb der Psychiater Sterling Bunnell. «Da das Spiel bei den Cetaceen so stark entwickelt ist, ist es wahrscheinlich, dass sie geistig ebenso ausgelassen sein können wie körperlich.»[71] Junge Große Tümmler springen manchmal aus dem Wasser heraus auf ein Dock. Dann schubsen und schieben andere junge Delfine sie wieder ins Wasser zurück. Das ist die Delfinversion von Kindern an einer Badestelle.[72]

Und dann sind da noch die Bläschen. Große Tümmler lassen nicht einfach Bläschen aufsteigen. Sie jonglieren meisterhaft damit, formen sie gekonnt. Das Bläschenjonglieren erfordert Übung. Also üben sie. Vor allem Jungtiere. Manche formen zufällig den ersten Luftring, schauen fasziniert zu, wie er aufsteigt, und arbeiten dann daran, den perfekten Luftring zustande zu bringen. Dann: teilen und kopieren, erzeugen und spielen. *Ich blase eine Luftkappe und sehe zu, wie sich daraus ein Ring bildet. Ich wirble mit der Schwanzflosse etwas Wasser auf und puste eine Blase mitten durch den Wirbel. Die Luftblase wird zu einem Ring auseinandergezogen. Was passiert, wenn ich einen Fisch in den aufsteigenden Ring fallen lasse? Hey – der Fisch dreht sich und steigt auf! Was passiert, wenn ich die Blase zur Seite puste und sie senkrecht aufsteigt? Was passiert, wenn ich die Luft um den Ring mit der Schnauze an-*

schubse, sodass der schimmernde Ring anfängt sich zu drehen? Was passiert, wenn ich den Ring zerstupse? Die Bruchstücke in zwei kleinere Ringe aufteile? Eine sich windende Wasserschlange aus der Schur aus aufsteigendem Silber forme? Erfinden, testen, auswerten, modifizieren – das alles machen sie. Sie wechseln sich bei den Versuchen ab. Wie wäre das: *Ich schwimme schnell einen Bogen und erzeuge mit der Rückenflosse einen Wirbel. Dann drehe ich mich ganz schnell um und blase einen Luftstrom in den Wirbel. Wow – eine lange, silberne Spirale schießt vor mir davon. Mach das mal besser!* (Das könnte höchstens Tinkerbell.) Du hast eine blöde Luftblase gebildet? Schubse sie an; lass sie davonschweben. Du hast gerade eine fantastische Luftblase gebildet? Mach eine zweite dazu. Du willst aufhören? Es ist ganz wichtig, dass man in den letzten Ring hineinbeißt, bevor er die Oberfläche erreicht, wische die Zaubertafel sauber.⁷³ Spielende. Auf der anderen Seite der Trennscheibe versucht sich ein Babydelfin, von den Bläschenkünsten der Großen beeindruckt, an eigenen Luftblasen. Und noch ein paar. Kein Ring bildet sich. Vielleicht später mal, Junge – versuch's einfach weiter.

Auf den Bahamas spielten freilebende Atlantische Fleckendelfine Neckball mit den Forschern. Eines Tages tauchten sie mit einem lebendigen Feilenfisch auf. «Die Delfine trugen ihn ganz vorsichtig in der Schnauze und ließen ihn fallen als Einladung an uns, nach dem verängstigten Ding zu greifen», schrieb Denise Herzing. «Aber knapp bevor wir den armen Fisch erreichten, bewiesen die Delfine ihre Überlegenheit im Wasser, fegten heran und schnappten sich den Fisch.» Erstaunlich, dass diese freilebenden Tiere Menschen als lohnende Spielgefährten betrachten. Dass sie es tun, sagt einiges darüber aus, wie Denker andere Denker verstehen. Sie überschreiten einfach den Graben zwischen den Spezies unter ihren eigenen Bedingungen, sprechen eigene Einladungen aus, bieten die Teilnahme an ihrem Spiel an, das nach ihren Regeln gespielt wird. Das zeigt, wer sie sind. Sie machen das oft. Gleichzeitig beweisen die verängstigten Fische, dass sie selbst verstehen, vor wem sie Angst haben müssen, indem sie jede Möglichkeit nutzen, um sich vor den Delfinen zu verstecken – in den Badeanzügen der Menschen oder zwischen einer Videokamera und dem Gesicht eines Menschen, während die Delfine hin und her sausen und nach ihrem lebendigen Spielzeug stochern. Herzing schrieb, der Fisch habe ihr zwar leidgetan, aber es sei ihr «höflich erschienen», ihn den Delfinen zurückzugeben.⁷⁴

Eines Tages beobachtete Ken einige Killerwale, die mit der Jagd auf Lachse beschäftigt waren. Alle außer J-6, einem männlichen Teenager. «Er schwamm von Boot zu Boot, platzte jeweils direkt neben ihnen mit dem Kopf aus dem Wasser und sah alle einfach nur an – und spielte sich auf.» Wenn die Wale an bestimmten Küstenabschnitten vorbeikommen, wo Menschen stehen, klatschen und rufen, dann, so behauptet Ken, «werden die Wale richtig aufgeregt und akrobatisch und legen eine ziemliche Show hin.» Menschen rennen dann die Küstenlinie entlang, und die Wale schlagen mit der Schwanzflosse aufs Wasser, klatschen mit den Brustflossen und vollführen Sprünge. Das Gleiche machen sie in der Nähe von Walbeobachtungsbooten voller jubelnder Menschen.» Warum? «Ich glaube, wir sind für sie ebenso unterhaltsam wie sie für uns», meint Ken.

Was heißt hier intelligent?

Mitten in meinen Überlegungen zu Beispielen delfinischer «Erkenntnisfähigkeit» wurde mir klar, dass Delfine so erkenntnisfähig sind, wie man nur sein kann. Es gibt so viele Beispiele für ihr bewusstes und schlaues Handeln (weil sie Bewusstsein haben und schlau sind), dass man genauso gut Beispiele für Menschen sammeln könnte, die bewusst und schlau handeln. Das ist einfach die menschliche Natur. Und es ist auch die Natur der Delfine. Delfine und Menschen haben seit mehreren zehn Millionen Jahren keinen gemeinsamen Vorfahren mehr. Doch so fremd ihr Leben im Wasser für uns sein mag, kommen sie dennoch oft zum Spielen, wenn sie uns sehen, und wir begrüßen sie und erkennen in ihren Augen ganz besondere Persönlichkeiten. «Da ist jemand drin. Es ist kein Mensch, aber es ist ein Jemand», schreibt Diana Reiss.[75]

Wenn wir von «Delfinen» sprechen, muss man bedenken, dass von den über achtzig Delfin- und Walarten nur bei etwa einem halben Dutzend – Große Tümmler, Schwarzdelfine, Fleckendelfine, Killerwale, Pottwale und Buckelwale – das Verhalten genauer untersucht wurde, und auch bei ihnen nicht in vollem Umfang. Im Meer leben mehr als siebzig Zahnwalarten (Pottwale, Delfine und Schweinswale) und etwa ein Dutzend Bartenwale (die statt mit Zähnen winzige Futterstückchen mit siebartigen Hornplatten aus dem Wasser fischen).[76] Gemeinsam werden sie als «Cetaceen» bezeichnet (was auf Griechisch so viel wie «Meeresungeheuer» bedeutet). Sie sind schwimmende Säugetiere mit Atemlöchern oben am Kopf. Wir haben kaum ihre Bekanntschaft gemacht.

Ein holpriger Start kostete die wissenschaftliche Erforschung der Intelligenz von Delfinen etwa ein Jahrzehnt. In gewisser Hinsicht hat sich die Forschung nie von dem ersten bekannten Forscher erholt, der Delfine in einen mystischen Zauber hüllte, den sie nie mehr ganz loswurden. Andererseits haben sich Delfine ein wenig Mystik durchaus verdient.

In den späten Fünfziger- und Sechzigerjahren stellte uns der Neurophysiologe und Hirnforscher John C. Lilly Lebewesen vor, deren gigantische Gehirne sie uns überlegen machten. Das war zumindest besser als die Vorstellung, dass Wale einen unerklärlichen Drang verspüren, Menschen zu verschlingen. Aber auch Lilly lag falsch. Er verkündete, dass ein Tier mit einem so großen Gehirn wie der Pottwal einen «wahrhaft gottähnlichen» Verstand haben müsse.[77] Lassen wir mal die Frage, wie ein «gottähnlicher» Verstand aussehen müsste und was ein Wal mit einem solchen Verstand tun würde, beiseite. Aber Lilly ging fälschlicherweise davon aus, dass die Denkfähigkeit in direkter Relation zur Größe des Gehirns steht.

Die Gehirne verschiedener Tierarten haben unterschiedliche Schwerpunkte. Im Hundehirn nehmen Nerven- und Hirnstrukturen für das Aufspüren und die Analyse von Gerüchen einen wichtigen Platz ein, im Gehirn von Walen sind sie hingegen so gut wie nicht existent. Dagegen verbraucht das Gehirn eines Pottwals enorme Ressourcen für das Erzeugen, Auffangen und die Analyse von Schall. Die Gehirne von Pottwalen sind größer als jene von Blauwalen, obwohl Blauwale körperlich zweimal so groß sind. Was fängt ein Pottwal mit seinem einzigartigen Gehirn an? Er legt Routen für lange Wanderungen fest und behält über Jahrzehnte und Tausende Meilen Reiseweg hinweg den Überblick über die Aufenthaltsorte von Familien und Freunden. Er bereitet sich auf Tauchgänge in mehr als einem Kilometer Tiefe vor; das Gehirn regelt Herzschlag und die Verteilung von Blut und Sauerstoff im Körper, wenn der Wal bis zu zwei Stunden lang aufhört zu atmen; und es koordiniert die Aufspürmechanismen und Muskelbewegungen, die bei der Jagd auf albtraumhaft große Tintenfische in völliger Dunkelheit gebraucht werden. Wale tun manches, was Menschen nicht tun können, und sie können manches nicht, zu dem Menschen fähig sind. Dieses Gehirn ist viel interessanter und nützlicher für die Aufgaben, die es zu bewältigen hat, als irgendetwas «wahrhaft Gottähnliches». «Gottähnlich» war ohnehin nur ein grandioses Wundpflaster für «Wir wissen es nicht». Es überdeckte ein großes intellektuelles Wehwehchen in Lillys eigenem Denken.

John Lilly wurde von den Wissenschaftlern zu Recht verachtet. Seine beharrliche Behauptung, er werde die Delfinkommunikation knacken – indem er den Tieren Englisch beibrachte –, erwies sich als falsch. Aber sein Bild von den überlegenen Delfinen blieb in der Fantasie der Öffentlichkeit hängen, und so warten viele auf ein Zeichen, dass sie auf einer höheren Ebene leben. Vielleicht hoffen wir, dass uns eines Tages irgendjemand irgendwie von unserem eigenen Übel erlösen wird.

Erst in den 1970er Jahren begannen mit der Gruppe um Louis Herman ernsthafte Forschungen über die Kognition der Delfine. Herman bewies, dass ein hawaiianischer Großer Tümmler namens Akeakamai korrekt antworten konnte, wenn man ihm ein willkürliches Symbol (keine Abbildung) für «Ball» zeigte, gefolgt von einem Symbol für «Frage». War kein Ball da, drückte die Delfindame auf einen «Nein»-Schalter.[78] Das zeigte, dass ein Delfin die Vorstellung von einem Ball entwickeln und dieses Wissen abrufen konnte, wenn man ihm ein Symbol vorlegte, das für «Ball» eingeführt war. Es belegte mithin, dass Delfine, wie lange schon vermutet worden war, hochintelligent sind. Was auch immer man unter «intelligent» versteht.

Delfine im Institute for Marine Mammal Studies im US-Bundesstaat Mississippi wurden darauf trainiert, ihre Becken sauber zu halten, indem sie Abfall gegen Fisch eintauschten. Die Delfindame Kelly merkte, dass sie gleich große Fische bekam, ob sie nun einen großen Bogen Papier brachte oder ein kleines Stück. Daraufhin versteckte sie jedes Stück Papier, das ins Becken gewogt wurde, unter einem Gewicht am Boden des Pools. Wenn ein Trainer vorbeikam, riss sie ein Stück Papier ab und tauschte es gegen Fisch ein. Dann riss sie ein weiteres Stück ab und bekam einen weiteren Fisch. Sie hatte eine Inflationsrate in diese Abfallwirtschaft eingebaut, die dafür sorgte, dass sie immer gut mit Fisch versorgt war.[79] Mit einem ähnlichen Trick flog in Kalifornien der Delfin Spock auf. Er hatte eine Papiertasche unter Wasser hinter einem Wasserrohr des Beckens versteckt und sich mit einzeln abgerissenen Stücken Papier Fisch erkauft.[80]

Eines Tages flog eine Seemöwe in Kellys Schwimmbecken. Sie schnappte sich den Vogel und wartete auf die Trainer. Offensichtlich mochten die Menschen Vögel sehr, denn sie gaben ihr mehrere Fische dafür. Das war für Kelly eine neue Erkenntnis und brachte sie auf eine Idee. Bei ihrer nächsten Fütterung versteckte sie den letzten Fisch. Nachdem die Menschen gegangen waren, holte sie den Fisch nach oben und lockte weitere Möwen an, um noch mehr Fisch zu bekommen. Warum sollte sie auch darauf warten, dass zufällig ein Stück Papier ins Becken flog, das sie eintauschen konnte, wenn sie als professionelle Vogelfischerin reich werden konnte? Sie brachte den Trick ihren Jungen bei, die ihn anderen Jungdelfinen beibrachten, und so lockten die Delfine bald hauptberuflich Seemöwen an.

Im Marineland Canada in Ontario kam ein junger Killerwal auf die Idee, dass sein Leben interessanter werden würde, wenn er Fischbrei auf der Wasseroberfläche seines Beckens verteilte und sich dann unter Wasser versteckte. Sobald eine Möwe landete, schoss der Wal nach oben und fing die Möwe – und fraß sie manchmal. Er legte die Falle viele Male aus. Irgendwann machten sein jüngerer Halbbruder und drei andere Wale es ihm nach.[81]

Erkenntnis, Innovation, Planung, Kultur.

Im Jahr 1979 begann Dr. Diana Reiss ihre Arbeit mit der Großen Tümmlerdame Circe. Wenn Circe das Verhalten zeigte, das Reiss erwartete, dann bekam Circe Lob und Fisch. Tat sie es nicht, dann bekam sie eine «Auszeit», in der Reiss vom Beckenrand zurücktrat oder sich abwendete, um Circe anzuzeigen, dass sie die «falsche» Leistung erbracht hatte. (Auszeiten gelten heute als überholt; sie können intelligente Tiere frustrieren.) Circe mochte es nicht, wenn an ihren Makrelen noch die Schwanzflossen dran waren. Sie spuckte die Stücke mit Schwanzflosse aus und trainierte so Reiss darauf, sie abzuschneiden. Nach ein paar Wochen Training gab Reiss Circe eines Tages geistesabwesend ein Stück mit Schwanzflosse. Circe wackelte mit dem Kopf hin und her, so wie wir ein «Nein» andeuten würden, spuckte den Fisch aus, schwamm zur anderen Seite des Beckens, stellte sich dort aufrecht hin und sah Reiss eine Zeit lang nur an. Dann kam sie zurück. Circe, der Delfin, hatte Reiss eine menschliche Auszeit verpasst.

Überrascht, aber skeptisch plante Reiss ein Experiment. Im Verlauf mehrerer Wochen gab Reiss Circe sechsmal absichtlich ein Fischstück mit Schwanzflosse. Circe verpasste ihr vier weitere Auszeiten. Sonst verhielt Circe sich nie so. Circe hatte nicht nur den Unterschied zwischen «Belohnung» und «keine Belohnung; Auszeit» für ihr eigenes Verhalten gelernt; sie hatte Auszeiten als Kommunikationsmöglichkeit für «Das wollte ich nicht» erkannt und sie gegenüber ihrer menschlichen Freundin korrekt verwendet.

Reiss arbeitete außerdem mit einem jungen Männchen namens Pan.

Pan lernte, mit Hilfe abstrakter Symbole auf einer Tastatur zu kommunizieren. (Die Symbole waren nie wörtliche Abbildungen; das Symbol für «Ball» konnte ein Dreieck sein. Die Positionen der einzelnen Tasten wurden immer wieder vertauscht, sodass die Delfine die Symbole lernen mussten, um zu bekommen, was sie wollten, und sich nicht einfach die Position der Taste merken konnten.) Spielzeuge waren Pan egal, er wollte Fisch. Als Reiss die Fisch-Taste aus der Tastatur entfernte, suchte Pan einen Fisch, der vom Frühstück übrig geblieben war, schwamm zur Tastatur, drückte mit dem Fisch eine unbelegte Taste und sah Reis erwartungsvoll an. Reiss verstand genau, was er wollte; Pan hatte sich sehr deutlich ausgedrückt.[82]

Bald nach Beginn des Projekts begannen die Delfine, die verschiedenen Pfeiftöne nachzuahmen, die der Computer mit verschiedenen Objekten verknüpfte. Beim Spielen mit Spielzeug ahmten Pan und seine Beckengenossin Delphi die Töne des Computers für «Ball», «Ring» und andere Gegenstände nach. Dr. Reiss erzählte mir davon und fuhr dann fort: «Eines Tages hatte ich Pan das Signal für «Holen» gegeben. Im Becken lag nur ein Spielzeug, ein Ball, den allerdings Delphi im Maul hatte. Pan schwamm zu Delphi und ich hörte jemanden den Pfeifton für ‹Ball› ausstoßen. Delphi warf Pan den Ball zu und sie schwammen gemeinsam zu mir zurück.» Sie hatten die menschlichen Symbole gelernt und damit untereinander kommuniziert.

Ein anderer Delfin, ein Männchen, das ebenfalls Delphi hieß, spielte mit seinem Futter, hielt den Fisch im Maul und ließ ihn dann überall im Pool fallen. Diana Reiß brachte Delphi den Befehl «schlucken» bei und gab ihm erst einen weiteren Fisch, wenn er gezeigt hatte, dass der andere tatsächlich verschwunden war. In der folgenden Woche, in der Reiss nicht anwesend war, funktionierte das noch; ihre Schüler fütterten Delphi und verlangten den Beweis, dass er geschluckt hatte. Bei Reiss' Rückkehr sah Delphis Schlucken übertrieben aus. Hatte er Halsschmerzen? Er schluckte noch ein paarmal übertrieben, zeigte sein leeres Maul und bekam mehr Fisch. Plötzlich, schrieb Reiss, «wurden Delphis Augen riesig groß.» Er öffnete das Maul: Sieh mal! «Er hatte die ganzen Fische da drin.» Er musste sie im Hals behalten haben. «Bevor ich überrascht etwas sagen konnte, schüttelte er den Kopf von links nach rechts, links nach rechts.» Fische flogen in alle Richtungen. «Delphi hatte offensichtlich Spaß, und er wollte mir diesen Streich spielen, nicht einem meiner

Schüler.» Delphi hatte Reiss gründlich hereingelegt und manipuliert – und er genoss es. Ebenso wie Reiss, die sagt: «Ich habe schallend gelacht.»[83]

Intelligente Tiere, auf jeden Fall. Aber was bedeutet eigentlich Intelligenz? Hat es etwas mit Erkenntnisfähigkeit, Logik, Flexibilität zu tun? Mit Neugier, Vorstellungskraft? Planen, Problemlösen? Vielleicht gibt es verschiedene Formen von Intelligenz. Vielleicht ist der eine Mensch intelligenter in Mathe, ein anderer mit der Violine, im Umgang mit Menschen, beim Fischen, Tüfteln oder Geschichtenerzählen. Kann es tatsächlich nur eine Intelligenz bei uns Menschen und allen anderen Tierarten geben?

«Ich persönlich halte es nicht für sinnvoll, verschiedene Arten auf einer linearen Intelligenzskala einzustufen», schreibt der Walexperte Peter Tyack. «Allein für Menschen gibt es Hunderte Intelligenztests, aber es fällt uns immer noch schwer, menschliche Intelligenz zu definieren.»[84]

Wer war «intelligenter», Pablo Picasso oder Henry Ford? Beide brillant – aber auf unterschiedliche Art. Vielleicht deckt unser Wort «Intelligenz» nur sehr grob verschiedene Problemlösungspotenziale und Lerntalente ab.

Talent ist vielleicht das Seltsamste an unserem Gehirn. In den Höhlen war das menschliche Denken bereits vorhanden; menschliche Werke zieren immer noch deren Wände. Vor dem Ackerbau und jeder Technologie, die heute unsere Intelligenz widerspiegelt, bestand bereits die Fähigkeit, diese Dinge zu erfinden. Viele menschliche Jäger-und-Sammler-Kulturen haben sich über Jahrtausende durch alle Generationen unverändert erhalten. Diese Menschen überlebten seit grauer Vorzeit bis weit in die Neuzeit mit denselben wenigen Werkzeugen aus Stein, Holz oder Knochen. Noch im 19. Jahrhundert nutzten einheimische Kulturen auf dem amerikanischen Kontinent, in Afrika, Australien und weiten Teilen Asiens ausschließlich uralte, steinzeitliche Technologien; viele kannten das Rad nicht, hatten kein Werkzeug mit beweglichen Teilen, kein Eisen. Auch heute noch gibt es in einigen wenigen abgelegenen Rückzugsgebieten Steinzeitkulturen. Alle sind völlig menschlich. Und kurz vor der industriellen Revolution schrieben Mozart, Beethoven und die Autoren der US-Verfassung mit Federn, arbeiteten ohne Licht oder Motoren. Computer, Einkaufszentren, Flughäfen, Geschirrspülmaschinen, Fernseher – nichts davon existierte im Jahr 1900. Smartphones machen uns nicht zu Menschen. Sie werden von Menschen gemacht. Und das erst seit Kurzem.

Obwohl die menschlichen Gehirne schrumpften, seitdem das Leben durch Ackerbau und Zivilisation planbar war, brachten sie Tausende Jahre später irgendwie das Ballett Petruschka und die Mondlandefähre hervor. Menschen, die in Hütten aus Tierfellen geboren werden, können lernen, Software zu programmieren.

Der Nobelpreisträger und Physiker Max Delbrück wunderte sich über die scheinbare Überkapazität unseres Steinzeitgehirns und kommentierte: «Da wurde sehr viel mehr geliefert, als bestellt war.»[85] Und nicht nur bei uns. Woher kommt die Fähigkeit eines Hundes, den bevorstehenden Krampfanfall eines menschlichen Begleiters zu spüren und davor zu warnen? Warum verstehen Bonobos menschliche gesprochene Sprache schon als kleines Kind, sind aber physisch nicht in der Lage, Worte zu bilden? Warum können beflosste Delfine menschliche Armsignale lernen; was bringt sie dazu, Sex vor dem Spiegel zu haben und andere Dinge zu tun, die einem im Ozean lebenden Delfin niemals möglich wären? Warum gibt es diese *Kapazitäten?*

Woher *kommt* Intelligenz? Zum Teil hat es mit dem Maßstab zu tun: Große Körper haben große Gehirne, und große Gehirne haben zusätzliche Rechenkapazität zur Verfügung. Die drei *größten* Gehirne auf Erden haben Wale, Elefanten und Primaten. Das Leben hat keine superschlaue Abstammungslinie ausgewählt, deren Krönung der Mensch ist (obwohl wir immer noch das Ende von allem sein können). Das acht Kilogramm schwere Gehirn des Pottwals ist das größte, das es je gab. Große Tümmler wiegen das Mehrfache des menschlichen Körpers, daher sind ihre Gehirne selbstverständlich größer. Auch der Neocortex – der denkende Teil – ist im Delfingehirn größer als bei uns. Menschliche Gehirne sind kaum größer als das Gehirn einer Kuh.[86] Da lernt man Bescheidenheit.

Doch wie bei allen guten Dingen ist Größe allein nicht das Entscheidende. Peter Tyack erinnert uns: «Die Honigbiene, deren Gehirn nur wenige Milligramm wiegt, verfügt über eine Tanzsprache, die meiner Meinung nach eine ebenso große Errungenschaft tierischer Kommunikation ist wie alles, was man bei wilden Meerestieren beobachtet, unabhängig von der Größe ihres Gehirns.»[87] Die Bienen vermitteln durch den Tanz ihren Artgenossen, wo sich Nahrung befindet, wie weit sie entfernt ist, um wie viel es sich handelt und ob es sich hinzufliegen lohnt. Daher eine Warnung an die Weisen: Intelligenz ist keine isolierte Sache, es gibt keine Formel dafür.

Ein großer Körper benötigt allein für die Verwaltung der physischen Vorgänge ein großes Gehirn. Unabhängig von der Körpergröße braucht man ein Gehirn über der Durchschnittsgröße der eigenen Gewichtsklasse, um schlau zu sein. Raben, Krähen und Papageien – bekanntermaßen schlau – haben ein ähnliches Gewichtsverhältnis von Gehirn zum Körper wie Schimpansen. Raben können Probleme lösen, die Schimpansen mit ihrem deutlich wuchtigeren Gehirn nicht schaffen; aufgrund ihrer verständigen Problemlösungsstrategien wurde ihnen «primatenartige Intelligenz» zugebilligt.[88]

Um das Verhältnis von Hirngröße zum Körpergewicht *vergleichen* zu können, entwickelten Wissenschaftler den «Enzephalisationsquotienten» («Enzephalisation» bedeutet «Verhirnlichung»). Ein EQ-Wert von 1 zeigt an, dass das Verhältnis von Hirngröße zu Körpergewicht bei dieser Art dem Durchschnitt bei Säugetieren entspricht; das Hirn wiegt so viel, wie man es bei einem Tier dieser Größe erwarten würde. Elefanten bringen es auf einen Wert von 2, das Doppelte des Erwarteten. Bei vielen Delfinen liegen die Werte zwischen 4 und 5; Weißstreifendelfine können sich mit 5,3 brüsten. Im Vergleich dazu hat das Schimpansenhirn nur schwache 2,3.[89] Die überproportionalen Gehirne der Delfine werden nur durch menschliche Gehirne übertroffen. Der menschliche EQ liegt bei 7,6. Wir haben das schwerste Gehirn im Vergleich zur Körpergröße.[90] (Und nach Ihrer Reaktion zu urteilen, sind Menschen die unsichersten Tiere mit dem größten Ego.)

Aber nur das Gehirn zu wiegen, riecht ein bisschen nach Frankenstein, und der EQ entspricht nicht 1:1 dem IQ; Größe ist nicht dasselbe wie Intellekt. Das Gehirn eines Menschen macht zwei Prozent seiner Körpermasse aus. Das kleine Gehirn einer Spitzmaus macht bis zu zehn Prozent ihres Körpergewichts aus, und trotzdem sind Spitzmäuse keine geistigen Schwergewichte. Kapuzineraffen haben einen höheren EQ als Schimpansen, aber in der Kriegsführung und beim Schmieden von Allianzen, bei Jagd und Politik sind Schimpansen den kleineren Affen überlegen.[91]

Der EQ-Wert ist zu grob, weil Gehirne aus Komponenten bestehen. In unserem Gehirn gibt es uralte Teile, die wir von den Fischen geerbt haben, und neuere Teile, die wir nur mit den Säugetieren gemeinsam haben. Es zählt nicht nur das Gesamtgewicht. Auch die größenmäßige Gewichtung der Teile ist wichtig. Wale haben ein relativ großes Kleinhirn (um komplexe Aufgaben wie Schwimmen, Herzfrequenz und Bewegung zu bewältigen oder zu automatisieren), während große Bereiche der Schallverarbeitung gewidmet sind. Kaum etwas aber ist, wie bereits gesagt, fürs Riechen ausgelegt.

Der Neocortex eines Wals – wo ein Großteil des Bewusstseins und des Denkens stattfindet – hat eine größere Oberfläche in Relation zur Hirngröße insgesamt als beim Menschen.[92] Das ist die Hardware des Bewusstseins, die Verkabelung des Denkens. Wozu dies einen Wal befähigt, haben wir gesehen: Sie füllen ihre Tage mit komplizierten Verhaltensweisen, athletischen Darbietungen und pflegen auf hohem Level Kontakte in großen vernetzten Gruppen. Aber der menschliche Neocortex ist zweimal so dick *und* hat eine sehr viel höhere Zelldichte.

Lassen Sie sich das nicht zu Kopf steigen. Wir sind noch nicht fertig.

Dringen wir nun zum Kern des Gehirns vor. Gewicht und Größe sind nur Platzhalter für das eigentlich Wichtige: Nervenzellen. Neuronen. Aber entscheidend ist nicht nur ihre Anzahl, sondern ihre Dichte – wie sie organisiert, vernetzt und mit anderen Komponenten verbunden sind; wie schnell sie Impulse übertragen. Das ist die Informationsverarbeitungskapazität eines Gehirns. Keine Gewichtsangabe und keine Maßzahl allein kann die gesamte intellektuelle Kapazität beschreiben. In gewisser Weise lässt sich das Vorhaben der Vermessung eines Gehirns mit dem Ausmessen des Sicherungskastens in einem Haus vergleichen. Ein großer Sicherungskasten lässt auf ein großes Haus schließen, weil ein großes Haus mehr Kabel und Ähnliches braucht. Wenn man den Sicherungskasten entfernt, bleiben die Lichter aus. Aber ein Haus wird nicht durch den Sicherungskasten hell. Dazu braucht man den Sicherungskasten plus die gesamte Elektroinstallation im Haus. Wo sind die Stromkabel verlegt? Wo sind die Steckdosen, die Fehlerstromschutzschalter, die Deckenanschlüsse und Lampen, der Anschluss für den Elektroherd und das Internet? Wir nehmen Strukturen im Gehirn wahr, aber wie diese Strukturen verkabelt sind, bestimmt, wie wir uns an die Realität anschließen, was wir downloaden und übertragen können und wie hell unser Licht leuchtet.

Eine Verallgemeinerung kann man allerdings treffen: Die schiere *Anzahl* und *Dichte* der Neuronen im Kortex eines Säugetiergehirns und in dem Äquivalent dazu bei Nichtsäugetieren beeinflussen stark die Flexibilität, mit der man Probleme löst, und die geistige Beweglichkeit. Wie bei jedem Computersystem bestimmt die Anzahl der Recheneinheiten die Rechenleistung.[93] Die deutschen Neurowissenschaftler Gerhard Roth und Ursula Dicke verglichen die größten Gehirne der Welt miteinander und kamen zu dem Schluss: «Der Mensch hat mehr kortikale Neuronen als andere Säugetiere, wenn auch nur wenig mehr als Wale und Elefanten.»[94] Wale, mit 6 bis 10,5 Milliarden, und Elefanten, mit 11 Milliarden, sind uns dicht auf den kortikalen Fersen; Menschen haben etwa 11,5 bis 16 Milliarden Neuronen im Kortex des Gehirns, je nachdem, wen man fragt. Unsere Neuronen sind dicht gepackt und übertragen Signale sehr schnell.[95]

Wie sieht es bei den erstaunlichen Krähen, Raben und Papageien aus? Bei ihnen hat keiner nachgezählt, aber Vögel haben generell deutlich kleinere Zellen als Säugetiere. Vogelhirne sind also dicht gepackt und haben eine Menge Rechenleistung und -geschwindigkeit für ihre Größe. Und was die Übertragungsgeschwindigkeit von Signalen angeht, sieht man sofort, wie extrem flink Vögel sind.

Die Neuronen im Hirn eines Menschen sind im Grunde nicht von denen im Gehirn von Killerwalen, Elefanten oder Mäusen – oder Fliegen – zu unterscheiden. Die Synapsen, die verschiedenen Nervenzelltypen, Verbindungen, sogar die Gene, die diese Neuronen erzeugen, sind tierartenübergreifend identisch. Die Unterschiede zwischen den Gehirnen verschiedener Arten sind vor allem graduell. Roth und Dicke schlussfolgern: «Die herausragende Intelligenz der Menschen ist das Ergebnis einer Kombination und Verbesserung von Eigenschaften, die auch in nichtmenschlichen Primaten zu finden sind ... und nicht das Resultat ‹einzigartiger› Fähigkeiten.»[96]

Das soziale Gehirn

Wenn man ein größeres, dichter gepacktes Gehirn hat, dann führt das zu höheren Betriebskosten. Und Gehirne sind echte Energiefresser. Obwohl das Gehirn beim Menschen nur etwa zwei Prozent des Körpergewichts ausmacht, verbraucht es fast zwanzig Prozent des Energiebudgets des Körpers (deswegen ist man manchmal nur vom Denken erschöpft).[97] Wenn man sein Energiebudget chronisch überzieht, kann man daran sterben; gehen in knappen Zeiten die Kalorien aus, so verhungert man. Warum sollte man dann das Risiko eines großen Gehirns eingehen? Entweder wird es dringend gebraucht oder es bietet einen entscheidenden Vorteil.

Es wird nicht dringend gebraucht. Viele weniger kluge Arten überleben bestens. Killerwale stellen sich bei der Lachsjagd clever an, aber es gäbe mehr von ihnen, wenn sie Lachse wären. Hohe Stückzahlen stehen für Erfolg, warum hält man die laufenden Nebenkosten im Kopf dann nicht niedrig? Delfine teilen sich das Wasser oft mit Thunfischen, die dieselbe Beute jagen. Thunfische sind energieeffizienter – und es gibt mehr von ihnen. Die Frage bleibt daher: Warum für das Übergepäck eines überdurchschnittlichen Gehirns bezahlen? Spinnen und Insekten schreiben billionenfache Erfolgsgeschichten; ihre kleinen Gehirne stellen keinen Nachteil dar. Wenn man nach den Zahlen geht, gehen große Gehirne tatsächlich auf Kosten der Reproduktion und des Überlebens. Aber Delfine bezahlen dafür, dass sie klüger sind als Thunfische; Elefanten bezahlen dafür, dass sie schlauer sind als Antilopen. Irgendetwas in ihrem Leben muss teure Intelligenz verlangen.

Verhaltensökologen gingen lange davon aus, dass Tiere umso intelligenter sein mussten, je schwieriger es für sie war, an Futter zu gelangen. Die Ökologen glaubten, der größere Intellekt sei ein Zeichen für komplizierte Futtersuche. Aber Thunfischschwärme und Delfinschulen jagen nebeneinander dieselben Fische und Tintenfische. Nahrung ist nicht die Ursache für die großen Unterschiede zwischen den Intellekten. Thunfische sind auf ihre Weise schlau und fabelhafte Wesen. Aber Thunfische schwimmen in den Lehrjahren ihrer Jungen nicht an deren Seite durch die Meere; sie kommen verwundeten Artgenossen nicht zu Hilfe oder rufen sich gegenseitig herbei. Große Unterschiede sind *soziale* Unterschiede. Gnus leben in einer Gesellschaft, die so flach ist wie die Ebenen, auf denen sie grasen: Es gibt keine Anführer, keinen gesellschaftlichen Aufstieg, keine Familiengruppen. Und daher auch keine bemerkenswerten Gehirne. Weil sie nicht gebraucht werden. Gnus fressen Gras, und Elefanten fressen Gras. Elefanten sind nicht emotional und intellektuell komplex, weil sie Gras fressen.

Aber was ist, wenn ich mir bestimmte Mitglieder der eigenen Gruppe merken muss, die mir wiederholt begegnen, die mir vielleicht Futter, Partner oder gesellschaftlichen Rang abjagen wollen und die gegen mich intrigieren oder sich mit meinen Feinden verbünden oder die in entscheidenden Momenten für mich da sind; was ist, wenn zwischen einzelnen Individuen ständig Kooperation und Wettbewerb abgewogen werden müssen? *Wenn der Einzelne zählt* – wenn man ein «Jemand» ist –, dann braucht man ein soziales Gehirn, das zu Vernunft, Planung, Belohnungen, Bestrafung, Verführung, Schutz, Bindung, Verständnis und Mitgefühl fähig ist. Das Gehirn muss dann wie ein Schweizer Taschenmesser sein, das verschiedene Strategien für unterschiedliche Situationen bereithält. Delfine, Menschenaffen, Elefanten, Wölfe und Menschen haben ähnliche Bedürfnisse: Sie müssen ihr Revier und seine Ressourcen sowie Freunde kennen, Feinde überwachen, Fruchtbarkeit erreichen, Kinder großziehen und miteinander kooperieren, wenn es nützlich ist.

Bei verschiedenen Delfinarten schmieden zwei oder drei Männchen Allianzen, die den exklusiven Zugang zu den fortpflanzungsfähigen Weibchen kontrollieren. Große-Tümmler-Allianzen in Florida halten bis zu zwanzig Jahre.[98] Diese engen Männerbünde fusionieren manchmal zu Koalitionen, die kleinere Allianzen überwältigen und deren Weibchen entführen wie Räuberbanden.[99] Wie eine Straßengang, aber mit Sonar.

Die Forscherin Janet Mann beobachtete, wie eine Allianz von Tümmlermännchen ein einzelnes Weibchen umzingelte. Eine *Koalition aus Weibchen* schwamm herbei und lenkte die Männchen ab, indem sie an ihnen entlangrieben und sie mit den Brustflossen streichelten. Nachdem sie die Männchen mit ihren scheinbaren Avancen verwirrt hatten, hauten die Weibchen ab – alle Weibchen.[100] Ich frage mich, ob sie darüber gelacht haben. Allianzen können entscheiden, wer gewinnt und wer leidet. Wenn so viel auf dem Spiel steht, dann ist Intelligenz wichtig.

Schimpansen steigen gesellschaftlich auf, indem sie Gefälligkeiten erweisen und geschickt unterscheiden, auf wen sie sich verlassen können und wessen Autorität sie untergraben sollten. Forscher nennen dies «eine machiavellistische Intelligenz». Der Primatologe Craig Stanford schreibt: «Schimpansenmännchen haben politische Karrieren, bei denen die Ziele mehr oder weniger gleich bleiben – sich so viel Macht, Einfluss und Fortpflanzungserfolge wie möglich sichern –, während sich die Taktiken, um diese Ziele zu erreichen, von Tag zu Tag, Jahr zu Jahr und Lebensphase zu Lebensphase ändern.»[101] Warum nehmen sie all die Mühe, all den Aufwand und all das Risiko auf sich, nur für Status? Weil das Männchen mit dem höchsten Rang normalerweise die meisten Babys hat, die meistens das höchstrangige Weibchen zur Welt bringt. Da Verhalten vererbt wird, bleibt es erhalten. Darum geht es beim Statusstreben, ob uns Statusstrebenden das nun bewusst ist oder nicht. Intelligenz kann den reproduktiven Zugang zu erstklassigen Partnern erleichtern.

Die Tierarten mit den komplexesten Gesellschaften haben die komplexesten Gehirne entwickelt. Was war zuerst da? Wahrscheinlich haben sie sich im Rahmen eines Wettrüstens, bei dem gesellschaftliche Vorteile die gesellschaftlichen Kosten zu überwiegen begannen, parallel entwickelt. Merke: Das intelligenteste Gehirn ist das *soziale Gehirn*.[102]

Fünfundzwanzig Millionen Jahre vor unserer Zeit besaßen Delfine eindeutig das intelligenteste Gehirn in unserem Sonnensystem. In vielerlei Hinsicht wäre es schön, wenn das immer noch so wäre. Als Delfine die führende Intelligenz auf dem Planeten waren, gab es keinerlei politische, religiöse, ethnische oder ökologische Probleme auf der Welt. Das Schaffen von Problemen scheint «typisch menschlich» zu sein.

Wale könnten «unser Intelligenzniveau» haben, schrieben die Forscher, die entdeckten, dass in Walgehirnen eine weitere spezielle Zellart existiert, von der man bis dahin geglaubt hatte, sie würde Menschen vor allen anderen Tieren auszeichnen.[103] Wegen ihrer länglichen Form heißen diese Zellen «Spindelzellen». (Nach ihrem Entdecker werden sie auch als Von-Economo-Neuronen bezeichnet.)[104] Menschenaffen (zu denen ja auch wir Menschen gehören), Elefanten, die größten Walarten und zumindest ein paar Delfinarten haben Gehirne mit diesen speziellen Zellen.[105] Interessanterweise sind sie auch bei Nashörnern, Seekühen und Walrössern zu finden.[106]

Spindelzellen sind «die Schnellzüge des Nervensystems».[107] Sie lassen Nervenimpulse unnötige Haltestellen überspringen und erlauben so eine sehr schnelle Impulsübertragung. So werden fast augenblickliche Einschätzungen und Reaktionen möglich. Spindelzellen sind von Form und Position her darauf ausgelegt, Informationen von einer ganzen Reihe Hirnzellen aufzunehmen und sie rasch an andere Gehirnstrukturen weiterzuleiten. Forscher glauben, dass diese Zellen in komplizierten sozialen, sich stetig verändernden Situationen schnelle, intuitive Entscheidungen ermöglichen.

Spindelzellen helfen, bei sozialen Interaktionen den Überblick zu behalten, erfüllen bestimmte intellektuelle und emotionale Funktionen und erlauben ein Gespür für die Gefühle anderer. Bei geschädigten Spindelzellen sind das soziale Bewusstsein, die Fähigkeit zur Selbstüberwachung in sozialen Situationen, Intuition und Urteilskraft eingeschränkt. Manche Wissenschaftler sehen auch eine Verbindung zwischen Schädigungen der Spindelzellen und Alzheimer, Demenz,[108] Autismus sowie Schizophrenie.[109]

Spindelzellen wurden zu Beginn des 20. Jahrhunderts erstmals in menschlichen Gehirnen entdeckt und galten über Jahrzehnte als Kennzeichen für die Einzigartigkeit des menschlichen Intellekts. Der Mitentdecker der Spindelzellen bei Walen, Patrick Hof, sagte: «Diese Tiere sind eindeutig extrem intelligent und haben soziale Netzwerke entwickelt, die jenen von Affen und Menschen ähneln.»[110]

Wie Spindelzellen und die Werkzeugnutzung stand auch das *Lehren* einst in dem Ruf, Menschen vorbehalten zu sein. Killerwale aber lehren. «Lehren» setzt Folgendes voraus: Ein Individuum muss neben den eigenen Aufgaben die Zeit erübrigen, bestimmte Fähigkeiten vorzuführen und dazu anzuleiten, *und* der Schüler muss eine neue Fertigkeit erlernen.

Wenn ein junger Schimpanse einen erfahrenen Erwachsenen beobachtet und imitiert, dann ist das Lernen, aber der Erwachsene hat sich nicht die Zeit genommen, um den jungen Artgenossen ausdrücklich anzuweisen, daher hat er nicht gelehrt.[111] Beim faszinierenden Schwänzeltanz der Bienen nehmen sich die Tänzer die Zeit, um Informationen über eine Futterquelle zu vermitteln, aber die anderen Arbeiterinnen erlernen keine neue Fertigkeit. Für einige Ameisenarten gilt dasselbe und auch für Tiere, die vor der Anwesenheit eines Fressfeindes warnen.[112] Sie nehmen sich die Zeit, etwas zu zeigen, aber sie vermitteln den Lernenden keine neuen Fertigkeiten. Killerwale lehren Fertigkeiten.

Bei den subantarktischen Crozet-Inseln im Indischen Ozean fangen Killerwale Seebären und Seeelefanten, indem sie sich auf Strände spülen lassen.[113] Eine gefährliche Angelegenheit, denn die Wale riskieren, selbst zu stranden, und müssen sich in die rettende Flut zurückwuchten. Daher bringen Erwachsene den Jungen bei, wie sie das machen müssen. Sie unterteilen die Aufgabe in einzelne Schritte, geben Lehrstunden.

Zunächst üben sie auf Stränden, an denen keine Beutetiere sind. Mütter schubsen ihre Junge vorsichtig auf steil abfallende Strände, von denen sich die Jungtiere mühelos ins Meer zurückrobben können. Sie machen im Grunde dasselbe wie Menschen, die erst auf einem Parkplatz das Autofahren üben, bevor es in den Straßenverkehr geht. Durch diesen Unterricht werden Fertigkeiten in sicherer Umgebung erlernt und es wird das Risiko ausgeschlossen, dass die Jungen stranden und sterben. Danach lernen die Jungen das Jagen, indem sie ihre Mütter bei erfolgreichen Angriffen beobachten. Mit fünf oder sechs Jahren versucht ein junger Killerwal dann schließlich selbst, mit den erlernten Fertigkeiten junge Robben zu fangen. Ein erwachsenes Weibchen hilft ihnen oft wieder zurück ins Wasser, indem es mit dem Körper nötigenfalls Wellen erzeugt. Während sie die Jungen unterrichten, fangen die Mütter selbst weniger Beute. Dieses Training ist wohl das Höchste, was es an Unterricht und langfristiger Planung von Nichtmenschen gibt.

In Alaska beobachteten Forscher, wie zwei Killerwale einem einjährigen Jungtier das Jagen beibrachten, indem sie ihn an Seevögeln üben ließen.[114] Die Erwachsenen betäubten einen arglosen Seevogel mit den Schwanzflossen; der Jährling schwamm herbei und übte das Schlagen mit der Schwanzflosse. Atlantische Fleckendelfinmütter setzen manchmal Fischbeute in Gegenwart ihrer Jungen wieder frei und lassen die Kleinen den Fisch jagen. Wenn der Fisch entkommt, fangen die Mütter ihn wieder ein.[115] Manchmal schwimmen die Jungen auch nebenher, wenn die Mütter den sandigen Meeresboden abscannen und nach versteckten Fischen bohren. Sie «hören» die Echos der Mutter mit und imitieren ihr Vorgehen, aber die Mütter führen es auch gezielt vor. Australische Große Tümmler-Mütter tragen Schwämme auf der Schnauze, um sich beim Wühlen am Meeresboden vor Seeigelstacheln und dem brennenden Stich versteckter Skorpionfische zu schützen, und sie bringen ihren Kindern die Schwammschutzmethode bei.[116]

Lehrer sind eine Elitegruppe. Andere Tiere, die ebenfalls lehren, sind Geparden und Hauskatzen (die ihre Beute lebend zu den Jungen bringen und sie fangen lassen), Drosslinge (eine Vogelart, die ihren Jungen einen Ruf beibringt, der «Ich habe Futter» bedeutet), Wanderfalken (die ihre Jungen von den Brutklippen weglocken und dann tote Beute fallen lassen, die die Jungen im Flug fangen sollen), Flussotter (die ihre Babys ins und unter Wasser ziehen und ihnen so das Schwimmen und Tauchen beibringen) und Erdmännchen (die ihren aufwachsenden Jungen erst tote, dann kampfunfähige Skorpione bringen, um den Jungen zu zeigen, wie die Giftstacheln abgetrennt werden).[117] Und Menschen lehren natürlich. Das war's aber auch schon fast; bisher sind nur einige wenige weitere Arten bekannt, die unterrichten. Aber bei der Streubreite an Arten müssten sich noch mehr finden lassen.

Wie das Werkzeugmachen und Lehren ist auch die *Nachahmung* im Tierreich selten – und gilt als Zeichen höchster Intelligenz. Manche Forscher glauben, dass nur Affen und Delfine nachahmen, aber ein wenig verbreiteter ist es schon. Die Angewohnheit unserer Papageien, harte Brotkrusten in Wasser aufzuweichen, wurde wahrscheinlich von einem der beiden erfunden und vom anderen kopiert. Junge Hunde imitieren ältere Hunde. Und Hunde imitieren auf ihre Art Menschen. Wenn ich Feuerholz «mache», es schneide, heranschleppe und staple, dann «macht» Chula auch Holz, indem sie ein passendes Stück Holz sucht, sich in der Nähe hinlegt und daran kaut. Wenn ich Papier für die Papiertonne oder zum Verbrennen sortiere, dann holt sich Chula etwa einen Briefumschlag und legt sich damit unauffällig hin. An Briefumschlägen zu kauen ist normalerweise nicht erlaubt, aber in diesen Stunden verstehen wir beide, dass wir Papierkram machen müssen.

In Südafrika sah ein gefangener Großer Tümmler namens Daan zu, wie Taucher die Fenster des Beckens von Algen befreiten. Er holte sich eine Möwenfeder und begann, selbst ein Fenster zu reinigen, mit denselben langen Putzbewegungen. Er stellte sich aufrecht hin, mit einer Brustflosse am Glas – wie die Taucher, die sich am Fensterrahmen festhielten –, machte fast dieselben Geräusche wie die Atemgeräte der Taucher und ließ einen ähnlichen Strom aus Luftblasen aufsteigen.[118] Einmal vergaß ein Fensterputzer-Taucher sein Sauggerät in einer Anlage. Als er am nächsten Morgen zurückkehrte, sah er die Delfindame Haig den Schlauch mit den Brustflossen halten, den Schaber in der Schnauze. Der Taucher nahm ihr die Ausrüstung wieder ab. Daraufhin entdeckte die Delfindame ein Stück lose Kachel und kratzte damit Tang vom Boden des Beckens.[119] Wer hätte nicht gern eine Mitbewohnerin wie Haig?

In einem südafrikanischen Aquarium lebte das Indopazifische Große Tümmlerbaby Dolly. Mit sechs Monaten sah Dolly eines Tages einen Trainer am Fenster eine Zigarette rauchen und Rauchwolken ausstoßen. Dolly schwamm zu ihrer Mutter, saugte kurz, kehrte dann zum Fenster zurück und stieß eine Milchwolke aus, die ihren Kopf einhüllte. Der Trainer war «völlig verblüfft».[120] Dolly «kopierte» ihn nicht (sie rauchte nicht wirklich) und sie imitierte ihn auch nicht in der Absicht, dasselbe Ziel zu erreichen. Irgendwie war Dolly *auf die Idee gekommen,* Milch zu verwenden, um Rauch *darzustellen.*[121, 122] Wenn man eine Sache benutzt, um etwas anderes darzustellen, dann ist das keine reine Nachahmung. Es ist Kunst.

Wunschdenken

Viele Menschen hoffen, dass wir eines Tages auf ein intelligentes Wesen von einem anderen Planeten stoßen werden. ... Aber vielleicht wird es ganz anders aussehen. Nämlich so wie dieses Tier hier.

Michael Parfit, *The Whale*

«Manchmal dachte ich hinterher nur ‹Wow!›», erzählt Ken. «Als hätte ich etwas Überirdisches gesehen. Wenn man ihnen in die Augen schaut, dann hat man das Gefühl, dass sie den Blick erwidern. Es ist ein beständiger Blick. Und man fühlt ihn. Viel machtvoller als der Blick eines Hundes. Ein Hund möchte Aufmerksamkeit. Bei den Walen fühlt es sich anders an. Man hat das Gefühl, als würden sie in einen hineinschauen. Mit dem Blickkontakt stellen sie eine persönliche Beziehung her. Dabei wird in sehr kurzer Zeit viel über die Absichten beider Seiten übermittelt.»

Zum Beispiel?

«In diesen Blicken habe ich mich» – er zögert bei dem Wort – «wertgeschätzt gefühlt. Aber natürlich ist das rein subjektiv», fügt er rasch hinzu.

Wertgeschätzt?

Ken begann seine Forschungen in den 1970er Jahren, unmittelbar nachdem Gerichte SeaWorld das Fangen von Walbabys untersagt hatten. «Nach etwa einem Jahr kamen die Wale zu uns und blieben beim Boot, wenn jemand in einem anderen Boot Jagd auf sie machte oder sie beim Auftauchen aggressiv umkreiste. Die Wale verstanden, dass wir uns nicht an den Hochgeschwindigkeitsjagden beteiligten. Wir beschossen sie nicht mit Pfeilen und Markierungen», erzählt Ken. «Sie haben gesehen, dass wir in ihrer Gegenwart cool blieben. Das weist darauf hin, dass sie sich dessen bewusst waren, was vor sich ging.»

Konnten sie mit diesem Bewusstsein auch Kens Wohlwollen spüren?

Wussten sie Ken zu *schätzen*, nach allem, was sie mit Walfängern durchgemacht hatten? Genug, um einen Gefallen zu erwidern?

Ken hat zum Beispiel folgende Geschichte auf Lager: «Wir waren tagelang allen drei Schulen gefolgt. Sie waren durch die Juan-de-Fuca-Straße geschwommen, an der Westküste der Insel San Juan entlang, durch den Boundary Pass zum Fraser River, dann wieder hinunter nach Rosario, in den Puget Sound um Vashon Island und hierher zurück. An einem Morgen schwammen sie auf eine dichte Nebelbank zu. Wir folgten ihnen. Das war in den Siebzigerjahren. Es gab noch kein GPS oder Ähnliches, wir hatten nur einen Kompass. Kurz vor der Durchfahrt zum Admiralty Inlet verirrten wir uns, dicht in Nebel gehüllt, vierzig Kilometer von zu Hause entfernt. Ich kannte die ungefähre Kompasspeilung. Wir packten alle Kameras ein und machten uns auf den Weg hinaus. Ich fuhr mit etwa fünfzehn Knoten in Richtung der Kompasspeilung. Wir waren nur knapp fünf Minuten unterwegs, als rings um unser Boot herum Wale übers Wasser sprangen, bis sie genau vor unserem Boot waren. Ich fuhr langsamer und folgte ihnen, wohin sie uns auch führten. Zu jedem Zeitpunkt war ein halbes Dutzend dem Boot direkt voraus.» Ken folgte ihnen gute zwanzig Kilometer weit. Schließlich lichtete sich der Nebel und er sah seine Heimatinsel. «Ich glaube, sie wussten genau, dass wir null Sicht hatten», meint er. «Sie wussten genau, wo sie waren. Das war ein Jahr, nachdem der Walfang beendet worden war. Sie hatten viele Boote gesehen und waren jeder Menge aggressivem Verhalten begegnet. Aber hier waren sie, und soweit ich sagen kann, leiteten sie uns aus dem Nebel. Es war sehr rührend.»

Aber es wird noch rührender. Und seltsamer. Tatsächlich sind Wale gelegentlich zu freundlichen Handlungen fähig. Handlungen, die sich nicht erklären lassen. Handlungen, die Wissenschaftler auf ziemlich abwegige Erklärungsmöglichkeiten bringen. Man könnte auf die Idee kommen, dass Killerwale zwei Arten von Verhalten zeigen: erstaunliches Verhalten und unerklärliches Verhalten.

Den Nebellotsen zu spielen ist eine ziemlich exklusive Dienstleistung, die Killerwale anbieten – und zwar nur Menschen, die sich für ihren Schutz einsetzen. Einmal war Alexandra Morton mit einem Assistenten in ihrem Gummiboot auf offener See vor der Queen-Charlotte-Straße unterwegs, als sie von Nebel eingehüllt wurde, der so dicht war, dass sie sich vorkam «wie in einem Glas Milch». Kein Kompass. Die Sonne nirgendwo zu sehen. Völlige Windstille; kein Wellenmuster lieferte irgendwelche Hinweise. Wenn sie sich beim Heimatkurs irrten, würden sie aufs offene Meer hinausfahren. Gleichzeitig näherte sich ein riesiges Kreuzfahrtschiff, aber der Nebel warf den Schall zurück, sodass Morton nicht sagen konnte, aus welcher Richtung sich das Geräusch näherte. Jeden Moment konnte das Schiff plötzlich aus dem Nebel auftauchen und sie zermalmen.

Dann tauchte etwas anderes wie aus dem Nichts auf: eine glatte schwarze Rückenflosse. Erst die Spitze. Dann der Sattel. Und dann Eve, die normalerweise distanzierte Matriarchin. Plötzlich linste Sharky nach ihr. Dann Stripe. Sie drängten sich um das winzige Boot, und Alexandra folgte ihnen durch den Nebel wie eine Blinde, der jemand eine Hand auf die Schulter legt. «Ich hatte keine Angst», erinnerte sie sich. «Ich vertraute ihnen unsere Leben an.» Zwanzig Minuten später drangen die Umrisse der riesigen Kiefern und der Felsenküste ihrer Insel durch den Nebel. Das Grau lichtete sich. Die Wale verließen sie. Früher am selben Tag waren die Wale ungewöhnlich schwer zu verfolgen gewesen und in westlicher Richtung geschwommen, ins offene Meer hinaus. Jetzt hatten sie Morton nach Süden geführt, nach Hause. Als die Wale Morton verließen, schlugen sie wieder die Richtung ein, aus der sie gekommen und in die sie ursprünglich geschwommen waren.

Morton fühlte sich verwandelt. «Mehr als zwanzig Jahre lang hatte ich mich bemüht, die Mythologie um die Orcas aus meinen Forschungen herauszuhalten. Wenn andere Leute Geschichten über den Humor oder den Musikgeschmack der Orcas erzählten, hielt ich den Mund. ... Doch manchmal werde ich mit überzeugenden Indizien für Dinge konfrontiert, die wir wissenschaftlich nicht messen können. Man kann sie als verblüffende Zufälle bezeichnen, aber für mich werden es einfach zu viele. ... Ich will nicht behaupten, dass Wale telepathisch begabt sind – ich bringe das Wort kaum über die Lippen – aber ... Ich habe keine Erklärung für das, was an jenem Tag geschah. Ich bin einfach dankbar, es ist ein Rätsel, das immer rätselhafter wird.»[123]

Meine Freundin Maria Bowling war Schnorcheln auf Hawaii, als mehrere Killerwale auftauchten – ein reiner Zufall. Sie schrieb mir: «Ich glitt vorsichtig vom Rand des Bootes und hörte ein lautes Klirren, wie Metall auf Metall, als stießen zwei Tauchflaschen aneinander. Es war ein sehr hoher, vibrierender Ton, nicht unangenehm, aber unglaublich stark! Er durchdrang mich. Ich hatte noch nie zuvor eine so starke Energie gespürt. Eine Energiewelle, wie eine Übertragung. Es war, als öffnete sich ein Portal, als würde mir jemand eine neue Kommunikationsmöglichkeit zeigen. Nach dem Zusammentreffen fühlte ich mich tagelang benommen, das Erlebnis hatte mich in ein Hochgefühl versetzt und mir Energie gegeben. Ich fühlte mich leicht, angenommen, erfüllt von Hoffnung, leichten Herzens und voller Freude. Das ist nicht besonders wissenschaftlich, das weiß ich, aber es war weniger eine geistige, intellektuelle Erfahrung als eine körperliche.»

Wenn es da tatsächlich irgendeine bislang unbekannte Energiewellenverbindung gibt, dann hat sie Grenzen. Denn in einem anderen Moment, in dem es um Leben und Tod ging, verwandelte sich das Walweibchen Eve, deren Familie Alexandra durch den Nebel nach Hause geführt hatte, nicht in eine Superheldin. Aber vielleicht war es bereits zu spät. Wale sind immerhin nur Sterbliche. Wie Menschen auch.

An einem Septembertag im Jahr 1986 fuhr Alexandra mit ihrem Mann Robin, einem Filmemacher, und ihrem vierjährigen Sohn zu einem Ort in British Columbia, den sie kannten, eine einzigartige Stelle nahe des Ufers, an die Wale kamen, um sich an bestimmten Felsen zu reiben, die für sie offenbar etwas Besonderes waren. Sie warteten, und schließlich näherte sich Eve, dieses Mal allein. Robin, schon lange auf der Suche nach guten Unterwasseraufnahmen, legte den Tauchanzug an und glitt nur neun Meter vom Ufer entfernt ins Wasser. Morton fuhr das Schlauchboot ein Stück weg, aus dem Bild. «Eve schwamm auf Robin zu», schrieb Morton. Dann «tauchte der Wal plötzlich aus dem Wasser auf und schwamm in meine Richtung. Eve kam neben dem Schlauchboot nach oben, hielt inne und verschwand dann in der Tiefe.» Das war eigenartig. Morton dachte: «Sie hätte nicht so bald auftauchen sollen.» Und Eve hatte es anscheinend eilig wegzukommen. Während ihr Sohn malte, beobachtete Morton das Meer und erwartete, dass ihr Mann jeden Moment auftauchte. Doch nach mehreren Minuten qualvoller Wartezeit lenkte Alexandra das Boot über die Stelle und sah zu den Algen, Seesternen und dem felsigen Meeresboden hinab. Zu ihrem Entsetzen lag ihr Mann dort unten mit dem Gesicht nach oben. Sein komplexes

Atemgerät hatte eine Fehlfunktion gehabt, er war ohnmächtig geworden – und ertrunken.[124]

Eve hatte beunruhigt gewirkt und anscheinend den Zusammenhang erkannt. Aber es hatte keinen kosmischen Durchbruch gegeben, keine Rettungsaktion, der bewegungslose Mensch wurde nicht zum Atmen an die Oberfläche gehoben. Warum Killerwale noch nie einen Menschen angegriffen haben, lässt sich nicht erklären, aber einen Toten zu bergen ginge dann doch einen Schritt zu weit. Vielleicht war die Vorstellung, ein Säugetier in den Mund zu nehmen, für einen Fisch fressenden Resident-Wal auch einfach zu gruselig. Oder vielleicht war Eve auch furchtbar erschrocken, als sie den bewusstlosen Robin fand, und weil sie verstand, was geschehen war, hatte sie versucht, Alexandra zu warnen, indem sie neben dem Boot auftauchte und innehielt, bevor sie verängstigt floh. Vielleicht versuchte sie auch auf eine Art zu kommunizieren, die Menschen nicht verstehen. Oder vielleicht hatte Eve auch einfach den Ruf ihrer Söhne in der Ferne gehört und war zu ihnen geeilt. Vielleicht war Eve einfach nur ein Wal.

Aber es gibt Geschichten über Killerwale, die verirrte Hunde retteten. Ein kleines Wissenschaftlerteam fuhr in einem Boot zur Walbeobachtung aufs Meer hinaus. Bei der Rückkehr der Wissenschaftler war ihr Deutscher Schäferhund Phoenix nicht mehr auf der Insel. Anscheinend war er ihnen ins tiefe Wasser und die kräftigen Strömungen der Johnstone Strait gefolgt. Die Leute suchten bis elf Uhr nachts die Meerenge ab. Kein Hund. Der Hundebesitzer saß weinend auf einem Baumstumpf, als er die Atemgeräusche von Killerwalen hörte. Er befürchtete das Schlimmste: Dass sie seinen geliebten Hund gefressen hatten. Er sah, dass die Wale näher kamen, weil die Turbulenzen, die die Tiere beim Schwimmen erzeugten, die phosphoreszenten Lebewesen im Meer zum Leuchten brachten. Kurz nachdem die Wale wieder verschwunden waren, hörte der Mann Platschgeräusche. Und plötzlich stand da sein pitschnasser Hund, geschwächt und Salzwasser erbrechend. «Mir ist egal, was die Leute sagen», erklärte er. «Diese Wale haben meinen Hund gerettet.»[125]

Das war kein Einzelfall. In einem anderen Forschungslager ging ein Mann zum Kajakfahren, und bei seiner Rückkehr war seine Hündin Karma verschwunden. Auch sie hatte wahrscheinlich versucht, ihm zu folgen. Der Forscher betrauerte den Verlust seiner treuen Begleiterin bis spät in die Nacht, als ein paar Wale vorbeischwammen. Der Hund tauchte am Strand auf, durchnässt, zitternd und kurz vor dem Zusammenbruch. «Ich war dort», sagte die Person, die die Geschichte erzählte. «Ich habe keinerlei Zweifel: diese Wale haben Karma an Land geschoben.»

Es gibt noch weitere eigenartige Geschichten. In den frühen 1980er Jahren ersuchte ein Meeres-Themenpark, der Wale für Shows trainieren wollte, um die Genehmigung, in British Columbia wieder Wale fangen zu dürfen. Der Walfang war seit 1976 verboten, aber man sprach darüber, eine bestimmte kleine Walfamilie, die A-4-Gruppe, einzufangen. Diese Familie hatte bereits gelitten. Im Jahr 1983 hatte jemand das Walweibchen A-10 und deren Kind erschossen. Aus Mangel eines fotografischen Beweises wurde keine Anklage erhoben. Aber Walbeobachter hatten die Schüsse gehört und waren sofort hingefahren. Ein Zeuge sagte: «A-10 schob ihr verwundetes Kalb auf meine Seite des Bootes. Blut sickerte aus der Wunde. Es war, als wollte sie uns zeigen: Seht, was ihr Menschen getan habt.» Wenige Monate später waren beide Wale tot.

Allein bei der Vorstellung, jemand würde diese Wale, die sie so oft gesehen hatte – Jahre nach dem Fangverbot – in eine Falle locken, kam Alexandra Morton die Galle hoch. Bei einer Versammlung mussten ihre Freunde sie beruhigen.

Im Lauf der Jahre hatte Alexandra Morton nur in *einer* größeren Meerespassage keine Killerwale gesehen: in der Cramer-Passage, wo sie lebte. Zwei Tage nach der Versammlung, bei der sie sich leidenschaftlich gegen die Gefangennahme ausgesprochen hatte, folgte Morton Yakat und Kelsey – Schwestern des toten Wales A-10 – und dem Jungtier Sutlej. Vor der Einfahrt zur Cramer-Passage schwammen die Wale unentschlossen umher. Morton ließ sich im Boot neben ihnen treiben. Dann «kesselten» die Wale sie ein, die beiden Schwestern an den Längsseiten und das Jungtier vor dem Bug des Bootes, nur wenige Zentimeter entfernt. Jedes Mal, wenn sie den Motor anwarf, schwammen die Tiere aufgeregt umher, ließen sie aber nicht wegfahren. Sie erinnerten sie an Transients, die ihre Beute einkreisten, und sie wurde nervös. Aber dann wechselten die Wale die Richtung und führten sie in die Cramer-Passage – und schwammen die Passage dreimal auf und ab.

«Manchmal weiß ich nicht, was ich von Walen halten soll», sagte

Morton.[126] Sie fragte sich: Wollten die Wale ihr etwas mitteilen, nachdem sie ihre Familie verteidigt hatte? Aber die Besprechung hatte in einem Gebäude stattgefunden (und nicht draußen auf einem Boot, wo die Wale sie hätten hören können – wenn sie denn Englisch verstanden hätten). Sie hätten echte Telepathie gebraucht, um ihre Gedanken zu lesen, während sie sie beobachtete. Und das «widersprach jeder Vernunft», das war ihr bewusst.

Aber damit bewegte sich Alexandra Morton tief im Reich des «Wunschdenkens», wie Ken es ausgedrückt hätte. Sie wusste, dass es so war.

Sie schrieb: «Ich weiß, dass das in der Wissenschaft nichts zu suchen hat (und vielleicht auch in einem normalen Verstand nicht), aber könnten unsere Parameter der Realität nicht ein kleines bisschen zu eng gesetzt sein?»

Jahrzehnte zuvor hatte Morton eines Tages die beiden gefangenen Wale Orky und Corky in einem Becken im Marineland of the Pacific gesehen und einen Trainer gebeten, ihr zu zeigen, wie man einem Wal etwas Neues beibringt. (Corky war das eingefangene Kind von Stripe. Und Stripe war an dem oben beschriebenen Vorfall beteiligt, als Wale Morton durch den Nebel nach Hause führten.) Weder Morton noch der Trainer hatten gefangene Wale je dabei beobachtet, wie sie mit der Rückenflosse aufs Wasser klatschten. Sie beschlossen, in der nächsten Woche an diesem Trick zu arbeiten. «Dann passierte etwas», schrieb Morton später, «das mich in der Gegenwart von Walen mit meinen Gedanken vorsichtig werden ließ.» *Corky schlug mit der Rückenflosse aufs Wasser.* Sie machte es ein paarmal, flitzte dann im Becken herum und klatschte dabei ausgelassen mit der Rückenflosse aufs Wasser. «Wale», sagte der Trainer lachend. «Sie können Gedanken lesen. Wir Trainer erleben so etwas ständig.»[127]

Howard Garrett erinnerte sich an ein Experiment mit einem gefangenen Killerwal, das er mit Kollegen Anfang der 1980er Jahre durchgeführt hatte: «Wir hatten alle das Gefühl, dass die Orcas uns und unsere Absichten erforschten und dass sie dabei nicht nur etwas über unsere Grenzen und Fähigkeiten erfuhren, sondern ihr Wissen auch mit ihren Mitbewohnern im Becken teilten. Sie wurden Freunde für uns, die wir gut kannten, und die Orcas lernten uns gut kennen. Wir alle waren tief bewegt.»[128]

Im Puget Sound bei Seattle tauchte ein sehr junges Killerwalmädchen der nördlichen Residents namens Springer (A-73) auf. Sie war gerade erst abgestillt, und ihre Mutter wurde vermisst. Als Ken sie fand, schubste sie spielerisch einen schwimmenden Ast herum. «Ich hob ihn aus dem Wasser und warf ihn wieder hinein, sie schwamm hinterher, sehr verspielt. Ich schlug mit der flachen Hand aufs Wasser und sie machte es mit der Brustflosse nach. Dann sah ich sie an und machte eine kreisende Bewegung mit dem Finger – und *sie rollte sich herum*. Ich dachte nur: «*Wow!*» Ein Hund macht das nur, wenn man ihn darauf trainiert. Ich meine, sie wusste, was ich wollte, als wäre ihr Bewusstsein irgendwie mit meinem verbunden. So etwas kann man nicht in Worte fassen.» Dass sich das Waljunge auf die Fingerbewegung hin herumrollte, zeigt, dass es verstand, dass der Finger ein allgemeines geometrisches Konzept für «Bewegung um eine Achse» darstellte. Und es musste dieses Konzept, das es in der Fingerbewegung erkannte, auf den eigenen Körper übertragen. Dazu musste es den Wunsch haben, sich auf eine andere Lebensform einzulassen, spielen können und Spaß verstehen. Springer hätte nicht tun können, was Ken im Sinn hatte, wenn sie nicht gefolgert hätte, *dass* er etwas im Sinn hatte.

Ein erstaunliches Verhalten.

Mit anderen Worten: Springer war einfach ein gewöhnlicher Killerwal. Killerwale haben sich anscheinend auf Scharfsinnigkeit spezialisiert. Sie wundern sich wohl nicht über uns, sondern betrachten uns ganz nüchtern. Wir sollten also unsererseits aufhören, uns über ihr Verhalten zu wundern. Stattdessen könnten wir sie einfach vollständig akzeptieren – und uns lieber darüber wundern, dass wir so lange dafür gebraucht haben.

Glücklicherweise taten die Menschen im Fall von Springer das einzig Richtige: Sie brachten sie zurück zu ihrer Familie. Springer wurde mit dem Lasso vorsichtig eingefangen und dann in ein Netzgehege in einer kanadischen Bucht gebracht. Die Absicht war, sie dort festzuhalten, bis Forscher ihre Familie aufspürten. Ihre Familie tauchte am nächsten Tag auf. Also öffneten die Forscher das Gehege und seither, sagt Ken, lebte eine «richtig aufgeregte» Springer bei ihnen. «Dieses Jahr hat sie ihr erstes Kalb zur Welt gebracht», erzählt Ken. «Die Geschichte hat also ein Happy End.» Doch dann macht er eine bedeutungsschwere, ungemütliche Pause. «Genau das hätten sie auch mit Luna machen sollen», fügt er schließlich hinzu.

Luna war ein Männchen, das Splash aus der L-Schule 1999 zur Welt brachte. In seinem Leben gab es von Anfang an bizarre Wendungen. In frühester Kindheit verbrachte er einige Zeit bei Kiska, einem Weibchen aus der K-Schule, das kurz zuvor ein totes Baby auf dem Rücken getragen hatte. Kiska vermisste wahrscheinlich ihr eigenes totes Kind und könnte sich Luna geborgt haben. Irgendwann kehrte Luna zu seiner richtigen Mutter zurück, war aber nie besonders anhänglich und begleitete häufig andere Wale aus der L-Schule. Im Frühjahr 2001 verschwand Luna dann.

Er tauchte ganz allein im Nootka Sound in British Columbia wieder auf. Er war damals ein zweijähriges Kleinkind. «Das ist nur 300 Kilometer von hier», erklärt Ken. Killerwale können 120 Kilometer am Tag schwimmen. «Aber er war an einem akustisch ungünstigen Ort, an dem er die Rufe seiner Schule nicht hören konnte.»

Luna tauchte zufällig kurz nach dem Tod eines Häuptlings der kanadischen Ureinwohner auf, der gesagt hatte: «Wenn ich sterbe, werde ich als ein *kakawin*, ein Killerwal, zurückkommen.» Die Ureinwohner tauften das Walbaby Tsux'iit, und es war für sie mehr als nur ein Wal. Das Tier sei hier, «um den Schmerz in unserem Leben wegzuwaschen», wie einer von ihnen sagte.[129] Halb Wal, halb Messias.

Die Leute hatten ihm verschiedene Namen gegeben, Patch oder Bruno, bevor Forscher feststellten, dass das seltsame verirrte Walbaby der vermisste L-98 war, Luna.

Patch, Bruno, Luna, Tsux'iit. Er hatte sich verirrt, und niemand wusste, was als Nächstes zu tun war.

Luna selbst vermisste Gesellschaft. Manchmal fing er einen Lachs und hielt ihn in die Luft. «Bestimmt zeigte er uns, was er gefangen hatte», vermutete ein Zuschauer. «Ihnen ist schon klar, dass dies kein Reptil ist», sagte ein anderer. «Das ist ein Jemand.» Wenn der Wal jemanden ansah, sagte ein anderer, dann «drückte sein Blick Bedürftigkeit aus, und sofort leuchteten alle Empathieschaltkreise auf.» Beobachter sahen «eine Bewusstheit, eine Gegenwart, eine Sehnsucht». Ein Freizeitfischer erzählte, dass er bei seiner ersten Begegnung mit Luna seine Hand ins Wasser getaucht und damit gewinkt hatte. «Da streckte er seine Rückenflosse aus dem Wasser und winkte zurück.» Der Fischer war überzeugt, dass es reiner Zufall gewesen war, und winkte noch einmal. Luna winkte wieder. Dann verschwand Luna ein paar Minuten, und als er zurückkehrte, winkte der Fischer erneut. Und tatsächlich winkte Luna ein weiteres Mal zurück. «Da ist etwas mit sehr viel mehr Intelligenz als die Haus- und Nutztiere, die wir gewohnt sind.» Die Köchin eines Versorgungsschiffes sah Luna und erkannte in seinen Augen etwas so Verblüffendes und Tiefgründiges, dass «ich nicht atmen konnte».[130]

Luna wurde größer und suchte das Spiel mit Seglern und allen möglichen Menschen. Er schubste problemlos zwölf Meter lange Baumstämme durch die Gegend oder drehte ein zehn Meter langes Segelboot im Kreis. Aber wenn er mit einem Kanu spielte, in dem zwei Frauen saßen, oder einem Kajak, dann stupste er sie ganz vorsichtig an. Konnte Luna wissen, dass das Wasser, sein Lebenselement, einen Menschen töten konnte? Wie so vieles an Killerwalen und alles an Luna schien das äußerst unwahrscheinlich. Aber wie ließe es sich anders erklären?

Luna sehnte sich nach Zuwendung und fand schnell heraus, «dass Menschen ziemlich interessante Interaktionspartner abgeben», so drückt Ken es aus. Luna mochte es, berührt zu werden, wenn Menschen über seine Zunge rieben oder ihn mit Wasserschläuchen abspritzten – «alles Mögliche, das man bei einem wilden Tier nicht für möglich halten würde», erinnert sich Ken.

Aber mich überrascht das nicht. Anfang der 1980er Jahre, als ich Seeschwalben beobachtete, saß ich in meinem Boot und hörte plötzlich ein «Pfuff». Ich drehte mich um und sah erstaunt einen Belugawal direkt neben mir im Wasser, etwa anderthalbtausend Kilometer von seinem normalen Lebensraum entfernt, und ganz allein. Zwei Jahre hintereinander besuchte mich der Wal zur jeweils selben Jahreszeit und leistete mir häufig Gesellschaft (und ich ihm), während ich meinen Forschungen nachging. Ich sah auch öfter, dass Belugas andere Boote besuchten. Dieser kleine weiße Wal war ein bisschen schüchtern, wurde aber immer sehr aufgeregt, wenn ich zu ihm ins Wasser sprang. Er oder sie (ich konnte es nicht unterscheiden) schwamm um mich herum und erlaubte kurze Berührungen, die wir anscheinend beide gleichermaßen spannend fanden.

Luna bewies, dass er in allererster Linie und ganz tief im Innern ein Gemeinschaftswesen und die Killerwalidentität gewissermaßen zweitrangig war. Ein Beobachter sagte, er könne «jemanden durch die Andersartigkeit hindurch wahrnehmen».[131] Wenn die Menschen kein Problem damit hatten, dass er ein Killerwal war, dann hatte Luna kein Problem damit, dass sie Menschen waren.

Aber die Menschen hatten ein Problem damit. Luna wurde zum Thema hitziger Diskussionen darüber, ob er ein Geschenk oder ein Dilemma darstellte, ob man ihn ignorieren, sich mit ihm anfreunden oder ihn zu seiner Familie zurückführen sollte – oder ihn einfangen.

«Man hätte ihn ganz einfach darauf trainieren können, einer Aufnahme der Stimme seiner Mutter zu folgen – die wir haben», sagt Ken. «Wir hätten ihm den Sozialkontakt geben können, nach dem er sich sehnte, und ihn langsam weiter hinaus in die Meerenge Richtung Ozean lotsen können, um ihn zu seiner Schule zurückzubringen, als wir herausgefunden hatten, wo sie war.» Ken sah mich an, um sicherzustellen, dass ich verstand, wie simpel der Plan gewesen war. «Aber diese *bescheuerte* kanadische Regierung ...» Ken war nach all den Jahren immer noch wütend. «Ich weiß nicht, welche bescheuerten Gründe sie hatten, aber sie ließen es uns nicht machen.»

Lunas Geschichte ist zuallererst die Geschichte eines verirrten Kindes, das Freunde und einen Weg nach Hause brauchte, und dann auf eine Spezies traf, die sich nicht einmal auf diese einfache Geste verständigen konnte.

«Er brauchte nur jemanden, der bei ihm blieb, bis er wieder nach Hause konnte», sagt Ken, der selbst von Killerwalen nach Hause geführt worden war. «Und sie *bestanden* darauf, alle Gesellschaft, die er wollte – und brauchte – von ihm fernzuhalten. Wir haben es da mit Ignoranz auf höchster Ebene zu tun.» Ken lacht bitter und klingt immer noch traurig. «Er brauchte nur ein paar Freunde.»

Luna hing bei einem Boot an der Anlegestelle herum, während die

Besatzung Vorräte und Ausrüstung an Bord brachte. Sobald die Menschen weggingen, schwamm auch Luna davon. Aber wenn eine Person an Bord übernachtete, dann blieb Luna oft die ganze Nacht über beim Boot. Ein Kapitän hörte Luna regelmäßig durchs geöffnete Fenster atmen. Als der Wind den Hut eines Passagiers ins Wasser wehte, schwamm Luna los, um ihn zu holen. Er tauchte direkt unter dem Hut auf, und kehrte mit der Kopfbedeckung akkurat auf seinen Kopf drapiert in Reichweite der Menschen zurück.[132] Der Mann bekam seinen Hut dank eines untrainierten, freilebenden Wales zurück, der sich in vielfacher Hinsicht, mindestens, als guter Freund erwies.

Luna brauchte seine Familie, und bis er sie wiederfand, brauchte er Gesellschaft. Die Regierung bemühte sich inzwischen nach Kräften, jeden Kontakt zu unterbinden. Einmal versuchten Beamte sogar, Luna einzufangen. Offiziell hieß es: Man wollte ihn mit seiner Familie wiedervereinen. Aber ein Aquarium war an seinem Kauf interessiert, und die Regierung behielt sich diese Option vor.

In dem Film *The Whale* und dem Buch *The Lost Whale* wird Lunas Geschichte erzählt. Darin wird eindringlich dokumentiert und beschrieben, wie Menschen, die Lunas Aufforderungen, sich mit ihm zu beschäftigen, folgten, von der Polizei mit Strafen belegt und wegen Straftaten verfolgt wurden. Lunas Meer füllte sich mit Irrsinn.

Michelle Kehler, die gemeinsam mit einer Frau namens Erin Hobbs von der Regierung damit beauftragt worden war, Luna zu überwachen, erinnerte sich: «Wenn wir mit dem Boot zu ihm hinfuhren, gab es viel Blickkontakt. Es war sehr sanft, sehr ehrlich.» Sie bemerkte außerdem: «Seine Beziehung zu mir war anders als seine Beziehung zu Erin.» Erin ist ein Spaßvogel, und Luna trieb Späße mit ihr. «Er spuckte sie an. Sie bekam Wasser ins Gesicht. Sie bekam das ganze eklige Zeug ab. Sie bekam die Klapse mit der Schwanz- oder der Brustflosse. ... Mit mir hat er das nie gemacht. Und wir saßen im selben Boot, anderthalb Meter voneinander entfernt. ... Mir gegenüber verhielt er sich völlig anders. ... Wir haben unterschiedliche Energien. Das hat er auf jeden Fall ausgenutzt. Und es war toll.»[133]

Aber die Frauen wurden dafür bezahlt, Luna von Menschen fernzuhalten – und dadurch veränderte sich ihre Beziehung schnell. «Am Anfang mochte er uns wirklich», sagte Michelle. Aber weil Michelle und Erins

Wunschdenken

Luna, der verlorene junge Killerwal

Aufgabe darin bestand, Leuten, die mit Luna spielten, beizubringen, dass sie das lassen sollten, «fuhren wir hin, und er schwamm zu uns und schob uns weg, nach dem Motto: ‹Verschwindet! Ich hatte den ganzen Tag niemanden, der mit mir spielt; verschwindet!›» Ein anderer Beobachter schrieb, Luna «ist ein Überlebenskünstler, ein Kämpfer, ein Clown; ein mitfühlendes, wildes und sehr liebevolles Wesen».

Nachdem ihm der Kontakt zu freundlichen Menschen verwehrt wurde, Luna aber Freundschaft brauchte, folgte er eines Tages einem Schlepper, geriet in den Propeller des Schiffs und starb.

Beim ersten Zusammentreffen mit Luna fuhren Michael Parfit und Suzanne Chisholm mit achtzehn Knoten in einem leichten Schlauchboot, als Luna plötzlich neben ihnen aus dem Wasser schoss. Er tauchte so präzise neben dem Boot auf, dass sich seine Haut am Steuerbordschlauch rieb. «Ich fühlte seine Berührung in der Bewegung des Bootes», erinnerte sich Parfit, «aber ich musste nicht gegenlenken.» Luna «respektierte die Gegenseitigkeit, die dieser Kontakt voraussetzte».

Eines Tages spielte Luna ein bisschen zu energisch mit dem Außenbord-Notmotor des Boots, und Parfit sagte zu ihm: «Hey Luna, könntest du den Motor eine Weile in Ruhe lassen?» Luna ließ sofort von dem Motor ab und entfernte sich. Parfit schrieb: «Es fiel mir schwer, dieses Maß an Bewusstsein und Intention bei einem Wesen zu akzeptieren, das in keiner Weise menschlich aussah.» Er fügte hinzu: «Mich überkam das Gefühl, dass dieser Orca sich des Lebens ebenso bewusst war wie ich: Dass er dieselben Details wahrnahm wie ich, die Atmosphäre und das Meer, die Emotionen ... und was dazu führt, dass wir uns sicher fühlen. Die Erkenntnis war überwältigend. Und nicht besonders angenehm.»[134]

Luna hatte Parfit gezeigt, dass die menschliche Sprache nur *ein* Weg ist, um zum Bewusstsein der eigenen Existenz zu gelangen. «Es schien mir, als würden wir versagen, weil wir nur mit diesen sperrigen Symbolen arbeiten können», sagte er über das Gefühl, die Sprache sei eine Barriere, die *wir* errichtet hatten.

Menschliches Bewusstsein existiert ohne Worte; Worte sind ein Versuch, unser Bewusstsein einzufangen. Nonverbale Tiere erleben reines Bewusstsein. Parfit realisierte irgendwann, dass er endlich hinter die Andersartigkeit geblickt hatte. Er sah nicht mehr etwas, das nicht menschlich aussah. Er sah keinen Killerwal mehr. Er sah Luna.

Ich selbst sehe fast nie Andersartigkeit, wenn ich andere Tiere anschaue. Ich sehe überwältigende Ähnlichkeiten; sie erfüllen mich mit einem Gefühl tiefer Verbindung. Ich fühle mich nirgends so wohl wie in der Gesellschaft von wilden Verwandten. Nur tiefe menschliche Liebe fühlt sich so richtig an, nach so großer Verbundenheit, und bringt mich so zur Ruhe.

Manche Leute finden die Körper von Delfinen, mit ihren Schwanz- und Brustflossen, fremdartig. Aber sie beweisen immer wieder, dass sie die Ähnlichkeiten unter der Körperform bemerken, und sie wissen, welche ihrer Körperteile unseren entsprechen. Die Delfine, mit denen Lou Herman arbeitete, ahmten menschliche Bewegungen problemlos nach. Wenn der Mensch ein Bein schüttelte, dann wackelten die Delfine mit den Schwänzen.[135] Das ist eine beeindruckende Übertragungsleistung für ein Tier, das seit mehreren Millionen Jahren keine Beine hat.

Die Trainerin vom Marineland of the Pacific, die sagte, Killerwale könnten Gedanken lesen, machte keine Witze. Aber was wäre, wenn sie das nicht nur ernst gemeint hätte – sondern wenn sie auch noch recht damit hätte? Was wäre, wenn es bei der Kommunikation und Wahrnehmung der Delfine eine weitere, uns noch unbekannte Modalität gäbe, ähnlich wie bei ihren Sonarfähigkeiten, die bis in die 1950er Jahre noch nicht einmal vermutet worden waren. Ich bezweifle es stark. Aber machen wir ein Gedankenexperiment: Wir hören mit Hilfe von Radioempfängern ständig Musik und Gespräche, die von weit entfernten Köpfen ausgesendet werden, wie man es ausdrücken könnte. Das ist eine Art von technologischer Telepathie. Gehirne sind viel komplexer als Radios und Computer. Wenn man den enormen Überlebensvorteil bedenkt, den echte Telepathie bieten würde, ist es dann möglich, dass ein Gehirn eine Art Funksprechgerät für Gedanken entwickelt hat? Ist das Gehirn eines Delfins eine Unterwasser-Lausch- und Analysestation, die auch die Wellen von Absichten und Gefühlen auffangen kann? Wahrscheinlich nicht. Aber vielleicht bräuchte man dazu nur ein größeres Gehirn als unseres. In der Science fiction gab es immer wieder weise Besucher aus dem Weltall mit riesigen Köpfen, die weit überlegene Gehirne beherbergten. Die Wale haben auf jeden Fall sehr große Köpfe.

Karen Pryor entdeckte in den 1960er Jahren, dass Rauzahndelfine das Konzept «Tue etwas Neues» verstanden. Wenn sie die Tiere dafür belohnte, dass sie etwas taten, das ihnen nicht beigebracht worden war oder das sie noch nie getan hatten, dann dachten sie sich auf ein bestimmtes Signal hin «etwas aus, das sie spontan machen konnten, wir uns aber nie hätten vorstellen und auch nur schwerlich hätten ausdenken können».[136]

Es wird noch geheimnisvoller. Wenn die hawaiianischen Großen Tümmler Phoenix und Akeakamai das Signal für «Tut etwas Neues» bekamen, dann schwammen sie zur Mitte des Beckens und zogen ein paar Sekunden lang unter Wasser Kreise, bevor sie etwas völlig Unerwartetes taten. Zum Beispiel schossen sie beide genau gleichzeitig geradeaus aus dem Wasser hoch und drehten sich im Uhrzeigersinn, während sie Wasser ausspuckten. Keine dieser Übungen war antrainiert. «Wir stehen vor einem Rätsel», berichtete der Forscher Lou Herman. «Wir haben keine Ahnung, wie sie das anstellen.» Es sieht so aus, als würden sie sich in irgendeiner Sprachform austauschen, um einen komplexen neuen Stunt zu planen und auszuführen. Ob es eine andere Erklärung dafür gibt und wie diese aussehen könnte, oder ob es eine andere Art der Kommunikation gibt, die sich Menschen nicht vorstellen können – Delfintelepathie? –, weiß kein Mensch. Doch was es auch sein mag, für die Delfine ist es offensichtlich so normal und natürlich, als würden menschliche Kinder sagen: «Hey, lass uns das und das machen ...»

In jahrzehntelanger Forschungsarbeit mit freilebenden Delfinen auf den Bahamas gewann Denise Herzing das Vertrauen von einigen von ihnen. Das Gefühl, das sie für die einzelnen Delfine entwickelte, beruhte offensichtlich auf Gegenseitigkeit. Jedes Jahr kehrten die Forscher nach acht Monaten Abwesenheit zurück, und es kam zu einer Art Wiedervereinigung. «‹Freudig› ist wohl das Wort, das es am besten beschreibt», meinte Herzing. «Und obwohl ich mich der wissenschaftlichen Erforschung der Delfine verschrieben habe, fühle ich trotzdem, dass sie Freunde sind, von einer anderen Art, aber offensichtlich über Bewusstsein verfügen, mit Gefühlen und Erinnerungen, und dass dies ein Wiedersehen unter Freunden war.» Am Ende der mehrwöchigen Forschungsreise schreibt sie: «Die Delfine wussten wohl, dass wir wegfuhren, und bereiteten uns einen großartigen Abschied. Ich habe mich oft gefragt, woher sie das wussten.»[137]

Bei einem ernsthafteren Vorfall zeigten sie ebenfalls scheinbar «telepathisches» Verhalten. Zu Beginn eines Forschungsaufenthalts näherte sich Herzings Schiff den vertrauten Delfinen, die sie studiert hatte, und sie «begrüßten uns, verhielten sich aber sehr ungewöhnlich», hielten mindestens fünfzehn Meter Abstand. Die Einladung zum Bugwellenreiten lehnten sie ab, was ebenfalls eigenartig war. Und als der Kapitän ins Wasser glitt, kam ein Delfin kurz näher und floh dann plötzlich.

Erst jetzt bemerkte jemand, dass einer der Mitreisenden auf dem Schiff beim Nickerchen in der Koje gestorben war. Das war gruselig genug. Aber dann, als das Schiff wendete und in den Hafen zurückfuhr, «kamen die Delfine an die Längsseiten des Schiffes und ritten nicht auf der Bugwelle, wie sonst, sondern flankierten uns in fünfzehn Metern Abstand wie eine Wassereskorte. ... Sie schwammen völlig geordnet neben uns her.» Nachdem die Mannschaft ihre traurige Aufgabe erledigt hatte und das Schiff ins Delfingebiet zurückgekehrt war, «begrüßten die Delfine uns ganz normal, sie ritten auf der Bugwelle und sprangen herum, wie sie es immer taten.» In fünfundzwanzig Jahren mit diesen Delfinen beobachtete Herzing nie wieder ein ähnliches Verhalten wie das an jenem Tag, als der tote Mann an Bord war.[138] Vielleicht können Delfine mit ihrem Sonar auf uns unbekannte Weise das Innere eines Schiffes scannen, sodass sie merken und den anderen mitteilen, dass bei einem Mann in einer Koje das Herz stehen geblieben ist. Vielleicht entdeckten sie anhand anderer Sinne, die wir Menschen nicht haben und auch nicht vermuten, dass ein Mensch gestorben war. Und was bedeutet es, dass Delfine so respektvoll auf den Tod eines Menschen reagieren?

Wir haben nicht genügend Anhaltspunkte für eine Analyse. Wir haben ein paar Geschichten über freilebende Killerwale, die verirrte Menschen durch den Nebel geführt haben; von Walen, die mutmaßlich verlorene Hunde zurückbrachten; von freilebenden Killerwalen, die im Kreis schwimmen, wenn ein Mensch mit dem Finger eine Kreisbewegung macht, oder einen Hut perfekt auf dem Kopf drapiert tragen, wenn sie ihn zurückbringen, oder die zurückwinken, wenn jemand winkt, aus Empathie – oder *Sympathie*.

Mein Freund Bob Pitman warf in der Antarktis einen Schneeball neben einem Killerwal ins Wasser, und der Wal warf sofort ein Stück Eis zurück. Diese Geschichten könnten reine Zufälle sein. Wir verfügen aber nicht über die anderen, ebenfalls denkbaren Geschichten, in denen Wale Menschen ignorieren und nicht auf ihre Gedanken, Hunde oder Schneebälle reagiert hätten. Ich bin ein hartgesottener Ungläubiger, wenn es um Unbekanntes geht. Als Wissenschaftler lasse ich mich von Indizien überzeugen. Und ich neige dazu, weniger beweisbasierten Erklärungen für rätselhafte Phänomene keinen Glauben zu schenken.

Vor allem aber sehe ich keine Hinweise darauf, dass Wale – selbst wenn sie intelligenter wären als wir (was auch immer man unter «Intelligenz» versteht) – «uns eine Botschaft schicken», was eine Freundin von mir felsenfest glaubt.

Wer würde nicht gerne glauben, dass Wale versuchen, uns eine Botschaft zu schicken? Das würde sie zu etwas Besonderem machen. Vor allem aber würde es *uns* zu etwas Besonderem machen. Und wie besonders wir sind, hören wir am liebsten. Die eine umfassende Täuschung, der wir Menschen uns hingeben, der eine Wahn, dem wir alle erlegen sind, besteht in dem Glauben, dass die Welt uns etwas schuldet, weil wir so besonders sind.

Ich bin bei den Dingen, die ich gerne glauben würde, immer besonders skeptisch, gerade weil ich sie gerne glauben würde. Wenn man etwas glauben will, kann das den Blick verzerren.

Aber die Wale werfen verstörend rätselhafte Fragen auf. Warum sollten diese Wesen einen einseitigen Friedensvertrag mit allen Menschen abschließen, aber nicht mit kleineren Delfinen und Seehunden, die sie angreifen und fressen? Warum sollten sie ausgerechnet uns zu Hilfe eilen? Und warum sind sie nicht nachtragend? Nach all der Verfolgung, all den Gefangennahmen und der Zerstörung, die wir bei ihnen angerichtet haben, warum zeigen sie da keine erlernte und überlieferte Angst vor Menschen, wie sie Wölfe und Raben haben und wie sie einige Delfine sogar ihren Jungen beibringen? Die Delfine in den riesigen Thunfischfanggründen im Pazifik haben diese Angst. Sie starben zu Tausenden in den Thunfischnetzen; sie fliehen immer noch panisch vor jedem Schiff, wenn es in mehreren Kilometern Entfernung auf sie zuhält oder wenn der Schiffsmotor den Klang verändert. Das habe ich mit eigenen Augen gesehen. Die durch traumatische Erfahrungen erlernte Angst der Delfine ergibt durchaus Sinn.

Keinen Sinn ergibt allerdings Folgendes: Gigantische Raubtiere mit riesigen Gehirnen und einer Hautfarbe wie eine Piratenflagge, die von Seeottern bis Blauwalen alles fressen und stundenlang 500 Kilogramm schwere Seelöwen durch die Luft schlagen mit der gezielten Absicht, sie weich zu prügeln, bevor sie sie ertränken und auseinanderreißen; die Seehunde von Eisschollen schwemmen, Schweinswale zerquetschen und schwimmende Hirsche und Wapitis schlürfen – praktisch jedes Säugetier, das ihnen im Wasser begegnet; und die trotz allem noch nie ein einziges Kajak umgeworfen haben und – möglicherweise – verirrte Hunde nach Hause bringen.

In Argentinien stürzen Killerwale manchmal aus der Brandung hervor und ziehen Seelöwen vom Strand herunter ins Meer. Es gibt Videos davon, und man könnte auf die Idee kommen, es sei Wahnsinn, am Meeresufer spazieren zu gehen. Aber wenn der Parkranger Roberto Bubas ins Wasser geht und Mundharmonika spielt, dann versammeln sich genau dieselben Killerwale im Kreis um ihn herum wie Hundewelpen. Sie streichen verspielt an seinem Kajak entlang und kommen zu ihm, wenn er sie bei den Namen ruft, die er ihnen gegeben hat.

All diese vagen Anekdoten durchzieht ein hartes Faktum: Freilebende Killerwale behandeln Menschen mit einem eigenartigen Mangel an Gewalt. Das ist umso eigenartiger, wenn man bedenkt, dass Menschen andere Menschen immer noch verletzen und töten. Wie lässt sich beides erklären? Wie lässt sich die auffällige Langmütigkeit der Wale erklären? Dass der *T. Rex* des Meeres seinen Kopf unzählige Male neben winzigen Booten aus dem Wasser streckt und noch nie einen Menschen verletzt hat, auch nicht im Spiel – das verlangt nach einer Erklärung. Noch wichtiger allerdings ist, dass wir eine Möglichkeit finden müssen, es zu verstehen. Es liegt einfach jenseits unserer Denkfähigkeit; sind wir einfach nicht in der Lage, ihre Gründe zu verstehen? Vielleicht eines Tages ...

Das Gesagte gilt nicht nur für Killerwale. Viele Anekdoten erzählen von anderen freundlichen Walen. Der Fotograf Bryant Austin hatte bereits mehrere Wochen Aufnahmen von Buckelwalmüttern mit ihren Babys gemacht, als ein fünf Wochen altes Walbaby seine Mutter verließ und auf ihn zuschwamm. Austin schrieb: «Das Neugeborene manövrierte seine anderthalb Meter breite Schwanzflosse direkt neben meine Tauchmaske, weniger als dreißig Zentimeter entfernt.» Völlig fasziniert spürte Austin plötzlich, wie ihm jemand kräftig auf die Schulter klopfte. «Ich drehte mich um und blickte direkt in die Augen der Walmutter. Sie hatte die Spitze ihrer zwei Tonnen schweren und vier Meter langen Brustflosse ausgestreckt und so positioniert, dass sie vorsichtig meine Schulter berühren konnte.» Austin befand sich nun direkt zwischen Mutter und Kind und bekam Angst bei dem Gedanken, dass das Walweibchen ihm ohne Weiteres das Rückgrat brechen konnte. Stattdessen beschrieb Austin ihr Verhalten als «vorsichtige Zurückhaltung». Das Baby schwamm inzwischen zur Biologin Libby Eyre hinüber. «Ich sah wie in Zeitlupe, wie das Kalb sich unter Libby herumrollte und sie dann auf dem Bauch sanft aus dem Wasser hob. Sie war auf Händen und Knien und sah in seinen Schlund hinein.» In Gedanken ging Bryant eine Liste der Dinge durch, die schiefgehen konnten, als «der junge Wal seine Brustflosse auf ihren Rücken legte, sich dann vorsichtig herumrollte und sie wieder ins Wasser gleiten ließ.»[139]

Und es betrifft nicht nur Wale. Ich denke dabei an die Elefantendame Tania, die eine Frau, die sie geärgert hatte, verfolgte, aber scharf abbremste, um sie nicht zu zertrampeln, als die Frau stürzte. Oder die Elefanten, die verletzte oder verirrte Menschen bewachten. Was in aller Welt geht da vor?

Helfen und sich helfen lassen

Die Geschichten über Killerwale deuten darauf hin, dass die Tiere über einen Instinkt verfügen, der sie dazu drängt, niemandem Schaden zuzufügen, sondern zu beschützen und zu trösten. Das Helfen ist Teil der «Persönlichkeit» von Killerwalen. Im Jahr 1973 wurde ein junger Killerwal von der Schiffsschraube einer Fähre getroffen. Der Kapitän schrieb: «Die Kuh und der Bulle hielten das verletzte Kalb zwischen sich, damit es sich nicht mit dem Bauch nach oben drehte. Gelegentlich konnte der Bulle die Position nicht halten, und das Kalb rollte auf die Seite. Dann wendete der Bulle im engen Kreis, tauchte und stieg langsam neben dem Kalb wieder nach oben und richtete es auf.»[140] Sie kümmerten sich mit so erstaunlicher Hingabe um das Kalb, dass zwei Wochen später jemand über zwei Wale berichtete, «die einen dritten Wal stützten, damit er sich nicht mit dem Bauch nach oben drehte». Aber die Forscher sahen diesen Wal nicht wieder. (Manche Menschen sprechen bei Walen und Elefanten aus Gewohnheit von «Bullen», «Kühen» und «Kälbern». Aber Etiketten schüren Vorurteile. «Männlich», «weiblich», «Baby», «Erwachsene», «Bruder», «Mutter» usw. sind viel genauere Bezeichnungen, was und wer diese Wale und Elefanten sind. Wenn wir die Bezeichnungen angleichen, dann sehen wir klarer; wir nehmen die Augenbinden ab. Natürlich haben manche Leute genau davor Angst.)

Aber deutet die Reaktion der Erwachsenen im Fall des von der Schiffsschraube verletzten jungen Wals überhaupt auf «erstaunliche Hingabe» hin, wie ich es gerade formuliert habe? Oder drückt das nur meine Voreingenommenheit aus? Vielleicht resultiert diese Art der Hilfestellung lediglich aus einem gedankenlosen Instinkt der Wale, einem Reflex – einem angeborenen Drang, einen zappelnden Kameraden nach oben zu drücken. Kann man irgendwie beurteilen, ob sie verstehen, was sie tun? Bewerten sie jemals ihre Situation und passen ihre Reaktion dann flexibel an?

Man kann dies anhand mehrerer recht unterschiedlicher Szenarien beurteilen: Grindwale, die einen von einer Harpune getroffenen Kameraden an der Oberfläche stützten, drückten ihren verletzten Verwandten plötzlich unter Wasser, als er zum Schiff gezogen wurde.[141] Offensichtlich war ihre erste Einschätzung, dass Atemluft sein größtes Problem war; dann bemerkten sie, dass sie ihn vor allem vom Schiff fernhalten mussten. Sie wollen leben. Und wenn sie angegriffen werden, versuchen sie zu überleben. In einigen gut dokumentierten Fällen, in denen Killerwale Weddellrobben, Krabbenfresser und einen jungen Grauwal verfolgten, störten Buckelwale die Angriffe. Die Walexperten Bob Pitman und John Durban beobachteten, wie Weddellrobben sich zu zwei Buckelwalen in der Nähe flüchteten, nachdem Killerwale sie von einer Eisscholle geschwemmt hatten. «Als die erste Robbe einen Buckelwal erreichte, drehte sich das riesige Tier auf den Rücken – und die 200 Kilogramm schwere Robbe wurde auf die Brust des Buckelwals geschwemmt, zwischen seine riesigen Brustflossen. Der Buckelwal hob dann die Robbe auf der Brust aus dem Wasser, als die Killerwale näher kamen.»[142] Die Robbe rutschte ins Meer zurück, und «der Buckelwal schob die Robbe mit der Brustflosse sanft wieder in die Mitte seiner Brust zurück». Kurze Zeit später löste sich die Robbe vom Buckelwal und brachte sich auf einer nahen Eisscholle in Sicherheit. Ein junger freilebender Atlantischer Fleckendelfin namens Zigzag bekam Angst, als das Spiel mit einigen gleichaltrigen Artgenossen etwas zu rau wurde, er wich ihnen aus, hielt sich an der Oberfläche und winselte leise. Die anderen Jugendlichen näherten sich vorsichtig, streichelten ihn, und er kehrte zum Spiel zurück.[143] (Denkt man daran, dass menschliche Kinder sehr grausam zu Spielgefährten sein können, wenn diese Schwäche zeigen, wirkt das besonders rührend.)

Sie helfen einander nicht nur; sie nehmen auch Hilfe von Menschen an. Manchmal bitten sie um Hilfe. Manchmal helfen sie. Manchmal wissen sie es zu schätzen.

Ein Buckelwal verfing sich vor San Francisco in einigen Krabbenfallen, die über ein kilometerlanges Seil miteinander verbunden waren, an dem alle zwanzig Meter Gewichte hingen; die Konstruktion wog insgesamt eine gute halbe Tonne. Das Seil hatte sich mindestens viermal um Schwanz, Rücken, Mund und linke Brustflosse gewickelt und schnitt in das Fleisch des Riesen. Der Wal war zwar fast fünfzehn Meter lang und wog um die fünfzig Tonnen, dennoch wurde er hinuntergezogen und konnte kaum noch atmen, als Taucher ins Wasser gingen, um ihm zu helfen. Der erste Taucher war über das Ausmaß der Verwicklung entsetzt und glaubte nicht, dass sie den Wal befreien könnten. Außerdem fürchtete er, dass der Wal zappeln und die Taucher so ebenfalls ins Seil verwickeln könnte. Doch der Wal kämpfte nicht, um sich so schnell wie möglich zu befreien, sondern blieb eine ganze Stunde lang passiv, während die Taucher arbeiteten. «Als ich das Seilstück, das im Maul steckte, durchschnitt, blinzelte er mich mit dem Auge an und beobachtete mich», erzählte James Moskito. «Es war ein großer Moment in meinem Leben.» Als der Wal merkte, dass er frei war, schwamm er nicht einfach davon. Stattdessen kam er auf den nächsten Taucher zu, stupste ihn an und schwamm dann zum nächsten. «Etwa dreißig Zentimeter vor mir hielt er an, schubste mich ein bisschen herum und hatte Spaß», gab Moskito einem Reporter des *San Francisco Chronicle* gegenüber an. «Ich hatte den Eindruck, er wollte uns danken, weil er wusste, dass wir geholfen hatten, ihn zu befreien. Er wirkte liebevoll, wie ein Hund, der sich freut, einen zu sehen.»[144]

Ein fesselndes Amateurvideo (auf YouTube zu sehen) zeigt einen Delfin vor Hawaii mit einem Angelhaken in der Brustflosse, der Taucher aktiv um Hilfe ersucht. Als die Taucher das Problem erkennen, halten sie an, und der Delfin akzeptiert die Hilfe, die er gesucht hat.[145] Wie beschließt ein Delfin mit einem Angelhaken in der Flosse, bei menschlichen Tauchern um Hilfe zu bitten, einem Lebewesen, das in der Geschichte seines Lebensraums so fremd ist? Würde er sich von einer Meeresschildkröte oder einem Fisch Hilfe erhoffen? Unwahrscheinlich. Von einem anderen Delfin? Er verstand anscheinend sein Problem ebenso gut wie wir. Aber können Delfine wirklich verstehen, dass wir ebenso verstehen wie sie – und dass wir diese Hände haben? Offensichtlich können sie es. Der Delfin Dash hingegen ließ nicht zu, dass Forscher ihm halfen, als ihm eine Angelleine aus rostfreiem Stahl in die Schwanzflosse schnitt.[146] Doch diese Geschichten heben sich gegenseitig ebenso wenig auf, wie wenn ein Mensch um Hilfe bittet und ein anderer nicht. Ein Delfin suchte sich Hilfe und nahm sie an; ein anderer tat es nicht.

Während des schrecklichen Blowouts auf der Ölplattform Deepwater Horizon im Golf von Mexiko 2010 erzählte mir der Fischerguide Jeff Wolkart: «Ein Delfin kam immer wieder vorbei. Sein Körper war mit diesem bräunlichen Öl bedeckt, trübem Rohöl. Er versuchte, das Zeug aus seinem Atemloch zu pusten, aber es fiel ihm schwer.» Jedes Mal, wenn Wolkart wegfuhr, folgte ihm der Delfin, «er kam zu uns her und verharrte neben uns im Wasser», sagte er und fügte hinzu, der Delfin «schien auf Hilfe zu hoffen.»[147] Aber Wolkart wusste nicht, was er tun sollte, und irgendwann musste er weg. Ein weiteres Mal ließen Menschen den leidenden Delfin im Stich und verurteilten ihn so wahrscheinlich zum Tod.

Man fragt sich, warum sie zu uns kommen. Und man fragt sich, wie oft die Hoffnungen anderer Tiere auf Hilfe von Menschen enttäuscht wurden. Delfine und andere Tiere, die unsere Hilfe suchen, verfügen über einen Verstand, der erkennt, dass auch Menschen über Verstand verfügen und helfen können (wenn sie wollen). Oft aber gestehen wir ihnen nicht einmal so viel Verstand zu, dass sie verstehen könnten, dass wir verstehen könnten. Manchmal beschließen Delfine, uns zu helfen. Manchmal töten Menschen Delfine und leugnen, dass sie leiden. Wessen «Verstand» ist wohl höher entwickelt?

In seinem Buch *Of Wolves and Men* erzählt Barry Lopez eine Geschichte, die er von einem Trapper gehört hat. Dieser näherte sich einem riesigen schwarzen Wolfsrüden, der in seine Schnappfalle getreten war. Der Wolf hob sein gefangenes Bein, streckte es dem Mann hin und winselte sanft. «Ich hätte ihn gehen lassen, wenn ich das Geld nicht so dringend gebraucht hätte», sagte der Trapper.[148]

Ein Onlinevideo zeigt einen wilden Raben in Nova Scotia, der eine Stunde lang schreiend auf einem Zaun saß, bis ein Mensch kam und ihm mehrere Stacheln eines Baumstachlers aus Gesicht und Hals zog.[149] Es gibt viele Geschichten von verletzten Tieren, die anscheinend bewusst die Nähe von Menschen suchen. Mike Tomkies schreibt in *Out of the Wild*: «Es war eigenartig, wie viele kranke, wilde Tiere ... sich uns näherten, als wüssten sie, dass sie beschützt würden.»[150]

Wir hatten eine süße Hündin, die eine Vorliebe für die Rehjagd hatte, die wir ihr nicht abgewöhnen konnten. Einmal fing sie im Tiefschnee ein Reh und biss es ins Hinterteil. Wir sahen, wie es geschah, und sahen auch, dass das Reh eine hässliche Fleischwunde hatte, die aber nicht ernst aussah. In den nächsten Tagen sichtete ich dieses Reh noch mehrfach und hoffte, es ginge ihm gut. Dann öffnete ich eines Morgens unsere Vordertür und war entsetzt, als ich das Reh davor liegen sah – es war tot. War es hergekommen, weil es Hilfe brauchte? War es gekommen, um uns nach dem Warum zu fragen, uns die Schuld zu geben oder um uns zu bitten, es nicht zu vergessen? Wollte es von seinen Leiden erlöst werden oder unseren Hund stellen? War es neben der Tür für ein leidendes Reh einfach wärmer? Vielleicht beeinflussten all diese Dinge seine Entscheidung. Ich kann mir keine gute Erklärung für das verstörende Rätsel vorstellen, warum ein Reh, das durch unsere Familie Leid erfahren hatte, sich ausgerechnet unsere Türschwelle zum Sterben aussuchen sollte. Das Reh kannte den Grund; ich kenne ihn nicht.

Manchmal scheinen andere Tiere in uns eine verwandte Seele zu erkennen, die wir selbst nicht wahrnehmen. Immerhin reagieren wir gelegentlich angemessen. Grauwale bringen ihre Jungen in den Lagunen an der Pazifikküste des mexikanischen Staates Baja California zur Welt. Während der Ära des Walfangs griffen harpunierte Wale manchmal die Harpunenboote an und zertrümmerten sie. Die Grauwale kämpften nur um ihr Leben, aber die Walfänger hielten sie für ungewöhnlich aggressiv. Ihr gewalttätiger Ruf hielt sich noch Jahrzehnte, nachdem die Wale fast ausgerottet worden waren. Mexikanische Fischer hatten in ihren kleinen Fischerbooten große Angst vor ihnen. «Sie nannten sie Teufelsfische», erzählte mir Don Pachico Mayoral. «Alle sprachen nur schlecht über sie.»

All das änderte sich an einem verzauberten Tag im Jahr 1972. Pachico war mit einem Freund zum Fischen draußen, als ein großer Grauwal wenige Zentimeter vom Boot entfernt auftauchte und sie erschreckte. «Mein Partner und ich fürchteten uns», erinnerte sich Don Pachico. «Der Schreck war so groß, dass unsere Beine zitterten.» Aber statt uns zu bedrohen, schmiegte sich der Wal nur an das Boot und blieb dort. In diesem Moment beschloss Pachico, die Gräben zu überwinden. «Ich berührte den Wal ganz vorsichtig, und der Wal blieb ruhig.» Don Pachico erzählte mir vier Jahrzehnte später von dem Ereignis, aber es war in seiner Erinnerung offensichtlich immer noch lebendig. «Mehrere Minuten vergingen und ich streichelte weiter, bis meine Angst verflog. Es fühlte sich großartig an», sagte Don Pachico. «Ich dankte Gott.»[151]

Pachico wollte dieses Geschenk mit anderen teilen und fuhr daraufhin Besucher hinaus, um Wale zu beobachten, und der heute berühmte Waltourismus der Lagune war geboren. «Sie vergeben jeden Schaden, den wir angerichtet haben», bestätigte Don Pachico. «Dafür liebe ich sie und habe großen Respekt vor ihnen.» Ich hatte Glück, dass ich Don Pachico noch kurz vor seinem Tod in die Lagune begleiten durfte. Wie viele Menschen, die dort waren, erlebte ich, wie Mutterwale mit ihren Neugeborenen zum Boot kamen, als wollten sie uns ihren Nachwuchs stolz präsentieren, und zusahen, wie wir sie streichelten. Don Pachico und sein Sohn Jesus erklärten mir, dass die Menschen die Wale in Ruhe lassen, wenn sie sich nicht von selbst nähern. Aber wenn sie kommen und man sie nicht streichelt, dann schwimmen sie wieder weg. Sie suchen den Kontakt zu Menschen, aus welchen Gründen auch immer. Spricht daraus nur – wie üblich – das menschliche Geltungsbedürfnis, wenn man glaubt, dass andere Tierarten ein besonderes Verhältnis zu uns haben?

Seit uralten Zeiten gibt es unzählige Geschichten von Delfinen, die Schwimmer in Seenot an die Oberfläche tragen. Doch Delfine lebten mehrere Millionen Jahre lang auf einem Planeten, auf dem es keine Menschen gab. Delfine stützen instinktiv ihre eigenen Babys und kranke Artgenossen. Vielleicht helfen sie Menschen nur aus einem fehlgeleiteten Instinkt heraus. Vielleicht suchen sie einfach eine Beschäftigung. Sie scheren sich nicht um uns. Oder?

Mein Lektor Jack Macrae war jenseits einer langen vorgelagerten Insel vor der Küste von Georgia beim Seekajakfahren, als sich plötzlich Wind und Strömung änderten und die Lage schwierig wurde. Er kannte das Gebiet kaum und machte sich langsam Sorgen. Kurz darauf tauchten Delfine auf, flankierten ihn und schienen ihn zu lotsen. Er paddelte mit ihnen, und sie brachten ihn zu einer kleinen Bucht, wo er sich in Sicherheit bringen konnte. Als ein Forscher beim Schwimmen im Meer auf den Bahamas müde wurde und von einem schwimmenden Kollegen geborgen werden musste, ließ ein Atlantischer Fleckendelfin plötzlich alles stehen und liegen und eskortierte die beiden zu ihrem Schiff.[152] Wenn sich Forscher dort schwimmend mehr als hundert Meter vom Schiff entfernten, dann brachten die Delfine «uns schnell zum Mutterschiff zurück. ... Wenn wir den Delfinen die Führung überließen, schwammen sie mit uns immer noch im Kreis oder brachten uns zurück.»[153] Die Forscherin Denise Herzing sagt außerdem: «Es ist durchaus normal, dass die Delfine uns umringen, wenn ein Hai in der Nähe ist, oder uns sogar sehr bestimmt zu unserem Schiff zurückleiten.»[154]

Im Jahr 2007 verletzte ein Weißer Hai den Surfer Todd Endris durch einen Biss schwer. Daraufhin bildeten einige Große Tümmler einen

Schutzkreis um den Mann. Endris schaffte es an Land und überlebte.[155] Auf einem Segelboot vor der venezolanischen Küste suchte im Jahr 1997 die Schiffsbesatzung vergeblich nach einem Seemann, der über Bord gegangen war. Mehr als eine Stunde später sah die Suchmannschaft von einem Rennboot aus, wie sich zwei Delfine näherten, rasch wendeten, wieder näher kamen, sich erneut abwendeten und das mehrmals wiederholten. Der Kapitän hatte in dieser Richtung bereits gesucht. Aber er beschloss, ihnen zu folgen. Sie fanden den Seemann, lebend – und bewacht von Delfinen.[156] Der sechsjährige kubanische Flüchtling Elián Gonzáles, der im Jahr 2000 Berühmtheit erlangte, als seine Mutter und weitere Menschen beim Sinken ihres Bootes ertranken, überlebte zwei Tage auf einem schwimmenden Reifenschlauch. Seine menschlichen Retter sahen Delfine, die sich um den angeschlagenen Jungen kümmerten. Elián berichtete, immer wenn seine Kraft nachgelassen und er den Halt verloren hatte, hätten Delfine ihn wieder auf den Schlauch geschoben. Er sagte, er habe sich nur sicher gefühlt, wenn die Delfine in Sichtweite waren.[157]

All das können rein instinktive Reflexantworten auf ein Säugetier in Not gewesen sein, Reflexe, die sie entwickelt hatten, um anderen Delfinen zu helfen, und die nun auf Menschen fehlgeleitet wurden. Aber manchmal tun Delfine Dinge mit Menschen, die sie mit anderen Delfinen nie machen würden – Dinge, die für sie vollkommen unnatürlich und vollständig auf Menschen ausgerichtet sind. «Ich habe oft beobachtet, wie Delfine zu unserem vor Anker liegenden Schiff kamen und mit der Schwanzflosse aufs Wasser schlugen, wenn eine Sturmfront aufzog», sagt Denise Herzing.[158] Für alle, die glauben, es sei eine Fehlinterpretation und reines Wunschdenken, dass Delfine Forscher warnen und bewachen, hat Herzing noch eine Geschichte parat: Nachdem Herzings Ankerseil gerissen war und das Schiff forttrieb, schwamm der Delfin Blaze «hinüber zum Anker und umkreiste ihn, bis wir das Schiff gewendet, das Schlauchboot zu Wasser gelassen und den Anker geborgen hatten. Es war eine freundliche ‹zwischenartliche› Geste.»[159]

Das Problem mit diesen Geschichten ist, dass sie nur schlecht dokumentiert und inkonsistent sind, häufig subjektiv fehlinterpretiert werden und daher leicht in Zweifel gezogen werden können.

Das gelingt bei der folgenden Geschichte nicht so leicht: An einem nebligen Tag machte sich die Biologin Maddalena Bearzi Notizen über eine ihr vertraute Gruppe aus neun Großen Tümmlern, die geschickt eine Sardinenschule nahe des Malibu-Piers eingekreist hatten. «Gerade als sie zu fressen begannen», schreibt sie, «verließ ein Delfin plötzlich die Gruppe und schwamm mit hoher Geschwindigkeit aufs offene Meer hinaus. Einen Herzschlag später ließen die anderen Delfine ihre Beute ebenfalls ziehen und folgten ihm.» Dass sie plötzlich aufhörten zu fressen – das war schon ziemlich seltsam. Auch Bearzi folgte ihnen. «Gut fünf Kilometer vor der Küste hielten die Delfine plötzlich an, bildeten einen großen Kreis, zeigten sonst aber keinerlei spezifisches Verhalten.» In dem Moment entdeckten Bearzi und ihre Assistenten einen bewegungslosen menschlichen Körper mit langen blonden Haaren, der in der Mitte des Delfinrings trieb. «Ihr Gesicht war bleich und ihre Lippen blau, als wir die vollständig bekleidete und reglose Frau aus dem Wasser zogen.» Sie wärmten sie mit Decken und der Wärme ihrer eigenen Körper, bis sie schließlich reagierte. Später im Krankenhaus erfuhr Bearzi, dass die Achtzehnjährige ins Meer geschwommen war, um sich das Leben zu nehmen. Sie überlebte.[160]

So etwas wiegt schwer.

Durchbrüche gelingen nicht, weil bereits Bekanntes bestätigt wird, sondern sie sind etwas Unerwartetes, schwer zu Fassendes, Verwunderliches, das nach neuen Erklärungen verlangt. Durchbrüche kommen in Form von Dingen, die viele Menschen abtun oder verschmähen. Bis sie sich als wahr herausstellen. Daher bin ich zwar misstrauisch, bevor ich etwas glaube, aber ich bin auch vorsichtig, bevor ich etwas ablehne. Diese vielen Geschichten haben mich zu einer «Ich weiß es einfach nicht»-Einstellung gebracht. Und mich so weit zu kriegen, ist nicht einfach.

Wenn jemand mehrere Jahrzehnte lang bestimmte Tiere beobachtet hat, dann haben diese Beobachtungen Gewicht. Delfine, die feierlich ein Schiff mit einem toten Mann an Bord begleiten, andere Delfine, die ihr Futter im Stich lassen, um eine sterbende Frau einzukreisen, die mehrere Kilometer entfernt im offenen Meer treibt ... Menschen fällt sehr schwer zu verstehen, was das genau bedeutet.

Wie erklärt man sich die Tatsache eines so unerwarteten Waffenstillstands, eines einseitigen Friedens? Meiner Überzeugung nach ist es ein großer Sprung, von der Tatsache, dass Killerwale keine Menschen angreifen, darauf zu schließen, dass Killerwale beschlossen haben, eine wohlwollende Macht und gelegentliche Beschützer für verirrte Menschen zu sein. Aber was glauben die Wale? Warum halten sich alle freilebenden Killerwale der Welt an diese einseitige Friedfertigkeit gegenüber uns Menschen? Ich hielt es für Blödsinn, bevor ich diese Geschichten hörte. Jetzt bin ich mir dessen nicht mehr so sicher. Ich habe meine Ungläubigkeit auf Eis gelegt. Das ist ein unerwartetes Gefühl. Die Geschichten haben Türen aufgebrochen, die ich verriegelt hatte, Türen zu der größten aller geistigen Leistungen: dem einfachen Gefühl der Ehrfurcht und der Offenheit gegenüber der Möglichkeit, sich verändern zu lassen.

Bitte nicht stören

Zu Hause in seinem Büro verbindet Ken seine Kamera mit dem Computer. In Kens Lebenszeit hat sich die Technologie von der Schwarz-Weiß-Fotografie zur Digitalfotografie weiterentwickelt. Was hat sich sonst noch verändert?

Dave schaltet sich ein: «Sie finden uns inzwischen langweilig. Die Zeiten, in denen sie mit jedem Boot interagiert haben, sind vorbei.»

«Und wenn sie zu uns kommen wollten, dann würden die Cops auftauchen», fügt Ken hinzu. In der Anfangszeit pfiff Ken oft auf eine bestimmte Art, «ich hatte praktisch meinen eigenen Signaturruf», sagt er, damit die Wale ihn leichter erkannten. Heute – darf er es nicht mehr.

Früher brauchte man nicht einmal eine Genehmigung, um Wale nach Belieben abzuschießen, sie zu jagen und einzufangen, und heute ist es illegal, einen Wal anzupfeifen. Inzwischen darf man nichts mehr tun, dass «ihr Verhalten beeinflussen könnte».

Als der Jazz- und Weltmusiker (und unser gemeinsamer Freund) Paul Winter auf seinem Saxophon ein Stück von Johann Sebastian Bach in eine Metallröhre spielte, die an Alexandra Mortons Schlauchboot hing, verließ das riesige Walmännchen Top Notch seine vorbeischwimmende Schule und ließ sich in der Nähe des Boots treiben, bis Paul fertig war. «Am Ende des Stücks ließ Top Notch einen langgezogenen Ruf erklingen, atmete aus und verschwand», schrieb Morton.[161] Heute wäre so etwas illegal.

Zugegeben, keiner will, dass ganze Bootsladungen voller Junggesellenabschiede den Walen überallhin folgen, sie anschreien und Bierdosen nach ihnen werfen. Aber manchmal wirken die Schutzmaßnahmen übertrieben, befremdlich – und gegen die Menschen gerichtet, die am einfachsten zu überwachen sind: die Forscher.

«Das ist schade», sagt Ken, «weil wir für sie Unterhaltung sind. Die Grenzen dieser Unterhaltung könnten jenseits unseres bisherigen Wissens liegen.»

Wenn sie selbst bestimmten, wann und wie sie interagierten, war es dann immer noch störend für sie?

«Ich kann ihnen versichern, dass ich *nie* das Gefühl hatte, einen Wal zu *stören*», sagt Ken ein wenig spitz. Ich bin vollkommen seiner Meinung.

Wir teilen uns die Welt mit Wesen, deren neugierige Gehirne sich friedlich um uns bemühen, und wir reagieren so: Wir errichten eine Firewall zu ihrem Schutz, während wir gleichzeitig ihre Nahrungsgrundlage zerstören – und ihr Gehör. Das wirkt diabolisch, aber es stecken keine derartigen Überlegungen dahinter. Es stecken gar keine Überlegungen dahinter. Unser menschliches Gehirn reicht nicht so weit.

In Baja in Mexiko ist der Ökotourismus, der auf freundschaftlichen Begegnungen mit Grauwalen basiert, die Grundlage für den Schutz ihrer Geburtslagunen vor industrieller Erschließung. Statt einer Firewall sprechen dort die Wale selbst Einladungen aus. Der Großteil der Lagune ist für den Bootsverkehr gesperrt. Der Rest kann nur wenige Stunden täglich besichtigt werden. Die Wale haben genügend Privatsphäre, wenn sie das wollen. Aber manche nähern sich lieber den Booten mit ihren Babys. In den Vereinigten Staaten und Kanada kann man bestraft werden, wenn man einen Wal streichelt. Aber in Baja schwimmen die Wale weg und suchen sich Menschen mit mehr Interesse an Interaktion, wenn man sie nicht streichelt. Ich bin dagewesen, und mir gefällt das dortige System besser. Auf jeden Fall trägt es mehr dazu bei, dass Menschen Verständnis für Wale entwickeln – und dadurch ist es auch besser für die Wale. Bei Elefanten, Wölfen, Walen und vielen anderen Tieren hat die größere Nähe dazu geführt, dass Angst und Verachtung einem tieferen Verständnis Platz gemacht hat, was besser für alle ist. Gesetze, die verbieten, Walen Musik vorzuspielen oder ihnen etwas vorzupfeifen, verhindern nicht, dass die Menschen die Wale von der Erde verdrängen. Tatsächlich beschleunigt eine derartige aufgezwungene Entfremdung in dieser seltsamen neuen Zeit, in der Tiere die politische Unterstützung von Menschen brauchen, um zu überleben, ihren Niedergang.

Heute sind Killerwale um die San-Juan-Inseln seltener und sehr viel verstreuter zu finden als in der Vergangenheit. «Die gute alte Zeit wird nicht zurückkehren», beklagt Ken.

Er meint die 1980er Jahre. Er war damals jünger, die Lachspopulation war ausreichend groß, und die Walbestände erholten sich, statt zurückzugehen. Aber die wirklich gute alte Zeit für die *Killerwale* liegt sehr viel weiter zurück. Spätestens seit der Mitte des 20. Jahrhunderts haben Menschen sie als Konkurrenten getötet, zur Unterhaltung eingefangen und ihre Nahrungsquellen geplündert, indem sie die Laichflüsse der Lachse zerstörten und überfischten.

Im Jahr 1874 schrieb der Walfänger Captain Charles Scammon über die Killerwale: «In jeder Ecke der Welt, in der sie vorkommen, sind sie immer auf der Suche nach etwas, das sie zerstören oder verschlingen können.» Man könnte fast glauben, dass er seine eigene Walfangflotte beschrieb. Manchmal fressen Killerwale größere Wale, aber es gab immer noch viele Millionen Wale, nachdem Killerwale bereits Millionen Jahre lang existiert hatten. Im Gegensatz dazu waren die Wale fast am Ende, als Scammons Kumpane mit dem Jagen aufhörten.

Noch zu Lebzeiten der älteren Wale, die immer noch in diesen Gewässern schwimmen, wurden sie von Menschen weithin gefürchtet und gehasst.[162] Sie trugen ja den «Killer» schon im Namen, wer würde da glauben, dass sie eine Gelegenheit ausließen, um Menschen anzugreifen? Im Jahr 1973 behauptete ein Taucherhandbuch der US-Navy, Killerwale «greifen Menschen bei jeder Gelegenheit an».[163] In dem Buch *Man is the Prey* (Der Mensch ist die Beute) aus dem Jahr 1969 wurden Killerwale als «der größte erwiesene Menschenfresser» bezeichnet. Problematisch an diesen Behauptungen ist nur, dass sie mit der Wirklichkeit nicht das Geringste zu tun haben.

Auch Pottwale waren früher als blutrünstig verschrien, aber inzwischen passte sich ihr Ruf der Realität an. «Man könnte zu dem Schluss kommen, dass kein Tier in der Schöpfung grausamer sei», schrieb Thomas Beale in seinem Buch *The Natural History of the Sperm Whale* (Die Naturgeschichte der Pottwale) 1838. «Aber in Wirklichkeit ist der Pottwal nicht nur ein sehr schüchternes und harmloses Tier ... das vor allem, was ungewöhnlich aussieht, die Flucht ergreift, sondern er ist auch völlig unfähig, sich der Handlungen schuldig zu machen, derer er so eindringlich beschuldigt wird.»

Die mystische Sicht der Ureinwohner des pazifischen Nordwestens war etwas differenzierter. In gewisser Weise war sie objektiver. Die Logik ihrer Beobachtungen spiegelt die Wahrheit über die Wale mit der hohen Rückenflosse exakter wider. Bei näherem Hinsehen erkannten sie ein riesiges Wesen mit unglaublichen Zerstörungskräften, das ihnen, unerklärlicherweise, niemals Schaden zufügte. Und so flößten die Wale den Ureinwohnern, verständlicherweise, Ehrfurcht ein. Aus dieser Ehrfurcht heraus entstand in den Menschen ein Respekt für die Intelligenz der Tiere, sie lernten ihre Urteilskraft zu schätzen und dankbar für ihre Duldsamkeit zu sein. Die Menschen betrachteten die schwarz-weißen Schwimmer, die die Meere durchdrangen und ihre Anderswelt so fähig regierten, als Geistwesen. Die Tlingit aus dem heutigen Südwesten Alaskas glaubten, Killerwale würden ihnen Kraft, Gesundheit und Nahrung schenken, denn die Wale wüssten, wie man all diese Dinge den dunklen, eiskalten Wassern entreißen konnte.[164] Auch für die Ureinwohner von British Columbia ist *kakawin,* der Killerwal, eine geachtete spirituelle Präsenz mit übernatürlichen Kräften. *Kakawin* ist die ozeanische Entsprechung von *qwayac'iik,* dem Wolf. Daher wird *kakawin,* der ‹Seewolf›, mit Wahrheit und Gerechtigkeit assoziiert.

In Europa und Japan wussten die wenigsten Menschen etwas über Killerwale und scherten sich auch wenig darum. Für die Fischer waren sie eine Plage und Konkurrenz, von Seeleuten wurden sie verteufelt und von Kindern gesteinigt. Graeme Ellis – der sein Arbeitsleben mit Killerwalen verbrachte, sie erst trainierte und dann in freier Wildbahn studierte – warf als Kind Steine nach ihnen. «Das machte man damals, und wenn man älter wurde, schoss man auf sie.»[165]

Zwischen 1950 und 1980 schlachteten Norwegen, Japan und die Sowjetunion etwa sechstausend Killerwale ab, mit zweifellos weitreichenden Konsequenzen für deren Gemeinschaften.[166] Mehrere andere Länder trugen nach Kräften zu dieser Mortalität bei.

Im Jahr 1956 drehte die isländische Regierung fast durch, weil Killerwale Heringe fraßen und Fischernetze beschädigt hatten und dadurch die Heringsindustrie 250 000 US-Dollar gekostet hatten (eine erstaunlich winzige Summe, selbst wenn man die Inflation berücksichtigt, und natürlich ungeachtet dessen, was die Heringsindustrie andere Heringe fressende Tiere, Seevögel und Fische kostete). Island bat Amerika um Hilfe. Im Oktober 1956 verkündeten die *Naval Aviation News* stolz,

Flugzeuge der US-Navy hätten «eine weitere erfolgreiche Mission gegen Killerwale durchgeführt ... und Hunderte mit Maschinengewehren, Raketen und Wasserbomben zerstört.»[167] Der Schmerz und die Verwüstungen im Meer müssen entsetzlich gewesen sein.

Nachdem sich Sportfischer an der Mündung des Campbell River auf Vancouver Island über die Konkurrenz bei der Lachsjagd beschwert hatten, reagierte das kanadische Fischereiministerium an einem Julitag des Jahres 1960 mit folgendem visionären Plan, der verhindern sollte, dass Killerwale das Fischfanggebiet Seymour Narrows ansteuerten: «Es wird empfohlen, mit einem auf ein Stativ montierten Maschinengewehr Kaliber .50 ... das Feuer zu eröffnen, wenn sie sich nähern.»[168] Doch geheimnisvollerweise änderten die Wale ihre Jagdgewohnheiten und hielten sich von dem Gebiet fern, nachdem das Gewehr aufgestellt worden war. Noch eine von diesen verrückten Geschichten: Wie konnten die Wale das wissen?

Man sollte sie lieber lebend studieren, als sie zu töten. In Gefangenschaft. Oder?

Die Sache mit der Gefangenschaft begann nicht gerade schön. Im Jahr 1962 fingen zwei Angestellte von Marineland of the Pacific in Kalifornien einen Killerwal mit dem Lasso von einem zwölf Meter langen Boot im Puget Sound ein. Auf die Schreie des Walweibchens hin kam ihr das Männchen zu Hilfe. Die Männer gerieten in Panik und schossen um sich. Das Männchen verschwand; das Weibchen am Seil wurde mit sechs Schüssen getötet. Sie wurde zu Hundefutter verarbeitet. Im Jahr 1964 beauftragte das Vancouver Aquarium einen achtunddreißigjährigen Bildhauer mit einer lebensgroßen Darstellung eines Killerwals – und schickte ihn los, er solle sich einen echten toten Wal als Vorlage holen. Er traf einen kleinen Wal, kaum mehr als ein Baby, mit der Harpune. Das Tier verfiel in Schockstarre und sank; zwei Mitglieder seiner Schule eilten herbei und hoben das betäubte Jungtier an die Oberfläche, damit es atmen konnte. Als der Kleine wieder zu atmen begann, zog der Künstler ein Gewehr hervor und schoss. Der harpunierte Wal pfiff so laut, dass ihn Menschen in hundert Meter Entfernung noch hörten.[169] Daraufhin beschloss der Künstler den Wal lebend wegzuschleppen. Um seine Schmerzen zu verringern, schwamm der kleine harpunierte Wal neben dem Boot her, als läge er an der Leine. Der Vorfall schaffte es in die internationalen Nachrichten. Noch nie zuvor war ein Killerwal in Gefangenschaft gehalten worden. Die Öffentlichkeit war fasziniert. Der verwundete Jungwal verweigerte fünfundfünfzig Tage lang jede Nahrung. Nachdem er seinen Hungerstreik beendet hatte, lebte er noch einen Monat. Die *Victoria Times* kommentierte, der junge Wal – der den Namen Moby Doll bekommen hatte – sei «eines jämmerlichen Todes gestorben». Die Leute hatten ein schlechtes Gewissen. Aber nicht alle. «Mich ärgert dieses ganze sentimentale Getue», erklärte der Direktor des Aquariums gegenüber einem Reporter. «Es war ein netter Wal aber ... er hätte einen Menschen lebendig verschlingen können.»[170]

Der gefolterte junge Wal markierte einen tragischen Wendepunkt. Mit seinem zärtlichen, neugierigen, kooperativen Wesen – das so gar nicht seinem Ruf als wilde Bestie entsprach – überraschte er die Menschen. Fast zwangsläufig kamen die Aquarien jetzt auf die Idee, gefangene Killerwale einem zahlenden Publikum vorzuführen.

Ende Juli 1965 kam ein Killerwal, der zufällig in ein Fischernetz geraten war, im Seattle Aquarium an. Ein Jahr lang erwies sich Namu, wie er getauft wurde, als Publikumsmagnet. Dann starb er. Er war der Erste von vielen.

Das Aquarium und andere Meeres-Themenparks wollten mehr. Im Oktober 1965 starteten SeaWorld und das Seattle Aquarium gemeinsam die erste Lebendfangexpedition. Im Jahr 1973 bekamen Fänger etwa 70 000 US-Dollar pro Wal.[171] Mit Helikoptern, Schnellbooten und Sprengstoff belästigten und jagten sie Walgruppen in eine Bucht, in der ein Fischerboot sie in Netze wickelte. Die Fänger wollten abgestillte Babys. Das gelang nicht immer ganz reibungslos.

In einer Nacht des Jahres 1969 trieben Fänger vier von zwölf Walen einer Gruppe zusammen, unter ihnen der berühmte Top Notch. Am Morgen harrten die freien Wale immer noch bei ihren gefangenen Familienmitgliedern aus. Daher kreisten die Fänger auch sie ein und hinterließen einen mit Netzen durchzogenen Hafen. Einem Gefangenen gelang die Flucht und er stürzte sich immer wieder auf die Netze und riss Löcher hinein. Der Großteil der Familie war zu desorientiert, um ihm sofort zu folgen – oder sie standen unter Schock. Ein Weibchen schwamm zu den Netzen, als suchte sie nach einem Weg hinaus, aber sie fand keinen; in der Zwischenzeit reparierten die Fischer die Durchbrüche, so schnell sie konnten. Irgendwann beendete das Männchen seine Angriffe auf die Netze, aber er blieb noch ein paar Tage in der Nähe. Dann schwamm er davon, vielleicht aus Hunger, vielleicht gab er sich geschlagen.[172]

Die Fänger freuten sich über Angebote aus Amerika und Europa und versteigerten sieben junge Wale. Vier ältere ließen sie frei. Die freigelassenen Wale blieben ebenfalls noch etwa einen Tag in der Nähe, bevor sie wegschwammen.

Danach kehrte viele Jahre lang kein Wal mehr an diesen Ort zurück.

Im Jahr 1968 wurden in British Columbia zwei schwangere Wale gefangen. Nach einem Monat ohne Fressen wurden sie an einen Ort verkauft, dessen Name nach einer Identitätsstörung klingt: Marine World Africa U.S.A. Ein Walweibchen brachte ein totes Baby zur Welt; dann starb auch sie. Angestellte richteten das andere Walweibchen weiter ab, brachten ihr Sprünge bei. Auch ihr Baby kam tot zur Welt. Sie überlebte die Tortur zunächst.[173]

Die Fänger durften so viele junge Wale fangen, wie sie wollten. Niemand wusste irgendetwas über die sozialen Strukturen oder die Populationsgröße der Wale. Alle wollten glauben, dass Wale willkürlich in diesen Küstengewässern kamen und gingen und dass im gesamten Pazifik im Grunde unendlich viele Killerwale umherzogen. Was machte es da schon, wenn man einige wenige in Wasserbecken sperrte?

Auch Ken dachte damals wie ein traditioneller Fischer, aber er wollte wissen, wie groß die «nachhaltige Fangmenge» bei Walen war. Er vermutete, dass sie nicht unendlich groß sein konnte. Der brillante kanadische Forscher Mike Bigg bemerkte, dass er einzelne Wale verlässlich identifizieren konnte und dass die Gruppen stabil waren – und *viel* kleiner als man damals annahm. Er nahm zutreffend wahr, dass «Residents» und «Transients» in denselben Gewässern schwammen, aber unterschiedliche Ernährungsgewohnheiten, Rufe und soziale Eigenheiten hatten und sich nie vermischten. Das war bis dato völlig unbekannt gewesen – und galt als unerklärlich. Für seine außergewöhnlichen Erkenntnisse wurde Bigg verspottet und marginalisiert. Nicht nur die Walfangleute nahmen ihn nicht ernst; auch offizielle Staatsvertreter behandelten

Bigg, laut Ken, «wie einen Irren». Ken geriet in dasselbe Netz aus chronischer staatlicher Schikane und Gesetzesvollstreckern auf dem Wasser. Das sorgte für Spannungen.

Zwischen 1962 und Mitte der Siebzigerjahre gerieten viele Wale mehrmals ins Netz von Fängern, die es auf ihre Jungen abgesehen hatten. Ein Viertel der lebend gefangenen Wale wies Schusswunden auf.[174] So sah damals die Beziehung zwischen Menschen und Walen im Nordwesten aus.

Die Wale begannen, einige ihrer bevorzugten und futterreichsten Jagdgebiete zu meiden, die zu gefährlich geworden waren. Dann kippte die Stimmung in der Öffentlichkeit gegen den Walfang. Im Jahr 1976 versammelten sich mehr als eintausend Menschen an einem Ort, an dem Wale gefangen wurden zu einer Demonstration.[175]

Schließlich dokumentierten Forscher – jenseits aller Zweifel –, dass in diesen Gewässern weniger als 150 südliche Resident-Wale schwammen. Ihre Arbeit bewahrte die Gruppe wahrscheinlich vor der Ausrottung. Wenn man alle Wale einberechnet, die lebend gefangen wurden oder in den Netzen starben, dann dezimierten die Fänger die Population um etwa vierzig Prozent – grob sechzig Wale. Von den 53 Walen, die lebend in die Becken gebracht wurden, starben 16 (etwa jeder Dritte) vor Ablauf eines Jahres.[176] Am Höhepunkt des Walfangs nahmen Meeres-Themenparks etwa 95 Killerwale aus dem Nordwestpazifik und Island auf. In den Jahren 1975 und 1976 verboten Kanada und der US-Staat Washington endlich den Fang von Killerwalen.

Im Sommer 1977 kaufte ich mir als frischgebackener Collegeabsolvent in Victoria, Kanada, eine Eintrittskarte, setzte mich auf die Zuschauertribüne und sah meine ersten Killerwale. (Es sollte noch fünfzehn weitere Jahre dauern, bevor ich meine ersten freilebenden Killerwale in der wirklichen Welt sah.) Und da waren sie, holten sich vorsichtig Fische aus den Händen hübscher Mädchen und vollführten hohe Sprünge, die unglaublich kraftvoll wirkten.

Wie diese «Killerwale» mit ihren menschlichen Freunden umgingen, überraschte mich und rührte mich zu Tränen. Das waren keine gedankenlosen Killer; sie waren sensible, interaktive, vorsichtige, zärtliche Giganten. Herrlich. Sie schienen von Mitgefühl erfüllt zu sein und über die Großzügigkeit von jemandem zu verfügen, der bereit war, Artengrenzen zu überwinden – und voller Hoffnung, dass wir eines Tages Wale lieben lernen würden. Ich kam nicht auf den Gedanken, hinter den Vorhang zu blicken.

In den Köpfen und auf den Lippen vieler, die sahen, was ich sah, waren Killerwale rehabilitiert. Sie hatten ihre Strafe als Killer abgeleistet und wurden aus ihrem Ruf, den sie nie verdient hatten, entlassen und zu «Orcas» befördert.

Die Wale hatten sich nicht verändert. Aber wir hatten zum ersten Mal weltverändernde Einsichten über sie erhalten. Walbeobachtung existierte damals nicht. Tierfilmer wagten damals kaum von dem zu träumen, was sie seither erreicht haben. Die ersten gefangenen Wale gaben ihr Leben für eine gerechte Sache, die sie nicht verstanden. War die Veränderung der öffentlichen Meinung das Opfer dieser dressierten Wale wert?

Heute gibt es unterschiedliche Antworten auf diese Frage. Aber an jenem Tag 1977, als ich mir die Tränen aus den Augen wischte und die Walarena voller Ehrfurcht verließ, allein weil ich auf derselben Welt wie diese Wesen lebte, stellte ich keine Fragen. Gar keine Fragen. Für mich sah es so aus, als hätten die Wale ganz offensichtlich Spaß.

Besitzen und bewahren

In den 1860er Jahren stellten die ersten Aquarien in Großbritannien und den Vereinigten Staaten Belugawale und Große Tümmler aus. Der Beluga von P. T. Barnum war vermutlich der erste Wal, dem Kunststücke antrainiert wurden, und im Jahr 1914 staunte der Direktor des New York Aquariums, Charles Townsend, weil das Spiel seiner Delfine ihn an «die Balgerei von Hundewelpen» erinnerte. Aber mehrere Jahrzehnte lang sorgten schlechte Haltungsbedingungen dafür, dass gefangene Delfine nicht lange überlebten.

In den 1930er Jahren bauten mehrere Filmproduzenten in Florida gemeinsam ein großes Filmstudio unter Wasser. Aus den Marine Studios wurde nach kurzer Zeit Marineland of Florida, das seine Tore zahlenden Besuchern öffnete. Vor Marineland waren die sozialen, emotionalen und kognitiven Fähigkeiten von Delfinen völlig unbekannt. Der Kurator von Marineland, Arthur McBride, führte zwei männliche Delfine wieder zusammen, die gemeinsam gefangen, dann aber mehrere Wochen lang getrennt worden waren. McBride schrieb erstaunt, dass sie bei dem Wiedersehen «die größte Aufregung zeigten ... Es konnte keinerlei Zweifel geben, dass sie sich wiedererkannten.» McBride war bewegt und fasziniert und schrieb, die Delfine unter seiner Obhut seien «unsere ‹menschlichsten› Verwandten in der Tiefsee ... ein reizvolles und verspieltes Meeressäugetier, das sich an seine Freunde erinnert.» Nun konnten Wissenschaftler Große Tümmler aus der Nähe beobachten. Zuvor hatten Menschen sie nur als Lieferanten von Fleisch, Öl und Leder gesehen – wenn sie überhaupt über sie nachdachten. Aquarien machten Delfine und Wale der Öffentlichkeit als bemerkenswerte Säugetiere mit einem Familienleben bekannt. Sie boten im wörtlichen Sinn die ersten Fenster ins Sozialleben der Delfine.

Eines Abends Anfang der 1950er Jahre warf ein Delfin einem Nachtwächter im Marineland eine Pelikanfeder zu. Kurze Zeit später warfen die beiden Bälle und Spielzeug hin und her. Marineland warb daraufhin mit dem ersten «gebildeten Tümmler» der Welt. Delfinshows folgten. Aber die Delfine hatten die Interaktion initiiert, und nicht sie, sondern der Nachtwächter und das Publikum wurden weitergebildet. In den folgenden dreißig Jahren fanden die ersten und einzigen Forschungsarbeiten über Delfine ausschließlich mit gefangenen Tieren statt.[177]

Der Delfinfang erreichte die nächste Stufe. Es wurde ein richtig großes Geschäft daraus, mit großen Stückzahlen und hohen Einsätzen. Und Killerwale waren die größte Jagdbeute.

In dem packenden Film *Der Killerwal* erzählt Howard Garrett, ein Fürsprecher der Wale, von einer Jagd in den 1970er Jahren. Sprengkörper wurden von Schnellbooten geworfen, um eine Walgruppe auf die Fangboote zuzutreiben. Aber diese Orcas waren schon einmal gefangen worden, erklärt er, «und sie wussten, was vor sich ging, und sie wussten, dass man ihnen ihre Jungen wegnehmen würde. Daher schwammen die Erwachsenen ohne Jungtiere nach Osten, in eine Sackgasse. Und die Schiffe folgten ihnen, weil die Walfänger glaubten, dass alle Wale in diese Richtung schwammen.» Die Erwachsenen mit Babys indessen hatten sich von der Gruppe getrennt und leiteten die Jungtiere zur anderen Seite einer Insel. Die Wale ohne Junge zeigten sich, diejenigen mit den Babys stahlen sich heimlich davon. Die Strategie war taktisch genial, was wiederum eine Frage aufwirft, die sich schon einmal stellte: Wie haben sie diese Gedanken miteinander kommuniziert?

Aber, wie Garrett uns erinnert, «irgendwann müssen sie zum Atmen auftauchen». Und als sie das taten, entdeckten die Walfänger sie vom Flugzeug aus. Die Schnellboote erwischten sie im Versteck. Nachdem die Jungtiere zusammengepfercht waren, lockerten die Walfänger das Hauptnetz, sodass die älteren Tiere davonschwimmen konnten.

Aber sie blieben da.

«Die Walfänger zogen die Babys mit dem Lasso davon, während die Mütter mit aller Kraft versuchten, die Entführung ihrer Babys zu verhindern», erzählt mir Ken. «Die Mütter schwammen dazwischen und versuchten, die Babys wegzuschieben. Es gab jede Menge Gequietsche.» Ken erinnert sich, dass Walfänger, die um ihre eigene Sicherheit fürchteten, erwachsene Tiere, die Widerstand leisteten, einfach töteten.

Der Taucher John Crowe setzt die Erzählung im Film fort. Während sie ein Baby auf eine Trage hievten, um es wegzubringen, «reihte sich die ganze Familie in fünfundzwanzig Metern Entfernung im Wasser auf und kommunizierte hin und her. In dem Moment kapierte man, was man da tat. Ich habe die Nerven verloren. Ich habe einfach angefangen zu weinen ... Es war, als würden wir einer Mutter ihr kleines Kind wegnehmen ... Ich kann mir nichts Schlimmeres vorstellen.» Er brachte den Job dennoch zu Ende: «Alle schauen zu; was soll man da machen?» Am Ende hingen drei tote Wale im Netz. Crowe und zwei Kollegen bekamen die Anweisung: «Schneidet die Wale auf, füllt sie mit Steinen, hängt ihnen Anker an die Schwanzflossen und versenkt sie.» In Crowes Erinnerung ist diese Aktion «das Furchtbarste, was ich je gemacht habe».[178]

Man kann sich nicht vorstellen, was in einem sozialen Säugetier mit einem Gehirn, das unserem vergleichbar ist, vorgehen mag, das gerade alles versucht hat, um zu verhindern, dass sein Kind entführt wird, das versagt hat und jetzt ohne das Kleine, mit dem es in den letzten Jahren in ständigem Kontakt stand, von dem Chaos wegschwimmen muss. Und das Baby – isoliert, plötzlich abgeschnitten von den Stimmen seiner Familie – kommt aus den unendlichen Weiten des Ozeans in die Enge einer Teetasse aus Beton, verängstigt und verwirrt ...

Nachdem die Vereinigten Staaten und Kanada das Fangen von Killerwalen verboten hatten, verlagerten die Aquarien ihre Fangoperationen nach Island. Im Jahr 1983 kam ein zwei Jahre alter, elf Meter langer Wal, der vor Island gefangen worden war, im Sealand of the Pacific in Victoria, Kanada, an, gleich gegenüber von Kens Haus auf der anderen Seite der Haro-Straße. Die Angestellten nannten ihn Tilikum. Der ehemalige Sealand-Trainer Eric Walters erinnert sich an Tilikum als «denjenigen, mit dem man wirklich gern arbeitete ... sehr brav und immer bemüht, alles richtig zu machen ... Man vertraute Tilikum.»

Doch am Anfang hatte Tilikum einen Trainer, der ihn mit einem bereits trainierten Killerwal zusammensteckte und mit Bestrafungen arbeitete. Wenn der trainierte Wal sich verhielt, wie der Trainer wollte, Tilikum aber nicht, dann bestrafte der Trainer *beide* Wale und ließ sie hungern. Das frustrierte den trainierten Wal so sehr, dass er Tilikum von Kopf bis Fuß mit Bisspuren übersäte. Bei freilebenden Walen wurde ein derartiges Verhalten niemals beobachtet.

Sealand war nur ein von Zuschauertribünen umgebener Pferch mit Netzrand, der wie ein kleiner Jachthafen in der Bucht schwamm. Die Geschäftsleitung befürchtete, dass jemand, der Mitleid mit den drei Walen hatte, das Netz zerschneiden könnte, und «lagerte» die Wale daher nachts in einem dunklen, sechs mal neun Meter großen schwimmenden Stahlcontainer. Für Tiere, die pro Tag 120 Meilen zurücklegen und die mehr als halb so lang sind wie ihre Zelle breit, war es «einfach falsch», zwei Drittel ihrer Zeit unbeweglich und ohne jegliche Sinnesreize zu verbringen, wie der ehemalige Sealand-Direktor Steve Huxter zugibt. An vielen Morgen tauchte Tilikum – inzwischen fast fünf Meter lang und die meiste Zeit mit zwei feindlichen und fremden Artgenossen in eine Stahlbüchse gesperrt – mit frischen, blutenden Bisswunden auf. Tilikum war einer völlig unnatürlichen Gewalt ausgesetzt, der er nicht entkommen konnte.

Ken erzählt mir, dass Tilikum dadurch, dass er vierzehn Stunden täglich mit anderen Walen, die ihm nicht wohlgesonnen waren und zu Tode gelangweilt waren, eingesperrt war, «wahrscheinlich eine Psychose entwickelte».

Erich Hoyt schrieb bereits in seinem ersten Buch über Killerwale 1981: «In Seaworld und Marineland in Gefangenschaft lebende Orcas hielten Trainer unter Wasser fest und ertränkten sie fast. Manchmal bissen sie. Diese Vorfälle ereigneten sich in der Regel, nachdem ein Wal mehrere Jahre in Gefangenschaft gehalten wurde. Der Wal wird, aufgrund von Veränderungen im Tagesablauf oder manchmal auch aus Langeweile, plötzlich frustriert und verhaltensgestört. Glücklicherweise gibt es normalerweise Warnzeichen für die Trainer. Bis heute hat noch kein gefangener Wal einen Trainer getötet.»[179]

Eines Tages im Jahr 1991 ertränkten Tilikum und zwei andere Wale die Trainerin Keltie Byrne, die versehentlich ins Wasser gerutscht war. Die Trainer dort gingen normalerweise nicht ins Wasser. Ein Kollege von Keltie, Colin Baird, glaubt, die Wale seien überrascht gewesen, als zum ersten Mal ein Mensch bei ihnen im Becken war, und hätten nur gespielt. «Sie konnten sich nicht vorstellen ... dass sie ihren Atem nicht zwanzig Minuten lang anhalten konnte», sagte er.[180] Doch dessen ungeachtet erzwang die Öffentlichkeit die Schließung von Sealand. Tilikum wurde an den SeaWorld-Themenpark in Orlando, Florida, verkauft. Als Spermaproduzent hatte er einen Millionenwert.

Tillikum kam mit fünfeinhalb Tonnen Gewicht in SeaWorld an und wurde mit Weibchen zusammengesteckt, die ihn ständig angriffen. Wahrscheinlich lag das nicht nur an Spannungen aufgrund der engen Lebensverhältnisse. Bei Walen gibt es die verschiedenen akustischen Clans, die unterschiedlichen Resident-Gemeinschaften, die untereinander keinen Kontakt haben, die kulturell und genetisch eigenständigen Transients und Residents, deren Reviere sich im pazifischen Nordwesten überschneiden, die aber jeden Kontakt meiden. Einen Islandwal mit Residents aus dem pazifischen Nordwesten zusammenzupferchen, könnte die Killerwalversion von einem Mammuts jagenden Neandertaler sein, der mit drei japanischen Kellnerinnen in eine Zelle gesteckt wird. Davon abgesehen, dass Gefangenschaft für Orcas ohnehin unnatürlich ist, war Tilikum auch noch ein Orca aus einer anderen Weltregion, der womöglich sogar einer anderen Art angehörte. Und er wurde sofort misshandelt.

Letztendlich schaffte es SeaWorld tatsächlich, dass sich Wale in Gefangenschaft fortpflanzten. Aber statt die Mütter mit ihren überlebenden Kindern zusammenzulassen, wie es für sie normal wäre, nahm die Leitung von SeaWorld den Müttern ihre Jungen weg, sobald sie abgestillt waren, wie Rinderzüchter es taten. Die Geschäftsleitung transportierte sie zwischen den einzelnen Themenparks der Kette hin und her wie Handelsware, immer den eigenen finanziellen Vorteil im Auge.

Die ehemalige SeaWorld-Trainerin Carol Ray erzählt in *Der Killerwal*, dass Katina, nachdem die SeaWorld-Angestellten ihr das Baby weggenommen hatten, «in einer Ecke des Beckens verharrte, zitterte und schrie, kreischte und weinte. Ich hatte sie noch nie etwas Derartiges tun sehen ... Man konnte das nur als Trauer bezeichnen.» Der ehemalige SeaWorld-Trainer John Hargrove erinnert sich, dass Kasatka und ihr Baby «ein sehr enges Verhältnis hatten ... sie waren unzertrennlich.» Nachdem das Baby zum Flughafen gebracht worden war, gab Kasatka «immer noch Laute von sich, die ich noch nie gehört hatte». Ein Forscher analysierte die Laute und kam zu dem Schluss, dass Kasatka Langstreckenrufe ausstieß, um so Kontakt zu ihrem fehlenden Kind herzustellen.

Kein freilebender Killerwal hat je einen Menschen getötet, aber die Gefangenschaft führt zu Gewalt zwischen Killerwalen. Gewalt, die in normalen Killerwalgemeinschaften noch nie beobachtet wurde. Gewalt, die wahrscheinlich durch Frustrationen aufgrund eines derart unnatürlichen

Lebens ausgelöst wurde. Im Jahr 1999 wurde ein Mann, der sich in SeaWorld Orlando geschlichen hatte, tot in Tilikums Becken gefunden, sein Körper war schwer misshandelt. Im Jahr 2010 tötete Tilikum die Trainerin Dawn Brancheau. Allem Anschein nach war Dawn eine einfühlsame, enorm motivierte Trainerin.

Tilikum hatte über lange Zeit eine bizarre Behandlung erfahren. Er war bereits an zwei menschlichen Todesfällen beteiligt gewesen. Trotzdem wurde er immer noch gezwungen, sein publikumswirksames Tänzchen für das Unternehmen aufzuführen. Kurz vor dem Angriff auf Brancheau übersah er wohl einen Hinweis von ihr: er dachte, er hätte getan, was sie wollte, und war dann frustriert, als er nicht die erwartete Belohnung erhielt. Nur zwischen zwei intelligenten Wesen kann es zu einem so tiefgreifenden Missverständnis kommen.

In Gefangenschaft verhalten sich auch andere Delfine manchmal frustriert oder wütend, wenn sie negative Rückmeldungen bekommen.[181] Ein Großes Tümmlerweibchen, das in einer Studie zu künstlicher Sprache in Hawaii nicht die erforderliche Reaktion zeigte und daher keine Belohnung bekam, schnappte sich ein großes schwimmendes Stück Plastikrohr und warf damit nach der Trainerin. Sie verfehlte ihren Kopf nur knapp.[182] Ein anderer verärgerter Delfin warf absichtlich mit Fischgräten. Wenn man den Spieß umdreht, ist das nicht nur fair; es soll den anderen auch aus seiner Sicherheit aufjagen. Aber weil Killerwale so groß und stark und intelligent sind, erreichen die Reaktionen – und die Risiken – eine neue Ebene.

Es macht kaum einen Unterschied, ob Tilikum ursprünglich gar niemanden verletzen wollte, sondern aus Frustration handelte oder aus Langeweile, oder ob der Ärger mit ihm durchgegangen war. Ohne das elementare Unrecht, das ihm zugefügt wurde, als er von seiner Familie und aus seiner Welt gerissen wurde, hätten sich die Wege von ihm und den Trainern niemals gekreuzt. SeaWorld ist nur ein Vergnügungspark. Das Meer ist die reale Welt. Wenn wir die Bewohner dieser Welt achtlos behandeln, statt ihnen in ihrem eigenen Reich gegenüberzutreten, dann sind gewisse logische Konsequenzen unausweichlich.

Als ich 1977 die Arena verließ, kam ich gar nicht auf den Gedanken, mich zu fragen, wie die Wale gefangen worden waren. Ich kam nie auf die Idee, mir den umgekehrten Fall dieser Gefangennahme vorzustellen, dass einen jungen Wal bei Menschen aufwachsen zu lassen ebenso war, als würde ein junger Mensch bei Killerwalen aufwachsen. Egal wie liebevoll sie sind, können Wale doch nie den vollständigen physikalischen und emotionalen Kontext liefern, in dem ein Kind normal aufwachsen könnte. Stellen Sie sich vor, sie würden im Alter von vier Jahren entführt und von Walen aufgezogen, die Sie faszinierend finden. Ihr Spracherwerb würde abgebrochen, ebenso die normale Sozialisation. Die bekannte Welt würde auf einen einzigen Raum zusammenschrumpfen, umgeben von Walen, die Sie anstarren. Ihre Erinnerungen an die weite Welt und Ihre Familie würden verblassen. Sie bekämen Ihre Mahlzeiten, indem sie Ihren Kopf unter Wasser steckten, und würden von faszinierten Tierpflegern, die nie gesehen haben, wie Menschen in menschlichen Familien leben, von Hand gefüttert. Fast alles, was Sie tun, brächte neue Erkenntnisse für die Wale. Ihre eigene effektive Ausbildung wäre beendet. Sie wären nicht mehr länger Teil der Welt. Sie wären nur ein amüsanter kleiner Teil ihrer Welt. Als kleines Kind fänden Sie sie interessant. Die Interaktion mit ihnen wäre fast die einzige Stimulanz, die Sie bekommen würden. Und Sie würden sich nach Stimulanz sehnen. Die Wale würden Ihre Einsamkeit zum Teil füllen. Sie würden gar nicht genau verstehen, was Ihnen fehlt, aber Ihr Grundbedürfnis nach menschlicher Erfüllung bliebe unbefriedigt. Die Tagesroutinen würden langweilig werden. Sie wären unvermeidbar nicht ganz richtig im Kopf.

Wale werden für eine komplexe Welt aus weit entfernten Geräuschen und weiten Reisen geboren und sind dafür gebaut. Sie bleiben ihr ganzes Leben bei den Müttern und Geschwistern. Sie halten auch über weite Strecken Verbindungen aufrecht, treffen sich gelegentlich mit Dutzenden anderer Artgenossen, die sie ihr ganzes Leben lang kennen. Wir stecken sie in Betonbecken, die sowohl Isolationsraum als auch Hallraum sind. Was richtet das Leben in einer harten kleinen Salatschüssel im Kopf eines aufwachsenden Wales an? Stellen Sie sich vor, Sie müssten Ihr Leben in einem runden Raum mit kahlen Wänden verbringen. Sie gingen immer wieder im Kreis herum.

Die Themenparks und Aquarien, die ihre Gefangenen als «Botschafter» bezeichnen, haben teilweise recht. Und sie haben eine Gewinnmarge. Ein Herz könnten sie noch dringend gebrauchen. In früheren Zeiten wurden gefangene amerikanische Ureinwohner und pazifische Inselbewohner auf Schiffen als Ausstellungsstücke nach Europa gebracht. Im Jahr 1906, eine Generation nach der Abschaffung der Sklaverei in den Vereinigten Staaten, wurde der Mbuti-Pygmäe Ota Benga im Affenhaus des Bronx Zoo ausgestellt. Seine Betreuer bemühten sich, nett zu sein, aber letztendlich versuchte er dennoch, sich das Leben zu nehmen. Er gehörte dort nicht hin.

In SeaWorld treten die Killerwale unter dem Namen Shamu auf. Ken sagt, das stünde für «shame on you» – schämt euch. Die Wale sind im Showgeschäft. Killerwale führen seit einem halben Jahrhundert Sprünge und Tricks vor. Hat das unser Wissen über sie vermehrt? Die Zahl unserer Irrtümer hat auf jeden Fall zugenommen. Auch heute noch werden mancherorts Wale gefangen. In russischen Gewässern zum Beispiel, wo neue Meeres-Themenparks in China zu Hauptabnehmern werden. Meine Hoffnung ist, dass unser neues Wissen über Killerwale die Schäden überdauern wird, wenn die Shows endlich abgesetzt werden und die Ära der Gefangenschaft für die Killerwale endet.

Ich behaupte gar nicht, dass wir durch die Walfänge nichts gelernt haben. Ganz im Gegenteil: Durch die entstandene Nähe, indem wir die Normalität ihres Lebens auf die Probe stellten und zusahen, wie sie damit zurechtkamen, sahen wir sie zum ersten Mal wirklich. Und sie erstaunten uns. Wir sind der Beziehungsfähigkeit von Walen gegenübergetreten, als wollten wir etwas über die Tiefe und den Umfang des menschlichen Geistes erfahren, indem wir zusehen, wie Gefängnisinsassen sich gegenseitig beim Überleben helfen. Wir haben das Wichtigste über sie gelernt: dass sie Jemand sind.

Ken erzählt mir, dass in den 1970er Jahren eine Mutter und ihr Sohn, die in einem großen Netzgehege gehalten wurden, drei Wochen lang jede Nahrung verweigerten. Ihre Kidnapper wussten noch nicht einmal, dass sie Säugetierfresser waren, Transients, deren normale Beute aus Seehunden, Seelöwen, Delfinen und Walen besteht. Die Kidnapper versuchten, sie mit Heringen zu füttern. Die Wale mussten sehr hungrig geworden sein. «Sie siechten dahin», sagt Ken.

Sie wurden ins nahe Sealand verlegt. Bei ihrer Ankunft tauchte der trainierte Wal Haida – der aus einer Fisch fressenden «Resident»-Schule stammte (J oder L) und 1968 in Gefangenschaft geraten war – am Netz, das sie voneinander trennte, entlang hinab, um sie zu betrachten. Dann schwamm Haida zu einem Trainer zurück, der ihn gekrault hatte, nahm einen Hering und schob ihn durch die Netzmaschen den neuen Walen zu.[183] Bisher dachten wir, dass nur Menschen Nahrung mit Fremden teilen.

Freilebende Residents und Transients haben nie Kontakt, daher war Haidas Geste, nach menschlichen Begriffen, grenzüberschreitend. Zunächst nahmen die Neuankömmlinge den Fisch nicht an. Haida drückte einen Fisch an den Mund eines Neuankömmlings und wiederholte das bei beiden Neuzugängen mehrmals. Kurz darauf begannen die neuen Wale zu fressen. Man könnte sagen, das sei – was? Würde ein Mensch so etwas tun, dann würde man es «Mitleid» nennen. «Grenzüberschreitendes Mitleid.» Gönnen wir einem so großzügigen Wal doch zumindest diese beiden Wörter.

Zusammen mit den beiden waren noch drei weitere Transients gefangen worden. Sie wurden noch immer im Netzgehege in der Bucht gehalten, wo man sie gefangen hatte. Nachdem sie siebenundfünfzig Tage lang nichts gefressen hatten, stachen ihre Rippen unter der Haut hervor. Eine derartige Auszehrung hatte bei einem Wal noch nie jemand gesehen. Ein weiblicher Wal stieß sich beim langsamen Umherschwimmen überall an, wie im Delirium; gegen 17 Uhr raste sie dann mit aller Kraft auf das Netz zu und stieß sich bis zur Rückenflosse durch das stabile Polypropylengewebe. Sie steckte fest, war völlig erschöpft und ausgehungert. Daher ruderte sie rückwärts wieder aus dem Netz heraus, ließ Luftblasen aus ihrem Mund entweichen und sank tot auf den Grund. Es schien fast, als habe das Fehlschlagen dieses letzten verzweifelten Angriffs ihr den letzten Lebenswillen geraubt, und sie habe ihr Leben bewusst losgelassen. Unmittelbar nach dem Tod des Walweibchens blickte ein anderer Wal, der Charlie Chin getauft worden war, zu den menschlichen Aufsehern hinüber. Er schnappte nach dem Netz und zerrte daran. Bat er um Hilfe? Darum, freigelassen zu werden? Die Menschen schlugen ihn auf den Kopf, aber er hörte erst einmal nicht auf. Doch schließlich ließ er los.

An Tag 78 nahm Charlie Chin einen Lachs aus der Hand eines Wärters und schwamm damit hungrig zu seiner überlebenden Kameradin. Die beiden stießen Laute aus. Er ließ den Lachs direkt vor ihrer Nase fallen. Sie nahm das hintere Ende ins Maul. Er nahm das vordere Ende. Mit einem Ende des Fisches in jedem Maul schwammen sie eine Runde durchs Gehege und vokalisierten dabei abwechselnd. Dann rissen sie den Fisch auseinander. Jeder fraß eine Hälfte. Ein paar Minuten später holte er einen weiteren Fisch und legte ihn wieder vor ihr hin. Sie fraß ihn ganz. Dann holte er einen weiteren für sich selbst.

Bald fraßen sie 200 Kilogramm Fisch am Tag.

Kurz darauf wurden sie an ein Aquarium in Texas verkauft.

Doch bevor Sealand sie verschiffen konnte, drückte eines Nachts irgendjemand einen Abschnitt des Netzes hinunter. Die Wale schwammen davon. (Der Täter wurde nie gefasst, aber ziemlich viele Leute würden ihm gerne danken. Es sagt einiges über uns aus, dass Menschen Wale einfangen und in die Gefangenschaft verkaufen können und damit reich werden, und dass andere Leute diese Wale einfach befreien und dafür verhaftet werden können. Oder wie Bob Dylan es ausdrückte: «Steal a little and they throw you in jail. Steal a lot and they make you king.» [Stehle wenig und sie werfen dich ins Gefängnis. Stehle viel und sie machen dich zum König.])

Wenige Jahre später schoss jemand ein Foto von den beiden Walen, die in jener Nacht entkommen waren, mit einem Neugeborenen. «Etwa fünfundzwanzig Jahre lang sahen wir sie ab und zu», sagt Ken. Charlie Chin lebte bis 1992. «Sie wollten mit Menschen nichts mehr zu tun haben.»[184]

Graeme Ellis hat mehrere Jahrzehnte lang freilebende Wale studiert. Gleich nach dem Schulabschluss bekam er einen Job im Vancouver Aquarium. Seine Aufgabe: Einen neuen Wal, der jede Nahrung verweigerte, zum Fressen zu überreden. Ein Monat verging; der Wal fraß nicht. Eines Tages saß Ellis einfach da und begann den Wal nass zu spritzen. Überraschenderweise spritzte der Wal zurück, verschwand und sprang dann plötzlich aus dem Wasser. Wenige Stunden später ließ er sich kraulen und reiben; am nächsten Tag fraß er.[185] Als soziales Wesen hatte er einfach erst einmal eine Beziehung aufbauen müssen. Manche Wissenschaftler glauben, dass Killerwale ebenso starke soziale Bedürfnisse haben wie Menschen. Bedürfnisse, die für sie manchmal sogar wichtiger sind als Nahrung.

Ellis sagte: «Es geht nicht darum, wie viele Tricks man ihnen beibringen kann ... wichtig ist, wie lange man die seelische Gesundheit des

Wales aufrechterhalten kann.» Man müsse verstehen, wie ein Wal denkt, sagt er. Jugendliche Orcas machen mindestens ein Jahr lang eifrig mit. Aber nach zwei Jahren Gefangenschaft ist der Reiz des Neuen verflogen und die seelische Gesundheit der Wale leidet. «Manche langweilen sich, werden lethargisch. Andere werden neurotisch und vielleicht gefährlich.» Nach ein paar Jahren Gefangenschaft «werden alle ein bisschen irre», sagt er.

Mit Persönlichkeit ist zu rechnen

Der führende kanadische Forscher John Ford, der freilebende Wale studiert, arbeitete am Beginn seiner Laufbahn in Aquariumshows und stellte dort fest, dass Killerwale «unglaublich einfühlsam» waren, und auf unterschiedliche Menschen unterschiedlich reagierten. Selbst wenn er an der Rückseite der Arena entlangging, hinter bis zu fünfhundert Zuschauern der Show, erkannten die Wale ihn und folgten ihm mit dem Blick. «Sie machen sich einen Spaß daraus, Dinge zu verändern», deswegen faszinierten sie ihn. Sein eigenes Verhalten wurde auf eine sehr subtile Art, die er zunächst gar nicht bemerkte, «von ihnen beeinflusst». Und noch mit etwas anderem hatte er nicht gerechnet: Jeder Wal hatte eine «merkbar eigenständige» Persönlichkeit.[186]

Die Persönlichkeit ist wahrscheinlich der am wenigsten anerkannte Aspekt freilebender Tiere. Delfine haben Persönlichkeit im Übermaß. Sie werden mit Persönlichkeit geboren. Schüchtern. Mutig. Wild. Rabauke.

Wenn wir «Elefanten», «Wölfe» oder «Killerwale», «Schimpansen», oder «Raben» ansehen, dann sehen wir Stereotypen. In dem Moment aber, wo wir unser Augenmerk auf einzelne Tiere richten, sehen wir, dass sich Individuen voneinander unterscheiden. Wir sehen einen Elefanten namens Echo mit außergewöhnlichen Führungsqualitäten; wir sehen den Wolf Sieben-Fünfundfünfzig, der nach dem Tod seiner Partnerin und der Verbannung von seiner Familie ums Überleben kämpft; wir sehen einen verirrten Wal, der einsam ist, aber Humor hat und verblüffend zärtlich ist. Das hat nichts mit *Persönlichkeit* zu tun, sondern mit *Individualität*. Es ist eine Tatsache des Lebens. Und sie ist tief verwurzelt. Sehr tief.

Im Garten von Joanna Burger gibt es einen kleinen Teich. Wir gehen zum Teichrand und bleiben stehen. Ich sehe nichts. Dann ruft sie, und zu meiner Verblüffung kommen mehrere Schildkröten angeschwommen, um sich füttern zu lassen. Ich hatte nicht geglaubt, dass Schildkröten so schnell reagierten, so aufmerksam waren und kamen, wenn man sie rief. Für mich waren Schildkröten einfach «nur» Schildkröten. Auch einige Frösche tauchten auf, und anders als alle Frösche, die ich je gesehen hatte, sprangen sie *aus* dem Wasser hinaus auf Steine in Erwartung leckerer Insekten. Der Anblick, wie sie sich versammelten, überraschte mich.

Aber warum eigentlich? Warum halten wir Lebewesen immer noch für so unfähig? Sie machten ihren Job bereits, als es uns noch gar nicht gab. Wir unterschätzen sie unglaublich. Wir erlegen uns selbst eine Isolation auf, die verhindert, dass wir einen Großteil der Welt erfahren. Früher glaubten die Menschen, Schildkröten seien taub. Mir wird langsam klar, wie blind wir waren. Seit einer ganzen Weile ist bekannt, dass Schildkröten hören können und dass ein paar von ihnen Laute ausstoßen. Aber erst im Jahr 2014 entdeckten Wissenschaftler, dass Jungtiere und Erwachsene einer Flussschildkrötenart miteinander sprechen und dabei elf verschiedene Arten von Rufen verwenden. Die Wissenschaftler stellten fest, dass erwachsene Tiere mit diesen Rufen «die Jungtiere zusammenriefen, bevor sie ihre Wanderung begannen».[187] Hätte man mich vorher gefragt, dann hätte ich (wie die meisten Schildkrötenexperten) – fälschlicherweise – behauptet, Schildkröten betrieben keinerlei Brutpflege. Mein Nachbar, J.P. Badkin, warnt immer trocken: «Wenn du dich nicht vorsiehst, lernst du jeden Tag etwas Neues.»

Ich werde erst einmal nicht verraten, von welchen Tieren mein Freund Darrel Frost redet. Versuchen Sie, es zu erraten. (Er verrät es am Schluss.) Darrel ist Kurator des American Museum of Natural History in New York City. Er darf seine Haustiere zur Arbeit mitnehmen. Ich bin zum ersten Mal in seinem Büro, und er stellt mich vor mit den Worten: «Mud ist der größere mit dem Vorbiss. Hermes ist der mit dem gebrochenen Rücken und der Epilepsie. Wenn Mud richtig aufgeregt ist, dann tanzt er fast hin und her. Bevor unsere Sekretärin, Iris, letztes Jahr in Rente ging, liefen sie immer hinunter zu ihrem Büro, um sich einen Leckerbissen zu holen. Mud biss in Iris' Hosenaufschlag, um ihre Aufmerksamkeit zu erregen. Sie kam gestern zu Besuch, und obwohl sie sie seit Monaten nicht mehr gesehen haben, werden sie immer noch richtig aufgeregt, wenn sie den Raum betritt. Dasselbe geschieht, wenn unser Volontär, Denny, zu Besuch kommt, um sie zu verwöhnen – sie strahlen richtiggehend. Denny und Iris reden mit ihnen, und sie scheinen den Kontakt und die Gesellschaft wirklich zu schätzen.

Ich bin derjenige, der sie füttert, daher sollte man doch annehmen, dass sie auf mich reagieren – aber ich bekomme nie eine solche Reaktion. Meine Fürsorge ist sehr viel sachlicher, fürchte ich. Iris und Denny schimpfen immer mit mir, dass ich nicht genug mit ihnen rede. Von der Persönlichkeit her ist Mud wie ein kleines Kind, unfassbar neugierig, wenn Leute in meinem Büro sind. Er will dann hereinkommen, um zu sehen, ob hier jemand ohne ihn Spaß hat. Er kratzt an der Tür, bis man ihn hineinlässt. Hermes kommt auch manchmal herein, aber er ist Fremden gegenüber zurückhaltender. Mud liebt mexikanische Musik; er rennt dann wild herum. Wenn Mud es übertrieb, dann stupste Iris ihn mit dem Radiererende des Bleistifts an die Nase. Er regte sich dann immer furchtbar auf, hörte auf mit dem, was er tat, und schmollte. Eine sanfte Berührung, und er wusste, wer das Sagen hatte. Er hätte sie ohne Weiteres aus dem Zimmer schieben können, aber ihre Missbilligung traf ihn offensichtlich.

Das Witzigste ist, dass sie ihre Namen kennen, aber wenn man sie bei etwas erwischt, was sie nicht tun sollten, und ihre Namen ruft, dann schauen sie weg und vermeiden den Blickkontakt. Eines Tages schlich sich Mud ganz vorsichtig herein, öffnete leise die Tür des kleinen Kühlschranks, wo ich ihr Gemüse aufbewahre, und machte sich an einem Salatkopf zu schaffen. Ich beobachtete ihn eine Weile, als ich es bemerkte. So leise hatte ich ihn noch nie gesehen. Er wusste, dass ich ihm den Salat wegnahm, wenn ich ihn erwischte, und bemühte sich daher, nicht meine Aufmerksamkeit zu erregen. Und, Mann, war er sauer, als ich die Kühlschranktür schloss! Er hatte einen richtigen Tobsuchtsanfall, zuckte vor und zurück – und rannte dann in Iris' Büro zurück, um bei ihr zu sein.

Eines Tages saß ich in meinem Büro, als Iris an meiner Tür vorbeikam. Sie saß in ihrem Bürostuhl, der unten Rollen hat. Mud schob den Stuhl den Gang entlang, während sie drauf saß. Sie fand es toll. Und er auch. Sie hatte an ihrem Tisch gesessen, als er hereinkam und sie auf dem Stuhl aus dem Büro schob. Mud und Hermes zeigen immer wieder Eifersucht, Hinterlist, Bestechlichkeit, Erregung, den Wunsch dazuzugehören – Verhaltensweisen, die ich mit zwei- oder dreijährigen Menschen verbinde. Sie kennen Dominanzhierarchien und entwickeln, wie große Hunde, starke Bindungen an ihre ‹Herren›».

Während Darrel redet, sehen wir beide Mud und Hermes unablässig an. «Manchmal sind sie richtige Arschgesichter», fügt Darrel lächelnd hinzu. «Aber meistens sind sie eine wahre Freude.» Ich frage, wie viel sie wiegen. Mit einem liebevollen und abwägenden Blick auf die beiden antwortet er: «Mud hat etwa fünfundvierzig Kilo, und Hermes liegt wegen seiner Gesundheitsprobleme wahrscheinlich knapp unter vierzig Kilo. Sie sind noch jung. Diese Art wird bis zu 110 Kilogramm schwer und damit sind die Maurischen die größten Landschildkröten; nur Galapagos- und Aldabra-Riesenschildkröten können schwerer werden.» Nach dem Gesagten verwundert es kaum, dass Reptilien Darrels Leben sind; er sieht Beziehungen, weil er sie *aufbaut*.

Leichter fällt schon die Vorstellung, dass sozial und geistig hoch entwickelte Affen und Elefanten, Wölfe und Delfine über individuelle Persönlichkeiten verfügen. Hunde haben natürlich Persönlichkeiten, die von neurotisch bis fast erhaben reichen können. Überraschend – zumindest bis man persönliche Bekanntschaft schließt – ist nur, wie weit verbreitet das Phänomen der Persönlichkeit ist und wie tief es geht. Wer mit Falken arbeitet, sieht, dass jeder von ihnen ein bisschen anders reagiert, auf andere Weise jagt. Keine zwei sind gleich. Theodore Roosevelt, der seine Jagden mit wissenschaftlicher Neugier (wenn auch keinem mitfühlenden Herzen) betrieb, schrieb: «Bären unterscheiden sich an Mut und Wildheit ebenso wie Menschen es tun.»[188] Forscher veröffentlichten außerdem Erkenntnisse über die individuellen Persönlichkeiten von Affen, Ratten, Mäusen, Lemuren, Finken und anderen Singvögeln, Sonnenbarschen, Stichlingen, Killifischen, Dickhornschafen, Hausziegen, Blaukrabben, Regenbogenforellen, Springspinnen, Heimchen und staatenbildenden Insekten.[189] Sie fanden also fast überall, wo sie danach suchten, eigenständige Individuen.[190] Manche sind eher aggressiv, frech, schüchtern, aktiv; einige haben Angst vor dem Unbekannten, während andere Abenteurer sind.

In der Stazione Zoologica Anton Dohrn in Neapel stellten Forscher zwei Tintenfischen jeweils ein Schraubglas mit einer Krabbe hin. Der erste Tintenfisch umarmte das Glas, schraubte es auf und verschlang einen Teil der Beute. «Dann setzte er den Verschluss wieder aufs Glas und sparte sich den Rest für später auf», erzählen meine Freunde, die Professoren Peter und Judy Weis von der Rutgers University, die bei dem Versuch zugegen waren. «Wir waren völlig platt!» Dem anderen Tintenfisch legten die Forscher denselben Aufbau vor. Dieser Tintenfisch war bereits in seinem Aquarium hin- und hergeglitten wie ein hungriger Leopard im Käfig, sodass die Forscher eine sofortige Reaktion erwarteten. Aber Tintenfisch Zwei war viel schüchterner und schreckhafter als der erste, und er flüchtete hinter einen Stein, als das Glas mit der Krabbe ins Wasser fiel – und kam nicht mehr hervor. «Es war ihm egal, was sich in dem Glas befand», sagte Peter. «Wir glaubten, der erste hätte uns gezeigt, ‹was Tintenfische tun›. Aber der zweite tat gar nichts.» Judy erläuterte: «Wir anerkennen nicht genug, wie viel Persönlichkeit Tiere haben. Selbst als Wissenschaftler haben wir uns kaum Gedanken darüber gemacht.»[191]

Die zuvor bereits erwähnten Killerwale Orky und Corky waren 1968 und 1969 in British Columbia gefangen und an einen Ort namens Marineland of the Pacific bei Los Angeles verschifft worden. Ende der 1970er Jahre begann eine junge Alexandra Morton die Vokalisationen der Wale zu studieren und ihr Verhalten zu dokumentieren. Sie sah sie ihre eigenen komplexen Schwimmübungen erfinden. Wenn die Wale eine Übung perfekt beherrschten, dann erfanden sie eine neue.

Sie hatten außerdem eine Morgenroutine. Oder vielleicht ist das Wort «Ritual» passender. In der Stunde zwischen der Dämmerung und dem Zeitpunkt, da die Sonne ihre ersten Strahlen über den Rand der Arena schickte, «spuckten sie unablässig Wasser auf einen bestimmten Punkt an der Beckenwand, genau an der Wasserlinie. Dann leckten sie diese Stelle mit ihren rosigen Zungen ab.» Der erste Sonnenstrahl, der die Wand traf, kroch langsam die Wand hinab und berührte die Wasserlinie «an exakt der Stelle, die die Wale markiert hatten. Ich dachte nicht, dass mir irgendjemand glauben würde.» Sie fügte hinzu: «Im Lauf der Monate wanderte die Stelle der Erdrotation folgend, aber die Wale wussten immer genau, wo der erste Lichtstrahl aufs Wasser treffen würde.» Ein Killerwal-Stonehenge? Erste Killerwal-Astronomen?

Die Sonnenbeobachtung war eine Morgenaktivität, aber «Orky war kein Morgenwal», und wollte sich danach häufig wieder ausruhen. Wenn das geschah, wurde Corky manchmal aktiv. «Corky strich mit ihrer Brustflosse von der Spitze seines Kiefers über seinen Bauch nach hinten bis zur Genitalfalte. Wenn das nicht sofort für eine Beule in der glatten Hauttasche sorgte, die seinen Penis barg, dann verschärfte Corky ihre Taktik. Sie schwamm unter ihn und drückte ihn in die Luft wie ein Gabelstapler, der eine Teppichrolle hebt. ... Corky wollte Sex, und Walsex ist eine turbulente Angelegenheit.» Corkys Genitalbereich war «rosig vor Erregung», und das Vorspiel zog sich in die Länge. Wasser spritzte aus dem Becken, als sich die Wale drehten und wanden. Die Paarung war schnell vorbei. Als Corky schwanger war, durchlief Orky das gesamte Vorspiel, kopulierte dann aber nicht. «Das machte Corky wahnsinnig», sagt Morton. Aber woher wusste Orky von der Schwangerschaft? Hatte er ihren Körper per Sonar gescannt, seinem eigenen Ultraschall?[192]

Im Jahr 1978 brachte Corky ein Baby zur Welt. Sie war bereits einige Jahre zuvor Mutter geworden; ihr erstes Baby hatte nur wenige Wochen überlebt. In dem kleinen Becken mussten die Wale enge Kurven schwimmen, aber das Baby schaffte das Manöver nicht, daher verhinderte Corky immer wieder, dass ihr Baby gegen die Wand schwamm. So war Corkys Gesicht ständig neben dem Baby; das Kleine konnte nie neben der Mutter her schwimmen, was einen guten Zugang zu ihren Zitzen erlaubt hätte. Nachdem die Tierpfleger das Baby eine Woche lang mühsam zwangsgefüttert hatten, war es abgemagert. Die Geschäftsleitung glaubte, man könne das Baby in einem flacheren Becken besser füttern. Die Tierpfleger legten den kleinen Wal in eine Schlinge, und hoben ihn so mit einem Kran in die Luft. Alexandra Morton war dort: «Als die Stimme des Babys das Wasser verließ und in die Luft eintrat, warf die Mutter ihren riesigen Körper immer wieder gegen die Wände des Beckens, sodass das ganze Stadion erzitterte. Ich brach in Tränen aus. Corky rammte etwa eine Stunde lang die Wände.»

Morton ist eine Expertin für Walrufe und erinnert sich, dass Corky in jener Nacht, als ihr das Baby gestohlen wurde, immer wieder einen völlig neuen Ruf wiederholte. Es war ein «schriller, kehliger und eindringlicher» Klang. Nach jedem Atemzug kehrte Corky zum Boden des Beckens zurück. Dort nahm sie ihre Klage wieder auf. Der Kindsvater, Orky, schwamm im Kreis und stieß gelegentlich abgehackte, schussartige Echoortungstöne aus. Morton hörte sich das drei Tage lang an, bis «Corkys Rufe heiser wurden». Bei Sonnenaufgang des vierten Tages verstummte Corky, stieg zur Oberfläche auf, holte Atem und rief: *Pituuuuuuu.* Ihr Partner erwiderte denselben Ruf, und die Wale begannen sich gemeinsam zu bewegen und zu atmen. Als die Trainer kamen, fraß Corky zum ersten Mal, seit ihr Baby entfernt worden war. Sie litt, trauerte, erholte sich – aber sie vergaß nicht. Danach legte sich Corky neben ein Fenster, das den Blick auf den Souvenirladen freigab. Stundenlang blieb sie da – neben einem Stapel Orca-Stofftiere. Erinnerten die Stofftiere sie an die Kinder, die sie verloren hatte? Glaubte sie vielleicht, dass ihr verlorenes Baby irgendwo dazwischen lag?

Corky wurde wieder schwanger. Ihr exzellentes Sonar erlaubte ihr, jedes Hindernis zu vermeiden. Aber eines Tages zertrümmerte sie ein zwei Zentimeter dickes Glasfenster ihres Beckens. Es war das Fenster neben dem Stapel Killerwal-Stofftiere. Versuchte sie, ihr ungeborenes Baby aus diesem Becken herauszubringen, in dem Babys verschwanden? Dorthin, wo Baby-Orcas ungestört ruhten? Fest steht nur: Sie kannte das Becken; sie hatte das Glas nicht aus Versehen zerbrochen. Wenige Wochen später brachte sie eine Totgeburt zur Welt, sieben Monate zu früh.[193]

Nach der Schließung von Marineland wurden Corky und Orky nach SeaWorld gebracht. Einige Jahre nachdem Corky das Fenster zertrümmert hatte, spielte ein Filmteam von SeaWorld Corky eine Aufnahme von freilebenden Verwandten aus ihrer Schule vor, ihrer Familie. «Ihre isländischen Mitbewohner ignorierten die Töne», schrieb Alexandra Morton, «aber Corky begann am ganzen Körper furchtbar zu zittern. Sie ‹weinte› vielleicht nicht, aber sie war unheimlich nah dran.»[194]

Ken sagt, dass man Keiko – dem berühmten gefangenen Killerwal aus *Free Willy: Ruf der Freiheit* – als Rehabilitationsmaßnahme Killerwalfilme vorspielte, nachdem er vor seiner endgültigen Freilassung in eine Einrichtung in Oregon verlegt worden war. «Er sah sie sich an», beantwortete Ken meine unvermeidliche Frage. Kens Sohn Kelley – ein versierter Künstler, dessen Arbeiten auch Kens Wände zieren – nahm früher Zeichnungen von Killerwalen ins Vancouver Aquarium mit und hielt sie für den Killerwal Hyak an die Glasscheibe. Hyak kam ans Glas und sah sich die Zeichnungen einfach immer wieder an. «Wir konnten hingehen und unsere Datenbank mit Fotos von Killerwal-Rückenflossen öffnen und er machte so» – Ken ahmt einen Wal nach, der von einem Foto zum anderen schaut. «Minutenlang schaute er sich Foto um Foto an.» Ken betont, wie erstaunt er war. «Sie wissen, dass diese kleinen Schwarz-Weiß-Fotos von Rückenflossen Wale darstellen. Sie verfügen über Selbsterkenntnis und verstehen auch Abstraktionen ihrer selbst.» Ken steuert auf ein Fazit zu: «Das sind Kennzeichen für Wesen, die das Stadium von höheren Tieren erreicht haben, die genug Zeit und Denkkraft haben, um sie für mehr zu nutzen als das reine Überleben.»

Der Psychologe Paul Spong, der im Vancouver Aquarium arbeitete, schrieb: «Am Ende grenzte mein Respekt an Ehrfurcht. Ich kam zu dem Schluss, dass *Orcinus orca* ein unfassbar kraftvolles und fähiges Tier ist, mit exzellenter Selbstkontrolle und einem Bewusstsein für die Welt, in der es lebt, ein Wesen voller Lebensfreude und einem gesunden Sinn für Humor und vor allem einer bemerkenswerten Sympathie für und Interesse an Menschen.»[195]

Wenn das ein bisschen anthropomorphisch klingt ... nun ja, genau darum geht es.

Eine mächtige und wahre Vision

Es war die Geschichte einer mächtigen Vision, die einem Mann gegeben wurde, der zu schwach war, um sie zu nutzen; von einem heiligen Baum, der in den Herzen eines Volkes voller Blüten und singender Vögel hätte wachsen sollen; und vom Traum eines Volkes. Aber wenn diese Vision wahr und mächtig war, wie ich weiß, dann ist sie auch heute noch wahr und mächtig; denn derart sind die Dinge des Geistes, und in der Dunkelheit ihrer Augen verirren sich Menschen.

Black Elk[196]

«Die Walfangoperationen der 1960er und 1970er Jahre hatten große Bedeutung – vor allem wenn junge Wale gefangen wurden», betont Ken. «Sie führten zu langfristigen Problemen.» Die Gemeinschaft der südlichen Residents umfasste vor den Walfangaktionen etwa 120 Wale; danach waren es nur noch rund 70 Tiere. Der Bestand erholte sich langsam und lag in den 1990er Jahren wieder bei 99 Walen. Aber in den Jahren, in denen die Wale, die als Babys gefangen und entführt wurden, die neue Elterngeneration hätte sein sollen, sank die Reproduktionsrate. Der Bestand stagnierte. Vierzig Jahre später sinkt der Bestand wieder – und liegt derzeit bei etwa 80 Walen. Jedes Jahr werden es ein oder zwei Tiere weniger.

Darüber hinaus gibt es noch ein weiteres, langfristigeres Problem: Nahrung. Es gibt nicht genug. Die kanadischen nördlichen Residents zählen etwa 260 Tiere, ihre Zahl nahm im letzten Jahrzehnt zu. In jüngster Zeit hat dieser Zuwachs sich verlangsamt, vielleicht sogar aufgehört.

«Keine Reproduktion – fast keine –, das ist ein echter Dämpfer», klagt Ken. «Zu Beginn der Studie beschäftigte ich mich vor allem mit den neuen Walen, die geboren wurden. Ich wollte sehen, welche Erfahrungen sie beim Aufwachsen machten. Aber dann starben die ersten sehr jung.»

«Hier kann man etwas sehr Bizarres sehen», erklärt Ken und öffnet den Identifikationskatalog für alle Wale der südlichen Residents. «Der gesamte Bestand der südlichen Residents umfasst heute nur noch zwei Dutzend Weibchen im fortpflanzungsfähigen Alter.»

Wenn jede von ihnen nur alle fünf Jahre ein Junges zur Welt brachte, gäbe es jedes Jahr fünf Neugeborene. Das wäre der Normalzustand.

«Ja – aber letztes Jahr gab es nur eine Geburt. Und auch dieses Jahr kam erst ein Walbaby zur Welt, das Kind von J-28. Es wurde angeschwemmt, tot.» Schlechte körperliche Verfassung.

Erst nahmen wir ihnen die Kinder weg, dann haben wir ihre Nahrungsversorgung zerstört. Langfristig folgt das Schicksal der Wale dem Schicksal ihrer Nahrung. Die Säugetiere fressenden «Transients» aus dem Nordwesten haben heute mehr Nahrung als vor vierzig Jahren – und sie tauchen immer häufiger auf. Grund hierfür ist die Bestandserholung bei Seehunden, Seelöwen und Walen in den letzten Jahrzehnten, dank der gesetzlichen Schutzvorschriften wie dem U.S. Marine Mammal Protection Act von 1972, dem internationalen Walfangverbot, das 1986 in Kraft trat und dem Verbot der Treibnetz-Fischerei der UNO von 1991. In den 1960er Jahren war der Seehundbestand in British Columbia auf zehn Prozent des Normalbestands gesunken und viele Stellersche Seelöwenkolonien waren verschwunden, vor allem weil Fischer alles erschossen, was nach «Konkurrenz» aussah. Auch das wurde besser.[197]

Aber für die Fisch fressenden Wale im Nordwesten wurde das Leben zunehmend schwieriger. Ein Lachsschutzgesetz wurde nie erlassen. Daher kämpft sich heute, nach mehreren Jahrzehnten Misshandlungen, nur noch ein Bruchteil der ehemals reichlichen Lachse die Flüsse hinauf. Folglich haben auch die Lachse fangenden «Resident»-Wale zu kämpfen. Unter der Wasserlinie leben sie seit langem. Jetzt leben sie auch noch unter der Armutsgrenze.

Beunruhigenderweise sieht man beim Scrollen durch die ID-Datenbank, dass es in einigen Resident-Familien keine lebenden Weibchen im fortpflanzungsfähigen Alter mehr gibt. Zum Beispiel besteht die Familie, die Ken mir gerade zeigt, nur noch aus Männchen, abgesehen von der Matriarchin, die aber die Menopause bereits erreicht hat. Er sieht mich an, während mir klar wird, was das bedeutet: Die ganze Familie ist dem Untergang geweiht.

Tatsächlich haben so viele Familien heute Probleme, dass die einzige überlebensfähige Walschule der südlichen Residents die J-Schule ist. Ihre intimen Kenntnisse dieser Küstengewässer helfen den Walen der J-Schule wahrscheinlich. L- und K-Wale ziehen meist weiter draußen durchs Meer von der Central Coast in Kalifornien bis nach British Columbia. Ken wechselt zum Verzeichnis der Geburten und Todesfälle der L-Schule. «Sieh dir nur all diese Grabsteine an», fordert er mich fast traurig auf. Die Icons zeigen Wale, die gestorben sind. Viele starben jung. Einige sehr jung.

Mehr als 40 Prozent der Babys sterben, bevor sie ein Jahr alt sind. Aber inzwischen sind die Sterberaten bei Walen beiderlei Geschlechts und jeden Alters relativ hoch. Die Zusammensetzung aller Familien der L- und K-Schulen zu betrachten fühlt sich an, als würde man merken, dass man beim Schach Zug um Zug schachmatt gesetzt wurde. Es gibt keinen Ausweg. Hält der gegenwärtige Trend an, werden diese Schulen in wenigen Jahrzehnten verschwunden sein.

Königslachse scheinen ziemlich viel mit dem Walsterben zu tun zu haben. Das ist kaum überraschend, denn die Residents ernähren sich zu 65 Prozent von Königslachsen.

Früher tauchten die südlichen Residents einmal im Monat hier auf. Im Sommer und Herbst war ihre stärkste Zeit, in der sie häufig Superschulen-Aggregationen bildeten. Damals dauerten diese Festlichkeiten noch sehr viel länger als heute.

«Es gab wirklich unglaublich viele Fische hier», erinnert sich Ken lebhaft. «Da schwammen vielleicht anderthalb Millionen Rot- und Buckellachse neben mehreren Hunderttausend Königslachsen vorbei. Viele Königslachse wogen an die zehn Kilo oder mehr, und die Wale brauchten nur etwa zehn Fische am Tag. Sie hingen alle miteinander herum und machten einen drauf! Sie schubsten manchmal einen Lachs mit der Nase herum oder legten ihn sich über den Rücken. Das war alles sehr verspielt, und das ganze Gemeinschaftsleben fand direkt vor meinem Fenster statt.»

Während ich aus dem Fenster auf die Weite der Meeresstraße sehe, blickt Ken in die Vergangenheit, und ein kleiner Teil von ihm scheint in der Erinnerung verschwinden zu wollen. Seine Stimme klingt verändert, als er wehmütig hinzufügt: «Das war ein viel, viel produktiveres System. Von Mai bis Oktober hatten wir genug Fisch in dieser Straße, um hundert Killerwale den ganzen verdammten Sommer über zu ernähren. Und genug für die menschlichen Fischer. Dann wurde hier massiv überfischt, und die Flüsse wurden durch all die Dämme und die Abholzung zerstört, und der Bestand des typischsten aller Fische in dieser Region brach ein. Und auch der Walbestand ging langsam zurück.»

Die Partystimmung ist verflogen. Heute trennen sich die Schulen nach kürzeren, weniger lebhaften Zusammentreffen schnell wieder. Die J-Schule sieht sich vielleicht am Fraser River um, die L-Schule schwimmt wieder zum Eingang der Meerenge zurück, und die K-Schule steuert eine andere Insel an.

Im Winter, wenn die Fische ohnehin weiter verstreut sind, müssen die Wale mehr Zeit für die Futtersuche aufwenden. Die Wale werden, wie Ken sagt, «geschäftsorientierter. Ernsthafter. Weniger verspielt». Die Schulen halten sich voneinander fern; dann ziehen die einzelnen Familien ihrer Wege, und die Schulen brechen auseinander. Einzelne Mitglieder von Schulen können über ein achtzehn mal fünf Kilometer großes Gebiet verstreut sein, die Abstände überbrücken sie mit ihren Stimmen. Und sie unternehmen weite Wanderungen. Auf der Suche nach einer Existenz.

Wie weit verstreut sie sind, kann man sich kaum vorstellen: Alle südlichen Residents – alle drei Schulen zusammen – bestehen derzeit aus einundachtzig Walen. Einundachtzig Einzeltiere, die von etwa der Mitte der kanadischen Vancouver Island bis zur kalifornischen Monterey-Bucht verstreut sind. Einundachtzig. Stellen Sie sich eine kleine Gemeinde bestehend aus einundachtzig Menschen vor, und stellen Sie sich vor, dass diese einundachtzig Personen die einzigen Menschen zwischen Boston und der Grenze zu Florida wären – oder zwischen Chicago und Houston, oder zwischen der Südgrenze von Montana und der Grenzpatrouille bei Juárez in Mexiko, oder zwischen Mailand und Madrid –, dann bekommen Sie eine Vorstellung davon, was «vom Aussterben bedroht» bedeutet.

Seit fernster Vergangenheit bis gestern waren zwei Millionen Königslachse in dieser Region nur ein kleiner Bonus, den die Wale zwischen den Partys einstreichen konnten, ein kleiner Obulus, den sie einstecken konnten, ohne dass es jemandem auffiel, der Preis, den die Welt für die Ehre ihrer Anwesenheit bezahlte. Oder um es wissenschaftlich auszudrücken: Weil es so einfach war, ein paar Millionen Königslachse aufzustöbern, konnten sich fünfzehntausend Fisch fressende Delfine entwickeln und so stark spezialisieren, dass sie die meisten anderen Lachsarten ignorierten, fast jeden anderen Fisch und jeden einzelnen Seehund, der ihren Weg kreuzte. Noch anders gesagt: Die Walpopulation liegt bei einundachtzig Tieren. Selbst wenn ein Wal dreißig Lachse am Tag fraß (das Dreifache dessen, was sie wahrscheinlich brauchen), dann hätte das Flusssystem des Columbia River allein – zu dem jedes Jahr fünf bis zehn Millionen erwachsene Lachse zurückkehrten, bevor Dammbauer, Holzfäller und Fischer das System störten – fünfhundert Killerwale versorgen können. Darin sind das kalifornische Sacramento-San-Joaquin-System, Fraser in British Columbia und die vielen Millionen Fische, die jedes Jahr aus den Lachsflüssen dazwischen strömen und wieder zurückkehren, noch nicht einmal eingerechnet. An dieser Küste könnte es Tausende von Killerwalen geben.[198]

Auch nicht hilfreich sind giftige Chemikalien. An der Spitze der Nahrungskette zu stehen, bedeutet nicht nur, dass man alle im Ozean treibenden Nährstoffe in Paketen aus lebendem Fleisch bekommt, die in Form eines Wunders namens «Lachse» auf einen zugeschwommen kommen. Heutzutage reichern sich giftige Chemikalien die Nahrungspyramide hinauf an, vom Plankton über kleine und große Fische bis hin zu Walen – Chemikalien, die es in der ersten Hälfte des 20. Jahrhunderts, als die ältesten noch lebenden Wale geboren wurden, noch nicht einmal gab. Die südlichen Fisch fressenden Resident-Killerwale schleppen fünfmal mehr Gift im Körper herum wie die Seehunde, die ganz in der Nähe in ihrem Revier leben. Säugetiere fressende Transients – in denen sich das Gift, das die Seehunde gefressen haben, noch weiter anreichert – dürften das Fünfzehnfache der Giftbelastung von Seehunden haben.[199] Wenn Säugetiere Fett in Milch umwandeln, dann bleiben die Gifte erhalten. Die Babys werden mit einem toxischen Erbe geboren, und die Milch ihrer Mütter erhöht vom ersten Tag an ihre toxische Last noch weiter. Das gilt für die Seehunde fressenden Killerwale ebenso wie für die Seehunde essenden menschlichen Bewohner der Arktis. Verbotene Chemikalien wie DDT und PCB – die in den 1970er Jahren bei den Robben im Puget Sound zu Geburtsfehlern führten – sind rückläufig. Dafür nehmen Brandhemmer und andere neue Chemikalien mit östrogenähnlicher Wirkung zu. Diese Chemikalien schwächen das Immunsystem und können den Fortpflanzungsapparat stören.

Eine mächtige und wahre Vision 485

Nach vierzig Jahren Arbeit treibt Ken eine düstere Vorahnung um: Dass die Wale, denen er sein Leben gewidmet hat, die er kennengelernt und beschützt hat, dem Untergang geweiht sind. Ken ist ein fröhlicher Mensch. Er liebt die Wale. Es gibt ihm offensichtlich jedes Mal einen Kick, wenn er sieht, wo sie sind, ihre Possen, ihre Freude beobachtet. Aber hinter seinen Lachfältchen steckt eine chronische Sehnsucht. Hier in seiner Traumwohnung, seinem Adlerhorst, umgeben von Bergen und strömenden Gewässern und dieser magischen Meerenge – genau dort, wo er sein will – kann Ken nie wieder nach Hause kommen.

«Wale leben oft vierzig bis fünfzig Jahre», sagt Ken, «aber wenn sie sich so gut wie nicht mehr fortpflanzen ...» Er zögert einen Moment, als suche er nach einer Erinnerung. Er erzählt mir zum zweiten Mal, dass er gerne optimistisch sein möchte, aber das, was am meisten helfen dürfte – nämlich wenn sich der Lachsbestand erholen würde –, werde wahrscheinlich nicht eintreten. Die Fischer sind entschlossen, auch noch das Letzte aus den Fischbeständen herauszuquetschen; die Behörden sind zu sehr in politischen Verfahren und Beziehungen gefangen; die Abholzungen töten die Flüsse; es gibt zu viele Dämme, chemische Gifte; in den Lachsfarmen werden Krankheiten ausgebrütet. Das wäre alles schon zu viel. Aber ...

... es ist noch nicht alles.

Ken zeigt mir auf dem Bildschirm Fotos des dreijährigen Weibchens L-112, alias Victoria – ein «süßer kleiner Wal», sagt Ken. «Der Liebling aller Walbeobachter hier, sehr verspielt. Sie sprang die ganze Zeit. Sehr aufgeschlossen und lebhaft. Ein wirklich charismatischer Wal. Einfach ein Schatz.»

Tot aufgefunden. Sieh dir diese Fotos an. Ihr Leichnam sieht aus, als sei sie zu Tode geprügelt worden. Der ganze Kopf mit blutenden Wunden übersät, Blut in Augen und Gehörgängen. Ich versuche die Bilder zu verarbeiten, während Ken sagt: «Wir hörten Wale über die Hydrophone. Es war Nacht. Dann hörten wird das Sonar der Navy. Und dann eine Explosion. Basierend auf meiner Navy-Erfahrung schätze ich, dass das in etwa 150 Kilometern Entfernung geschah. Unmittelbar nach der Explosion bekommt man alle Frequenzen rein, aber die längeren Wellenlängen nehmen einen anderen Weg und kommen bei entfernten Sensoren früher an als die kürzeren Wellenlängen; wenn man also weit ge-

L-86 mit ihrer Tochter Victoria, deren Tod im Alter von drei Jahren von einer Bombe verursacht worden sein dürfte, obwohl die US-Navy das abstritt.

nug weg ist, dann hört man einen aufsteigenden Ton. Und genau das haben wir gehört. Dann flohen die K- und L-Schulen auf die Discovery Bay zu, hinter Protection Island vor der Olympic-Halbinsel, wo sie einigermaßen vor dem Lärm geschützt waren.

«Ein Kriegsschiff hatte bei Neah Bay die Grenze von kanadischen in US-Gewässer überquert, war dann bei Constance Bank vor Victoria wieder auf kanadisches Gebiet zurückgekehrt und hatte dort eine letzte Sprengung gezündet. Das kanadische Militär gab zu, dass mehrere Detonationen ausgelöst worden waren. Und die US-Navy musste ebenfalls involviert gewesen sein.»

Ich sah ihn an.

«Ja», fährt Ken fort, «es ist schwer zu begreifen, warum in einem Meeresschutzgebiet scharfe Bomben abgeworfen werden. Die Kanadier behaupten, sie hätten das Gebiet vor den Explosionen nach Walen abgesucht. Warum haben dann wir während der Übung Wale bei Folger Deep und Neah Bay gehört, aber die akustische Überwachung des Militärs hat sie nicht entdeckt? Ich habe einfach nur darum gebeten, dass scharfe Bomben vor dem Festlandschelf gezündet werden. Nichts hat sich verändert.»

Ich sehe mir wieder die Bilder von L-112 an, während Ken weitererzählt: «Ich glaube, dass eine Bombe von einem Übungsflug diesen kleinen Wal getötet hat. Die Explosion hat die Gehörknöchelchen glatt aus der Aufhängung gerissen, daher muss es weniger als einen Kilometer von dem Wal entfernt passiert sein.» Ken erklärt: «Wenn die Schockwelle auftrifft, dann erzeugt die schnelle Luftkompression in Körperhöhlen wie den Ohren ein so großes Vakuum, dass angrenzende Blutgefäße – die unter Druck stehen – nach innen explodieren. Wenn sie einmal aufplatzt sind, dann war's das; sie bluten einfach weiter. Das sind die blutenden Wunden. Auf wenige Hundert Meter Entfernung kann militärisches Sonar allein bereits tödliche Blutungen auslösen.»

Führt die Blutung nicht sofort zum Tod, dann füllen sich die Ohren mit Blut, sagt Ken. «Und – bei den Kopfschmerzen und dem Gehörverlust oder wenn man unter Wasser das Bewusstsein verliert – man ist auf jeden Fall erledigt.

Hier auf diesem Foto schwimmt die Kleine hinter ihrer Mutter, und man sieht, dass sie gesund ist und in guter körperlicher Verfassung ...», Ken schüttelt den Kopf. «Wir haben uns wirklich gefreut, dass da ein kleines Walweibchen aufwuchs und die Fortpflanzungschancen erhöhte, was bitter nötig war.»

Ein anderes Weibchen, L-60, dreißig Jahre alt, wurde am Strand mit Hämatomen an Hals und Kopf angeschwemmt, was auf ein Drucktrauma hindeutet. Die Aufnahme von ihrer Leiche sieht aus wie das Polizeifoto von jemandem, der zu Tode geprügelt wurde. So viel also zum «Schutz», den man als bedrohte Art genießt. In der Nähe gibt es einen U-Boot-Stützpunkt, einen Zerstörer-Stützpunkt und eine U-Boot-Jäger-Basis, durch die mehrere Milliarden Dollar für Rüstungsaufträge in den Staat Washington fließen. Und die Navy zieht entschlossen ihr Ding durch.

Hier ist ein Foto von einem Schnabelwal mit einem blutunterlaufenen Auge. Vor zwanzig oder dreißig Jahren wurden ganz in der Nähe Hunderte verblutete Seehunde angeschwemmt. Auch Schweinswale starben hier in der Gegend nach Navy-Übungen.

In der Woche, die ich bei Ken verbringe, lese ich eine E-Mail: «Die US-Navy sagt, sie werde eine einstimmige Empfehlung der California Coastal Commission, die schädlichen Auswirkungen von Schiffssonar auf die Meeressäugetiere im Staat zu verringern, ignorieren. Die Navy plant eine enorme Ausweitung ihres Einsatzes von gefährlichen Sonar- und Hochleistungsbomben vor der südkalifornischen Küste in Übungen und Testläufen. Sie rechnet damit, dass in den nächsten fünf Jahren bei derartigen Operationen mehrere Hundert Meeressäugetiere getötet werden – und Tausende weitere verletzt. Neue Forschungen haben das ergeben ...» Der Natural Resources Defense Council bemüht sich, das zu verhindern oder zu erreichen, dass der Plan modifiziert wird.

Die Navy führt derartige Operationen an beiden Küsten durch. Jahrelang bombardierten sie Vieques Island vor der Küste von Puerto Rico – wo Menschen leben –, bis schließlich jemand daran starb und sie hinausgeworfen wurden.

Überall auf der Welt wird das gemacht. Und nicht nur durch Militär. Nachdem eine Ölfirma Hochintensitätssonar eingesetzt hatte, strandeten im Jahr 2008 massenhaft Wale in Nordwest-Madagaskar.[200] Der Druck, neue Ölquellen zu erschließen und für immer mehr Bombenangriffe zu trainieren, nimmt stetig zu.

Im Jahr 1996 trieben NATO-Truppen bei einer Übung vor der griechischen Küste eine Schnabelwalgruppe auf den Strand. Das war der erste dokumentierte Vorfall, bei dem militärisches Sonar Wale tötete. Schnabelwale tauchen besonders tief. Normalerweise kommen sie an die Oberfläche, atmen, machen dann ein paar Tauchgänge in geringer Tiefe, um die Dekompressionskrankheit zu vermeiden und gleichzeitig überschüssigen gelösten Stickstoff aus dem Blut abzulassen. Wenn sie vor unerträglich lautem Sonar an die Oberfläche fliehen müssen, können sich in ihrem Blut Stickstoffblasen bilden. Ob das tatsächlich geschieht, ist unklar. Aber eines ist eindeutig: Das Navy-Sonar tötet gesunde Wale. Killerwale. Schnabelwale. Minkewale. Zwergpottwale. Delfine.

«Wenn man mehrere Sonarwandler in Reihe schaltet und so einen Schallstrahl erzeugt, dann kann man eine gewaltige Druckwelle auslösen, die mit hoher Intensität fünfzig Kilometer zurücklegt», erzählt mir Ken. «Das ist heute Standard beim Aufspüren feindlicher U-Boote. Viele Marinen weltweit setzen das inzwischen ein.» Ken vermutet, dass weniger als ein Prozent der getöteten Wale gefunden werden. Er glaubt, dass jedes Jahr Tausende ums Leben kommen.

«Jedes Mal, wenn sie zur Übung eine scharfe Bombe abwerfen, stirbt in einem Kilometer Umkreis alles, was eine luftgefüllte Körperhöhle hat. In zehn Kilometern Entfernung bekommt man nur ein paar blaue Flecken oder vielleicht eine Hirnblutung. Wenn wir hier eine Sonarübung beobachten, dann das Leiden und die Unruhe bei allen Walen bemerken, und plötzlich ein Dutzend Schweinswale tot angeschwemmt werden, dann sagen wir der Navy, dass wir sie dafür verantwortlich machen. Aber die Militärs kontrollieren die Untersuchungen und die Berichte. Dann sagen sie: ‹Das ist alles nicht beweiskräftig.› Sie übernehmen keine Verantwortung.»

Überall im Ozean zeugen unsere geheimen Kriegsspiele von der Stärke unserer Überzeugung, dass wir unserer eigenen Art nicht vertrauen können. Im März 2000 wurden auf den Bahamas mehrere Wale direkt vor dem Haus angeschwemmt, in dem Ken sich aufhielt. Britische und amerikanische Schiffe waren vor Ort. Im Fernsehen in Miami und gegenüber der Nachrichtensendung *60 Minutes* sagte Ken, er glaube, die Navy habe ihre Tode verursacht. «Sie haben etwa einen Monat lang alles abgestritten. Haben sich immer mehr in Widersprüche verstrickt. Wir hatten Fotos.» Schließlich gaben sie es zu. «Meine Kumpels von der Navy halten mich anscheinend für einen Feind», sagt Ken und klingt ein wenig enttäuscht. «Das ist schade, weil ich ein Patriot bin. Ich war beim Militär. Aber ich war derjenige, der über das Sonar ausgepackt hat, also ...»

Wale haben Stimmen, aber keine politische Mitsprachemöglichkeit. Sie sind in der gleichen Situation wie Stammesgruppen, wie Bauern, Ureinwohner, wie die Armen und die meisten von uns: unterrepräsentiert, überrollt vom großen Geld schwer bewaffneter, willensschwacher Menschen, die nie merken, dass sie schon viel zu viel haben, die politisch vernetzt sind und doch jeden Kontakt zu sich selbst und der Welt verloren haben.

Wie würde es sich anfühlen, erfüllt von Freude zu sein? Sich durch Tage zu quälen, die untröstlich von Freude überschattet sind; tief getroffen von überwältigender, lähmender Schönheit; immobilisiert durch Staunen; niedergestreckt durch Neugier; nur noch alles wertschätzen zu können; nur noch euphorisch fragen zu können: «Warum ich? Warum habe ich so großes Glück?» Das wäre schön.

Als Nächstes wollen Ken und ich ein paar Wale finden und identifizieren, von denen wir über Funk gehört haben. In Kens Boot geraten wir in der Haro-Straße unter ein schweres, rasch ziehendes Wettersystem, das zwischen Herbstregen und Spätsommersonne wechselt. Zwei oder drei Seemöwen behalten die Wale von der Luft aus im Auge.

Kurz darauf fahren wir keine zwei Kilometer von der Küste entfernt direkt vor Kens Haus neben großen, zweifarbigen Walen durch eine zweifarbige Welt. Das Wasser ist schieferblau und die Hügel sehen schieferblau aus, und die Wale sind schieferschwarz und wolkenweiß.

Vertreter der L- und der K-Schule sind hier. Da geht es Ken gut. Er lächelt verschmitzt und sagt: «Wenn ich nicht an Land leben müsste, dann würde ich bei ihnen leben. Mich treiben lassen. Fisch, Familie ...» Der alte Witz. Er lacht. Er meint das teilweise ernst.

Ganze fünfzig Wale bewegen sich durch ein viel größeres Gebiet, als ich zunächst gesehen hatte. Sie schwimmen mit gleichmäßiger Geschwindigkeit gen Süden, atmen gleichmäßig, tauchen mit leichtem Blasen auf, sinken wieder hinab und steigen dann langsam wieder nach oben.

Doch trotz der scheinbaren Mühelosigkeit ist ihre Dynamik beeindruckend. Zwar sind sie graziös und strahlen Leichtigkeit aus, aber durch ihre schiere Größe wirkt jede Bewegung wie ein wogender Satz nach vorn. Ich halte es fast für unmöglich, dass diese Wesen, real und uralt und imposant, die so viel brauchen, das wir ihnen weggenommen haben, überdauern werden. Ich kann kaum glauben, dass sich unsere Leben in Zeit und Ort überschnitten haben. Ich hoffe sehr, dass sie es schaffen.

Nach kurzer Zeit erreichen wir Pile Point, wo die Wale mit am liebsten in der Region auf Lachsjagd gehen. Die Gezeitenströmungen bauen sich dort auf, schießen dann schnell um die Landspitze herum und bilden so einen stabilen Sammelpunkt für Lachse auf Futtersuche und für Wale auf Lachssuche. Auch die Fischer kennen diesen Ort.

Mehrere Wale tauchen mit einem Buckel steil in die Tiefe. Unten haben die Fische ihre Aufmerksamkeit. Andere Wale durchschneiden rasch die Wasseroberfläche und ändern abrupt die Richtung. Ken nennt dieses Manöver «Sharking». Sie verfolgen etwas mit Entschlossenheit. Der Wal, der uns am nächsten ist, direkt hinter uns, ist L-92. Der riesige hier mit der hohen, gewellten Rückenflosse ist K-25. Er taucht ein paarmal mit hohem Rücken ab und wühlt dabei das Wasser spritzend auf. Er ist hinter einem großen einzelnen Fisch her. Er taucht weg. Als er plötzlich wieder die Wasseroberfläche durchbricht, staune ich mit großen Augen über seine Masse und seine kraftvollen Bewegungen.

«Siehst du, wie sie sich dort zur Küste vorarbeiten?» Ken erklärt mir die Szene. Sie treiben Lachse auf die Küste zu, verdichten sie ein wenig. «Ganz gemächlich. Sie haben da vielleicht hundert Fische. Die Wale werden die Lachse langsam bearbeiten, sie wollen nicht, dass sie in Panik geraten. Sie schieben sie zu Schwärmen zusammen und halten nach Nachzüglern Ausschau oder einzelnen Tieren, die sich von der Gruppe entfernen. Sie treiben sie einfach vor sich her. Das ist ihre Methode. Ab und zu fällt ein Fisch ein wenig zurück oder entfernt sich zu weit von der Schule. Dann schnappen sie ihn sich.» Wir machen die Runde, damit Ken seine Bestandsaufnahme für heute abschließen kann.

Wir haben hier eine außergewöhnliche Aufgabe inmitten dieser Wale, die so aktiv arbeiten und fressen. Ich denke daran, dass Ken oft sagt, er wäre bei ihnen, wenn er könnte. Während ich ihn beobachte, fällt mir auf, dass er es in sehr realer Hinsicht schon ist, mehr als jeder andere. Er taucht mit ihnen in seinen großen Wissensschatz hinab, sein einzigartiges Wissen über diese Wale und ihr Netzwerk, das er in seinem Leben angehäuft hat. Hier haben wir K-22, K-25, K-37, L-83, L-116, sagt er mir. ... Er kennt sie. Er weiß, wo sie herkommen. Er kennt ihr Leben, weil ihr Leben sein Leben war. In diesem Moment sind sie sein Leben. Wir sitzen hier mitten unter ihnen in einem kleinen Boot, während sie energisch auf der Jagd sind. Aber Ken und ich und die Wale sind uns einig, dass keiner von uns etwas zu befürchten hat. Ich habe nur Angst um meine Kamera unter diesem wolkenverhangenen Himmel, der gerade einen leichten Regenschauer über uns ausschüttet. Mitten unter diesen tobenden Killerwalen zu sein – das macht mir keine Angst.

Ken überprüft sein Teleobjektiv und schwenkt es gekonnt herum. Hier, bei seinen Walen wird er wieder – wie jedes Mal – zu dem jungen Mann mit der Kamera, der sich danach sehnt, mehr über sie zu erfahren.

Mehr wildes Abtauchen, Wasserfontänen spritzen auf. Irgendwo da unten, wo ihr Leben stattfindet, ist einiges los. Sie tauchen so mühelos in ein Reich ab, in das wir ihnen nicht folgen können. Davor habe ich

Angst. Nicht dass sie sich auf mich stürzen, sondern dass sie verschwinden.

«Okay, halte dich bereit», warnt mich Ken. «Das Foto mit dem Fisch im Maul ist das Beste.»

Wir nehmen weiter Bild um Bild auf. Bei dieser Arbeit gibt es viele sich wiederholende Arbeitsgänge. Endloses Identifizieren, Katalogisieren, Beobachten und Nachverfolgen. Doch es ist eine schöne und wichtige Arbeit, fast eine heilige Suche nach mehr Vertrautheit. Nicht nur mit den Walen. Mit der Welt. Wer ist in unserer Lebenszeit bei uns gewesen? Diese Frage befeuert ein beständiges Erinnern, verhindert Vergessen. *Wer ist hier, jetzt?* Ken stellt sich diese Frage seit vierzig Jahren, wie eine religiöse Meditation. Und es kamen Antworten, sogar Weisheit. Aber keine perfekte Erleuchtung. Wir kennen nur die Oberfläche. Ken fotografiert ihre Rücken, misst ihre Lebensspanne und widmet ihnen seine Tage. Aber sie behalten die Kontrolle, der volle Umfang ihres Lebens bleibt so mühelos geheimnisvoll wie angehaltener Atem. Wir brauchen größere Vertrautheit. Wir müssen diese kurze Chance in unserem Leben nutzen, um diese wundersamen Nachbarn kennenzulernen.

Der Himmel besprüht uns mit Regentropfen, die sich zu einem Sprühregen verdichten und zischend um uns herum ins Wasser fallen. Widerstrebend sagt Ken: «Das war's für heute. Ich habe genügend Kameras ruiniert. Morgen ist auch noch ein Tag.»

Aber nachdem wir die Kameras verstaut haben, bleiben wir noch ein wenig. Wir sitzen im Regen und beobachten. Eine Zeit lang kritzeln schwarze Flossen überall um uns herum eindringlich ihre Geschichten auf die Schiefertafel der See. Ich lese sie so aufmerksam, wie ich kann, weil ich weiß, dass die See das Geschriebene bald löschen wird und dass wir keine Sicherungskopie haben.

NACHWORT

Ein letzter Gedanke

Jeder, der das Leben eines Wildtiers erforscht, steht in der Tat vor der Herausforderung, ein Plädoyer für dessen Existenz auf Erden zu halten. Ich bete, dass meines überzeugen wird.

Alexandra Morton

Als ich noch nicht so viel mit Hunden, anderen Tieren – und Menschen – zu tun hatte, fand ich es töricht, wenn Leute von ihren Hunden als «Familienmitgliedern» oder von anderen Tieren als ihren «Freunden» sprachen. Heute habe ich das Gefühl, dass es töricht ist, es nicht zu tun. Ich hatte die Loyalität und Ausdauer des Menschen überschätzt, die Intelligenz und Sensibilität der Tiere hingegen unterschätzt. Ich denke, dass ich inzwischen beide besser verstehe. Die Gaben von Mensch und Tier überschneiden sich, wenngleich sie sich voneinander unterscheiden.

So wie alle Menschen gleich sind und doch jeder Mensch anders ist, sind auch alle anderen Arten beides, gleich und dennoch verschieden, da jede einzelne Kreatur ein Individuum darstellt. Mit einer Mischung aus Erstaunen und Freude stelle ich fest, dass es so viele Beispiele gibt, in denen Tiere verschiedenster Arten die Grenze zwischen ihnen und uns überwinden: der Falke, der Ausschau nach seinem Falkner hält, der Hund, der sein Herrchen sucht, der Elefant, der eine verirrte Frau bewacht, und der Killerwal, der verspielt ein Segelboot herumschubst, einem Kajak aber nur einen zarten Stups gibt.

Die verschiedenen Spezies sind wie Leute, mit denen wir früher zusammen zur Schule gegangen sind. Danach haben wir unterschiedliche Lebenswege eingeschlagen. Wir haben viel gemeinsam. Gemeinsame Wurzeln. Es besteht eine Verbindung zwischen uns, auch wenn wir sie leugnen. Unter unserer Haut schaut es ähnlich aus. Vier Gliedmaßen, dieselben Knochen und Organe, die gleiche Herkunft und eine lange gemeinsame Vergangenheit.

Zwischen unserem ersten und letzten Atemzug haben wir alle ein Ziel: zu leben, unseren Nachwuchs aufzuziehen, einen Ort zu finden, an dem wir gut leben können, Gefahren zu überleben und alles in unserer Macht stehende zu tun, um dem Wunder, dass wir hier auf dieser Erde leben dürfen, gerecht zu werden.

Fast alle Wissenschaftler, die das Verhalten von Tieren erforschen, rechtfertigen ihre Arbeit mit einem besseren Verständnis des Menschen. Das ist in der Tat der Fall. Doch was viel wichtiger ist: Sie hilft uns, Tiere besser zu verstehen. Wir werden mit Statusberichten über die Lage der «Natur» konfrontiert, die mit Zahlen aufwarten wie: Der Lebensraum ist um 60 Prozent geschrumpft, 15 Prozent der Population sind übrig geblieben, es existieren nur noch dreitausend Exemplare. Eine nüchterne Aneinanderreihung von Zahlen registriert das Verschwinden auf dieser Welt.

Überall ist zu lesen, *wie viel* wir im Begriff sind, zu verlieren. All die Tiere, die Eltern auf die Zimmerwände ihrer Kinder malen, all die Wesen, die auf Darstellungen der Arche Noah abgebildet sind, sind akut vom Aussterben bedroht. Nur dass ihnen nicht eine großen Flut, sondern der Mensch zum Verhängnis wird. Ich habe versucht zu zeigen, wie Tiere das Leben empfinden, an dem sie so beharrlich mit jeder Faser ihres Körpers hängen. Ich wollte herausfinden, *wer* diese Wesen sind. Vielleicht können wir, wenn wir nur tief genug in uns hineinhorchen, erahnen, warum sie weiterleben müssen.

Das Verhalten von Tieren zu verstehen, ist kein Luxusanliegen. Versagen wir darin, werden wir ihr Ende und das unserer Erde beschleunigen. Würden wir Tieren die Behandlung zukommen lassen, die sie verdienen, würde das unmenschliche Verhalten gegenüber unseresgleichen umso deutlicher ans Tageslicht treten. Wir könnten unsere Aufmerksamkeit dem nächsten Schritt im Prozess der menschlichen Zivilisation zuwenden: der *menschenfreundlichen* Zivilisation. Gerechtigkeit für alle.

Einige meiner besten Freunde sind Menschen. Das Problem ist, dass auf eine Ballerina Tausende von Soldaten kommen. Kreativ, leidenschaftlich – ja, stimmt. Zerstörerisch, grausam – stimmt auch. Eines ist klar: Wir tun nicht unser Bestes. Der Mensch versteht zwar die Welt so gut wie nie zuvor, doch sein Verhältnis zu ihr war noch nie so schlecht.

Es bleibt abzuwarten, ob die Intelligenz des Menschen weiterhin zum Erfolg oder in eine Katastrophe führen wird. Vielleicht ist das Beste an unserem Verstand *nicht* jener Augenblick des Triumphes, in dem wir uns im Spiegel, sondern der, in dem wir uns aus der Distanz erkennen. Wir haben auf das ganze Universum eine uns Menschen vorbehaltene Sichtweise. Die nächste große Herausforderung wird darin bestehen, aus uns herauszutreten und unsere Lebenswelt und Lebensweise aus der Vogelperspektive zu betrachten.

Man kann den Tag kaum mit einem besseren Gebet begrüßen als mit dem beglückenden Gedanken, dass das Leben ein großes Ganzes ist.

Danksagung

Eine Auflistung all derjenigen, die mir dabei geholfen haben, dieses Buch zu schreiben, wäre nicht angemessen und unvollständig. Dennoch will ich es versuchen: Ich befand mich auf einem Segeltörn im Golf von Kalifornien und Delfine begleiteten unser Boot. Ich las gerade eine Abhandlung über traumatisierte Elefanten, und beim Anblick der Delfine schoss mir eine Frage durch den Kopf, deren Beantwortung das zentrale Konzept dieses Buchs bilden sollte. Für diesen sehr fruchtbaren gedanklichen Brückenschlag danke ich dem Autor Gay Bradshaw sowie Brett Jenks von RARE Conservation. Für die außerordentlich große Unterstützung bei meinem Versuch, das Verhalten der Elefanten zu verstehen, danke ich besonders Cynthia Moss, Iain Douglas-Hamilton und Vicki Fishlock. Außerdem danke ich Katito Sayialel, David Dallaben, Daphne Sheldrick, Edwin Lusichi, Julius Shivegha, Gilbert Sabinga, Frank Pope, Shifra Goldenberg, George Wittemyer, Lucy King, Ike Leonard, Soila Sayialel und Joseph Soltis.

Dankbar bin ich auch Andrew Dobson, Katarzyna Nowak und John Hemingway, die uns alle daran erinnert haben, wachsam zu bleiben. Jeff Andrews, Otto Fad, Diane Donohue, Judy St. Ledger und Ray Ryan haben meinen Horizont erweitert, vielen Dank dafür.

Meine Anerkennung gilt Jean Hartley, der alle logistischen Fragen rund um meinen Aufenthalt in Kenia geklärt hat. Außerdem danke ich dem einzigartigen Rick McIntyre, der außerordentlich engagierten Laurie Lyman sowie Doug McLaughlin und Doug Smith für ihre Beobachtungen, Einsichten und Geschichten, die das Kapitel über die Wölfe erst möglich gemacht haben. Ich danke Sian Smith für ihre guten Beobachtungen und dem unterfinanzierten U.S. National Park Service, dass er sein Bestes getan hat.

Zutiefst dankbar bin ich Ken Balcomb, Dave Ellifrit, Kathy Babiak, Bob Pitman, John Durban, Nancy Black und Alexandra Morton, die mir geholfen haben, in die Welt der Killerwale abzutauchen. Diana

Reiss, Heidi C. Pearson, Diane Doran-Sheehy und Kyle Hanson haben mich dankenswerterweise an ihrer Fachkenntnis und ihren Einsichten teilhaben lassen. Ich danke auch Crystal Possehl, deren Bartagame zu trauern schien, sowie Rabenforscher Derek Craighead.

Folgende Organisationen kämpfen an vorderster Front, um den Tieren weiterhin eine Koexistenz mit uns zu ermöglichen: Save the Elephants, Amboseli Trust for Elephants, Big Life Foundation, David Sheldrick Wildlife Trust, Yellowstone Park Foundation und Center for Whale Research. Vielleicht können Sie die Organisationen mit Ihrer Spende bei ihrem Unterfangen unterstützen.

Was die redaktionelle Bearbeitung anbelangt, danke ich dem unvergleichlichen Jack Macrae, Jean Nagger, Jennifer Weltz und Bonnie Thompson, die mir alle mit ihrer Sachkenntnis und ihrem Vertrauen zur Seite gestanden haben. Für das Lesen meiner Entwürfe und das Aufspüren von Schwächen danke ich John Angier, Patricia Wright, Cynthia Tuthill, Joanna Burger, Mike Gochfeld, Margaret Conover, Rachel Gruzen, Tom Mittak und den weisen Paul Greenberg. Voller Dankbarkeit gedenke ich Peter Matthiessen, der mich viele Jahre inspiriert und ermutigt hat.

Mein besonderer Dank für materielle Unterstützung gilt Julie Packard, der Familie Gilchrist, Andrew Sabin, Ann Hunter-Welborn mit Familie, Susan O'Connor, Robert Campbell, Beto Bedolfe, Glenda Menges, Sylvie Chantecaille und weiteren Personen, die anonym bleiben wollen. Meine Anerkennung gilt Eric Graham, Sven Olof Lindblad, Jeff Rizzo, Richard Reagan, Rainer Judd, Howard Ferren, Andrew Revkin und Paul Winter. An der heimischen Hochschule danke ich Howie Schneider, Elizabeth Bass, Minghua Zhang, Stefanie Massucci, Deborah Loewen-Klien, Dexter Bailey und David Conover. Jesse Bruschini und Mayra Mariño sorgten dafür, dass wir bei der Sache blieben; Megan Smith und Elizabeth Brown überprüften die Quellenangaben. Für wertvolle Hinweise danke ich John Todaro, John und Nancy Debellas, Peter Osswald, Danielle Gustafson und meiner Tochter Alexandra Srp.

Meiner Frau Patricia Paladines danke ich dafür, dass sie ihr Leben mit mir teilt, Falken beobachtet, Pfeilschwanzkrebse rettet, abends die Hühner in den Stall bringt und jedem etwas zu essen macht. In ihr erkenne ich mich wieder. Was sie wohl in mir sieht – wie Sie wissen, kann ich nicht Gedanken lesen.

Nicht zuletzt danke ich Chula, Jude, Rosebud, Kane, Velcro, Emi, Meddox, Kanzi und vielen anderen, egal ob groß und klein, freilebend, Haustier oder irgendwo dazwischen, dass sie mir die Augen geöffnet haben. Unseren Hunden und all den anderen pelzigen Waisenkindern in unserem Wohnzimmer und Garten, den riesigen Seevogelkolonien an den entlegensten Küsten, den großen Fischen, Schildkröten und Walen im weiten Ozean, den Falken am Herbsthimmel und den Grasmücken im Frühlingswald – denjenigen, die in diesem Buch vorkommen und allen anderen danke ich aus tiefstem Herzen. Sie bereichern mein Leben mit Schönheit, Anmut, Liebe, Glück, Herzschmerz, Schmutz, Unordnung und Dreck. In anderen Worten: Sie machen, dass es sich echt anfühlt.

Danke, euch allen.

ANHANG

Auswahlbibliographie

Altenmüller, Eckart, S. Schmidt und E. Zimmermann, *The Evolution of Emotional Intelligence*, Oxford 2013.
Au, Whitlow W. L., *The Sonar of Dolphins*, New York 1993.
Bearzi, Maddalena und Craig B. Stanford, *Beautiful Minds: The Parallel Lives of Great Apes and Dolphins*, Cambridge, MA, 2008.
Bigg, Michael A. et al., *Killer Whales: A Study of Their Identification, Genealogy, and Natural History in British Columbia and Washington State*, Nanaimo, BC, 1987.
Burger, Joanna, *Der Papagei, dem ich gehörte*, München 2002.
de Waal, Frans, *The Bonobo and the Atheist: In Search of Humanism Among the Primates*, New York 2013.
de Waal, Frans, *Primaten und Philosophen: Wie die Evolution die Moral hervorbrachte*, München 2008.
Diamond, Jared, *Der dritte Schimpanse: Evolution und Zukunft des Menschen*, Frankfurt a. M. 2006.
Douglas-Hamilton, Iain und Douglas-Hamilton, Oria, *Unter Elefanten. Abenteuerliche Forschungen in der Wildnis Zentralafrikas*, München 1980.
Ford, John K. B. und Graeme M. Ellis, *Transients: Mammal-Hunting Killer Whales of British Columbia, Washington, and Southeastern Alaska*, Seattle 1999.
Ford, John K. B., Graeme M. Ellis und Kenneth C. Balcomb, *Killer Whales*, Seattle 1994.
Herzing, Denise L., *Dolphin Diaries: My Twenty-five Years with Spotted Dolphins in the Bahamas*, New York 2011.
Hoyt, Erich, *Orca: The Whale Called Killer*, New York 1981
Koch, Christof, *Bewusstsein. Bekenntnisse eines Hirnforschers*, Heidelberg 2013.
Mann, Janet, Richard C. Connor, Peter L. Tyack und Hal Whitehead (Hgg.), *Cetacean Societies*, Chicago 2000.
Morton, Alexandra, *Listening to Whales*, New York 2004.
Moss, Cynthia und Martyn Colbeck, *Das Jahr der Elefanten. Tagebuch einer afrikanischen Elefantenfamilie*, München 2001.
Moss, Cynthia, *Die Elefanten vom Kilimandscharo. 13 Jahre im Leben einer Elefantenfamilie*, Hamburg 1990.
Moss, Cynthia J., Harvey Croze und Phyllis C. Lee, *The Amboseli Elephants: A Long-Term Perspective on a Long-Lived Mammal*, Chicago 2011.
Masson, Jeffrey M. und Susan McCarthy, *Wie Tiere fühlen*, Reinbek 1997.
Parfit, Michael und Suzanne Chisholm, *The Lost Whale: The True Story of an Orca Named Luna*, New York 2013.
Pearson, Heidi C. und Deborah E. Shelton, «A Large-brained Social Animal», in: Bernd Würsig und Melanie Würsig (Hgg.), *The Dusky Dolphin*, London 2010.
Poole, Joyce, *Coming of Age with Elephants. A Memoir*, New York 1997.
Reiss, Diana, *Dolphin in the Mirror. Exploring Dolphin Minds and Saving Dolphin Lives*, Boston 2011.

Smith, Douglas und Gary Ferguson, *The Decade of the Wolf,* Guilford, Connecticut 2005.

Tyack, Peter, «Communication and Cognition», in: John E. Reynolds und Sentiel A. Rommel (Hgg.), *Biology of Marine Mammals,* Washington 1999.

Vaillant, John, *Der Tiger: Auf der Spur eines Menschenjägers,* München 2010.

Walker, John Frederick, *Ivory's Ghosts. The White Gold of History and the Fate of Elephants*, New York 2010.

Anmerkungen

Das Trompeten der Elefanten

1 Cynthia J. Moss, Harvey Croze und Phyllis C. Lee, *The Amboseli Elephants. A Long-Term Perspective on a Long-Lived Mammal*, Chicago 2011, S. 89.
2 Cynthia Moss, *Die Elefanten vom Kilimandscharo. 13 Jahre im Leben einer Elefantenfamilie*, Hamburg 1990, S. 119.
3 Cynthia J. Moss, Harvey Croze und Phyllis C. Lee, *The Amboseli Elephants. A Long-Term Perspective on a Long-Lived Mammal*, Chicago 2011, S. 174.
4 Caitrin Nicol, «Do Elephants Have Souls?», in: *New Atlantis* 38 (2013), S. 10–70.
5 Yoshihito Niimura und Masatoshi Nei: «Extensive Gains and Losses of Olfactory Receptor Genes in Mammalian Evolution», in: *PLoS ONE* 2 (2007), S. 708, zitiert in: Rachel Feltman, «New Study Finds That Elephants Evolved the Most Discerning Nose of Any Mammal», in: *Washington Post* vom 22. Juli 2014.
6 Cynthia J. Moss, Harvey Croze und Phyllis C. Lee, *The Amboseli Elephants: A Long-Term Perspective on a Long-Lived Mammal*, Chicago 2011, S. 179.
7 G. C. Paz-y-Miño et al., «Pinyon Jays Use Transitive Inference to Predict Social Dominance», in: *Nature* 430 (2004), S. 778–781. Siehe auch: A. L. Engh, «Mechanisms of Maternal Rank ‹Inheritance› in the Spotted Hyena, Crocuta crocuta», in: *Animal Behaviour* 78(2000), S. 323–332. Siehe auch: E. Palagi und G. Cordoni, «Postconflict Third-Party Affiliation in Canis lupus: Do Wolves Share Similarities with the Great Apes?», in: *Animal Behaviour* 78 (2009), S. 979–986.
8 Joanna Burger, *Der Papagei, dem ich gehörte. Geschichte einer Freundschaft*, München 2005.
9 Maddalena Bearzi und Craig B. Stanford, *Beautiful Minds: The Parallel Lives of Great Apes and Dolphins*, Stanford 2010, S. 188.
10 Denise L. Herzing, *Dolphin Diaries: My Twenty-five Years with Spotted Dolphins in the Bahamas*, New York 2011, S. 38, 101, 160.
11 Christof Koch, «Ubiquitous Minds», in: *Scientific American Mind* 25 (2014), S. 26–29.
12 Tim Ferris, «The Mind's Sky», in: Ted Anton und Rick McCourt (Hgg.), *The New Science Journalists*, New York 1995, S. 32 f.
13 Eric R. Kandel, «The New Science of Mind», in: *New York Times Sunday Review* vom 8. September 2013, S. 12.
14 Oliver Sacks, «The Mental Life of Plants and Worms, Among Others», in: *New York Review of Books*, 61 (2014).
15 J. C. Nieh, «A Negative Feedback Signal That Is Triggered by Peril Curbs Honeybee Recruitment», in: *Current Biology* 20 (2010), S. 310–315.
16 M. Bateson et al., «Agitated Honeybees Exhibit Pessimistic Cognitive Biases», in: *Current Biology* 21 (2011), S. 1070–1073.
17 L. Zhengzheng et al., «Molecular Determinants of Scouting Behaviour in Honey Bees», in: *Science* 335 (2012), S. 1225–1228.

18 M. J. Sheehan und M. J. Tibbetts, «Specialized Face Learning Is Associated with Individual Recognition in Paper Wasps», in: *Science* 334 (2011), S. 1272–1275.
19 Oliver Sacks, «The Mental Life of Plants and Worms, Among Others», in: *New York Review of Books*, 61 (2014).
20 C. L. Philippi et al., «Preserved Self-Awareness Following Extensive Bilateral Brain Damage to the Insula, Anterior Cingulate and Medial Prefrontal Cortices», in: *PLoS ONE* 7 (2012), S. 1.
21 Christof Koch, *Bewusstsein. Bekenntnisse eines Hirnforschers*, Heidelberg 2013, S. 269.
22 Micheal Pollan, «The Intelligent Plant», in: *New Yorker*, (Dezember 2013), S. 23–30 und S. 92–105 (Pollan erwähnt, dass das Tonband-Experiment mit den Kaugeräuschen von Raupen von der Chemischen Ökologin Heidi Appel an der University of Missouri durchgeführt wurde).
23 Joyce Poole, *Coming of Age with Elephants. A Memoir*, New York 1997.
24 S. I. Yoerg, «Mentalist Imputations», eine Rezension zu: Donald Griffin, *Animal Minds*, in: *Science* 258 (1992), S. 830 f.
25 Zitat aus: D. Quammen, «Gombe Family Album», in: *National Geographic* (August 2014), S. 54.
26 Caitrin Nicol, «Do Elephants Have Souls?», in: *New Atlantis* 38 (2013), S. 10–70.
27 Jaak Panksepp, «Affective Consciousness: Core Emotional Feelings in Animals and Humans», in: *Consciousness and Cognition* 14 (2005), S. 30–80.
28 Ebenda.
29 Tufts University, «Dogs, Humans Affected by OCD Have Similar Brain Abnormalities», in: *Tufts Now* vom 4. Juni 2013. Siehe auch: N. Ogata et al., «Brain Structural Abnormalities in Doberman Pinschers with Canine Compulsive Disorder», in: *Progess in Neuro-Psychopharmacology and Biological Psychiatry* 45 (2013), S. 1–6.
30 P. Fossat et al., «Anxiety-Like Behaviour in Crayfish Is Controlled by Serotonin», in: *Science* 344 (2014), S. 1293–1297. Siehe auch: S. N. Vignieri, «The Crayfish That Was Afraid of the Light», in: *Science* 344 (2014), S. 1238.
31 I. Beets et al., «Vasopressin/Oxytocin-Related Signaling Regulates Gustatory Associative Learning in C. elegans», in: *Science* 338 (2012), S. 543 ff.
32 Charles Darwin, *Die Bildung der Ackererde durch die Thätigkeit der Würmer. Aus dem Englischen von J. Victor Carus*, Stuttgart 1882. Siehe auch: darwin-online.org.uk
33 S. W. Emmons, «The Mood of a Worm», in: *Science* 338 (2012), S. 475 f. Siehe auch: J. Garrison et al., «Oxytocin/Vasopressin-Related Peptides Have an Ancient Role in Reproductive Behavior», in: *Science* 338 (2012) S. 540–543.
34 J. D. Klatt und J. L. Goodson, «Oxytocin-Like Receptors Mediate Pair Bonding in a Socially Monogamous Songbird», in: *Proceedings of the Royal Society of London, Series B* 280 (2013).
35 R. Jacobsen, «The Homeless Herd», in: *Harper's* (August 2013) S. 64–69.
36 Cynthia J. Moss, Harvey Croze und Phyllis C. Lee, *The Amboseli Elephants: A Long-Term Perspective on a Long-Lived Mammal*, Chicago 2011, S. 190.
37 Ebenda, S. 105.
38 Iain und Oria Douglas-Hamilton, *Unter Elefanten. Abenteuerliche Forschungen in der Wildnis Zentralafrikas*, München 1980, S. 222.
39 Cynthia Moss, *Die Elefanten vom Kilimandscharo. 13 Jahre im Leben einer Elefantenfamilie*, Hamburg 1990, S. 131.
40 Cynthia J. Moss, Harvey Croze und Phyllis C. Lee, *The Amboseli Elephants: A Long-Term Perspective on a Long-Lived Mammal*, Chicago 2011, S. 192.

41 Ebenda, S. 211.
42 Ebenda, S. 165.
43 Ebenda, S. 318.
44 Iain und Oria Douglas-Hamilton, *Unter Elefanten. Abenteuerliche Forschungen in der Wildnis Zentralafrikas*, München 1980, S. 243.
45 Cynthia J. Moss, Harvey Croze und Phyllis C. Lee, *The Amboseli Elephants: A Long-Term Perspective on a Long-Lived Mammal*, Chicago 2011, S. 229 u. 245.
46 Cynthia Moss, *Die Elefanten vom Kilimandscharo. 13 Jahre im Leben einer Elefantenfamilie*, Hamburg 1990, S. 127.
47 Cynthia J. Moss, Harvey Croze und Phyllis C. Lee, *The Amboseli Elephants: A Long-Term Perspective on a Long-Lived Mammal*, Chicago 2011, S. 179.
48 Ebenda S. 175.
49 Ebenda.
50 Ebenda S. 191.
51 Ebenda S. 201.
52 Cynthia Moss, *Die Elefanten vom Kilimandscharo. 13 Jahre im Leben einer Elefantenfamilie*, Hamburg 1990, S. 166.
53 Ebenda, S. 264.
54 Ebenda, S. 285.
55 Cynthia J. Moss, Harvey Croze und Phyllis C. Lee, *The Amboseli Elephants: A Long-Term Perspective on a Long-Lived Mammal*, Chicago 2011, S. 320.
56 Ebenda, S. 53.
57 Cynthia Moss, *Die Elefanten vom Kilimandscharo. 13 Jahre im Leben einer Elefantenfamilie*, Hamburg 1990, S. 145–150.
58 Ebenda, S. 155.
59 Ebenda, S. 156.
60 Ebenda.
61 Ebenda, S. 157.
62 Cynthia Moss und Martyn Colbeck, *Das Jahr der Elefanten. Tagebuch einer afrikanischen Elefantenfamilie*, München 2001, S. 166.
63 Ebenda, S. 179.
64 Cynthia J. Moss, Harvey Croze und Phyllis C. Lee, *The Amboseli Elephants: A Long-Term Perspective on a Long-Lived Mammal*, Chicago 2011, S. 176.
65 Ebenda, S. 122.
66 Cynthia Moss, *Die Elefanten vom Kilimandscharo. 13 Jahre im Leben einer Elefantenfamilie*, Hamburg 1990, S. 157.
67 Jeffrey M. Masson und Susan McCarthy, *Wie Tiere fühlen*, Reinbek 1997, S. 120.
68 G. Teleki, «They Are Us», in: *The Great Ape Project*, hg. von Paola Cavalieri und Peter Singer, New York 1994, S. 296–302. Siehe auch: A. Kortlandt, «Chimpanzees in the Wild», in: *Scientific American* 206 (1962), S. 128–138. Siehe auch: Jeffrey M. Masson und Susan McCarthy, *Wie Tiere fühlen*, Reinbek 1997, S. 273.
69 Jared M. Diamond, *Der dritte Schimpanse. Evolution und Zukunft des Menschen*, Frankfurt a. M. 2006, S. 223–227.
70 Ebenda, S. 220.
71 Cynthia J. Moss, Harvey Croze und Phyllis C. Lee, *The Amboseli Elephants: A Long-Term Perspective on a Long-Lived Mammal*, Chicago 2011, S. 179.
72 Iain Douglas-Hamilton, S. Bhalla, G. Wittemeyer und F. Vollrath, «Behavioural Reactions of Elephants Towards a Dying and Deceased Matriarch», in: *Applied Animal Behaviour Science* 100 (2006), S. 87–102.
73 John Frederick Walker, *Ivory's Ghosts. The White Gold of History and the Fate of Elephants*, New York 2010, S. 26–42.

74 Cynthia Moss und Martyn Colbeck, *Das Jahr der Elefanten. Tagebuch einer afrikanischen Elefantenfamilie*, München 2001, S. 64–74.
75 Ebenda, S. 37.
76 Cynthia J. Moss, Harvey Croze und Phyllis C. Lee, *The Amboseli Elephants: A Long-Term Perspective on a Long-Lived Mammal*, Chicago 2011, S. 182.
77 Iain und Oria Douglas-Hamilton, *Unter Elefanten. Abenteuerliche Forschungen in der Wildnis Zentralafrikas*, München 1980, S. 264.
78 Frans de Waal, «The Antiquity of Empathy», in: *Science* 336 (2012), S. 874 ff.
79 J. Panksepp und J. B. Panksepp, «Toward a Cross-Species Understanding of Empathy», in: *Trends in Neurosciences* 36 (2013), S. 489–496.
80 Frans de Waal, «The Antiquity of Empathy», in: *Science* 336 (2012), S. 874 ff.
81 B. B. Inbal, «Empathy and Pro-Social Behavior in Rats», in: *Science* 334 (2011), S. 1427–1430. Siehe auch: J. Panksepp: «Empathy and the Laws of Affect», in: *Science* 334 (2011), S. 1358 f.
82 Frans de Waal, *Primaten und Philosophen: Wie die Evolution die Moral hervorbrachte*, München 2008.
83 Cynthia Moss, *Die Elefanten vom Kilimandscharo. 13 Jahre im Leben einer Elefantenfamilie*, Hamburg 1990, S. 78.
84 Ebenda, S. 258.
85 Ebenda, S. 262.
86 Ebenda, S. 264.
87 Vicki Fishlock, Wissenschaftlerin des *Amboseli Elephant Research Project (AERP)*, Gespräch mit dem Autor vom Juli 2013.
88 Cynthia Moss, *Die Elefanten vom Kilimandscharo. 13 Jahre im Leben einer Elefantenfamilie*, Hamburg 1990, S. 268.
89 Joyce Poole, *Coming of Age with Elephants. A Memoir*, New York 1997.
90 Cynthia Moss, *Die Elefanten vom Kilimandscharo. 13 Jahre im Leben einer Elefantenfamilie*, Hamburg 1990, S. 267. Siehe auch: Cynthia Moss und Martyn Colbeck, *Das Jahr der Elefanten. Tagebuch einer afrikanischen Elefantenfamilie*, München 2001, S. 60.
91 Iain und Oria Douglas-Hamilton, *Unter Elefanten. Abenteuerliche Forschungen in der Wildnis Zentralafrikas*, München 1980, S. 261.
92 Ebenda, S. 262.
93 Ebenda, S.263.
94 Ebenda, S. 265.
95 Iain Douglas-Hamilton et al., «Behavioural Reactions of Elephants», in: *Applied Animal Behaviour Science* (2006), S. 87–102.
96 Cynthia Moss und Martyn Colbeck, *Das Jahr der Elefanten. Tagebuch einer afrikanischen Elefantenfamilie*, München 2001, S. 122.
97 C. Calloway-Whiting, «Mother Orca and Her Dead Calf: A Mother's Grief?», in: *Seattlepi.com* (September 2011)
98 Denise L. Herzing, *Dolphin Diaries: My Twenty-five Years with Spotted Dolphins in the Bahamas*, New York 2011, S. 230.
99 Diana Reiss, *Dolphin in the Mirror. Exploring Dolphin Minds and Saving Dolphin Lives*, Boston 2011, S. 202.
100 Maddalena Bearzi, *Dolphin Confidental. Confessions of a Field Biologist*, Chicago 2012, S. 172.
101 Barbara J. King, «When Animals Mourn», in: *Scientific American* 309 (2013). Siehe auch: Barbara J. King, *How Animals Grieve*, Chicago 2013.
102 A. E. Brown, «Grief in the Chimpanzee», in: *American Naturalist* (März 1879), S. 173 ff.

103 Frans de Waal, «Bonobo Bliss. Evidence That Doing Good Feels Good», in: *Natural History* (8. August 2013).
104 Zitiert in: C. Zimmer, «Friends with Benefits», in: *Time* (20. Februar 2012).
105 Patricia Wright (Amerikanische Primatenforscherin, Anthropologin und Tierschützerin), Gespräch mit dem Autor vom September 2014. Siehe auch: D. Radin, «The Amazing Emotional Intelligence of Our Primate Cousins», in: *Ecologist* (24. Juni 2014).
106 M. P. Simmonds, «Into the Brain of Whales», in: *Applied Animal Behaviour Science*, 100 (2006), S. 103–116.
107 Cynthia Moss, *Die Elefanten vom Kilimandscharo. 13 Jahre im Leben einer Elefantenfamilie*, Hamburg 1990, S. 323.
108 Cynthia J. Moss, Harvey Croze und Phyllis C. Lee, *The Amboseli Elephants: A Long-Term Perspective on a Long-Lived Mammal*, Chicago 2011, S. 116 und 155.
109 Ebenda, S. 153.
110 Ebenda, S. 115.
111 Ebenda, S. 109. Siehe auch: ElephantVoices.org
112 Ebenda, S. 126.
113 Ebenda, S. 113.
114 Ebenda, S. 130.
115 Ebenda, S. 127. Siehe auch: C. O'Connell, *The Elephant's Secret Sense. The Hidden Life of the Wild Herds of Africa*, Chicago 2008.
116 Cynthia J. Moss, Harvey Croze und Phyllis C. Lee, *The Amboseli Elephants: A Long-Term Perspective on a Long-Lived Mammal*, Chicago 2011, S. 127.
117 René Descartes, «Brief an den Marquis von Newcastle, Egmond 23. November 1646», in: Charles Adam und Paul Tannery (Hgg.), *Œvres de Descartes*, Correspondance IV, Brief CDLX, Paris 1976, S. 568–577.
118 Voltaire, *The Philosophical Dictionary*, New York 1924. Siehe auch: http://history.hanover.edu/texts/voltaire/volanima.html
119 Charles R. Darwin, *Die Abstammung des Menschen und die geschlechtliche Zuchtwahl*, Erster Band, Stuttgart 1871. Siehe auch: darwin-online.org.uk
120 Jeffrey M. Masson und Susan McCarthy, *Wie Tiere fühlen*, Reinbek 1997, S. 321.
121 Steven P. Roose, «Neuroscience vs. Philosophy. Taking Aim at Free Will», in: *Journal of the American Psychoanalytic Association* 60 (2012), S. 393 f.
122 Cynthia J. Moss, Harvey Croze und Phyllis C. Lee, *The Amboseli Elephants: A Long-Term Perspective on a Long-Lived Mammal*, Chicago 2011, S. 134, 140, 146, 153, 158.
123 L. E. King, I. Douglas-Hamilton und F. Vollrath, «African Elephants Run from the Sound of Disturbed Bees», in: *Current Biology* 17 (2007), S. 832 f. Siehe auch: P. Bouché et al., «Will Elephants Soon Disappear from West African Savannahs?», in: *PLoS ONE* 6 (2011), S. e20619.
124 Cynthia J. Moss, Harvey Croze und Phyllis C. Lee, *The Amboseli Elephants: A Long-Term Perspective on a Long-Lived Mammal*, Chicago 2011, S. 147 ff. und 158.
125 Ebenda.
126 Jared M. Diamond, *Der dritte Schimpanse. Evolution und Zukunft des Menschen*, Frankfurt a. M. 2006, S. 185–190.
127 K. Zuberbühler, «A Syntactical Rule in Forest Monkeys Communication», in *Animal Behaviour* 63 (2002) S. 293–299.
128 E. Altenmüller et al., *The Evolution of Emotional Communication*, Oxford 2013, S. 35.
129 E. Clarke, U. H. Reichard und K. Zuberbühler, «The Syntax and Meaning of Wild Gibbon Songs», in: *PLoS ONE* 1 (2006) S. e73.

130 C. Crockford und C. Boesch, «Call Combinations in Wild Chimpanzees», in: *Behaviour* 142 (2005), S. 397–421.
131 E. Altenmüller et al., *The Evolution of Emotional Communication*, Oxford 2013, S. 35.
132 Cynthia J. Moss, Harvey Croze und Phyllis C. Lee, *The Amboseli Elephants: A Long-Term Perspective on a Long-Lived Mammal*, Chicago 2011, S. 151.
133 Diana Reiss, *Dolphin in the Mirror. Exploring Dolphin Minds and Saving Dolphin Lives*, Boston 2011, S. 196.
134 Cynthia J. Moss, Harvey Croze und Phyllis C. Lee, *The Amboseli Elephants: A Long-Term Perspective on a Long-Lived Mammal*, Chicago 2011, S. 153.
135 Ebenda, S. 154.
136 Cynthia Moss, *Die Elefanten vom Kilimandscharo. 13 Jahre im Leben einer Elefantenfamilie*, Hamburg 1990, S. 313 ff.
137 Cynthia J. Moss, Harvey Croze und Phyllis C. Lee, *The Amboseli Elephants: A Long-Term Perspective on a Long-Lived Mammal*, Chicago 2011, S. 326.
138 D. Martin, «Lawrence Anthony, Baghdad Zoo Savior, Dies at 61», in: *New York Times* vom 11. März 2012. Siehe auch: J. Zimmerman, «Elephants Hold Vigil for Human Friend», *Grist. Org.* vom 14. Mai 2012.
139 Lyall Watson, *Elephantoms: Tracking back the Elephant*, New York 2003, S. 207.
140 Cynthia Moss, *Die Elefanten vom Kilimandscharo. 13 Jahre im Leben einer Elefantenfamilie*, Hamburg 1990, S. 328.
141 Cynthia J. Moss, Harvey Croze und Phyllis C. Lee, *The Amboseli Elephants: A Long-Term Perspective on a Long-Lived Mammal*, Chicago 2011, S. 123.
142 Cynthia Moss, *Die Elefanten vom Kilimandscharo. 13 Jahre im Leben einer Elefantenfamilie*, Hamburg 1990, S. 181.
143 H. S. Terrace, *A Chimpanzee Who Learned Sign Language*, New York 1979, S. 150 ff.
144 Cynthia Moss, *Die Elefanten vom Kilimandscharo. 13 Jahre im Leben einer Elefantenfamilie*, Hamburg 1990, S. 182.
145 Ebenda.
146 G. Wittemeyer et al., «Illegal Killing for Ivory Drives Global Decline in African Elephants», in *Current Biology* 111 (2014), S. 13117–13121. Siehe auch: B. Scriber, «100 000 Elephants Killed by Poachers in Just Three Years, Landmark Analysis Finds», in: *National Geographic News* vom 14. August 2014.
147 K. Gobush et al., «Long-Term Impacts of Poaching on Relatedness, Stress Physiology, and Reproductive Output of Adult Female African Elephants», in: *Conservation Biology* 22 (2008), S. 1590–1599.
148 C. Joyce, «Elephant Poaching Pushes Species to Brink of Extinction», in: *Morning Edition,* NPR vom 6. März 2013.
149 Cynthia J. Moss, Harvey Croze und Phyllis C. Lee, *The Amboseli Elephants: A Long-Term Perspective on a Long-Lived Mammal*, Chicago 2011, S. 32 f.
150 Cynthia Moss, *Die Elefanten vom Kilimandscharo. 13 Jahre im Leben einer Elefantenfamilie*, Hamburg 1990, S. 217.
151 Cynthia J. Moss, Harvey Croze und Phyllis C. Lee, *The Amboseli Elephants: A Long-Term Perspective on a Long-Lived Mammal*, Chicago 2011, S. 314.
152 Ebenda, S. 52.
153 Cynthia J. Moss, Harvey Croze und Phyllis C. Lee, *The Amboseli Elephants: A Long-Term Perspective on a Long-Lived Mammal*, Chicago 2011, S. 53.
154 J. Diamond, «Did Komodo Dragons Evolve to Eat Pygmy Elephants?», in: *Nature* 326 (1987), S. 832.

155 Iain und Oria Douglas-Hamilton, *Unter Elefanten. Abenteuerliche Forschungen in der Wildnis Zentralafrikas*, München 1980, S. 270.

156 S. L. Vartanyan, «Radiocarbon Dating Evidence for Mammots on Wrangler Island, Arctic Ocean, until 2000 BC», in: *Radiocarbon* 37 (1995), S. 1–6.

157 John Frederick Walker, *Ivory's Ghosts. The White Gold of History and the Fate of Elephants*, New York 2010, S. 26–42.

158 «The History of Ivory Trade. History Has Been Tragic for Africa's Elephants», *Online-Video des National Geographic*, http://nationalgeographic.org/media/history-ivory-trade/

159 Iain und Oria Douglas-Hamilton, *Unter Elefanten. Abenteuerliche Forschungen in der Wildnis Zentralafrikas*, München 1980, S. 272.

160 John Frederick Walker, *Ivory's Ghosts. The White Gold of History and the Fate of Elephants*, New York 2010, S. 5, 64, 84, 91, 96 und 134.

161 R. Corniff, «When Music in Our Parlors Brought Death to Darkest Africa», in: Audubon (Juli 1987), S. 86.

162 John Frederick Walker, *Ivory's Ghosts. The White Gold of History and the Fate of Elephants*, New York 2010, S. 120.

163 R. Corniff, «When Music in Our Parlors Brought Death to Darkest Africa», in: Audubon (Juli 1987), S. 89.

164 John Frederick Walker, *Ivory's Ghosts. The White Gold of History and the Fate of Elephants*, New York 2010, S. 134.

165 S. K. Wasser, et al., «Using DNA to Track Origin of the Largest Ivory Seizure Since the 1989 Trade Ban», in: *PNAS* 104 (2007), S. 4228–4233.

166 Cynthia J. Moss, Harvey Croze und Phyllis C. Lee, *The Amboseli Elephants: A Long-Term Perspective on a Long-Lived Mammal*, Chicago 2011, S. 27.

167 John Frederick Walker, *Ivory's Ghosts. The White Gold of History and the Fate of Elephants*, New York 2010, S. 120.

168 Alfred J. Swann, *Fighting the Slave Hunters in Central Africa*, New York 2012, S. 49 f.

169 R. Corniff, «When Music in Our Parlors Brought Death to Darkest Africa», in: Audubon (Juli 1987), S. 81.

170 Cynthia J. Moss, Harvey Croze und Phyllis C. Lee, *The Amboseli Elephants: A Long-Term Perspective on a Long-Lived Mammal*, Chicago 2011, S. 320.

171 G. A. Bradshaw et al., «Elephant Breakdown», in: *Nature* 433 (2005), S. 807.

172 Zum Rückgang der Elefantenpopulationen in einigen afrikanischen Ländern, vgl.: Cynthia Moss, *Die Elefanten vom Kilimandscharo. 13 Jahre im Leben einer Elefantenfamilie*, Hamburg 1990, S. 292. Siehe auch: K. Nowak et al., «Elephants Are Not Diamonds», in: *Ecologist* vom 8. Februar 2013.

173 C. Dell'Amore, «Beloved Elephant Killed for Ivory», in: *National Geographic News*. http://news.nationalgeographic.com/news/2014/06/140616-elephants-tusker-satao-poachers-killed-animals-africa-science/

174 Romain Gary, «Dear Elephant, Sir», in *Life* (22. Dezember 1967), S. 126.

Das Heulen der Wölfe

1 Marc Bekoff und Colin Allen, «Cognitive Ethology: Slayers, Skeptics, and Proponents», in: R. W. Mitchell et al. (Hgg.), *Anthropomorphism, Anecdotes, and Animals: The Emperor's New Clothes?*, New York 1997, 313–334.

2 Douglas Smith und Gary Ferguson, *The Decade of the Wolf*, Guilford, Connecticut: The Lyons Press, 2005, S. 43.

3 Ebenda S. 72, 87.
4 Amotz Zahavi, «Sexual selection, signal selection and the handicap principle», in: B. G. M. Jamieson (Hg.), *Reproductive Biology and Phylogeny of Birds*, Enfield, N. H.: Science Publishers 2007.
5 Douglas Smith und Gary Ferguson, *The Decade of the Wolf*, Guilford, Connecticut: The Lyons Press, 2005, S. 88–92.
6 Ebenda S. 41.
7 Ebenda S. 54.
8 Ebenda S. 55.
9 Ebenda S. 66.
10 Ebenda S. 68.
11 Richard C. Connor, «Group Living in Whales and Dolphins», in: Janet Mann et al. (Hgg.), *Cetacean Societies*, Chicago 2000, S. 212. Siehe auch: «Mark P. Simmonds, Into the brains of whales», in: Applied Animal Behavious Science, 100 (2006), S. 103–116. (Simmonds bespricht und zitiert andere Quellen.)
12 Ebenda S. 211 f.
13 Doug Smith, Interview mit dem Autor vom März 2013, sowie: Douglas Smith und Gary Ferguson, *The Decade of the Wolf*, Guilford, Connecticut: The Lyons Press, 2005, S. 78 f.
14 Meriwether Lewis und William Clark, *Der weite Weg nach Westen: Die Tagebücher der Lewis & Clark-Expedition 1804–1806*, Clarks Eintrag vom 24. Juli 1806, hrsg. von Hartmut Wasser, Lenningen: Edition Erdmann 2007, S. 357.
15 Jason G. Goldman, «Reintroducing Wolves Is Only Effective at Large Scales», in: *Conservation* vom 18. Juni 2014.
16 J. A. Leonard, et al., «Legacy Lost: Genetic Variability and Population Size of Extirpated US Grey Wolves», in: *Molecular Ecology* 14 (2005), S. 9–17.
17 Douglas Smith und Gary Ferguson, *The Decade of the Wolf*, Guilford, Connecticut: The Lyons Press, 2005, S. 7 f.
18 Lee Whittlesey und Paul Schullery, «How Many Wolves Were in the Yellowstone Area in the 1870s?», in: *Yellowstone Science* 19 (2011), S. 23–28.
19 «Wolves in Wyoming: WGFD Notifies That Gray Wolf Take Is Suspended», *Wyoming Game and Fish Department* 2014, https://wgfd.wyo.gov/Wildlife-in-Wyoming/More-Wildlife/Large-Carnivore/Wolves-in-Wyoming
20 Douglas Smith und Gary Ferguson, *The Decade of the Wolf*, Guilford, Connecticut: The Lyons Press, 2005, S. 30 f.
21 Christopher Ketcham, «How to Kill a Wolf», *Vice*, 13. März 2014, http://www.vice.com/read/how-to-kill-a-wolf-0000259-v21n3
22 Timothy Egan, «Stegner's Complaint», *The New York Times*, 18. Februar 2009, http://opinionator.blogs.nytimes.com/2009/02/18/stegners-complaint/?_r=0
23 Ernest Hemingway, *The Green Hills of Africa*, New York: Scribner 1935, S. 73. (Deutsche Ausgabe. *Die grünen Hügel Afrikas*, Hamburg: Rowohlt 1954.)
24 Doug Smith, Interview mit dem Autor vom März 2013.
25 Aldo Leopold, *A Sand County Almanach*, Oxford: Oxford University Press, 1949, S. 129–132. (Deutsche Ausgabe: *Am Anfang war die Erde*, München: Knesebeck, 1992.)
26 W. J. Ripple und R. L. Beschta, «Trophic cascades in Yellowstone: The first 15 years after wolf reintroduction», *Biological Conservation* 145 (2012), 205–213.
27 Oliver Poole, «Success brings death sentence for US wolves», *The Telegraph* 22. Dezember 2002.
28 «Protected no longer, more than 550 gray wolves killed this season by hunters and trappers», *NBCNews* vom 6. März 2013, http://usnews.nbcnews.com/_

news/2013/03/06/17213786-protected-no-longer-more-than-550-gray-wolves-killed-this-season-by-hunters-and-trappers

29 Doug Smith, Interview mit dem Autor vom März 2013.
30 Kirk Johnson, «Study Faults Efforts at Wolf Management», The New York Times, 3. Dezember 2014, http://www.nytimes.com/2014/12/04/us/washington-state-study-faults-efforts-at-wolf-management.html
31 Jeff Hull, «Out of Bounds: The Death of 832F, Yellowstone's Most Famous Wolf», *Outside Online*, 13. Februar 2013, http://www.outsideonline.com/1913831/out-bounds-death-832f-yellowstones-most-famous-wolf
32 Nate Schweber, «Research Animals Lost in Wolf Hunts Near Yellowstone», *The New York Times*, 28. November 2012, http://green.blogs.nytimes.com/2012/11/28/research-animals-lost-in-wolf-hunts-near-yellowstone/
33 John W. Duffield et al., «Wolf Recovery in Yellowstone: Park Visitor Attitudes, Expenditures, and Economic Impacts», in: *Yellowstone Science* 16 (2008), S. 20–25.
34 Mary A. Pember, «Wisconsin Tribes Struggle to Save Their Brothers the Wolves From Sanctioned Hunt», *Indian Country Today Media Network*, 14. August 2012, http://indiancountrytodaymedianetwork.com/2012/08/14/wisconsin-tribes-struggle-save-their-brothers-wolves-sanctioned-hunt-129021
35 Baruch de Spinoza, *Ethik*, Deutsche Bibliothek 1871, übers. von Artur Buchenau.
36 *Hearts and Minds*, Regie: Peter Davis, DVD, BBS Productions und Rainbow Releasing 1874.
37 Corinne Garcia, «‹Wolf man› Doug Smith studies Yellowstone's restored predators», *Christian Science Monitor* 20. Juli 2010.
38 Douglas Smith und Gary Ferguson, *The Decade of the Wolf*, Guilford, Connecticut: The Lyons Press, 2005, S. 105.
39 John Vaillant, *Der Tiger: Auf der Spur eines Menschenjägers*, München: Karl Blessing 2010, S. 110.
40 Ebenda S. 193.
41 Ebenda S. 187.
42 Ebenda S. 188.
43 Ebenda S. 188.
44 Ebenda S. 189.
45 Ebenda S. 27.
46 Elizabeth M. Thomas, «The Old Way», in: *The New Yorker* vom 15. Oktober 1990, S. 78.
47 Douglas Smith und Gary Ferguson, *The Decade of the Wolf*, Guilford, Connecticut, 2005, S. 11.
48 Bernd Heinrich, *Mind of the Raven*, New York 1999, S. 356 (Deutsche Ausgabe: *Die Weisheit der Raben*, München 2002).
49 Ebenda, S. 355.
50 Nathan J. Emery und Nicola S. Clayton, «The Mentality of Crows: Convergent Evolution of Intelligence in Corvids and Apes», in: *Science* 306 (2004), S. 1903–1907.
51 *Inside the Animal Mind: The Problem Solvers*, Video, BBC (die Szene beginnt nach ca. 20 Minuten Laufzeit).
52 Nathan J. Emery und Nicola S. Clayton, «The Mentality of Crows: Convergent Evolution of Intelligence in Corvids and Apes», in: *Science* 306 (2004), S. 1903–1907.
53 Joshua Klein, «The Intelligence of Crows», TED Talk, https://www.ted.com/talks/joshua_klein_on_the_intelligence_of_crows

54 Chris Packham (Moderator), «Are Crows the Ultimate Problem Solvers?», 2. Folge von *Inside the Animal Mind*, BBC Two 2014.
55 Christopher D. Bird und Nathan J. Emery, «Insightful problem solving and creative tool modification by captive nontool-using rooks», in: *PNAS* 106 (2009), S. 10370–10375.
56 M. Warwicker, *Cockatoos Show Tool-Making Skills*, BBC Nature 2012.
57 Michelle Nijhuis, «Friend or Foe? Crows Never Forget a Face, It Seems», *New York Times,* 25. August 2008.
58 Christopher D. Bird und Nathan J. Emery, «Insightful problem solving and creative tool modification by captive nontool-using rooks», in: *PNAS* 106 (2009), S. 10370–10375.
59 Nathan J. Emery und Nicola S. Clayton, «The Mentality of Crows: Convergent Evolution of Intelligence in Corvids and Apes», in: *Science* 306 (2004), S. 1903–1907.
60 Jeffries Wyman und Thomas S. Savage, «Observations on the external characters and habits of the Troglodytes niger», in: *Boston Journal of Natural History* 4 (1844), S. 362–386. Zitiert in: Richard W. Wrangham, «Chimpanzees: The Culture-Zone Concept Becomes Untidy», in: *Current Biology* 16 (2006), R634 f.
61 A. Carpenter, «Monkeys Opening Oysters», in: *Nature* 36 (1887), S. 53.
62 Richard W. Wrangham, «Chimpanzees: The Culture-Zone Concept Becomes Untidy», in: *Current Biology* 16 (2006), R634 f.
63 Anjan Sundaram, «Scientists study gorilla who uses tools», *Environmental News Network,* 19. Oktober 2005.
64 R. W. Byrne und L. A. Bates, «Primate social cognition: uniquely primate, uniquely social, or just unique?», in: *Neuron* 65 (2010), S. 815–830.
65 Christopher D. Bird und Nathan J. Emery, «Insightful problem solving and creative tool modification by captive nontool-using rooks», in: *PNAS* 106 (2009), S. 10370–10375.
66 «Clever Corvids: The Eurasian Jay», 1. Folge von *Super Smart Animals,* BBC 2012, http://www.bbc.co.uk/programmes/poonltf1
67 Cynthia J. Moss et al. (Hgg.), *The Amboseli Elephants: A Long-Term Perspective on a Long-Lived Mammal,* Chicago 2011.
68 Joyce Poole, *Coming of Age with Elephants: A Memoir,* New York 1997.
69 Diana Reiss, *The Dolphin in the Mirror: Exploring Dolphin Minds and Saving Dolphin Lives,* Boston 2011, S. 61.
70 Denise L. Herzing, *Dolphin Diaries: My Twenty-five Years with Spotted Dolphins in the Bahamas,* New York 2011, S. 28.
71 Alice M. I. Auersperg et al., «Spontaneous innovation in tool manufacture and use in a Goffin's cockatoo», in: *Current Biology* 22 (2012), S. R903 f.
72 Culum Brown, «Fish Intelligence, Sentience and Ethics», *Animal Cognition* 19. Juni 2014.
73 John D. Pierce Jr., «A Review of Tool Use in Insects», *Florida Entomologist* 69 (1986), S. 95–104.
74 Rick McIntyre, «The Story of Triangle», Unveröffentlichtes Manuskript 2013. (Laut Rick entdeckte Laurie Lyman die Wölfe an jenem Tag als Erste.)
75 Eckart Altenmüller et al., «Evolution of Emotional Intelligence», Oxford 2013, S. 116 f.
76 Ebenda S. 144–148.
77 Ebenda S. 134.
78 Ich danke Laurie Lyman für die private Korrespondenz und ihre Beiträge zu den *Yellowstone Reports,* in denen sie einige dieser Vorfälle beschreibt.

79 Anna F. Smet und Richard W. Byrne, «African Elephants Can Use Human Pointing Cues to Find Hidden Food», in: *Current Biology* 23 (2013), S. 2033–2037.
80 Monique A. R. Udell et al., «Wolves Outperform Dogs in Following Human Social Cues», in: *Animal Behaviour* 76 (2008), S. 1767–1773.
81 S. C. Gwynne, *Empire of the Summer Moon,* New York 2011, S. 176.
82 Brian Hare und Michael Tomasello, «Human-like Social Skills in Dogs?», in: *Trends in Cognitive Sciences* 9 (2005), S. 439–444.
83 Guodong Wang et al., «The Genomics of Selection in Dogs and the Parallel Evolution Between Dogs and Humans», in: *Nature Communications* 4 (2013), Artikelnr. 1860.
84 Carl Zimmer, «From Fearsome Predator to Man's Best Friend», *New York Times,* 16. Mai 2013.
85 Guodong Wang et al., «The Genomics of Selection in Dogs and the Parallel Evolution Between Dogs and Humans», in: *Nature Communications* 4 (2013), Artikelnr. 1860.
86 Charles Darwin, *Die Entstehung der Arten,* Leipzig: Alfred Kröner Verlag 1884, S. 13.
87 Ebenda, S. 12.
88 Brian Hare und Michael Tomasello, «Human-like Social Skills in Dogs?», in: *Trends in Cognitive Sciences* 9 (2005), S. 439–444.
89 Brian Hare et al., «The Self-Domestication Hypothesis: Evolution of Bonobo Psychology Is Due to Selection Against Aggression», in: *Animal Behaviour* 83 (2012), S. 573–585.
90 Frans de Waal, « Bonobo Bliss: Evidence That Doing Good Feels Good», in: *Natural History*, 8. August 2013.
91 V. Wobber et al., «Bonobos Exhibit Delayed Development of Social Behavior and Cognition Relative to Chimpanzees», in: *Current Biology* 20 (2010), S. 226–230.
92 Brian Hare et al., «The Self-Domestication Hypothesis: Evolution of Bonobo Psychology Is Due to Selection Against Aggression», in: *Animal Behaviour* 83 (2012), S. 573–585.
93 Ben G. Blount, «Issues in Bonobo (Pan paniscus) Sexual Behaviour», in: *American Anthropologist* 92 (1990), S. 702–714.
94 Frans de Waal, «The Antiquity of Empathy», in: *Science* 336 (2012), S. 874 ff.
95 James K. Rilling et al., «Differences Between Chimpanzees and Bonobos in Neural Systems Supporting Social Cognition», *Social Cognitive and Affective Neuroscience*, 5. April 2011.
96 J. F. Dahl, «The External Genitalia of the Female Pygmy Chimpanzee», in: *Anatomical Record* 211 (1985), S. 24–28.
97 Frans de Waal, « Bonobo Bliss: Evidence That Doing Good Feels Good», in: *Natural History*, 8. August 2013.
98 Brian Hare und Michael Tomasello, «Human-like Social Skills in Dogs?», in: *Trends in Cognitive Sciences* 9 (2005), S. 439–444.
99 Louis Bolk, *Das Problem der Menschwerdung,* Vortrag, gehalten am 15. April 1926 auf der XXV. Versammlung der Anatomischen Gesellschaft zu Freiburg, Jena 1926, S. 8.
100 Christopher B. Ruff et al., «Body Mass and Encephalization in Pleistocene Homo, in: *Nature* 387 (1997), S. 173–176.
101 Zitiert in: Helen M. Leach, «Human Domestication Reconsidered», in: *Current Anthropology* 44 (2003), S. 349–368.
102 Gerhard Roth und Ursula Dicke, «Evolution of the Brain and Intelligence», in: *Trends in Cognitive Science* 9 (2005), S. 250–257.

Jaulen und Ärgernisse

1 Monique A. R. Udell et al., «Wolves Outperform Dogs in Following Human Social Cues», in: *Animal Behaviour* 76 (2008), S. 1767–1773.
2 Persönliche Unterhaltung mit der Autismusexpertin Naomi Angoff Chedd im Jahr 2014.
3 Diana Reiss, *The Dolphin in the Mirror: Exploring Dolphin Minds and Saving Dolphin Lives*, Boston 2011, S. 61.
4 Josep Call und Michael Tomasello, «Does the chimpanzee have a theory of mind? 30 years later», in: *Trends in Cognitive Sciences* 12 (2008), S. 187–192. Siehe auch: Andrew Whiten, «When Does Smart Behaviour-Reading Become Mind-Reading?», in: Peter Carruthers und Peter K. Smith (Hgg.), *Theories of Theories of Mind*, New York 1996, S. 277–292.
5 V. Gallese, «Before and Below ‹Theory of Mind›: Embodied Simulation and the Neural Correlates of Social Cognition», in: *Philosophical Transactions of the Royal Society B* 362 (2007), S. 659–669.
6 David Premack und Guy Woodruff, «Does the Chimpanzee Have a Theory of Mind?», in: *Behavioral and Brain Sciences* 1 (1978), S. 515–526.
7 Kate Harmon, «The Social Genius of Animals», in: *Scientific American Mind* 23 (2012), S. 66–71.
8 Frans de Waal, *Primates and Philosophers*, Princeton, NJ, 2006.
9 «Dogs Are No Mind Readers», *Science Now*, 17. August 2009.
10 Mark Petter et al., «Can Dogs (Canis familiaris) Detect Human Deception?», in: *Behavioural Processes* 82 (2009), S. 109–118.
11 Marlise Simons, «Face Masks Fool the Bengal Tigers», *New York Times*, 5. September 1989.
12 Martin Brüne und Ute Brüne-Cohrs, «Theory of Mind: Evolution, Ontogeny, Brain Mechanisms and Psychopathology», in: *Neuroscience & Biobehavioral Reviews* 30 (2006), S. 437–455.
13 Joaquim J. Veà und Jordi Sabater-Pi, 1998. «Spontaneous Pointing Behaviour in the Wild Pygmy Chimpanzee *(Pan paniscus)*», in: *Folia Primatologica* 69 (1998), S. 289 f.
14 Alexander L. Vail et al., «Referential Gestures in Fish Collaborative Hunting», in: *Nature Communications* 4 (2013), Artikelnr. 1765.
15 Alexander L. Vail et al., «Fish Choose Appropriately When and with Whom to Collaborate», in: *Current Biology* 24 (2014), R791–793.
16 Maddalena Bearzi und Craig B. Stanford, *Beautiful Minds: The Parallel Lives of Great Apes and Dolphins*, Cambridge, MA, 2008, S. 230. Siehe auch: Janet Mann et al. (Hgg.), *Cetacean Societies*, Chicago 2000; und Paulo C. Simões-Lopes et al., «Dolphin Interactions with the Mullet Artisanal Fishing on Southern Brazil: A Qualitative and Quantitative Approach», in: *Revista Brasileira de Zoologia* 15 (1998), S. 709–726; und F. G. Daura-Jorge et al., «The Structure of a Bottlenose Dolphin Society Is Coupled to a Unique Foraging Cooperation with Artisanal Fishermen», in: *Biology Letters* 8 (2012), S. 702–705.
17 Daniel Strain, «Clues to an Unusual Alliance Between Dolphins and Fishers», *Science Now*, 1. Mai 2012.

18 Tom Mead, *Killers of Eden: The Killer Whales of Twofold Bay*, Oatley, NSW, Australien, 2012.
19 Mathias Osvath, «Spontaneous Planning for Future Stone Throwing by a Male Chimpanzee», in: *Current Biology* 19 (2009), S. R190f.
20 Radiolab, «Fu Manchu», NPR 25. Januar 2010, http://www.radiolab.org/story/91939-fu-manchu/
21 Tom Flower, «Fork-tailed Drongos Use Deceptive Mimicked Alarm Calls to Steal Food», in: *Proceedings of the Royal Society of London B* 2010, http://rspb.royalsocietypublishing.org/content/early/2010/10/27/rspb.2010.1932
22 Jared Diamond, *Der dritte Schimpanse: Evolution und Zukunft des Menschen*, Frankfurt a. M. 2006. Siehe auch: Maddalena Bearzi und Craig B. Stanford, *Beautiful Minds: The Parallel Lives of Great Apes and Dolphins*, Cambridge, MA, 2008, S. 188.
23 Eugene Linden, 1993. «Can Animals Think?» *Time*, 22. März 1993, S. 60.
24 Jonathan I. Flombaum und Laurie R. Santos, «Rhesus Monkeys Attribute Perceptions to Others», in: *Current Biology* 15 (2005), S. 447–452.
25 Laurie R. Santos et al., «Rhesus Monkeys, *Macaca mulatta*, Know What Others Can and Cannot Hear», in: *Animal Behaviour* 71 (2006), S. 1175–1181.
26 Monique A. R. Udell et al., «Wolves Outperform Dogs in Following Human Social Cues», in: *Animal Behaviour* 76 (2008), S. 1767–1773.
27 Nathan J. Emery und Nicola S. Clayton, «The Mentality of Crows: Convergent Evolution of Intelligence in Corvids and Apes», in: *Science* 306 (2004), S. 1903–1907. Siehe auch: Nicola S. Clayton et al., «Social Cognition by Food-Caching Corvids: The Western Scrub-Jay as a Natural Psychologist», in: *Philosophical Transactions of the Royal Society B* 362 (2007), S. 507–522.
28 Frans de Waal, «Moralisches Verhalten bei Tieren», *TEDx Peachtree*, November 2011, https://www.ted.com/talks/frans_de_waal_do_animals_have_morals?language=de. Siehe auch: Frans de Waal et al. 2008. «Giving Is Self-Rewarding for Monkeys», in: *PNAS* 105 (2008), S. 13685–13689. Siehe auch: A. Takimoto und K. Fujita, «I Acknowledge Your Help: Capuchin Monkeys' Sensitivity to Others' Labor», in: *Animal Cognition* 14 (2011), S. 715–725.
29 Claudia A. F. Wascher und Thomas Bugnyar, «Behavioral Responses to Inequity in Reward Distribution and Working Effort in Crows and Ravens», in: *PLoS ONE* 8 (2013), e56885.
30 Ker Than, «Gorilla Youngsters Seen Dismantling Poachers' Traps – a First», *National Geographic News*, 19. Juli 2012. Siehe auch: Candice G. Andrews, «Gorillas Thwart Poachers», *Good Nature Travel*, 27. August 2013.
31 Kay E. Holekamp et al., «Social Intelligence in the Spotted Hyena *(Crocuta crocuta)*», in: *Transactions of the Royal Society B – Biological Sciences* 362 (2007), S. 523–538.
32 Maddalena Bearzi und Craig B. Stanford, *Beautiful Minds: The Parallel Lives of Great Apes and Dolphins*, Cambridge, MA, 2008, S. 190.
33 Josep Call und Michael Tomasello, «Does the chimpanzee have a theory of mind? 30 years later», in: *Trends in Cognitive Sciences* 12 (2008), S. 187–192.
34 Frans de Waal, *Primates and Philosophers*, Princeton, NJ 2006, S. 76.
35 K. Harmon, «The Social Genius of Animals», in: *Scientific American Mind* 23 (2012), S. 66–71. Siehe auch: A. Horowitz, «Theory of Mind in Dogs?», in: *Learning and Behavior* 39 (2011), S. 314–317.
36 Derek C. Penn und Daniel J. Povinelli, «On the lack of evidence that non-human animals possess anything remotely resembling a ‹theory of mind›», in: *Transactions of the Royal Society B – Biological Sciences* 362 (2007), S. 731–744.

37 Shaun Nichols und Stephen P. Stich, 2005. «Reading One's Own Mind: A Cognitive Theory of Self-Awareness», in: Maite Ezcurdia et al. (Hgg.), *New Essays in Philosophy of Language and Mind*, Calgary 2005, S. 297–339.

38 Zitate von Gauguin, Lukrez, Yeats, Locke und Valéry aus: Nicholas Humphrey, «The Society of Selves», in: *Philosophical Transactions of the Royal Society B* 362 (2007), S. 745–754.

39 Louise Barrett et al., «Social Brains, Simple Minds: Does Social Complexity Really Require Cognitive Complexity?», in: *Philosophical Transactions of the Royal Society B* 362 (2007), S. 561–575.

40 «Hawaii Aims to Deter Volcano Offerings», *Washington Post*, 21. April 2007.

41 Frans de Waal, *Primates and Philosophers*, Princeton, NJ, 2006.

42 Zitiert in: Michael Tennesen, «Do Dolphins Have a Sense of Self?», *National Wildlife Federation*, 1. Februar 2003.

43 R. W. Byrne und L. A. Bates, «Primate social cognition: uniquely primate, uniquely social, or just unique?», in: *Neuron* 65 (2010), S. 815–830. Siehe auch: Phillippe Rochat und Dan Zahavi, «The Uncanny Mirror: A Re-Framing of Mirror Self-Experience», in: *Consciousness and Cognition* 20 (2011), S. 204–213.

44 Sanni Somppi et al., «How Dogs Scan Familiar and Inverted Faces: An Eye Movement Study», in: *Animal Cognition* 17 (2014), S. 793–803.

45 Dominique Autier-Derian et al., «Visual Discrimination of Species in Dogs (Canis familiaris)», in: *Animal Cognition* 16 (2013), S. 637–651.

46 Diana Reiss, *The Dolphin in the Mirror: Exploring Dolphin Minds and Saving Dolphin Lives*, Boston 2011, S. 139.

47 Gordon G. Gallup, «Chimpanzees: Self-recognition», in: *Science* 167 (1970), S. 86 f.

48 Erik Vance, «It's Complicated: The Lives of Dolphins & Scientists», *Discover Magazine*, 7. September 2011.

49 Diana Reiss, *The Dolphin in the Mirror: Exploring Dolphin Minds and Saving Dolphin Lives*, Boston 2011, S. 148.

50 Ebenda, S. 143, 149.

51 Helmut Prior et al., «Mirror-Induced Behavior in the Magpie (*Pica pica*): Evidence of Self-Recognition», in: *PLoS Biol* 6 (2008), e202. Siehe auch: «Mirror Test Shows Magpies Aren't So Bird-Brained», *New Scientist* 2008, https://www.youtube.com/watch?v=HRVGA9zxXzk

52 Joanna Burger, *Der Papagei, dem ich gehörte*, München 2002.

53 Vilayanur Ramachandran, «Die Neuronen, die die Zivilisation formten», *TED.com*, November 2009.

54 Christian Jarrett, «A Calm Look at the Most Hyped Concept in Neuroscience: Mirror Neurons», *Wired Science*, 13. Dezember 2013.

55 Jason Marsh, «Do Mirror Neurons Give Us Empathy?», *Greater Good*, 29. März 2012, http://greatergood.berkeley.edu/article/item/do_mirror_neurons_give_empathy

56 J. M. Kilner und R. N. Lemon, «What We Know Currently About Mirror Neurons», in: *Current Biology* 23 (2013), R1057–1062.

57 Ludwig Wittgenstein, *Werkausgabe in 8 Bänden, Band 1*, Frankfurt a. M. 1984, S. 568.

58 J. Panksepp, «Affective Consciousness: Core Emotional Feelings in Animals and Humans», in: *Consciousness and Cognition* 14 (2005), S. 30–80.

59 Frans de Waal, *Primates and Philosophers*, Princeton, NJ, 2006, S. 72.

60 Eckart Altenmüller et al., *Evolution of Emotional Intelligence*, Oxford 2013, S. 31.

61 Maddalena Bearzi und Craig B. Stanford, *Beautiful Minds: The Parallel Lives of Great Apes and Dolphins*, Cambridge, MA, 2008, S. 173.

62 Ebenda, S. 256.
63 Jared Diamond, *Der dritte Schimpanse: Evolution und Zukunft des Menschen*, Frankfurt a. M. 2006, S. 196.
64 Richard Moore, «Ape Gestures: Interpreting Chimpanzee and Bonobo Minds», in: *Current Biology* 24 (2014), R645–647. Siehe auch: Catherine Hobaiter, und Richard W. Byrne, «The Meanings of Chimpanzee Gestures», in: *Current Biology* 24 (2014), S. 1596–1600.
65 Emilie Genty et al., «Gestural Communication of the Gorilla (Gorilla gorilla): Repertoire, Intentionality and Possible Origins», in: *Animal Cognition* 12 (2009), S. 527–546.
66 Emilie Genty und Klaus Zuberbuehler, «Spatial Reference in a Bonobo Gesture», in: *Current Biology* 24 (2014), S. 1601–1605.
67 Maddalena Bearzi und Craig B. Stanford, *Beautiful Minds: The Parallel Lives of Great Apes and Dolphins,* Cambridge, MA, 2008, S. 176 f.
68 Julie Brown, *Writers on the Spectrum: How Autism and Asperger Syndrome Have Influenced Literary Writing*, London 2010. Siehe auch: Dawn Prince-Hughes, 1987. Songs of the Gorilla Nation: My Journey Through Autism, New York 1987, S. 135. (Deutsche Ausgabe: *Heute singe ich mein Leben: Eine Autistin begreift sich und ihre Welt,* München 2004.)
69 Roger Fouts und Stephen Mills, *Unsere nächsten Verwandten: von Schimpansen lernen, was es heißt, ein Mensch zu sein*, München 1998, S. 350.
70 Steven Pinker, *Der Sprachinstinkt*, München 1996.
71 Peter Tyack, «Communication and Cognition», in: John E. Reynolds und Sentiel A. Rommel (Hgg.), *Biology of Marine Mammals*, Washington 1999, S. 313.
72 Elizabeth M. Thomas, «The Old Way», *The New Yorker,* 15. Oktober 1990, S. 78.
73 Erica A. Cartmill und Richard W. Byrne, «Orangutans Modify Their Gestural Signalling According to Their Audience's Comprehension», in: *Current Biology* 17 (2007), S. 1345–1348.

Der Gesang der Wale

1 Robert Pitman, «An Introduction to the World's Premier Predator», in: *Whalewatcher* 40 (2011), S. 2–5.
2 John K. B. Ford und Graeme M. Ellis, *Transients: Mammal-Hunting Killer Whales of British Columbia, Washington, and Southeastern Alaska,* Seattle 1999, S. 13.
3 John K. B. Ford und Graeme M. Ellis, «Prey Selection and Food Sharing by Fish-Eating ‹Resident› Killer Whales (*Orcinus orca*) in British-Columbia», *Fisheries and Oceans Canada* 2005, Research Document 2005/041.
4 Gerald S. Wilkinson, 1986. «Social Grooming in the Vampire Bat, *Desmodus rotundus*», in: *Animal Behaviour* 34 (1986), S. 1880–1889.
5 Shinya Yamamoto et al., «Chimpanzees' Flexible Targeted Helping Based on an Understanding of Conspecifics' Goals», in: *PNAS* 109 (2012), S. 3588–3592.
6 Brian Hare und Suzy Kwetuenda, «Bonobos Voluntarily Share Their Own Food with Others», in: *Current Biology* 20 (2010), S. R230 f.
7 «Horse Feeds Another Horse», bei Youtube veröffentlicht von Officialhuskylovers.com am 9. Juni 2014, https://www.youtube.com/watch?v=p4jhtJC25EQ
8 A. Rus Hoelzel, 1991. «Killer Whale Predation on Marine Mammals at Punta Norte, Argentina: Food Sharing, Provisioning and Foraging Strategy», in: *Behavioral Ecology and Sociobiology* 29 (1991), S. 197–204.
9 John K. B. Ford et al., *Killer Whales*, Seattle 1994, S. 68.

10 John K. B. Ford und Graeme M. Ellis, *Transients: Mammal-Hunting Killer Whales of British Columbia, Washington, and Southeastern Alaska,* Seattle 1999, S. 61.
11 Denise L. Herzing, *Dolphin Diaries: My Twenty-five Years with Spotted Dolphins in the Bahamas,* New York 2011, S. 153.
12 Michael A. Bigg et al., *Killer Whales: A Study of Their Identification, Genealogy, and Natural History in British Columbia and Washington State,* Nanaimo, BC, 1987, S. 12.
13 John K. B. Ford und Graeme M. Ellis, *Transients: Mammal-Hunting Killer Whales of British Columbia, Washington, and Southeastern Alaska,* Seattle 1999.
14 John K. B. Ford und Graeme M. Ellis, *Transients: Mammal-Hunting Killer Whales of British Columbia, Washington, and Southeastern Alaska,* Seattle 1999.
15 Robert Pitman, «An Introduction to the World's Premier Predator», in: *Whalewatcher* 40 (2011), S. 2–5.
16 John K. B. Ford, «Killer Whales of the Pacific Northwest Coast», in: *Whalewatcher* 40 (2011), S. 15–23.
17 Marilyn E. Dahlheim et al., «Eastern Temperate North Pacific Offshore Killer Whales (*Orcinus orca*): Occurrence, Movements, and Insights into Feeding Ecology», in: *Marine Mammal Science* 24 (2008), S. 719–729. (Einige Informationen stammen aus Quellen, die von diesen Autoren zitiert werden.)
18 Robert L. Pitman, «Antarctic Killer Whales», in: *Whalewatcher* 40 (2011), S. 39–45.
19 Ann Pabst et al., «The Functional Morphology of Marine Mammals», in: John E. Reynolds und Sentiel A. Rommel (Hgg.), *Biology of Marine Mammals,* Washington 1999, S. 61.
20 Peter Tyack, «Communication and Cognition», in: John E. Reynolds und Sentiel A. Rommel (Hgg.), *Biology of Marine Mammals,* Washington 1999, S. 293.
21 Diana Reiss, *The Dolphin in the Mirror: Exploring Dolphin Minds and Saving Dolphin Lives,* Boston 2011, S. 136.
22 Denise L. Herzing, *Dolphin Diaries: My Twenty-five Years with Spotted Dolphins in the Bahamas,* New York 2011, S. 44.
23 Ebenda, S. 53.
24 John K. B. Ford et al., *Killer Whales,* Seattle 1994, S. 75.
25 Luke Rendell und Hal Whitehead, «Culture in Whales and Dolphins», in: *Journal of Behavioral and Brain Science* 24 (2001), S. 309–382.
26 Richard C. Connor, «Group Living in Whales and Dolphins», in: Janet Mann et al. (Hgg.), *Cetacean Societies,* Chicago 2000, S. 260 f.
27 L. E. Rendell and H. Whitehead, 2003. «Vocal Clans in SpermWhales (*Physeter macrocephalus*)», in: *Proceedings of the Royal Society B* 270 (2003), S. 225–231.
28 Alexandra Morton, *Listening to Whales,* New York 2004, S. 105.
29 Beschrieben in: Erich Hoyt, *Orca: The Whale Called Killer,* New York 1981, S. 143 f.
30 Anuschka de Rohan, «Why dolphins are deep thinkers», *The Guardian,* 3. Juli 2003.
31 Maddalena Bearzi und Craig B. Stanford, *Beautiful Minds: The Parallel Lives of Great Apes and Dolphins,* Cambridge, MA, 2008, S. 164 ff.
32 Mark P. Simmonds 2006. «Into the Brains of Whales», in: *Applied Animal Behaviour Science* 100 (2006), S. 103–116. (Simmonds bespricht und zitiert andere Quellen.)
33 Stephanie L. King und Vincent M. Janik, «Bottlenose Dolphins Can Use Learned Vocal Labels to Address Each Other», in: *PNAS* 110 (2013), S. 13216–13221. Siehe auch: Peter Tyack, «Communication and Cognition», in: John E. Reynolds und

Sentiel A. Rommel (Hgg.), *Biology of Marine Mammals,* Washington 1999, S. 304; sowie Vincent M. Janik, «Cognitive Skills in Bottlenose Dolphin Communication», in: *Trends in Cognitive Sciences* 17 (2013), S. 157–159.

34 Brandon Keim, «Dolphins May Call Each Other by Name», *Wired Science,* 20. Februar 2013.

35 Vincent M. Janik, «Source Levels and the Estimated Active Space of Bottlenose Dolphin (*Tursiops truncatus*) Whistles in the Moray Firth, Scotland», *Journal of Comparative Physiology A* 186 (2000), S. 673–680.

36 Denise L. Herzing, *Dolphin Diaries: My Twenty-five Years with Spotted Dolphins in the Bahamas,* New York 2011, S. 103.

37 Nicola J. Quick und Vincent M. Janik, «Bottlenose Dolphins Exchange Signature Whistles When Meeting at Sea», *Proceedings of the Royal Society B* 279 (2012), S. 2539–2545.

38 Virginia Morell, «When the Bat Sings», *Science* 344 (2014), S. 1334–1337.

39 Karl S. Berg et al., «Vertical Transmission of Learned Signatures in a Wild Parrot», *Proceedings of the Royal Society B* 279 (2011), S. 585–591.

40 Virginia Morell, 2014. «A Rare Observation of Teaching in the Wild», *Science,* 11. Juni 2014.

41 Jason N. Bruck, «Decades-long Social Memory in Bottlenose Dolphins», *Proceedings of the Royal Society B* 280 (2013), S. 1726.

42 Amy Samuels und Peter L. Tyack, «Flukeprints: A History of Studying Cetacean Societies», in: Janet Mann et al. (Hgg.), *Cetacean Societies,* Chicago 2000.

43 Peter Tyack, «Communication and Cognition», in: John E. Reynolds und Sentiel A. Rommel (Hgg.), *Biology of Marine Mammals,* Washington 1999, S. 297 f.

44 Australian humpbacks' song: Michael J. Noad et al., «Cultural Revolution in Whale Songs», in: *Nature* 408 (2000), S. 537.

45 Alexandra Morton, *Listening to Whales,* New York 2004, S. 117.

46 Peter Tyack, «Communication and Cognition», in: John E. Reynolds und Sentiel A. Rommel (Hgg.), *Biology of Marine Mammals,* Washington 1999, S. 291 f.

47 John K. B. Ford und Graeme M. Ellis, *Transients: Mammal-Hunting Killer Whales of British Columbia, Washington, and Southeastern Alaska,* Seattle 1999, S. 78.

48 Whitlow W. L. Au, *The Sonar of Dolphins,* New York 1993, S. 3 f.

49 Ebenda, S. 209.

50 «Infrared Detection in Animals», *Map of life,* 10. November 2014. Siehe auch: Tanya Lewis, «Cats and Dogs May See in Ultraviolet», *Livescience,* 18. Februar 2014.

51 Daniel Kish, «‹Bat Man› Navigates Primarily by Using Echolocation», *National Geographic,* Video ohne Datum.

52 Peter Tyack, «Communication and Cognition», in: John E. Reynolds und Sentiel A. Rommel (Hgg.), *Biology of Marine Mammals,* Washington 1999, S. 289.

53 Maddalena Bearzi und Craig B. Stanford, *Beautiful Minds: The Parallel Lives of Great Apes and Dolphins,* Cambridge, MA, 2008, S. 248.

54 Tiu Similä und Fernando Ugarte, «Surface and Underwater Observations of Cooperatively Feeding Killer Whales in Northern Norway», in: *Canadian Journal of Zoology* 71 (1993), S. 1494–1499.

55 John K. B. Ford und Graeme M. Ellis, *Transients: Mammal-Hunting Killer Whales of British Columbia, Washington, and Southeastern Alaska,* Seattle 1999, S. 26.

56 Alexandra Morton, *Listening to Whales,* New York 2004, S. 192.

57 Robert L. Pitman, «Antarctic Killer Whales», in: *Whalewatcher* 40 (2011), S. 39–45.

58 John K. B. Ford et al., «Killer Whale Attacks on Minke Whales: Prey Capture and Antipredator Tactics», in: *Marine Mammal Science* 21 (2005), S. 603–618.

59 Craig Matkin und John Durban, «Killer Whales in Alaskan Waters», in: *Whalewatcher* 40 (2011), S. 24–29.
60 Robert L. Pitman et al., «Killer Whale Predation on Sperm Whales: Observations and Implications», in: *Marine Mammal Science* 17 (2001), S. 494–507.
61 Ingrid Visser, *Swimming with Orca*, New York 2005, S. 94 f.
62 Richard C. Connor et al., «Social Evolution in Toothed Whales», in: *Trends in Ecology & Evolution* 13 (1988), S. 228–232.
63 Eric J. Ward et al., «The Role of Menopause and Reproductive Senescence in a Long-Lived Social Mammal», in: *Frontiers in Zoology* 6 (2009), S. 4.
64 Emma A. Foster et al., «Adaptive Prolonged Postreproductive Lifespan in Killer Whales», in: *Science* 337 (2012), S. 1313.
65 Richard C. Connor et al., «Social Evolution in Toothed Whales», in: *Trends in Ecology & Evolution* 13 (1988), S. 228–232.
66 Denise L. Herzing, *Dolphin Diaries: My Twenty-five Years with Spotted Dolphins in the Bahamas*, New York 2011, S. 51.
67 Shane Gero et al., «Who Cares? Between-Group Variation in Alloparental Caregiving in Sperm Whales», in: *Behavioral Ecology* 20 (2009), S. 838–843.
68 Michael Parfit und Suzanne Chisholm, *The Lost Whale: The True Story of an Orca Named Luna,* New York 2013, S. 13.
69 Alexandra Morton, *Listening to Whales*, New York 2004, S. 139.
70 Denise L. Herzing, *Dolphin Diaries: My Twenty-five Years with Spotted Dolphins in the Bahamas*, New York 2011, S. 42.
71 Sterling Bunnell, «Die Evolution der Intelligenz bei den Cetaceen», in: Joan McIntyre (Hg.), Der Geist in den Wassern, Frankfurt a. M. 1983, S. 52–66.
72 Robin D. Paulos et al., «Play in Wild and Captive Cetaceans», in: *International Journal of Comparative Psychology* 23 (2010), S. 701–722.
73 Diana Reiss, *The Dolphin in the Mirror: Exploring Dolphin Minds and Saving Dolphin Lives,* Boston 2011, S. 112–118.
74 Denise L. Herzing, *Dolphin Diaries: My Twenty-five Years with Spotted Dolphins in the Bahamas*, New York 2011, S. 28.
75 Erik Vance, «It's Complicated: The Lives of Dolphins & Scientists», *Discover Magazine*, 7. September 2011.
76 Patrick R. Hof und Estel Van Der Gucht, «Structure of the Cerebral Cortex of the Humpback Whale, *Megaptera novaeangliae*», in: *Anatomical Record* 290 (2007), S. 1–31.
77 Peter Tyack, «Communication and Cognition», in: John E. Reynolds und Sentiel A. Rommel (Hgg.), *Biology of Marine Mammals,* Washington 1999, S. 287.
78 Diana Reiss, *The Dolphin in the Mirror: Exploring Dolphin Minds and Saving Dolphin Lives,* Boston 2011, S. 196.
79 Anuschka de Rohan, «Why dolphins are deep thinkers», *The Guardian*, 3. Juli 2003
80 Diana Reiss, *The Dolphin in the Mirror: Exploring Dolphin Minds and Saving Dolphin Lives,* Boston 2011, S. 129.
81 «Whale Uses Fish as Bait to Catch Seagulls Then Shares Strategy with Fellow Orcas», Associated Press, 7. September 2005, Mongabay.com
82 Diana Reiss, *The Dolphin in the Mirror: Exploring Dolphin Minds and Saving Dolphin Lives,* Boston 2011, S. 75, 100–103.
83 Ebenda, S. 132.
84 Peter Tyack, «Communication and Cognition», in: John E. Reynolds und Sentiel A. Rommel (Hgg.), *Biology of Marine Mammals,* Washington 1999, S. 287.
85 Zitiert in: Diana Reiss, *The Dolphin in the Mirror: Exploring Dolphin Minds and Saving Dolphin Lives,* Boston 2011, S. 176.

86 Maddalena Bearzi und Craig B. Stanford, *Beautiful Minds: The Parallel Lives of Great Apes and Dolphins,* Cambridge, MA, 2008, S. 140, 251.
87 Peter Tyack, «Communication and Cognition», in: John E. Reynolds und Sentiel A. Rommel (Hgg.), *Biology of Marine Mammals,* Washington 1999, S. 288.
88 Heidi C. Pearson und Deborah E. Shelton, «A Large-brained Social Animal», in: Bernd Würsig und Melanie Würsig (Hgg.), *The Dusky Dolphin,* London 2010, S. 333–353.
89 Ebenda.
90 Gerhard Roth und Ursula Dicke, «Evolution of the Brain and Intelligence», in: *Trends in Cognitive Science* 9 (2005), S. 250–257.
91 Ebenda.
92 Heidi C. Pearson und Deborah E. Shelton, «A Large-brained Social Animal», in: Bernd Würsig und Melanie Würsig (Hgg.), *The Dusky Dolphin,* London 2010, S. 333–353.
93 Richard W. Byrne und L. A. Bates, «Elephant cognition: what we know about what elephants know», in: Cynthia J. Moss et al. (Hgg.), *The Amboseli Elephants: A Long-Term Perspective on a Long-Lived Mammal,* Chicago 2011, S. 174.
94 Gerhard Roth und Ursula Dicke, «Evolution of the Brain and Intelligence», in: *Trends in Cognitive Science* 9 (2005), S. 250–257.
95 Christof Koch, *Consciousness: Confessions of a Romantic Reductionist,* Cambridge, MA, 2012.
96 Ebenda.
97 Peter Tyack, «Communication and Cognition», in: John E. Reynolds und Sentiel A. Rommel (Hgg.), *Biology of Marine Mammals,* Washington 1999, S. 316 f.
98 Richard C. Connor, «Group Living in Whales and Dolphins», in: Janet Mann et al. (Hgg.), *Cetacean Societies,* Chicago 2000, S. 266.
99 Mark P. Simmonds 2006. «Into the Brains of Whales», in: *Applied Animal Behaviour Science* 100 (2006), S. 103–116. (Simmonds zitiert Richard C. Connor et al., 2001. «Complex Social Structure, Alliance, Stability and Mating Access in a Bottlenose Dolphin ‹Super-Alliance›», in: *Proceedings of the Royal Society of London B* 268 (2001), S. 263–267.)
100 Maddalena Bearzi und Craig B. Stanford, *Beautiful Minds: The Parallel Lives of Great Apes and Dolphins,* Cambridge, MA, 2008, S. 188.
101 Ebenda, S. 197 ff.
102 Peter Tyack, «Communication and Cognition», in: John E. Reynolds und Sentiel A. Rommel (Hgg.), *Biology of Marine Mammals,* Washington 1999, S. 316 f.
103 Andy Coghlan, «Whales Boast the Brain Cells That ‹Make Us Human›», *New Scientist,* November 2006.
104 Atiya Y. Hakeem et al., «Von Economo Neurons in the Elephant Brain», Anatomical Record 292 (2009), S. 242–248; zitiert in: Cynthia J. Moss et al. (Hgg.), *The Amboseli Elephants: A Long-Term Perspective on a Long-Lived Mammal,* Chicago 2011, S. 175.
105 Camilla Butti et al., «Total Number and Volume of von Economo Neurons in the Cerebral Cortex of Cetaceans», in: *Journal of Comparative Neurology* 515 (2009), S. 243–259.
106 Rudolf Nieuwenhuys, «The Insular Cortex: A Review», in: *Progress in Brain Research* 195 (2012), S. 123–163.
107 Andy Coghlan, «Whales Boast the Brain Cells That ‹Make Us Human›», *New Scientist,* November 2006.
108 Patrick R. Hof und Estel Van Der Gucht, «Structure of the Cerebral Cortex of the

Humpback Whale, *Megaptera novaeangliae*», in: *Anatomical Record* 290 (2007), S. 1–31.
109 Atiya Y. Hakeem et al., «Von Economo Neurons in the Elephant Brain», in: *Anatomical Record* 292 (2009), S. 242–248.
110 Zitiert in: Andy Coghlan, «Whales Boast the Brain Cells That ‹Make Us Human›», *New Scientist,* November 2006; siehe auch: Patrick R. Hof und Estel Van Der Gucht, «Structure of the Cerebral Cortex of the Humpback Whale, *Megaptera novaeangliae*», in: *Anatomical Record* 290 (2007), S. 1–31.
111 Frans de Waal, «Animal Conformists», in: *Science* 340 (2013), S. 437 f.
112 University of Bristol, «First Demonstration of ‹Teaching› in Non-human Animals: Ants Teach by Running in Tandem», *Science Daily,* 13. Januar 2006.
113 Christophe Guinet und Jérome Bouvier, «Development of Intentional Stranding Hunting Techniques in Killer Whale (*Orcinus orca*) Calves at Crozet Archipelago», in: *Canadian Journal of Zoology* 73 (1995), S. 27–33.
114 Craig Matkin und John Durban, «Killer Whales in Alaskan Waters», in: *Whalewatcher* 40 (2011), S. 24–29.
115 Courtney E. Bender et al., «Evidence of Teaching in Atlantic Spotted Dolphins *(Stenella frontalis)* by Mother Dolphins Foraging in the Presence of Their Calves», in: *Animal Cognition* 12 (2009), S. 43–53.
116 Michael Krützen et al., 2005. «Cultural Transmission of Tool Use in Bottlenose Dolphins», in: *PNAS* 102 (2005): S. 8939–8943.
117 William J. Hoppitt et al., «Lessons from Animal Teaching», in: *Trends in Ecology & Evolution* 23 (2008), S. 486–493.
118 C. K. Taylor und G. Saayman, «Imitative Behavior by Indian Ocean Bottlenose Dolphins (*Tursiops aduncus*) in Captivity», in: *Behaviour* 44 (1973), S. 286–298. Siehe auch: Diana Reiss, *The Dolphin in the Mirror: Exploring Dolphin Minds and Saving Dolphin Lives,* Boston 2011, S. 168.
119 Diana Reiss, *The Dolphin in the Mirror: Exploring Dolphin Minds and Saving Dolphin Lives,* Boston 2011, S. 126.
120 Ebenda, S. 169.
121 Peter Tyack, «Communication and Cognition», in: John E. Reynolds und Sentiel A. Rommel (Hgg.), *Biology of Marine Mammals,* Washington 1999, S. 315.
122 C. K. Taylor und G. Saayman, «Imitative Behavior by Indian Ocean Bottlenose Dolphins (*Tursiops aduncus*) in Captivity», in: *Behaviour* 44 (1973), S. 286–298.
123 Alexandra Morton, *Listening to Whales,* New York 2004, S. 113–115.
124 Ebenda, S. 210.
125 Ebenda, S. 93, 121.
126 Ebenda, S. 237 ff.
127 Ebenda, S. 97 f.
128 Howard Garrett, «SeaWorld's Orcas Deserve a Retirement Plan», *The Dodo,* 14. November 2014.
129 Michael Parfit und Suzanne Chisholm, *The Lost Whale: The True Story of an Orca Named Luna,* New York 2013, S. 31, 280.
130 Ebenda, S. 36, 66, 186 f.
131 Ebenda, S. 170 f.
132 Ebenda, S. 300.
133 Ebenda, S. 82 f., 119.
134 Ebenda, S. 99, 141, 143, 301. (Siehe auch die weiteren Parfit-Zitate auf S. 286, 313.)
135 Diana Reiss, *The Dolphin in the Mirror: Exploring Dolphin Minds and Saving Dolphin Lives,* Boston 2011, S. 198.

136 Amy Samuels und Peter L. Tyack, «Flukeprints: A History of Studying Cetacean Societies», in: Janet Mann et al. (Hgg.), *Cetacean Societies*, Chicago 2000, S. 26. Siehe auch: Diana Reiss, *The Dolphin in the Mirror: Exploring Dolphin Minds and Saving Dolphin Lives*, Boston 2011, S. 199.

137 Denise L. Herzing, *Dolphin Diaries: My Twenty-five Years with Spotted Dolphins in the Bahamas*, New York 2011, S. 29, 64.

138 Ebenda, S. 31 f.

139 Bryant Austin, *Beautiful Whale*, New York 2013. Siehe auch: «Photographer Gets Up Close with Whales», *Here & Now*, 3. Juni 2013, http://hereandnow.legacy.wbur.org/2013/06/03/photographer-beautiful-whale

140 John K. B. Ford et al., *Killer Whales*, Seattle 1994, S. 83.

141 Diana Reiss, *The Dolphin in the Mirror: Exploring Dolphin Minds and Saving Dolphin Lives*, Boston 2011, S. 205.

142 Robert L. Pitman und John W. Durban, «Save the Seal!», *Natural History*, November 2009.

143 Denise L. Herzing, *Dolphin Diaries: My Twenty-five Years with Spotted Dolphins in the Bahamas*, New York 2011, S. 106.

144 Peter Fimrite, «Daring Rescue of Whale off Farallones», *San Francisco Chronicle*, 14. Dezember 2005.

145 R. Lewis, «Injured Wild Dolphin Swims to Nearby Divers for Help», *Yahoo News*, 22. January 2013.

146 Denise L. Herzing, *Dolphin Diaries: My Twenty-five Years with Spotted Dolphins in the Bahamas*, New York 2011, S. 184.

147 Carl Safina, *A Sea in Flames: The Deepwater Horizon Oil Blowout*, New York 2011, S. 193.

148 Barry H. Lopez, *Of Wolves and Men*, New York 1978, S. 98.

149 Jaymi Heimbuch, «Raven with a Face Full of Porcupine Quills Gets Help from Human Neighbors», *Treehugger*, 17. Juli 2013.

150 Mike Tomkies, *Out of the Wild*, London 1985, S. 197.

151 Don Pachicos Interview kann bei «Destination Baja» abgerufen werden, einer Folge der PBS-Serie *Saving the Ocean with Carl Safina*, verfügbar auf PBS.org.

152 Denise L. Herzing, *Dolphin Diaries: My Twenty-five Years with Spotted Dolphins in the Bahamas*, New York 2011, S. 28.

153 Ebenda, S. 55 f.

154 Ebenda, S. 193.

155 Mike Celizic, «Dolphins Save Surfer from Becoming Shark's Bait», *Today*, 8. November 2007.

156 Diana Reiss, *The Dolphin in the Mirror: Exploring Dolphin Minds and Saving Dolphin Lives*, Boston 2011, S. 207.

157 Ebenda, S. 206.

158 Denise L. Herzing, *Dolphin Diaries: My Twenty-five Years with Spotted Dolphins in the Bahamas*, New York 2011, S. 50.

159 Ebenda, S. 32.

160 Maddalena Bearzi und Craig B. Stanford, *Beautiful Minds: The Parallel Lives of Great Apes and Dolphins*, Cambridge, MA, 2008, S. 25 f.

161 Alexandra Morton, *Listening to Whales*, New York 2004, S. 94.

162 John K. B. Ford, «Killer Whales of the Pacific Northwest Coast», in: *Whalewatcher* 40 (2011), S. 15–23.

163 Zitiert in: John K. B. Ford et al., *Killer Whales*, Seattle 1994, S. 11.

164 John K. B. Ford et al., *Killer Whales*, Seattle 1994, S. 11.

165 Erich Hoyt, *Orca: The Whale Called Killer*, New York 1981, S. 37, 228.

166 Michael A. Bigg et al., *Killer Whales: A Study of Their Identification, Genealogy, and Natural History in British Columbia and Washington State*, Nanaimo, BC, 1987, S. 15.
167 Erich Hoyt, *Orca: The Whale Called Killer*, New York 1981, S. 93.
168 John K. B. Ford et al., *Killer Whales*, Seattle 1994, S. 12.
169 Michael Parfit und Suzanne Chisholm, *The Lost Whale: The True Story of an Orca Named Luna*, New York 2013, S. 108.
170 Erich Hoyt, *Orca: The Whale Called Killer*, New York 1981, S. 15–19.
171 John K. B. Ford, «Killer Whales of the Pacific Northwest Coast», in: *Whalewatcher* 40 (2011), S. 15–23.
172 Erich Hoyt, *Orca: The Whale Called Killer*, New York 1981, S. 70.
173 Ebenda, S. 147.
174 John K. B. Ford et al., *Killer Whales*, Seattle 1994, S. 12.
175 Erich Hoyt, *Orca: The Whale Called Killer*, New York 1981, S. 203.
176 Ebenda, S. 20.
177 Amy Samuels und Peter L. Tyack, «Flukeprints: A History of Studying Cetacean Societies», in: Janet Mann et al. (Hgg.), *Cetacean Societies*, Chicago 2000, S. 22–25.
178 Zitate von Garret, Crowe, Walters, Huxter, Ray und Hargrove und einige Informationen über Tilikum und SeaWorld stamen aus: «Blackfish: Der Killerwal», DVD, Regie: Gabriela Cowperthwaite, Manny O Productions 2013.
179 Erich Hoyt, *Orca: The Whale Called Killer*, New York 1981, S. 19.
180 Vivian Kuo, «Orca Trainer Saw Best of Keiko, Worst of Tilikum», *CNN.com*, 28. Oktober 2013.
181 Mark P. Simmonds, «Into the Brains of Whales», in: *Applied Animal Behaviour Science* 100 (2006), S. 103–116.
182 R. J. Schusterman, «Pitching a fit», in: Marc Berkoff (Hg.), *The Smile of the Dolphin*, London 2000; zitiert in: Mark P. Simmonds, «Into the Brains of Whales», in: *Applied Animal Behaviour Science* 100 (2006), S. 103–116.
183 Erich Hoyt, *Orca: The Whale Called Killer*, New York 1981, S. 118 ff.
184 John K. B. Ford and Graeme M. Ellis, *Transients: Mammal-Hunting Killer Whales of British Columbia, Washington, and Southeastern Alaska*, Seattle 1999, S. 21.
185 Erich Hoyt, *Orca: The Whale Called Killer*, New York 1981, S. 37, 126.
186 Michael Parfit und Suzanne Chisholm, *The Lost Whale: The True Story of an Orca Named Luna*, New York 2013, S. 39.
187 Camila R. Ferrara et al., «Turtle Vocalizations as the First Evidence of Posthatching Parental Care in Chelonians», in: *Journal of Comparative Psychology* 127 (2012), S. 24–32. Siehe auch: Camila R. Ferrara et al., «Sound Communication and Social Behavior in an Amazonian River Turtle (*Podocnemis Expansa*)», in: *Herpetologica* 70 (2014), S. 149–156.
188 Theodore Roosevelt, *The Works of Theodore Roosevelt, the Wilderness Hunter*, New York 1903, S. 96. (Deutsche Ausgabe: *Jagden in amerikanischer Wildnis*, Berlin 1905.)
189 Jennifer L. Verdolin und John Harper, «Are Shy Individuals Less Behaviorally Variable? Insights from a Captive Population of Mouse Lemurs», in: *Primates* 54 (2013), S. 309–314.
190 Andrew Sih et al., «Behavioral Syndromes: An Integrative Overview», in: *Quarterly Review of Biology* 79 (2004), S. 241–277. Siehe auch: Kayla Sweeney et al., «Predator and Prey Activity Levels Jointly Influence the Outcome of Long-Term Foraging Bouts», in: *Behavioral Ecology* 24 (2013), S. 1205. Siehe auch: G. E. Brown et al., «Retention of Acquired Predator Recognition Among Shy Versus

Bold Juvenile Rainbow Trout», in: *Behavioral Ecology and Sociobiology* 67 (2012), S. 43–51.
191 Persönliches Gespräch mit den Rutgers-Professoren Peter und Judith Weis 2014.
192 Alexandra Morton, *Listening to Whales*, New York 2004, S. 53 ff.
193 Ebenda, S. 49 f., 100.
194 Ebenda, S. 97.
195 Erich Hoyt, *Orca: The Whale Called Killer*, New York 1981, S. 44.
196 John G. Neihardt, *Black Elk Speaks*, New York 1972, S. 238.
197 John K. B. Ford und Graeme M. Ellis, *Transients: Mammal-Hunting Killer Whales of British Columbia, Washington, and Southeastern Alaska*, Seattle 1999, S. 81.
198 «Recovery Plan for Southern Resident Killer Whales *(Orcinus orca)*», National Marine Fisheries Service, Northwest Regional Office, http://www.nmfs.noaa.gov/pr/pdfs/recovery/whale_killer.pdf
199 Gespräch von John Durban mit dem Autor; sowie John K. B. Ford und Graeme M. Ellis, *Transients: Mammal-Hunting Killer Whales of British Columbia, Washington, and Southeastern Alaska*, Seattle 1999, S. 87.
200 «Sonar Used by Oil Company Caused Mass Whale Stranding in Madagascar», *Mongabay.com*, 25. September 2013.

Nachweis der Abbildungen und Karten

Seite 22 (3), 24 (2), 28, 34, 170, 173, 174, 242, 296, 364, 383, 399: © Carl Safina
Seite 62: © Vicki Fishlook
Seite 156: © Ike Leonard
Seite 183, 210: © Doug McLaughlin
Seite 186: © Mark Miller

Seite 232: © Alan Oliver
Seite 435: © Catherine Forbes
Seite 486: © Ken Balcomb

Karten: © Peter Palm, Berlin

Aus dem Verlagsprogramm

Rachel Carson
Der stumme Frühling
Aus dem Amerikanischen von Margaret Auer
Mit einem Vorwort von Jill Lepore
5. Auflage. 2019. 443 Seiten. Broschiert

Christian Göldenboog
Die Weisheit des Misthaufens
Expeditionen in die biodynamische Landwirtschaft
2018. 201 Seiten. Paperback

Hansjörg Küster
Der Wald
Natur und Geschichte
2019. 128 Seiten mit 18 Abbildungen. Paperback

Madarejúwa Tenharim/Thomas Fischermann
Der letzte Herr des Waldes
Ein Indianerkrieger aus dem Amazonas erzählt vom Kampf gegen die Zerstörung
seiner Heimat und von den Geistern des Urwalds
2. Auflage. 2018. 205 Seiten mit 27 Abbildungen in Farbe und 2 Karten
Gebunden

Lisa Warnecke
Das Geheimnis der Winterschläfer
Reisen in eine verborgene Welt
2017. 208 Seiten mit 18 Abbildungen. Gebunden

C.H.Beck